THIS IS EASTERN USA

THIS IS EASTERN USA

초판 1쇄 발행 2025년 1월 15일

지은이 제이민, 진혜은

발행인 박성아
편집 김미정, 김현신
디자인 & 지도 일러스트 the Cube
경영 기획·제작 총괄 홍사여리
마케팅·영업 총괄 유양현

펴낸 곳 테라(TERRA)
주소 03925 서울시 마포구 월드컵북로 400, 서울경제진흥원 2층(상암동)
전화 02 332 6976
팩스 02 332 6978
이메일 travel@terrabooks.co.kr
인스타그램 @terrabooks
등록 제2009-000244호
ISBN 979-11-92767-24-6 13980
값 22,000원

THIS IS
디스이즈미국동부
EASTERN USA

글·사진 제이민 진혜은

TERRA

About the Author

제이민 Jey Min

여행작가·미국 뉴욕주 변호사
뉴욕 로스쿨(JD)을 졸업하고 네이버 파워 블로거 선정을 계기로 본격적인 여행 작가의 길을 걷기 시작했다. 여행을 사랑하는 부모님과 함께 어린 시절부터 세계 곳곳을 경험했고, 오랜 해외 생활을 통해 쌓은 풍부한 실전 노하우를 책에 충실하게 담아내고 있다. 니콘 클럽N 앰배서더(3기) 등 사진작가로도 활동 중이다.
저서로 『디스 이즈 미국 동부』, 『디스 이즈 미국 서부』, 『팔로우 호주』, 『팔로우 뉴질랜드』, 『미식의 도시 뉴욕』, 『프렌즈 뉴욕(2015~2020)』 등이 있다.

홈페이지 in.naver.com/travel
인스타그램 @jeymin.ny

진혜은 작가님과의 만남은 미국 시리즈를 완성할 수 있는 큰 원동력이 되었습니다. 따뜻한 마음으로 응원해주신 서부의 민고은 작가님까지, 두 분을 만난 건 제 인생의 행운이에요. 취재 전반에 걸쳐 아낌없는 도움을 준 김은지님, 미셸민님, 김유라님에게 사랑을 전합니다. '여행과 지도' 대표님과 '니콘 이미징코리아'의 위경준님, 미국 완결판을 만들어주신 테라 출판사분들께도 감사 인사를 드립니다. Special thanks to my amazing friends in NYC— Kristina, Lauren and Craig! You are a constant reminder that I'll always be a New Yorker at heart ♥

진혜은 Haeeun Jin

서강대학교 신문방송학과와 서울대학교 대학원 소비자학과를 졸업하고 삼성 에버랜드에서 언론 홍보 담당자로, LG생활건강에서 마케터로 일했다. 남편의 미국 파견을 계기로 인생의 새로운 장을 연 후, 뉴욕과 워싱턴 생활을 후회없이 보내기 위해 체계적으로 준비하고 여행한 경험을 차곡차곡 정리했다. 파워 J의 계획력과 마케터로서 쌓은 정리 노하우를 『디스 이즈 미국 동부』에 모두 담았다.

이메일 haeeun.jin@gmail.com
블로그 blog.naver.com/tiggernpooh

부모님께 멀리서 사는 딸의 일상을 보여드리려 시작한 블로그가 책으로 결실을 맺게 되어 한없이 기쁘고 영광입니다.
함께 작업할 기회를 주고 끊임없이 격려해준 제이민 작가님, 예쁜 책으로 꾸며주신 출판사 편집팀에게 감사합니다.
이 모든 여행을 함께한 남편과 항상 응원해주신 부모님께도 감사와 사랑을 전합니다.

Author's Note

'독자들이 원하는 미국 여행서'와 '작가로서 표현하고 싶은 내용'의 균형을 맞추는 것이 이 책을 쓰는 동안 우리의 가장 큰 고민이었습니다. 미국 동부라고 하면 세계 경제의 중심지인 뉴욕이나 행정 수도인 워싱턴 DC와 같은 대도시가 가장 먼저 떠오릅니다. 넓은 땅과 막대한 자원을 바탕으로 컬렉션을 축적해온 미국의 박물관과 미술관은 차원이 다른 규모를 자랑합니다. 한편, 유럽 이주의 역사가 깃든 고풍스러운 중소도시와 아이비리그 대학의 캠퍼스, 작은 마을은 대도시와는 전혀 다른 매력을 보여줍니다. 야자수가 자라는 남부 플로리다의 아열대 해변부터 단풍이 아름다운 동북부, 빙하가 흘러 만든 메인주의 아카디아 국립공원, 웅장한 나이아가라 폭포까지 자연환경도 다채롭습니다. 그러므로 '다양해서 한마디로 정의할 수 없다'가 결국 미국 동부를 가장 잘 표현하는 문장이 아닐까요!

이 책에는 두 작가가 미국에서 생활하며 쌓은 실전 노하우, 여행을 더욱 흥미롭게 만들어 줄 뒷이야기가 가득 담겨 있습니다. 버스와 기차 등 다양한 대중교통을 활용한 여행 계획은 물론, 렌터카 여행 시 취향에 맞는 일정을 짤 수 있도록 도시 간 이동을 위한 로드트립 페이지도 상세하게 구성했습니다. 여행을 더욱 풍성하게 해줄 지역별 특색 있는 음식 정보, 올랜도의 디즈니 월드와 유니버설 스튜디오의 최신 정보와 실전 팁, 예술과 문화가 함께하는 소프트파워 강국으로서의 미국도 소개하고자 했습니다.

부디 『디스 이즈 미국 동부』가 독자 여러분의 즐거운 여행을 위한 든든한 디딤돌이 되어 주기를 바라면서.

– 진혜은, 제이민 드림

About 〈THIS IS EASTERN USA〉

<디스 이즈 미국 동부>를 효율적으로 읽는 방법

책의 구성

- 이 책은 크게 도입부와 지역 소개로 나누었습니다. 도입부에서는 다양한 테마로 구성된 미국 여행의 요모조모를 소개하며 독자들이 여행 감각을 익히도록 했고, 지역 소개에서는 미국 동부의 지역별 여행 정보를 더욱 세부적으로 정리했습니다. 맛집 고르는 법, 예약 방법, 주문 방법, 매너, 계산 방법 등 맛집과 관련한 실용적인 활용 팁도 수록했습니다.

- 미국에서는 보통 미시시피강 동쪽에 있는 지역을 동부(Eastern United States)로 구분합니다. 도시와 주의 숫자가 매우 많고 복잡한 지역이므로 <디스 이즈 미국 동부>에서는 여행자의 편의를 고려해 동부를 크게 다섯 지역으로 나누어 소개했습니다.
  ❶ 독립운동의 태동지 **보스턴**을 시작으로 ❷ 미국 최대의 도시 **뉴욕**, ❸ 중부 대서양의 **워싱턴 DC**와 **필라델피아**, ❹ 오대호 연안의 대표 도시 **시카고**, ❺ 남부의 주요 도시 **애틀랜타**, **올랜도**, **마이애미**의 순서입니다. 미시시피강 서쪽의 **뉴올리언스**도 함께 다루었습니다

지도에 사용된 아이콘

● 도로 종류

- 25 인터스테이트 하이웨이
- 50 US 루트(US 하이웨이)
- 9 스테이트 하이웨이
- 일반도로
- 190 하이웨이
- 트레킹 코스
- 기차 노선
- 메트로, 경전철, 스트리트카 등의 노선
- 주 경계선
- 국경선

* 일부 지도에서는 주요 도로와 노선 등의 색이 다르게 표시되었습니다.

● 아이콘 종류

- 주요 명소
- 식당, 카페, 펍
- 상점
- 숙소
- 공항
- 주요 기차역
- 버스 터미널
- 메트로, 경전철
- 모노레일
- 스트리트카, 케이블카
- 페리, 크루즈
- 비지터 센터
- 주차장
- 주도(州都)
- 주요 도시, 랜드마크
- 도시, 표지물
- 산

0 500m

방위 및 축척

본문 보는 방법

● 대도시 도입부

대도시별 꼭 봐야 할 명소와 포토 스폿을 한눈에 파악할 수 있게 구성했으며, 차가 없어도 여행할 수 있도록 대도시 내의 대중교통과 도시 간 연계 교통편까지 상세하게 소개했습니다.

● 구역(Zone)

대도시 등 범위가 넓은 지역은 반나절 또는 하루 동안 돌아볼 만한 지역을 묶어 존으로 구분했습니다.

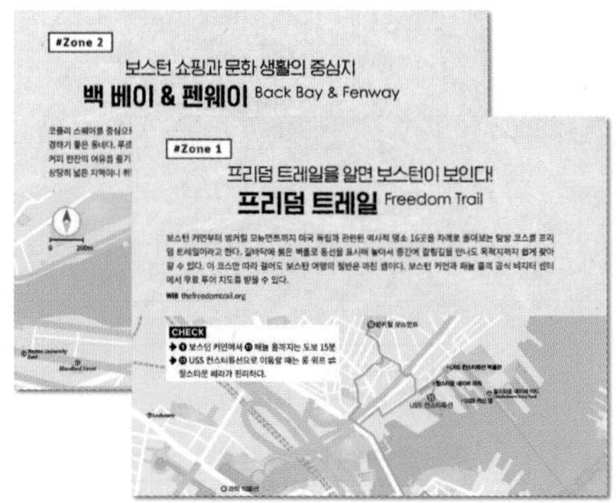

● 할인패스 총정리

보스턴, 뉴욕, 시카고 등 대도시의 다양한 관광지를 합리적인 가격에 입장하도록 구성한 도시별 할인패스를 비교해 한눈에 알아볼 수 있게 정리했습니다.

● 로드트립 & 자연여행

자동차 여행자를 위해서는, 미국 초기의 역사·문화 탐방코스나 나이아가라 폭포, 아카디아 국립공원, 에버글레이즈 국립공원 같은 자연 여행지, 대서양의 해안을 따라가는 로드트립 경로를 상세하게 안내하여, 자유 여행에 실질적인 도움이 되도록 했습니다.

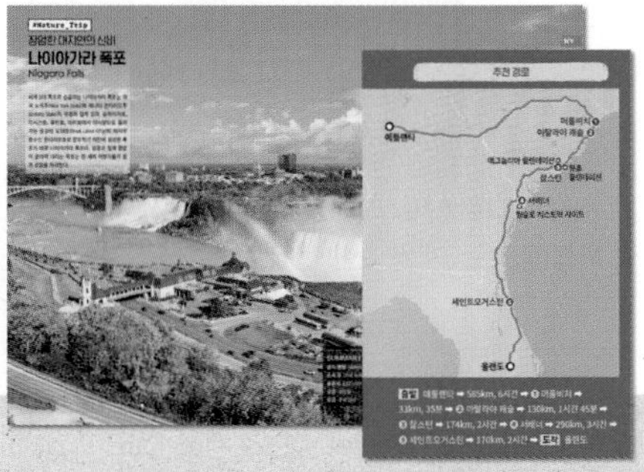

● 명소 속 명소

하버드 대학교, MIT, 예일 대학교 등 캠퍼스 투어, 도시별 핵심 쇼핑 스폿, 전망 포인트 등 특별히 중요한 장소는 상세 지도 및 여행 시 꼭 알아야 할 사항까지 꼼꼼하게 정리했습니다.

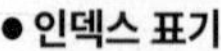

● 인덱스 표기

각 지역 소개 페이지 오른쪽 상단에는 해당 도시와 소속 주의 명칭을 축약어로 표기해 책에서의 위치를 파악하기 쉽게 만들었습니다.

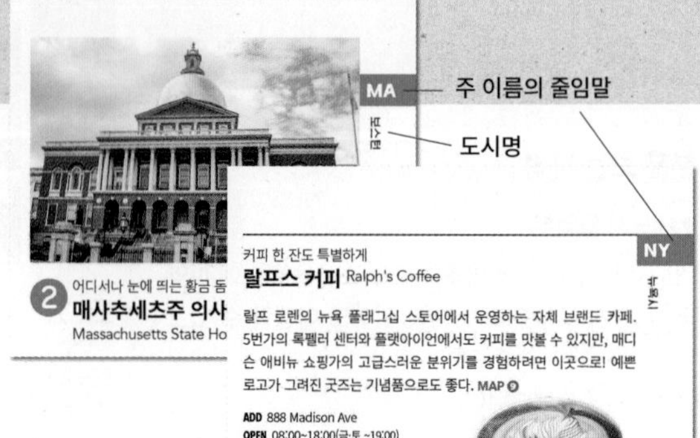

MA
주 이름의 줄임말
보스턴
도시명
2 어디서나 눈에 띄는 황금 돔
매사추세츠주 의사
Massachusetts State Ho
NY
뉴욕시
커피 한 잔도 특별하게
랄프스 커피 Ralph's Coffee
랄프 로렌의 뉴욕 플래그십 스토어에서 운영하는 자체 브랜드 카페. 5번가의 록펠러 센터와 플랫아이언에서도 커피를 맛볼 수 있지만, 매디슨 애비뉴 쇼핑가의 고급스러운 분위기를 경험하려면 이곳으로! 예쁜 로고가 그려진 굿즈는 기념품으로도 좋다. MAP
ADD 888 Madison Ave
OPEN 08:00~18:00(금·토 ~19:00)

● 약어 표기

ADD	주소(Address)	**St**	Street(스트리트)	**Hwy**	Highway(하이웨이)
OPEN	운영시간	**Ave**	Avenue(애비뉴)	**Mt**	Mount, Mountain(산)
PRICE	가격	**Blvd**	Boulevard(대로)	**SW**	Southwest(남서쪽)
WEB	홈페이지(Website)	**Dr**	Drive(드라이브)	**SE**	Southeast(남동쪽)
ACCESS	가는 방법	**Pl**	Place(플레이스)	**NW**	Northwest(북서쪽)
				NE	Northeast(북동쪽)

● 식당 가격대

환율 1380원 기준, 식당에서 음료 1개, 메뉴 1개를 주문했을 때의 1인당 예산을 표시했습니다. 팁(18~20%)과 세금(주별로 다름)은 별도로 계산해 주세요.

- **$** US$10~30 패스트푸드, 푸드코트
- **$$** US$30~ (4만 원 이상) 브런치 카페, 캐주얼 레스토랑
- **$$$** US$50~ (6만 7천 원 이상) 일반 레스토랑, 비스트로, 펍
- **$$$$** US$120~ (16만 원 이상) 스테이크 전문점, 고급 레스토랑
- **$$$$$** US$180~ (25만 원 이상) 최고급 파인다이닝 레스토랑

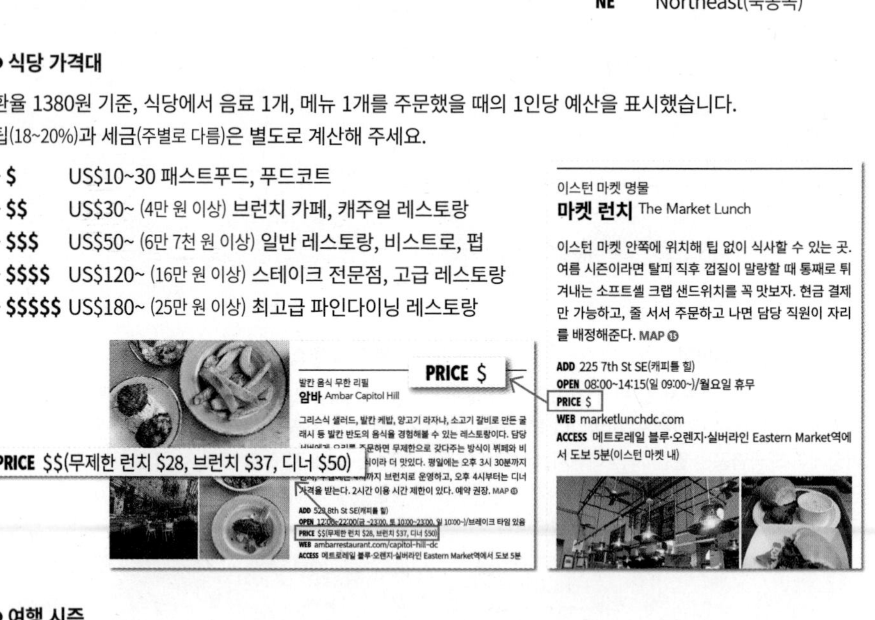

● 여행 시즌

미국의 여행 성수기는 보통 5월 마지막 주 월요일의 메모리얼 데이(Memorial Day) 연휴부터 9월 첫 번째 월요일 노동절(Labor Day) 연휴까지입니다. 여름 휴가철인 7~8월과 크리스마스 시즌 같은 극성수기에는 숙박비가 1.5배 이상 오르고, 숙소가 부족한 지역이나 인기 국립공원은 6개월~1년 전에 숙소 예약이 마감되기도 하니, 미리 계획을 세우는 것이 중요합니다.

Before Reading 일러두기

- 이 책에 실린 요금, 스케줄 등의 정보가 현지 사정에 따라 수시로 변동될 수 있으니, 방문 전 홈페이지나 현장에서 다시 확인하는 것이 좋습니다.

- 추천 일정 등 본문에 안내한 차량 또는 도보 이동 시 소요 시간과 대중교통 정보는 현지 사정과 개인의 여행 스타일에 따라 크게 달라질 수 있습니다.

- 관광지 입장료, 숙박비, 음식 가격 등 시즌에 따라 변동이 큰 항목은 참고만 해주시길 바랍니다. 이 책은 2024년 평균 환율에 가까운 달러당 1380원을 기준으로 작성하였으나, 여행 전 반드시 최신 환율을 확인하시기를 바랍니다.

- 요금은 특별한 경우를 제외하고 대부분 성인을 기준으로 기재했습니다. 단, 소비세나 팁이 포함되지 않은 금액인 탓에 최종 결제액은 10~20% 이상 더해질 수 있습니다. 미국의 팁 문화에 관한 정보는 142p에서 확인할 수 있습니다.

- 'Sales Tax'는 '판매세'로 번역하는 게 더 정확한 의미 전달이 되겠으나, 국내에서 이미 '소비세'로 번역돼 통용되고 있기 때문에 이 책에서도 '소비세'로 표기했습니다.

- 미국에서는 0세부터 시작해 각자 생일을 기준으로 1살씩 추가하는 '만 나이'를 사용하고 있습니다. 이 책에 수록된 나이 기준은 모두 만 나이입니다.

- 숙소 요금은 적정가에 해당하는 6월 평일, 2인실을 기준으로, 숙소 등급은 구글맵을 참고하여 기재했습니다. 독자의 편의를 위해 추천 숙소 리스트를 작성하였으나, 서비스 품질은 객실의 종류 및 개인적인 경험에 따라 다를 수 있습니다. 따라서 예약 전 숙소 후기 등을 통해 최신 정보를 확인하시길 권장합니다. 숙소 선택 노하우는 073~075p에서 확인할 수 있습니다.

- 일부 홈페이지는 미국 외의 지역에서는 접속되지 않는 경우가 있으니 참고하시기를 바랍니다.

- 외래어 표기는 국립국어원의 외래어 표기법을 따랐으나, 우리에게 익숙하거나 이미 굳어진 지명과 인명, 관광지명, 상호 및 상품명 등은 관용적 표현을 사용했습니다. 또한, 책의 실용성을 높이고자 외래어 표기법에 따르지 않고 미국 현지 발음에 가깝게 표기한 것도 있습니다.

Contents

미국 동부
음식 & 쇼핑
가이드

DINING & SHOPPING

보스턴 &
뉴잉글랜드

BOSTON & NEW ENGLAND

뉴욕 & 뉴저지
NEW YORK & NEW JERSEY

워싱턴 DC & 중부 대서양
WASHINGTON, D.C. & MID-ATLANTIC

시카고 & 오대호
CHICAGO & GREAT LAKES

플로리다 & 남동부
FLORIDA & THE SOUTHEAST

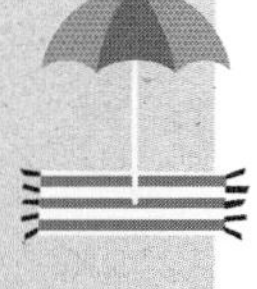

EASTERN USA

OVERVIEW

EASTERN USA Overview

미국 동부는 저마다 특색이 뚜렷한 여행지로 가득하다. 보스턴, 뉴욕, 워싱턴 DC, 필라델피아, 시카고에서 세계적인 대도시의 문화적 저력을 경험해보자. 지상 최대의 테마파크 천국 올랜도와 카리브해의 낭만으로 가득한 마이애미, 재즈의 발상지 뉴올리언스는 과연 어떤 모습일까? 최북단의 아카디아 국립공원부터 최남단의 키웨스트까지, 대서양 해안을 따라 끝없이 달려도 좋다. 한 번의 여행으로는 다 볼 수 없는 범위이기에 그 어느 때보다도 선택과 집중이 필요하다.

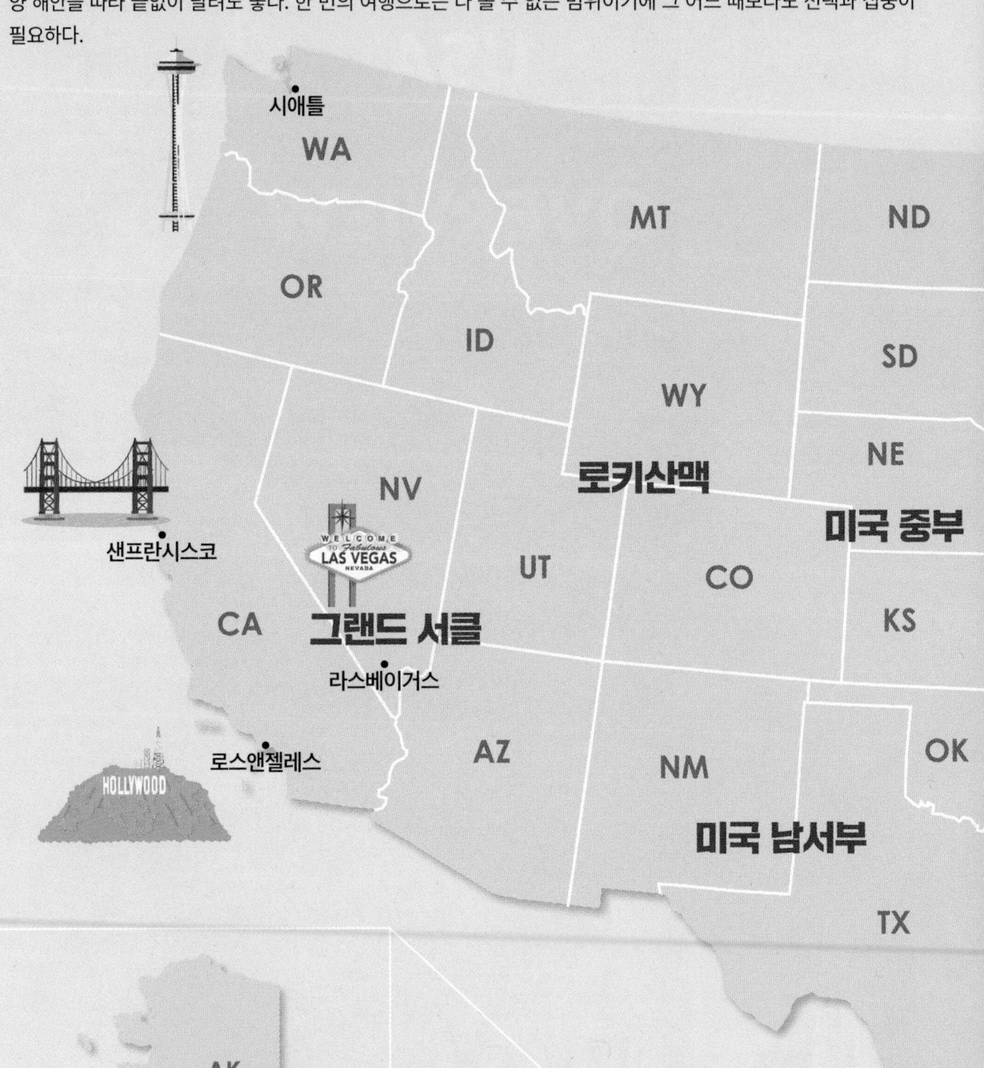

UNITED STATES OF AMERICA

미국은 50개의 주(State)와 1개의 연방 직할 구역(District of Columbia)으로 이루어진 연방 국가다. 50개의 주 정부는 워싱턴 DC의 연방 정부와 대등한 지위를 지니며, 독립적인 행정·입법·사법권을 가진다.

수도 워싱턴 DC(Washington, D.C.)
독립 1776년 7월 4일
면적 987만㎢(한반도의 약 45배)
인구 약 3억 4천만 명
언어 영어(일부 스페인어)
GDP $26조 9496억(2023년)
미국 공식 여행 웹사이트 gousa.or.kr

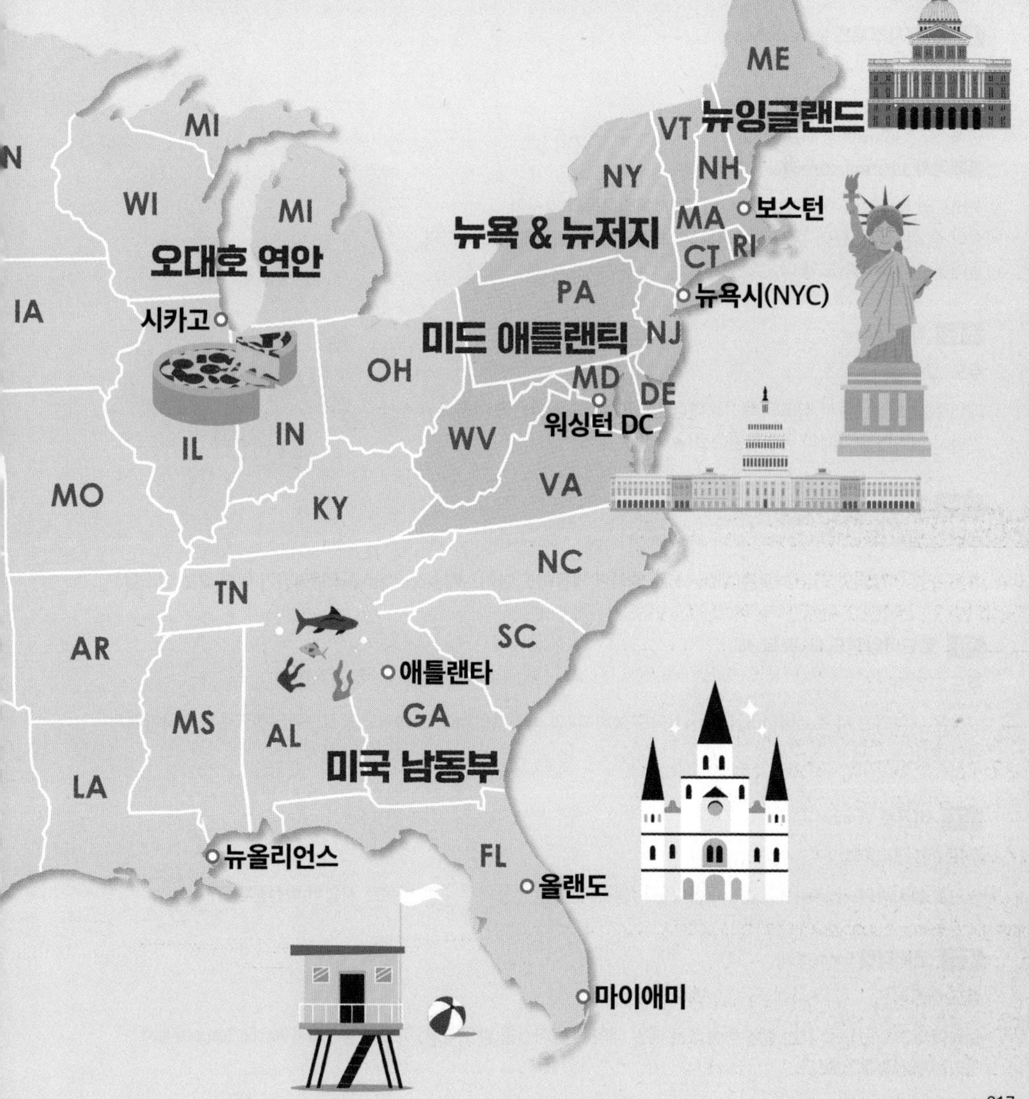

알고 보면 쉬워요

동부 STATE 간단 요약

미국의 50개 주 중에서 과반수 이상의 주가 동부에 속해 있다. 주 이름은 보통 알파벳 두 글자로 줄여서 쓰는데, 여행 중 주소를 읽고 지역을 구분하기 위해 알아두면 좋다.

보스턴 & 뉴잉글랜드 Boston & New England 154p

BEST SEASON 여름, 가을

MA 매사추세츠 Massachusetts

주도 보스턴

연방 가입 1788년 02월 06일(6번째 주)

면적 27,336km²(미국 44위)

홈페이지 visitma.com(매사추세츠 관광청)

하버드와 MIT의 도시, 존 F. 케네디의 고향, 독립운동의 역사가 살아 숨 쉬는 보스턴이 주도. 인기 감자칩 브랜드이기도 한 '케이프코드'의 등대를 만나러 떠나도 좋다.

ME 메인 Maine

주도 오거스타

메인주 랍스터는 동부 최고의 특산품이다. 미국에서 가장 시원한 여름을 만나고 싶다면 아카디아 국립공원으로!

NH 뉴햄프셔 New Hampshire

주도 콩코드

가을 단풍 여행지 화이트 마운틴(White Mountains)은 겨울에도 아이스캐슬(Ice Castle)을 구경하기 위해 찾는 명소다.

RI 로드아일랜드 Rhode Island

주도 프로비던스

브라운 대학의 도시 프로비던스, 미드 <길디드 에이지>의 촬영지인 뉴포트 대저택을 로드아일랜드주의 바닷가에서 만나보자.

VT 버몬트 Vermont

주도 몬트필리어

숲으로 둘러싸여 가을에는 더없이 아름다운 여행지. 달콤한 단풍나무 수액 버몬트 시럽이 특산품이다.

CT 코네티컷 Connecticut

주도 하트퍼드

뉴욕에서 보스턴으로 가는 길에 아름다운 예일 대학교 캠퍼스를 방문하고, 미스틱 항구마을(Mystic Seaport)에서 맛있는 해산물을 맛보자.

보스턴 Boston

보스턴 Boston

Part 2

뉴욕 & 뉴저지 New York & New Jersey 244p

BEST SEASON 봄, 가을, 겨울

NY 뉴욕 State of New York

주도 올버니
연방가입 1788년 7월 26일(11번째 주)
면적 141,297km²(미국 27위)
홈페이지 iloveny.com(뉴욕 관광청)

세계적인 도시 뉴욕시(NYC)가 위치한 주로, 금융 중심지이자 다양한 문화적 명소를 보유했다. 뉴욕주의 크기는 매우 거대해서 남쪽의 맨해튼에서 나이아가라 폭포까지 가는 데 차로 9시간이 걸린다. 책에서는 편의상 '뉴욕시'를 뉴욕으로 적었다.

NJ 뉴저지 New Jersey

주도 트렌턴

한국계 인구 비중이 특히 높은 팰리세이즈 파크(팰팍)와 포트리는 뉴욕시와 동일 생활권이다. 여행자라면 맨해튼의 스카이라인을 감상하기 좋은 호보컨과 위호켄, 저지 시티도 빼놓을 수 없다. 그밖에 동부의 라스베이거스로 불리는 애틀랜틱 시티(Atlantic City)나 테마파크 식스플래그(Six Flags)도 뉴저지의 명소다.

나이아가라 폭포 Niagara Falls

뉴욕시 NYC

워싱턴 DC & 미드 애틀랜틱

Washington, D.C.& Mid-Atlantic 360p

BEST SEASON 봄, 여름, 가을

DC 워싱턴 DC Washington, D.C.

설립일 1801년 2월 27일

면적 177㎢(미국 51위)

홈페이지 washington.org/ko(워싱턴 DC 관광청)

완벽한 설계로 완성된 미국의 수도. 도시나 주가 아닌, 연방 의회 관할의 직할 구역(Federal District)이다. 벚꽃 시즌이 아름답기로 유명하며, 세계에서 가장 큰 항공우주 박물관, 자연사 박물관 및 수많은 미술관과 놀라운 볼거리로 가득하다.

MD 메릴랜드 Maryland

주도 아나폴리스

워싱턴 DC 생활권에 속하는 주로, 체사피크만을 끼고 있어 풍부한 해산물과 다양한 해양 활동을 즐길 수 있다. 미국 해군 사관학교도 메릴랜드 아나폴리스에 있다.

VA 버지니아 Virginia

주도 리치먼드

영국의 최초 식민지인 제임스타운을 비롯해 미국 건국 초기의 역사적 명소가 많다. 조지 워싱턴, 토머스 제퍼슨 등 초기 대통령들을 대거 배출해 '대통령의 고향'이라고도 불린다.

PA 펜실베이니아 Pennsylvania

주도 해리스버그

독립전쟁의 수뇌부, 대륙회의가 열린 필라델피아가 포함된 주다. 역사와 문화 및 다양성이 살아 숨 쉬는 곳으로, 미국 옛날 농장 분위기를 체험하기 좋은 아미시 마을도 있다.

DE 델라웨어 Delaware

주도 도버

미국 독립 당시 미국 헌법을 최초로 승인한 주(The First State)이며, 기업 친화적 정책으로 알려졌다. 관광지로서의 인기는 높지 않지만, 소비세가 없어서 쇼핑을 위해 찾아가기도 한다. 상세 정보 147p

WV 웨스트버지니아 West Virginia

주도 찰스턴

원래 버지니아주의 일부였으나, 남북전쟁 때 노예제에 반대하여 버지니아로부터 독립한 후 북부 연방에 가입했다. 애팔래치아산맥을 따라 펼쳐지는 고즈넉하고 아름다운 자연이 특징이다.

히스토릭 트라이앵글

워싱턴 DC Washington, D.C.

워싱턴 DC Washington, D.C.

Part 4 시카고 & 오대호 Chicago & Great Lakes 470p

BEST SEASON 여름(5월 말~9월)

슈피리어호, 미시간호, 휴런호, 이리호, 온타리오호 5개의 호수, 즉 오대호(Great Lakes) 연안의 6개 주는 미국 중부에 속한다. 바람을 막아주는 산맥이 없기 때문에 미국 영화에 종종 등장하는 토네이도가 발생하는 지역이 바로 이 일대다. 주요 산업은 농업으로, 콩과 옥수수를 재배하는 곡창지대 인디애나, 미국 제1의 낙농업 지대 위스콘신 등이 있다. 독일계 이민자가 많이 사는 위스콘신 밀워키는 맥주 브랜드 밀러의 탄생지로 유명하다.

IL 일리노이 Illinois
주도 스프링필드

IN 인디애나 Indiana
주도 인디애나폴리스

MI 미시간 Michigan
주도 랜싱

WI 위스콘신 Wisconsin
주도 매디슨

OH 오하이오 Ohio
주도 콜럼버스

시카고 Chicago

플로리다 & 남동부 Florida & The Southeast 530p

BEST SEASON 겨울(봄 토네이도/가을 허리케인)

조지아의 주도 애틀랜타를 출발점으로 삼아 소설과 영화 <바람과 함께 사라지다>의 배경이 된 찰스턴과 서배너의 대농장을 방문해보자. 세계에서 가장 큰 디즈니 월드를 비롯해 유니버설 스튜디오까지 보유한 테마파크의 천국 올랜도, 사계절 내내 수영이 가능한 마이애미, 악어 떼가 서식하는 에버글레이즈 국립공원은 겨울에도 여행하기 좋은 최고의 휴양지다. 뉴올리언스에서는 2월과 4월에 각각 마르디 그라와 재즈 페스티벌이 열린다.

KY TN NC SC MS AL GA LA FL
올랜도
마이애미

FL 플로리다 Florida
주도 탤러해시

AL 앨라배마 Alabama
주도 몽고메리

KY 켄터키 Kentucky
주도 프랭크퍼트

GA 조지아 Georgia
주도 애틀랜타

MS 미시시피 Mississippi
주도 잭슨

TN 테네시 Tennessee
주도 내슈빌

SC 사우스캐롤라이나 South Carolina
주도 컬럼비아

LA 루이지애나 Louisiana
주도 배턴루지

NC 노스캐롤라이나 North Carolina
주도 롤리

마이애미 비치 Miami Beach

미국 동부 여행이 처음이라면?
꼭 알고 가야 할 10가지

한국에서 미국 동부까지의 거리는 1만1046km! 먼 거리만큼 문화적인 차이가 크다.
출국 전 꼼꼼히 체크해야 할 준비물 리스트부터 미국 여행 초보자가 알면 좋을 핵심 노하우까지 알차게 모았다.

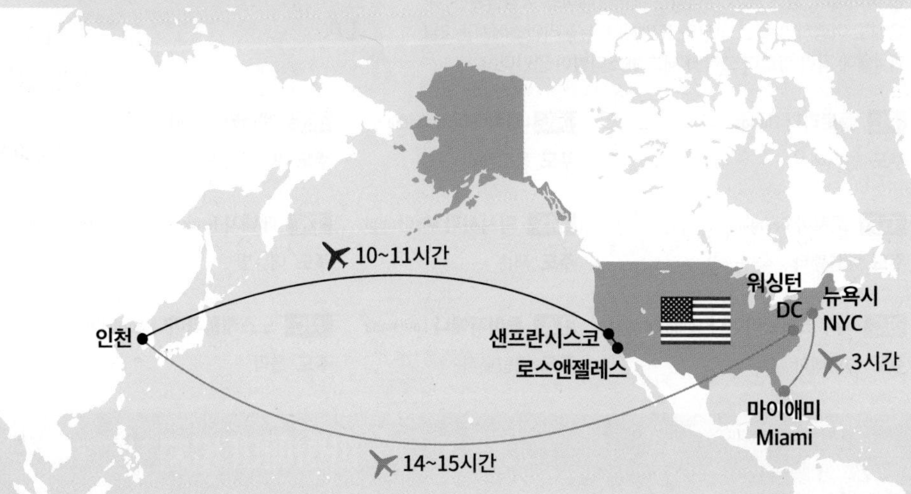

언어
영어

English

비자
90일 무비자

ESTA 필요

전화
미국 국가번호

+1
(한국은 +82)

통화
미국 달러 USD

USD **$**

전압

120V
60Hz

긴급번호

911

환율
1USD($) ≒

약 **1380**원

tip 1 장거리 비행은 힘들어요 ➡ 미국 여행 준비물 리스트 031p

직항 기준 서부 10시간, 동부 14시간 이상의 장거리 비행에서는 목 베개가 도움이 된다. 출국 전 여권 유효기간 확인과 ESTA 신청은 필수! 휴대폰 로밍 정보와 미리 받아두면 편리한 앱도 확인해보자.

tip 2 미국에서 환승할 때는 시간이 부족해요 ➡ 미국 공항 정보 058p

미국이나 캐나다를 경유할 때는 첫 번째 공항에서 입국 심사를 받고 보안 검사를 다시 해야 하니 예매 단계에서부터 주의한다. 기상 상황이나 오버부킹 때문에 항공편이 취소되는 상황도 자주 발생한다.

tip 3 같은 미국이라도 시차와 기후가 달라요 ➡ 미국 표준시 & 계절별 추천 여행지 028p

미국 여행의 초반 일정은 시차와의 싸움! 여름철 기준 동부(워싱턴 DC, 뉴욕) 13시간, 중부(시카고) 14시간, 서부(로스앤젤레스) 16시간이라는 시차에 적응하는 것은 생각보다 힘들다. 지역별로 기후가 달라서 어느 지역으로 떠날지 알아보는 것도 중요하다.

tip 4 킬로미터 대신 마일, ℃ 대신 ℉를 사용해요 ➡ 미국 생활 상식 036p, 065p

미국인처럼 도로 이름 읽는 방법, 에어비앤비에서 재활용품 버리는 방법, 우리와는 다른 도량형 환산표! 소소하지만 알아두면 편리한 생활 상식을 알아보자.

tip 5 알뜰한 여행 계획을 세우고 싶다면? ➡ 물가 비교표 & 예산 037p, 043p

미국 물가는 상상 초월! 물가 비교표도 확인하고, 예산은 어떻게 세울지 함께 고민해보자. 수수료 없는 여행용 체크카드는 무척 편리하지만, 호텔 보증금 결제 용도로는 사용하지 말아야 한다.

tip 6 팁과 세금은 언제나 별도 ➡ 레스토랑 팁 계산법 143p

미국에서는 식당 메뉴판 표기 금액에 늘 세금(Tax)과 팁(봉사료)을 더해서 계산해야 한다. 레스토랑 외에도 서비스를 제공받은 경우 반드시 그에 따른 팁을 추가로 지불하는 것이 원칙. 호텔 컨시어지나 발레파킹을 이용할 때 건네기 편리한 1~5달러 지폐를 여러 장 준비하면 좋다.

tip 7 여행은 타이밍이다! ➡ 공휴일과 축제 캘린더 078p

여행 일정과 축제가 겹친다면 즐거움이 2배! 대신 숙소 요금은 높아진다. 주요 공휴일에는 영업시간이나 교통편이 크게 달라질 수 있다.

tip 8 한 번에 다 볼 수는 없어요 ➡ 미국 거리표 & 교통편 056p

미국에서 '가깝다'는 기준은 300~400km 정도. 뉴욕에서 보스턴이나 워싱턴 DC처럼 인근 도시를 방문할 때는 렌터카/버스/기차를 이용해도 좋다. 이보다 먼 거리는 비행기를 이용한다. 일주일 안에 동부와 서부, 혹은 동부의 대도시를 모두 본다는 것은 물리적으로 불가능하다.

tip 9 핵심 명소 & 액티비티 미리보기 ➡ 박물관/미술관 총정리 027p

무엇을 볼지, 무엇을 하고 싶은지에 따라 목적지와 여행 일정이 달라진다. 뉴욕 자유의 여신상이나 워싱턴 DC의 항공우주 박물관 같은 장소는 예약 여부에 따라 일정이 바뀔 수도 있으니 사전에 확인한다. 가고 싶은 곳이 많다면 할인 패스까지 챙길 것!

tip 10 언제나 안전이 우선! ➡ 여행 중 사고 대비 034p

현지 대한민국 영사관과 응급 전화번호는 반드시 휴대하자. 외교부에서는 해외에서 사건, 사고, 긴급한 상황에 처한 여행자에게 도움을 주기 위해 '영사콜센터'에서 24시간 상담 서비스를 제공한다.

표준시와 기후

미국 표준시 & 일광 절약 시간

미국 본토에서는 4개의 시간대를 사용한다. 뉴욕과 워싱턴 DC를 포함한 동부 대부분의 지역에서는 동부 표준시(Eastern Time)를, 시카고와 뉴올리언스는 중부 표준시(Central Time)를 적용한다. 미국 동부와 서부 사이에는 3시간의 시차가 있고, 동쪽으로 갈수록 한국과의 시차가 1시간씩 줄어든다. 따라서 서로 다른 지역으로 이동할 때는 시차 확인이 필수. 해가 길어지는 계절에는 대부분의 주에서 시계를 1시간 앞당기는 서머타임(일광 절약 시간)을 실시한다. 따라서 3월 둘째 일요일~11월 첫째 일요일에는 동부 시간이 한국보다 13시간 느려진다.

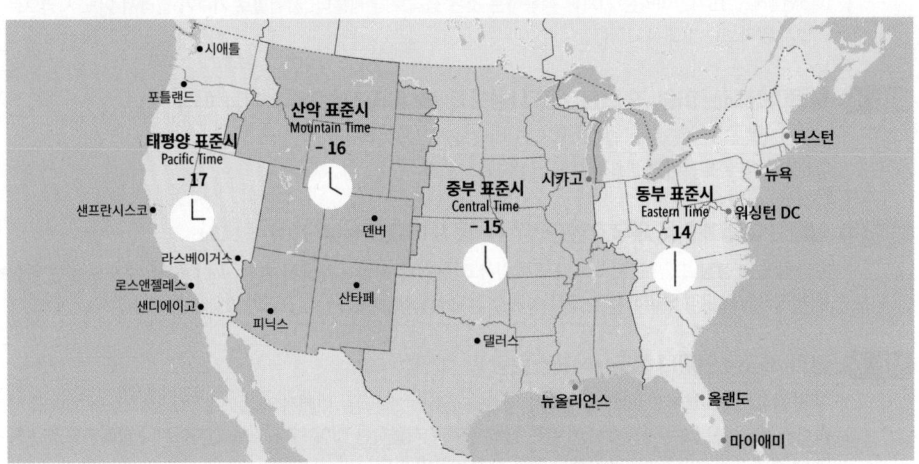

지역별 기후

같은 주라고 해도 도시 위치에 따른 기후 변화가 매우 크지만, 이해를 돕기 위해 크게 3가지로 구분했다.

동북부

캐나다와 국경을 맞댄 동북부 지역은 여름에는 무덥고 겨울에는 몹시 추운 대륙성 기후(Continental)로 분류된다. 시카고가 있는 오대호 주변은 대초원의 영향을 받아 한서 차가 더욱더 극단적이다.

중부

보스턴과 뉴욕은 동북부와 비슷한 대륙성 기후다. 비는 연중 고르게 내리는 편이다. 워싱턴 DC에서 남쪽으로 내려갈수록 대서양의 영향을 받아 온난한 해양성 기후(Oceanic)로 바뀐다. 하지만 겨울에는 폭설이 내릴 수 있다.

남부

애틀랜타와 올랜도가 위치한 남부는 여름에는 무덥고 겨울에는 따뜻한 아열대성 기후(Subtropical)다. 마이애미가 있는 플로리다 남부는 사계절 대신 건기와 우기가 있는 열대 기후(Tropical)다. 봄에는 토네이도, 늦여름부터 가을까지는 멕시코만이나 카리브해에서 형성된 허리케인과 열대성 폭풍이 상륙하니 주의해야 한다.

계절별 추천 여행지

남부를 제외한 미국 북동부는 사계절이 매우 뚜렷하고 계절마다 여행하기 좋은 장소도 다르다. 산불, 토네이도, 허리케인 등 평소 경험하지 못했던 자연재해가 많이 발생하기 때문에 여행 중에는 매일 뉴스와 지역별 날씨 방송을 챙겨보는 것이 좋다.

WEB **미국 기상청** weather.gov **국립 허리케인 센터** nhc.noaa.gov **날씨 정보** weather.com 또는 accuweather.com

봄 3, 4, 5월

- **벚꽃** 워싱턴 DC, 뉴욕, 보스턴
- **토네이도** 중부 내륙(일리노이)과 남부(루이지애나), 플로리다

날씨는 다소 변덕스럽지만, 도시마다 예쁜 꽃이 피는 계절이다. 국립 벚꽃 축제가 열리는 워싱턴 DC의 개화 시기는 3월 중순~4월 초. 뉴욕에도, 보스턴에도 화사한 벚꽃 시즌이 찾아온다.

여름 6, 7, 8월

- **공원, 해변** 아카디아 국립공원, 대서양의 해변, 마이애미
- **무더위** 올랜도 테마파크
- **홍수** 남부(특히 뉴올리언스)

동부의 여름은 매우 무덥고 햇살이 따갑다. 더위를 피하고 싶으면 가장 북쪽의 메인주로, 여름을 즐기고 싶다면 동부 해안가를 찾아가자.

가을 9, 10, 11월

- **단풍** 뉴욕, 뉴저지, 뉴잉글랜드 전역
- **허리케인** 전역(주로 남부, 특히 플로리다)

9월부터는 대체로 날씨가 좋은 여행 성수기다. 특히 북동부는 아름다운 단풍철을 맞이한다. 뉴욕은 10월 말~11월 초, 보다 북쪽은 10월 중순경이 절정이다.

겨울 12, 1, 2월

- **크리스마스, 휴양지** 뉴욕, 플로리다
- **한파, 혹한, 폭설** 동북부 전체

겨울철에는 한파와 폭설로 항공편이 결항하거나 도시가 마비될 수 있다. 하지만 뉴욕의 크리스마스는 모두의 로망! 겨울철 인기 휴양지 플로리다도 이때 방문하는 것이 가장 좋다.

입국 서류 준비하기

여권 Passport

➡ 미국 입국일 기준으로 유효 기간이 6개월 이상 남아 있어야 한다.
➡ ESTA는 전자여권에만 적용되며, 전자여권이 아닌 여권은 별도의 비자를 받아야 한다.
➡ 이름·국적 변경 또는 유효기간 만료로 여권을 새로 발급받은 경우 ESTA 또한 처음부터 다시 신청해야 한다.

비자 & 전자여행허가(ESTA)

미국 방문을 위해서는 여행 전에 비자를 발급받거나 전자여행허가(ESTA: Electronic System of Travel Authorization)를 취득해야 한다. ESTA는 90일 이내의 여행, 출장, 환승 목적으로 미국을 방문하는 경우 신청할 수 있고, 2년간 유효하다.

● 신청 방법

미 정부의 공식 ESTA 홈페이지에서 한국어로 직접 신청할 수 있다. 국적, 여권 정보, 생년월일 등의 신상 정보를 기재하고 수수료($21) 결제를 마치면 최대 72시간 이내 이메일로 허가 승인과 함께 결제 영수증을 보내준다.

ESTA 신청 공식 사이트
WEB esta.cbp.dhs.gov/esta(홈페이지 우측 상단의 Change Language → '한국어' 선택)

주한미국대사관 홈페이지
WEB ustraveldocs.com/kr_kr/kr-niv-visawaiverinfo.asp

● 주의 사항

❶ ESTA를 통한 사전 입국 허가 승인이 반드시 미국 입국을 보장하는 것은 아니고, 미국 공항에서 입국 심사를 거쳐야 한다.
❷ ESTA는 전산상으로 여권에 연동되어 별도 제출을 요구하지 않지만, 왕복 항공권은 보여줘야 할 경우가 있다. 만약을 대비해 프린트해 가는 것을 권한다.
❸ ESTA 신청 대상이 아니거나 승인이 거부된 경우에는 주한미국대사관을 방문하여 비자를 신청해야 한다.

● 유용한 모바일 앱

Mobile Passport Control

CBP One

인천공항 스마트패스

해외안전여행

+MORE+

입국 전 확인 사항

❶ 모바일 여권 심사(MPC) 대상인지 확인하세요!

ESTA를 소지하고 미국에 입국하는 사람은 058p의 입국 심사 절차를 확인하자.

❷ 비행기 외 교통수단으로 국경을 넘을 때는 I-94를 챙기세요!

공항으로 입국할 때는 ESTA가 있으면 출입국 기록이 전산 처리되기 때문에 별다른 문제가 없다. 하지만 캐나다 및 멕시코 쪽에서 육로 또는 선박으로 미국 국경을 통과할 때는 ESTA와 별도로 I-94가 필요하다. 국경에서 작성해도 되지만, 모바일 앱(CBP One™)으로 사전 접수할 경우 출입국 절차가 좀 더 간편해진다. 수수료는 $6다.

국제 운전면허증

미국에서 운전할 때는 ❶ **국제 운전면허증** ❷ **국내 운전면허증** ❸ **여권**을 지참해야 한다. 대한민국 운전면허증 뒷면에 영문으로 정보를 표기한 영문 운전면허증은 간단한 신분 확인 용도(술집 등)로는 쓸 수 있으나, 미국 대부분의 지역에서 정식으로 통용되는 면허가 아니다. 국제 운전면허의 유효기간은 발급일로부터 1년이며, 단기 방문자만 사용할 수 있다. 전국 운전면허 시험장, 관할 경찰서 및 한국도로교통공단 안전운전 통합민원 홈페이지에서 신청한다.

준비물 여권, 운전면허증, 사진 1매(6개월 이내 촬영한 컬러 사진)
수수료 9000원

여행자 보험

의료비가 비싼 미국을 방문할 때는 반드시 출발 전 여행자 보험에 가입해야 한다. 온라인 보험 사이트에서 미리 알아보는 것이 가장 저렴하고, 미처 가입하지 못했다면 공항 출국장 근처 카운터를 찾아 가입하자. 상세 내용은 보험사별 안내에 따른다.

미국 여행 준비물 리스트

체크	항목	세부 사항 및 설명
	기본 서류	여권 및 여권 사본, ESTA/비자, 국제면허증, 운전면허증, 항공권, 현금, 신용카드, 여행자 보험
	휴대폰 & 데이터	로밍 또는 포켓 와이파이, 선불 유심 챙기기
	보조배터리	테마파크를 방문할 예정이라면 휴대폰 보조배터리는 필수 품목. 단, 기내 수하물로 휴대해야 한다.
	멀티 어댑터 & USB 케이블	220V 제품을 미국의 전압(120V)에 맞추기 위한 여행용 어댑터가 필요하다. 요즘에는 USB 슬롯만 있는 호텔이 있으니 분리 가능한 USB 케이블도 준비할 것.
	선글라스 & 자외선 차단제	자외선이 강한 미국에서는 선글라스가 필수다. 특히 플로리다에서는 한겨울에도 자외선 차단제가 필요하다.
	긴소매 옷	일교차가 큰 동북부를 여행할 때는 옷을 여러 겹 입는 것이 좋다. 버스나 실내에서는 에어컨을 세게 트는 경우가 많아 한여름에도 긴소매 옷이 필요하다.
	호텔용 슬리퍼	미국 호텔은 슬리퍼를 제공하지 않으므로 룸과 수영장에서 쓸 수 있는 것으로 준비해 가면 좋다.
	가방 속 여유 공간	미국은 의류와 신발이 저렴해 없던 소비욕도 생기는 곳이다. 따라서 가방은 꽉 채우지 않는다.

: WRITER'S PICK :

도심 주요 관광지의 표준 옷차림

평소에는 캐주얼한 옷차림으로 다니면 되지만, 루프톱이나 공연장, 클럽을 방문한다면 적당한 드레스코드를 맞춰야 한다. 최고급 레스토랑에서는 남자의 경우 재킷과 긴바지, 구두 착용을 권장한다. 지나치게 짧은 옷차림이나 플립플랍(경량 샌들)은 피한다.

휴대폰 로밍과 선불 이심

로밍 vs 유심 vs 이심

한국 통신사에서 판매하는 로밍 상품은 유심을 바꿔 끼울 필요 없다는 점에서 가장 간편하다. 요금제도 예전보다 개선되어 1달 미만의 단기 여행이라면 추천할 만하다. 더 저렴한 가격으로 더 많은 양의 데이터를 사용하려면 현지 유심이나 이심이 적당한데, 통화 품질이나 사용하는 통신망에 따른 이용 조건이 다양해서 업체의 안내를 꼼꼼하게 읽고 선택해야 한다.

구분	장점	단점	데이터
데이터 로밍	• 본인 번호 그대로 사용 가능 (SKT는 통신사 앱으로 한국 및 현지 무료 통화 가능/KT는 유료 전화만 가능)	• 데이터 용량이 제한적 • 잘못 이용할 경우 과도한 요금이 청구될 수 있음	3~24GB
포켓 와이파이	• 여러 단말기에서 사용 가능하며, 일행과 공유해 비용 절감	• 별도 기계를 휴대하고 충전해야 함	와이파이 무제한
이심(eSIM)	• 장기 사용시 저렴 • 온라인으로 간편하게 신청 가능 • 유심칩 교체 없이 본인 번호를 그대로 유지한 채 현지 데이터(또는 현지 번호)를 사용할 수 있음	• 최신 단말기에서만 사용 가능 • 상품 종류에 따라 데이터만 제공하는 경우도 있으며, 현지 번호까지 이용하려면 사용 방법을 잘 숙지해야 함	요금제에 따라 다양하게 선택 가능
유심(USIM)칩	• 장기 사용 시 저렴하며, 대부분의 단말기에서 사용 가능 • 현지 번호를 발급받은 경우 현지 통화와 문자 가능	• 유심칩 교체 후에는 한국 번호 사용 불가 • 보통 출국 전 수령해야 함	

미국 3대 통신사

미국에서 가장 안정적인 서비스를 제공하는 통신사는 버라이즌과 에이티앤티지만, 한국 여행자가 사용할 때는 티모바일이 현실적인 대안이다. 판매 정책은 계속 변경되므로 구매 전 통신사별 정책을 재확인하자.

구분	**버라이즌** Verizon	**에이티앤티** AT&T	**티모바일** T-Mobile
특징	• 아이폰(또는 일부 미국 출시 안드로이드폰) 상품 판매 중 • 대부분 장기 상품만 취급	• 기종에 따라서 주파수 대역이 맞지 않는 상황이 대부분 • 아이폰 상품만 판매 중	• 갤럭시와 아이폰 모두 사용 가능 • 이심/유심 모두 판매

주파수 대역 및 IMEI 확인하기

- **에이티앤티** att.com/wireless/byod
- **티모바일** t-mobile.com/resources/bring-your-own-phone

요즘 대세는 선불 이심 Prepaid eSIM

휴대폰이 최신 기종이라면 국내 유심칩을 그대로 끼워둔 채 해외 eSIM을 추가로 사용할 수 있어 편리하다. 직접 설치하고 세팅하는 과정이 까다롭고, 현지에서 개통이 원활하지 않은 경우 판매처에 연락해 문제를 해결해야 하니 고객 응대가 친절한지 확인 후 구매한다.

● eSIM 사용 가능 여부 확인하기

휴대폰에서 *#06#을 눌러 EID 바코드가 뜨면 사용할 수 있는 기종이다. 하지만 단말기 기종이나 구매한 국가에 따라 차이가 있으니 판매처의 안내를 따른다.

● eSIM 설치 방법

❶ 온라인 판매처에서 사전 구매하고 출국일을 입력한다.
❷ eSIM 최종 연결은 현지 도착 후 와이파이가 연결된 상태에서 진행한다.
❸ eSIM이 활성화된 후에는 핸드폰 설정을 변경해 원하는 항목만 선택해 사용한다.
❹ 활성화/비활성화는 반복이 가능하지만, 완전히 삭제한 경우 재설치가 불가능하니 주의한다.

미국 전화번호를 사용하기 위해 SIM 1을 비활성화한 화면

< SIM 관리자
SIM 카드
SIM 1
국내 통신사
한국 유심 비활성화
eSIM
eSIM 1US
미국 통신사
미국 유심 활성화
eSIM 추가
주 사용 SIM 카드
통화
eSIM 1 US
메시지
eSIM 1 US
모바일 데이터
eSIM 1 US
통화/메시지/데이터 모두 미국 eSIM을 사용 중

한국 전화번호를 활성화한 상태에서 미국 데이터만 사용하는 화면

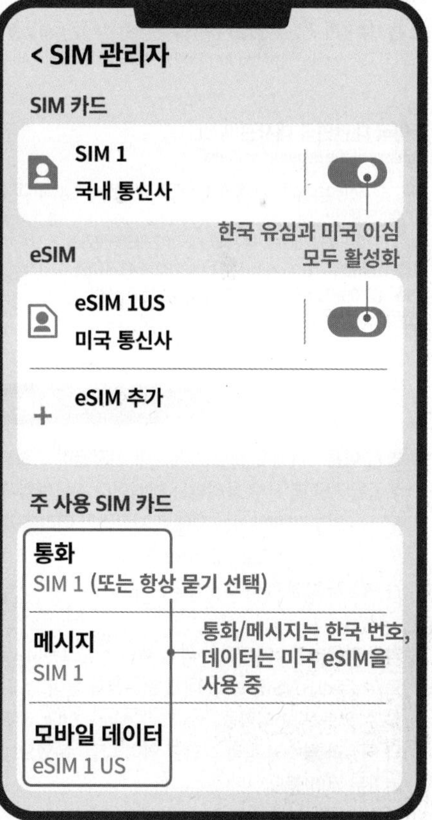

여행 중 사고 대비

해외여행은 안전이 최우선인 만큼 돌발 상황에 대한 대비가 필요하다. 여권, 항공권, 각종 예약 확인서의 사본을 준비하고 여행자 보험에 가입한다. 긴급 상황 발생 시 도움을 받을 수 있는 영사콜센터, 현지 공관의 필수 연락처를 별도로 메모해 둔다.

미국의 응급 전화번호는 '911'

응급 상황에서는 911에 가장 먼저 전화를 걸어 본인의 현재 위치/주소를 알린다. "Korean interpreter please(코리안 인터프리터 플리즈)"라고 말하면 통역 지원이 가능하나, 교환원이 연결될 때까지 시간이 소요된다.

외교부의 '해외 안전 여행 센터'

대한민국 외교부에서는 긴급 상황에 처한 국민을 대상으로 24시간 상담 서비스를 제공한다. 여행 전 모바일 앱을 다운받거나 카카오톡 채널에서 '외교부 영사콜센터'를 추가해 상담을 받는 방법도 있다. 재외공관에 방문하려면 '재외동포 365 민원포털'을 통한 사전 예약이 필요하다.

TEL 영사콜센터 +82-2-3210-0404(사건·사고, 24시간), 동포콜센터(영사 민원, 24시간): +82-2-6747-0404
WEB 외교부 www.0404.go.kr I 재외동포 365 민원포털 g4k.go.kr

주미국 대한민국 대사관(워싱턴 DC)
Embassy of the Republic of Korea

ADD 2320 Massachusetts Avenue N.W. Washington, D.C. 20008(영사과)
TEL +1-202-939-5600, 영사과 +1-202-939-5653
긴급 전화(근무시간 외 사건·사고) +1-202-641-8761
OPEN 09:00~12:00, 13:00~17:00(민원 업무 시간)
ACCESS 듀폰 서클(Dupont Circle)에서 도보 11분

주뉴욕 대한민국 총영사관
Consulate General of the Republic of Korea

ADD 460 Park Ave, New York, NY 10022(6층 민원실)
TEL +1-646-674-6000
긴급 전화(근무시간 외 사건·사고) +1-646-965-3639
OPEN 09:00~12:00, 13:00~16:00(민원 업무 시간)
ACCESS 뉴욕 맨해튼. 5번가 플라자 호텔에서 도보 5분

상황별 대처 요령

- **병원 이용** : 여행자 보험은 개인이 선지급하고 보험사에 진단서와 영수증을 제출해 사후 돌려받는 방식이다. 단, 보험사에 직접 비용을 청구하는 일부 병원에서는 제대로 치료받기 어려울 수 있으니 이런 때는 도시별 'Urgent Care Center'를 찾아보자. 참고로 앰뷸런스 이용료는 여행자 보험 혜택에서 제외된다.

- **약국 이용하기** : 대표적인 약국 체인은 월그린(Walgreen), 라이트 에이드(Rite Aid), CVS 등이다. 대개 편의점과 붙어 있고, 처방전 없이 구매할 수 있는 일반 의약품(Over The Counter Drug, OTC)을 판매한다. 개인의 체질과 병력에 따라 적합한 약이 다를 수 있으니 기본 비상약은 챙겨가는 것이 좋다.

뉴욕의 병원과 구급차
약국

● **여권 분실** : 총영사관에 가서 여권 분실 신고를 하고 임시 여권을 발급받는다. 여권 사본을 소지한다면 있다면 절차를 조금 줄일 수 있다.

● **사고 발생** : 지갑 분실, 교통사고 같은 사고가 발생했다면 현지 경찰서에 신고하고 가까운 공관에 도움을 요청한다. 도난 물품에 대한 보험금을 청구하려면 미국 경찰서의 '도난신고 증명서(Police Report)'가 필요한데, 분실(Lost)이 아닌 도난(Theft)만 보험금 청구 대상에 포함되니 주의한다.

받아두면 유용한 앱

❶ **외교부** 플레이스토어 또는 앱스토어에서 외교부의 '해외안전여행·영사콜센터' 앱을 설치한 다음 '모바일 동행서비스'에 가입하면 여러 가지 정보를 얻고 위급 상황에서 도움을 요청할 수 있다.

❷ **구글맵 Google Map** 자유여행에 꼭 필요한 앱! 내비게이션 기능으로 실시간 교통 정보와 대중교통 노선을 확인 수 있고, 긴급 재난 정보까지 제공한다. 영업장 정보를 확인하고 식당 예약을 연계해주는 등 유용한 여행 정보를 자세히 알려준다.

❸ **우버 Uber** 택시를 대체하는 차량 공유 서비스의 대표적인 앱. 한국에서 미리 앱을 설치하고 신용카드를 등록해두면 미국에서도 이용 가능하다. 상세 이용 방법 064p

❹ **리프트 Lyft** 우버와 같은 차량 공유 서비스 앱. 미리 설치해두고 우버와 가격을 비교하면서 활용하면 편리하다. 뉴욕, 시카고, 워싱턴 DC의 공유 자전거 사용 기능도 있다.

❺ **대중교통 앱** 뉴욕의 엠티에이(MTA)와 옴니(OMNY), 애틀랜타의 브리즈 모바일(Breeze Mobile) 등 도시별 공식 대중교통 앱이 있어 편리하다. 하지만 해외 계정으로 다운로드하거나 해외 발급 신용카드 결제가 불가능할 수 있다.

❻ **옐프 Yelp** 현지인이 참여하는 음식점 및 매장 정보 평가 앱. 방대한 사용자의 리뷰가 모여 신뢰할 만하다.

❼ **오픈 테이블 Open Table** 음식점 소개 및 평가를 포함해 예약까지 가능한 앱. 예약이 가능한 대부분의 레스토랑이 등록돼 있다. 구글맵에서 오픈 테이블 페이지로 연계해주기도 한다.

❽ **우버 이츠 Uber Eats** 배달 음식 주문 앱. 우버 계정과 연동하여 사용할 수 있다.

❾ **웨더채널 Weather Channel** 세부 지역별, 시간별 날씨 및 일출·일몰 시각 등을 확인할 때 좋다.

❿ **사이먼 아웃렛** 뉴욕의 우드버리 커먼스(Woodbury Commons) 아웃렛을 포함해 사이먼 계열의 할인 매장에서 사용한다. 자주 가는 매장을 등록하고 할인 쿠폰을 다운받을 수 있다. 상세 정보 152p

로컬처럼 여행하기!

미국 생활 상식

미국 여행을 하다 보면 일상 속 사소한 부분에서도 궁금한 점이 자주 발생한다.
한국과 다른 미국 생활의 기초를 모았다.

미국 주소 이해하기

미국에서는 주소를 표기할 때 주 이름을 알파벳 두 글자로 줄인 우편 약자를 사용한다(예시: 뉴욕주는 NY, 조지아주는 GA). 그다음에 5자리 우편번호(Zip Code)가 나온다. 간혹 주유소나 교통 티켓 발매기 등 기계에서 신용카드를 사용할 때 우편번호 입력을 요구하는데, 00000 또는 한국 우편번호 등 5자리 숫자를 입력하면 통과되는 경우가 많다.

번지수	도로명	도시/지역명	소속 주	우편번호
151	W 34th St,	New York,	NY	10011
1st	St SE,	Washington,	DC	20515

Southeast(남동쪽)의 약어 Street의 약어

● 동서남북에 익숙해지기

땅이 넓고 길이 단순한 미국에서는 방위에 따라 길을 구분하는 경우가 많다. 도로명 앞에 붙은 'E'나 'W'는 East와 West의 약어로, 특정 교차로를 기점으로 동서가 나뉘었다는 뜻이다. 워싱턴 DC의 경우 아예 국회의사당을 기준으로 도시 전체를 동서남북으로 구분하여 주소에 표시한다.

● 복잡한 길 이름

도시의 주요 간선 도로를 애비뉴(Avenue, Ave), 이와 수직으로 교차하는 작은 도로를 스트리트(Street, St)라 부른다. 보다 넓은 길에는 불러바드(Boulevard, Blvd), 작은 골목에는 앨리(Alley)나 레인(Lane, Ln)이 붙는다. 강이나 산과 같은 지형을 따라 이어지는 길고 구불구불한 드라이브(Drive, Dr)도 있다. 물론, 이는 일반적인 정의라서 지역마다 조금씩 차이가 있다.

● 도로명의 숫자를 읽을 때는 서수로!

도로에 붙은 숫자는 순서를 나타내는 서수(Ordinal Numbers)의 약어로 표현돼 있다. 예를 들어, W 42nd Street는 '웨스트 포티세컨드 스트리트'라고 읽어야 한다. 한편, 우편번호는 하나씩 끊어서 일반 숫자로 읽는다.

쓰레기는 이렇게 버려요

미국에서는 분리수거를 엄격하게 하지 않는다. 일반 쓰레기는 반투명 또는 불투명 비닐봉지, 재활용품은 재활용 전용 투명 비닐봉지에 버린다. 호텔에서는 플라스틱이나 종이를 따로 모으는 통에 적절히 분리해서 두면 된다. 큰 음식물은 일반 쓰레기와 함께 버리고, 작은 음식물은 부엌 싱크대 옆 스위치(Disposal)를 눌러 갈아서 버리면 된다.

아파트에는 쓰레기와 재활용품을 버리는 별도 장소(가비지 슈트: Garbage Chute)가 층마다 있고, 주택은 요일별로 수거하는 날짜가 다르다. 에어비앤비 같은 민박이나 아파트형 호텔에 투숙할 때는 업체의 지침에 따른다.

길을 건널 때는 신호등 버튼이 있는지 확인하기

도시마다 다르지만, 한적한 도시에는 횡단보도 신호등에 설치된 버튼을 눌러야만 파란색 신호등이 켜진다.

부르기 쉬운 단순한 이름이 있으면 편해요

미국에서는 레스토랑이나 카페에서 주문한 식음료가 나왔을 때 진동벨보다 이름을 부르는 경우가 많다. 여권상의 본명이 아니어도 상관없으니 간단하고 발음하기 쉬운 이름을 미리 지어놓자. 이름 대신 성을 알려줘도 괜찮다.

한국 vs 미국 물가 비교

마트 진열대나 레스토랑 메뉴 가격만 보면 미국 물가가 높지 않다고 느낄 수 있다. 그러나 미국의 가격 표기는 대부분 세금을 제외한 금액이고, 여기에 서비스에 대한 팁까지 추가하면 실결제 금액은 기재 금액의 20~25% 이상으로 봐야 한다. 원래 식료품이나 휘발유는 저렴한 편이었지만, 물가 상승에 더해 환율까지 급등하면서 체감 물가가 훨씬 높아졌다.

*출처: numbeo.com, 환율: $1=1380원 기준

구분	서울	뉴욕
스타벅스 라테(그란데)	5500원	$3.65(5037원)
지하철 1회권	1500원	$2.90(4000원)
단품 식사	1만1000원	$30(4만1400원)
우유(1L)	3000원	$1.56(2150원)

구분	서울	뉴욕
생맥주(500ml)	5000원	$9(1만2420원)
콜라(300ml)	2300원	$3.17(4375원)
물(300ml)	1115원	$2.36(3257원)
휘발유(1L)	1680원	$1.02(1408원)

미국에서 계산은 어떻게 할까?

실생활에서는 주로 $20 이하의 지폐를 사용하고, 그 이상의 금액은 대부분 신용카드로 결제한다. 하지만 가끔 현금만 또는 신용카드만 받는 레스토랑도 있다. 카드와 현금 모두 준비하되, 택시, 호텔, 레스토랑 팁 지급을 위해 $1와 $5 지폐를 특히 넉넉하게 준비한다.

● 수수료가 없는 해외여행 체크카드란?

해외 결제 수수료와 ATM 인출 수수료가 면제되는 해외여행 체크카드를 사용하면 연동되는 한국 계좌에 필요한 달러를 환전해두고 현금보다 안전하고 간편하게 결제할 수 있다. 대중교통이나 주차 단말기 이용에 드는 소액 지불 시에도 이와 같은 비접촉 결제 기능(컨택리스, Contactless/탭투페이, Tap to Pay라고 함)이 포함된 카드를 사용하면 매우 편리하다.

미국 화폐 이름 알기

미국 화폐 단위는 달러와 센트로 구분된다. 1달러(Dollar, $)=100센트(Cent, ¢)이며, 동전에는 페니(1¢), 니켈(5¢), 다임(10¢), 쿼터(25¢)라는 호칭이 붙는다.

● 주요 해외여행 체크카드 5종 비교

구분	트래블페이	트래블로그/트래블고	토스	SOL트래블
발행처	트래블월렛	하나카드	토스뱅크	신한카드
브랜드	비자	마스터(트래블로그)/비자(트래블고)	마스터	마스터
보유한도	합계 200만 원	통화별 300만 원	1천만 원(일) 1억 원(월) *환전한도	합계 6500만 원 (USD $50,000)
ATM 인출 수수료	월 $500까지 면제	면제	면제	면제
환전 수수료	면제	면제	면제	면제
재환전 수수료	1%	1%	면제	환율 50% 우대

*통화별 환전 우대 정책은 계속 바뀌므로 정확한 내용은 카드사 홈페이지를 참고
*해외 ATM 출금 시 인출 수수료는 면제되나 현지 ATM 수수료는 부과될 수 있음

● 주의 사항

❶ 소액 위주로 사용

필요한 금액을 예상하여 환전해두고 사용하는 방식이므로 계좌에 금액이 부족하거나 결제 한도를 초과하면 승인이 거절될 수 있다. 카드사별 경쟁이 치열해지면서 결제 및 ATM 인출 한도가 늘어났지만, 되도록 소액 위주로 사용하는 것이 좋다.

❷ 숙소 체크인 용도로는 쓰지 말 것

카드 승인 취소가 간단한 신용카드와 달리 체크카드는 해당 금액 환불까지 상당한 시간이 필요하다. 체크인할 때 지불했다가 돌려받는 숙소 보증금은 체크카드로 결제 시 해당 금액이 계좌에서 먼저 빠져나간다.

❸ 추가 결제 금액에 주의

추후에 합산 결제되는 대중교통 요금이나 숙소 미청구액, 주유소 등에서 뒤늦게 대금이 청구되는 경우가 있다. 귀국 후 계좌에 잔액이 부족하다면 연체 처리될 수 있으니 남은 외화는 적어도 한 달 정도 시간을 두고 재환전하는 것이 좋다.

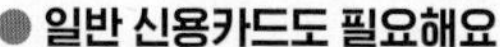

● 일반 신용카드도 필요해요

한국에서 발급한 신용카드를 미국에서 사용할 경우 해외 카드사(Visa, Master)에 지불하는 수수료 약 1% 외에도 국내 카드사 수수료 0.2~0.5% 정도가 더해진다. 환율 변동까지 고려하면 불리한 조건이지만, 호텔 보증금이나 렌터카 보증금은 체크카드가 아닌 신용카드로 결제해야 한다는 점에 유의하자.

+MORE+

결제할 때는 현지 통화(달러) 선택하기

미국에서 원화로 결제하면 추가 수수료가 붙는다. 결제 후 영수증을 확인해 KRW(원화) 표시가 보인다면 바로 취소하고 미국 달러로 재결제를 요청하자. 국내 은행에서 카드 해외 원화 결제(DCC) 차단 서비스를 미리 신청해두면 편리하다.

● 모바일 결제

모바일 결제를 하려면 NFT 결제 단말기가 있어야 한다. 미국은 한국보다 모바일 결제가 보편화돼 있다.

구분	삼성페이	애플페이
해외 사용 지원 카드	• 삼성·국민·신한(비자, 마스터)·농협·롯데·우리(마스터) 등 • 구체적인 카드는 삼성페이에서 확인	• 현대(비자, 마스터, 아멕스)
해외 사용	국내 유심 장착 상태에서 카드 등록 후 해외 결제 서비스 사전 신청	국내와 동일한 방식

TRAVEL ITINERARY

미국 동부 추천 코스 BEST 5

Office Space

여행 일정 세우기

먼저 가고 싶은 도시를 정한 후, 최소 여행 기간을 고려해 다른 장소와 일정을 조합해보자. 지역을 옮긴다면 이동 시간을 반나절이나 하루씩 더해서 계산한다. 가까운 도시는 버스, 열차, 렌터카로 쉽게 갈 수 있고, 나이아가라 폭포와 올랜도처럼 비행기를 이용해야 하는 먼 곳은 입·출국 공항을 다르게 정하는 것이 훨씬 효율적이다. 이동에 걸리는 시간은 056p의 도시 간 이동 거리표를 참고.

목적지별 최소 여행 기간은?

4일 이상
뉴욕
올랜도

3일 이상
시카고
마이애미

2일 이상
보스턴
워싱턴 DC
나이아가라 폭포
뉴올리언스

1일 이상
필라델피아
애틀랜타
히스토릭 트라이앵글

퀘벡 시티
토론토
나이아가라 폭포
보스턴
뉴욕
시카고
필라델피아
워싱턴 DC
히스토릭 트라이앵글
애틀랜타
뉴올리언스
올랜도
마이애미

Course 1 최소 10일
미국 여행의 정석
보스턴 – 뉴욕 – 워싱턴 DC

Course 2 최소 12일
스트레스 제로! 꿀잼 여행
뉴욕+올랜도

Course 3 최소 8일
미국 문화유산 답사기
워싱턴 DC & 중부

Course 4 2주
겨울 여행, 여기 어때?
미국 남부 일주

Course 5 최소 9일~2주
나이아가라 폭포에서 토론토로!
미국+캐나다 2개국 여행

7박 8일 여행 예산 짜기 (예시)

최근의 환율 급상승 및 원가 상승으로 인해 미국의 물가는 굉장히 높은 상황이다. 여행 시기에 따라 변동 폭이 큰 숙소 가격대를 먼저 검색하고 예산을 정한 다음, 항공편 등의 스케줄을 확정해 나가는 것이 좋다. 입장권과 식비 등은 남은 예산에서 효율적으로 조율한다.

*여행 방식과 방문 지역, 시기에 따라 예산은 크게 달라질 수 있음, 환율 $1=1380원 기준

분류	항목	상세	비용(USD)			내용
			금액	횟수	계	
서류		ESTA 발급	$21	1	$21	
		여행자 보험	$80	1	$80	
		통신	$30	1	$30	일주일 로밍 3만9000원 일주일 이심 3만원
교통	**항공권**	서울-미국 왕복	-	-	-	토요일 오전 미국 도착, 토요일 밤 미국 출발
	렌터카	8일(중형 SUV 기준)	$1,000	1	$1,000	공항에서 대여·반납·보험료 포함
	유류비		$40	2	$80	
소계					**$1,211**	
숙박	**고급 호텔**	올랜도, 마이애미	$300	2	$600	
	B&B	가정집 형태의 민박	$150	2	$300	보스턴과 뉴잉글랜드 지역 기준
	중급 체인 호텔	동부 전역	$200	3	$600	주요 관광지 기준 저가형 숙소
	레지던스 호텔	뉴욕, 시카고 등 대도시	$200	3	$600	
소계					**$1,500**	*2인 1실 기준 1인당(50%) 가격
식비		일반 레스토랑	$50	6	$300	단품(1인 기준)
		고급 레스토랑	$150	1	$150	스테이크 등 코스 요리 등
		버거	$15	2	$30	쉐이크쉑 기본, 감자, 음료 등
		스낵	$20	8	$160	샌드위치류의 간단한 식사
		디저트	$10	5	$50	케이크, 아이스크림 등
		음료	$5	8	$40	커피, 음료(하루 1회 기준)
		식료품	$150	1	$150	조식 및 이동 중 간단한 식사
소계					**$880**	
입장료	**할인 패스**	올랜도 테마파크	$150	2	$300	디즈니 월드, 유니버설 스튜디오 등
	전망대	주요 도시 전망대 2곳	$50	2	$100	뉴욕, 보스턴, 시카고 등
	스포츠	메이저리그 경기	$40	1	$40	저가형 좌석 기준
	박물관 등		$30	3	$90	일반적인 박물관·미술관 기준
소계					**$530**	
총계(달러)					**$4,121**	*항공권/쇼핑/주류/팁 등 기타 비용 미포함
총계(원화)					**₩5,686,980**	

최소 10일

미국 여행의 정석

보스턴 – 뉴욕 – 워싱턴 DC

동북부의 핵심 도시 뉴욕을 중심으로 북쪽의 보스턴, 남쪽의 워싱턴 DC까지 돌아보는 알짜 여행 코스! 전체 경로를 빠른 길로 연결하면 700km 남짓, 렌터카로 다녀도 될 만큼 부담 없는 거리다. 미국에서 교통이 가장 발달한 지역이므로 차량 대신 도시 간 장거리 버스나 열차를 이용해도 된다. 여기에 필라델피아, 나이아가라 폭포, 시카고 등을 추가해 나만의 여행 코스를 만들어보자.

항공권 보스턴 IN – 워싱턴 DC OUT
Option ❶ 나이아가라 폭포 왕복 항공권
Option ❷ 시카고 왕복 항공권

여행 최적기 봄~가을

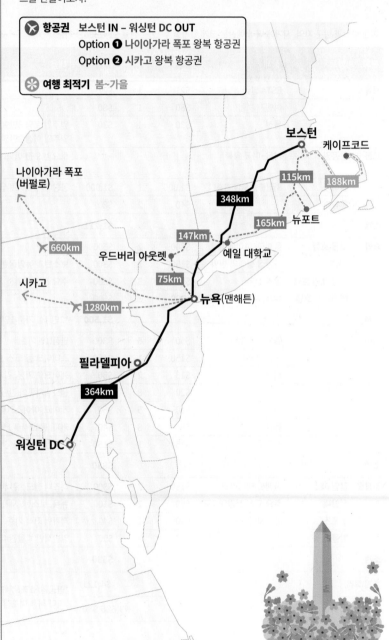

보스턴
케이프코드
115km
188km
나이아가라 폭포
(버펄로)
348km
뉴포트
165km
147km
660km
예일 대학교
우드버리 아웃렛
75km
시카고
뉴욕(맨해튼)
1280km
필라델피아
364km
워싱턴 DC

	숙박 장소	세부 일정	준비사항
DAY 1~2	**보스턴**	보스턴 추천 일정 160p	-
DAY 3~7	**뉴욕**	**보스턴 → 뉴욕** ❶ 버스/열차 4시간 30분 ❷ 렌터카 4시간 or 1박 2일	• 이동 수단 선택
		뉴욕 추천 일정 253p	• 뮤지컬 공연 예약 • 자유의 여신상 크루즈 예약 • 전망대 시간 예약
DAY 8~9	**선택**	❸ 나이아가라 폭포 ✈ 1시간 30분 ❹ 필라델피아 🚗 2시간 ❺ 시카고 ✈ 2시간 30분	• 나이아가라 폭포 방문 시 여권 및 출입국 서류 준비
DAY 10~11	**워싱턴 DC**	워싱턴 DC 추천 일정 366p	• 국회의사당 투어 예약 • 내셔널 모뉴먼트 예약 • 항공우주 박물관 입장 예약

⚠ 고려 사항

❶ 대도시의 높은 주차비(하루 $40~50)를 고려해서 일정 초반(보스턴과 뉴욕)에는 렌터카보다 대중교통을 활용하는 것이 좋다. 보스턴에서 뉴욕까지는 직행 버스나 열차로 쉽게 갈 수 있다.

❷ 렌터카를 선택한다면 일정을 하루쯤 추가해서 예일 대학교, 뉴포트 등 근교 여행지와 뉴저지 우드버리 아웃렛(152p)을 경유할 수 있다. 케이프코드는 동선에서 벗어나 있어서 시간이 더 필요하다.
교통 체증과 주차비를 고려하면 뉴욕 맨해튼은 렌터카로 진입하지 않는 편이 낫다. 뉴저지의 호보컨이나 저지 시티 쪽 숙소에 주차하고 뉴욕 관광은 대중교통을 이용하자.

❸ 나이아가라 폭포로 가는 국내선 항공편은 뉴욕 ➡ 버펄로 공항(BUF) ➡ 워싱턴 DC로 정하면 이동 시간이 절약된다.

❹ 필라델피아는 워싱턴 DC로 가는 길에 들르기 좋은 위치다. 반나절 동안 빠르게 둘러봐도 되지만, 가능하면 하루쯤 숙박하는 것을 추천.

❺ 시카고는 거리가 멀고 볼거리도 많아서 최소 사흘 일정으로 방문하면 좋다.

보스턴

뉴욕

워싱턴 DC

최소 12일

뉴욕 + 올랜도

스트레스 제로! 꿀잼 여행

세계 최고의 관광도시 뉴욕과 올랜도에서 지루할 틈 없는 빡빡한 일정으로 신나게 놀아보자. 한국에서 직항편이 없는 올랜도는 뉴욕에서 출발하면 된다. 왕복 항공권 가격은 $100~150 정도. 포토존 옆에 포토존, 테마파크 옆에 테마파크, 아침부터 저녁까지 하루 종일 즐거움의 연속! 여기에 크루즈 여행이나 근교 여행지를 추가한다면 더욱 환상적이다. 충분한 체력과 사전 준비는 필수.

항공권 뉴욕 IN – 뉴욕 OUT
PLUS 올랜도 왕복 항공권
Option ❶ 바하마/캐리비언 크루즈 탑승권
Option ❷ 근교 여행을 위한 렌터카 대여

여행 최적기 가을~봄

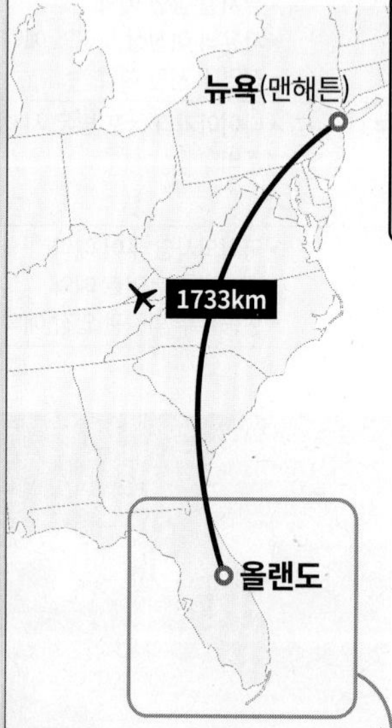

뉴욕(맨해튼)
1733km
올랜도

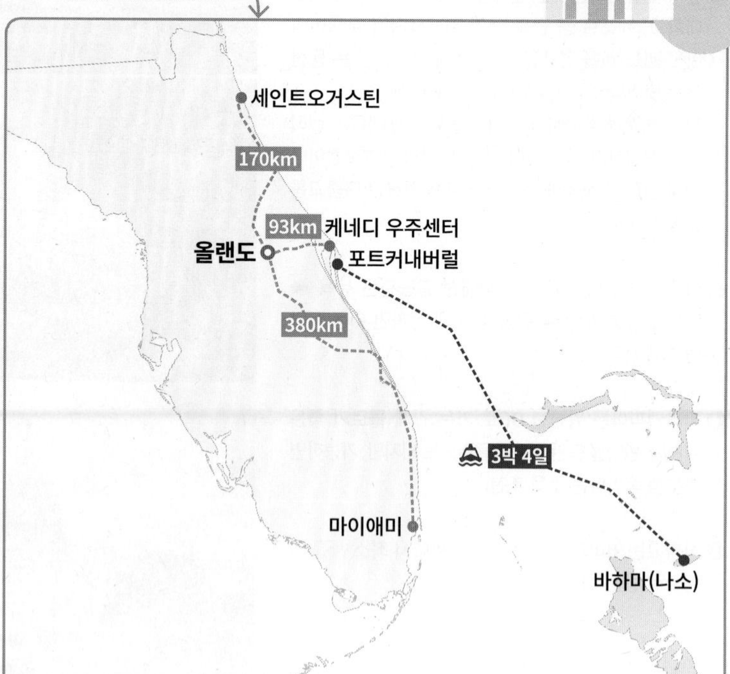

세인트오거스틴
170km
93km
케네디 우주센터
올랜도
포트커내버럴
380km
3박 4일
마이애미
바하마(나소)

	숙박 장소	세부 일정	준비사항
DAY 1~4	**뉴욕**	뉴욕 추천 일정 253p	• 뮤지컬 공연 예약 • 자유의 여신상 크루즈 예약 • 전망대 시간 예약
DAY 5	**올랜도**	**올랜도 → 뉴욕** ✈ 3시간 디즈니 스프링스 쇼핑가 구경	• 항공권 예약
DAY 6~8		**테마파크 방문** • 디즈니 월드 (최소 2일) • 유니버설 올랜도 (최소 1일)	❶ 테마파크 입장권 예매 552p ❷ 놀이기구 예약 및 이용 방법 숙지
DAY 9~12	**선택**	❸ 포트커내버럴 출발 118p ❹ 근교 여행(렌터카 이용)	• 크루즈 예약(여권 및 출입국 서류 준비)
DAY 13~14	**뉴욕**	일정 마무리 후 귀국 준비	• 일기예보 확인

⚠ 고려 사항

❶ 올랜도는 비행기 이동 시간까지 고려하면 최소 4박 5일로 계획해야 디즈니 월드(테마파크 4개)와 유니버설 올랜도 리조트(테마파크 2개)를 다녀올 수 있다. 하루에 2곳 이상 방문은 어려우니 꼭 가고 싶은 몇 군데를 골라서 집중하는 것이 좋다.

❷ 테마파크 이용 방법은 매우 복잡하다. 인기 어트랙션이나 맛집(디즈니 월드의 캐릭터 다이닝)을 미리 예약하지 않을 경우 당일에 줄을 서더라도 이용하지 못할 수 있다. 다소 공부하는 기분이 들더라도 기본 정보는 꼭 읽어보고 방문하자.

❸ 올랜도 근교 항구에서 출발하는 크루즈는 목적지에 따라 기간이 다르다. 바하마 크루즈는 최소 3박 4일, 카리브해의 여러 섬을 다녀오는 크루즈는 5~7일이 걸린다.

❹ 올랜도에서 렌터카로 근교의 세인트오거스틴, 케네디 우주센터, 마이애미 등을 다녀오는 방법도 있다.

❺ 올랜도는 겨울에 가면 오히려 좋은 곳이지만, 뉴욕 등 동북부 지역의 한파로 인해 공항이 마비될 수 있다. 또한 늦여름부터 가을 사이는 허리케인 시즌에 해당하니 이 점을 감안해 귀국 항공편 일정은 여유 있게 정한다.

뉴욕

뉴욕 베셀

BEST COURSE 03

최소 8일

미국 문화유산 답사기 워싱턴 DC & 중부

수도 워싱턴 DC를 포함해 개성 있는 중부 소도시를 돌아보는 일정이다. 워싱턴 DC를 출발점으로 2가지 경로를 제시했으니 취향에 맞게 일정을 짜보자. 북쪽 경로(North Loop)를 택한다면 미국 독립의 역사가 살아 숨 쉬는 필라델피아, 세계적인 건축가 프랭크 로이드 라이트의 건축물, 18세기로 시간 여행을 떠난 듯한 랭커스터를 만날 수 있다.
남쪽 경로(South Loop)에는 최초의 영국인 정착지 등 식민지 시절 문화를 경험할 수 있는 히스토릭 트라이앵글과 남북전쟁 당시 남부의 수도였던 리치먼드가 있다. 이 지역을 여행하려면 렌터카가 필수다. 여기에 언급된 장소들은 PART 3(360p)에 자세히 소개했다.

항공권 워싱턴 DC IN – 워싱턴 DC OUT
PLUS 렌터카 대여 필수

여행 최적기 봄~가을(아나폴리스와 신커티그섬은 여름 추천)

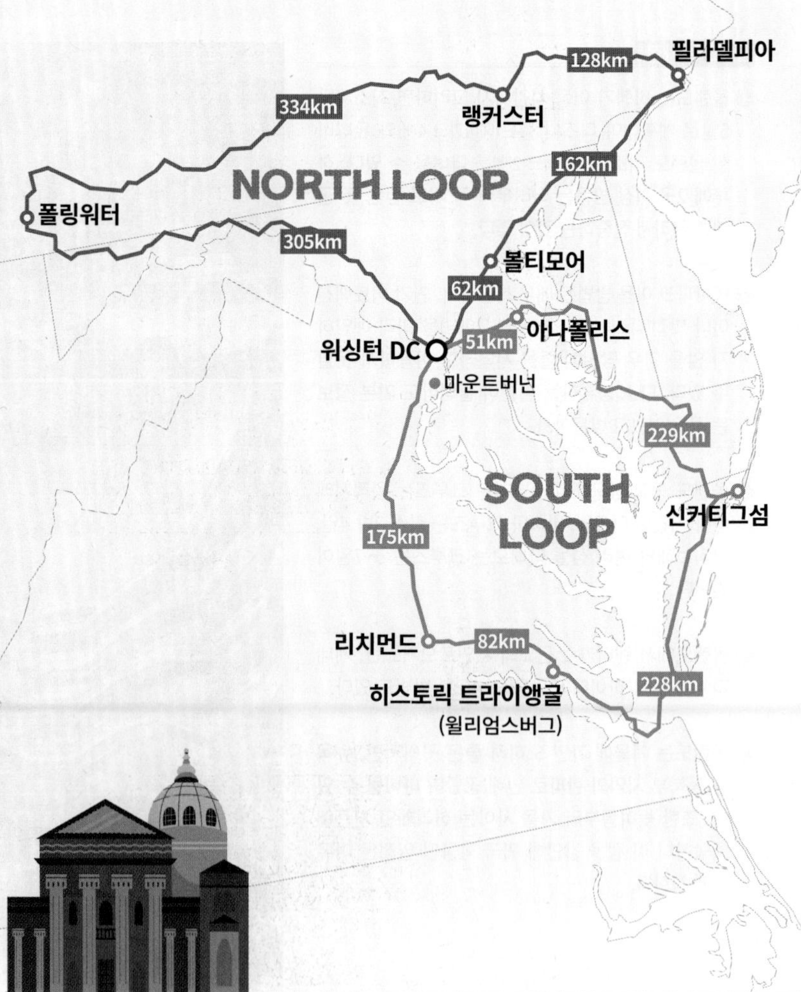

	숙박 장소	세부 일정	준비사항
Day 1~3	워싱턴 DC	❶ 워싱턴 DC 추천 일정 366p	• 국회의사당 투어 예약 • 내셔널 모뉴먼트 예약 • 항공우주 박물관 입장 예약
		❷ 근교 당일 여행	
		NORTH LOOP 이동 거리 약 980km	
Day 4	폴링워터(밀 런)	펜실베이니아 건축 기행	• 폴링워터 예약
Day 5	랭커스터	아미시 마을 & 스모가스보드 식사	
Day 6	필라델피아	미국 독립 국립역사공원 456p	• 인디펜던스 홀 예약
Day 7	워싱턴 DC	필라델피아 시청 투어 볼티모어 경유해 워싱턴 DC 도착	• 시청 투어 예약
		SOUTH LOOP 이동 거리 약 800km	
Day 4	리치먼드	마운트버넌(조지 워싱턴 생가) 방문 후 리치먼드 숙박	• 마운트버넌 입장 예약
Day 5	윌리엄스버그	히스토릭 트라이앵글 (콜로니얼 윌리엄스버그 투어)	
Day 6	신커티그섬 근처	히스토릭 제임스타운 또는 요크타운 방문 후 이동	
Day 7	아나폴리스	❸ 신커티그섬 야생말 투어 후 이동	• 보트 & 카약 예약
DAY 8	워싱턴 DC	❹ 아나폴리스 구경 후 워싱턴 DC 도착	

⚠ 고려 사항

❶ 워싱턴 DC에는 미국의 핵심 국가 기관(국회의사당, 백악관, 연방대법원 등)과 수많은 박물관이 모여 있다. 대부분 입장료를 받지 않지만, 때때로 입장 예약이 필요한 곳도 있다. 워싱턴 DC 핵심 박물관 총정리는 394p를 참고.

❷ 워싱턴 DC 근교 일정으로는 스미스소니언 항공우주 박물관 분관, 우드바 헤이지 센터, 올드 타운 알렉산드리아 등을 추천. 마운트버넌과 아나폴리스도 당일 여행이 가능하다.

❸ 신커티그 국립 야생동물 보호지역에 서식하는 야생 조랑말은 오전일수록 목격 확률이 높아진다. 인근에서 하룻밤 묵고 다음 날 아침 투어에 참여하는 것이 좋다.

❹ 아나폴리스 근교에 간다면 4~11월이 제철인 메릴랜드 블루크랩을 꼭 맛보자.

버지니아 주의사당

신커티그섬 야생말 투어

2주일

미국 남부 일주

겨울 여행, 여기 어때?

겨울 여행은 역시 미국 남부! 북쪽에 한파가 몰아치는 동안, 깨끗한 해변과 세계적 수준의 골프 코스를 갖춘 사우스캐롤라이나, 조지아, 플로리다의 해안 도시는 휴양지로 더욱 사랑받는다. 한국에서 직항이 있는 애틀랜타에서 시작해 미국 최남단의 키웨스트까지, 여유로운 일정으로 렌터카 여행을 계획해보자. 편도 거리가 1800km에 달하니 귀국할 때는 마이애미 공항에서 출발해 애틀랜타를 경유하면 된다. 샘플로 제시한 2주 코스를 참고해 일정을 조정하자.

항공권 **애틀랜타 IN – 마이애미**(애틀랜타 경유) **OUT**
PLUS 렌터카 대여 필수
Option ❶ 바하마/캐리비언 크루즈 탑승권
Option ❷ 뉴올리언스 왕복 항공권

여행 최적기 늦가을~초봄

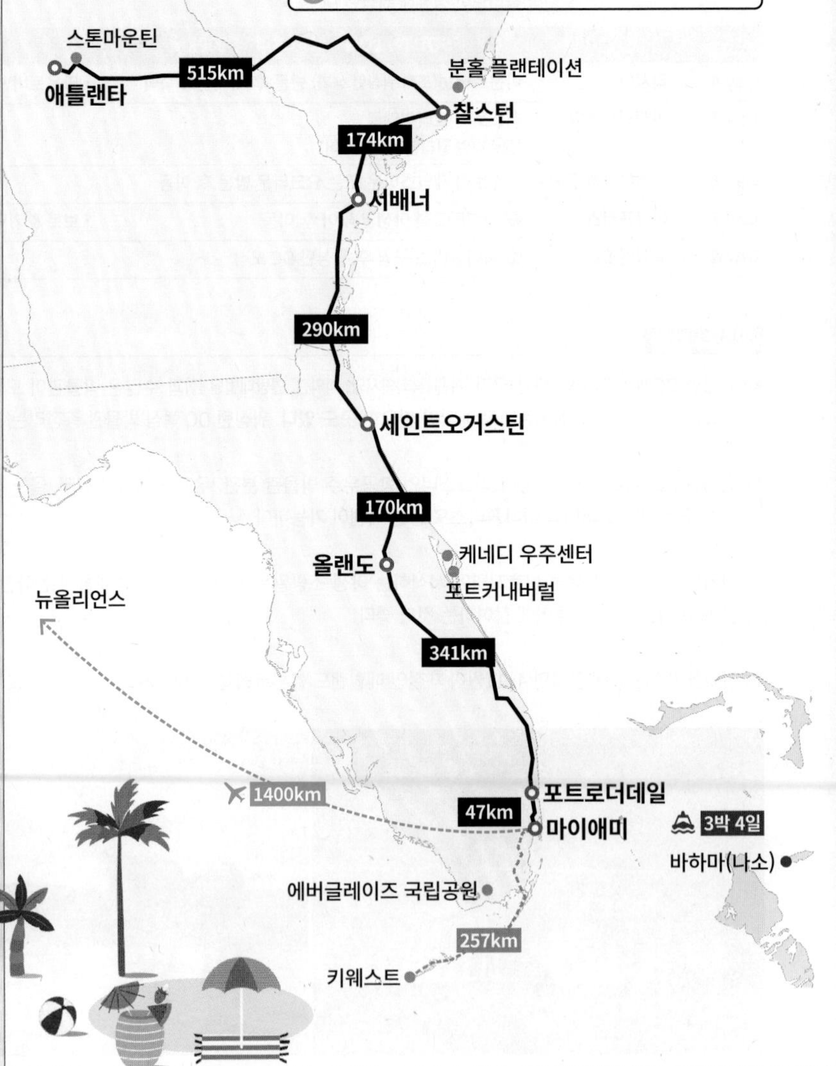

스톤마운틴
애틀랜타
515km
분홀 플랜테이션
찰스턴
174km
서배너
290km
세인트오거스틴
170km
올랜도
케네디 우주센터
포트커내버럴
뉴올리언스
341km
1400km
포트로더데일
47km
마이애미
3박 4일
바하마(나소)
에버글레이즈 국립공원
257km
키웨스트

	숙박 장소	세부 일정	준비사항
Day 1	**애틀랜타**	다운타운 애틀랜타 관광 533p	렌터카 대여
Day 2	**찰스턴**	스톤마운틴 경유해 이동	❶ 로드트립 상세 경로 확인 542p
Day 3	**서배너**	찰스턴 역사지구와 분홀 플랜테이션	
Day 4	**세인트오거스틴**	서배너 시내 투어 후 이동	
Day 5	**올랜도**	세인트오거스틴 관광 후 이동 디즈니 스프링스 쇼핑가 구경	
Day 6~8		테마파크 선택 553p (디즈니 월드, 유니버설, 씨월드 등)	❷ 테마파크 입장권 예매 & 이용 방법 숙지
Day 7	**올랜도 근교**	케네디 우주센터 관광 후 이동	
Day 8	**포트로더데일**	관광 및 아웃렛 쇼핑	❸ 크루즈 예약하기
Day 9~14	**마이애미**	마이애미 추천 일정 584p	❹ 근교 여행 준비
		에버글레이즈 국립공원, 키웨스트 등	
		귀국 준비	

케네디 우주센터

키웨스트

⚠ 고려 사항

❶ 애틀랜타에서 올랜도까지는 오전에 관광하고, 오후에는 이동하며 매일 새로운 숙소에 체크인하는 일정이다. 도로가 한적하고 가로등이 없는 구간이 많아서 어두워지기 전에 목적지에 도착하도록 시간을 안배하자. 장거리 운전을 피하고 싶다면 올랜도 또는 마이애미에서 일정을 시작해도 된다.

❷ 올랜도 체류 기간은 개인 취향에 따라 크게 달라진다. 테마파크를 제대로 즐기려고 일주일씩 머무르는 사람도 있다.

❸ 올랜도 근교의 포트커내버럴, 마이애미 근교의 포트로더데일, 마이애미 항구 등에서 출항하는 크루즈(118p)는 최소 3일부터 일주일 정도 일정으로 계획해야 한다.

❹ 에버글레이즈 국립공원이나 키웨스트까지 다녀오는 마이애미 당일 투어도 있지만, 렌터카가 있다면 최소 1박 2일 이상의 일정을 추천한다. 마르디 그라 축제 기간인 1~2월이라면 뉴올리언스에 다녀올 수도 있다.

BEST COURSE 05

최소 10일

미국+캐나다 2개국 여행

나이아가라 폭포에서 토론토로!

나이아가라 폭포에서 국경을 넘어 캐나다 동부 주요 도시를 돌아보고 미국으로 되돌아오는 일정이다. 토론토까지는 버스로 다녀올 수 있고, 전체 일정을 소화하려면 렌터카가 필수다. 장거리 코스라면 길이 완전히 녹는 5월 말 이후로 계획하는 것이 좋다. 여름에는 매우 쾌적하며, 9월 중순~10월 초는 캐나다와 미국 뉴잉글랜드 일대가 환상적인 단풍으로 물든다. 체력을 고려해 하루 운전 거리가 300~400km를 넘지 않도록 한다.

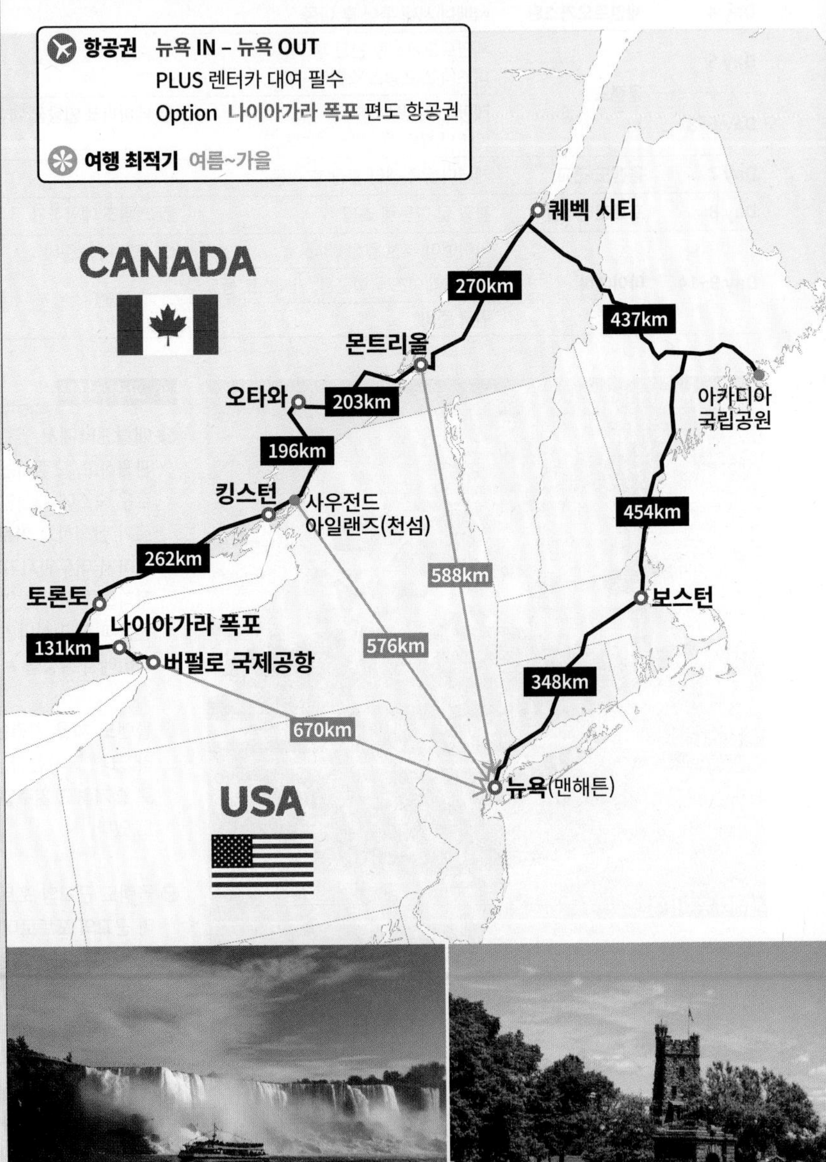

나이아가라 폭포 | 사우전드 아일랜즈(천섬)

	숙박 장소	세부 일정	준비사항
DAY 1~4	뉴욕	뉴욕 추천 일정 253p	• 뮤지컬 공연 예약 • 자유의 여신상 크루즈 예약 • 전망대 시간 예약
DAY 5	나이아가라 폭포	❶ 버펄로 공항(BUF)에서 나이아가라 폭포로 이동 ❷ 미국 측 폭포 관람 후 국경 건너기	• 편도 항공권 준비 또는 렌터카 예약 • 캐나다 입국 서류 준비
DAY 6		캐나다 측 폭포 관람	
단거리 코스 이동 거리 약 1052km			
DAY 7	토론토	**나이아가라 폭포 → 토론토** 대중교통 또는 렌터카 2시간 30분	
DAY 8		토론토 관광	
DAY 9	킹스턴	❸ 사우전드 아일랜즈(천섬) 관광 오타와(캐나다) 또는 뉴욕으로 이동	• 미국 재입국 서류 준비
장거리 코스 이동 거리 약 2300km			
4~5일	캐나다 도시	오타와, 몬트리올, 퀘벡 시티 등	
2~5일	뉴잉글랜드	아카디아 국립공원, 보스턴 등 경유 154p	
뉴욕 일정 마무리 후 귀국			

⚠ 고려 사항

❶ 버펄로 국제공항(BUF)에서 렌터카를 빌리고 뉴욕에서 반납한다면 편도 대여비가 추가된다. 뉴욕에서 나이아가라 폭포까지 차로 간다면 총 이동 거리는 더욱 늘어난다. 렌터카는 다른 나라에서 반납하는 것이 거의 불가능하며, 렌터카 회사에 따라서 캐나다 국경을 넘지 못할 수 있으니 정책을 꼭 확인해야 한다.

❷ 미국-캐나다 국경인 레인보 브리지(Rainbow Bridge)를 넘기 전에는 여권과 ESTA, I-94 등 필요 서류를 준비해야 한다. 출입국 정보, 캐나다 달러 환전, 나이아가라 폭포 추천 일정은 348p 참고.

❸ 킹스턴 근교 세인트로렌스강에는 일명 '천섬'으로 불리는 사우전드 아일랜즈가 있다. 관광 후 미국과 캐나다의 국경에 해당하는 사우전드 아일랜즈 브리지(Thousand Islands Bridge)를 건너면 다시 미국이다.

캐나다 국경 검문소 Lansdowne Port of Entry
ADD 860 ON-137, Lansdowne, ON
WEB cbsa-asfc.gc.ca

미국 국경 검문소 Alexandria Bay Port of Entry
ADD I-81, Wellesley Island, NY 13640
WEB cbp.gov

오타와

퀘벡 시티

따라만 하면 술술 풀리는

미국 교통 정보 완벽 가이드

도시 간 이동 거리

서부 시애틀에서 동부 마이애미까지 5310km에 달하는 미국에서 도시 간 이동은 항공편이 가장 효율적이다. 다만 도시 간 거리가 비교적 가까운 동북부에서는 앰트랙 열차나 그레이하운드 버스 이용을 고려할 수 있다. 렌터카를 이용한다면 환율 변동을 고려하여 국내 대행사에서 예약하는 것이 저렴할 수 있다. 대중교통은 별도 예약이 필요 없지만, 도시 간 이동에 투어 업체를 이용할 경우에는 가능한 날짜를 미리 확인하고 예약하자.

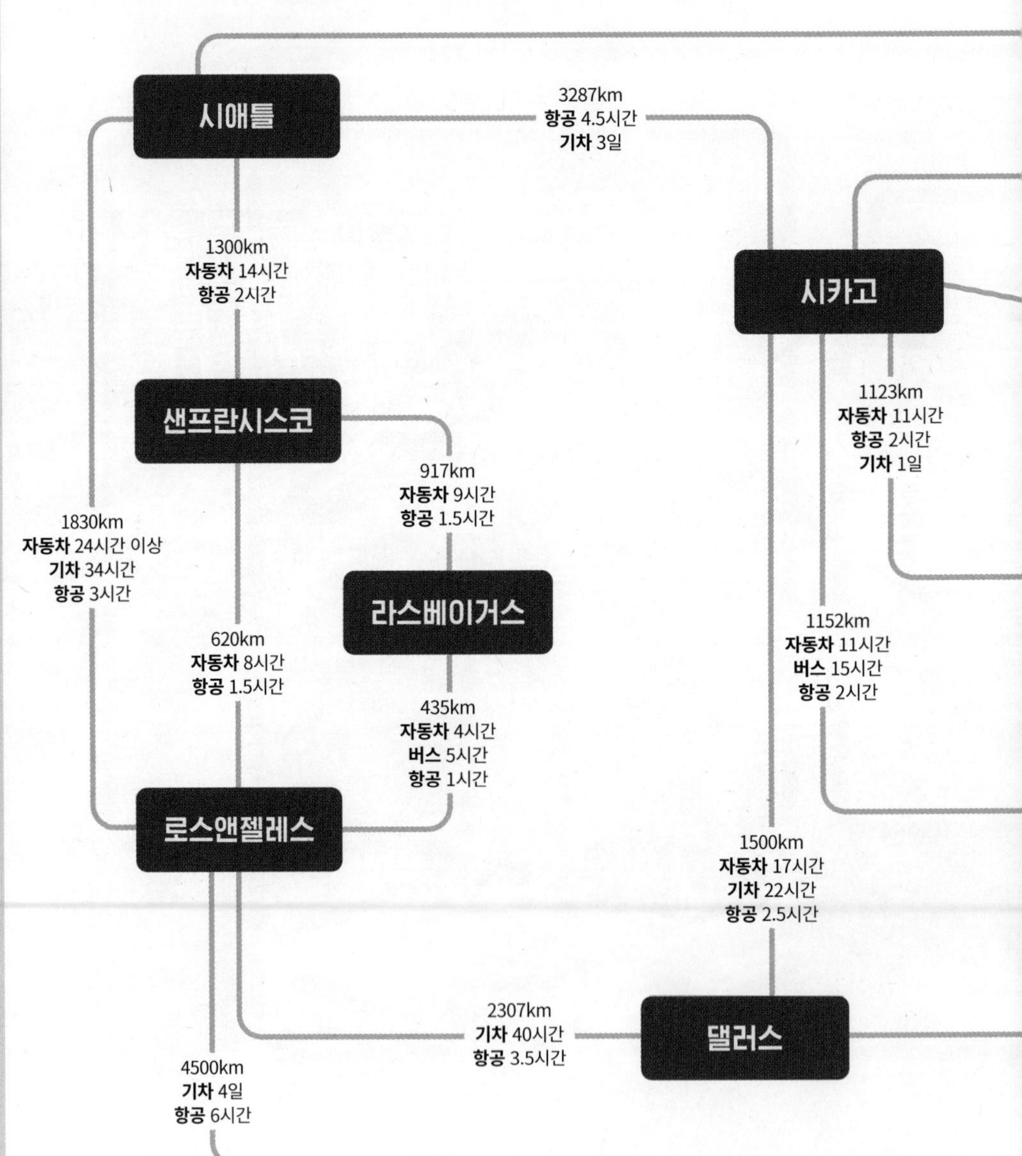

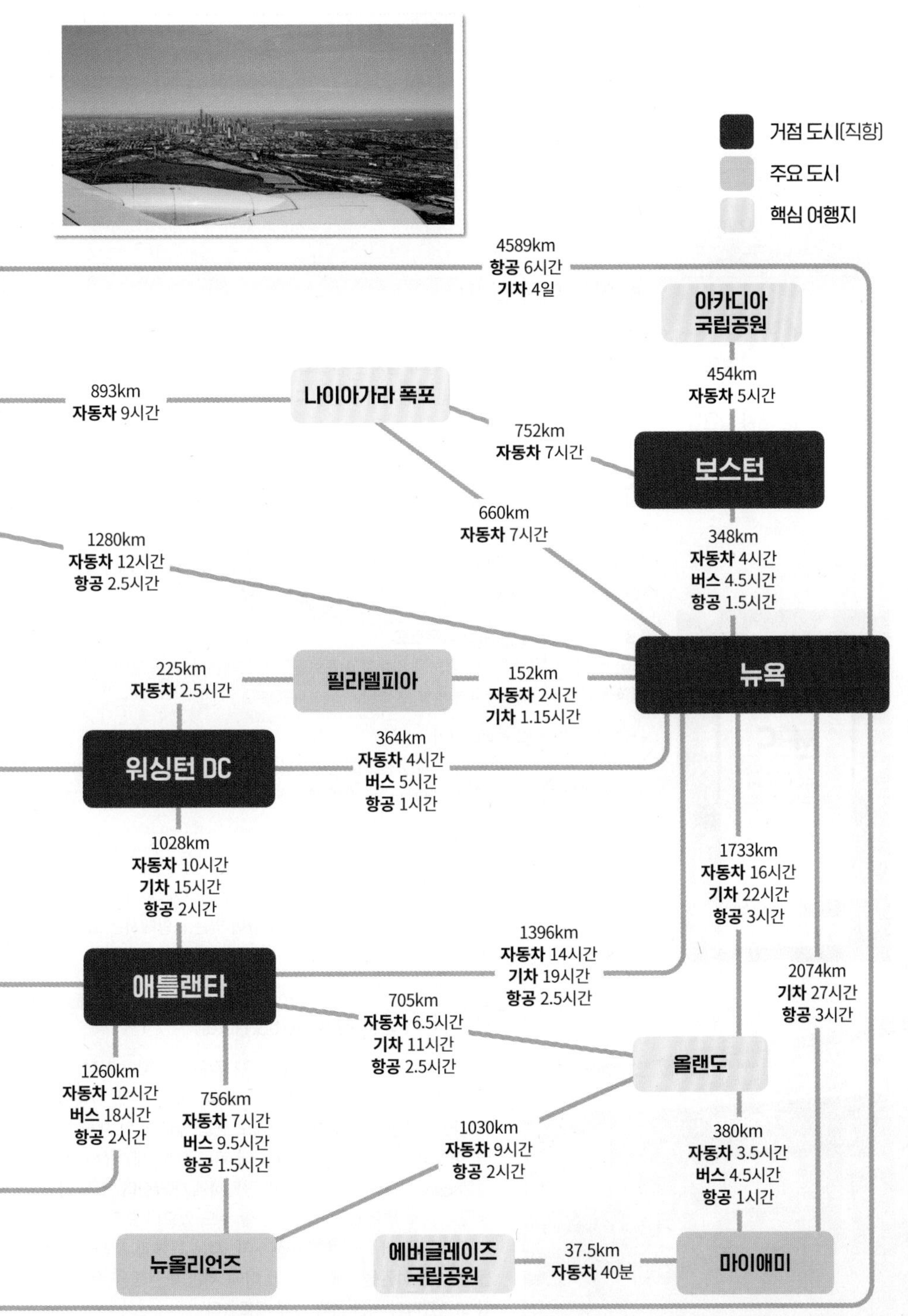
거점 도시(직항)
주요 도시
핵심 여행지
4589km
항공 6시간
기차 4일
아카디아 국립공원
454km
자동차 5시간
893km
자동차 9시간
나이아가라 폭포
752km
자동차 7시간
보스턴
660km
자동차 7시간
348km
자동차 4시간
버스 4.5시간
항공 1.5시간
1280km
자동차 12시간
항공 2.5시간
225km
자동차 2.5시간
필라델피아
152km
자동차 2시간
기차 1.15시간
뉴욕
364km
자동차 4시간
버스 5시간
항공 1시간
워싱턴 DC
1028km
자동차 10시간
기차 15시간
항공 2시간
1733km
자동차 16시간
기차 22시간
항공 3시간
1396km
자동차 14시간
기차 19시간
항공 2.5시간
애틀랜타
2074km
기차 27시간
항공 3시간
705km
자동차 6.5시간
기차 11시간
항공 2.5시간
올랜도
1260km
자동차 12시간
버스 18시간
항공 2시간
756km
자동차 7시간
버스 9.5시간
항공 1.5시간
1030km
자동차 9시간
항공 2시간
380km
자동차 3.5시간
버스 4.5시간
항공 1시간
뉴올리언즈
에버글레이즈 국립공원
37.5km
자동차 40분
마이애미

교통 정보 01 비행기

한국에서 미국으로 가기

보스턴, 뉴욕, 워싱턴 DC, 시카고 등 동부 대도시의 웬만한 공항에는 직항편이 취항한다. 미국은 입국 심사가 까다로워 공항에 최소 3시간 전에 도착해야 한다. 서울역 도심공항터미널은 미주 노선의 이용을 제한하는 때가 많으니 탑승 수속 가능 여부를 해당 항공사에서 확인한다.

WEB 인천공항 airport.kr

> **!** 만일 입국 심사 과정에서 부당한 대우를 받거나, 체포될 경우에는 영사 접견을 요청할 수 있다.

◆ 미국 입국 절차

❶ 입국 심사

미국 CBP(관세국경보호청)의 입국 심사는 간소화되는 추세지만, 필요 서류는 꼼꼼히 챙겨야 한다. 공항마다 입국 절차가 조금씩 다르지만, 보통 다음 2가지 방식으로 나뉜다.

A 모바일 여권 심사 Mobile Passport Control

일반적인 입국 심사에 비해 좀더 빠른 입국이 가능하다. CBP 홈페이지 기준으로 미국 시민권자·영주권자이거나 ESTA를 소지하고 재입국하는 사람(Returning Visa Waiver Program Travelers)이 이용할 수 있다. 비용은 무료.

• STEP 1 모바일 앱(MPC) **다운로드**
출국 전 개인 정보와 여권 정보를 입력하고 프로필을 생성해둔다. 가족 동반 시 프로필 하나에 최대 12명까지 등록할 수 있다.

• STEP 2 미국 입국 신고하기
비행기가 착륙하면 앱을 켜고 세관 신고를 진행한다. 안내에 따라 본인 및 동반인의 사진(셀카)을 찍은 다음 최종 제출(submit) 버튼을 누른다. 이때 휴대폰이 반드시 Wi-Fi 또는 모바일 데이터에 연결돼 있어야 한다.

• STEP 3 MPC 전용 줄 서기
심사관이 여권 또는 얼굴 인식으로 정보를 확인한다. 사전에 입력한 내용에 관한 간단한 질문 몇 가지와 함께 절차가 빠르게 끝난다. 전용 줄이 없는 공항에서는 모바일 앱을 보여주고 직원에게 문의한다.

B 외국인 입국 심사 Non U.S. Citizens

심사 대기시간이 매우 긴 편이라 2시간은 예상해야 한다. 차례가 되면 심사대 앞으로 가서 여권을 제출하는데, 가족이 있다면 입국 심사를 함께 진행해도 된다. 심사관이 체류 목적, 여행 기간, 방문 지역과 미국 내 체류 장소, 세관 신고 사항에 관해 질문하면 단답형으로 간단하게 대답한다. 귀국 항공권과 숙소 바우처를 제시해야 할 수도 있으니 프린트하거나 모바일 캡처 화면을 준비해두자. 지문 등록과 사진 촬영을 마치면 여권을 돌려받는다. 이때 세관 확인증을 준다면 잘 보관했다가 세관 통과 시에 제출한다.

❷ 수하물 찾기

모니터에서 편명에 맞는 컨베이어 번호를 확인하고 수하물 찾는 곳(Baggage Claim) 표지판을 따라간다. 대형 화물은 오버사이즈 화물 코너에서 찾아야 한다.

❸ 세관 통과

면세 범위를 초과하는 물품이나 현금 휴대 시 입국 심사 단계에서 반드시 세관에 신고해야 한다. 일반적으로 가족당 1장의 세관 신고서를 작성하면 되는데, 항공사에서 보내주는 QR코드 링크를 통해 출국 전 전자 세관 신고서를 작성하거나 기내에서 수기로 써서 낸다. 입국 심사관이 도장 찍힌 세관 서류를 주면 짐을 찾아 밖으로 나오면서 세관에 제출하는 방식도 있다. 주마다 시스템이 조금씩 다르니 탑승하는 항공사의 안내를 따른다.

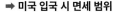

➡ 미국 입국 시 면세 범위

여행 목적으로 방문하는 경우 $100까지 면세가 적용된다. 면세 기준을 초과한 물품은 3%의 관세를 단일 세율로 부과하며, 수량이 면세 범위를 초과하지 않아도 과세 품목에 대해서는 미국 내국세(Internal Revenue Tax, IRT)와 함께 3%의 관세를 부과할 수 있다.

21세 이상인 경우:

- **주류** 1L 이하 1병
- **담배** 200개비(잎담배 100개비)
- **현금 & 유가 증권** 총액에는 제한이 없으나, $1만을 초과하는 경우 'FinCEN 105' 양식을 작성하여 세관에 신고한다.

➡ 반입 금지 식품

- 모든 종류의 육류(소고기, 돼지고기, 닭고기, 양고기, 계란)
- 육류 가공품(육포, 소시지, 햄, 치즈, 고기 성분의 라면수프, 장조림, 순대)
- 육류 및 계란 성분이 포함된 식품 및 가공식품 일체(만두, 육류 성분이 포함된 즉석식품)
- 유제품(우유, 치즈)
- 가공되지 않은 인삼 및 구황작물
- 종류를 불문하고 생과일 및 생채소, 식물이나 씨앗은 반입 금지다.

➡ 위탁 수하물은 TSA 검사에 대비

공항의 보안 검사는 미국의 연방 항공 보안국인 TSA(Transportation Security Administration) 요원들이 수행한다. 이들은 캐리어를 임의로 열어볼 수 있는 권한이 있다. 따라서 위탁 수하물에 잠금장치를 한다면 TSA락(TSA Lock) 기능이 있는지 꼭 확인해야 한다. 쉽게 열어보지 못하도록 밀봉한 경우 보안 검사 과정에서 가방이 훼손되어도 보상받을 수 없다.

경유 항공편 이용 시 주의 사항

해외에서 출발해 미국을 경유하는 항공편을 이용하는 경우 미국의 첫 번째 도시에서 정식으로 입국 심사 및 수하물 검사를 한 다음, 국내선 항공으로 갈아탄다. 항공편 지연까지 고려하면 현지에서 기다리는 한이 있더라도 최소 3~4시간은 잡는 것을 추천한다. 미국 공항 홈페이지에 들어가면 터미널 위치를 찾아볼 수 있으니 국제선과 국내선 터미널 간 거리를 알아두는 것도 도움이 된다.

◆ 미국·캐나다 이외의 국가에서 환승할 때

예를 들어 [서울-도쿄-뉴욕] 항공편은 도쿄에서 환승만 하고, 최종 목적지인 뉴욕에서 짐을 찾는다. 단, 액체류는 밀봉된 상태를 유지해야 하며, 경유 항공편 이용 시에는 면세점에서 액체류/젤류 구매 가능 여부를 확인한다.

◆ 미국에서 환승할 때

[서울-로스앤젤레스-뉴욕] 또는 [서울-로스앤젤레스-올랜도] 항공편이라면 경유지인 로스앤젤레스에서 먼저 입국 심사를 거치고, 짐을 찾아 연결편 수하물 접수대에 다시 옮겨 놓아야 한다. 여행자들이 가장 많이 실수하는 부분이니 각별히 주의하자. 그다음 국내선 터미널로 이동해 환승한다.

◆ 캐나다에서 환승할 때

캐나다를 거치는 항공편을 이용한다면 캐나다 전자여행허가(eTA)나 비자가 필요하다. 미국과 캐나다 간 항공 이동은 국내선 이동에 준할 만큼 절차가 간소화돼 있으니 미국에서 환승할 때와 마찬가지로 캐나다 공항에서 사전 입국 심사(Border Preclearance)를 받고 짐 검사를 한다. 미국에 도착하면 보통 입국 심사 없이 국내선 터미널에 내린다.

◆ 엄격한 수하물 규정

미국 항공사는 수하물 규정이 매우 엄격하다. 특히 저비용 항공사는 무료 수하물이 아예 없거나 1개 이하로 제한하는 경우가 많다. 또한 공동 운항편(타 항공사의 비행기)으로 환승하는 경우 기내 수하물(Carry-on Bag)과 개인 소지품(Personal Item)의 크기와 무게 및 위탁 수하물 규정이 달라질 수도 있으니 사전에 조건을 반드시 확인해야 한다.

➡ 일반적으로 미국에서 통용되는 기내 수하물의 크기

22"x 14" x 9"
(55cm x 35.56 cm x 22.86cm)

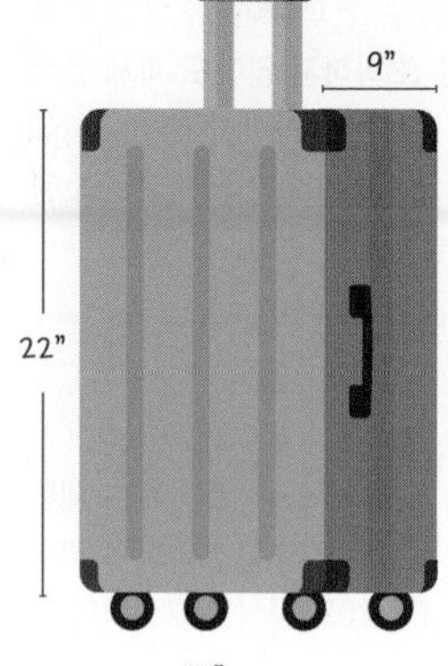

미국 국내선 이용하기

미국 국내선 항공편 탑승 절차는 매우 간편하다. 체크인은 대부분 기기에서 셀프로 하는데, 탑승권에 적힌 탑승구(Gate)는 연착 등의 사유로 바뀔 수 있기 때문에 공항에 설치된 모니터를 계속 확인해야 한다. 탑승 순서는 좌석 위치나 항공권 등급에 따라 다르니 좌석 번호를 확인하고 탑승 콜에 맞춰 탑승한다.

+MORE+

미국 대형 항공사

- 아메리칸항공 (American Airlines)
- 델타항공(Delta Air Lines)
- 유나이티드항공 (United Airlines)

미국 저비용 항공사

- 사우스웨스트항공 (Southwest Airlines)
- 젯블루(JetBlue Airways)
- 스피릿(Spirit Airlines)
- 프런티어 (Frontier Airlines)

◆ 오버부킹에 대비하기

미국에서는 항공편이나 좌석이 취소되는 상황이 빈번하게 발생한다. 천재지변이나 기체 결함으로 인한 지연도 있지만, 일종의 관행처럼 여겨지는 오버부킹이 원인이 되기도 한다. 비행기를 타지 못했다면 다른 항공편으로 연계해주는데, 출발 시간이 늦다면 그다음 날로 미뤄질 수 있다. 따라서 되도록 오전 항공편을 이용하고 일정을 여유롭게 잡자. 불확실성을 조금이라도 낮추는 방법은 다음과 같다.

❶ 가능하다면 해당 항공사 사이트에서 직접 티켓 예약하기
❷ 최저가보다는 환불이 가능하고 사전에 좌석 지정이 가능한 티켓으로 선택하기
❸ 항공사 모바일 앱을 미리 다운받아 출발 24시간 전부터 가능한 모바일 체크인 꼭 하기
❹ 출발 당일 공항에 일찍 도착하고 앱이나 메일로 전달되는 공지사항에 주의를 기울이기

◆ 결항과 지연을 고려한 일정 짜기

겨울철 동북부 지역은 한파로 인해 항공편이 결항되고 도시가 마비될 수 있다. 따라서 전체 여행 일정에 여유를 둬야 하며, 연계 항공편은 충분한 시간을 두는 것이 좋다. 기상 악화 경고가 발효되면 모든 비행 노선은 취소-환불이 진행되며, 대체 항공편이나 교통편은 개인적으로 해결해야 한다.

교통 정보 02 열차

American과 Track의 합성어인 앰트랙(Amtrak)은 미국에서 전체 46개 주, 500여 개 역을 운행한다. 비슷한 노선의 항공편 못지않은 가격인 데다 소요 시간도 길어서 장거리 여행에는 비효율적이지만, 동북부(Northeast) 노선은 매우 촘촘하게 연결돼 있기 때문에 근거리 이동 시 고려해볼 만하다. 주요 도시라고 해서 모두 앰트랙 직행 노선이 있는 것은 아니니 기차 노선과 자신의 여행 경로가 맞는지 확인하자. 앰트랙 노선도 **MAP ❷**

WEB amtrak.com

◆ 주의 사항

- 냉방이 가동되므로 따뜻한 옷이나 무릎 담요를 준비한다.
- 객실 내에서 이동할 때는 중요 소지품을 항상 소지하자.
- 늦은 시간에 하차할 경우 안전에 유의하자.

◆ 타는 방법

표는 현장에서도 구매할 수 있으나, 출발일 최소 7일 이전에 예약해야 조금이라도 할인된 가격에 구매할 수 있다. 여행 일정이 정해지면 미리 알아보고, 좌석 사전 예약까지 마치는 것이 가장 좋은 방법이다.

◆ 티켓 종류

홈페이지에서 출발 장소와 목적지를 입력하면 구매 가능한 티켓 종류가 표시된다. 단거리는 일반석(Coach Seat), 비즈니스석(Business Class), 1등석(First) 중에서 선택하며, 장거리는 루멧(Roomete, 좌석형 개인실) 또는 침대칸(Bedroom, 침대형 개인실)을 추가로 선택할 수 있다. 침대칸과 루멧은 2인실로, 욕실과 화장실이 딸려있다.

그레이하운드 & 플릭스버스 Greyhound & Flixbus

1914년 설립되어 북미 전역 3800여 개 목적지를 연결하는 광역 버스 그레이하운드는 주요 도시 간 거리가 가까운 동북부 대도시, 특히 워싱턴 DC-뉴욕-보스턴을 오갈 때 편리하다. 독일에 본사를 둔 글로벌 체인 플릭스버스에서 2021년 인수한 후부터 플릭스버스 홈페이지나 앱을 통해서 그레이하운드를 예약할 수 있다.

WEB greyhound.com, flixbus.com

❶ 티켓 예매

홈페이지나 전화 예매, 현장 구매도 가능하다. 미리 예매할수록 할인율이 높고, 회원 가입 후 마일리지를 적립할 수 있다.

❷ 수하물

승객 1인당 휴대용 수하물 1개와 버스 짐칸용 수하물 1개까지 무료다. 그레이하운드는 추가 요금을 내면 짐칸용 수하물을 2개까지 더 실을 수 있으나, 메가버스는 추가 좌석을 구매해야 한다.

❸ 버스 내 편의시설

국내 고속버스와 비슷한 수준이며, 노선에 따라 다소 낙후된 경우도 있다. 1열 4석의 좌석과 에어컨, 전원 콘센트, 화장실을 갖췄다.

◆ 주의 사항

- 할인 티켓은 환불 불가인 경우가 많으니 신중하게 구매한다.
- 심야 버스는 따뜻한 옷이나 무릎 담요를 준비한다.
- 장거리 버스는 추천하지 않는다.
- 그레이하운드 정류장은 도심 외곽에 있을 때가 많으니 안전에 유의한다.

피터팬버스 & 메가버스 Peter Pan bus & Megabus

그레이하운드보다 저렴해서 선호도가 높았던 메가버스가 피터팬버스와 통합됐다. 단, 뉴욕-워싱턴 DC 등 인기 노선은 피터팬버스와 메가버스 2개 브랜드로 분리 운영하기도 한다. 정식 버스터미널을 이용하는 피터팬버스는 조금 더 비싼 편. 메가버스는 버스터미널 대신 공간이 조금 넓은 도로를 정류장으로 사용할 때가 있으니 티켓 구매 시 탑승 장소를 잘 확인한다.

WEB peterpanbus.com I us.megabus.com

교통 정보 04 차량 공유 서비스

우버(Uber)와 리프트(Lyft)로 대표되는 라이드셰어(Rideshare) 서비스는 대중교통 못지않게 자주 사용하게 될 교통수단이다. 미리 비용을 비교해보고 목적지 설정과 결제까지 앱으로 할 수 있어서 기사에게 별다른 설명이 불필요하다는 점, 호출 기록이 남아서 안전하다는 점 등이 장점이다. 하지만 개인 차량을 이용하는 것이기에 내부가 청결하지 못한 차량을 배정받거나 유료 도로 계산을 실수하는 등 불편이 따를 수 있다.

계정 생성하기 (우버 기준)

출국 전 국내에서 한국 전화 번호로 인증을 받고 계정을 만든 다음 신용카드를 등록하면 현지에서 그대로 사용할 수 있다. 우버는 1인 1계정을 원칙으로 하고 있으니 장기 체류가 아닌 이상 국내 계정을 그대로 이용하기를 추천한다.

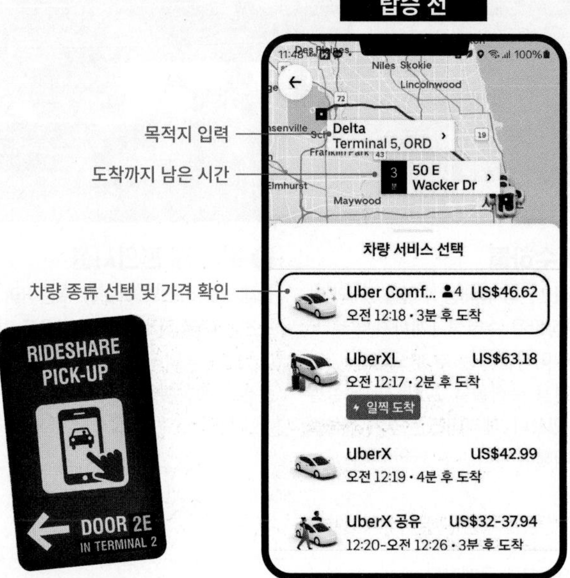

◆ 이용 순서

❶ 차량 호출

한국의 택시 호출 방식과 비슷하다. 탑승 장소와 목적지 입력 후 차량 종류를 선택한다. 공항에서는 본인이 서 있는 위치가 아니라 특정 장소로 이동해 호출해야 하는 점에 주의. 기본 차량은 UberX, 인원이 많다면 UberXL, 짐이 많다면 UberSUV를 선택한다. 우버풀(Uber Pool)은 다른 승객과 합승해 비용이 저렴하지만, 여행자에게는 적합하지 않다.

❷ 탑승

차량이 배정되기를 기다렸다가 번호를 정확하게 확인하고 탑승한다. 운전기사의 성향에 따라 조금씩 다르지만, 미국에서도 승객에게 특별히 말을 걸지 않는 것이 기본적인 룰이다. 그래도 문을 열고 타는 시점에 "Hello" 정도의 가벼운 인사는 건네자.

❸ 요금 결제

하차 시 미리 등록해둔 신용카드로 결제하며, 이때 팁을 선택할 수 있다. 요금의 15~18%를 팁으로 주는 일반 택시와 달리 우버는 팁이 의무사항이 아니다. 다만, 짐 싣는 것을 도와줬다거나 인적이 드문 곳으로 이동해 빈 차로 돌아가야 하는 상황이라면 $2~5 내외의 팁을 주는 것이 관례다.

교통 정보 05 자동차

미국에서 운전할 때는 국제 운전면허증과 국내 운전면허증, 여권을 휴대하고 방어 운전과 교통법규 및 제한속도를 준수하자. 차량 운전 시 알아두면 좋은 정보는 다음과 같다.

미국에서 운전하기

◆ 미국의 속도 단위는 마일!

미국의 모든 표지판과 차량 계기판은 마일에 맞춰져 있다. 1마일(Mile, ml)은 약 1.6km이므로 제한속도 55마일은 88km/h, 65마일은 105km/h에 해당한다. km 단위로 착각하는 경우가 흔하니 항상 주의하여 운전하자.

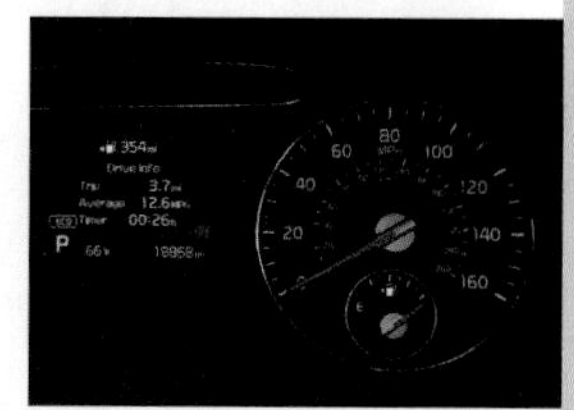

◆ 도량형 환산표

미국에서 사용하는 생활 속 단위는 한국과 다르다. 주요 단위 체계와 변환법, 사용 예는 다음과 같다.

거리	1마일(Mile, ml)=약 1.6킬로미터(km) 제한속도 65ml/h=약 105km/h	1야드(Yard, yd)=91.44센티미터(cm) 골프 비거리 200yd=약 183m
무게	1파운드(Pound, lb)=약 454그램(g) 몸무게 100lb=약 45.4kg	1온스(Ounce, oz)=약 28그램(g) 스테이크 8oz=약 226g
길이	1피트(feet, ft)=약 30.5센티미터(cm) 키 5ft=약 152cm	1인치(inch, in)=2.54센티미터(cm) 허리 30in=76.2cm
부피	1갤런(Gallon, gal)=약 3.785리터(L) 주유 시 10gal=약 37.85L	1파인트(Pint, pt)=약 470씨씨(cc) 맥주 1pt=약 470cc
온도	변환 공식: °C=(°F-32)/1.8 *화씨에서 30을 빼고 2로 나누면 섭씨와 비슷하다. *68°F=20°C, 86°F=30°C 2가지를 기본으로 2°F 변화당 1°C로 치환하여 대략 계산	

◆ 스쿨존, 스쿨버스

학교 주변 스쿨존은 주별로 정책이 다르다. 제한속도는 통상 15~25마일(25~40km/h) 사이이며, 진입 시 속도를 줄여야 한다. 만약 스쿨버스가 정차해 차벽에 붙은 STOP 사인이 펼쳐지면 스쿨버스 반대 방향 차선까지 모든 차량이 정지해야 한다. 즉, 내가 주행하는 방향 반대 차선에 스쿨버스가 서 있다면 나도 차를 길옆에 세워야 한다.

우리나라와 다른 미국의 교통법규

◆ STOP 표지판

빨간색 신호등과 동일한 효과가 있는 표지판이다. 무조건 브레이크를 밟고, 3초 가량 정지했다가 주위를 살피고 출발한다. 사거리에 STOP 사인이 있으면 일단 정지한 후, 먼저 진입한 차량 순서대로 통과한다. 우리나라에서처럼 서행해서 지나치면 법규 위반이며, 상대 차량이 위협으로 간주할 수 있으므로 꼭 정지해야 한다.

◆ 보행자 우선

미국에서 보행자 우선권은 엄격하게 준수해야 한다. 보행자가 지나갈 때 경적을 울리는 건 금물이고 횡단보도 정지선을 넘지 않도록 주의한다. 작은 마을을 지날 때의 고속도로 제한속도는 시속 25~35마일로 떨어지며, 보행자 안전을 위해 시속 55마일 구간보다 훨씬 엄격하게 위반 차량을 적발한다.

◆ 비보호 좌회전

교차로에서 별도의 좌회전 신호가 없다면 비보호 좌회전을 해야 한다. 직진 신호인 상황에서 차량 통행이 없으면 좌회전이 허용된다. 차량이 연이어 지나가는 큰 길이라면 직진에서 주황색 신호로 바뀌는 순간 좌회전하는 것이 일반적이다. 반대편 차량도 이 점을 감안해 늦게 출발하는 것이 관례다.

◆ 경찰 단속 및 적발 시 대처 방법

만약 경찰차가 경광등을 켜고 따라오면 발견 즉시 속도를 늦춰 안전한 위치에 정차해야 한다. 절대 차에서 내리거나 손을 함부로 움직이지 않아야 한다. 운전석 창문을 내리고 경찰관이 다가올 때까지 두 손을 운전대에 올려둔 채 지시를 기다린다(뉴스나 영화에서 많이 본 장면을 기억하자). 신분증이 옷이나 가방 속에 있다면 경찰에게 허락을 받은 다음 꺼내야 한다. 국제 운전면허증은 반드시 국내 운전면허증과 함께 제시하며, 경찰관과 대화하는 동안에는 두 손을 운전대에 올려 경찰이 의심하지 않게 해야 한다.

경미한 법규 위반은 주의로 끝나기도 하지만, 과속 및 신호 위반 등은 벌금(속도에 따라 차등-$150~300 이상)이 부과된다. 과속 스티커를 받으면 온라인으로 납부할 수 있다. 이의 신청도 가능하지만, 여행객은 현실적으로 불가능하니 속도를 준수하는 것이 유일한 방법. 벌금은 반드시 정해진 기간에 납부해야 하며, 미납 시 재입국 거절 사유가 될 수 있다.

유료 도로 통행료 확인

미국의 대도시 주변 지역에는 유료 도로가 존재한다. 주별로 다른 정책과 결제 시스템을 적용하는데, 동북부는 E-Z Pass로 대부분 호환된다. 최근에는 현금 차로는 없어지고, 단말기 또는 번호 판독 시스템으로 비용을 청구하는 전자식 톨게이트로 바뀌는 추세다.

구분	결제 시스템	홈페이지
뉴욕, 매사추세츠, 버지니아 등	E-Z Pass	e-zpassiag.com
플로리다	Sun pass	sunpass.com
일리노이(시카고)	I-Pass	illinoistollway.com

: WRITER'S PICK :

렌터카 이용 시 주의!

대부분 렌터카 회사에서는 차량에 단말기를 부착해두고 통행료에 수수료(이용일 하루당 약 $10)를 더해 추후 청구한다. 만약 톨게이트를 무제한 이용하는 정액제(All-Inclusive) 옵션에 동의하거나 단말기를 잘못 건드릴 경우 실제 이용 금액보다 많은 요금이 부과될 수 있으니 주의해야 한다.

미국 주유소 이용하기

미국에서는 주유소를 개스 스테이션(Gas Station)이라고 한다. 대부분 직접 결제 후 주유하는 무인 시스템이다.

❶ 주유기에서 카드로 선결제

빈 주유기 앞에 주차 후 결제를 진행한다. 주유소에 따라 $1만 가승인하거나, $100~150를 보증금처럼 선결제하기도 한다. 한국 신용카드로 결제되지 않으면 주유소 내 편의점 직원을 찾아가야 한다. 주유기 번호(Pump Number)를 말하면 카운터에서 카드 결제 후 주유기를 작동해준다.

❷ 주유 시작

차량 종류에 맞는 연료 선택 후 주유를 시작한다. 선결제 금액과 무관하게 필요한 만큼 넣는다.

❸ 영수증 확인 및 보관

셀프 주유를 했다면 자동으로 차액에 대한 추가 결제 또는 환불 후 재승인이 이루어진다. 이때 신용카드가 아닌 체크카드를 이용했다면, 실제 금액이 빠져나갔다가 환불되기까지 일주일 이상 걸릴 수 있다. 가승인/재결제 과정에서 오류가 생기는 상황에 대비해 영수증을 잘 보관해둔다.

일반 휘발유(Regular)

일반 휘발유 (Regular Unleaded)

디젤(Diesel)

SPECIAL PAGE : 광고

자동차 여행자라면 필독!

미국 렌터카 제대로 선택하기

미국은 자동차의 나라다.
대도시를 제외하면 대중교통이 충분하지 않고, 도시나 명소 간 이동에 최소 3~5시간 이상 소요되기 때문에 자동차가 필수다. 나이아가라 폭포나 동부의 국립공원을 효율적으로 돌아보기 위해서도 렌터카를 이용하는 것이 가장 좋은 방법. 미국 여행에 필요한 렌터카 선택부터 예약, 픽업에 필요한 정보를 모았다.

☼ 렌터카 선택 시 고려 사항

☑회사의 신뢰도

자동차는 여행 내내 함께하게 될 핵심 교통수단이다. 유사시 신속한 지원을 받을 수 있는지, 궁금한 점이나 요청 사항이 있을 때 즉각 소통이 가능한지, 클레임 발생 시 쉽고 편하게 접수하고 처리하는 시스템이 있는지 확인해야 한다. 단순 가격 비교가 아닌, 신뢰도를 기반으로 업체를 선택하는 것이 중요한 이유다.

☑국내 사무소 운영 여부

렌터카는 예약 단계부터 사용 이후까지 렌트사의 도움을 받아야 하는 경우가 많다. 허츠 렌터카는 서울에 직영 영업소를 운영 중인 글로벌 렌터사로, 여행과 지도 등의 협력사를 통해서도 즉각적으로 소통할 수 있다.

☑예약은 렌트사에 직접

여러 렌트사의 차량을 가격순으로 비교해주는 중개 사이트에서 예약하면 보험, 위약금, 취소 조건 등이 렌트사에 직접 예약할 때와 달라질 수 있으니 주의해야 한다. 가격이 저렴하다면 저렴한 이유가 반드시 있기 때문에 어느 부분에서 차이가 나는지 계약 조건을 꼼꼼히 확인해야 한다.

Hertz 허츠 렌터카

허츠는 세계적 권위를 지닌 'J.D. 파워의 소비자 만족도 조사'에서 렌터카 부문 1위로 여러 해 동안 선정된 전 세계 1위 렌트사다. 골드 회원으로 가입(무료)하면 연중 진행하는 프로모션과 함께 다양한 서비스를 제공받을 수 있다.

Hertz Gold Plus Rewards® 회원 혜택

➡ 전용 카운터 운영으로 신속한 픽업
➡ 원하는 차를 골라서 탈 수 있는 골드 초이스
➡ 상시 10% 할인 제공
➡ 다음 렌트 시 현금처럼 사용 가능한 포인트 적립

¤ 예약 절차 및 알아두기

☑렌터카, 언제 예약하는 것이 좋을까?

렌트 요금은 현지의 차량 수급 사정에 따라 수시로 변하기 때문에 서둘러 예약한다고 무조건 저렴한 것은 아니다. 항공 스케줄이 확정되면 일단 예약을 진행하되, 출발 전까지 틈틈이 견적을 체크해보다가 가격이 더 내려갔다면 기존 예약을 취소하고 새로 예약하는 것도 방법이다.

☑보험 선택(허츠 렌터카 기준)

미국의 모든 렌터카에는 기본 보험인 LI 및 LDW가 포함돼 있다. 예기치 않은 상황에 대비해 추가로 선택해야 할 보험이 LIS와 PAI/PEC이다.

기본	**LI**(Liability Insurance) 대인·대물 책임보험	**LDW**(Loss Damage Waiver) 차량 파손 및 도난에 대해 완전 면책하는 자차 보험
추가	**LIS** (Liability Insurance Supplement) 보상 한도를 $100만까지 상향	**PAI/PEC** (Personal Accident Insurance) 사고로 인한 상해 및 차량 털이 대비

※ 실제 보험의 적용은 예약 시점 'Hertz 임차 규정 원문'을 기준으로 한다.

☑추가 운전자 등록은 어떻게 할까?

예약자 본인 이외의 운전자가 있다면 현지 영업소에서 반드시 추가 등록해야 한다. 일부 기간만 운전한다 해도 추가운전 등록비용은 전 렌트 기간에 대해 부과되며, 만 25세 미만인 경우 영 드라이버(Young Driver) 비용이 전 렌트 기간에 대해 부과된다.

☑차량 픽업 시 준비물

유효한 국내 운전면허증, 발급 1년 이내의 국제 운전면허증, 주 운전자의 이름이 명시된 신용카드(무기명 법인카드·체크카드·현금 결제 불가)를 준비한다. 뒷면이 영어로 된 국내 운전면허증은 미국 대부분의 주에서 인정되지 않으니 별도의 국제 운전면허증을 발급받아야 한다.

허츠 렌터카 예약 방법

공식 홈페이지를 통해 직접 예약하거나 협력사인 여행과 지도를 이용한다. 여행과 지도는 허츠 본사의 예약 시스템을 공유하는 공인 예약 에이전시로, 한글화된 영업소 검색 시스템을 제공한다. 예약 단계에서 선불 또는 후불 요금을 선택할 수 있으며, 추가 보험과 각종 할인 코드가 기본적으로 적용되어 편리하다. 상세 정보는 여행과 지도 홈페이지를 확인하자.

Hertz

허츠 코리아
WEB hertz.co.kr
TEL 02-6465-0315
EMAIL cskorea@hertz.com (클레임 접수)

여행과 지도

여행과 지도
WEB leeha.net
TEL 02-6925-0065
YOUTUBE @travel-and-map (여행과 지도)

주차 요령

길거리 주차는 가장 편리하면서도 실수하기 쉬운 부분이다. 대도시에서도 무료 주차가 가능한 거리가 꽤 있지만, 주차 요건이 상당히 까다롭기 때문에 주위 표지판을 잘 확인해야 한다. 주별, 도시별로 표지판이 다르니 책에 소개한 내용을 참고하여 상황에 맞게 대처하자.

파크 모바일

웨이즈

◆ 운전할 때 유용한 앱

파크 모바일(Park Mobile) 주차장 정보를 검색하고 주차료를 납부할 수 있는 앱이다. 거리 주차 시 위치 넘버를 찾아 입력해야 하며, 사전 카드 등록이 필요하다.

웨이즈(Waze) 현지인들이 구글맵과 함께 많이 사용하는 내비게이션 앱. 도로교통 단속 정보를 파악하기에 유용하다. 구글맵과 교차 사용하면 편리하다.

실내 주차장

◆ 차량 절도 주의

문이 잠기지 않은 차량이나 외부에서 보이는 물품을 도난당했을 경우 보험 적용이 되지 않으니 각별히 주의한다. 여권, 현금, 전자 제품과 귀중품은 항상 휴대하고, 주차 시 차 안의 물건이 보이지 않도록 정돈해야 한다. 고의로 사고를 유발하거나 운전자의 하차를 유인하는 범죄도 발생하므로, 항상 도어 록 장치를 확인하자. 도난 사고를 당하면 경찰에 신고하여 경찰 신고 번호(Police Report Number)를 받아둬야 한다. 밤샘 주차가 필요한 경우는 주차료가 비싸도 보안 요원이 있는 실내 주차장(Secured Parking)이 훨씬 안전하다.

◆ 보도 블록 경계선 색상에 주의

경계선이 붉은색으로 칠해져 있으면 절대 주차 금지라는 뜻. 바퀴가 선을 조금 넘는 수준도 허용되지 않는다. 흰색 구간은 거리 주차가 가능하지만, 주변에 표지판이 있는지 여부와 주차 표지판에 기재된 정보를 꼼꼼히 확인해야 한다.

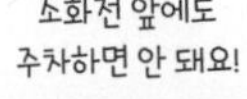

◆ 길거리 주차 표지판 읽는 방법

거리 주차를 할 때는 표지판을 잘 읽어야 한다. 기본적으로 초록색 표지판은 '주차 가능한 정보'를, 빨간색 표지판은 '주차 불가능한 정보'를 제공한다고 보면 된다. 여기에 설명한 사례 이외에도 다양한 정보를 담고 있으니 한 줄씩 차근히 해석해보자.

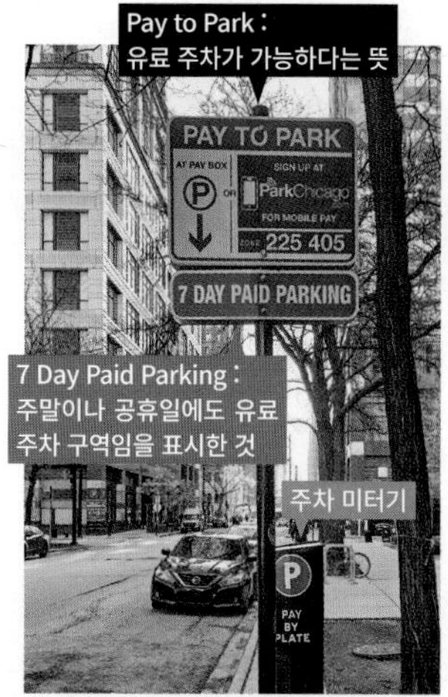

유료 거리 주차가 가능한 장소에는 주차료를 지불하는 주차 미터기가 세워져 있다. 단말기에서 대부분 신용카드로 결제할 수 있으며, 모바일 결제가 되는 곳은 앱 정보도 함께 안내한다.

거리 주차가 가능한 구역이지만, 월~토요일은 오전 7시~오후 6시 30분 사이에 차량 1대 기준으로 최대 2시간만 정차할 수 있다는 뜻이다. 표시가 없는 일요일에는 시간제한 없이 주차할 수 있다. 그 아래에 있는 연두색 표지판은 모바일 앱을 통해 정산하는 경우 입력할 구역 번호를 알려준다.

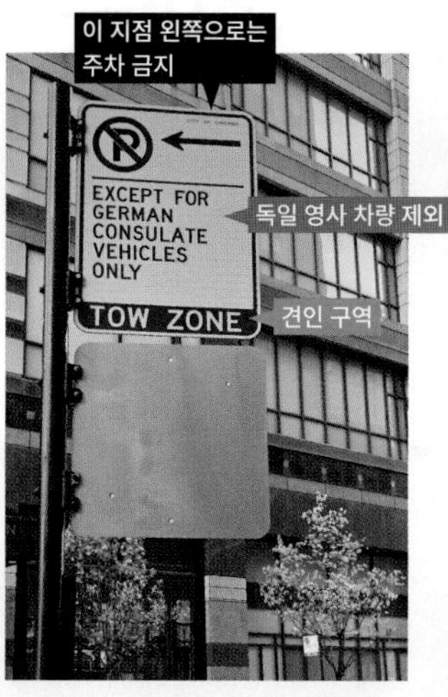

빨간색 '노 파킹'은 주차가 불가능하다는 의미다. 예외 조항을 적기도 하는데, 이 사진의 경우 독일 영사 차량은 주차 가능하다는 의미. 그 외의 차량은 무조건 견인된다.

주차 티켓은 잘 보이는 곳에 올려둔다.

미국 동부

숙소 선택 노하우

숙소, 어떻게 준비하면 좋을까?

미국의 본격적인 여행 성수기는 5월 말 메모리얼 데이 주말부터 9월 첫째 주 노동절 연휴 사이이다. 여름 방학 시즌(6~7월)에는 숙박 요금이 가파르게 상승하니 이 시기에 여행하려면 계획을 일찍부터 세워야 한다. 추천 숙소 리스트는 도시별 여행 정보에서 확인할 수 있다.

	호텔	아파트형 호텔	모텔	에어비앤비/민박
가격 경쟁력	X	△	○	○
접근성	○	△	X	X
편의성	○	○	△	X
안전성	○	○	△	△
융통성(환불 등)	○	○	○	X

TYPE 1 체인형 호텔

➔ 가격 상위(4~5성급)

대도시 중심가에 자리 잡은 경우가 많으며, 쾌적하고 스탠더드한 서비스를 제공한다. 레스토랑, 바, 수영장, 피트니스 등 다양한 부대시설을 갖췄다.

● **힐튼 Hilton**
세계적인 호텔 브랜드로, 다양한 하위 브랜드 호텔을 운영한다.
WEB hilton.com

● **하얏트 Hyatt**
숙소명에 '하얏트'가 들어간 곳은 모두 호텔급이며, 규모와 시설에 따라 등급이 달라진다.
WEB hyatt.com

● **리츠칼튼 The Ritz-Carlton**
메리어트와 같은 계열의 호텔 브랜드로, 고급 시설을 갖췄다.
WEB ritzcarlton.com

➔ 가격 중위(3성급)

도시 중심부나 주변부에 분포한 비즈니스 호텔은 고급 호텔 브랜드에서 중위 호텔 체인을 별도로 운영하는 경우가 많다. 대개 방 하나에 더블 침대 2개 구조로, 가족 단위 투숙객에게도 적합하다(예약 시 최대 인원 확인 필요). 간단한 아침 식사를 제공하기도 한다. 주로 도시 외곽에 있는 모텔급 숙소는 렌터카 이용 시 고려할 수 있다.

● **하얏트 플레이스 Hyatt Place**
하얏트에서 운영하는 고급 비즈니스 호텔. 객실이 비교적 크고 조식이 포함된다.
WEB hyatt.com

● **코트야드 바이 메리어트 Courtyard by Marriott**
메리어트에서 운영하는 비즈니스 호텔. 대체로 조식이 포함되고 편의시설이 다양하다.
WEB courtyard.marriott.com

● **햄프턴 바이 힐튼 Hampton by Hilton**
도시 외곽에 있는 경우가 많고 직영보다 가맹 위주로 운영한다.
WEB hilton.com

● **홀리데이 인 Holiday Inn**
인터컨티넨털 그룹의 모텔급 숙소로, 전 세계 2600여 개 지점이 있다.
WEB ihg.com/holidayinn

TYPE 2 에어비앤비/민박

숙박 공유 사이트 에어비앤비는 로컬 문화를 체험할 수 있다는 점과 저렴한 가격으로 인기가 높지만, 모든 것이 표준화된 호텔과 달리 집마다 조건과 시설에 차이가 있다. 호스트와 연락해서 체크인 방법을 확인해야 하며, 체크인/체크아웃 시 돌발 상황이 생길 수 있음을 감안해야 한다. 정식 허가를 받지 않고 운영하는 업체도 많고, 뉴욕의 경우 주인이 함께 지내지 않는 장소의 단기 임대를 전면 금지하니 주의해야 한다.

WEB airbnb.co.kr 또는 hanintel.com

TYPE 3 호텔과 에어비엔비의 중간, 아파트형 호텔

호텔과 에어비앤비의 중간 개념인 콘도/레지던스 스타일 숙소다. 기업에서 운영하므로 체크인/체크아웃 및 시설 등에 있어 표준화된 서비스를 기대할 수 있고, 호텔보다 저렴한 비용에 넓은 공간도 매력적이다. 또한, 대부분 주방과 세탁기, 건조기 등을 갖춰서 장기 투숙이나 가족 단위 여행자에게 매우 편리하다. 일주일 이상 장기 투숙 시 할인도 적용된다.

WEB 손더 sonder.com, 카사 kasa.com

여행의 불확실성을 낮춰주는 숙소 검색 요령

● 환불 조건 확인

숙소를 고를 때는 흔히 최저가부터 검색하기 쉽지만, 최저가라고 하더라도 환불 가능(refundable) 또는 환불 불가(non-refundable)에 따라 가격이 조금씩 달라진다. 미국은 이동 시간이 길고 기상 상황에 따라 항공편이 취소되는 경우도 많아서 일정 변동을 염두에 두고 예약해야 한다. 따라서 약간의 추가 비용이 들더라도 취소 가능한 숙소를 선택하는 것이 안전하다. 일반 호텔은 2~3일 전 혹은 직전까지 취소할 수 있는 'Last Minute Cancellation'을 허용해주는 반면, 에어비앤비의 인기 숙소는 환불 조건이 까다로운 편이다.

● 방의 크기와 종류

뉴욕처럼 숙박비가 비싼 대도시에서는 방의 크기를 잘 확인해야 한다. 적어도 20㎡(215 sq ft) 정도는 되어야 2인이 쓸만한 방이라고 할 수 있다.

- **스튜디오 Studio** 침대와 거실이 한 공간에 있는 원룸
- **원 베드룸 One Bedroom** 침실과 거실이 분리된 형태
- **셰어드 배스룸 Shared Bathroom** 다른 사람과 욕실이나 화장실을 공유한다는 뜻

● 치안 확인

대중교통이 편리한 지역에서는 좀 더 넓고 쾌적한 근교 호텔까지 검색 범위를 넓혀도 된다. 이때 구글에서 'where to stay in 000' 또는 'safe place in 000 for tourists'라고 검색하면 좀 더 여행자에 특화된 정보를 얻을 수 있다. 또한, 구글맵의 스트리트 뷰를 보면서 숙소에서 지하철역이나 버스 정류장까지의 거리를 확인해보면 좋다. 만약 숙소 1층이나 주변 가게 입구에 방범용 쇠창살이 보인다면 우범 지대일 확률이 높다.

● 숙소 예약 대행 사이트 이용 팁

숙소를 정한 후 숙소 예약 대행 사이트 중 가장 가격 경쟁력 있는 곳을 고른다. 이때 다소 요금 차가 있더라도 사이트를 1~2곳으로 정해 예약한다면 리워드 제도를 활용해 추가 할인을 받을 수 있다. 간혹 예약 정보가 연동되지 않는 경우가 있으니 예약 후 숙소에 연락(대행 사이트의 메시지 전송 기능 또는 이메일 발송)해서 한 번 더 확인하는 게 좋다.

숨은 비용까지 꼼꼼히 체크하기

요금 세부 정보

Room Total	객실 1개 x 1박	₩486,053	숙박비 검색 결과
Taxes and Fees	세금 및 수수료	₩76,286	
Destination Fee	목적지 요금	₩12,197	
Resort Fee	리조트 이용료	₩42,663	
Due	총금액	₩617,200	최종 결제 금액

❶ Tax and Fees

소비세(Sales Tax), 숙박세(Hotel Tax)가 요금에 비례하여 청구된다. 동부 대부분의 주는 소비세와 숙박세를 모두 징수하며, 도시(보스턴, 마이애미 비치 등)에 따라 추가로 세금을 부과하기 때문에 세율은 지역별로 차이가 있다.

❷ Resort Fee/Destination Fee

리조트 이용료는 마이애미 비치 대부분의 호텔과 리조트형 숙소에서도 1박당 적용된다. 이와 별도로 뉴욕 맨해튼이나 시카고 루프에서는 '목적지 요금' 항목을 추가하기도 하는데, 호텔마다 명목상 붙여두는 사용료가 달라서 발생하는 추가 요금으로, 인터넷이나 수영장 등 편의시설 사용료 정도로 이해하는 것이 마음 편하다. 예약 마지막 단계까지 가면 정확한 금액을 확인할 수 있고, 아래 웹사이트에서 호텔명을 검색해봐도 된다.

WEB resortfeechecker.com

❸ Self/Valet/Secure Parking

대도시나 고급 리조트에서는 대부분 1박당 주차장 사용료를 받는다. Self Parking은 직접 주차하는 주차장, Valet는 주차 요원에게 차를 맡기는 것을 뜻한다. Secure Parking은 보안 요원이 지킨다는 의미로, 차량 도난 위험이 있는 대도시에서는 중요한 확인 사항이다. 동부의 오래된 도시들은 호텔에 주차장을 설치할 수 없어 주차 요원이 인근의 다른 곳에 대리 주차하는 'Valet only' 호텔도 많고, 주차 요원에게 주는 팁(주로 현금 $2~5)이 별도로 든다. 뉴욕 같은 대도시의 주차료는 $50~60이 넘기도 해서 되도록 차 없이 방문하는 것이 좋다.

❹ Deposit

대부분의 호텔에서는 체크인 시 보증금 개념의 일정 금액을 신용카드로 가결제한다. 체크아웃 후 3~4일 이내에 승인을 취소해야 하니 체크카드를 사용하지 않도록 주의한다.

: WRITER'S PICK :

호텔에서 알아두면 좋은 편의 정보

❶ 실내 슬리퍼는 꼭 챙기세요
미국 호텔에서는 고급 호텔을 포함해 모든 호텔에서 실내용 슬리퍼를 제공하지 않아요.

❷ 'COMPLIMENTARY(무료)' 사인을 확인하세요
기본 제공되는 생수 및 서비스 품목에는 무료 표시가 붙어 있어요. 그 외 냉장고 안의 식음료를 섭취하면 요금을 내야 한답니다.

❸ 팁을 잊지 마세요
체크아웃할 때는 물론, 연박 중간에도 방 정리를 해주는 메이드를 위해 인원수에 따라 $2~5 정도의 팁을 남겨두는 것이 기본 매너예요.

미국 동부
테마 여행
EASTERN USA
TRIP IDEAS

We BUY Your Books, DVDs, CDs, Games
Jacks
BOOK-OFF

#Trip Ideas 1

여행은 타이밍이다!
공휴일과 축제 캘린더

	1월	2월	3월	4월	5월
연방 공휴일	**신년** New Year's Day (1월 1일) **마틴 루터 킹 주니어 기념일** Martin Luther King's Birthday (셋째 월요일)	**대통령의 날** Presidents' Day (셋째 월요일)			**메모리얼 데이** Memorial Day (마지막 월요일)
공통 기념일과 축제	**레스토랑 위크** (2주간) ➡ 주요 도시 142p	**음력 설 축제** ➡ 주요 도시의 차이나타운 **NFL 결승전 슈퍼 볼** (둘째 일요일)	**세인트 패트릭스 데이** (17일) ➡ 주요 도시 (뉴욕, 시카고)	**부활절 연휴** (3월 말~4월 사이) **메이저 리그 개막** (첫째 일요일)	**어머니의 날** (둘째 일요일)
			3월 둘째 일요일 ◀ 일광절약시간(서머타임)		
뉴욕	**브로드웨이 위크** (1월, 9월) 108p	**뉴욕 패션 위크** (2월, 9월) **링컨 데이** Lincoln Day (12일) ➡ 뉴욕, 코네티컷 등 일부 주의 공휴일		**부활절 퍼레이드** (부활절 일요일) ➡ 뉴욕, 뉴올리언스, 필라델피아	**멧 갈라** Met Gala (첫째 월요일)
워싱턴 DC	**대통령 취임식** (20일, 4년마다) ➡ 워싱턴 DC		**국립 벚꽃 축제** (3월 중순~4월초) ➡ 워싱턴 DC		**대사관 오픈하우스** ➡ 워싱턴 DC 410p
그 외 도시		**마르디 그라** ➡ 뉴올리언스	**다인 아웃 보스턴** (3월, 8월) ➡ 보스턴	**보스턴 마라톤** (셋째 월요일) ➡ 보스턴	**재즈 페스티벌** (4~5월) ➡ 뉴올리언스 617p **F1 그랑프리** ➡ 마이애미

: WRITER'S PICK :

여행 전 꼭 알아야 할 휴일 정보

❶ 연방 공휴일이란?

연방 정부에서 지정한 휴일, 페더럴 홀리데이(Federal Holiday)는 미국의 50개 주+워싱턴 DC가 전부 참여하는 휴일을 말한다. 하지만 2월 12일의 링컨 데이(일리노이, 코네티컷, 뉴욕, 캘리포니아, 미주리)처럼 일부 주에서만 휴일로 인정하는 날도 있다. 공휴일이라고 해서 전부 다 쉬는 것은 아니지만, 1월 1일, 부활절 연휴, 크리스마스, 추수감사절처럼 중요한 날에는 대부분의 명소와 레스토랑 등이 휴업하거나 영업시간을 변경한다.

❷ 미국 여행 성수기는?

5월 마지막 주 월요일의 메모리얼 데이(Memorial Day) 연휴부터 9월 첫째 월요일인 노동절(Labor Day)까지를 여행 성수기로 본다. 이 시기에는 인기 관광지 입장권과 가성비 좋은 숙소는 몇 개월 전에 예약이 끝나버린다. 봄 방학 3월 말, 여름 방학 6~7월, 크리스마스와 연말 또한 성수기에 해당한다.

화려하고 성대한 미국의 축제는 전 세계 여행자들을 불러들인다.
여행자가 즐겁게 참여할 수 있는 주요 축제를 정리했다. 연휴나 축제 기간에는 숙박료가 오를 뿐 아니라 관광지가 문을 닫거나 교통 노선이 변경될 수 있으니 방문 전 최신 정보를 반드시 확인한다.

6월	7월	8월	9월	10월	11월	12월
준틴스 데이 Juneteenth Day (19일)	**독립 기념일** Independence Day (4일)		**노동절** Labor Day (첫째 월요일)	**콜럼버스의 날** Columbus Day (둘째 월요일)	**재향 군인의 날** Veterans Day (11일) **추수감사절** Thanksgiving Day (넷째 목요일)	**크리스마스** Christmas Day
프라이드 퍼레이드 ➡ 주요 도시 **아버지의 날** (셋째 수요일)	**독립 기념일 불꽃놀이** ➡ 전국	**레스토랑 위크** (8~9월 사이 2주간) ➡ 주요 도시 **테니스 US 오픈** (마지막 월요일)		**핼러윈**(31일) ➡ 전국(특히 뉴욕, 뉴올리언스) **NBA 개막**(월말)	**블랙 프라이데이** (넷째 금요일) ➡ 전국 **추수감사절 퍼레이드** ➡ (특히 뉴욕, 뉴올리언스)	**크리스마스 마켓** ➡ 전국
일광절약시간(서머타임)				11월 첫째 일요일		
뮤지엄 마일 축제 (둘째 화요일)	**각종 여름 축제**		**브로드웨이 위크** **뉴욕 패션 위크** (약 2주간)	**콜롬버스데이 퍼레이드**	**록펠러 크리스마스 트리 점등식** (추수감사절 후 첫째 수요일)	**새해맞이 볼 드롭** (31일)
바비큐 경연대회 ➡ 워싱턴 DC			**DC 바이크 라이드** (자전거 대회) ➡ 워싱턴 DC	**단풍 시즌** ➡ 동북부 전체 (특히 뉴잉글랜드)		**내셔널 크리스마스 트리 점등식** (월초)
블루스 페스티벌 (3~4일) ➡ 시카고		**에어 & 워터 쇼** (8월 중 2일간) ➡ 시카고	**재즈 페스티벌** (9월초 3~4일) ➡ 시카고			

● 마르디 그라 Mardi Gras 2월

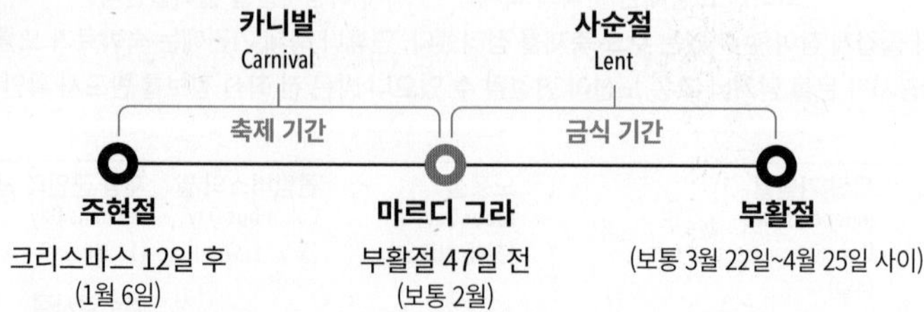

풍성한 먹거리와 화려한 볼거리로 가득한 미국 최고의 축제 마르디 그라는 팻 튜즈데이(Fat Tuesday), 즉 기름진 화요일을 의미하는 프랑스어다. 금식 기간인 사순절이 시작되기 전날 기름진 음식을 마음껏 먹던 것에서 비롯된 축제로, 뉴올리언스가 프랑스 식민지였던 18세기부터 이어져 온 전통이다.

1월 6일부터 약 2달간 이어지는 축제는 마르디 그라를 2주쯤 앞두고 절정에 달한다. 크루(Krewe)라 불리는 사교 단체들이 각기 다른 테마 의상을 차려입고 도시 곳곳을 행진한다. 수십 대의 퍼레이드 차량에서 관객들에게 던져주는 구슬 목걸이와 이색 기념품을 모으는 일도 재미있다. 100만 명에 달하는 관광객이 찾아오기 때문에 여행 계획을 빨리 세우는 것이 중요하고, 퍼레이드 스케줄과 동선도 사전에 체크해야 한다.

WEB mardigrasneworleans.com

¤ 어디서 볼까?

➡ 뉴올리언스 프렌치 쿼터

¤ 중요한 크루

- **엔디미온 크루** **Krewe of Endymion** 1967년 설립. 마르디 그라 직전의 토요일에 행진. 유명 연예인을 초청하는 초대형 퍼레이드 행렬
- **바커스 크루** **Krewe of Bacchus** 1968년 설립. 마르디 그라 직전의 일요일에 행진. 유명 인사들이 로마 신화에 나오는 술의 신 바커스로 분장
- **렉스 크루** **Krewe of Rex** 1872년 설립. 마르디 그라 당일 행진. 마르디 그라의 왕 렉스를 선출. 마르디 그라의 전통 색상인 보라색, 초록색, 금색(각각 권력, 정의, 신앙을 상징)으로 꾸민 행렬
- **줄루 크루** **Krewe of Zulu** 1909년 설립. 마르디 그라 당일 행진. 코코넛을 던져주며, 아프리카계 미국인 특유의 유머 감각이 돋보이는 행렬

● 세인트 패트릭스 데이 퍼레이드 St. Patrick's Day Parade 3월 17일과 가까운 일요일

아일랜드의 수호성인 성 패트릭을 기리는 축제일쯤이면 아일랜드의 상징색인 녹색 옷을 입은 사람들이 아일랜드 펍에서 기네스 맥주를 마시는 모습이 쉽게 눈에 띈다. 아일랜드계 이민자가 많은 뉴욕, 시카고, 보스턴에서 성대한 퍼레이드를 진행하며, 시카고에서는 물감을 풀어 강물을 녹색으로 물들이기도 한다. 남부 뉴올리언스에서는 퍼레이드 크루가 양배추와 감자를 던지는 것이 전통!

¤ 어디서 볼까?

➡ **보스턴** 사우스 보스턴
➡ **뉴욕** 5번가 세인트 패트릭 성당
➡ **시카고** 듀세이블 다리
➡ **뉴올리언스** 프렌치 쿼터

● 내셔널 벚꽃 축제 National Cherry Blossom Festival 3월 중순~4월 초

호수를 둘러싸고 벚꽃이 흐드러지게 피는 워싱턴 DC의 타이들 베이슨은 미국 제일의 벚꽃 명소다. 축제 기간에는 도시 곳곳에 핑크색 안내 깃발이 나부끼고, 내셔널 몰 주변에는 연날리기 행사와 일본 벚꽃 축제도 열린다. 비슷한 시기, 뉴욕과 보스턴에도 벚꽃이 활짝 핀다.

WEB nationalcherryblossomfestival.org

¤ 어디서 볼까?

➡ **보스턴** 찰스강 에스플러네이드
➡ **뉴욕** 센트럴 파크, 브루클린 보태닉 가든
➡ **워싱턴 DC** 타이들 베이슨

● 부활절 퍼레이드 Easter Parade 춘분 이후 첫 번째 보름달 다음의 일요일

기독교에서 그리스도의 부활을 기념하는 날. 뉴욕 5번가에서 각양각색의 이스터보닛(Easter Bonnet: 부활절에 쓰는 모자)을 쓴 시민들이 축제를 즐기며, 필라델피아에서도 90년 이상 계속된 이스터 프로미네이드(Easter Promenade)와 함께 베스트 드레서 경연이 열린다. 사순절을 마친 뉴올리언스의 퍼레이드 또한 여느 때 못지않게 화려하고, 모자 경연 같은 재밌는 이벤트가 함께한다.

¤ 어디서 볼까?

- ➡ **뉴욕** 5번가
- ➡ **필라델피아** 사우스 스트리트
- ➡ **뉴올리언스** 프렌치 쿼터

● 보스턴 마라톤 Boston Marathon 4월

전 세계 마라토너의 버킷리스트인 보스턴 마라톤 대회는 독립전쟁 때 미국 민병대가 영국군에게 거둔 첫 번째 승리를 기념하기 위해 1897년 시작됐다. 애국자의 날(Patriot's day, 매사추세츠주의 휴일)에 맞춘 4월 셋째 월요일에 개최된다. 2023년 개봉한 <1947 보스턴>이라는 영화가 바로 이 대회에 참가해 최초로 태극기를 달고 우승한 서윤복 선수의 스토리를 담고 있다.

¤ 어디서 볼까?

- ➡ **보스턴** 코플리 스퀘어

출발 장소인 홉킨턴

보스턴의 결승점

● 마라톤 코스

초창기 코스는 독립전쟁 최초의 교전지인 렉싱턴과 보스턴을 왕복하는 38km 구간이었으나, 1924년에 올림픽 마라톤의 공식 거리가 42.195km로 확정되면서 현재는 보스턴 교외 홉킨턴에서 출발해 보스턴 시내 코플리 스퀘어 결승점까지 달리는 코스로 변경되었다.

● 경기 참가 자격은?

대회 개최 전 약 1년 이내에 공인 마라톤 대회에 참가해 기준 시간 내 완주한 기록이 있어야 한다.

● 신청 방법은?

매년 9월 공식 홈페이지에 1년 6개월 후의 경기 참가자를 모집하는 선수촌(Athletes' Village) 메뉴가 활성화된다. 접수 후 운영위에서 기록을 심사해 참가 여부를 개별 통보한다.

WEB baa.org

● 메모리얼 데이 퍼레이드 Memorial Day 5월 마지막 월요일

미국 전역에 성조기가 휘날리고 참전 용사를 위한 행사가 거행된다. 워싱턴 DC에서 열리는 최대 규모의 내셔널 메모리얼 데이 퍼레이드를 참관하면 수많은 단체가 백악관 앞에서 국회의사당까지 행진하는 광경을 볼 수 있다. 메모리얼 데이 연휴에는 어딜 가든 사람이 많다는 점을 참고.

¤ 어디서 볼까?

➡ **워싱턴 DC** 내셔널 몰 ➡ **뉴욕** 맨해튼 5번가, 브루클린 ➡ **필라델피아** 독립 국립역사공원

● 여름 콘서트 & 영화제 Summer Concerts & Movie Nights 6월 말~8월

한낮의 무더위가 한풀 꺾인 저녁이 되면 사람들은 대도시의 공원을 찾아 한여름 밤의 축제를 만끽한다. 뉴욕 센트럴 파크에서 서머 스테이지(Summer Stage)를 통해 다양한 무료 공연을 즐기거나, 브라이언트 파크와 허드슨 야드에서 무료 영화를 관람할 수 있다. 워싱턴 DC 내셔널 몰 잔디밭에서는 국립 심포니 오케스트라와 로컬 예술가들이 멋진 공연을 펼치고, 보스턴 강변 야외무대 해치 쉘(Hatch Shell)에서도 매주 수요일 다채로운 무료 이벤트가 열린다.

¤ 어디서 볼까?

➡ **뉴욕** 센트럴 파크, 허드슨 야드, 브라이언트 파크
➡ **워싱턴 DC** 내셔널 몰
➡ **보스턴** 찰스강 에스플러네이드

뉴욕의 불꽃 축제

● 독립 기념일 불꽃 축제 Independence Day Fireworks 7월 4일

매년 7월 4일이면 미국 전역에서 독립 기념일(초기 13개 주 대표가 필라델피아에 모여 독립을 선언한 날) 행사가 열린다. 메이시스 백화점에서 주관하는 뉴욕 불꽃 축제의 규모와 화려함은 단연 최고! 워싱턴 DC 국회의사당 위로 펼쳐지는 불꽃놀이도 장관이다. 관람객들은 축제가 잘 보이는 명당을 차지하려고 미리 계획을 세우고, 당일 아침 일찍 돗자리, 간이 의자, 먹거리를 챙겨 축제 장소로 향한다.

WEB macys.com/s/fireworks

¤ 어디서 볼까?

- ➡ **뉴욕** 브루클린 또는 퀸스의 강변 공원
- ➡ **워싱턴 DC** 내셔널 몰 또는 포토맥강 유람선
- ➡ **시카고** 네이비 피어
- ➡ **올랜도** 디즈니 월드 리조트

워싱턴 DC

핼러윈 퍼레이드 Halloween Parade

10월 31일

악령을 쫓기 위한 고대 켈트족의 의식에서 유래한 핼러윈은 미국인들이 열정적으로 즐기는 이벤트다. 10월이 되면 가정집과 상점이 거미줄과 호박 장식으로 꾸며지고, 도시 근교 호박 농장(Pumpkin Patch)에서는 호박 수확과 랜턴 만들기 행사가 열린다. 핼러윈 당일에는 아이부터 어른까지 다양한 분장을 하고 거리를 활보하는데, 뉴욕과 뉴올리언스의 대규모 퍼레이드가 특히 유명하다. 유령의 집 공포 체험, 테마파크별 특별 이벤트도 놓칠 수 없다.

¤ 어디서 볼까?

- ➡ **뉴욕** 그리니치 빌리지
- ➡ **올랜도** 테마파크
- ➡ **뉴올리언스** 프렌치 쿼터

크리스마스 축제 Christmas Events

12월 내내

추수감사절 다음 수요일, 뉴욕 록펠러 센터에서 열리는 크리스마스트리 점등식을 기점으로 미국의 본격적인 크리스마스 시즌이 시작된다. 주요 도시의 명소마다 대형 크리스마스트리가 불을 밝히고, 아이스링크가 설치되며, 홀리데이 마켓이 열려 축제 분위기를 더한다. 워싱턴 DC 백악관 앞 공원에서는 대통령이 '국립 크리스마스트리' 점등식을 주관한다.

¤ 어디서 볼까?

- ➡ **뉴욕** 5번가 록펠러 센터
- ➡ **워싱턴 DC** 백악관 앞 엘립스
- ➡ **미국 전역**

#Trip Ideas 2

미국 여행 인생샷은 여기서

동부 최고의 전망대 BEST 5

높은 곳에서 내려다보는 메트로폴리탄의 야경은 도시의 낭만과 아름다움을 한눈에 담아내는 특별한 순간이다. 전망은 기본이고 다양한 즐길 거리까지 갖춘 도시별 전망대는 미국 여행에서 빠놓을 수 없는 하이라이트다.

1

1

1 뉴욕 268p

엠파이어 스테이트 빌딩을 정면에서 마주하는 클래식 전망대부터 환상적인 포토 스폿으로 가득한 신개념 전망대! 뉴욕 전망 포인트 총정리

2 워싱턴 DC 382p

미국의 수도에서 가장 높은 건축물, 워싱턴 모뉴먼트에서 감상하는 완벽한 계획도시 풍경

2

4

3

4

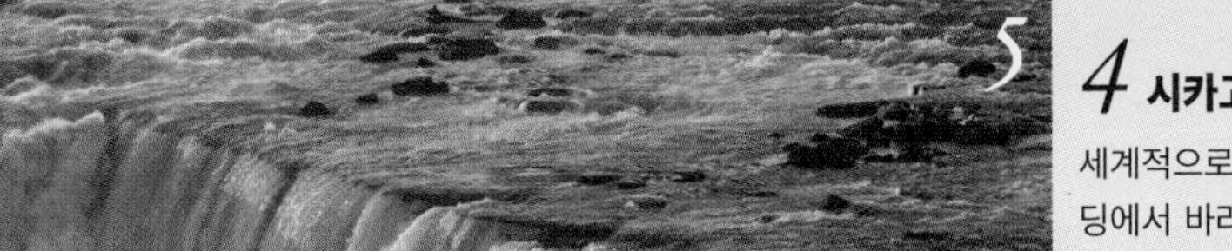

5

3 보스턴 197p

매사추세츠주 의사당의 황금 지붕과 찰스강 건너편 MIT 캠퍼스, 항구 풍경을 한눈에!

4 시카고 486p

세계적으로 유명한 시카고의 고층 빌딩에서 바라본 도심과 바다처럼 드넓은 미시간 호수

5 나이아가라 폭포 344p

높이가 전부는 아니다! 캐나다 국경을 넘어서 테이블 록 비지터 센터에서 콸콸 쏟아지는 폭포의 물살을 느끼기

#Trip Ideas 3

세계 최고의 컬렉션

박물관·미술관 총정리

넓은 땅과 막대한 자원을 바탕으로 컬렉션을 축적해온 미국의 박물관과 미술관은 차원이 다른 규모를 자랑한다. 건물 자체가 관광 명소인 초대형 뮤지엄을 시작으로, 미국 상류층의 취향과 라이프스타일이 느껴지는 하우스 뮤지엄과 자유의 여신상 같은 역사적인 국립 기념물 등 <디스 이즈 미국 동부>에서 소개한 미국 동부의 미술관과 박물관을 5가지 테마로 분류했다.

THEME 1
요즘 대세는 아트!
대형 뮤지엄 BEST 5

THEME 2
프랭크 로이드 라이트와
미국 건축 기행

THEME 3
박물관이 살아 있다!
자연 과학 박물관 & 아쿠아리움

THEME 4
미국 상류층의 라이프스타일
하우스 뮤지엄

THEME 5
미국 역사 탐방
국립 기념물 & 역사 박물관

시카고
필드 자연사 박물관

애틀랜타
조지아 아쿠아리움

마이애미
비스카야 박물관 & 정원

: WRITER'S PICK :

미국 동부 할인 패스, 꼭 필요할까?

박물관이나 전망대 관람, 투어를 할 계획이라면 할인 패스 구매를 고민하게 된다. 대표적인 브랜드는 고우시티(Go City), 시티패스(CityPASS)이고, 국내 업체도 다양한 종류의 패스를 판매한다. 여러 가지 할인 패스 혜택을 비교한 도표는 각 도시의 여행 정보 페이지에서 확인할 수 있다.

❶ **보스턴** △ 셀프 투어도 가능하지만, 전망대와 박물관까지 두루 보려면 괜찮은 선택이다.

❷ **뉴욕** ○ 환상적인 전망대와 박물관, 기상천외한 어트랙션이 많아서 할인 패스도 다양하다.

❸ **워싱턴 DC** ✕ 워싱턴 DC의 명소는 대부분 무료! 어떤 박물관을 갈지 고르기만 하면 된다.

❹ **필라델피아** △ 대부분의 명소가 무료인 독립 국립역사공원부터 보고 나서 구매를 고려하자.

❺ **시카고** ○ 건축 크루즈와 전망대 등 핵심 어트랙션이 포함되어 제법 유용하다.

❻ **올랜도** ✕ 할인 패스보다는 테마파크별 공식 홈페이지의 프로모션이 중요하다.

❼ **마이애미** ✕ 도심 크루즈나 에버글레이즈 악어 보트 투어 등은 개별 구매하자.

THEME 1

요즘 대세는 아트!

대형 미술관 BEST 5

대형 미술관 건립은 세계적인 추세로, 미술관 투어 또한 하나의 문화 현상으로 자리 잡았다. 전시 공간이 넉넉한 미국의 미술관은 유럽의 클래식 회화와 진귀한 소장품, 전위적인 조각, 몰입형 설치물 같은 작품을 여유롭게 감상할 기회를 제공한다. 세계적인 건축가들의 솜씨가 돋보이는 미술관 건물도 멋진 볼거리다.

세계 3대 박물관

메트로폴리탄 미술관

The MET 315p

위치 뉴욕
소장품 150만점
면적 5만8820㎡

고대 이집트관부터 중세 무구관, 서양 회화에 이르기까지 모든 면이 경이로운 종합 박물관. 패션계의 최대 행사인 멧 갈라(Met Gala)와 뉴욕 패션 위크의 무대에서 뉴욕을 느껴보자.

세계 예술의 집대성

시카고 미술관

Art Institute of Chicago 503p

위치 시카고
소장품 30만점
면적 2만6000㎡

동부에서는 메트로폴리탄 다음으로 큰 미술관. 밀레니엄 파크와 연결돼 있다. 샤갈이 기증한 푸른색 스테인드글라스, 쇠라의 '그랑드자트섬의 일요일 오후'에 주목!

미국 국립 미술관
내셔널 갤러리
National Gallery of Art 400p

위치 워싱턴 DC
소장품 15만점
면적 2만5200㎡

고전 회화 중심의 서관, 현대 미술 중심의 동관, 야외 조각 정원으로 나뉜 미술관. 동관 루프탑에 설치된 푸른 수탉(Rooster)의 시선을 따라가면 내셔널 몰이 한눈에 보인다.

영화 <록키>의 무대
필라델피아 미술관
Philadelphia Museum of Art 462p

위치 필라델피아
소장품 24만점
면적 1만4865㎡

그리스 신전을 연상시키는 미술관 단지 자체가 볼거리. 영화 <록키> 촬영 포인트를 표시한 계단에서 바라보는 필라델피아의 전경도 비현실적으로 아름답다.

뉴욕 못지 않은 컬렉션
보스턴 미술관
Museum of Fine Arts 199p

위치 보스턴
소장품 50만점
면적 2만500㎡

소장품 수로는 미국 2위를 자랑하는 미술관. 밀레의 '씨 뿌리는 사람'을 비롯한 유럽 회화와 미국 회화 외에 고려와 조선의 자기 등 아시아 미술품, 악기 컬렉션도 유명하다.

THEME 2

프랭크 로이드 라이트와

미국 건축 기행

세계 건축계에서 미국의 위상을 드높여준
프랭크 로이드 라이트의 위대한 업적과 눈부신 기술
발전을 보여주는 미국의 건축물을 만날 시간이다.
몇몇 장소는 도시에서 멀리 떨어져 있으니
근처에 들를 기회가 있다면 방문해보자.

세기의 건축가, 프랭크 로이드 라이트

'역대 가장 위대한 미국인 건축가'로 불리는 프랭크 로이드 라이트(Frank Lloyd Wright, 1867~1959)는 평평하고 넓은 미국의 지형에서 영감을 얻은 대초원 양식(Prairie Style)을 정립했다. 주변 환경과의 조화를 통한 자연스러운 미학을 추구하는 그의 건축에서는 넓은 처마, 낮은 지붕, 긴 창문 라인 등 수평선이 강조된다. 실내에는 벽난로를 중심에 배치하고, 벽과 벽 사이의 경계를 최소화하여 개방적이고 순환적인 구조를 구현했다. 한 세기 전에 지어졌으나, 여전히 혁신적인 그의 유작 중 8개 작품은 2019년 유네스코 세계 문화유산으로도 지정되었다.

미술관 건물이 최고의 작품

솔로몬 R. 구겐하임 미술관

Solomon R. Guggenheim Museum 318p

위치 뉴욕 뮤지엄 마일

자연에서 영감을 얻은 나선형 외관이 눈길을 사로잡는다. 외관과 마찬가지로 설계된 나선형의 내부 경사로를 따라 걸으면서 통일된 흐름으로 작품을 감상할 수 있다.

대초원 양식의 대표

로비 하우스

Frederick C. Robie House 525p

위치 시카고 대학 내부

대초원 양식의 표본으로 손꼽히는 저택. 외부 환경과 건축 구조, 내부 조명, 가구까지 유기적으로 연결된 토털 인테리어를 볼 수 있다.

폭포 위에 앉은 집

폴링워터(낙수장)

Fallingwater 468p

위치 펜실베이니아 밀런(피츠버그 인근)

건물을 지지하는 기둥이나 벽이 없어도 지탱할 수 있도록 한 캔틸레버(Cantilever) 공법을 통해 폭포 위에 떠 있는 듯한 독특한 구조를 구현했다.

예배당의 혁신

유니티 템플

Unity Temple 526p

위치 시카고 프랭크 로이드 라이트 홈앤스튜디오 인근

기존의 교회 건축 관습을 모조리 깬 건축물. 엄숙한 느낌의 외관과 달리 따뜻한 빛이 넘치는 내부는 투어로 관람할 수 있다.

+MORE+

프랭크 로이드 라이트의 다른 4개 유네스코 세계 문화유산의 위치는?

- **허버트 제이컵스 하우스** Herbert Jacobs House 미국 중부 위스콘신(매디슨)
- **탈리에신** Taliesin 미국 중부 위스콘신(스프링그린)
- **탈리에신 웨스트** Taliesin West 미국 서부 애리조나(스코츠데일)
- **홀리혹 하우스** Hollyhock House 미국 서부 캘리포니아(로스앤젤레스)

미국의 랜드마크를 창조한 건축가 BEST 3

19세기부터 21세기에 이르는 시대적 건축 트렌드와 기술 발전을 상징하는 건축가 3인과 그들의 작품을 모았다.

세인트 패트릭 대성당

플랫아이언 빌딩

콰드라치 파빌리온

고딕 부흥 양식의 대가

제임스 렌윅 주니어

James Renwick Jr.

19세기 미국의 주요 성당과 미술관 건축에서 두드러진 업적을 남긴 건축가로, 미국 동부를 여행한다면 그의 건축물을 반드시 만나게 된다.

- **스미스소니언 캐슬** Smithsonian Castle(1855)
  워싱턴 DC 스미스소니언 박물관의 인포메이션 센터 397p
- **렌윅 갤러리** Renwick Gallery(1859)
  워싱턴 DC 현대 예술을 담은 고전 건축의 걸작 406p
- **세인트 패트릭 대성당** St. Patrick's Cathedral(1878)
  뉴욕 5번가 록펠러 센터 맞은편의 대성당

도시 계획의 선구자

대니얼 번햄

Daniel Burnham

20세기 초 미국 도시 계획에 지대한 영향을 끼친 인물. '시카고 계획'을 통해 현대 도시 개발의 기틀을 마련하고 뉴욕 초고층 빌딩 경쟁의 서막을 연 플랫아이언 빌딩을 설계했다.

- **루커리 빌딩** Rookery Building(1888)
  시카고 화려한 철제 장식과 웅장한 로비 502p
- **플랫아이언 빌딩** Flatiron Building (1902)
  다리미를 닮은 뉴욕 최초의 고층 빌딩
- **유니언역** Union Station(1908)
  워싱턴 DC의 중앙역 370p

건축에 리듬을 더하다

산티아고 칼라트라바

Santiago Calatrava

스페인 출신 현대 건축의 거장. 주로 공공 건축물을 설계했다. 인체와 생물에서 얻은 영감과 세계관으로 기하학적 뼈대에 단순히 기능적인 목적 그 이상의 예술적인 가치를 부여한다.

- **오큘러스** Oculus(2016)
  뉴욕 월드 트레이드 센터의 교통 허브 330p
- **콰드라치 파빌리온** Quadracci Pavilion (2001)
  밀워키 미술관의 상징적인 건축물 539p

THEME 3

박물관이 살아 있다!

자연 과학 박물관 & 아쿠아리움

미국의 자연사 박물관은 엄청난 표본 수와 규모를 자랑한다. 지구의 탄생 이래 이 땅을 구성하는 광물과 생물의 역사를 보존하고 이해를 돕는 프로그램을 진행한다. 미국에서 가장 큰 아쿠아리움, 돌고래와 함께 헤엄치는 올랜도의 씨월드, NASA의 우주기지 탐험은 아이뿐 아니라 어른까지 매료시킨다.

자연사 박물관 BEST 3

미국 자연사 박물관 (AMNH)

American Museum of Natural History 319p

위치 뉴욕
소장품 3200만 점
면적 23만2258m²(미국 1위)

영화 <박물관이 살아있다> 촬영지로, 도시의 몇 블록을 차지하는 거대한 규모다. 공룡 화석부터 매머드, 검치호랑이 등 멸종 포유류 화석은 물론 지구와 우주까지 흥미로운 테마로 가득하다.

스미스소니언 국립 자연사 박물관(NMNH)

Smithsonian National Museum of Natural History 395p

위치 워싱턴 DC
소장품 1억4천만 개 이상
면적 14만m²

소장품을 순환 전시하며, 생명의 탄생부터 공룡의 포식 관계, 생태계를 생생하게 재현한다. 저주받은 보석으로 불리는 '호프 다이아몬드'도 박물관의 하이라이트!

필드 자연사 박물관

Field Museum 522p

위치 시카고
소장품 2400만 점
면적 11만1484m²

1990년 미국 사우스다코타에서 발견된 티라노사우루스 화석이 최대 볼거리다. 90% 이상이 한 번에 발굴되어 온전한 형태로 존재하는 미국 최대의 티렉스 화석이다.

어린이에게는 꿈을! 어른에게는 재미를!

조지아 아쿠아리움
Georgia Aquarium 538p

위치 애틀랜타

해저 터널과 대형 수조를 헤엄치는 고래상어와 10만여 마리의 수중 생물을 만날 수 있다. 우리나라 코엑스의 12배, 오키나와 추라우미 수족관의 4배에 달하는 미국 최대 규모의 아쿠아리움이다.

씨월드 올랜도
SeaWorld Orlando 578p

위치 올랜도

범고래와 돌고래, 물개 공연을 볼 수 있는 씨월드, 열대어와 함께 스노클링을 하거나 돌고래와 헤엄칠 수 있는 디스커버리 코브로 나뉜다.

케네디 우주센터
Kennedy Space Center 580p

위치 올랜도 근교

미 항공우주국 NASA의 우주 기지. 실제 로켓 발사 장면을 관람할 수 있고, 아폴로 계획에 사용된 새턴 5호 로켓이나 우주 왕복선 아틀란티스호의 실물을 구경할 수 있다.

THEME 4

미국 상류층의 라이프스타일

하우스 뮤지엄

시대를 풍미한 미국의 부자들은 후대에 이름만 남긴 것이 아니라 그들의 집도 함께 남겼다. 개인 수집품이라고는 도저히 믿을 수 없는 진귀한 예술품이 가득한 하우스 뮤지엄에서 미국 대부호의 호화로운 삶을 경험해보자.

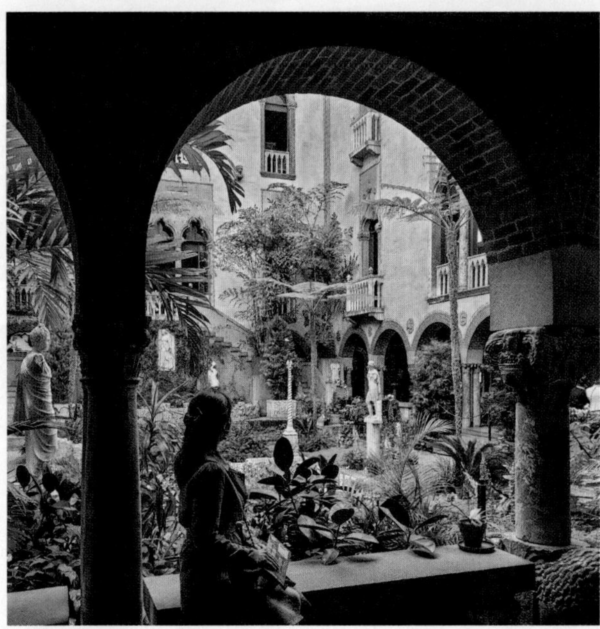
이사벨라 스튜어트 가드너 미술관
➡ **보스턴** 202p

비스카야 박물관과 정원
➡ **마이애미** 594p

마운트 버넌
➡ **워싱턴 DC 근교** 433p

힐우드 박물관
➡ **워싱턴 DC** 419p

헴스테드 하우스
➡ **롱아일랜드** 343p

브레이커스와 마블 하우스
➡ **뉴포트** 228p

폴저 셰익스피어 도서관
➡ **워싱턴 DC** 399p

미국에서 제일 큰 집

빌트모어 Biltmore

위치 노스캐롤라이나주 애슈빌/워싱턴 DC에서 770km

선박왕, 철도왕 등으로 불렸던 코닐리어스 밴더빌트의 후손 조지 밴더빌트가 건축했고, 여전히 그의 직계 후손이 소유한 저택이다. '미국에서 가장 큰 집'이라는 공식 기록을 보유한 곳으로, 유럽의 고성 못지않은 다이닝룸, 천장화, 실내 수영장, 볼링장 등을 갖췄다.

ADD 1 Lodge St, Asheville, NC 28803
OPEN 저택: 예약 상황에 따라 다름, 정원과 온실: 09:00~18:00
PRICE $80~155(계절 및 요일에 따라 다름)
WEB biltmore.com

<위대한 쇼맨>의 서커스 세계

링링 박물관 The Ringling

위치 플로리다주 새러소타/올랜도에서 230km

영화 <위대한 쇼맨>의 모델이 된 존 니콜라스 링링의 저택이다. 그가 살던 지중해풍 맨션 카더잔(Ca' d'Zan), 서커스 박물관(Circus Museum), 서양 미술관(Museum of Art)으로 나뉜다.

ADD 5401 Bay Shore Rd, Sarasota, FL 34243
OPEN 10:00~17:00(목 ~20:00)
PRICE 서커스 박물관+미술관 $30,
박물관+미술관+카더잔 1층 $55
WEB ringling.org

개인 서재에서 박물관으로

모건 라이브러리 Morgan Library & Museum

위치 뉴욕 맨해튼

JP 모건의 설립자 존 피어폰트 모건이 수집한 구텐베르크 성경, 예이츠의 자필 원고와 편지, 고대 메소포타미아의 거래용 인장 등 개인 서재라고는 믿기지 않는 컬렉션으로 가득하다.

ADD 225 Madison Ave, New York, NY 10016
OPEN 10:30~17:00(금 ~20:00)/월요일 휴무
PRICE $25
WEB themorgan.org

THEME 5

미국 역사 탐방

국립 기념물 & 역사박물관

미국 동부는 460여 년 전, 유럽인들의 아메리카 대륙 개척과 함께 본격적으로 성장했으며, 독립전쟁, 남북전쟁 등 오늘날의 미국을 만든 굵직한 사건은 모두 동부 대서양 해안 주변 도시를 따라 발생했다.
미국의 역사적인 명소를 이해하기 쉬운 타임라인과 핵심을 미리 알아두면 여행에 도움이 된다.

1492년
콜럼버스의 아메리카 대륙 발견

1565년
세인트오거스틴
미국 땅에 스페인의 첫 식민 도시를 건설

1607년
제임스타운
애니메이션 <포카혼타스>에 묘사된 최초의 영국인 정착지

1620년
플리머스
메이플라워호를 타고 온 청교도(필그림)의 정착지

17~18세기
콜로니얼 윌리엄스버그
영국 식민지 시절 생활사

식민지 시대 Colonial America
~1776

냉전 The Cold War
1945~1964

1963년
워싱턴 DC
마틴 루터 킹 주니어 목사의 흑인 인권 운동과 워싱턴 대행진

1969년
케네디 우주센터
아폴로 11호의 달 탐사 성공

2001년
뉴욕
9/11테러로 월드 트레이드 센터의 붕괴와 재건

*진하게 표시된 지명과 장소 관련 상세 정보는 책 맨 뒤쪽의 인덱스를 통해 확인할 수 있습니다.

1773년
보스턴
미국 독립혁명의 도화선, 보스턴 차 사건

1776년
필라델피아
7월 4일 미국 독립선언서에 서명

1781년
요크타운
독립전쟁 최후의 전장

1790년
워싱턴 DC
미국 수도의 탄생

미국 독립전쟁 American Revolutionary War
1775.04.19~1783.09.03

남북전쟁 Civil War
1861.04.12~1865.05.26

19세기 후반

1877~1896년
뉴포트
경제 호황기와 도금 시대(Gilded Age)의 도래

1892년~20세기 초
뉴욕
이민자의 물결과 함께 인구 급증

1861년
노예 해방에 반대한 남부 연합(The Confederacy) 결성

찰스턴 & 서배너
영화 <바람과 함께 사라지다> 속 대농장

리치먼드
남부 연합 수도

1863년
에이브러햄 링컨의 노예 해방 선언과 게티즈버그 전투

: WRITER'S PICK :

미국 여행의 기록을 남기자! 스탬프 투어

미국 서부에 주요 국립공원(National Park)이 많이 모여 있다면, 동부에는 뉴욕 자유의 여신상 등 국립 기념물(National Monuments), 워싱턴 DC 링컨 메모리얼 같은 국립 기념관(National Memorials), 필라델피아 미국 독립 국립역사공원(Independence National Historical Park) 등 사적지가 많다. 이러한 장소들을 관리하는 미국 국립공원 관리청(NPS) 소속 공식 비지터 센터를 방문하면 도장을 찍고 우표를 붙이는 스탬프 코너에서 나만의 여행 기록을 채울 수 있으며, 5~12세 아동에게 배지와 패치를 나눠주는 주니어 레인저(Junior Ranger) 프로그램도 참여할 수 있다.

미국에서 에버글레이즈 국립공원과 아카디아 국립공원 등 3곳 이상의 국립공원을 방문할 예정이라면 1년간 국립공원을 출입할 수 있는 연간 패스(America the Beautiful Pass) 구매를 추천한다. 국립공원 입구 또는 비지터 센터에서 구매하여 서명한 뒤 차량에 부착하면 된다.

PRICE $80(차량 1대)
WEB nps.gov/planyourvisit/passes.htm

#Trip Ideas 4

"윙가르디움 레비오우사!" 올랜도에서 만난 해리포터 마법 세계

새학기가 되면 <해리포터>의 학생들은 호그와트 익스프레스를 타고 마법 학교로 떠난다.
바로 이 점에 착안하여 유니버설 올랜도 리조트에서는 서로 떨어져 있는 3개의 테마파크에 각각 '위저딩 월드 오브 해리포터(Wizarding World of Harry Potter)'라는 테마 구역을 만들고, 실제 열차를 타고 오갈 수 있게 했다.
상상을 현실로 옮겨 놓은 마법 세계로 떠나볼 시간! 유니버설 올랜도 리조트 상세 정보는 **572p** 참고.

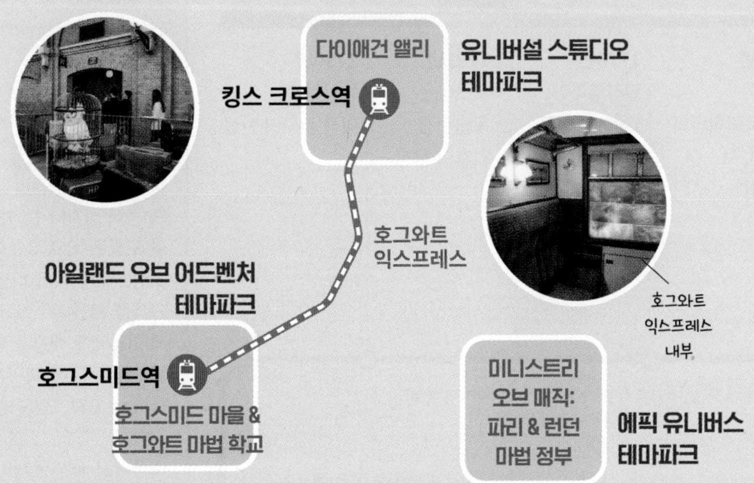

¤ 킹스 크로스역 Kings Cross Station

런던에 실재하는 기차역의 이름을 땄다. 마법 승강장 '9¾ 플랫폼'에서 호그와트 익스프레스에 탑승한다.

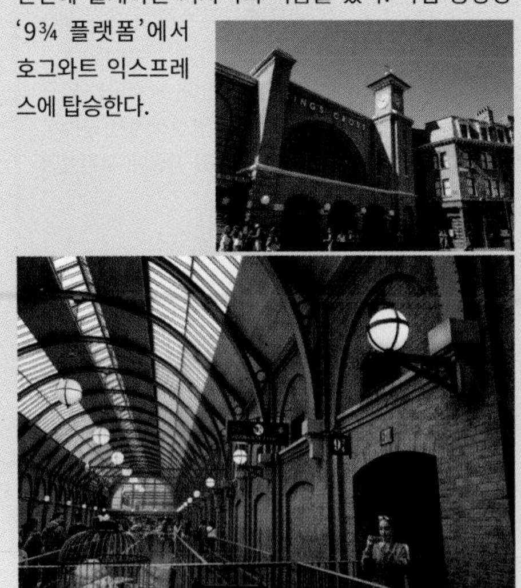

¤ 호그와트 익스프레스 Hogwarts™ Express

다른 테마파크로 이동하는 열차를 타려면 하루에 테마파크 여러 곳에 입장할 수 있는 멀티플 파크스 퍼 데이(Multiple Parks Per Day) 티켓이 꼭 필요하다. 킹스 크로스역을 출발하면 차창 밖으로 런던과 영국의 시골 풍경이 스쳐 가고, 5분 만에 해그리드가 환영해주는 호그스미드역에 도착한다. 반대 방향으로 이동하는 것도 가능하다. 대기시간은 보통 1시간 이상.

다이애건 앨리의 그린고트 은행

더운 날에는 무알코올 음료인 버터비어 슬러시를 맛보자.

스리 브룸스틱스

호그와트 마법 학교

유니버설 스튜디오

다이애건 앨리 Diagon Alley

런던의 마법사 골목을 재현한 유니버설 스튜디오의 테마 구역이다. 마법 지팡이 가게 '올리밴더스', 위즐리 형제가 운영하는 '종코의 장난감 가게'가 있고, 보라색 2층 레스큐 버스와 시리우스 블랙의 집도 보인다.

리키 콜드런 Leaky Cauldron

유니버설 스튜디오 플로리다의 다이애건 앨리 대표 레스토랑. 피시앤칩스, 소시지와 매시트포테이토 등 간단한 메뉴를 판매한다.

아일랜드 오브 어드벤처

호그스미드 Hogsmeade

호그스미드역에 내리면 마법사의 마을 호그스미드가 나온다. 거대한 성을 닮은 호그와트 마법 학교와 상점들, 유니버설 스튜디오처럼 각종 공연이 열리는 무대가 펼쳐진다. 줄 서는 시간도 즐겁게 느껴지는 장치로 가득!

스리 브룸스틱스(레스토랑) Three Broomsticks

영화 세트장처럼 꾸며진 넓은 실내 자체가 구경거리. 영국식 셰퍼드파이, 피시앤칩스 등 영화 속 음식과 버터비어를 맛볼 수 있다.

에픽 유니버스

미니스트리 오브 매직 Ministry of Magic

2025년 5월 22일 개장하는 유니버설 올랜도의 세 번째 테마파크, 에픽 유니버스에서는 <신비한 동물 사전> 시리즈 속 1920년대 파리의 마법 정부와 1990년대 영국을 재현한 새로운 해리포터 월드를 경험할 수 있다. 메인 어트랙션은 '해리 포터와 마법 정부에서의 전투(Harry Potter and the Battle at the Ministry)'. 메트로플루(Métro-Floo)라는 마법 리프트를 타고 덜로리스 엄브리지에 대항하면서 마법 정부를 탐험하는 스릴 넘치는 라이드다. 혼잡도에 따라 입장 예약제가 시행되거나 티켓 정책이 바뀔 수 있으므로, 방문 시점에 맞춰 홈페이지를 꼭 확인해야 한다.

위저딩 월드 오브 해리포터에는 센서가 붙은 지팡이에 반응하는 마법 장소가 곳곳에 숨어 있어요!

#Trip Ideas 5

꿈을 키우는 여행
미국 동부 대학 캠퍼스 투어

남다른 규모와 클래식한 건물이 눈길을 끄는 미국의 대학 캠퍼스는 그 자체로 멋진 볼거리다. 특히 미국 동부에는 아이비리그 8개 대학과 MIT, 시카고 대학교 등 세계적인 대학이 모여 있어 캠퍼스 투어만으로 여행 일정을 세워도 될 정도다.

● 아이비리그 대학
● 다른 명문 대학

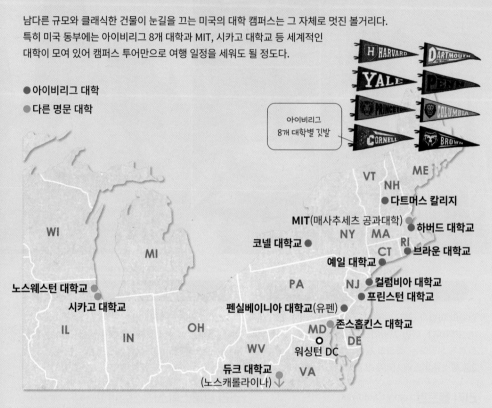

아이비리그 8개 대학별 깃발

HARVARD
DARTMOUTH
YALE
PENN
PRINCETON
COLUMBIA
CORNELL
BROWN

VT
NH
ME
다트머스 칼리지
MIT(매사추세츠 공과대학)
하버드 대학교
WI
NY
MA
코넬 대학교
RI
MI
CT
브라운 대학교
예일 대학교
PA
NJ
컬럼비아 대학교
노스웨스턴 대학교
프린스턴 대학교
시카고 대학교
펜실베이니아 대학교(유펜)
존스홉킨스 대학교
IL
OH
MD
IN
DE
WV
워싱턴 DC
듀크 대학교
(노스캐롤라이나)
VA

¤ 아이비리그란?

아이비리그는 미국 북동부의 8개 사립 대학으로 구성된 스포츠 연맹(Ivy League Athletic Conference)에서 유래한 명칭이다. 1865년 설립된 코넬 대학교를 제외한 나머지 7곳은 미국이 독립을 선언하기 이전부터 존재했던 대학이며, 오랜 역사가 느껴지는 아름다운 캠퍼스가 있다.

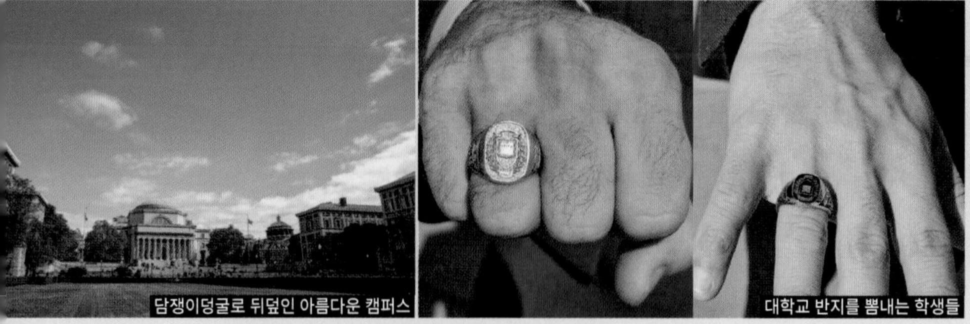
담쟁이덩굴로 뒤덮인 아름다운 캠퍼스
대학교 반지를 뽐내는 학생들

¤ 캠퍼스 투어를 하면 무엇을 볼까?

대학 캠퍼스마다 랜드마크에 해당하는 유서 깊은 건물과 귀중한 자료로 가득한 박물관이 있다. 대학 서점이나 기념품점에서 로고가 새겨진 굿즈를 구매하거나 학생들이 즐겨 찾는 맛집을 경험해보는 것도 소소한 재미. 캠퍼스 하나를 둘러보는 데 1시간~1시간 30분 정도 걸린다.

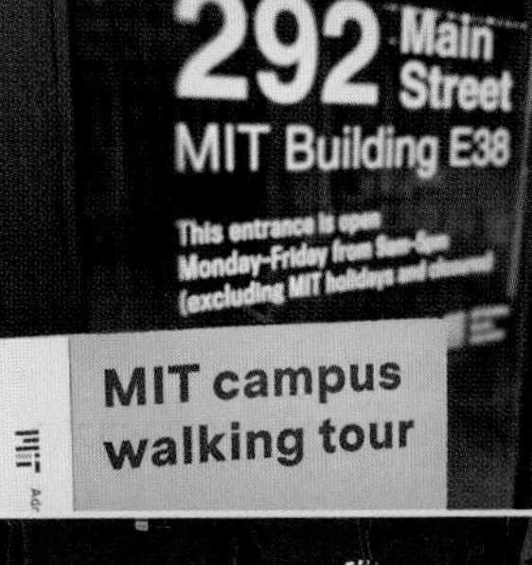

➡ **셀프 투어** 캠퍼스 산책과 박물관 구경은 언제든 자유로운 편이지만, 주말에는 비지터 센터를 운영하지 않고 일부 건물도 문을 닫을 수 있어서 평일에 가는 것이 좋다.

➡ **캠퍼스 투어** 강의실과 기숙사, 도서관 등은 재학생이 이끄는 캠퍼스 투어에 참가해 둘러볼 수 있다. 입학 전형에 관심 있는 사람을 위한 투어도 별도 운영. 투어는 보통 평일 오전에 진행되며, 대학교 공식 홈페이지에서 사전 예약 후 방문하는 것이 좋다.

¤ 선물로도 좋아요! 대학 캠퍼스 굿즈

가장 인기 많은 곳은 하버드와 MIT 캠퍼스 공식 기념품점 겸 서점인 협동조합 쿱(COOP)이고, 그 외 대학마다 공식 서점과 기념품점을 운영한다. 베스트셀러 목록을 훑어보면서 학생들이 어떤 책을 즐겨 읽는지 알아보는 것도 좋다.

예일 대학교의 베스트셀러

¤ 뉴욕 ⇄ 보스턴 캠퍼스 투어 일정

아이비리그 8개 대학 중 4곳과 MIT가 뉴욕과 보스턴 사이에 있다. 대중교통으로 쉽게 갈 수 있는 곳도 있지만, 도시와 거리가 멀수록 넓고 아름다운 대학 캠퍼스를 볼 수 있으므로 차가 있다면 좀 더 본격적인 여행 계획을 세워도 좋다.

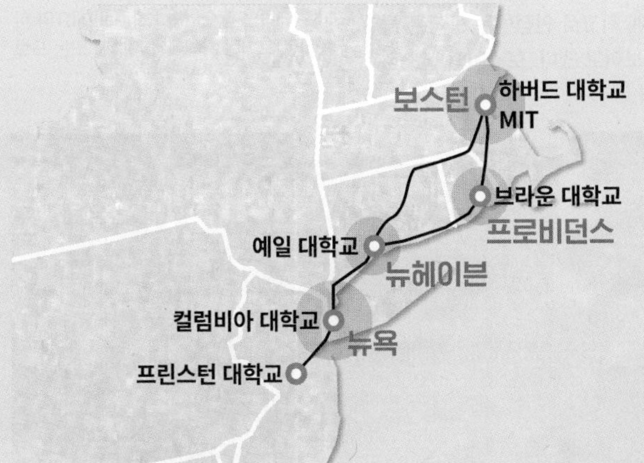

자동차 추천 일정

뉴욕 출발
→ 130km(1시간 30분)
→ 예일 대학교 캠퍼스 투어 (2~3시간)
→ 166km(🚗 2시간)
→ 프로비던스 도착

프로비던스 1박
→ 브라운 대학교 캠퍼스 투어 (2~3시간)
→ 로드아일랜드의 주도 프로비던스 관광(2시간)
→ 81km(🚗 1시간)
→ 보스턴 도착

보스턴 2박 3일
→ 하버드 대학과 MIT 캠퍼스를 하루씩 방문
→ 350km(빠른 길로 🚗 4시간)
→ 뉴욕 도착

미국 최고의 대학

하버드 대학교 Harvard University 205p

설립 1636년
특징 하버드 굿즈는 언제나 인기템!

영국 식민지 시절에 세워진 미국 최초의 대학. 8명의 미국 대통령과 각종 국제기구의 수장을 길러냈으며, 단일 대학으로 가장 많은 노벨상 수상자를 배출했다. 처음에는 뉴칼리지(New College)로 설립됐으나, 존 하버드(John Harvard) 목사가 본인이 소유한 400권의 책과 유산을 기증하면서 하버드로 불리게 됐다. 캠퍼스에 있는 존 하버드 동상을 만지면 3대 안에 하버드에 입학한다는 속설이 있어서 동상의 발이 반들반들하게 닳아 있다.

ⓘ **Harvard University Visitor Center**
ADD 1350 Massachusetts Ave, Cambridge, MA 02138
ACCESS 지하철 레드라인 Harvard역에서 도보 5분/보스턴 시내에서 지하철로 30분

세기의 천재들이 모였다!

매사추세츠 공과대학(MIT) Massachusetts Institute of Technology 209p

설립 1861년
특징 학생들의 창의력 넘치는 장난을 전시한 대학 캠퍼스

엠아이티(MIT)라는 이름으로 더 잘 알려진 대학교. 영국의 대학 평가 기관 QS에서 발표하는 세계 대학 랭킹에서 2013년부터 세계 1위 자리를 고수 중이다. 공대를 모체로 설립됐으며, 세계 최고로 인정받는 공학은 물론이고 건축과 경영학에서도 높은 성과를 보이고 있다. 보스턴의 찰스강을 사이에 두고 있어서 쉽게 방문할 수 있다.

ⓘ **MIT Welcome Center**
ADD 292 Main St, Cambridge, MA 02142
ACCESS 지하철 레드라인 Kendall/MIT역 하차후 바로/보스턴 시내에서 지하철 또는 도보 20분

리버럴 아츠의 대명사

브라운 대학교 Brown University 233p

설립 1764년
특징 클래식한 벽돌 건물과 여유로운 분위기

학문적 유연성과 창의성을 강조하는 리버럴 아츠 칼리지의 대명사다. 필수 과목 없이 학생들이 원하는 과목을 선택하는 오픈 커리큘럼 제도를 도입했으며, 다문화와 포용성을 중시한다. 캠퍼스의 중앙 잔디밭 메인 그린(Main Green)을 시작으로 존 헤이 도서관(John Hay Library), 파이프 오르간이 설치된 세일즈 강당(Sayles Hall), 졸업식과 입학식 때만 문을 연다는 반 위클 게이트(Van Wickle Gates) 등을 볼 수 있다.

ⓘ **Stephen Robert '62 Campus Center**
ADD 75 Waterman St, Providence, RI 02912
ACCESS 보스턴에서 82km(차량 1시간)

YALE 굿즈도 탐나!

예일 대학교 Yale University 233p

설립 1701년
특징 호그와트에 온 것 같은 아름다운 캠퍼스

미국 건국 이전에 개교한 대학으로, 법학과 인문학 부문이 특히 뛰어나다. 모든 교수가 학부 학생을 위한 수업을 개설하는 문화가 있어 학부생들도 노벨상이나 퓰리처상 수상 교수에게 수업받을 기회가 종종 있다. 빌 클린턴, 힐러리 클린턴, 조지 부시 대통령 부자 및 경제학자 폴 크루그먼 등이 동문으로, 5명의 미국 대통령과 65명의 노벨상 수상자를 배출했다. 캠퍼스 자체가 하나의 작은 도시이며, 고딕 리바이벌과 현대 디자인이 조화를 이룬 건물들이 아름답다. YALE 로고가 박힌 기념품의 인기가 높다.

ⓘ **Mead Visitor Center**
ADD 149 Elm St, New Haven, CT 06511
ACCESS 뉴욕에서 130km(차량 1시간 30분)

세계 경제를 이끄는 리더

시카고 대학교 University of Chicago 525p

설립 1890년
특징 프랭크 로이드 라이트의 로비 하우스가 이곳에!

1856년 기독교 침례교 대학으로 됐다가 재정 문제로 폐교, 석유왕 존 D. 록펠러의 기부로 1890년 부활했다. 경제·경영·법학·사회과학 분야에서 손에 꼽히는 대학이며, 재정학파의 산실로서 높은 학업 성취도를 요구하는 곳이다. 맥킨지앤컴퍼니의 설립자 제임스 맥킨지, 칼 세이건, 커트 보니것 등이 이곳 출신이며, 버락 오바마 대통령이 로스쿨 교수로 재직하기도 했다.

ⓘ **Frederick C. Robie House**
ADD 5757 S Woodlawn Ave, Chicago, IL 60637
ACCESS 시카고 시내에서 대중교통으로 30분

뉴욕에서 흔치 않은 예쁜 캠퍼스

컬럼비아 대학교 Columbia University

설립 1754년
특징 뉴욕 맨해튼의 어퍼 웨스트에 위치

알렉산더 해밀턴(미국 헌법 제정자, 초대 재무부 장관), 워런 버핏 등을 배출했다. 경제 허브 뉴욕에 위치해 금융 분야에 강점을 보이며, 대부분의 학과가 두루 인정받는 우수한 대학이다.
지하철에서 내리면 비지터 센터가 있는 로우 메모리얼 라이브러리(Low Memorial Library)를 찾아가자. 계단 앞 알마 마터 동상(Alma Mater Statue)에서 정면으로 보이는 웅장한 건물은 메인 도서관인 버틀러 라이브러리(Butler Library)다. 세인트 폴 예배당(St. Paul's Chapel)과 대학 서점 등을 둘러보는데 걸어서 15~20분이면 충분하다.

ⓘ **Columbia University Visitors Center**
ADD 2960 Broadway, New York, NY 10027
ACCESS 지하철 1라인 116 St-Columbia University역 하차/뉴욕 타임스 스퀘어에서 도보 20분

#Trip Ideas 6

뮤지컬, 재즈 그리고 블루스
음악과 함께하는 동부 여행

여행지에서 저녁 공연을 즐기는 일은 낭만적이다.
특히 뮤지컬의 본고장 뉴욕에서 브로드웨이 뮤지컬을 본다면 그 감동은 오래도록 기억에 남을 것!
뉴올리언스의 세계적인 재즈 페스티벌, 시카고의 소규모 재즈바나 블루스 클럽을 찾아갈 수도 있다.

THEME 1

내 마음속 드림 시어터

브로드웨이 뮤지컬

뉴욕 타임스 스퀘어를 관통하는 핵심 도로인 브로드웨이 주변에는 수많은 뮤지컬 극장이 모여 있다. 뉴욕에서는 500명 이상 관객을 수용하는 대형 극장을 브로드웨이 극장(Broadway Theatre), 이보다 작은 규모의 극장은 오프 브로드웨이(Off-Broadway)라고 구분한다.

뉴욕 뮤지컬 티켓을 구매하는 5가지 방법

장당 $100~200에 달하는 티켓 가격은 좌석 위치와 공연에 따라서 천차만별. 원하는 좌석을 얻으려면 사전 인터넷 예매를, 저렴한 할인 티켓을 구하려면 로터리나 러시 티켓, 티켓츠 등을 이용해보자.

way 1 사전 인터넷 예매

인터넷 예약 사이트를 통해 원하는 공연과 날짜, 좌석을 미리 확정하는 방법은 가장 편리하고 확실한 대신 할인은 거의 받지 못한다. 사이트마다 가격이 조금씩 다르니 비교해보는 것이 좋다. 한국어 예약 사이트인 타미스, 앳홈트립 등에서도 예매할 수 있다.

예약 사이트

- **티켓마스터** ticketmaster.com
- **텔레차지** telecharge.com

way 2 TKTS 티켓 스탠드

다음날 낮 공연 티켓을 25~50%의 할인가에 판매하는 뮤지컬 전용 매표소. 단, 인기 공연은 구하기 어렵고 좌석도 썩 좋지 않다. 줄을 서기 전에 홈페이지에서 그날 판매되는 뮤지컬과 할인율을 먼저 확인하자.

❶ 타임스 스퀘어 TKTS
❷ 링컨 센터 지점

WEB tdf.org

way 3 티켓 로터리
Ticket Lottery

추첨을 통해 장당 $35~50으로 공연을 볼 수 있는 티켓 로터리는 대부분 온라인으로만 진행한다(일부는 모바일에서만 신청 가능). 당첨 여부는 이메일로 전송되며, 정해진 시간 내(보통 1시간)에 결제하지 않으면 취소된다. 당첨된 티켓은 신분증(여권) 확인 절차를 거치며, 타인 양도는 불가하다.

예약 사이트

- **투데이 틱스**
모바일 앱(Today Tix) 이용을 추천
WEB todaytix.com

- **뉴욕 티켓**
가입비($5) 있으나 뮤지컬 종류가 다양
WEB nytix.com

- **브로드웨이 다이렉트**
가입비 없는 대신 종류가 부족
WEB broadwaydirect.com

way 4 러시 티켓
Rush Ticket

박스오피스가 오픈하자마자 선착순으로 당일 할인 티켓을 판매하는 제도다. 공연에 따라 직접 극장을 방문해야 하는 것도 있고, 온라인 판매하는 것도 있다. 박스오피스는 보통 공연이 있는 날 오전 10시 전후에 오픈하며(개별 확인 필요), 온라인 러시는 9시부터 시작한다. 인기 공연은 박스오피스 오픈 전에 미리 줄을 서야 하며, 일부 공연은 현금으로 결제해야 한다.

WEB nytix.com
또는 투데이 틱스 모바일 앱

way 5 브로드웨이 위크
Broadway Week

1월과 8~9월에 약 2~3주간 열리는 브로드웨이 위크는 뮤지컬 티켓 2장을 1장 가격에 살 수 있는 행사다. 예약 사이트에 표시되는 할인 코드를 복사해뒀다가 결제 시 입력하면 할인가가 적용된다.

WEB nyctourism.com/broadway-week

브로드웨이 뮤지컬 대표작

라이언 킹 Lion King

초연 1997년 브로드웨이

브로드웨이의 대표적인 공연이다. 익숙한 스토리와 음악이지만, 화려한 무대 의상, 현장감 넘치는 음향과 연기가 관객을 압도한다.

ADD 민스코프 극장 Minskoff Theatre
200 W 45th St
WEB lionking.com

시카고 Chicago

초연 1975년 브로드웨이

갱단이 도시를 장악한 1920년대 시카고를 배경으로 부패한 사법부와 유명인 범죄자에 열광하는 사회를 풍자한 내용이다. 당대 시카고의 음악 키워드였던 재즈가 뮤지컬 전체를 관통한다.

ADD 앰배서더 극장 Ambassador Theatre
219 W 49th St
WEB chicagothemusical.com

위키드 Wicked

초연 2003년 브로드웨이

<오즈의 마법사>를 녹색 마녀 엘파바의 시각에서 각색한 스토리다. 엘파바의 가창력과 연기력에 이끌리다 보면 사악한 녹색 마녀 캐릭터에 감정 이입하게 된다. 거슈윈 극장 초연 당시 엘파바 역을 맡았던 이디나 멘젤은 <겨울왕국>의 엘사 역으로 세계적인 스타가 되었다.

ADD 거슈윈 극장 Gershwin Theater
222 W 51st St
WEB wickedthemusical.com

알라딘
Aladin

초연 2011년 샌프란시스코

디즈니 애니메이션과 실사 영화로 제작됐지만, 뮤지컬 버전은 또 다르다. 영화에서 미사용된 3곡과 새로 작곡한 4곡의 음악이 추가되었다. 아는 내용이라 보기에도 편하다.

ADD 뉴 암스테르담 극장 New Amsterdam Theatre
214 West 42nd St
WEB aladdinthemusical.com

해리포터와 저주받은 아이
Harry Potter and the Cursed Child

초연 2016년 런던 웨스트엔드

원작자 J. K. 롤링이 해리포터 제8권이라고 부르는 작품. 중년에 접어든 해리와 둘째 아들 알버스의 호그와트 생활을 그려낸다. 서사가 많은 연극이지만, 특수 효과와 볼거리가 풍성하다.

ADD 리릭 극장 Lyric Theatre
213 West 42nd St
WEB harrypottertheplay.com

북 오브 모르몬
Book of Mormon

초연 2011년 브로드웨이

모르몬교 선교사 2명의 우간다 선교 활동 이야기를 다룬 포복절도 코미디극. 기존 작품을 모두 섭렵하고 새로운 뮤지컬을 찾는 사람에게 추천한다.

ADD 유진 오닐 극장 Eugene O'Neill Theatre
230 W 49th St
WEB bookofmormonbroadway.com

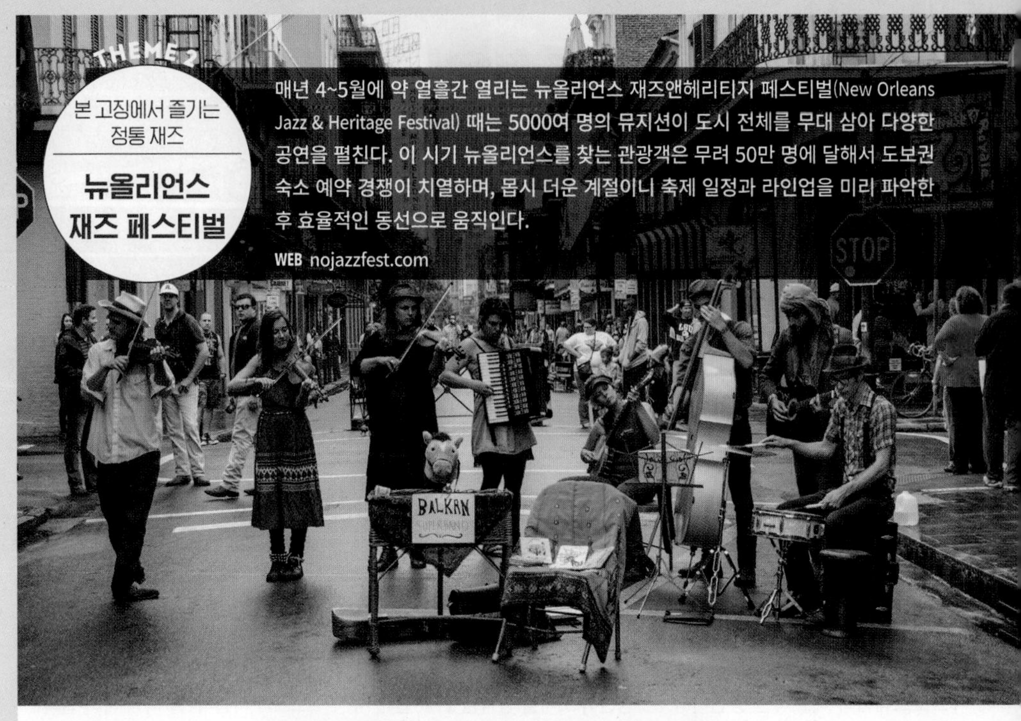

THEME 2

본 고징에서 즐기는 정통 재즈

뉴올리언스 재즈 페스티벌

매년 4~5월에 약 열흘간 열리는 뉴올리언스 재즈앤헤리티지 페스티벌(New Orleans Jazz & Heritage Festival) 때는 5000여 명의 뮤지션이 도시 전체를 무대 삼아 다양한 공연을 펼친다. 이 시기 뉴올리언스를 찾는 관광객은 무려 50만 명에 달해서 도보권 숙소 예약 경쟁이 치열하며, 몹시 더운 계절이니 축제 일정과 라인업을 미리 파악한 후 효율적인 동선으로 움직인다.

WEB nojazzfest.com

재즈와 함께 블루스도 시카고로!

미국 남부 흑인의 애환을 담아낸 블루스 또한 재즈와 비슷한 시기에 북부로 퍼져 나갔다. 이때 두 장르는 서로 많은 영향을 주고받으면서, 어반 블루스 또는 일렉트릭 블루스라고도 불리는 시카고 블루스가 탄생했다. 기타 소리를 증폭한 일렉트릭 사운드를 바탕으로 보다 경쾌하고 빠른 연주 기법은 초기 록 음악에도 많은 영향을 주었다.

: WRITER'S PICK :

뉴올리언스가 낳고 시카고가 키운 재즈

흑인의 음악적 감성과 트럼펫, 색소폰, 트롬본 등의 악기가 결합한 재즈는 19세기 말 뉴올리언스에서 탄생했다. 1916년부터 남부의 흑인 인구가 시카고, 뉴욕 등 북부 도시로 대거 이주하게 되는데, 그들 중에는 루이 암스트롱, 올리버, 시드니 베쳇 등 뉴올리언스 출신의 전설적인 연주자들이 포함돼 있었다. 그 덕분에 1920년대 시카고는 재즈의 중심지로 떠올랐으며, 이후 전 세계적 인기를 얻어 다양한 스타일로 발전했다.

• 재즈와 함께 블루스도 시카고로!

미국 남부 흑인의 애환을 담아낸 블루스 또한 재즈와 비슷한 시기에 북부로 퍼져 나갔다. 두 장르는 서로 많은 영향을 주고받으면서 '어반 블루스' 또는 '일렉트릭 블루스'라고도 부르는 시카고 블루스를 탄생시켰다. 기타 소리를 증폭한 일렉트릭 사운드와 경쾌하고 빠른 연주 기법은 초기 록 음악에도 많은 영향을 주었다.

• 전설의 록 밴드, 시카고

록 밴드 시카고는 1967년 시카고에서 결성되어 여전히 활동 중인 전설적인 그룹이다. 록 밴드로서는 드물게 관악기를 많이 사용하는 그들의 연주는 재즈와 블루스의 영향을 받은 것이다. <Hard to Say I'm Sorry>, <If You Leave Me Now>, <You're the Inspiration>과 같은 히트곡을 플레이리스트에 담아 시카고강 야경을 즐기면서 들어보자.

THEME 3

밤에는 음악과 함께!

재즈와 블루스의 도시 시카고

시카고에서는 매년 6월 초 블루스 페스티벌이, 9월 초 노동절 주간에는 재즈 페스티벌이 밀레니엄 파크에서 개최된다. 하지만 페스티벌 기간이 아니라도 도시 곳곳의 재즈 클럽과 블루스 클럽에서 매일 밤 공연을 감상할 수 있다. 빅밴드 중심의 뉴올리언스 재즈와 달리 시카고 재즈는 솔로 중심이며, 서정적인 성격이 강하다.

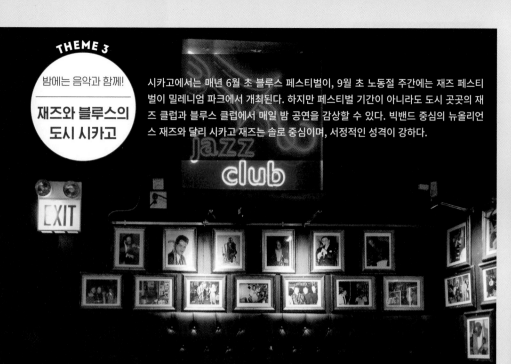

앤디스 재즈 클럽 Andy's Jazz Club & Restaurant

시카고의 재즈 클럽 중 가장 유명한 곳. 하루 2~3차례 진행하는 공연 시간에 맞춰 예약하고, 해당 시간 중 입장해 자유롭게 음악을 즐기면 된다. 레스토랑을 겸하고 있지만, 간단한 스낵과 칵테일, 맥주 정도만 주문해도 된다. 예약은 홈페이지(오픈테이블과 연동)에서 통해 진행한다.

ADD 11 E Hubbard St Chicago, IL 60611
OPEN 17:30~24:00(월·화 ~22:00)
PRICE 공연 입장료 $15~20, 식음료 별도
WEB andysjazzclub.com
ACCESS CTA 트레인 Grand역 하차 후 도보 3분

블루 시카고 Blue Chicago

1985년 문을 연 시카고 블루스의 전당. 예약은 받지 않고 오픈 시간에 맞춰 줄을 서서 입장한다. 입장료는 주중·주말 가격이 다르며, 1인당 최소 1병의 음료 주문이 필요하다.

ADD 536 N Clark St Chicago, IL 60654
OPEN 20:00~01:30(토 ~02:30)/월·화요일 휴무
PRICE 공연 입장료 수·목·일 $15/금·토 $20
WEB bluechicago.com
ACCESS CTA 트레인 Grand역 하차 후 도보 3분

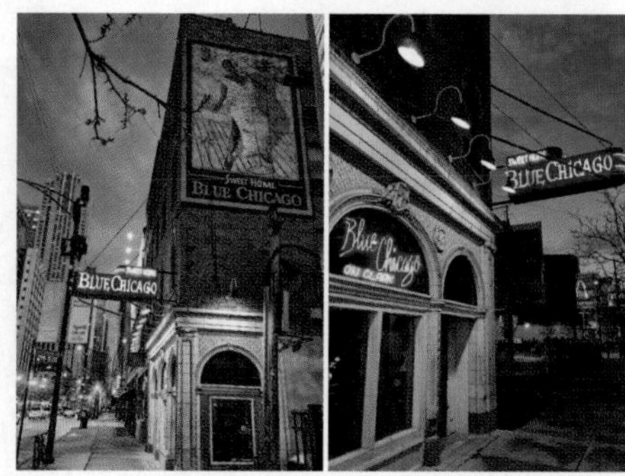

#Trip Ideas 7

미국 프로 스포츠 직관
야구·농구·K팝 콘서트까지!

프로 스포츠 천국 미국의 스포츠 열기를 생생하게 즐겨보자. 경기 룰을 잘 몰라도 걱정 없다. 떠들썩한 경기장 분위기를 경험하는 것만으로도 충분하다. 중요한 경기장들은 시즌이 아니더라도 투어를 통해 구경할 수 있다.

THEME 1
화끈한 덩크 슛의 향연
미국 프로 농구 NBA

프로 농구 최상위 리그인 NBA(전미농구협회: National Basketball Association) 경기는 쾌적한 실내에서 선수들의 역동적인 장면을 볼 수 있다는 것이 장점이다. 경기 전이나 하프 타임에는 이벤트가 펼쳐지고, 화려한 덩크 슛도 계속 터져 나와 지루할 틈이 없다.

정규 시즌과 플레이오프

NBA 정규 시즌은 10~4월로, 캐나다 1개 팀을 포함하여 총 30개 팀이 동부와 서부 콘퍼런스로 나누어 25주간 팀마다 82경기를 치른다. 이후 동부와 서부에서 8팀씩 플레이오프를 진행한 끝에, 6월의 NBA 결승전(NBA Finals)으로 피날레를 장식한다.

주목할 만한 동부 라이벌 경기

역대 최다 우승팀인 보스턴 셀틱스와 열성팬이 많은 뉴욕 닉스의 경기는 언제나 뜨겁게 달아오르고, 마이클 조던을 배출한 시카고 불스는 여전히 강력한 인지도를 자랑한다. 동부 콘퍼런스의 주요 라이벌전은 다음과 같다.

- 보스턴 셀틱스 vs. 필라델피아 세븐티식서스
- 시카고 불스 vs. 디트로이트 피스톤스
- 뉴욕 닉스 vs. 브루클린 네츠
- 마이애미 히트 vs. 인디애나 페이서스
- 밀워키 벅스 vs. 마이애미 히트

예약 방법

NBA 공식 홈페이지에서 일정 확인과 예매를 할 수 있고, 공식 모바일 앱(NBA)을 다운받으면 모바일 티켓으로 입장할 수 있다. 티켓 예매 플랫폼(StubHub, SeatGeek, Ticketmaster)에서 프로모션 티켓을 판매할 때도 있으니 가격을 비교해보고 선택한다.

WEB nba.com

K팝 공연장으로도 사용되는 주요 경기장

시카고 불스의 홈구장 유나이티드 센터, 뉴욕 닉스의 홈구장 매디슨 스퀘어 가든 등 농구와 하키 경기가 주로 열리는 다목적 실내 구장들은 K팝 콘서트 등 초대형 콘서트 장소로 종종 사용된다. 수용 인원은 콘서트를 기준으로 기재했다.

경기장	수용 인원	위치 / 가는 방법
매디슨 스퀘어 가든 Madison Square Garden	2만명	뉴욕 / 맨해튼 중심부의 펜 스테이션과 연결
푸르덴셜 센터 Prudential Center	1만9500명	뉴저지 / 맨해튼에서 대중교통 40~50분(뉴어크 공항 근처)
스테이트 팜 아레나 State Farm Arena	2만1000명	애틀랜타 / 센테니얼 올림픽 공원에서 도보 5분
캐피탈 원 아레나 Capital One Arena	2만명	워싱턴 DC / 내셔널 몰에서 도보 15분
유나이티드 센터 United Center	2만3500명	시카고 / 루프에서 CTA 트레인 20분

매디슨 스퀘어 가든

THEME 2

역사적인 구장에서 핫도그 & 맥주

미국 프로 야구 MLB

미국 프로 야구 메이저 리그는 박진감 넘치는 플레이를 보면서 수만 명의 관중과 함께 열광할 수 있는 기회다. 연고지 구장별 명물 먹거리와 맥주까지 곁들인다면 여행 만족도 대폭 상승!

정규 시즌과 포스트 시즌

4~9월의 정규 시즌 동안 미국 29개, 캐나다 1개 팀이 아메리칸 리그(AL)와 내셔널 리그(NL)로 나누어 팀당 162경기씩 치른다. 이후 토너먼트 형식의 포스트 시즌이 시작되어 10월에는 두 리그의 우승팀이 대결하는 7전 4선승제의 월드 시리즈로 마무리한다.

주목할 만한 라이벌 경기

동부 팀 중에서는 역대 27회의 우승 기록을 보유한 뉴욕 양키스와 도시 전체가 야구에 미친 보스턴 레드삭스의 맞대결이 뜨겁다. 서부의 LA 다저스와 동부의 뉴욕 양키스의 매치업은 티켓을 구하기조차 힘들다.

- 뉴욕 양키스 vs. 보스턴 레드삭스
- 뉴욕 양키스 vs. 탬파베이 레이스
- 필라델피아 필리스 vs. 뉴욕 메츠
- 시카고 컵스 vs. 세인트루이스 카디널스

보스턴 레드삭스의 펜웨이 파크

예매 방법

MLB 공식 홈페이지에서 경기 일정을 확인하고 티켓을 예매한다. 티켓 가격은 좌석 위치와 상대 팀에 따라 바뀌는데, 평소에는 $30 정도이던 좌석도 뉴욕 양키스와 보스턴 레드삭스의 라이벌전일 때는 훨씬 비싼 $90부터 시작된다. 보통 홈 플레이트에서 가깝고 낮은 층일수록 비싸고, 위로 올라갈수록 저렴한 대신 전체적인 전망은 좋아진다. 좌석별 전망은 티켓 판매 플랫폼(Seatgeek.com)에서 미리 확인하고 고르면 좋다.

WEB mlb.com

관람 순서 & 관람 요령

가방 검사 → 모바일 티켓 스캔 → 마케팅 이벤트가 있다면 기념품 받기 → 입장해서 예매석 찾기

- 그늘이 없는 좌석이 많으므로 챙 넓은 모자와 선크림은 필수
- 공수 교대 타임마다 스크린을 활용해 키스 타임, 댄스 타임, 선물 증정식 등 다양한 이벤트를 진행한다.
- 경기 도중 음식을 사러 나가거나 화장실을 다녀오는 것은 자유롭지만, 되도록 이닝이 종료된 다음 움직이는 것이 매너다.

주요 경기장

녹색 외야 펜스 '그린 몬스터'로 유명한 보스턴 펜웨이 파크(1912년 개장)와 담쟁이덩굴 외야 펜스로 유명한 시카고 리글리 필드(1914년 개장)는 MLB 구장 중 가장 오랜 역사를 자랑하는 대표적인 동부의 경기장이다.

경기장	홈팀	위치/가는 방법
펜웨이 파크 Fenway Park 198p	보스턴 레드삭스	보스턴 / 보스턴 커먼에서 지하철 15분
양키 스타디움 Yankee Stadium	뉴욕 양키스	뉴욕 브롱크스 / 맨해튼에서 지하철 30분
시티 필드 Citi Field	뉴욕 메츠	뉴욕 퀸스 / 맨해튼에서 지하철 35분
내셔널스 파크 Nationals Park	워싱턴 내셔널스	워싱턴 DC / 펜 쿼터에서 메트로레일 15분
시티즌스 뱅크 파크 Citizens Bank Park	필라델피아 필리스	필라델피아 / 시내에서 우버 20분
리글리 필드 Wrigley Field 488p	시카고 컵스	시카고 / 루프에서 CTA 트레인 30분
개런티드 레이트 필드 Guaranteed Rate Field	시카고 화이트삭스	시카고 / 루프에서 CTA 트레인 15분

시카고 리글리 필드의 아이비 담장

보스턴 레드삭스

뉴욕 양키스 구장에서 맛보는 핫도그!

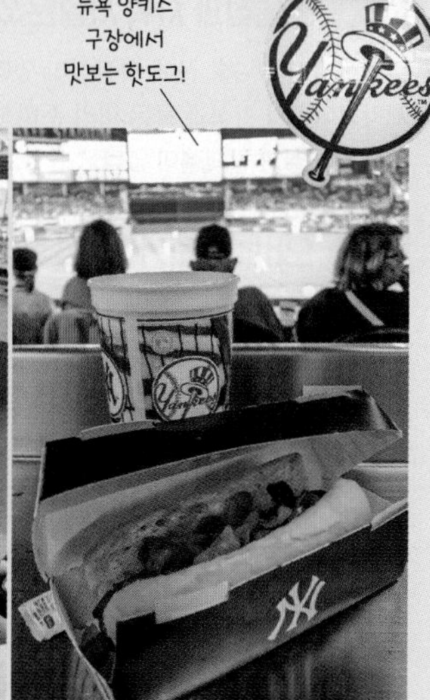

#Trip Ideas 8

PGA 코스에서 즐긴다! 미국 골프 라운딩

미국 전역에는 1만7000개 이상의 골프 코스가 있다. PGA 투어급의 톱클래스에서부터 주택가에서 차량으로 10분 거리인 9홀 퍼블릭 코스까지 수준도 가격도 다양하다. 겨울철에는 따뜻한 플로리다에서, 여름철에는 시원한 메인에서, 주말이면 마트에 장 보러 가는 길에서, 언제 어디서나 골프를 즐길 수 있다.

미국 골프에 관한 궁금증 FAQ

Q1 예약은 어디서 하나요?

골프나우가 가장 대표적인 인터넷 예약 사이트다. 단, 해외 접속이 안 되므로 현지에서 예약해야 한다. 1~2인도 예약할 수는 있지만, 다른 예약자와 한 팀으로 구성될 수 있다.

WEB golfnow.com

Q2 미국은 캐디가 없다는데, 카트 운전은 누가 하나요?

미국 골프장은 퍼블릭 코스는 물론, 정규 18홀 코스에도 캐디가 없다. 따라서 카트는 직접 운전해야 한다. 카트는 2인승으로 페어웨이에도 들어갈 수 있으며, 그린 근처에서 나가도록 안내 표지가 돼 있다. 퍼블릭 코스는 승차 카트가 아닌 골프 백만 싣는 푸시카트를 대여하는 것이 일반적이다. 거리 측정기도 개인이 준비해야 한다.

Q3 그늘집과 샤워 시설은 있나요?

그늘집은 없고 9홀 끝에 화장실이 있다. 매점 운영은 골프장마다 제각각이어서 간식과 물은 미리 준비하는 것이 좋다. 클럽 하우스에도 샤워실과 탈의실이 없다.

Q4 오비(OB)티가 없다고?

페어웨이가 국내 코스보다 넓은데, 밖으로 넘어가도 OB가 아니다. 나무 등 장애물이 있어도 개인의 능력으로 벗어날 수 있으면 그 자리에서 쳐도 된다. 다만, 강이나 호수 등 해저드 구역은 있다.

Q5 골프 코스를 따라 집이 있어요!

미국에서는 주택 단지 분양 시 골프 코스가 마케팅 포인트다. 따라서 페어웨이 바로 옆에 주택이 붙어있는 경우가 많다. 골프공이 가정집 유리창을 깨지 않도록 조심해야 하며, 공이 사유지로 넘어갔을 때 찾으러 가는 것은 주거침입이므로 절대 금물.

전망 좋은 여행지 골프장

키아와아일랜드 골프 리조트
Kiawah Island Golf Resort

한겨울에도 라운딩이 가능한 사우스캐롤라이나의 골프 리조트. 페어웨이를 모두 높여 어느 곳에서도 대서양의 파도를 볼 수 있게 했다. 특히 오션 코스는 바닷바람이 거센 난코스로 악명 높은 PGA 투어 코스다.

설계 Pete Dye & Alic Dye(1991)
HOLE 18 **PAR** 72 **YARD** 7202 **그린피** $525

몬탁 주립 공원 골프 코스
Montauk Downs State Park Golf Course

뉴요커들의 주말 여행지 몬탁의 퍼블릭 코스. 지금은 인터넷 예약이 가능하지만, 예전에는 티타임을 선점하기 위해 전날 밤부터 줄 서던 곳이다. 날씨 때문에 4~11월만 운영한다.

설계 Robert Trent Jones(1927)
Hole 18 **Par** 72 **YARD** 6976 **그린피** $122

하버 타운 골프 링크
Harbour Town Golf Links

사우스캐롤라이나의 힐튼헤드아일랜드에 자리한 퍼블릭 코스이자 PGA 투어 코스. 리조트에서 하룻밤 머물며 일출을 감상해도 좋다.

설계 Pete Dye & Jack Nicklaus(1969)
HOLE 18 **PAR** 71 **YARD** 7099 **그린피** $180

디즈니 팜 골프 코스
Disney's Palm Golf Course

올랜도의 테마파크에서 벗어나고 싶다면 골프를! 팜 골프 코스 외에 부에나비스타, 매그놀리아, 오크 트레일 등 총 4개의 골프 코스가 있다.

설계 Arnold Palmer Design Company(2013 리노베이션)
HOLE 18 **PAR** 72 **YARD** 6870 **그린피** $105(투숙객 기준)

대도시 주변 편리한 골프장

스톤월 골프 클럽
Stonewall Golf Club

워싱턴 DC에서 차로 40분 거리인 외곽에 있다. 깔끔한 그린 상태에 라운딩 전 서비스 연습 공과 카트까지 포함하고도 경쟁력 있는 가격이 장점인 최고의 가성비 코스.

설계 Tom Jackson(2001년)
HOLE 18 **PAR** 72
YARD 7002 **그린피** $50

버크셔 밸리 골프 코스
Berkshire Valley Golf Course

뉴저지 인근 최고의 퍼블릭 코스로 손꼽힌다. 고지대에 있어 페어웨이가 좁고 난이도가 상당하지만, 그만큼 멋진 경치도 함께 한다.

설계 Roger Rulewich(2004년)
HOLE 18 **PAR** 71
YARD 6810 **그린피** $62

제퍼슨 디스트릭트 골프 코스
Jefferson District Golf Course

워싱턴 DC 근교 페어팩스시에서 운영하는 퍼블릭 골프 코스. 초보자들이 즐기기에 그린피도, 홀별 거리도 부담 없다.

설계 Algie M. Pulley, Jr(1976년)
HOLE 9 **PAR** 35
YARD 2415 **그린피** $19

#Trip Ideas 9

디즈니 크루즈 타고 캐리비언 힐링 여행

바다 위 호화 여객선에서 흥겨운 공연과 맛있는 음식을 즐기고, 목적지에 도착해 현지 관광과 액티비티를 즐기는 꿈의 여행! 대서양을 건너 유럽, 호주, 남아프리카 공화국까지 향하거나 파나마 운하를 건너 미국 서부로 향하는 장거리 크루즈는 보통 뉴욕과 마이애미를 주요 터미널로 삼지만, 프로그램에 따라 경로는 무척 다양하다. 짧게는 며칠, 길게는 몇 주씩 걸리기도 하며 출발 지점에 따라 이동 거리와 일정, 예산이 크게 달라진다.

뉴욕을 지나가는 크루즈

출발 장소와 목적지 경로 파악하기

미국 동북부 해안에서 출발하는 크루즈는 보통 최소 일주일 이상의 장기 크루즈로, 뉴욕에서 출발한 크루즈가 보스턴을 거쳐 캐나다로 향하거나 볼티모어를 거쳐 버뮤다나 바하마로 향하기도 한다. 일주일 이내 일정으로 바하마나 카리브해의 여러 섬(캐리비언아일랜드)을 다녀오고 싶다면 플로리다의 항구를 선택하자.

항구 위치	주요 경로
보스턴 Boston	캐나다/뉴잉글랜드, 버뮤다, 캐리비언 및 대서양 횡단 노선
뉴욕 New York	캐나다/뉴잉글랜드, 바하마, 버뮤다, 캐리비언, 북유럽, 미국 서부 등 전 세계 노선
올랜도 근교 Port Canaveral	바하마, 캐리비언 일부, 디즈니 크루즈
포트로더데일 Fort Lauderdale	캐리비언 전체, 남태평양, 미국 서부, 바하마. 디즈니 크루즈
마이애미 Miami	캐리비언 전체, 바하마, 대서양 횡단, 파나마 운하, 남아메리카, 호주 등 전 세계 노선

버뮤다

대표적인 크루즈 종류

크루즈 업체의 노선은 대체로 비슷한 편이지만, 선박 크기와 운영 프로그램, 식사 등급에 따라 가격이 달라진다.

디즈니 크루즈 라인
Disney Cruise Line

디즈니 애니메이션 캐릭터들과 함께하는 프리미엄 크루즈. 미국 최고의 인기를 자랑한다. 뮤지컬 공연장과 워터슬라이드를 갖춘 수영장이 있으며, 탑승 중 하루는 저녁에 해적 테마의 선상 파티와 불꽃놀이가 열린다. 올랜도 인근의 포트커내버럴, 마이애미 인근의 포트로더데일에서 출발하는 바하마(3박 4일~4박 5일), 버뮤다(4박 5일~5박 6일) 등 단거리 노선과 카리브해 노선이 인기다.

WEB disneycruise.disney.go.com

로열 캐리비언 인터내셔널
Royal Caribbean International

전 세계 점유율 2위 업체로, 록클라이밍이나 서핑 풀 등 특화 시설을 갖춘 초호화 유람선으로 유명하다. 셀러브리티 크루즈(Celebrity Cruise) 또한 같은 계열이다. 취항지는 볼티모어, 보스턴, 포트로더데일, 마이애미, 올랜도 등이다. 뉴욕의 경우 맨해튼이 아닌 뉴저지의 케이프 리버티 항구를 이용한다.

WEB royalcaribbean.com

카니발 크루즈 라인
Carnival Cruise Line

전 세계 점유율 1위 업체답게 무난한 가격대로 이용할 수 있는 노선이 많고, 좀 더 고급화된 노선으로는 계열사인 프린세스 크루즈가 있다. 볼티모어, 찰스턴, 마이애미, 뉴욕(맨해튼), 뉴올리언스, 올랜도 등 미국 대부분의 항구에 취항하며, 캐리비언아일랜드 쪽 노선이 훨씬 다양하다.

WEB carnival.com

노르위전 크루즈 라인
Norwegian Cruise Line(NCL)

자유로운 다이닝 옵션과 편안한 선상 분위기가 특징인 미국의 대중적인 크루즈 업체. 뉴욕에서 유럽이나 호주, 캐나다의 퀘벡 시티 쪽으로 향하는 노선 등 여러 가지 노선이 있다.

WEB ncl.com

크루즈 여행 이용팁

- 미국에서 출발해 캐나다 혹은 영국령 버뮤다 등 해외로 나가게 되므로 여권 및 필요한 출입국 서류를 지참한다.
- 탑승권에는 기본 식사 포함. 24시간 운영 스낵바에서 음료와 햄버거, 치킨, 핫도그 등을 무제한 제공한다.
- 알코올음료나 일부 레스토랑은 유료. 뷔페 스티일이 아닌 테이블 식사는 대부분 예약이 필요하다.
- 승선 시 등록한 카드로 팁이 자동 결제되므로 선내에서는 팁을 줄 필요가 없다.
- 뱃멀미에 대비해 멀미약을 준비한다. 선내 컨시어지에게도 요청할 수 있다.
- 선상 와이파이는 유료. 승선 전 휴대용 전자기기에 볼만한 영상을 다운받아두거나 보드게임, 책을 준비한다.
- 크루즈 여행은 날씨의 영향을 크게 받는다. 남쪽으로 갈 땐 열대의 우기와 허리케인 시즌(6~11월)을 피하고, 북쪽으로 갈 땐 겨울을 피하자.

미국 동부
음식 & 쇼핑 가이드
DINING &
SHOPPING

HOT DOGS

PIZZA SHOWDOWN

뉴욕 피자 VS 시카고 피자

미국 피자의 자존심 대결

동부에는 피자에 대한 남다른 자부심을 가진 뉴욕과 시카고가 있다. 커다란 슬라이스 피자를 반으로 접어 먹는 뉴욕 스타일과 두툼한 도우에 필링을 가득 채운 시카고 스타일 중 여러분의 선택은 어디?

더 크게, 더 푸짐하게!

뉴욕다운 한 조각

19세기 후반, 이탈리아 남부 시칠리아와 나폴리 출신 이민자들은 미국 땅에 이탈리아 음식문화를 전파했다. 얇은 도우 위에 토마토소스를 듬뿍 바른 뒤 희고 말랑말랑한 모차렐라치즈를 얹는다는 점은 비슷하지만, 이탈리아의 원조 피자와 뉴욕 피자는 크기에서 차이를 보인다. 원래 1인용이던 나폴리식 피자가 오늘날의 미국식 피자처럼 여럿이 나눠 먹을 만한 크기로 거대해진 것은 제2차 세계대전 종전과 경기 호황이 맞물린 시기부터였다. 이탈리아에 주둔했던 미군들은 집으로 돌아와 이탈리아 음식을 그리워했는데, 풍성한 재료를 아낌없이 사용한 피자의 인기가 유독 높았다는 것이다.

이때부터 뉴욕 피자의 평균 크기는 14~18인치(35~45cm)로 진화한다. 한 조각이 손바닥보다 훨씬 큰 사이즈이기 때문에 삼각형으로 잘라낸 슬라이스(Slice)를 손에 들고 반으로 접어(Fold and Hold) 먹는 것이 뉴욕 스타일! 거리에는 조각 피자 가게도 많아서 종류별로 한 조각씩 골라 먹는 재미가 있다. 단, 전통을 지키는 뉴욕 피자 전문점에서는 피자 한 판을 통째로 주문해야 한다.

¤ 어디서 먹을까?

♦ **정통 뉴욕 피자 전문점** ➡ 줄리아나스 피자 334p
♦ **스트리트 스타일 조각 피자** ➡ 조스 피자 292p

두툼해서 더 맛있다!

시카고 스타일 피자

시카고 피자의 역사는 1943년에 아이크 세웰(Ike Sewell)과 릭 리카르도(Ric Riccardo)라는 2명의 인물이 피제리아 우노(Pizzeria Uno)를 개업하면서 시작됐다. 다른 곳과 차별화한 피자를 만들고자 했던 그들은 깊은 팬에 버터 풍미가 물씬 풍기는 두툼한 크러스트 도우를 그릇처럼 깔고, 토마토소스와 치즈를 2~3인치(5~7.5cm) 높이로 쌓아 올린 딥 디시 피자(Deep Dish Pizza)를 탄생시켰다. 또한, 1970년대에 시카고에 등장한 스터프드 피자(Stuffed Pizza)는 클래식한 딥 디시 피자보다 치즈의 양이 훨씬 많고, 가장자리를 더 높여서 파이처럼 감싼 다음 토마토소스를 추가로 올린다. 두꺼운 만큼 포크와 나이프를 사용해서 먹는다는 점도 뉴욕 스타일 피자와의 차별화 포인트다.

¤ 주문 방법

❶ 사이즈 결정하기

조각 피자가 아닌 팬으로만 주문할 수 있다. 국내 시카고 피자 전문점에서는 지름 8인치(20cm)를 2인용으로 보는데, 시카고에서는 이보다 큰 10인치(25cm)가 기본이다. 좀 더 큰 12인치(30.5cm)는 4~5인용, 7인치(18cm)는 1인용이다.

❷ 메뉴 고르기(피제리아 우노 기준)

재료를 조금씩 커스터마이징해도 되고, 메뉴판의 그림을 보고 정해도 된다. 워낙 두툼하기 때문에 주문 직후 만들기 시작해 오븐에서 구워지기까지 30~45분이 걸린다.

- **클래식**(Classic): 이탈리안 소시지와 치즈, 토마토소스가 들어간 기본적이고 깔끔한 맛
- **누메로 우노**(Numero Uno): 소시지와 페퍼로니, 양파, 버섯 등 다양한 재료가 들어간다.
- **시카고 미트 마켓**(Chicago Meat Market): 페퍼로니, 미트볼, 소시지 등 육류의 비중이 한결 높다.

¤ 어디서 먹을까? 512p

- **딥 디시 피자의 원조** ➡ 피제리아 우노
- **우노 출신 셰프의 가게** ➡ 루 말나티스
- **스터프드 피자는 우리!** ➡ 지오다노스

루 말나티스

피제리아 우노

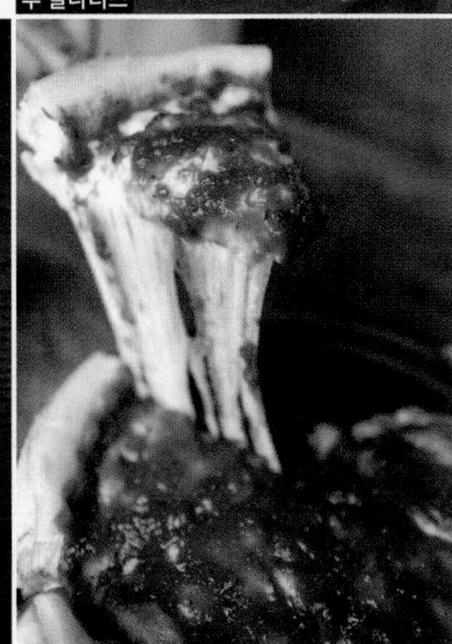

GOURMET 2 CHAIN EATS

미국 프랜차이즈 맛집 투어

파이브 가이즈는 먹고 가야지?

맥도날드, 피자헛, 버거킹, 써브웨이, 파파이스 같은 클래식한 브랜드부터 파이브 가이즈, 쉐이크쉑 버거, 칙필레 같은 핫한 브랜드까지, 미국은 프랜차이즈의 나라다. 저렴하고 간편하게 먹을 수 있고, 일행이 많아도 부담 없고, 어디서든 매장이 눈에 띄는 미국의 프랜차이즈 음식을 즐겨보자.

헤비한 미국 버거의 전형

파이브 가이즈 Five Guys

- **SINCE** 1986년, 워싱턴 DC 근교, 버지니아
- **BRANCH** 1800개
- **PRICE** 버거 $13~15
- **최초 매장** 폐점. 미국 전역에 매장 있음

쉐이크쉑, 인앤아웃과 함께 미국 3대 버거 전문점 중 하나로 손꼽힌다. 동부를 기반으로 매장을 늘려가다가 최근 한국에도 진출했다. 가게명은 창업자 머렐 부부 중 남편 제리와 아들 4명이 일한다는 뜻. 토핑을 일일이 골라서 주문하면 즉석에서 패티를 구워 완성하는 맞춤형 버거 스타일이 인기 비결이며, 패티를 신선한 땅콩기름에 굽는다는 점을 강조하고자 땅콩을 무제한 제공한다.

¤ 주문 방법

❶ 버거 선택

패티가 2장 들어가는 기본 버거는 맛도, 비주얼도 제대로다. 치즈나 베이컨 유무에 따라 4종류(햄버거, 치즈버거, 베이컨버거, 베이컨치즈버거)가 있다. 패티 1장으로 주문하려면 앞에 리틀(little)을 붙인다.

❷ 토핑 선택

토핑(버거의 속 재료)은 몇 개를 고르든 무료다. 하지만 15가지를 다 넣는 에브리싱(Everything)은 소스 종류만 6가지라서 맛이 전부 섞여버리니 핵심 8가지만 넣는 올더웨이(All the Way)를 추천. 여기에 토핑은 마음대로 빼거나 추가해도 된다.

- **구운 양파를 빼거나 추가하려면?**
  "One cheeseburger all the way **without/with** grilled onions, please."
- **바비큐소스를 빼거나 추가하려면?**
  "One burger all the way **without/with** barbecue sauce, please."

❸ 사이드 메뉴 주문하기

세트 메뉴가 없으므로 추가 메뉴는 개별 주문한다. 미국산 감자로 만든 감자튀김은 양이 많아서 작은 사이즈인 리틀 프라이(Little Fry)가 무난하다. 짭짤한 케이준 양념 감자튀김은 케이준 프라이(Cajun Fry)다. 밀크셰이크는 재료를 맘껏 추가할 수 있으니 '단짠' 매력이 돋보이는 솔티드 캐러멜(Salted Caramel) 맛에 오레오나 리세스크래커를 부숴 넣어보자.

❹ 음료수 주문하기

사이즈만 정해서 레귤러(일반) 드링크 또는 라지(대형) 드링크를 주문하고, 결제 후 빈 컵을 받아서 자판기에서 골라 마신다. 리필이 가능하기 때문에 1인 1 음료 주문이 원칙이다.

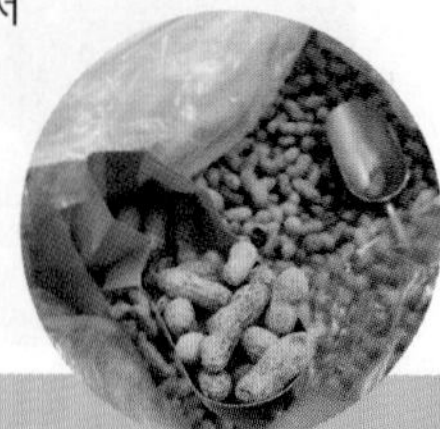

쉐이크쉑 본점에서 즐기는 짧은 피크닉

쉐이크쉑 Shake Shack

- **SINCE** 2001년, 맨해튼, 뉴욕
- **BRANCH** 400개
- **PRICE** 버거 $8~11
- **최초 매장** 뉴욕 매디슨 스퀘어 파크 308p

쉐이크쉑 버거는 일반 패스트푸드보다 신선한 재료와 질 좋은 소고기 패티로 인기를 끈다. 파이브 가이즈 버거에 비하면 버거의 크기가 훨씬 작고 육즙이 풍부한 편. 뉴욕에 간다면 매디슨 스퀘어 파크에 있는 본점을 방문해보자. 간혹 창업자가 방문해 버거를 시식하기도 하고 컬래버 마케팅도 펼치기 때문에 퀄리티가 잘 유지되는 편이다. 야외 테이블이라서 피크닉 분위기를 즐길 수 있다는 것도 매력! 저녁에는 근사한 조명 아래 맥주나 와인을 곁들일 수 있다.

쉐이크쉑 1호점, 뉴욕 매디슨 스퀘어 파크

최초의 던킨도너츠 매장을 찾아보자

던킨도너츠 Dunkin' Donuts

- **SINCE** 1950년, 보스턴 근교 퀸시, 매사추세츠
- **BRANCH** 1만2700개
- **PRICE** 도넛 $1.5~2.5
- **최초 매장** 543 Southern Artery, Quincy, MA 02169

오픈 케틀(Open Kettle)이라는 이름으로 문을 열어 직장인들에게 커피와 도넛을 팔던 작은 가게가 세계적인 프랜차이즈 기업이 됐다. 던킨도너츠 매장 수가 유난히 많은 보스턴과 매사추세츠주 사람들은 던킨도너츠에 애정을 담아 '던키스'라고 부른다. 고속도로변에 있는 1호점은 특별할 것이 없지만, 옛날 미국식 다이너 느낌으로 배치한 좌석에 지역 단골손님이 대부분이라 정겹다. 커스터드 크림을 채우고 초콜릿으로 코팅한 보스턴 크림 도넛(Boston Cream Donut)을 맛보자.

최초의 던킨 매장

가성비 최고의 패밀리 레스토랑

애플비스 Applebee's

- **SINCE** 1980년, 애틀랜타 근교, 조지아
- **BRANCH** 1600개 이상
- **PRICE** 설로인스테이크 $20
- **최초 매장** 폐점. 미국 전역에 매장 있음

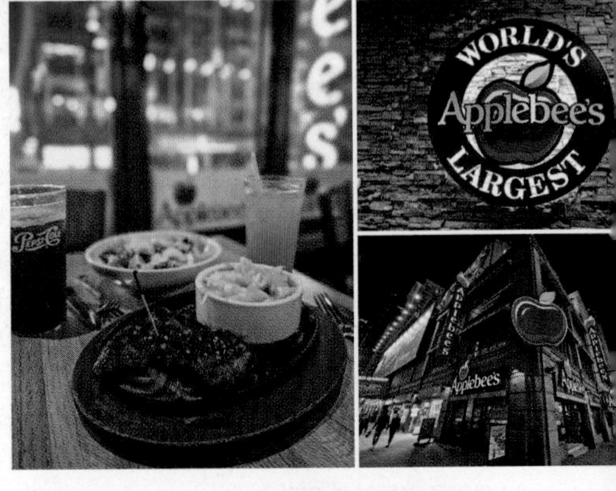

고속도로를 달리다가 잠시 쉬고 싶을 때, 시내 한복판에서 아이와 갈만한 곳이 없을 때, 야식이 당길 때 애플비스를 떠올리자. 합리적인 가격에 파스타와 스테이크, 바비큐백립 등을 먹을 수 있다. 단, 맛은 딱 가격만큼의 퀄리티다. 메인 메뉴 주문 시 $5에 수프와 샐러드 등을 추가할 수 있고, 해피아워(15:00~16:00, 19:00~)에는 좀 더 저렴한 세트 메뉴를 판매한다. 뉴욕 타임스 스퀘어에 있는, 세계에서 가장 큰 애플비 매장은 이른 아침부터 자정까지 영업한다.

치킨핑거를 좋아한다면

레이징 케인 Raising Cane's

- **SINCE** 1996년, 배턴루지, 루이지애나
- **BRANCH** 700개
- **PRICE** 박스 콤보 $12
- **최초 매장** 3313 Highland Rd Baton Rouge, LA 70802

파파이스와 마찬가지로 미국 남부의 루이지애나에서 시작된 치킨 체인점. 신선한 닭 안심으로 만든 치킨핑거를 시그니처인 케인소스에 찍어 먹는데, 단순하면서도 임팩트 있는 맛이다. 크링클 컷 감자튀김도 인기. 세트 메뉴 중에서 박스 콤보(Box Combo)를 주문하면 치킨핑거 4조각과 감자튀김, 코울슬로, 음료가 같이 나온다.

뉴욕 대표 핫도그

네이선스 페이머스 Nathan's Famous

- **SINCE** 1916년, 브루클린 코니아일랜드, 뉴욕
- **BRANCH** 셀 수 없이 많음
- **PRICE** 핫도그 $6~7
- **최초 매장** 1310 Surf Ave, Brooklyn, NY 11224

치즈독
콘독
본점

노점과 고속도로 휴게소, 마트에서 흔하게 볼 수 있는 뉴욕의 대표 핫도그 체인점. 맨해튼에서 지하철로 1시간 거리의 코니아일랜드에 빈티지한 분위기의 최초 매장이 있다. 건물 자체가 지역 명물로, 독립기념일에는 세계 핫도그 먹기 대회를 개최한다. 칠리소스를 듬뿍 뿌린 칠리독(Chili Dog), 막대를 꽂아 만든 콘독(Corn Dog on a Stick)을 맛보며 낭만적인 뉴욕 해변을 산책해보자.

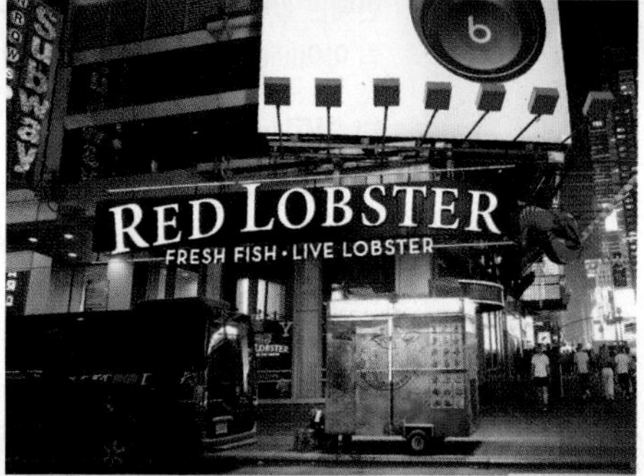

나름 유명한 피자 전문점

스바로 Sbarro

- **SINCE** 1956년, 브루클린, 뉴욕
- **BRANCH** 700개
- **PRICE** 피자 1조각 $7~8
- **최초 매장** 폐점. 미국 전역에 매장 있음

이탈리아 이민자 출신인 제나로와 카멜라 스바로 부부가 뉴욕 브루클린에서 시작한 피자 체인점. 자동차로 동부를 여행하다가 고속도로 휴게소에 들른다면 반드시 보게 될 간판이다. 뉴욕 스타일의 조각 피자로 간단하게 한 끼를 해결하기 좋다.

관광지에 꼭 있다!

레드 랍스터 Red Lobster

- **SINCE** 1968년, 레이크랜드, 플로리다
- **BRANCH** 650개
- **PRICE** 메뉴당 $25~40
- **최초 매장** 폐점. 미국 전역에 매장 있음

미국 여행 중에 한 번쯤 마주치게 되는 레드 랍스터는 캐나다, 멕시코, 홍콩 및 일본까지 진출한 체인형 해산물 전문점이다. 랍스터, 새우, 대게, 조개 관자 등 해산물을 주재료로 하여 굽고, 졸이고, 삶고, 튀기는 다양한 조리법의 메뉴를 선보인다. 좌석이 넉넉한 패밀리 레스토랑으로, 뉴욕 타임스 스퀘어나 올랜도 테마파크에도 매장이 있다.

: WRITER'S PICK :

우리가 아는 프랜차이즈의 탄생지는 어디일까?

- **치폴레 Chipotle** 1993년 덴버, 콜로라도
- **칙필레 Chick-fil-A** 1946년 애틀랜타 근교 헤이프빌, 조지아
- **써브웨이 샌드위치 Subway** 1965년 브리지포트, 코네티컷
- **네이선스 핫도그 Nathan's Famous** 1916년 브루클린, 뉴욕
- **스바로 피자 Sbarro** 1956년 브루클린, 뉴욕
- **맥도날드 McDonald's** 1940년 샌버너디노, 캘리포니아
- **버거킹 Burger King** 1954년 마이애미, 플로리다
- **파파이스 Popeyes** 1972년 뉴올리언스, 루이지애나

SANDWICH ICONS

동부 고기 샌드위치 열전

스테이크야, 샌드위치야?

재료를 아낌없이 넣어 즉석에서 만드는 샌드위치는 버거와 함께 미국인이 즐겨 찾는 점심 메뉴다. 특색 있는 메뉴를 선보이는 지역 맛집에서 먹는 게 가장 좋고, 일반 패밀리 레스토랑이나 다이너와 델리 같은 간이식당에서도 쉽게 맛볼 수 있다.

필라델피아

필리 치즈 스테이크 Philly Cheese Steak

호기(Hoagie)라는 기다란 빵에 볶은 소고기와 녹인 치즈를 넣어 먹는 필리 치즈 스테이크는 필라델피아의 명물! 필라델피아가 미국에 기여한 2가지를 꼽으라고 한다면 첫째는 독립, 두 번째는 필리 치즈 스테이크라는 유머가 있을 정도다. 그냥 고기가 아니라 꽃등심에 해당하는 립 아이(Rib Eye) 부위를 얇게 저며서 넣기 때문에 샌드위치임에도 스테이크라고 부른다.

¤ 어디서 먹을까?

♦ 팻츠 킹 오브 스테이크 Pat's King of Steaks

1930년 팻과 해리 올리비에리 형제가 문을 연, 필리 치즈 스테이크의 원조집이다. 식사 시간에는 긴 줄이 늘어설 정도로 늘 인기가 많으니 필라델피아에 간다면 꼭 들러보자.

ADD 1237 E Passyunk Ave
OPEN 24시간 운영(아침 메뉴 06:00~11:00)
MENU 필리 치즈 스테이크 $16
WEB patskingofsteaks.com
ACCESS 필라델피아 시청에서 대중교통으로 20분

치즈 스테이크

ⓒPatsKingOfSteaks_GabBonghi

¤ 주문 방법

필리 치즈 스테이크 주문 창구와 감자·음료수 주문 창구가 구분돼 있어서 줄을 따로 선다.

❶ 샌드위치 종류 선택

- **스테이크** Steak 고기만 들어간 기본 메뉴
- **치즈 스테이크** Cheesesteak 고기+치즈
- **머쉬룸 페퍼 스테이크** Mushroom Pepper Steak 치즈+고기+버섯+파프리카
- **페퍼 스테이크** Pepper Steak 고기+파프리카
- **피자 스테이크** Pizza Steak 토마토소스를 추가한 스테이크 샌드위치

❷ 양파 선택

구운 양파를 넣으려면 '위트(wit) 어니언', 빼려면 '위트-아웃(wit-out) 어니언'이라고 말한다. 여기서 wit는 with의 줄임말로 팻츠에서만 통용되는 일종의 사투리다.

❸ 치즈 선택

시판 치즈 소스인 치즈 위즈(Cheese Whiz)가 기본. 미국식 가공 치즈 아메리칸(American), 쭉 늘어나는 프로볼로네(Provolone) 등으로 골라도 된다. 치즈 없이 먹으려면 플레인(Plain)으로.

❹ 주문과 결제

"One(개수 선택) cheesesteak(샌드위치 종류) with Cheez Whiz(치즈 종류), wit-onions(양파 포함)"이라고 한 번에 말하면 된다. 현금 결제 기본, 신용 카드 결제 시 3% 수수료 있음.

시카고

이탈리안 비프샌드위치 Italian Beef Sandwich

시카고의 이탈리안 이민자들이 전파한 샌드위치다. 얇게 저민 쇠고기를 넣는다는 점에서 필리 치즈 스테이크와 흡사하지만, 오븐에서 천천히 조리한 고깃덩어리인 로스트비프를 사용한다는 점이 다르다. 치즈보다는 구운 양파나 구운 페퍼로니 같은 재료를 곁들일 때가 많고, 샌드위치에 소고기 국물(Beef Broth)을 끼얹어 주거나 찍어 먹을 수 있도록 따로 제공한다.

¤ 어디서 먹을까? 513p

- **시카고 명물 맛집 ➡** 포틸로스
- **체인점에서 간편하게 ➡** 알스 #1 이탈리안 비프

뉴욕

루벤 샌드위치 Ruben Sandwich

소 가슴살 부위를 염장한 부드러운 콘비프 위에 독일식 사우어크라우트(양배추절임)와 스위스 치즈를 올리고 호밀빵(Rye Bread)에 끼워 따끈하게 데워먹는 루벤 샌드위치는 1900년대 초반 뉴욕에서 개발된 인기 레시피다. 콘비프에 후추를 입혀 훈제한 파스트라미(Pastrami)는 씹을 때 맛과 향이 남달라서, 파스트라미 샌드위치를 더 좋아하는 사람도 많다.

¤ 어디서 먹을까?

- **아침부터 밤 늦게까지 ➡** 카네기 다이너앤카페 298p

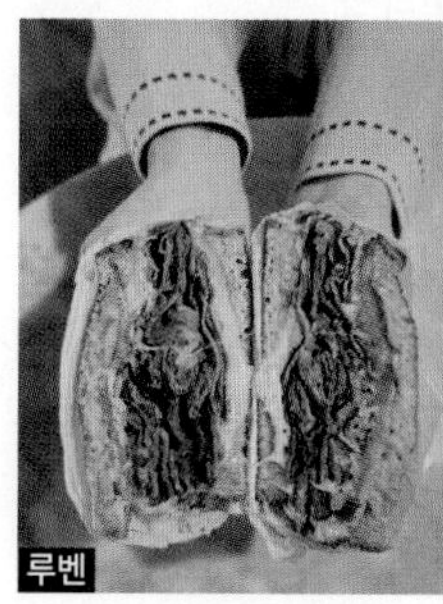
루벤

파스트라미

플로리다

쿠바식 샌드위치 Cuban Sandwich

플로리다의 쿠바 출신 이민자들이 전파한 샌드위치로, 큐반 샌드위치 또는 큐바노(Cubano)라고 부른다. 라드(돼지 지방)가 함유돼 기름지고 바삭한 쿠바식 빵에 로스트포크(오븐에 구운 돼지고기)와 햄, 스위스 치즈, 피클, 머스터드를 넣어 구워 낸다. 마이애미와 탬파(Tampa)가 서로 원조 경쟁을 펼치고 있으며, 쿠바식 음식점이라면 쉽게 맛볼 수 있다.

¤ 어디서 먹을까?

- **마이애미 ➡** 하바나 1957 596p

: WRITER'S PICK :

구글맵으로 델리와 다이너 찾는 방법

검색창에 델리(Deli)를 입력하면 여러 종류의 식당이 혼합된 결과값이 보인다. 뉴욕의 카츠 델리카트슨(Kat's Delicatessen)처럼 좋은 재료를 쓰는 유서 깊은 매장은 가격대가 높은 편이라서 $$로 나타나고, 리뷰도 몇 천개 수준이다. 무난한 동네 카페테리아는 줄임말인 델리를 쓸 때가 많고, 가격대가 $로 표기된다. 하루 종일 다양한 메뉴를 판매하는 빈티지한 식당 다이너(Diner)에서도 버거와 샌드위치류는 기본 메뉴다.

카츠 델리카트슨

애틀랜틱 오션 시푸드 먹방

랍스터는 못 참지!

뉴잉글랜드의 랍스터, 꽃게를 닮은 블루크랩, 뉴올리언스의 크로우피시! 미국인들도 한국인 못지않게 갑각류를 사랑한다. 여기에 소개한 메뉴는 각지의 해산물 레스토랑이나 피시 마켓에서 쉽게 찾아볼 수 있는 것들이다. 제철에 맞춰 동부 대서양 연안을 여행한다면 베스트!

메인

랍스터 Lobster

미국 최대의 랍스터 산지인 메인주의 랍스터는 차가운 수온 덕분에 속살이 달콤하고 쫄깃하다. 6~12월에 본격적인 어획이 이루어지는데, 여름철에는 갓 탈피해 육질이 더욱 부드러운 뉴 셸(New Shell) 랍스터가 별미다. 속이 제대로 꽉 찬 하드 셸(Hard Shell) 랍스터는 10~12월 사이가 제철이다. 이 시기에 랍스터 산지를 방문한다면 즉석에서 쪄 먹는 방법이 최고이고, 그 밖의 시즌이나 조리법이 다양한 장소에서는 잘 발라낸 랍스터 살을 빵에 끼워주는 랍스터 롤(Lobster Roll)을 꼭 맛보자.

뉴 셸 랍스터

¤ 어디서 먹을까?

- ♦ **산지에서 먹는 최고의 맛**
  ➡ 아카디아 국립공원 근처 트렌튼 243p
- ♦ **랍스터는 보스턴이지**
  ➡ 퀸시 마켓과 명물 레스토랑 212p
- ♦ **간이 랍스터롤 체인점**
  ➡ 루크스 랍스터 329p

: WRITER'S PICK :

메인 vs 코네티컷 스타일

랍스터롤은 녹인 버터와 함께 따뜻하게 먹는 코네티컷 스타일과 마요네즈와 샐러드를 함께 버무려 차갑게 먹는 메인 스타일로 구분한다. 여름에는 메인 스타일도 괜찮겠지만, 통통한 랍스터살의 식감을 제대로 느낄 수 있는 코네티컷 스타일이 대세!

코네티컷 스타일

메인 스타일

메릴랜드

블루크랩 Blue Crab

블루크랩 시즌은 4~11월이다. 강과 바다가 만나는 체서피크 베이(Chesapeake Bay) 일대가 주요 서식지로, 달콤하고 부드러운 속살과 게의 크기가 우리나라 꽃게와 흡사해서 미국에서 게장을 담글 때 사용한다.
메릴랜드에서는 신선한 블루크랩의 식감과 풍미를 살리기 위해 고온에서 쪄낸 다음, 올드 베이 시즈닝(Old Bay Seasoning)이라는 짭짤한 향신료를 뿌려서 먹는다. 갓 탈피한 게를 껍질째 요리한 소프트셸크랩(Soft Shell Crab)과 게살만 발라서 동그랑땡처럼 구워 낸 크랩케이크(Crab Cake)도 메릴랜드주의 대표적인 음식이다.

크랩케이크

¤ 어디서 먹을까?

- ♦ **블루크랩의 본고장** ➡ 메릴랜드 437p
- ♦ **워싱턴 DC의 수산시장** ➡ 더 워프 417p
- ♦ **마이애미 스톤 크랩도 있어요** ➡ 조스 스톤 크랩 597p

루이지애나

크로피시 Crawfish

미니랍스터로 불리는 민물 가재 크로피시는 습지와 강에 서식한다. 미국 어획량의 90%를 루이지애나주에서 양식하기에 제철인 3~5월에는 루이지애나에서 각종 크로피시 축제가 열린다. 뉴올리언스 등에서는 크로피시를 다양하게 요리해 먹지만, 다른 지역에서는 그리 흔한 음식은 아니다.

¤ 어디서 먹을까?

우리 입맛에도 잘 맞는 체인점 핫앤주시(Hot N Juicy)는 크로피시, 랍스터, 크랩, 새우, 조개 등을 뉴올리언스 스타일의 레시피로 조리한 시푸드 전문점이다. 자극적인 케이준소스, 중독적인 갈릭버터, 상큼한 레몬페퍼 또는 핫앤주시 스페셜(앞의 3가지를 섞은 것) 소스를 고르고 양념의 강도를 1~4단계(Spice Level)로 정하는데, 맵기와 짜기가 점점 높아지기 때문에 2단계 정도가 적당하다. 콜라를 들이켜가며 소스에 라이스까지 비벼 먹고 나면 한식에 대한 그리움이 어느 정도 해소된다. 올랜도, 워싱턴 DC, 라스베이거스에 매장이 있다.

WEB www.hotnjuicycrawfish.com

: WRITER'S PICK :

클램차우더 : 뉴잉글랜드 vs 맨해튼 스타일

조갯살과 감자, 양파, 셀러리 등을 넣어 끓이는 수프인 클램차우더는 랍스터롤이나 크랩 등 해산물을 먹을 때면 종종 세트 메뉴로 등장한다. 미국 어디에서 먹든 2가지 스타일로 구분해서 주문을 받는다.

- **뉴잉글랜드 클램차우더** 우유나 생크림을 첨가해 고소하고 부드러운 흰색 크림 수프.
- **맨해튼 클램차우더** 토마토소스나 페이스트를 첨가해 좀 더 새콤하고 맑은 붉은색 수프.

미국 남부 음식 하면 프라이드치킨과 바비큐립이 제일 먼저 떠오른다. 하지만 여러 문화가 결합하며 빌전해온 남부 음식은 담백한 맛과 디체로운 향신료가 특징으로, 그 종류는 생각보다 훨씬 다양하다.

딥 사우스

소울 푸드 Soul Food

남부 아프리카계 미국인(흑인)의 정체성과 문화가 담겼다는 의미에서 '소울 푸드'라고 부르기 시작한 것은 1960년대 무렵이다. 배급 받은 옥수숫가루나 소량의 고기를 열량 보충을 위해 튀겨 먹던 것이나 흑인 요리사들이 만든 음식이 시초였고, 노예 해방 후 버터 등의 고급 재료를 풍부하게 사용할 수 있게 되면서 더욱 발전했다. 딥 사우스(Deep South) 지역에 해당하는 사우스캐롤라이나, 조지아, 앨라배마, 미시시피, 루이지애나주에서 오리지널에 가까운 레시피를 만날 수 있다.

프라이드치킨 Fried Chicken

서아프리카의 짭짤한 향신료로 닭고기를 재워 만드는 치킨 요리는 18세기부터 이미 널리 퍼진 조리법이었다.

그리츠 Grits

아메리카 원주민의 조리법이 기원. 옥수숫가루로 만든 죽을 주로 새우에 곁들여 먹는다.

콘브레드 Cornbread

남미와 아메리카 원주민의 조리법이 기원. 훨씬 기름지고 고소하게 만든다.

버터밀크비스킷 Buttermilk Biscuits

영국식 스콘과 비슷하지만, 더 푹신하고 큼지막하다.

맥앤치즈 Mac and Cheese

유럽식 조리법이 기원. 저렴한 재료(계란, 콜비잭치즈 등)를 넣어 풍부한 맛을 낸다.

오크라 Okra

별 모양의 단면을 가진 서아프리카의 식재료. 튀기거나 스튜로도 먹는다

콜라드그린 Collard Green

케일과 비슷한 채소. 삶으면 시래기 무침과 비슷하다.

블랙아이드피 Black Eyed Pea

수프나 스튜의 주재료로 많이 쓰는 서아프리카산 검은 눈콩

각종 튀김

그린 토마토, 오레오 과자 등을 옥수숫가루에 묻혀 튀겨낸다.

¤ 어디서 먹을까?

- ♦ **남부식 치킨 전문 체인점** ➡ 거스 프라이드치킨 541p
- ♦ **뉴욕의 제이콥스 피클** ➡ 브루클린 타임아웃 마켓 333p
- ♦ **워싱턴 DC 맛집** ➡ 파운딩 파머스 424p
- ♦ **<흑백요리사> 맛집** ➡ 서코태시 프라임 427p
- ♦ **세계적인 치킨 프랜차이즈** ➡ 파파이스 루이지애나 키친

뉴올리언스

케이준과 크레올 요리

루이지애나주에 속한 도시 뉴올리언스의 소울 푸드는 프랑스, 스페인, 카리브해 등 다양한 문화가 뒤섞여 케이준(Cajun)과 크레올(Creole)이라는 좀 더 독특한 형태로 발전했다. 쌀 요리에는 알갱이가 길쭉하고 포슬포슬한 롱 그레인 라이스(long grain rice)를 사용한다.

검보 & 잠발라야

케이준 요리

치커리커피 & 베녜

- **검보** Gumbo 조개나 새우, 크로피쉬를 3시간 이상 푹 고아 국물을 낸 후 밥과 제공하는 일종의 스튜.
- **잠발라야** Jambalaya 돼지고기나 닭고기, 각종 채소를 쌀에 섞어 만드는 뉴올리언스식 파에야.
- **에투페이** Étouffée 검보와 잠발라야의 중간쯤 되는 식감으로, 밥 위에 카레처럼 얹어 먹는다.
- **베녜** Beignet 구멍이 없는 사각형 도넛으로, 프랑스 음식이다. 뉴올리언스 스타일은 발효시킨 반죽을 튀겨서 밀도가 높고, 슈거 파우더를 듬뿍 뿌린다.
- **포보이** Po'boy 바게트와 비슷하지만, 좀 더 부드러운 식감의 빵. 프렌치 브레드 또는 포보이 브레드라고 한다. 새우, 굴 등 해산물 튀김을 넣어서 샌드위치로 먹는다.
- **치커리 커피** Chicory Coffee 치커리의 뿌리를 로스팅하여 가루로 낸 다음, 커피와 섞어서 라테처럼 마신다.

¤ 어디서 먹을까?

- ♦ **축제의 도시 뉴올리언스** ➡ 프렌치 쿼터 616p

플로리다주 키웨스트
지역의 디저트,
키 라임 파이도 있어요!

CAFE VIBES

최고의 커피를 찾아서

미국 동부 카페 투어

미세한 맛의 차이에 집중하고, 원두의 생산지를 알고 커피를 마시는 것. 커피의 차원을 와인이나 크래프트 비어 수준으로 높이 끌어올리는 데 기여한 미국 동부의 특별한 카페를 알아보자.

세계 최대 리저브 로스터리는 시카고에!

스타벅스 리저브 로스터리 Starbucks Reserve Roastery

- **SINCE** 2014년, 시애틀, 워싱턴
- **WEB** starbucksreserve.com

스타벅스 매장은 셀 수 없이 많지만, 매장에서 직접 커피를 로스팅하는 스타벅스 리저브 로스터리는 전 세계 6곳, 미국에는 단 3곳뿐이다. 단순한 카페를 넘어 문화를 체험할 수 있는 멋진 장소로, 다양한 추출 기법을 활용한 리저브 로스터리만의 독점 메뉴를 맛볼 수 있다.

가장 인기가 많은 코너는 매장 위층의 칵테일 라운지. 에스프레소 샷과 함께 알코올이 포함된 커피 칵테일을 팔기 때문에 신분증을 확인한다. 싱글 몰트 위스키가 들어가는 위스키 클라우드(Whiskey Cloud), 보드카를 넣은 에스프레소 마티니(Espresso Martini) 등의 시그니처 칵테일과 계절에 따라 바뀌는 메뉴도 있다. 위스키를 숙성하는 오크 통을 이용해 원두를 가향한 위스키 배럴 에이지드(Whiskey Barrel-Aged)는 실제 위스키를 넣은 버전과 무알코올 콜드 브루 버전으로 나뉜다. 그 밖에도 여러 종류의 커피를 조금씩 시음하는 플라이트(Flight) 메뉴, 식사 메뉴도 갖췄다.

1호점은 서부 시애틀에 있으며, 2018년에는 뉴욕 첼시 마켓 맞은편에 접근성 좋은 매장을, 2019년에는 세계에서 가장 큰 리저브 로스터리를 시카고에 오픈했다.

위스키 배럴 에이지드

에스프레소 마티니

예쁜 커피잔과 라테아트

라 콜롬브 La Colombe

· **SINCE** 1994년, 필라델피아, 펜실베이니아
· **WEB** lacolombe.com

뉴욕 여러 곳에 매장을 열면서 뜨거운 인기를 얻으며 성장한 로스터리 카페다. 생맥주처럼 탭에서 내려주는 드래프트 라테를 최초로 고안하기도 했는데, 부드러운 거품이 살아 있는 이 음료수는 이제 미국의 마트에서도 캔으로 구매할 수 있다. 다크 로스트 원두를 사용하는 편이라서 라테로 마실 때 잘 어울린다. 독특한 무늬를 넣은 커피 잔이 예쁘니 테이크아웃보다는 카페에 자리를 잡고 즐기는 걸 추천. 필라델피아, 뉴욕, 워싱턴 DC, 보스턴, 시카고 등 미국 대도시를 포함해 서울 마로니에 공원 근처에도 매장이 있다.

스페셜티 커피의 원조

인텔리젠시아 Intelligentsia Coffee

· **SINCE** 1995년, 시카고, 일리노이
· **WEB** intelligentsia.com

커피 품질의 고급화를 추구하는 움직임을 '커피 제3의 물결(Third Wave of Coffee)'이라고 하는데, 인텔리젠시아는 포틀랜드의 스텀프타운, 노스캐롤라이나의 카운터 컬처 커피와 함께 선두 역할을 한 브랜드다. 라테로 마실 때는 시그니처 블렌딩인 블랙캣 에스프레소를, 높은 산미를 좋아한다면 가볍게 로스팅한 싱글 오리진 원두를 선택해보자. 달콤한 바닐라 시럽이 들어가는 안젤리노(샤케라토의 일종)도 있다. 시카고에 3개 지점(516p), 뉴욕 맨해튼과 보스턴 중심에 각각 1개의 매장이 있고, 2024년에는 서울 서촌에 최초의 글로벌 지점을 열었다.

뉴욕 감성 스몰 카페

버치 커피 Birch Coffee

· **SINCE** 2009년, 맨해튼, 뉴욕
· **WEB** birchcoffee.com/en-kr

오랜 시간 뉴요커의 사랑을 받아온 로스터리 카페다. 핵심 관광지보다는 주택가나 회사 근처 골목에 자리 잡고 단골 손님들 위주로 영업한다. 대표 원두 엠마의 에스프레소(Emma's Espresso)는 고소한 맛이 강한 편으로, 우유가 들어가는 코르타도나 라테와 특히 잘 어울린다. 뉴욕 맨해튼에 10여 곳, 서울 성수동에도 매장이 있다.

인스타그래머블한 맛의 세계

뉴욕 5번가에서 조지타운까지

보스턴에서 꼭 맛봐야 할 수제 카놀리, 뉴욕과 워싱턴 DC의 레드벨벳 컵케이크, 시카고의 팝콘과 도넛. 모두가 사랑하는 미국 동부 디저트 맛집 BEST 10!

스탠스 도넛 517p

모던 페이스트리 219p

가렛 팝콘 517p

조지타운 컵케이크 428p

쥬느세콰 428p

타테 베이커리 앤 카페 429p

매그놀리아 베이커리 294p

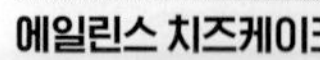

에일린스 치즈케이크 313p

르뱅 베이커리 323p

밴 르윈 335p

FOODIE HEAVEN

동부 대표 푸드홀

인기 맛집이 한데 모였다

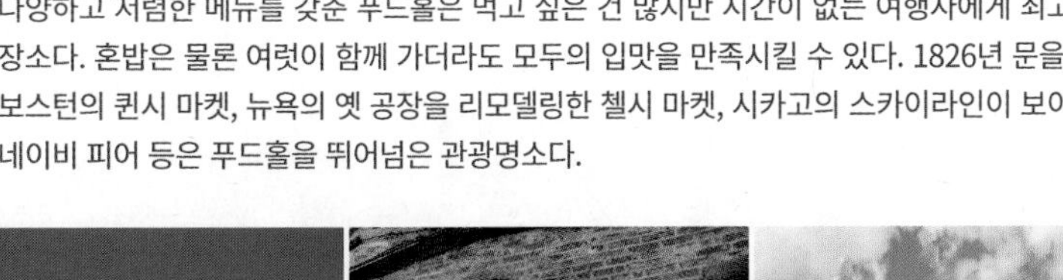
다양하고 저렴한 메뉴를 갖춘 푸드홀은 먹고 싶은 건 많지만 시간이 없는 여행자에게 최고의 장소다. 혼밥은 물론 여럿이 함께 가더라도 모두의 입맛을 만족시킬 수 있다. 1826년 문을 연 보스턴의 퀸시 마켓, 뉴욕의 옛 공장을 리모델링한 첼시 마켓, 시카고의 스카이라인이 보이는 네이비 피어 등은 푸드홀을 뛰어넘은 관광명소다.

보스턴 퀸시 마켓 212p

뉴욕 첼시 마켓 304p

시카고 네이비 피어 508p

+MORE+

알아두면 편리한 체인형 푸드홀

이탈리 Eataly

이탈리아 미식 문화를 테마로 한 식료품 쇼핑과 식사를 한꺼번에 즐길 수 있는 그로서란트(Grocerant) 푸드홀. 핵심 관광지에 있어서 알아두면 매우 유용하다.

WEB eataly.com/us_en/stores

➡ **보스턴** 푸르덴셜 센터
➡ **뉴욕** 매디슨 스퀘어 파크, 월드 트레이드 센터, 소호
➡ **시카고** 매그니피슨트 마일 주변

타임아웃 마켓 Timeout Market

여행 매거진 '타임아웃'에서 도시별 유명 맛집을 엄선해 운영한다. 특히 뉴욕 브루클린점은 맨해튼 스카이라인이 보이는 루프탑까지 갖췄다. 보스턴점과 시카고점은 관광지와 다소 거리가 있으나 로컬들이 즐겨 찾는 핫플이다.

WEB timeoutmarket.com

➡ **뉴욕** 브루클린 덤보
➡ **보스턴** 펜웨이 파크 주변
➡ **시카고** 밀레니엄 파크에서 대중교통으로 15분

GOURMET 9 BREWERY TOURS

동부 맥주 투어

독일인이 전파한 원조의 맛

유럽, 특히 독일 이민자들의 영향을 많이 받은 미국 동부에는 오랜 역사를 가진 브루어리와 1980년대부터 본격적으로 시작된 크래프트 비어(수제 맥주) 열풍으로 탄생한 소규모 브루어리가 공존한다. 양조 시설 투어는 대개 연령 제한 없이 신청할 수 있지만, 맥주 시음은 21세 이상만 가능하며, 체크인 시 신분증(여권) 확인 절차를 거친다.

보스턴 대표 맥주

새뮤얼 애덤스 보스턴 브루어리 Samuel Adams Boston Brewery

설립 1984년
대표 보스턴 라거, 서머 에일, 옥토버페스트
지역 보스턴 근교
ADD 30 Germania St, Boston, MA 02130
OPEN 11:00~21:00
PRICE 투어 종류에 따라 $10~50
WEB samadamsbostonbrewery.com

1980년 짐 코흐가 가업을 이어받아 창업한 맥주 회사다. 독일계 선조의 비법 레시피로 만든 보스턴 라거는 호박색을 띠는 앰버 라거의 일종으로, 가볍게 볶은 몰트를 사용해 곡물의 단맛과 라거 효모의 상쾌함이 균형 잡힌 풍미를 낸다. 가을에 선보이는 메르첸 스타일의 옥토버페스트도 비슷한 느낌. 그 외 홉의 강렬한 풍미와 아로마가 특징인 IPA 등 고품질 크래프트 비어를 생산한다. 총 3곳의 양조장 중 1987년 최초로 설립된 보스턴 브루어리에서는 종류별 맥아 보관부터 추출까지 양조 과정에 대한 재밌는 설명을 들을 수 있다. 시간이 부족하다면 보스턴 퀸시 마켓 바로 앞 새뮤얼 애덤스 탭룸을 방문해보자. 회사명은 미국 건국의 아버지 새뮤얼 애덤스에서 따왔지만, 직접적인 관련은 없다.

비어 가든

170년 역사의 미국식 라거

밀러 브루어리 Miller Brewery

설립 1855년
대표 밀러 라이트
지역 시카고 근교 밀워키
ADD 4251 W State St, Milwaukee, WI 53208
OPEN 10:00~17:00/일·월요일 휴무
PRICE $20
WEB millerbrewerytour.com

독일인 이민자 프레데릭 밀러가 설립한 맥주 회사다. 원료에 옥수수를 첨가하고 특유의 부드러운 맛이 나는 미국식 라거, 밀러 라이트가 대표 맥주다. 현재 몰슨 쿠어스 산하로 편입됐으나, 생산 공장은 밀워키에 그대로 남아 있다. 약 70분간 실내외를 투어하며, 냉장고가 개발되기 이전의 맥주 보관용 동굴부터 1분에 2000캔을 생산하는 고속 생산 시설까지 알차게 볼 수 있다. 옛 마구간과 농장, 바이에른 스타일의 여관 등 초창기 시설까지 살펴보는 2시간짜리 역사 투어가 있을 만큼 하나의 거대한 마을을 이룬다.

: WRITER'S PICK :

맥주와 찰떡궁합 버펄로윙 Buffalo Wing

패밀리 레스토랑과 주점의 단골 메뉴인 버펄로윙은 나이아가라 폭포가 있는 뉴욕주의 도시 버펄로에서 탄생했다. 닭 날개를 튀겨서 핫소스에 버무리는 원조 레시피에는 설탕을 넣지 않으며, 시큼하고 매콤한 맛이 특징! 오리지널 맛이 궁금하다면 버펄로 윙을 최초로 개발한 앵커 바(Anchor Bar)를 찾아가자. 359p

강변의 핫플레이스

브루클린 브루어리 Brooklyn Brewery

설립 1988년
대표 브루클린 라거, 브루클린 필스너
지역 뉴욕 브루클린 윌리엄스버그
ADD 79 N 11th St, Brooklyn, NY 11249
OPEN 매일 다름
PRICE 투어 $30~35
WEB brooklynbrewery.com

맨해튼에서 페리로 갈 수 있는 이 브루어리는 공장이 자리한 윌리엄스버그 지역이 뉴욕의 소비 중심지로 떠오르면서 덩달아 핫플이 됐다. 메인 양조장은 이전했지만, 시제품 테스트 시설을 남겨두고 일요일 오후(13:00~18:00) 매시 정각마다 무료 투어를, 다른 요일에는 예약제로 소규모 투어를 진행한다. 사실 투어보다는 테이스팅 룸의 분위기만 즐겨도 좋은 곳! 테이블에서 QR 코드로 주문하면 맥주를 서빙해주며, 안주는 건물 밖 푸드트럭에서 사 먹어도 된다. 떠들썩한 분위기가 즐거운 주말 방문을 추천한다.

미국 음식 문화 이해하기

Q 레스토랑 위크란?

레스토랑 위크는 동부 대도시에서 약 2주간 열리는 레스토랑 세일 기간으로, 균일가(Prix Fixe)에 애피타이저-메인-디저트로 구성된 코스 요리를 즐길 수 있다. 평소에는 엄두가 나지 않던 고급 레스토랑이나 스테이크하우스도 할인 가격(런치 $30~40, 디너 $40~65 수준)에 제공해서 가격 부담이 줄어든다. 도시마다 명칭과 시기가 조금씩 다르니 일정과 참가 업체를 미리 확인하자.

- ☐ **보스턴** 3월, 8월
  WEB meetboston.com/dine-out-boston
- ☐ **뉴욕** 1월, 8월
  WEB nycgo.com/restaurant-week
- ☐ **워싱턴 DC** 1월, 8월
  WEB ramw.org/restaurantweek
- ☐ **필라델피아** 1월, 8월
  WEB centercityphila.org/explore-center-city/ccd-restaurant-week
- ☐ **마이애미** 8월, 9월
  WEB miamiandbeaches.com/deals/spice-restaurant-months

참여 방법

- ☐ 행사 시기 약 1달 전에 홈페이지에서 참여 레스토랑과 메뉴, 일정을 공개한다. 이후 예약이 시작되는데, 인기 높은 레스토랑은 조기 마감된다. 레스토랑 예약 앱인 오픈테이블(Opentable) 계정이 있으면 대부분 예약과 취소를 쉽게 진행할 수 있다.
- ☐ 예약을 하지 않은 경우에도 레스토랑 위크에 참여하는 레스토랑에서 대부분 3코스 메뉴를 주문할 수 있게 해준다. 가격은 미리 정해져 있으나, 세금과 팁은 추가로 계산해야 한다.

Q 팁은 얼마나 줘야 할까?

미국에서는 서비스를 받았다면 반드시 그에 대한 봉사료(팁)을 별도로 지불해야 한다. 정식 레스토랑에서 식사를 한 경우 대부분 결제 단계에서 카드 금액에 더해 계산하지만, 그 외의 상황에 대비해 $1 또는 $5짜리 지폐를 여러 장 준비하면 좋다.

◆ 팁이 필요한 장소들과 적정 비율/금액

☐ **레스토랑**	점심 18%, 저녁 20%
☐ **바텐더**	10~15%(바에서 술만 주문했다면 한 잔에 $1~2)
☐ **음식/식료품 배달**	음식 가격의 10~15% 또는 $5
☐ **택시**	15%(짐이 있으면 추가 비용 발생)
☐ **호텔 룸**	매일 $2~5
☐ **주차장, 컨시어지**	$1~5

Q 식당에서 계산은 어떻게 할까?

팁을 지불해야 하는 대표적인 장소는 테이블석을 갖춘 정식 레스토랑이다. 식사를 마치고 자리에 앉은 채로 "Check, please(체크 플리즈)"라고 요청하면 자리로 음식 가격에 세금(Tax)을 더한 소계 금액이 적힌 영수증을 가져다준다. 만약 계산서에 'Gratuity(Service Charge) Included'라고 적혀 있다면 이미 청구액에 팁이 포함되었다는 뜻이므로, 팁을 지불할 필요가 없다.

□ 현금으로 계산할 때

음식 가격의 18~20%에 해당하는 팁을 합산한 최종 금액을 테이블에 놓고 나오면 된다.

□ 신용카드로 계산할 때

❶ 테이블에서 계산서를 받는 경우에는 Tip 금액 작성란에 적절한 금액을 써넣는다.

❷ 신용카드를 직접 기계에 꽂아 계산하는 경우에는 화면에 나타나는 팁 비율 버튼(15%, 18%, 25% 등)을 선택하고 'Continue'를 누르면 최종 금액이 청구된다.

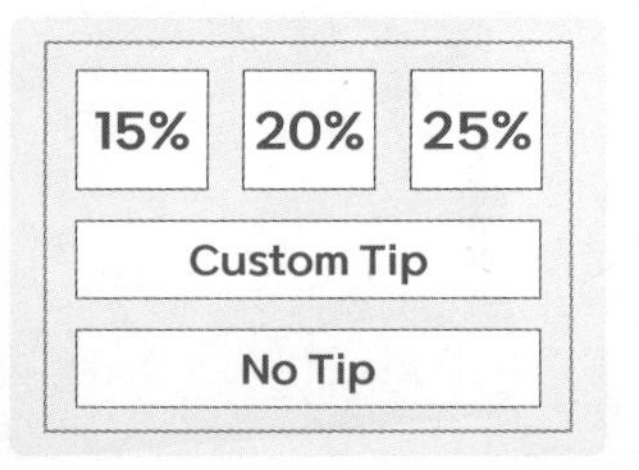

□ 고객이 직접 카운터에서 주문하고 음식을 받아오는 카페테리아나 푸드홀, 드라이브 스루 매장에서는 팁이 의무 사항이 아니다. 이럴 때는 'No Tip'을 선택하거나, 화면에서 'Custom Tip' 버튼을 눌러서 팁을 다른 비율로 변경해도 된다.

Q 음료는 꼭 주문해야 할까?

보통 식당에서 자리에 앉자마자 메뉴를 펼치기도 전에 종업원이 와서 음료를 주문할지 물어본다. 물을 원한다면 "Just water, please(저스트 워터 플리즈)."라고 하면 된다. 물에 대해서는 대부분의 식당에서 추가 요금을 받지 않는다. 좀 더 생각할 시간이 필요할 때는 "I need more time(아이 니드 모어 타임)."이라고 대답하면 된다. 그러나 미국에서는 식사할 때 음료나 와인을 곁들이는 것이 기본이고, 이는 팁 금액과도 관련되기 때문에 음료를 주문한다면 좀 더 친절한 서비스를 받을 확률이 높다.

Q 음식 맛이 너무 짠데?

우리나라 사람들에게 미국 음식은 대체로 짜게 느껴진다. 특히 파스타처럼 와인과 함께 먹는 음식은 예외 없이 짜다. 요리를 안주처럼 즐기는 문화라서 그런 측면도 있고, 음식의 온도와 소금의 종류, 조리 방식에 따른 영향도 있다. 주문할 때 소금양을 줄여달라고 요청할 수 있으나, 미국에서 지내려면 아무래도 짠맛에 익숙해지는 것이 편하다.

SHOPPING

1

MUST HAVE ITEMS

미국 동부 쇼핑 리스트

캐리어를 채울 시간!

오직 미국에서만 구할 수 있는 한정판 아이템이나 팝업 스토어의 특별한 제품, 마음에 쏙 드는 기념품을 만날 때면 여행의 만족도가 올라간다. 웬만한 브랜드는 한국에서도 살 수 있지만, 세일 찬스를 활용하면 저렴할 때가 많으니 최대한 많이 둘러보면서 캐리어를 채워보자. 미국에서 구매하면 좋은 필수 아이템을 모았다.

에코 백 Eco-friendly Bags

좋아하는 장소의 로고를 새긴 에코 백은 의미를 더한 실용적인 패션 아이템이다. 동네 서점이나 카페, 어디에서나 예쁜 제품을 발견할 수 있다.

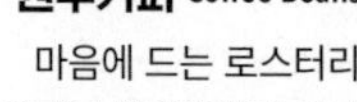

머그 컵 Mugs

도시별로 디자인이 다른 스타벅스 시티 머그 컵이나 아이비 대학의 로고를 새긴 머그 컵, 백악관 로고를 새긴 기념품을 수집해보자.

원두커피 Coffee Beans

마음에 드는 로스터리 카페를 발견했다면 원두 한 봉지로 추억을 음미해 보자. 뉴욕이나 시카고의 스타벅스 리저브 로스터리 한정 판매 원두도 추천.

틴 케이스 티백 Teabag Tin

향기로운 티백이 담긴 다양하고 예쁜 틴 케이스는 백화점이나 식료품 마트 코너에서 만날 수 있다. 뉴욕의 티 브랜드 하니앤손스(Harney & Son's)도 추천!

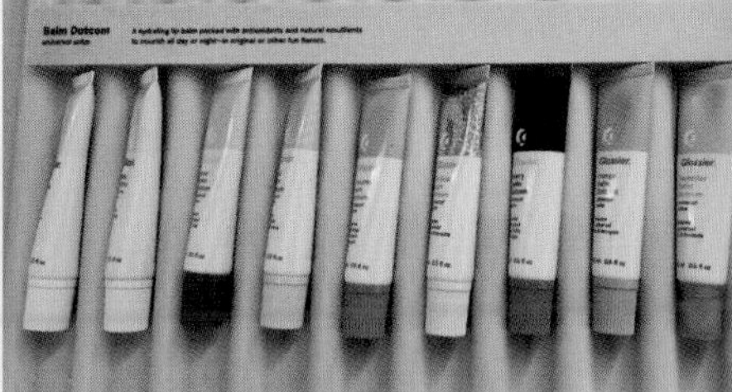

세포라 화장품 Sephora Cosmetics

셀레나 고메즈의 화장품 브랜드 레어 뷰티(Rare Beauty) 하이라이터, 넓은 컬러 스펙트럼을 자랑하는 어반 디케이의 아이섀도나 각종 픽서 제품은 미국 세포라에서 구경해야 제맛! 세일 기간을 놓치지 말자.

글로시에 Glossier

미국 Z세대의 최애 화장품! 글로시에의 밤 닷컴(Balm Dotcom: 립밤)이나 보이 브라우(Boy Brow: 마스카라) 등 가볍게 선물하기 좋은 코스메틱 제품이 많다.

미술관 굿즈 Museum Products

예술 작품을 활용한 각종 디자인 상품이 소장 욕구를 불러일으킨다. 퀄리티가 높아 선물용으로도 최고.

디즈니 굿즈 Disney Merchandise

세계 최대의 디즈니 스토어가 있는 올랜도에 간다면 한정판 미키마우스 플러시 인형을 찾아보자. 뉴욕 타임스 스퀘어나 마이애미의 소그래스 밀스 아웃렛 매장도 주목!

배스앤보디 웍스 Bath & Body Works

달콤하고 진한 향의 보디 제품은 미국인들이 사랑하는 아이템. 250여 종에 달하는 향기 라인업 중에서 내 취향을 찾아보자. 참고로 한국에는 60여 종이 들어와 있다.

트레이더 조 Trader Joe's

초콜릿 프레츨, 타코 시즈닝 믹스, 유기농 핸드크림 등 가볍고 부담 없는 제품이 많다. 품절 대란을 빚은 미니 캔버스 토트백뿐 아니라 다양한 캔버스 백도 판매한다. 에브리싱 베이글 시즈닝은 국내 반입 금지이니 주의.

빅토리아 시크릿 Victoria's Secret

다양한 디자인과 색상의 속옷들은 세일할 때를 노려야 한다. 러브 스펠, 밤셸 등 빅토리아 시크릿만의 향기를 담은 보디 제품도 인기다.

여행용 텀블러 Travel Tumblers

실용적인 텀블러나 물병은 대형 마트(월마트, 타깃 등)에서도 쉽게 눈에 띈다. 인기 브랜드 스탠리 어드벤처 퀜처(Stanley Adventure Quencher)나 하이드로 플라스크(Hydro Flask)의 한정판 제품은 놓칠 수 없다.

의류 Apparel

스트리트 패션 브랜드 슈프림의 티셔츠, 아웃렛에서 특히 저렴한 랄프 로렌의 폴로 셔츠나 띠어리 제품은 미국에서 꼭 사게 되는 아이템이다.

MLB, NBA 스토어 MLB, NBA Store

뉴욕 양키스나 LA 다저스 정품 볼캡이 스테디셀러. 스포츠 마니아라면 좋아하는 선수 이름이 적힌 팀별 유니폼을 구할 수 있다.

SHOPPING 2 SHOPPING TIPS

동부 쇼핑 노하우 FAQ

쇼핑의 달인이 되어보자

언제, 어디서, 무엇을 사야 하는지 알고 가면 여행의 재미는 2배가 된다. 로컬이 알려주는 미국 쇼핑 득템 노하우, 지금부터 시작!

Q1 미국에서 쇼핑은 언제 하면 좋을까?

❶ 블랙 프라이데이 & 사이버 먼데이

11월 넷째 목요일 추수감사절 바로 다음 날인 금요일 자정을 기점으로 미국 전역에서 대규모 세일이 시작된다. 영업이익이 흑자로 전환되는 시점이라는 뜻에서 'Black Friday'라는 이름이 붙었다. 온라인 구매가 대세인 요즘에는 추수감사절 다음 월요일인 사이버 먼데이(Cyber Monday)의 인기도 높다.

❷ 연방 공휴일이 포함된 주말

연방 공휴일이 포함된 주말에는 아웃렛에서 10~20% 추가 세일을 하는 매장이 많다.

❸ 여름 세일(7~8월 중), 연말 세일(12월 26일~1월 첫 주)

계절이 바뀔 때 브랜드 매장과 백화점의 세일 폭이 커진다. 특히 크리스마스 이후부터 1월 첫 주까지 일제히 세일에 들어간다.

Q2 직원이 자꾸 본인 이름을 알려주는 이유는?

쇼핑 매장이나 아울렛에는 직원들이 다가와 도움이 필요한지 묻고, 자기 이름을 알려주곤 한다. 고객이 계산할 때 도움을 받았다고 대답한 직원에게 점수가 부여되고, 이를 기반으로 성과급을 받기 때문이다. 되도록 직원 한 명을 정해서 필요한 것을 부탁하고 카운터에서 그 직원의 이름을 말해주도록 하자.

주별, 동네별로 소비세가 다르다고요?

미국의 소비세는 우리나라의 부가세와 비슷한 세금으로, 주정부에서 부과한다. 주세(State Tax)와 지역세(Local Tax)가 합쳐진 세율이며, 같은 주라도 카운티 혹은 시에 따라 지역세를 다르게 적용하여 지역마다 가격 차이가 발생한다. 주에 따라서는 식료품이나 유류 혹은 일정 금액 이하의 의류에 면세를 적용하기도 하는데, 예를 들어 뉴욕시는 총 8.875%(주세 4%, 지역세 4.5%, 대도시 교통권 추가세 0.375%)의 세금이 붙고, $110 이하의 의류와 신발은 세금이 면제된다. 반면 뉴욕주의 우드버리 아웃렛은 $110 이하 제품에 대해서 주세 4%만 면제되고, 약 4.6%의 지역세는 유지된다.

*소비세는 2024년 기준

주	소비세	주	소비세	주	소비세
매사추세츠	6.25%	**버지니아**	5.77%	**일리노이**	8.86%
뉴욕	8.53%	**메릴랜드**	6%	**조지아**	7.38%
뉴저지	6.6%	**델라웨어**	0%	**루이지애나**	9.56%
워싱턴 DC	6%	**펜실베이니아**	6.34%	**플로리다**	7%

세금 0%라는 델라웨어로 쇼핑하러 가도 될까?

델라웨어는 기업과 주민을 끌어들이기 위해 소비세율을 0%로 유지하고 있다. 하지만 델라웨어에 있는 쇼핑몰이나 아웃렛에는 매력적인 브랜드와 제품이 많지 않아 일부러 멀리 쇼핑을 갈 이유가 전혀 없다. 대신 해당 지역 주소로 온라인 배송 시 면세 혜택을 온전히 받을 수 있어 해외 배송 대행지로 애용된다. 이와 비슷하게 럭셔리 백이나 주얼리는 세율이 낮은 워싱턴 DC, 의류와 신발은 세금이 없으면서도 상품이 다양한 뉴저지의 쇼핑몰을 이용하면 좀 더 유리하다.

우리나라와 다른 의류와 신발 사이즈가 궁금해!

같은 표기의 사이즈라도 브랜드별로 다를 수 있으며, 남성용의 경우 커스텀 핏, 슬림 핏, 클래식 핏 등 핏에 따라 사이즈 차가 생기기도 하므로 아래의 내용은 대략적으로만 참고하자.

➡ 의류 사이즈

여성		남성	
한국	미국	한국	미국
44/85/XS	0~2/XXS~XS	**90/S**	S
55/90/S	4	**95/M**	S
66/95/M	6	**100/L**	M
77/100/L	8	**105/XL**	L
88/105/XL	10	**110/XXL**	XL
-	12	-	XXL

➡ 신발 사이즈

여성		남성	
한국	미국	한국	미국
225	5	**250**	7
230	5.5	**255**	7.5
235	6	**260**	8
240	6.5	**265**	8.5
245	7	**270**	9
250	7.5	**275**	9.5
255	8	**280**	10
-	-	-	~12

미국에서 택스 리펀을 받을 수 있나요?

텍사스주와 루이지애나주를 제외하면 미국에는 해외여행객을 대상으로 소비세를 환급해주는 제도가 없다.

SHOPPING

3

SHOPPING DESTINATIONS

쇼핑 스트리트 & 백화점

당신의 선택은 어디?

구경만 해도 눈이 즐거운 동부 최고의 쇼핑가에는 럭셔리 부티크부터 줄 서는 맛집, 대형 백화점이 모두 모여 있다. 여행 동선에 맞춰 취향에 맞는 아이템을 발견하러 떠나보자.

뉴욕 소호

요즘 핫한 미국 쇼핑 스트리트는?

♦ **뉴욕 소호** 310p

럭셔리 명품부터 스트리트 패션 브랜드까지, 클래식한 건물을 배경으로 인증샷도 남기고 쇼핑도 즐기고!

♦ **보스턴 뉴베리 스트리트** 194p

브라운스톤 타운하우스 속에 개성 있는 로드숍과 글로벌 매장이 어우러진 낭만적인 쇼핑 거리

♦ **시카고 매그니피슨트 마일** 510p

맛집과 쇼핑 거리가 끝없이 이어지는 곳. 발길 닿는 대로 따라가는 것이 바로 여행의 즐거움!

보스턴 뉴베리 스트리트

시카고 매그니피슨트 마일

: WRITER'S PICK :

도심형 아웃렛도 놓치지 말 것!

뉴욕의 센추리 21(Century 21), 전국에 체인을 둔 티제이 맥스(TJ Maxx), 마샬(Marshalls)은 아웃렛보다 저렴한 제품을 판매하는 백화점형 아웃렛이다. 대부분 매장이 도심에 있어서 접근성이 뛰어나며, 프리미엄 럭셔리 제품이 없는 대신 속옷이나 캐주얼 의류 구매할 때 매우 유용하다. 백화점들이 운영하는 삭스 오프 피프스, 노드스트롬 랙도 비슷한 콘셉트다.

실속파를 위한 대형 백화점

브랜드별 단독 부티크 매장이 많은 미국에서 대형 백화점의 주목도는 다소 떨어지는 편. 대신 백화점에서는 직매입 브랜드를 대상으로 한 세일이 많아서 한 번씩 체크해보면 좋다. 특히 7~8월과 크리스마스 이후에는 아웃렛 이상의 할인 기회가 찾아오기도 한다.

♦ 메이시스
Macy's

미국 최대 규모의 백화점 체인. 플래그십 스토어는 뉴욕 헤럴드 스퀘어에 있고, 7월 4일 독립 기념일 불꽃놀이와 추수감사절 퍼레이드를 주관한다.

♦ 삭스 피프스 애비뉴
Saks Fifth Avenue

뉴욕 5번가의 이름을 딴 프리미엄 백화점 체인. 삭스 오프 피프스(Sak's Off Fifth)라는 이월 상품 매장은 아웃렛에도 입점해 있다.

♦ 블루밍데일스
Bloomingdale's

저가부터 고가 브랜드까지 다양한 제품을 갖췄다. 이월 상품 전용인 아웃렛 스토어 블루밍데일스(Outlet Store Bloomingdale's)도 운영한다.

♦ 노드스트롬
Nordstrom

시애틀에 본사를 둔 백화점 체인. 이월 상품 전용 매장인 노드스트롬 랙(Nordstrom Rack)을 별도로 운영한다.

♦ 니만 마커스
Neiman Marcus

텍사스에 본사를 둔 고급 백화점 체인. 백화점 세일은 세컨드 콜(Second Call), 아웃렛은 라스트 콜(Last Call)이라고 부른다.

미국인의 일상이 궁금하다면 마트를 방문해보자. 장바구니 물가도 파악하고, 식비도 절약하고, 일사게 기념품 쇼핑까지 할 수 있는 곳이 바로 마트다. 숙소를 예약하고 나면 가까운 위치의 그로서리부터 찾아보는 것이 여행의 기술!

차가 없어도 편하게

도시형 그로서리

대도시에서 도보로 방문할 만한 대표적인 체인으로는 홀푸드와 트레이더 조가 있다. 구글맵으로 식료품 전문점을 뜻하는 그로서리(Groceries)를 검색해 동네 특색이 살아 있는 매장을 찾아봐도 좋다.

◆ 홀푸드 Whole Foods

퀄리티 높은 로컬 식재료와 다양한 오가닉 제품을 판매하는 유기농 전문 마켓이며, 그만큼 가격도 높다. 간단하게 식사하고 싶을 때 조리된 여러 가지 식품을 무게로 달아 판매하는 델리 코너와 샐러드 바를 이용해보자.

◆ 트레이더 조 Trader Joe's

상품 가격을 낮추기 위해 개발한 자체 브랜드(PB) 상품으로 마니아층을 확보하고 있다. 퀄리티 좋고 합리적인 가격의 식품과 간식, 각종 시즈닝은 선물용으로도 인기다.

약국과 편의점의 결합

드럭 스토어

미국 드럭 스토어(Drug Store)는 제품 가격이 조금 높은 대신 도시 한복판에서 쉽게 찾을 수 있고, 늦게까지 영업하는 곳이 많아서 자주 이용하게 된다. 의사 처방 없이 구매할 수 있는 일반 의약품은 편의점 코너에서 일반 제품과 함께 구매할 수 있고, 안쪽에 있는 약국(Pharmacy) 코너에서는 약사가 처방전을 받아 약을 조제해준다. 미국 약국 점유율은 시브이에스(CVS)와 월그린스(Walgreens)로 양분돼 있는데, 월마트 약국도 점점 늘어나는 추세다. 할인가로 물건을 사거나 포인트를 적립하려면 회원가입을 해야 한다(현지 전화 번호 필요).

CVS

월그린스

듀앤리드 파머시

차가 있다면 여기로

식료품 마트

도심보다는 외곽에 많은 체인형 식료품 마트는 규모와 가격, 퀄리티 등 모든 면에서 무난하다. 소고기를 사서 직접 바비큐를 해 먹거나 여행 중 간편하게 식사를 해결하고 싶을 때 방문하면 좋다.

◆ **세이프웨이** Safeway
한국의 이마트와 비슷한 곳. 미국 전역에 매장이 있고 신선 식품의 비중이 높다.

◆ **퍼블릭스** Publix
플로리다에 본사를 둔 식료품 마트. 남동부에서는 퍼블릭스가 대세다.

Giant

◆ **자이언트 푸드** Giant Food
본사가 있는 워싱턴 DC와 메릴랜드, 버지니아 등 인근 지역에서 인기가 많다.

◆ **웨그먼스** Wegmans
식료품은 물론, 스시 등의 간편식과 와인까지 판매하는 동북부 지역의 고급 그로서리 스토어.

◆ **에이치 마트** H Mart
한국음식과 생필품을 갖춘 대형 한인 마트 체인. 분식 코너를 운영하기도 한다.

전 세계 어디에나 있다

창고형 마트

상품을 대량으로 저렴하게 파는 창고형 마트는 미국 생활 중 자연스럽게 찾게 되는 장소다. 전 세계 어디에서나 비슷한 시스템으로 운영되는데, 일반 의약품이나 대용량 비타민을 구매하기에 좋다.

TARGET

◆ **타깃** Target
대체로 월마트보다 내부 공간이 넓고 진열 상태도 품절 없이 양호하다. 도심에 좀 더 작은 규모의 매장을 운영하기도 한다.

◆ **월마트** Walmart
타깃과 비슷하나, 식품류가 좀 더 많은 편이다. 도심보다는 교외 주택가에 자리 잡고 있다.

◆ **코스트코** Costco
초대형 회원제 마트. 한국에서 발급한 회원권을 사용할 수 있다(주유소는 이용 불가).

아웃렛 쇼핑

미국에 간다면 일단 하루는 여기

다양한 브랜드 제품을 저렴한 가격에 구매할 수 있는 기회. 환율 상승에 따라 예전보다는 가격 경쟁력이 낮아졌다고 해도, 미국 아웃렛은 여전히 매력적이다. 잠깐 구경하러 갔다가도 여기저기 둘러보다 보면 시간이 훌쩍 지나가기 때문에 일정 중 하루를 온전히 비워서 방문 계획을 세우는 것이 좋다.

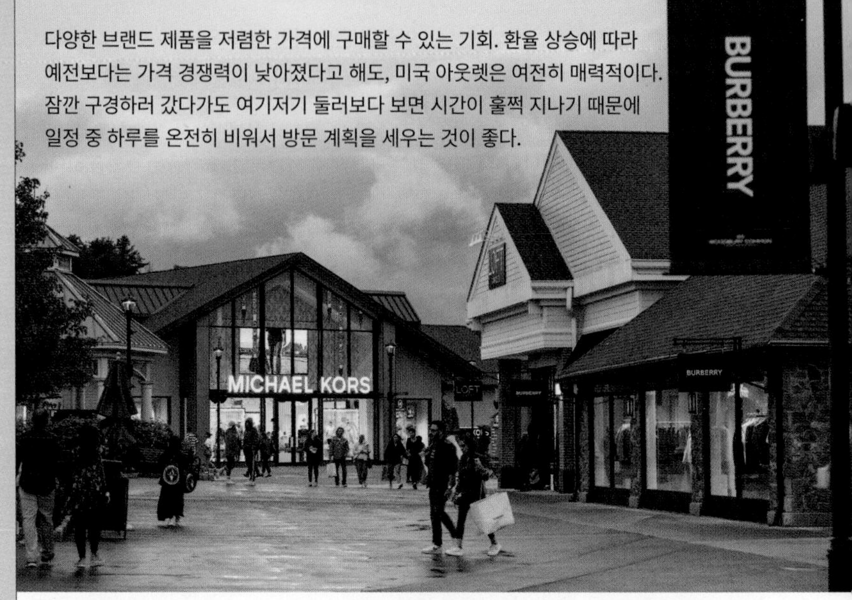

여행 쇼핑의 성지

우드버리 커먼 프리미엄 아웃렛 Woodbury Common Premium Outlets

매장 수가 220개에 달하는 대형 아웃렛. 수시로 신규 브랜드가 순환되는 최고의 쇼핑 천국이다. 버버리, 구찌, 펜디, 프라다, 미우미우 등 럭셔리 브랜드와 랄프 로렌, 캘빈클라인, 토리버치, 코치, 띠어리 등 미국 유명 브랜드가 빠짐없이 입점했으며, 나이키, 뉴발란스 등의 신발 매장도 꼭 들러야 한다. 뉴욕과 가까워 다양한 투어 버스를 운행 중이라 접근성이 좋은 것도 장점. 단, 연휴를 낀 주말에는 버스 대기가 길어지기 때문에 무조건 하루가 소요된다.

ADD 498 Red Apple Ct, Central Valley, NY 10917
OPEN 09:00~21:00
WEB premiumoutlets.com/outlet/woodbury-common
ACCESS 뉴욕에서 80km(차량 1시간 30분)

대중교통으로 가는 방법

❶ 타미스, 앳홈트립 등에서 우드버리 왕복 버스 할인 예약 가능

❷ 포트 오소리티 버스 터미널(PABT)에서 코치 버스 탑승 : PABT 메인 층(1층) 티켓 오피스 중 Shortline(Coach USA) 창구에서 우드버리 아웃렛 왕복 티켓을 발권 → 탑승구 이동(4층의 Gate 411이 주로 이용되지만, 종종 변경됨)

미국 최대 규모 프리미엄 아웃렛

소그래스 밀스 Sawgrass Mills

350개 이상의 브랜드가 입점한 미국 최대 사이먼 프리미엄 아웃렛으로, 뉴욕 우드버리 아웃렛보다 큰 규모다. 고급 휴양지인 마이애미답게 유명 미국 브랜드뿐 아니라 유럽 럭셔리 브랜드가 다수 포함돼 있고, 백화점 아웃렛까지 있어서 쇼핑을 좋아하는 사람들은 헤어 나올 수 없다. 올랜도의 프리미엄 아웃렛 2곳과 함께 디즈니 캐릭터 웨어하우스가 입점해 있다.

ADD 12801 W Sunrise Blvd, Sunrise, FL 33323
OPEN 10:00~22:00(일 11:00~20:00)
WEB simon.com/mall/sawgrass-mills
ACCESS 마이애미에서 북쪽으로 58km (차량 45분)/
포트로더데일에서 서쪽으로 24km (차량 25분)

인기 브랜드를 면세 가격으로

탠저 아웃렛 러호버스비치 Tanger Outlets Rehoboth Beach

델라웨어주에 속한 곳이라 세금이 없다. 랄프 로렌, 나이키, 언더아머 등 대중적인 미국 브랜드를 면세로 구매할 수 있다. 다만 델라웨어주의 모든 쇼핑몰과 백화점에서는 고가의 럭셔리 브랜드를 취급하지 않으며, 사이먼 계열 아웃렛이 아니어서 사이먼 쿠폰을 사용할 수 없다는 점을 참고. 미국 동부의 해변(신커티그아일랜드 등)을 향하는 길이라면 한 번쯤 들러볼 만하다.

ADD 35000 Midway Outlet Dr, Rehoboth Beach, DE 19971
OPEN 10:00~20:00 (금·토 ~21:00, 일 ~19:00)
WEB tanger.com/rehoboth
ACCESS 워싱턴 DC에서 193km (차량 2시간 30분)

: WRITER'S PICK :

프리미엄 아웃렛 쇼핑 팁

- 사이먼 계열의 프리미엄 아웃렛은 미국 전역에 매장을 두고 있는데, 대도시와 가까울수록 할인율은 낮아지는 대신 좀 더 쓸만한 제품이 많은 편이다.
- 주요 세일 시즌(블랙 프라이데이, 연말, 공휴일 주말)에는 할인 혜택이 많아진다. 단, 사람이 지나치게 많고 주차가 힘들 수 있다.
- 모바일 앱(SIMON)을 다운받아 회원가입(VIP 등록)을 한 후, 방문 예정인 아웃렛을 즐겨 찾기에 등록하자. 'Coupons & Savings Passport'를 선택하면 브랜드별 할인 쿠폰 리스트가 뜬다. 결제할 때 직원에게 휴대폰 화면을 보여주면 적용 상품에 한해 추가 할인을 받을 수 있다.
- 부피가 큰 쇼핑백은 들고 다니는 데 한계가 있다. 물건을 담아 올 캐리어는 필수.

1

보스턴 & 뉴잉글랜드

Boston & New England

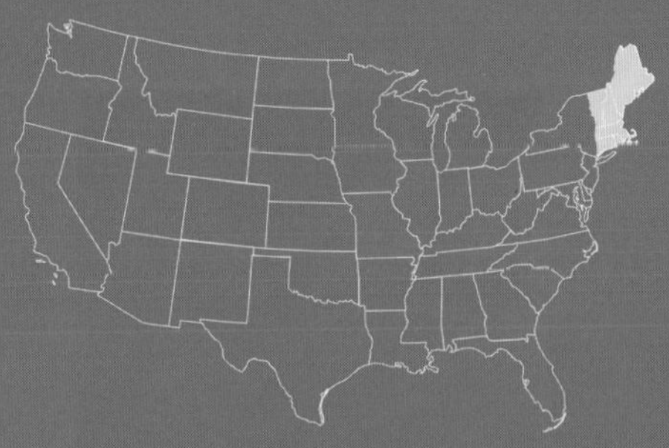

미국 건국 훨씬 이전인 1620년에 메이플라워호를 타고 온 영국 청교도(필그림, Pilgrim)가 개척한 미국 북동부의 6개 주(매사추세츠, 코네티컷, 로드아일랜드, 메인, 뉴햄프셔, 버몬트)를 통틀어 뉴잉글랜드라고 부른다. 그중 매사추세츠주의 주도 보스턴은 미국 독립운동의 태동지이자 노예 폐지론을 선도한 도시로, 미국이 국가의 기틀을 잡고 정체성을 형성하는 데 결정적인 역할을 했다. 거리 이곳저곳에 단체 수학여행 온 미국 학생들이 눈에 띄는 것도 바로 이 때문! 미국의 역사와 문화를 이해하려면 가보지 않을 수 없는 곳, 미국 북동부 8개 명문 사립 대학 아이비리그(Ivy League) 중 하버드와 예일, 브라운, 다트머스 대학이 모인 곳이자 대서양의 축복받은 자연환경을 품은 뉴잉글랜드를 동부 관광의 시작점으로 삼자.

CANADA
Maine (ME)
아카디아 국립공원
USA
Vermont (VT)
New Hampshire (NH)
New York (NY)
Massachusetts (MA)
보스턴
플리머스
케이프코드
Connecticut (CT)
프로비던스
뉴헤이븐
뉴포트
Rhode Island (RI)
뉴욕

Time Zone

표준시 동부 표준시(EST)
시차 -14시간(서머타임 기간 -13시간)

한국 수요일 09:00 → **보스턴** 화요일 19:00

Weather

봄

여름

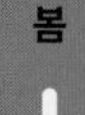

가을

겨울

CITYVIEW TROLLEY TOURS

Boston

보스턴

매사추세츠주의 주도, 미국 독립운동의 태동지, 존 F. 케네디의 고향, 하버드와 MIT, 보스턴 칼리지를 보유한 최고의 대학 도시 등 보스턴을 수식하는 표현은 수없이 많다. 보스턴 여행의 핵심 콘텐츠는 분명 미국 독립운동의 역사를 따라 걷는 프리덤 트레일이다. 그렇다고 해서 보스턴 여행이 따분할 거라고 생각한다면 오산! 보스턴 레드삭스(야구)와 보스턴 셀틱스(농구) 경기에 대한 애정 또한 각별해, 스포츠 경기가 열리는 시즌에 방문하면 뜨겁게 달아오른 도시 분위기를 즐길 수 있다. 보스턴의 스타일리시한 핫플, 뉴베리 스트리트도 꼭 방문해보자.

보스턴 BEST 9

1 프리덤 트레일 178p

2 벙커힐 모뉴먼트 188p

3 푸르덴셜 센터 전망대 197p

4 뉴베리 스트리트 193p

5 퀸시 마켓 212p

6 펜웨이 파크 198p

7 하버드 대학교 205p

8 유니언 오이스터 하우스 215p

9 뉴포트 227p

SUMMARY

공식 명칭 City of Boston
소속 주 매사추세츠(MA)
표준시 EST(서머타임 있음)

ⓘ 보스턴 커먼 비지터 센터
Boston Common Visitors Center

ADD 139 Tremont St
OPEN 08:30~17:00(겨울철 ~16:00)/토요일 휴무
WEB meetboston.com
ACCESS 보스턴 커먼 프리덤 트레일 시작 지점

EAT in Boston → 212p

메인주의 싱싱한 랍스터, 뉴잉글랜드식 클램차우더, 달콤한 버몬트산 메이플 시럽을 가장 맛있게 먹을 수 있는 곳이 보스턴이다. 유서 깊은 해산물 전문 레스토랑, 명물 음식을 모아둔 퀸시 마켓, 이탈리아 음식으로 유명한 노스엔드는 무조건 가야 한다. 던킨도너츠가 탄생한 곳도 보스턴 근교에 있다.

보스턴 한눈에 보기

보스턴은 찰스강(Charles River)과 미스틱강(Mystic River)이 만나 대서양으로 흘러드는 지점에 자리한 항구 도시다. 도시 기능이 집중된 다운타운을 상업 지구와 주택가, 대학가가 둘러싼 형태. 동부의 대도시라서 도회적인 느낌이 강할 것 같지만, 언덕이 많고 강변을 따라 산책로가 이어져 자연과의 조화가 돋보인다. 지리적 이점을 살린 수륙 양용 보트 투어의 인기가 높은 이유다.

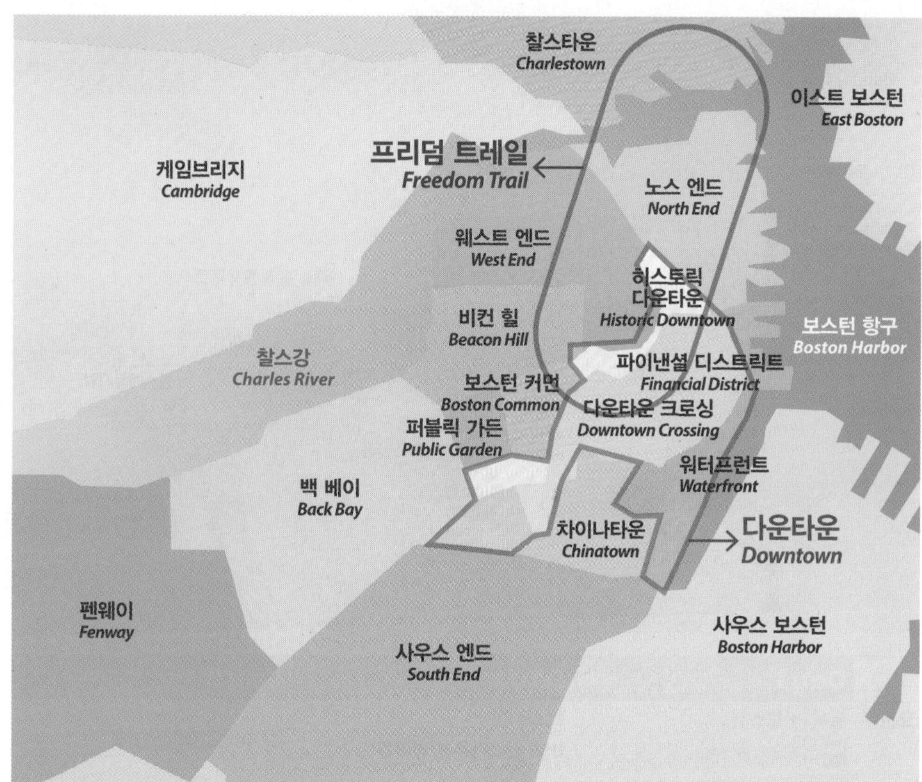

프리덤 트레일 178p

미국 독립과 건국에 관련된 역사적 명소를 붉은색 벽돌길로 이어 놓은 핵심 관광 구역. 보스턴 다운타운(Downtown)부터 이탈리안 이민자들의 동네 노스 엔드(North End), 찰스강 북쪽의 찰스타운(Charlestown)을 아우른다.

다운타운은 역사적 명소가 모인 히스토릭 다운타운(Historic Downtown), 주요 정부 기관이 모인 거버먼트 센터(Government Center), 쇼핑가인 다운타운 크로싱(Downtown Crossing), 금융가 파이낸셜 디스트릭트(Financial District) 등으로 나뉜다.

백 베이 190p

코플리 스퀘어 주변으로 보스턴 공립 도서관, 뉴베리 스트리트, 푸르덴셜 센터가 모인 쇼핑과 문화의 중심지

펜웨이 198p

보스턴 레드삭스의 홈구장 펜웨이 파크와 보스턴 미술관, 이사벨라 스튜어트 가드너 등이 위치한 교외 지역

케임브리지 204p

세계 최고의 대학 하버드와 MIT가 나란히 자리 잡은 대학 도시. 전 세계 관광객이 캠퍼스 투어를 하려고 모여든다.

보스턴 추천 일정

뉴욕에서 직행버스를 타고 방문하는 경우를 기준으로 동선을 구성했다. 이동 거리가 멀어서 당일치기는 불가능하고, 적어도 2박 3일 이상으로 계획하는 것이 좋다. 만약 1박 2일 일정이라면 2일차를 생략하고 1·3일차 일정으로 다녀도 된다. 다운타운은 걸어서 돌아볼 수 있지만, 이동 시간을 최소화하려면 대중교통 티켓(1일권/7일권)을 구매해서 다니는 것이 효율적이다.

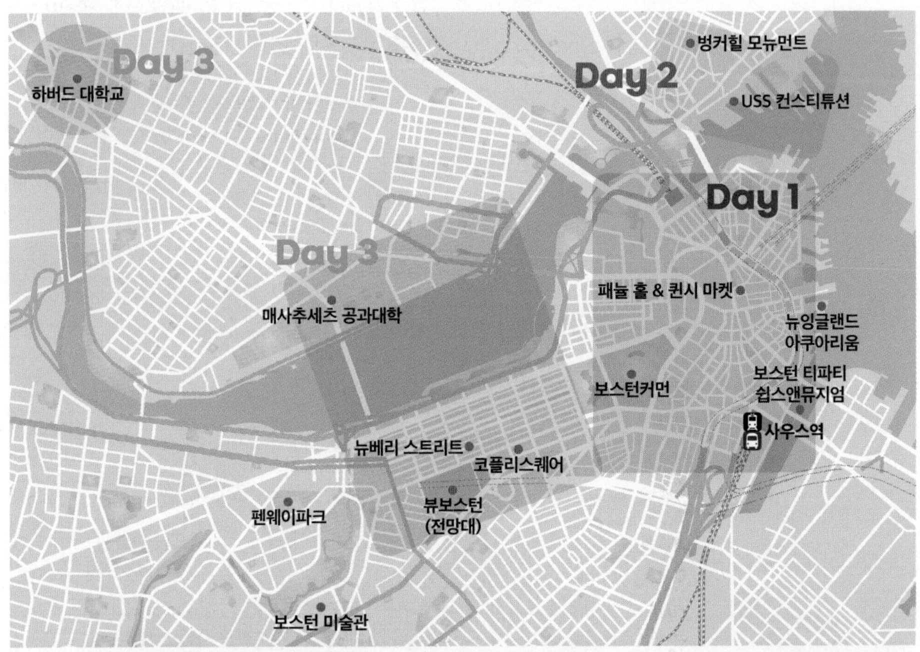

	Day 1	Day 2	Day 3
오전	**뉴욕 → 보스턴** 버스 4시간 10분	PLAN Ⓐ **USS 컨스티튜션/벙커힐** PLAN Ⓑ **보스턴 덕 투어** 170p	하버드 캠퍼스 맛집 **대학 캠퍼스 투어** 하버드 → MIT
	퀸시 마켓 푸드홀	간단하게 식사	뉴베리 스트리트 맛집
오후	**프리덤 트레일** 보스턴 커먼~패뉼 홀	**박물관 선택 관람** 보스턴 티파티 쉽스앤뮤지엄, 뉴잉글랜드 아쿠아리움, 보스턴 미술관 등	**코플리 스퀘어 주변** 보스턴 공립 도서관 푸르덴셜 센터 전망대
저녁	노스 엔드 맛집	**MLB 야구 경기** 펜웨이 파크	**보스턴 → 뉴욕** 버스 4시간 10분

WEATHER

바다가 가까운 항구 도시 보스턴은 '날씨가 마음에 들지 않으면 10분만 기다려 보라'는 말이 있을 정도로 날씨가 변덕스럽다. 일교차도 큰 편이니 여러 겹 입을 수 있는 겉옷을 준비하자. 서울보다 위도가 높아 일몰 시각이 더 빠르기 때문에 겨울에는 매우 춥고 폭설이 잦다. 긴 겨울이 지나면 4월에 벚꽃이 피면서 여러 가지 이벤트가 열린다. 여름은 무덥고 10월 중순경에 이르면 단풍이 절정에 달한다. 강수량은 매월 70~100mm 내외로 일년내내 비슷한데, 서울의 5월 강수량과 비슷한 수준이다.

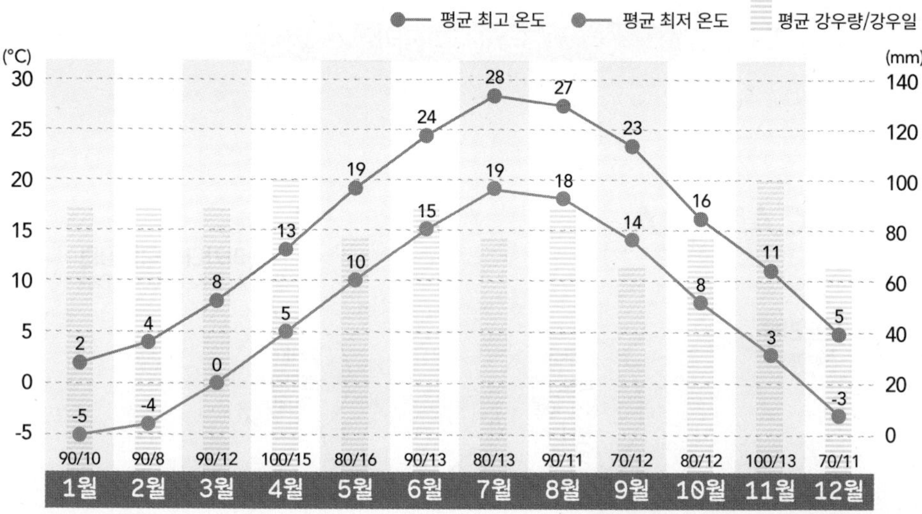

보스턴 여행 노하우

❶ 다운타운의 일일 주차 요금은 $30~40에 달하므로 호텔 예약 시 주차 가능 여부를 확인한다. 숙소 정보 172p

❷ 매년 4월 셋째 월요일에 열리는 보스턴 마라톤 기간에는 전 세계에서 관광객이 모여든다. 082p

❸ 야구 시즌(4~9월)에 펜웨이 파크에 방문하면 보스턴 사람들의 엄청난 야구 사랑을 체감할 수 있다.

❹ 5~11월 매주 금요일, 코플리 스퀘어에서는 보스턴 파머스 마켓이 열린다.

❺ 겨울에는 낮의 길이가 짧아서 관광지 개장 시간이 단축된다.

보스턴의 봄

보스턴 근교 여행 → 238p

보스턴 북쪽으로는 겨울이 길고 춥기 때문에 되도록 늦은 봄에서 가을 사이에 방문하는 것이 좋다.

❶ **뉴욕 ⇄ 보스턴 간 로드트립**: 뉴포트, 예일 대학교 등

❷ **1박 2일**: 케이프코드

❸ **2박 3일**: 아카디아 국립공원

보스턴의 겨울

보스턴 IN & OUT

출장이나 유학 등의 이유로 보스턴을 방문하는 것이 아니라면 대체로 뉴욕(맨해튼) 여행 일정에 보스턴을 며칠 추가해서 방문한다. 거리가 가까워서 비행기보다는 버스나 기차가 편하고, 자동차를 운전해서 간다면 중간에 예일 대학교가 있는 뉴헤이븐 및 뉴포트에도 들를 수 있다.

주요 지점과의 거리

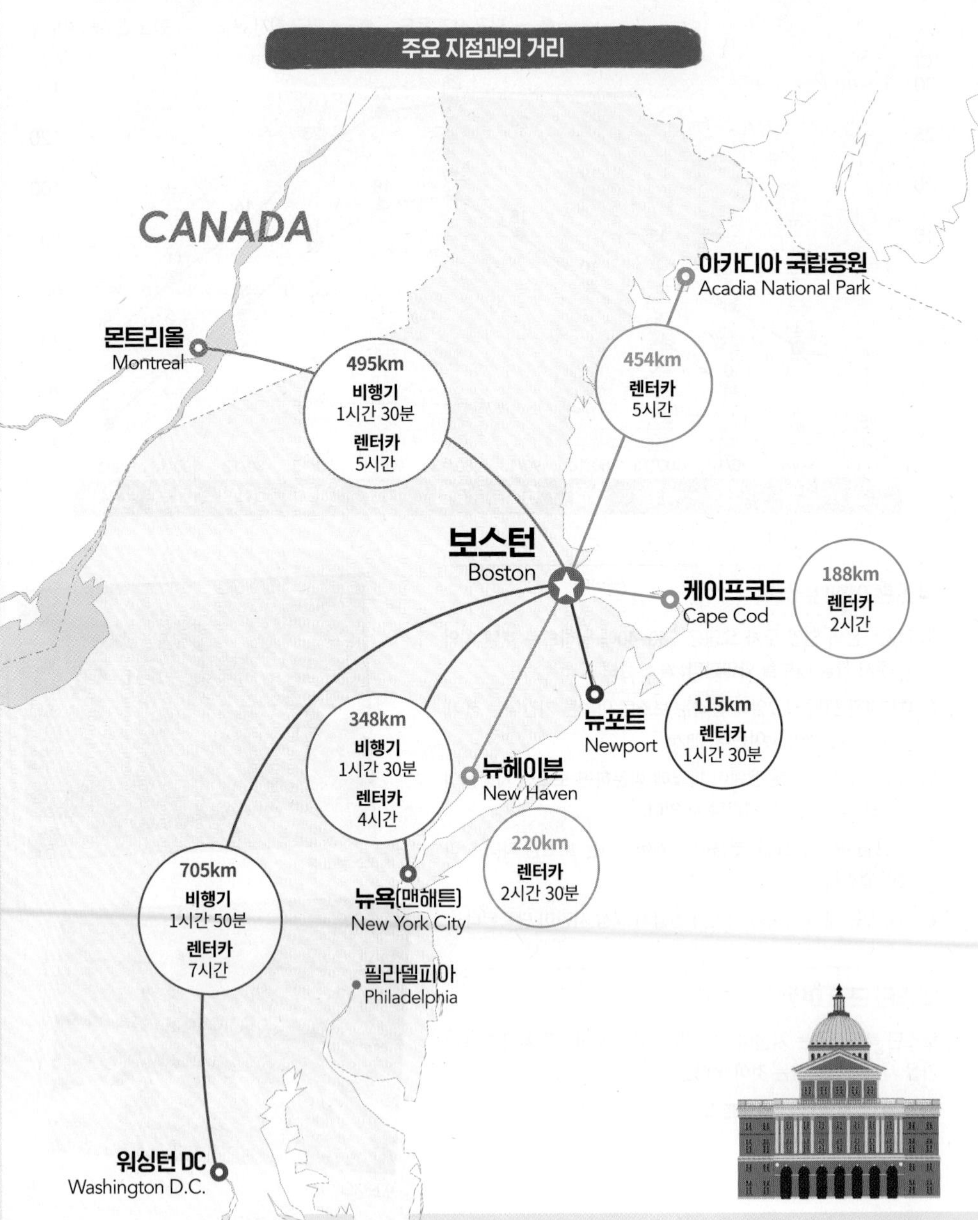

우리나라에서 보스턴 가기

인천공항에서 보스턴 로건 국제공항(BOS)까지 대한항공 직항편이 매일 운항한다. 직항편 기준 인천에서 보스턴까지 약 13시간 30분, 보스턴에서 인천까지 약 16시간 소요. 뉴욕 JFK 공항을 포함해 미국 주요 도시를 거치는 경유 항공편도 다양하다. 미국 내 연결 항공편 이용 시 주의사항은 060p 참고.
보스턴 로건 국제공항은 A, B, C, E 총 4개의 터미널로 나뉜다. 대한항공을 포함해 여러 국제 항공사는 보통 터미널 E를, 델타와 웨스트젯은 터미널 A를 사용한다. 터미널 E에서 다른 국내선 터미널로 이동하려면 걸어서 10~15분 정도 걸리고, 상시 운행하는 무료 셔틀버스를 타도 된다.

보스턴 로건 국제공항(BOS)
Boston Logan International Airport
ADD Boston, MA
WEB massport.com/logan-airport

공항에서 시내 가기 (국제선 터미널 ⇄ 시내 중심 기준)

공항에서 보스턴 도심(다운타운)까지는 불과 5km, 차로 20분 거리라서 대중교통으로 이동하기 편리하고 교통비도 적게 든다. 교통 정체를 최소화하기 위해 공항에서 지하철역까지 무료 버스를 운행한다.

공항버스 실시간 정보

로건 익스프레스 Logan Express (지하철 오렌지라인과 연결)

우리나라의 공항 리무진 버스에 해당하는 교통수단으로, 공항에서 약 20분 거리인 백 베이역(Back Bay)까지는 요금을 받지 않는다. 단, 그다음 정류장인 푸르덴셜 센터(800 Boylston St)에서 하차하거나 반대로 백 베이역에서 공항으로 들어가려면 요금 $3를 내야 한다. 티켓은 온라인 예매와 현장 구매 모두 가능하다. 보스턴 중심가 서쪽의 백 베이역에서 지하철 오렌지라인으로 갈아타면 다운타운의 보스턴 커먼까지 3정거장이다.

HOUR 05:00~21:00(30분 간격 운행)
WEB loganexpress.com

매스포트 셔틀 Massport Shuttle (지하철 블루라인과 연결)

터미널 앞에서 무료 공항버스인 매스포트 셔틀(22·44·55·88번)이 지하철 블루라인의 에어포트역(Airport Station)에 정차한다. 여기서부터 보스턴 중심가인 거버먼트 센터역(Government Center)까지 지하철로 4정거장이다.

HOUR 09:00~22:00
WEB massport.com/logan-airport

실버라인 버스 (지하철 레드라인과 연결)

하버드나 MIT 쪽으로 가려면 공항 터미널 앞에서 실버라인(SL1)을 타는 것이 편리하다. 지하철 노선도에 실버라인(SL)으로 표기돼 있으나 실제로는 버스이며, 공항에서 보스턴의 중심 기차역인 사우스역(South Station)까지는 무료(공항 방향은 유료)다. 여기서 지하철 레드라인으로 환승한다.

HOUR 05:39~01:20(평일 기준)
WEB mbta.com/schedules/741/line

택시/우버/리프트 Taxi/Uber/Lyft

택시는 사전 예약 없이 즉시 이용할 수 있고 탑승 장소 또한 터미널과 가깝다는 것이 장점이다. 기본요금은 $25~45 정도지만, 캐리어 개수 및 러시아워 할증 요금에 팁까지 추가하면 $60까지 늘어날 수 있다.
라이드셰어(Rideshare)라고 부르는 우버나 리프트 요금은 택시보다 약간 저렴한 편. 단, 탑승 장소가 터미널 옆이 아닌 중앙 주차장 쪽에 마련돼 있어서 정확한 위치에서 호출하는 것이 중요하다. 터미널 밖으로 나와 'Ride App' 표지판을 따라가자. 참고로 택시와 우버 모두 공항을 벗어날 때 $3.50~3.70의 통행료가 추가된다.

렌터카 Rent a Car

공항에서 차를 대여하려면 무료 셔틀버스를 타고 15분 거리의 렌터카 센터로 이동해야 한다. 각 터미널 도착층에서 'Ground Transportation' 표지판을 따라 파란색 셔틀 버스(Route 33 또는 렌터카 업체의 안내 참고)에 탑승한다.

Rental Car Center(RCC)
ADD 15 Transportation Way, Boston, MA 02128

: WRITER'S PICK :

보스턴 주차 정보

다운타운의 대형 쇼핑센터 주차장의 주차비는 1시간 $12, 24시간 $32~40 수준으로 매우 높다. 거리 주차($2~4, 일요일·공휴일 무료)도 가능하지만 주차 공간이 늘 부족한 편이고, 보안상 권장하지 않는다. 모바일앱 'ParkBoston'을 다운받으면 장소를 검색하고 주차비를 지불할 수 있다.

미국의 다른 도시에서 보스턴으로 이동하기

장거리 버스 Bus & Coach

뉴욕-보스턴 구간은 직행버스가 상시 운행한다. 교통 정체가 없다면 약 4시간 30분(1회 휴식 포함)이 소요된다. 요금은 편도 기준 $30~70 정도로 운행 업체 및 요일, 예약 시점 등 조건에 따라 크게 다르다. 장거리 버스 터미널은 사우스역(South Station)으로, 지하철 레드라인과 연결되어 편리하다. 단, 역 주변의 치안이 좋지 않기 때문에 저녁 늦게 출발·도착 예정이라면 안전에 유의한다.

버스 터미널(사우스역)
ADD 700 Atlantic Ave
WEB bostonexpressbus.com/stop/boston-south-station

주요 버스 업체

피터팬버스(메가버스)
WEB peterpanbus.com

그레이하운드
WEB greyhound.com

플릭스버스
WEB flixbus.com

열차 Train

앰트랙의 고속열차인 아셀라(Acela)가 워싱턴 DC에서 볼티모어, 필라델피아, 뉴욕을 거쳐 보스턴의 사우스역(South Station, 지하철 레드라인)까지 연결한다. 뉴욕에서 3시간 50분, 워싱턴 DC에서 7시간 소요된다. 뉴욕 펜스테이션(Moynihan Train Hall at Penn Station, NYP) 기준 일반 열차 요금은 $83~206, 고속 열차는 $160~280로 상당히 비싸다. 성수기에는 항공료와 큰 차이가 없지만, 수 개월 전에 예매하거나 비수기에 이용하면 가성비가 좋다.
앰트랙(Amtrak) 일반 열차는 백 베이역(Back Bay, 지하철 오렌지라인), 노스역(North Station, 지하철 그린라인), 사우스역에서 출발·도착한다.

앰트랙
WEB amtrak.com

뉴욕-보스턴 사이 고속도로

사우스역

보스턴 시내 교통

보스턴 중심가는 도보로 충분히 돌아볼 수 있는 규모여서 걸으면서 천천히 구경하는 것이 일반적이다. 차량이 있다고 해도 주차비가 만만치 않으니 가능하면 숙소에 주차해두고 시내는 대중교통이나 도보로 이동하자. 보스턴은 지하철, 버스 등 대중교통이 잘 발달해서 렌터카 없이 쉽게 여행할 수 있는 극소수의 미국 도시 중 하나다. 보스턴의 지하철, 버스, 페리 및 커뮤터 레일(Commuter Rail, 통근 열차)은 매사추세츠 베이 교통공사(MBTA)에서 총괄한다.

매사추세츠 베이 교통공사
WEB mbta.com

교통 요금 및 결제 수단

구분		지하철	버스	커뮤터 레일(Zone 1A)	페리(Inner Harbor)
기본 요금(1회)		$2.40	$1.70	$2.40~13.25	$2.40~9.75
패스 (정기권)	**1일권** 1-Day Pass	$11			
	7일권 7-Day Pass	$22.50		찰리티켓 패스만 사용 가능	
	1개월권 Monthly LinkPass	$90			

◆ 주의사항

환승 정책 및 이용 방법이 복잡해 관광객은 지하철역과 일부 버스정류장 자판기에서 판매하는 찰리티켓 1일권 또는 7일권 패스를 구매하는 것이 마음 편하다.

❶ 보스턴 지하철을 10회 이상 또는 3일 이상 타는 일정이라면 7일권이 경제적이다.
❷ 찰리카드로 구매한 패스(정기권)로는 버스와 지하철만 탈 수 있다.
❸ 지하철 → 버스 환승은 2시간 이내 1회만 가능하다. 이때, 찰리카드로는 버스로 1번 더 환승할 수 있다.
버스 → 지하철 환승 시 발생하는 추가 요금은 찰리카드로 차액 결제하면 된다. 찰리티켓은 처음부터 버스용 또는 지하철 티켓이 구분돼 있어서 지하철로 환승할 수 없다.
❹ 지하철 간 환승은 따로 없으며, 개찰구를 나가지 않은 상태에서 노선만 갈아탈 수 있다.
❺ 현금으로는 환승이 불가능하다.

❶ 찰리티켓 CharlieTicket

탑승 전 자판기에서 구매해 쓰는 종이 티켓이다. 1회권과 패스권(Pass: 1일·7일·1개월 정기권)이 있으며, 구매할 때 티켓 종류를 선택하면 뒷면에 유효기간이 찍혀서 나온다. 패스 1개월권의 유효기간은 사용 개시일부터 30일이 아닌, 매월 1일부터 말일까지이므로 구매 시점의 날짜를 감안하여 구매한다.

티켓 자동판매기

❷ 찰리카드 CharlieCard

필요한 만큼 금액을 충전하는 선불식 플라스틱 교통카드다. 발급비가 들지 않아서 관광객도 부담 없이 구매할 수 있다. 한번 금액을 충전해두면 티켓을 여러 장 구매할 필요가 없고 환승이 편리하다는 것이 장점. 지하철역 자판기에서 카드 구매 시 금액으로 충전할지, 패스(정기권)로 구매할지 선택하면 된다. 단, 잔액은 환불되지 않으며, 커뮤터 레일이나 페리를 이용할 수 없다.
카드에 오류가 발생하거나 잔액이 애매하게 남았다면 다운타운 크로싱역(Downtown Crossing Station)에 있는 찰리카드 스토어(화~금 08:30~17:00)에서 카드 교환 및 잔액 통합(최대 5장) 등의 서비스를 받을 수 있다.

❸ 탭 투 라이드 Tap to Ride

현재 보스턴에서는 비접촉식 결제가 가능한 카드 또는 모바일 결제(애플페이, 구글페이, 삼성페이) 시스템을 순차적으로 도입 중이다. 현재 이용 범위는 버스, 지하철 그린라인에 한한다. 스마트폰에 다운받아 이용하는 커뮤터 레일과 페리 전용 모바일 앱(MBTA mTicket)도 있으나, 서비스가 불안정해서 단기 여행자에게는 실물 티켓 이용을 추천한다.

시내 교통수단

지하철 Subway

미국 최초의 지하철이라는 타이틀을 가진 보스턴 지하철은 1897년 운행을 시작했다. 시설은 상당히 낙후됐으나, 주요 지역을 효율적으로 연결해 현지인은 물론 관광객들에게도 매우 유용한 교통수단이다. 레드라인(RL), 블루라인(BL), 그린라인(GL), 오렌지라인(OL) 등 색상으로 구분한 4개 노선이 있고, 이중 그린라인은 다시 B, C, D, E 지선으로 나뉜다. 그린라인 지선은 같은 플랫폼을 사용하므로 탑승할 때 행선지를 잘 보고 타야 한다. 참고로 지하철 노선도에서 실버라인(SL)으로 표기된 것은 지하철이 아닌 버스다.

HOUR 05:15~00:30(노선별로 조금씩 다름)

여닫이문이 설치된 클래식 차량

지하철 개찰구

버스 Bus

총 170여 개에 달하는 버스 노선이 지하철이 닿지 않는 지역까지 촘촘하게 커버한다. 일반 시내버스인 로컬 버스(Local Bus), 교외의 보스턴 광역(Greater Boston)까지 운행하는 익스프레스 버스(Express Bus), 지하철 노선도에도 표시된 실버라인(SL) 버스가 있다. 일부 구간에서 지하철을 대체하는 실버라인 버스는 총 5개 노선으로 나뉘며, 이중 SL1, SL2, SL3는 지하철과 동일한 요금을, SL4와 SL5는 버스 요금을 받는다.

버스 요금은 앞문으로 탑승하면서 지불한다. 탑승할 때 찰리카드나 찰리티켓을 단말기에 태그하거나 현금을 낸다. 이때 거스름돈이 $0.50 이상이면 현금 대신 찰리티켓에 충전해 돌려준다.

HOUR 05:00~01:00(노선별로 다름)

페리 Ferry

보스턴 중심가의 롱 워프(Long Wharf)와 찰스타운을 왕복하는 찰스타운 페리(Charlestown Inner Harbor Ferry)와 공항을 거쳐 힝햄과 헐까지 오가는 힝햄/헐 커뮤터 페리(Hingham/Hull Commuter Ferry)가 주요 노선이고, 봄부터 가을까지만 운행하는 3개 노선이 더 있다. 노선별 선착장이 롱 워프의 남 터미널과 북 터미널로 서로 다르므로 탑승 전 확인한다.

HOUR **롱 워프 남 터미널(South)-찰스타운 페리**
06:55~20:00/15~30분 간격
롱 워프 북 터미널(North)-힝햄/헐 커뮤터 페리
06:25~21:50/30분~1시간 간격

커뮤터 레일 Commuter Rail

13개 노선의 통근 열차가 보스턴 중심지에서 방사형으로 뻗어나가며 광역 보스턴 권역을 잇는다. 남쪽으로 향하는 9개 노선은 사우스역에서, 북쪽으로 향하는 4개 노선은 노스역에서 출발·도착한다. 존 F. 케네디 대통령 도서관 및 박물관이나 <작은 아씨들>의 작가 루이자 메이 올컷의 생가 등 보스턴 근교 명소를 방문할 때 이용하기 좋다.

요금은 도심 구간인 1A 구역과 도심에서 벗어난 1~10 구역까지 총 11개의 구역별로 차등 적용된다. 1A 구역에서 출발·도착하면 $2.40~13.25, 1~10 구역 사이를 이동할 경우 $2.75~7.25다.

HOUR 아웃바운드 기준 05:30~23:50/1시간~1시간 30분 간격(노선별로 다름)

커뮤터 레일 매표소

보스턴 지하철 & 주요 교통 노선도

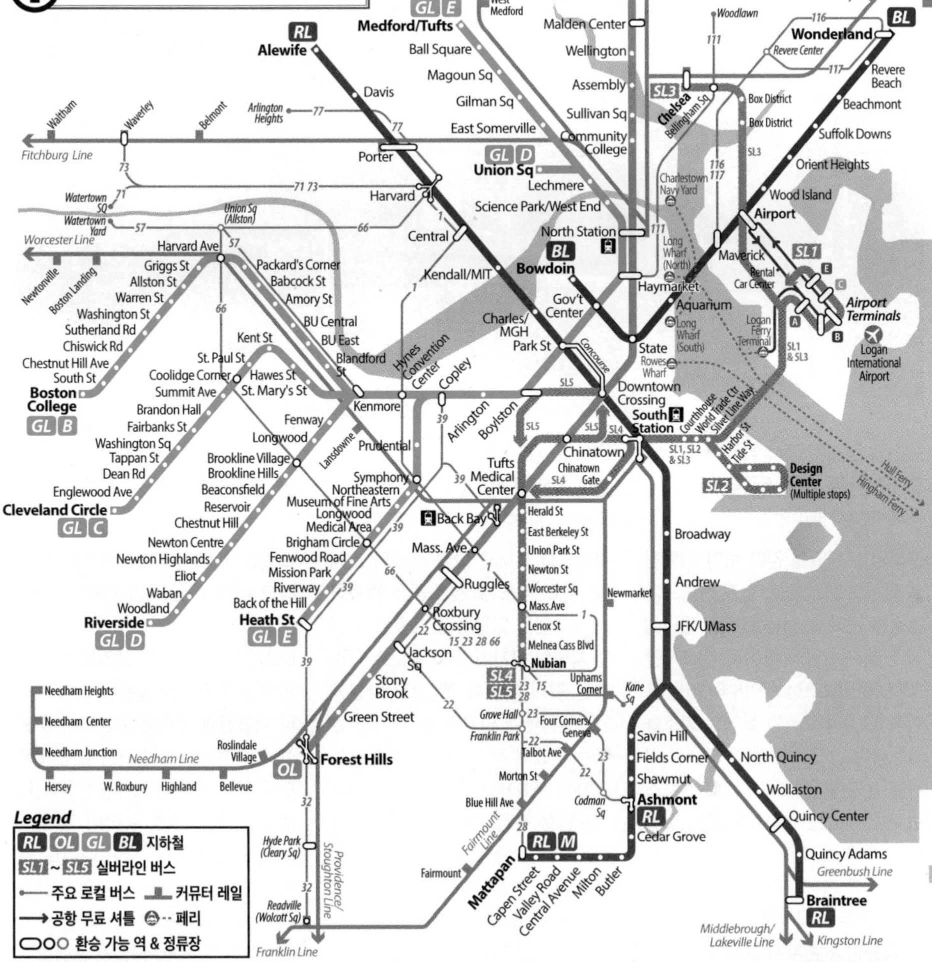

Legend

- RL OL GL BL 지하철
- SL1 ~ SL5 실버라인 버스
- 주요 로컬 버스
- 커뮤터 레일
- 공항 무료 셔틀
- 페리
- 환승 가능 역 & 정류장

: WRITER'S PICK :

지하철 탈 때 방향 찾기

보스턴에는 지하철을 타기 전 아예 출입구부터 인바운드(Inbound)와 아웃바운드(Outbound) 방향으로 갈라지는 역이 있다. 탑승역 기준으로 도심인 거버먼트 센터(Government Center) 방향으로 들어갈 때는 인바운드, 반대로 거버먼트 센터에서 멀어지는 방향이면 아웃바운드가 된다. 올 트레인(All Trains)이라고 적혀 있거나 별다른 표시가 없다면 플랫폼에서 목적지행 열차에 탑승하면 된다.

플랫폼에서 방향 파악하기

KENDALL
OUTBOUND TO ALEWIFE

탑승 방향이 정해진 입구

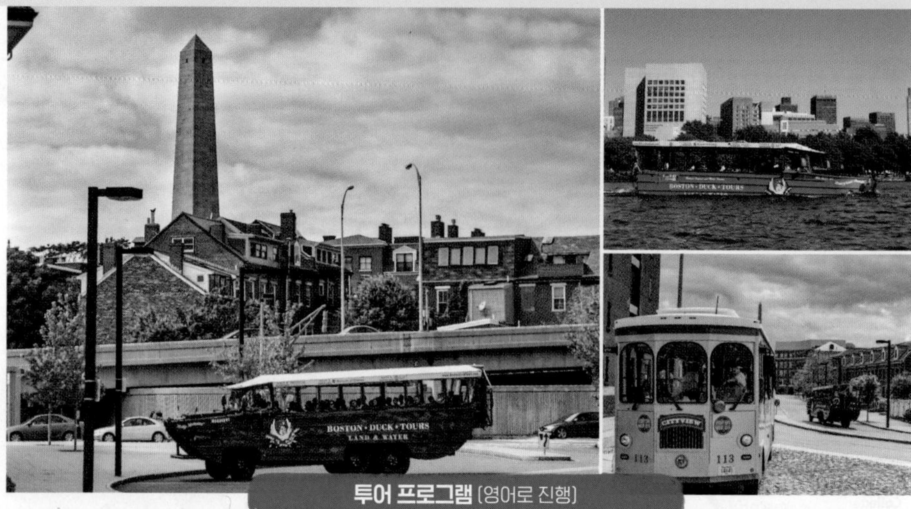

투어 프로그램 (영어로 진행)

프리덤 트레일 공식 워킹 투어

워크 인투 히스토리

Walk Into History®

프리덤 트레일을 걷다 보면 독립전쟁 당시의 복장을 한 현지 가이드가 눈길을 끈다. 프리덤 트레일 재단에서 진행하는 공식 투어로, 약 1시간 30분 동안 보스턴 커먼부터 패늘 홀까지 11곳의 프리덤 트레일 명소를 방문하며 각 명소에 얽힌 자세한 역사를 설명해준다. 투어 티켓은 보스턴 커먼에 있는 비지터 센터, 트롤리 티켓 부스, 패늘 홀 등 오프라인 매표소 및 홈페이지에서 구매할 수 있다. 유료 공식 앱(Freedom Trail®)을 다운받아 혼자서 돌아보는 것도 가능하다.

ADD 139 Tremont St
OPEN 10:00~14:00 매시 정각 출발(토·일요일과 7~8월엔 추가 편성)
PRICE $17(프리덤 트레일 재단 기부금 $1 추가)
WEB thefreedomtrail.org
ACCESS 보스턴 커먼 내 비지터 센터에서 출발

땅으로, 강으로!

보스턴 덕 투어

Boston Duck Tours

수륙양용 차량을 타고 프리덤 트레일, 주요 명소 및 찰스강을 관광하는 보스턴의 명물이다. 도로를 달리던 차량이 갑자기 강물 속으로 입수하는 것이 차별화 포인트! 덕분에 관광객들에게 인기가 높다. 다만 원하는 곳에서 타고 내리는 홉온홉오프(Hop on & Hop off) 방식이 아니고 푸르덴셜 센터, 뉴잉글랜드 아쿠아리움, 과학 박물관 3곳 중 하나를 출발 지점으로 선택해야 한다. 티켓은 온라인 예매 또는 각 출발 지점과 보스턴 커먼 비지터 센터에서 구매할 수 있다.

ADD 과학박물관 1 Science Park
푸르덴셜 센터 53 Huntington Ave
뉴잉글랜드 아쿠아리움 1 Central Wharf
OPEN 3월 말~11월 말 09:00~일몰 1시간 전
PRICE $52.99(사전 예매 권장, 온라인 예약 수수료 $2 추가)
WEB bostonducktours.com

교통편과 관광을 한 번에!

올드 타운 트롤리 투어

Old Town Trolley Tours

보스턴의 18개 지점에서 자유롭게 타고 내릴 수 있는 홉온홉오프(Hop on & Hop off) 버스 투어다. 패늘 홀, USS 컨스티튜션 등 프리덤 트레일의 주요 관광지는 물론 보스턴 티파티 박물관과 푸르덴셜 센터까지 포함하기 때문에 대중교통 대용으로도 활용하기 좋다. 트롤리 투어 티켓 소지 시 히스토릭 하버 크루즈, 유령과 묘비 투어, 서머 나이트 투어 및 보스턴 티파티 뮤지엄 입장권 할인 혜택도 받을 수 있다. 여름 시즌(5월 말~9월 초)에 일몰을 감상하는 서머 나이트 투어도 재미있는 경험이 될 것.

OPEN 09:00~17:00(11~3월 ~16:00)
PRICE 1일권 $50~70, 2일권 $80~95
WEB historictours.com/boston

보스턴 할인 패스

보스턴은 박물관의 도시라고 해도 과언이 아니고, 투어 종류도 매우 많다. 티켓과 별도로 예약이 필요한 장소도 있으니 구매 전 업체 홈페이지를 꼼꼼하게 확인하자. 티켓 할인율과 이용 조건은 여행 시기에 따라 계속 바뀌므로 대략적으로만 참고한다.

❶ 보스턴 시티패스
Boston CityPASS

사용 개시일로부터 9일간 유효한 할인 패스다. 필수 어트랙션 2곳+나머지 4곳 중에서 2곳을 선택해 총 4곳을 방문하면 된다. 저렴하지만, 할인폭은 크지 않다.

WEB citypass.com/boston

❷ 고우시티 보스턴
Go City Boston

방문할 어트랙션의 개수를 정해서 패스를 구매한 다음 사용 개시 후 60일 이내에 방문하는 ❶ **익스플로러 패스**(Explorer Pass)와 기간 내 최대한 여러 곳을 다니는 ❷ **올인클루시브 패스**(All-Inclusive Pass)로 나뉜다. 40곳 이상의 제휴 업체 중 일부는 올인클루시브 패스로만 갈 수 있다.

WEB gocity.com/boston/en-us

구분		고우시티 보스턴		보스턴 시티패스
		❶ 2~5개	❷ 1~7일권	필수 2+선택 2
가격(할인가 기준, 비슷한 조건끼리 비교)		**4개 $78**	**2일권 $109**	**4개 $74**
사용 기간		**첫 사용 후 60일**	**선택한 만큼**	**첫 사용 후 9일**
전망대	뷰 보스턴(전망대)	O	O	O 선택
박물관/미술관	보스턴 미술관	O	O	–
	이사벨라 스튜어트 가드너 미술관	O	O	–
	뉴잉글랜드 아쿠아리움	–	–	O 필수
	과학박물관	O	O	O 필수
	하버드 자연사 박물관	O	O	O 선택
	보스턴 어린이 박물관	O	O	–
	JFK 대통령 도서관 & 박물관	O	O	–
	루이자 메이 올컷 하우스	X	O	–
	보스턴 어린이 박물관	O	O	–
프리덤 트레일	프리덤 트레일 공식 워킹 투어	O	O	–
	폴 리비어 하우스	X	O	–
	올드스테이트 하우스 콤보	O	O	–
	USS 컨스티튜션 박물관	O	O	–
투어버스/크루즈	시티뷰 홉온홉오프 트롤리	X	O	–
	빅버스	–	–	–
	보스턴 하버 시티 크루즈	–	–	O 선택
	히스토릭 사이트싱 크루즈	O	O	–
	보스턴 선셋 크루즈	O	X	–
기타+α	하버드/ MIT 대학 투어	O	O	–
	프랭클린 공원 동물원	O	O	O 선택
	펜웨이 파크(야구장) 투어	O	O	–
	보스턴 백조 보트	O	O	–
	플리머스 파턱싯/메이플라워 콤보	X	O	–

보스턴 숙소 정하기

보스턴은 뉴욕이나 워싱턴 DC에 비해 도심 면적이 작고 고층 빌딩이 많지 않아 숙소 선택지가 제한적이다. 시내 중심가에 있는 프리미엄이나 럭셔리 등급의 체인 호텔은 성수기엔 숙박비가 턱없이 비싸진다. 가격이 부담스럽다면 대중교통(지하철)이 닿는 주택가 민박까지 범위를 넓혀 검색해보자.

숙소 정할 때 고려할 사항

치안

보스턴은 전반적으로 안전한 편이나, 다운타운 크로싱과 공원 주변에 노숙자가 많다. 인적이 드문 골목길에 있는 숙소는 피하고, 밤에는 숙소 현관까지 우버를 타고 이동한다.

숙박세

매사추세츠주의 숙박세는 5.7%이지만, 보스턴에서는 도시세 6.5%(City Tax)에 더해 컨벤션 센터 보수비 2.75%(Convention Center Financing Fee) 및 관광세 1.5%(Tourism Assessment)까지 추가로 붙는다. 주차비 또한 대부분 별도다.

숙소 위치는 어디가 좋을까?

중심가(프리덤 트레일)

주요 관광 명소와 가까운 만큼 숙박비가 가장 비싼 지역이다. 유서 깊은 유명 호텔과 최고급 호텔이 밀집해 있다. 보스턴 커먼, 비컨 힐, 히스토릭 다운타운, 웨스트 엔드, 노스 엔드 등이 여기에 속한다.

백 베이 & 펜웨이

대형 쇼핑 센터인 푸르덴셜 센터와 코플리 플라자의 호텔은 여러 면에서 편리하다. 공항 직행버스인 로건 익스프레스가 정차하는 백 베이역과 가깝고 시설도 깔끔한 편. 보스턴의 대표 쇼핑가 뉴베리 스트리트와 가깝다는 것도 플러스 요인이다. 야구 경기를 보러 갈 계획이라면 펜웨이 근처를 찾아봐도 좋다.

워터프런트

보스턴 항구가 바라다보이는 위치로, 아름다운 해변을 따라 전망 좋은 숙소가 많다. 지하철 대신 버스를 타야 한다는 점이 다소 불편하지만, 보스턴 중심가에 비하면 가격이 저렴한 편이다.

교외 지역

개인 차량이 있다면 퀸시(Quincy) 등 인근의 저렴한 체인형 호텔을 이용할 수 있으니, 차량으로 보스턴 시내에 진입하는 경우 1일 주차비가 $30~40에 달한다는 점과 출퇴근 시간의 교통 정체를 감안해야 한다.

보스턴 추천 숙소 리스트

*가격은 6월 평일, 2인실 기준. 현지 상황과 객실 종류에 따라 만족도는 다를 수 있습니다.

손더 더 핸콕
Sonder the Hancock

'손더'는 호텔과 에어비앤비 중간 형태의 숙박 업체다. 대체로 1~3개의 침실에 주방과 거실, 세탁 시설을 갖춘 아파트형 호텔로, 장기 투숙 시 할인율이 높아진다. 에어비앤비나 호텔 예약 사이트, 공식 홈페이지에서 모두 예약 가능. 보스턴에는 총 6개의 지점이 있다.

ADD 40 Hancock St(비컨 힐) **TEL** 617-300-0956
PRICE $142~337(스튜디오 룸 기준) **WEB** sonder.com

고드프리 호텔 보스턴
The Godfrey Hotel Boston ★★★★

모던한 스타일의 신규 부티크 호텔이다. 내부가 쾌적하고 공간도 다른 곳보다 넓은 편. 보스턴 커먼과 한 블록 떨어져 있으며, 지하철 레드라인과 오렌지라인이 통과하는 다운타운 크로싱역이 도보 4분 이내로 가까워 이동이 편리하다.

ADD 505 Washington St(다운타운) **TEL** 617-804-2000
PRICE $116~350 **WEB** godfreyhotelboston.com

옴니 파커 하우스
Omni Parker House ★★★★

1855년에 오픈해 보스턴 고스트 투어의 소재가 될 만큼 오래된 유서 깊은 호텔이다. 찰스 디킨스는 이곳에서 2년간 머무르며 크리스마스 캐롤 강독회를 열기도 했다. 시설은 깔끔하지만, 인테리어는 다소 올드하다.

ADD 60 School St(다운타운) **TEL** 617-227-8600
PRICE $140~450 **WEB** omnihotels.com

리비어 호텔 보스턴 커먼
Revere Hotel Boston Common ★★★★

1847년 설립 이래 보스턴 럭셔리 호텔의 명성을 이어오고 있는 곳. 백 베이와 다운타운 경계에 있어 프리덤 트레일을 시작하거나 뉴베리 스트리트에서 쇼핑하기 편리하다. 2017년 리노베이션했다.

ADD 200 Stuart St(다운타운) **TEL** 617-482-1800
PRICE $170~405 **WEB** reverehotel.com

코트야드 바이 메리어트 보스턴 다운타운
Courtyard by Marriott Boston Downtown/North Station ★★★

찰스강 다리가 보이는 객실 전망이 탁월한 호텔이다. 상대적으로 조용한 위치에 객실도 넓은 편. 퀸시 마켓까지 도보 12분 정도로 보스턴의 주요 지점이 도보권에 있다.

ADD 107 Beverly St(비컨 힐) **TEL** 617-725-0003
PRICE $170~450 **WEB** marriott.com

하얏트 플레이스 보스턴
Hyatt Place Boston/Seaport District ★★★

보스턴 항을 바라보는 탁 트인 전망과 넓은 객실, 취사 가능한 주방에 무료 조식까지. 호텔 객실에서 질 좋은 휴식을 원하는 여행객에게 안성맞춤이다. 프리덤 트레일까지 가기에는 다소 먼 대신 가성비가 좋다.

ADD 295 Northern Ave(워터프런트) **TEL** 857-328-1234
PRICE $140~320 **WEB** hyatt.com

뉴베리 게스트 하우스
Newbury Guest House ★★★

브라운스톤 타운하우스에서 하룻밤 자보고 싶다면 추천. 모던하고 세련된 부티크 호텔이다. 뉴베리 스트리트 중간에 있으며, 푸르덴셜 센터까지 도보 5분.

ADD 261 Newbury St(백 베이) **TEL** 617-670-6000
PRICE $150~350 **WEB** newburyguesthouse.com

버브 호텔
The Verb Hotel ★★★

Fun & Hip 감성의 호텔이다. 펜웨이 파크 근처라서 야구팬이 많이 찾는다. 가장 가까운 지하철역까지 도보 10분 거리라 저녁에는 우버 이용이 필수인데도 4~10월의 MLB 시즌에는 가격이 매우 높아진다.

ADD 261 Newbury St(펜웨이) **TEL** 617-670-6000
PRICE $115~550 **WEB** theverbhotel.com

역사를 알고 보면 재미가 두 배!

흥미진진한 미국 독립전쟁 이야기

보스턴을 다니다 보면 관광 명소는 물론이고 거리 이름이나 식당가, 심지어 음식 이름에서도 역사적으로 중요한 사건과 인명을 접하게 된다. 보스턴과 밀접하게 관련된 미국 독립전쟁 및 건국의 주요 인물과 사건을 모았다.

건국의 아버지들
Founding Fathers

독립 선언문 서명자 및 독립전쟁과 건국 과정에 기여한 인물들을 통칭하는 표현이다. 초기 대통령 5인(1대 조지 워싱턴, 2대 존 애덤스, 3대 토머스 제퍼슨, 4대 제임스 매디슨, 5대 제임스 먼로)을 포함하여 독립운동 지도자 새뮤얼 애덤스, 계몽 사상가 벤저민 프랭클린, 초대 정부 시절 재무장관 알렉산더 해밀턴, 매사추세츠주 초대 주지사 존 핸콕, 초대 미국 대법원장 존 제이, 초대 미국 법무장관 로버트 트리트 페인 등이다.

➡ 프리덤 트레일
❹ 그래너리 묘지

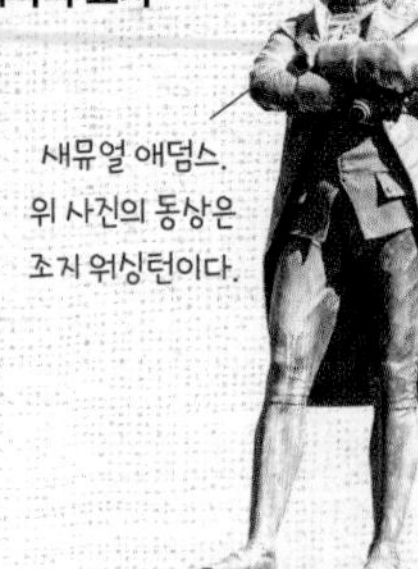

새뮤얼 애덤스.
위 사진의 동상은
조지 워싱턴이다.

보스턴 학살 사건
Boston Massacre

1767년 영국 의회가 식민지 주민의 의견 수렴 과정 없이 다양한 수입품에 세금을 부과하는 타운젠드법(Townshend Acts)을 의결하자 미국 내 여론이 악화됐다. 이전부터 독립을 주장하던 이들은 이 법을 빌미로 "대표 없이 과세 없다(No Taxation without Representation)"는 슬로건을 앞세워 납세 거부 운동을 벌였고, 영국 정부는 세금 거부 세력을 진압하기 위해 1768년 10월 보스턴에 군대를 파병했다. 이후 크고 작은 갈등이 이어지던 중 1770년 3월 5일 시위하던 시민 5명이 영국군의 발포로 사망하는 비극이 발생했다. 이에 독립운동가이자 은 세공업자인 폴 리비어가 이 사건을 '보스턴 학살'이라고 명명해 채색 판화를 출판함으로써 독립 여론이 확산됐다.

➡ 프리덤 트레일
❿ 보스턴 학살 현장

한밤의 질주와 렉싱턴-콩코드 전투
Battles of Lexington and Concord

1775년 4월 18일 밤, 폴 리비어를 비롯한 독립운동가들이 한밤중에 말을 달려 영국군 수색대가 콩코드 쪽으로 이동하고 있다는 정보를 미국 민병대에 전달한 것을 '한밤의 질주(Midnight Ride)'라고 한다. 폴 리비어는 도중에 영국군에 잡혔지만, 그와 함께 말을 달린 새뮤얼 프레스콧이 콩코드에 도착해 소식을 전했다. 덕분에 민병대는 다음 날 벌어진 렉싱턴-콩코드 전투에서 승리를 거두었으며, 보스턴 근교 렉싱턴에서 새뮤얼 애덤스와 존 핸콕을 체포하고 콩코드에 비축한 민병대의 탄약과 무기를 파괴하려던 영국군의 계획은 무산되었다. 이 전투를 독립 전쟁의 시작으로 간주한다.

➡ 프리덤 트레일
⓬ 폴 리비어 하우스,
⓭ 올드 노스 교회

보스턴 티파티 Boston Tea Party

일명 '보스턴 차 사건'. 1773년 12월 16일, 새뮤얼 애덤스를 주축으로 한 '자유의 아들들(Sons of Liberty)'이 모호크 부족으로 변장한 채 보스턴 항구에 정박한 3척의 배에 잠입해 342상자의 홍차를 바닷물에 버린 사건이다. 그 원인은 1773년 5월으로 거슬러 올라간다. 동인도 회사의 재정 문제를 해결하기 위해 미국 내 홍차 독점 유통권을 동인도 회사에게 부여한다는 내용의 '홍차법'이 공표되자 타운젠드 법 때문에 이미 화가 나 있던 주민들의 반발이 더욱 커졌고, 결국 '보스턴 티파티' 사건이 발생한 것이다. 이후 영국은 손해배상 요구와 함께 보스턴 학살 이후 철수시켰던 군대를 다시 미국에 파병했고, 이로 인해 미국인의 독립 의지가 더욱 높아졌다. 이 사건으로 홍차보다 커피를 마시는 것이 애국적인 소비라고 여겨지면서 미국 내 커피 소비량이 늘어났다.

➡ 보스턴 티파티 쉽스앤뮤지엄

벙커힐 전투 Battle of Bunker Hill

1775년 6월 17일에 치러졌던 벙커힐 전투는 독립전쟁의 2번째 공식 전투이자 최초의 대규모 전투였다. 1775년 6월 16일, 1500명의 식민지 민병대가 먼저 도착하여 보루를 쌓았고, 이튿날 2400명의 영국군이 도착하여 대대적인 공격에 돌입했다. 당시 미국 상황은 정규군은 커녕 훈련조차 받지 못한 민병대뿐이었는데, "적군의 눈동자가 보이기 전까지는 사격하지 말라"는 명령을 끝까지 지키며 처음 두 번의 공격을 막아냈다. 이후 탄약을 모두 소진하여 3번째 공세에는 후퇴할 수밖에 없었다. 결과적으로 영국군이 승리를 거두었으나, 영국의 사상자는 총 1150명으로 민병대 사상자의 2배가 넘는 피해를 입었다. 미국 독립의 가능성을 확인하고 자신감을 얻은 기념비적인 전투로 평가받는다.

➡ 프리덤 트레일 ⑯ 벙커힐 모뉴먼트

+MORE+

보스턴 티파티 쉽스앤뮤지엄
Boston Tea Party Ships & Museum

보스턴 역사에 흥미가 있다면 꼭 가봐야 하는 장소가 있다. 바로 보스턴 차 사건을 주제로 한 박물관이다. 관람객들이 모호크족을 상징하는 깃털과 보스턴 티파티에 참여했던 인물의 ID카드를 받고, 모형 선박에 승선해 보스턴 바다에 상자를 던지는 체험이다. 당시 리더였던 새뮤얼 애덤스로 분장한 가이드가 중간중간 보스턴 티파티와 독립전쟁에 관한 해설을 곁들여준다.

미국인들 사이에서는 꽤 인기 높은 투어라서 예매하지 않으면 티켓이 매진될 때가 종종 있지만, 기념품점과 아래층의 애비게일 티룸(Abigail's Tea Room)은 입장권이 없어도 이용할 수 있다. 무제한 리필이라는 뜻의 보톰리스 컵(Bottomless Cup)을 주문하면 당시 바다에 던졌다는 다섯 종류의 차를 시음해볼 수 있다. 약간의 추가 요금을 내면 기념용 머그잔(Souvenir Mug)으로 바꿔준다.

ADD 306 Congress St **OPEN** 10:00~17:00(겨울철 ~16:00)
PRICE $35~ **WEB** bostonteapartyship.com
ACCESS 지하철 레드라인 South Station역에서 도보 6분

티파티 사건을 재현 중인 사람들

온갖 종류의 티 세트를 볼 수 있는 기념품점

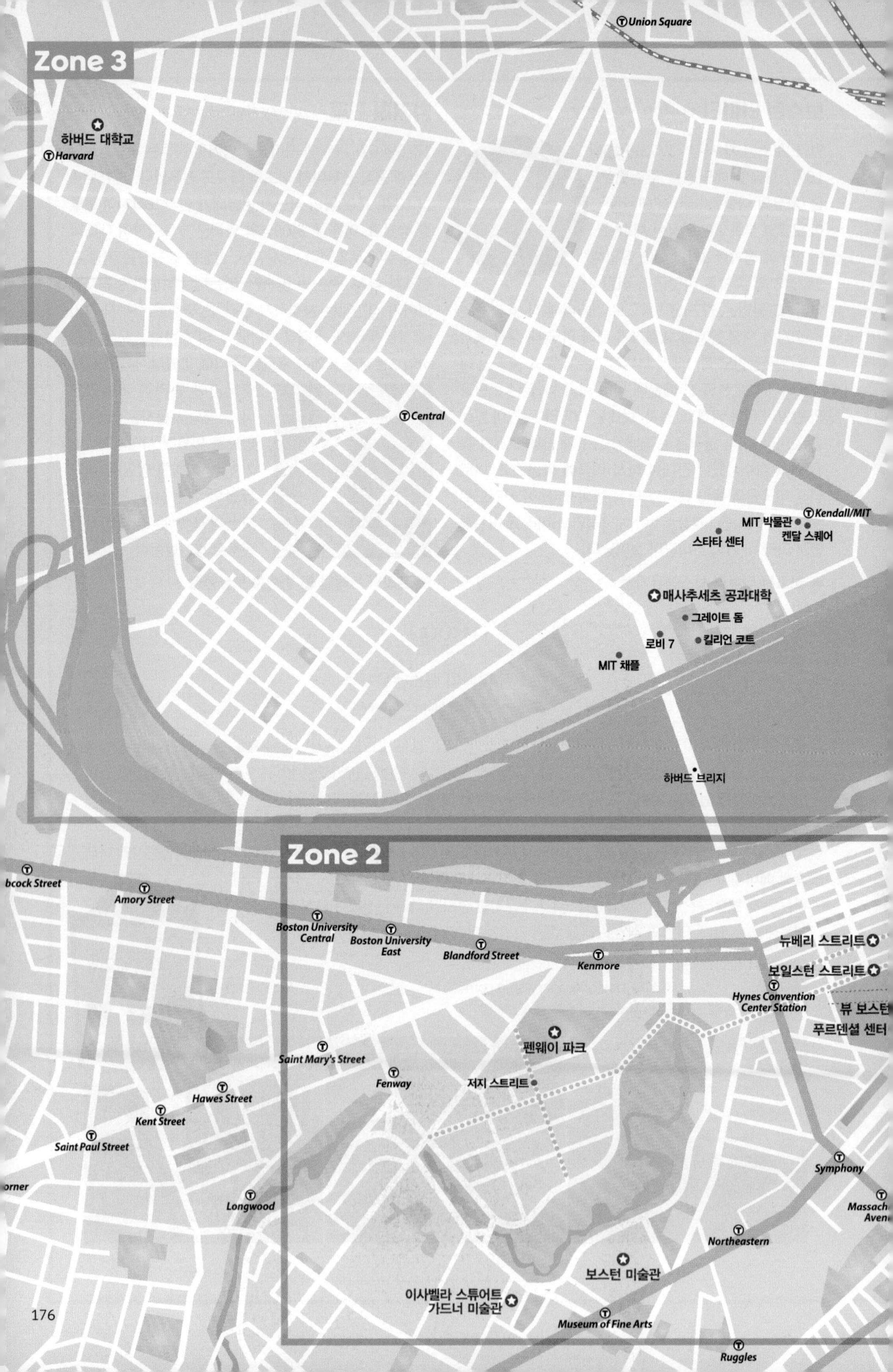

Union Square
Zone 3
하버드 대학교
Harvard
Central
MIT 박물관
Kendall/MIT
스타타 센터
켄달 스퀘어
매사추세츠 공과대학
그레이트 돔
로비 7
킬리언 코트
MIT 채플
하버드 브리지
Zone 2
bcock Street
Amory Street
Boston University Central
Boston University East
Blandford Street
Kenmore
뉴베리 스트리트
보일스턴 스트리트
Hynes Convention Center Station
뷰 보스턴
푸르덴셜 센터
Saint Mary's Street
펜웨이 파크
Fenway
저지 스트리트
Hawes Street
Kent Street
Saint Paul Street
Symphony
orner
Longwood
Massach Aven
Northeastern
보스턴 미술관
이사벨라 스튜어트 가드너 미술관
Museum of Fine Arts
Ruggles

Zone 1
벙커힐 모뉴먼트
Community College
USS 컨스티튜션 박물관
찰스타운 네이비 야드
Charlestown Navy Yard
Ferry Terminal
USS 컨스티튜션
Lechmere
과학 박물관
Science Park/
West End
North Station
노스역
North Station
콥스 힐 묘지
올드 노스 교회
폴 리비어 하우스
Haymarket
Bowdoin
롱펠로 브리지
Charles/MGH
Government
Center
패늘 홀
Aquarium
롱 워프
Long Wharf
State
보스턴 학살 현장
뉴잉글랜드 아쿠아리움
매사추세츠주 의사당
올드 스테이트 하우스
킹스 채플과 묘지
올드 코너 서점
그래너리 묘지
미국 최초의
공립학교 터
올드 사우스 미팅 하우스
해치 메모리얼 셸
파크 스트리트 교회
Park Street
Downtown
Crossing
찰스강
에스플러네이드
보스턴 커먼
브래틀 북숍
퍼블릭 가든
Boylston
Chinatown
Arlington
South Station
보스턴 티파티
쉽스앤뮤지엄
사우스역
South Station
보스턴
현대 미술관
올드 사우스
교회
Copley
트리니티 교회
코플리 스퀘어
보스턴
공립 도서관
Tufts Medical Center
Back Bay
Broadway
0
200m

#Zone 1

프리덤 트레일을 알면 보스턴이 보인다!

프리덤 트레일 Freedom Trail

보스턴 커먼부터 벙커힐 모뉴먼트까지 미국 독립과 관련된 역사적 명소 16곳을 차례로 돌아보는 탐방 코스를 프리덤 트레일이라고 한다. 길바닥에 붉은 벽돌로 동선을 표시해 놓아서 중간에 갈림길을 만나도 목적지까지 쉽게 찾아갈 수 있다. 이 코스만 따라 걸어도 보스턴 여행의 절반은 마친 셈이다. 보스턴 커먼과 패뉼 홀의 공식 비지터 센터에서 무료 투어 지도를 받을 수 있다.

WEB thefreedomtrail.org

CHECK

➔ ❶ 보스턴 커먼에서 ⓫ 패뉼 홀까지는 도보 15분

➔ ⓯ USS 컨스티튜션으로 이동할 때는 롱 워프 ⇄ 찰스타운 페리가 편리하다.

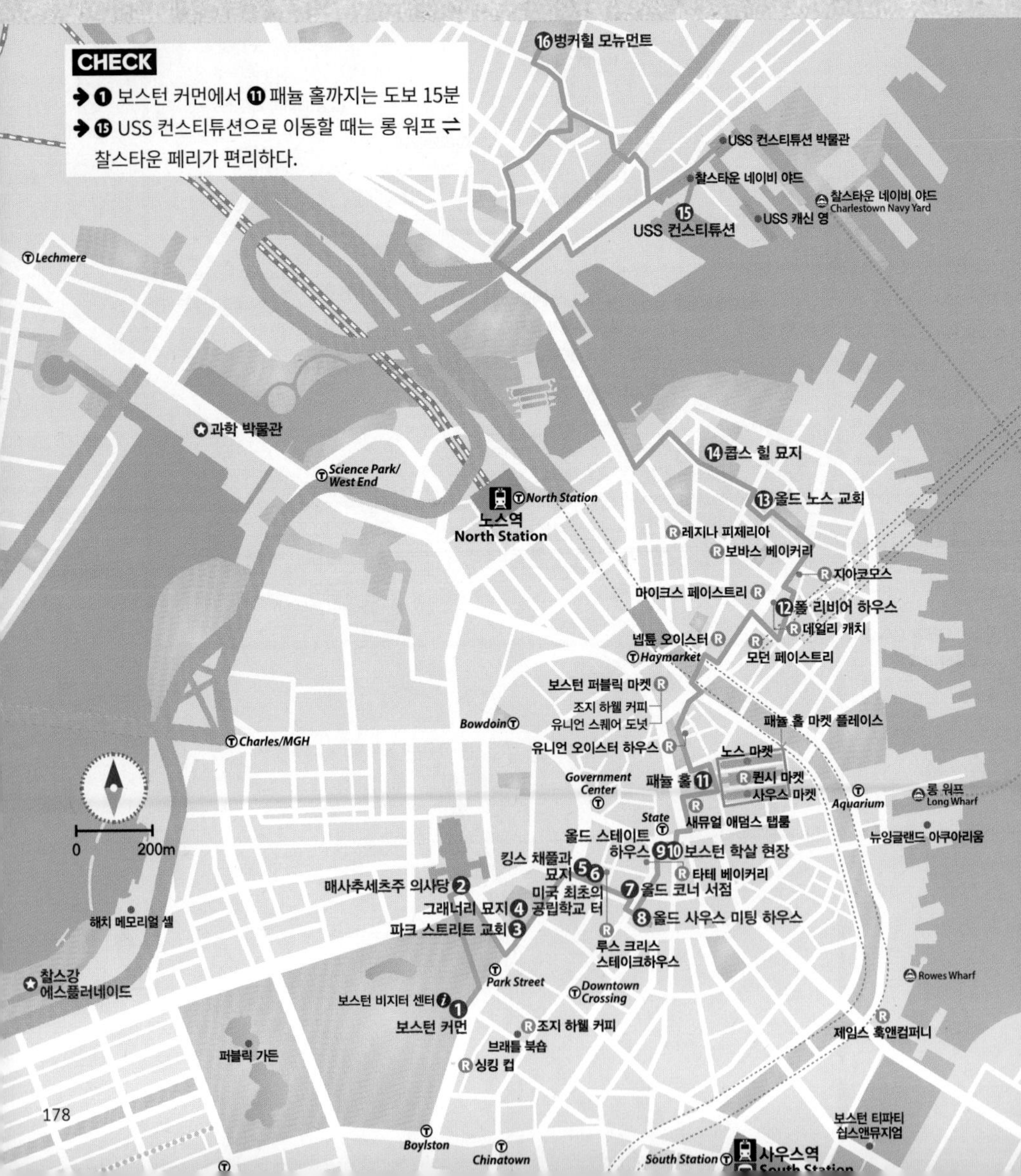

프리덤 트레일 떠나기 전 필독!

➔ 전체를 다 돌아볼 필요는 없어요

프리덤 트레일의 전체 길이는 4.6km이다. 코스를 따라 걷기만 하면 1시간으로 충분하지만, 주요 장소를 일일이 들어가 보려면 반나절 이상 걸린다. 미국인들에게는 큰 의미가 있는 장소지만, 한국인에게는 다소 지루한 것도 사실. 다운타운에 모인 ❶~⓫을 빠르게 돌아보고, 나머지는 전망 포인트나 인증샷 명소 위주로 봐도 충분하다. 특별한 추천 장소에는 ★표시를 추가했다.

➔ 진행 방향을 요령껏 바꿔도 좋아요

프리덤 트레일 공식 안내 책자에서 ❶ 보스턴 커먼을 첫 번째로 소개하다 보니 대다수 여행자들이 동일한 경로를 비슷한 시간대에 방문하게 된다. 그 결과 늦은 오후 시간에는 ⓯ USS컨스티튜션에 입장객이 몰리곤 한다. 따라서 오전 중 USS 컨스티튜션호를 먼저 본 다음에 나머지 코스를 따라가거나 차라리 앞쪽과 뒤쪽 일정으로 나누어 서로 다른 날 가는 방법을 추천한다.

1 프리덤 트레일의 출발점 보스턴 커먼 ★ Boston Common

미국에서 가장 오래된 공원(1634년 지정)이다. 독립전쟁 당시 식민지 민병대의 집결지이자, 조지 워싱턴, 존 애덤스, 라파예트 장군이 미국의 독립을 축하한 장소. 1860년대에는 이곳에서 남북전쟁 군사 징집이 이뤄졌으며, 노예제 반대 집회가 열리기도 했다. 현재는 넓은 잔디 공원으로 변모하여 보스토니안이 사랑하는 휴식 장소가 되었다. 야구장, 테니스 코트 등의 부대시설도 갖췄고, 개구리 연못(Frog Pond)은 여름철 어린이 물놀이 장소와 겨울철 아이스 링크로 운영된다.

지하철역에서 나오면 곧바로 공원이다. 정면으로 파크 스트리트 교회가 보이고, 도보 2분 거리에 프리덤 트레일의 시작점인 비지터 센터가 있어서 관광객들이 보스턴의 하루 일정을 시작하는 장소이기도 하다. 낮에는 주변 직장인들도 찾아오는 평화로운 공원이지만, 넓고 한적한 만큼 일몰 이후에는 주의가 필요하다. MAP ④

ADD 139 Tremont St
OPEN 공원 06:00~23:30, 비지터 센터 08:30~17:00
PRICE 무료
WEB boston.gov/parks/boston-common
ACCESS 지하철 레드·그린라인 Park St역 하차 후 바로

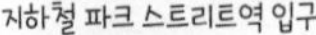
지하철 파크 스트리트역 입구

브루어 분수

+MORE+

아름다운 꽃의 정원 퍼블릭 가든 Public Garden

보스턴 커먼 남쪽에 위치한 미국 최초의 식물원으로, 산책로를 따라 계절별로 형형색색의 꽃이 피어나고, 중앙의 대형 호수에서 백조 보트도 탈 수 있는 낭만적인 장소다. 백조 보트는 페달을 밟아 움직이는 방식이며, 탑승 시간은 대략 12~15분이다. 보스토니안이 무척 사랑하는 공원이다.

ADD 4 Charles St
OPEN 06:00~23:30/백조 보트 4~8월 10:00~16:00
PRICE 식물원 무료/백조 보트 1인 $4.75
WEB boston.gov/parks/public-garden
ACCESS 보스턴 커먼 비지터 센터에서 도보 6분

2 어디서나 눈에 띄는 황금 돔 매사추세츠주 의사당 Massachusetts State House

1798년 완공해 지금까지 주 의사당 건물로 사용되고 있는 미국 역사의 랜드마크다. 미국에서 가장 오래된 주도인 보스턴의 이미지에 걸맞게 건물 내부에는 고색 창연한 느낌의 주 의회와 주지사 집무실 등이 있다. 반짝반짝한 황금 돔은 원래 나무로 제작된 돔 표면에 구리로 도금했는데, 당시 이 작업을 담당했던 구리 회사가 '한밤의 질주'(174p)를 통해 미국 독립전쟁에 불을 지핀 폴 리비어의 소유였다. MAP ❹

ADD 24 Beacon St
OPEN 08:45~17:00(투어 10:00~15:30)/토·일요일 휴무
PRICE 무료, 가이드 투어는 전화 예약(617-727-3676) 필수
WEB www.sec.state.ma.us/divisions/state-house-tours/state-house-tours.htm
ACCESS 보스턴 커먼 북쪽

3 프리덤 트레일의 랜드마크 파크 스트리트 교회 Park Street Church

1810년부터 1828년까지 미국에서 가장 높은 건물로 기록된 보스턴의 랜드마크. 66m 높이의 뾰족한 첨탑은 여행자들의 이정표 역할을 한다. 미국 초기 회중교회의 대표 주자로, 1812년 미·영 전쟁 때는 화약 창고로 교회를 개방했고, 1829년 7월 4일에는 무정부주의 언론인 윌리엄 로이드 개리슨(William Lloyd Garrison)의 노예 폐지 연설을 주최하기도 했다. MAP ❹

ADD 1 Park St
OPEN 화~토 09:30~15:00 (7 ~8월 한정 일반 방문 허용)
PRICE 무료
WEB parkstreet.org
ACCESS 보스턴 커먼 비지터 센터에서 도보 2분, 주 의사당 바로 옆

그래너리 묘지 전경과 벤저민 프랭클린 오벨리스크

새뮤얼 애덤스의 묘

폴 리비어의 묘

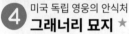

미국 독립 영웅의 안식처

그래너리 묘지 ★

Granary Burying Ground

파크 스트리트 교회 옆의 묘지이다. 교회 설립 전에 있었던 곡물 창고(그래너리) 옆에 묘지가 조성된 데서 이름이 유래했다. 총 2345기의 묘비와 무덤이 있는데 실제로는 5000명 이상 묻혀 있는 것으로 추정된다. 존 핸콕, 새뮤얼 애덤스, 로버트 트리트 페인, 폴 리비어 등 독립운동가와 보스턴 학살의 희생자 5인도 이곳에 잠들어 있다. 묘역 중앙에는 벤저민 프랭클린의 부모를 추모하는 오벨리스크가 세워져 있다. 공식 가이드들이 관광객을 대상으로 중요 묘비 앞에서 설명도 하고 추모객도 많이 찾아오는 곳. 묘역 안에서는 조심스럽게 이동하는 것이 매너다. **MAP ❹**

ADD Tremont St
OPEN 09:00~16:00
PRICE 무료
WEB boston.gov/cemeteries/granary-burying-ground
ACCESS 파크 스트리트 교회에서 도보 2분

5 뉴잉글랜드 최초의 영국 교회

킹스 채플과 묘지

King's Chapel & Burying Ground

뉴잉글랜드 최초의 영국 성공회 예배당이다. 당시 청교도 세력이 강했던 매사추세츠에서는 성공회 교회용 부지를 선뜻 제공하는 사람이 없었기에 부득이하게 묘지 옆에 터를 잡게 됐다고 한다. 프리덤 트레일에 포함된 국가 사적지로, 예배가 없는 시간에는 다양한 자체 투어 프로그램을 운영한다. **MAP ❹**

ADD 58 Tremont St
OPEN 10:00~17:00(겨울철 ~15:00)/일요일 휴무(겨울철 화·일요일 휴무)
PRICE 교회 $10, 종탑 $15, 묘지 $10
WEB kings-chapel.org
ACCESS 그래너리 묘지에서 도보 2분

6 벤저민 프랭클린 동상 찾기

미국 최초의 공립학교 터

First Public School Site

1635년 설립한 미국 최초의 공립학교 보스턴 라틴 스쿨이 자리했던 터다. 미국 건국의 아버지 중 무려 5명(새뮤얼 애덤스, 존 핸콕, 로버트 트릿 페인, 윌리엄 후퍼, 벤저민 프랭클린)을 배출했다. 학교는 1812년부터 이전을 반복하다가 펜웨이로 옮겨 갔지만, 거리명은 여전히 '스쿨 스트리트'일 정도로 보스턴을 상징하는 장소. 현재는 1865년 지은 옛 보스턴 시청사에 루스 크리스 스테이크 하우스 등 상업시설이 들어서 있으며, 건물 앞 벤저민 프랭클린 동상과 모자이크 바닥 장식을 통해 공립학교의 흔적을 엿볼 수 있다. **MAP 4**

ADD 45 School St
ACCESS 킹스 채플에서 도보 1분/구글맵에서 'Boston's Old City Hall'로 검색

7 보스턴에서 가장 오래된 상가

올드 코너 서점

Old Corner Bookstore

보스턴 시내에서 가장 오래된 상업 건물이다. 1718년 약국으로 시작해 1828년부터 서점으로 운영됐다. 19세기 무렵에는 소로의 <월든>, 호손의 <주홍글씨> 등 유명 작품을 출간한 티크너앤필드(Ticknor and Fields) 출판사가 사용하기도 했다. 현재는 멕시코 음식 체인점인 치폴레가 자리하고 있으며, 건물 외벽에 서점 터였음을 안내하는 작은 현판이 붙어 있다. **MAP 4**

ADD 283 Washington St
ACCESS 미국 최초의 공립학교 터에서 도보 1분

+MORE+

오래된 고서점을 보고 싶다면 브래틀 북숍 Brattle Book Shop

프리덤 트레일 지도에 표시된 '올드 코너 서점'을 책방이라고 기대한 여행자는 치폴레 간판을 본 순간 실망스러울 수밖에 없다. 그런 사람에게 보스턴의 고서점 브래틀 북숍을 추천한다. 1825년부터 희귀본과 중고 서적을 취급해온 곳으로, 각종 여행 서적도 구경할 수 있다. 날씨가 좋은 계절이면 거리에 책을 진열해두고 판매한다. **MAP 4**

ADD 9 West St
OPEN 09:00~17:30/일요일 휴무
ACCESS 보스턴 커먼 비지터 센터에서 도보 3분

8 미국 독립운동의 산실
올드 사우스 미팅 하우스
Old South Meeting House

1729년 청교도 교회로 지어졌지만, 당시 보스턴 중심에서 가장 큰 건물이었던 탓에 공공 집회 장소로 애용됐던 곳. 영국의 과도한 세금 정책에 분노한 수천 명의 시민들이 이곳에 모인 것을 계기로 '보스턴 티 파티'가 발생했다. 1872년 보스턴 대화재로 건물이 전소되면서 교회는 현재의 올드 사우스 교회(Old South Church)로 이전했고, 지금은 '레볼루셔너리 스페이스'라는 비영리 단체가 박물관으로 운영하고 있다. 올드 사우스 교회 신도들은 조상의 집으로 돌아온다는 의미를 담아 1년에 한 번, 추수감사절 직전 일요일에 이곳에서 예배를 올린다. MAP ❹

ADD 310 Washington St
OPEN 10:00~17:00
PRICE $15(올드 스테이트 하우스 입장 포함)
WEB revolutionaryspaces.org
ACCESS 올드 코너 서점에서 도보 1분

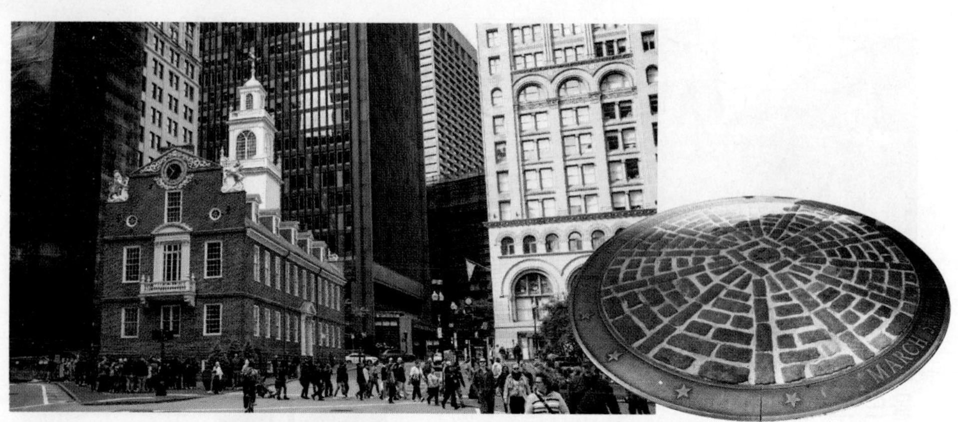

9 미국 독립 선언문 낭독 장소
올드 스테이트 하우스
Old State House

1713년 지어진 보스턴에서 가장 오래된 공공건물이다. 1776년부터 매사추세츠주 의사당으로 사용됐으며, 그 해 7월 18일에 이 건물에서 독립 선언문이 낭독됐다. 지금은 올드 사우스 미팅 하우스와 마찬가지로 레볼루셔너리 스페이스가 박물관으로 운영하고 있다. MAP ❹

ADD 206 Washington St
OPEN 10:00~17:00
PRICE $15(올드 사우스 미팅 하우스 포함)
WEB revolutionaryspaces.org
ACCESS 올드 사우스 미팅 하우스에서 도보 3분

10 그날의 희생을 기억하며
보스턴 학살 현장
Boston Massacre Site

1770년 3월 5일, 반영국 집회에 참가한 식민지 민간인을 진압하는 과정에서 5명의 희생자가 발생한 보스턴 학살 사건 현장이다. 이로 인해 영국에 대한 반감이 극대화되었고, 얼마 안 가 보스턴 티파티와 렉싱턴 전투를 거쳐 독립전쟁으로 이어졌다. 현장에 원형 표지물을 새겨 미국 독립운동의 숭고함을 기리고 있다. 매년 3월 5일 이 사건을 재연하는 행사가 열린다. MAP ❹

ADD Congress St & State St
WEB bostonmassacre.net
ACCESS 올드 스테이트 하우스 바로 앞

11 퀸시 마켓이 바로 여기
패뉼 홀 ★
Faneuil Hall

새하얀 첨탑이 돋보이는 옛 시장 건물이다. 1층은 공식 비지터 센터, 2층은 그레이트 홀(대형 미팅룸), 4층은 군사 박물관으로 운영한다. 퀸시 마켓, 사우스 마켓, 노스 마켓까지 통틀어 '패뉼 홀 마켓 플레이스'로 불리는 대표적인 쇼핑 명소. 18세기 중반에 노예상으로 부를 축적한 피터 패뉼이 건축했기에 패뉼 홀로 명명되었다.

시장 건물이 프리덤 트레일에 포함된 이유는 새뮤얼 애덤스가 이곳 패뉼 홀 앞 광장에서 청중들에게 수차례에 걸쳐 독립의 필요성을 연설했기 때문이다. 이를 기념하는 의미에서 광장에는 그의 동상이 세워져 있다. 길거리 공연과 소소한 행사가 열리는 낭만적인 장소다. MAP ④

: WRITER'S PICK :

점심 식사는 여기서

패뉼 홀 광장까지 왔다면 퀸시 마켓 푸드홀(212p)에서 간단히 식사를 하거나 근처 레스토랑에서 보스턴 명물 랍스터롤을 먹어 보자. 유명한 맛집들이 도보 5~10분 거리에 모여 있다.

ADD 1 S Market St
OPEN 비지터 센터 10:00~17:00/11~5월 월·화요일 휴무,
그레이트 홀 11:00~16:00/11~5월 월·화요일 휴무, 군사박물관 수~금 11:00~15:00
PRICE 무료
WEB 패뉼 홀 nps.gov/bost/learn/historyculture/fh.htm
패뉼 홀 마켓플레이스 faneuilhallmarketplace.com
ACCESS 올드 스테이트 하우스에서 도보 2분/지하철 오렌지·블루라인 State역에서 도보 3분/지하철 그린·블루라인 Government Center역에서 도보 5분

패뉼 홀과 새뮤얼 애덤스 동상

퀸시 마켓

12 보스턴에서 가장 오래된 개인 주택
폴 리비어 하우스
Paul Revere House

패뉼 홀을 지나면 보스턴 이탈리아 이민자들의 거주지, 노스엔드로 가보자. 이곳은 보스턴이 영국 식민지로 편입됐던 1630년대부터 사람들이 거주했던 주택가다. 1770~1800년 '한밤의 질주'의 주인공 폴 리비어가 소유했던 주택인 폴 리비어 하우스에서는 17세기 후반 식민지 시대의 주택과 생활 문화에 대한 전시를 볼 수 있다. **MAP ❹**

ADD 19 N Sq
OPEN 10:00~17:15
(11월~4월 14일 ~16:15)
PRICE $6
WEB paulreverehouse.org
ACCESS 패뉼 홀에서 도보 8분

13 "육지로 오면 하나, 바다로 오면 둘"
올드 노스 교회
Old North Church

폴 리비어가 올드 노스 교회의 첨탑을 이용해 영국군의 이동 경로를 전파한 역사적인 장소이자 자유의 상징이다. "육지로 공격해 오면 하나, 바다로 오면 둘(One if by land, two if by sea)"이라는 민병대의 불빛 암호가 이 교회 첨탑에 걸리면서 한밤의 질주가 시작됐다. 1775년 4월 18일 밤, 교회를 지키던 로버트 뉴먼이 첨탑에 랜턴 2개를 내걸어 강 건너편 찰스타운까지 영국군이 이동을 개시한 사실을 알렸고, 불빛을 포착한 폴 리비어와 윌리엄 도스가 렉싱턴으로 말을 달려 첩보를 전달했다. 자유의 상징이 된 첨탑은 두 차례의 폭풍에 무너졌다가 복원됐다. **MAP ❹**

ADD 193 Salem St
OPEN 10:00~17:00(일 11:30~)/월요일 휴무
PRICE $5~
WEB oldnorth.com
ACCESS 폴 리비어 하우스에서 도보 5~7분

14 조용한 언덕 위 안식처
콥스 힐 묘지
Copp's Hill Burying Ground

보스턴 항이 내려다보이는 언덕 지형이라서 독립전쟁 기간 중 영국군이 포대를 쌓고 민병대가 자리 잡은 벙커힐 쪽으로 포격을 가했던 장소다. 보스턴에서 두 번째로 설립된 공동묘지로, 이곳에는 올드 노스 교회의 랜턴을 밝힌 로버트 뉴먼을 비롯해 성직자, 장인, 상인 등 각계각층의 노스 엔드 시민들이 잠들어 있다. **MAP ❹**

ADD 45 Hull St
OPEN 09:00~16:00
PRICE 무료
WEB boston.gov/cemeteries/copps-hill-burying-ground
ACCESS 올드 노스 교회에서 도보 2분

15 세계 최장수 현역 함정

USS 컨스티튜션 ★

USS Constitution

1797년 건조된 USS 컨스티튜션호는 박물관을 겸한 현역 함정으로, 실감 나게 미 해군 함정 내부를 엿볼 수 있는 인기 시설이다. 1812년 미·영전쟁에서 활약했고 영국군의 수많은 대포 공세를 견뎌낸 튼튼한 외벽 덕분에 '철갑함(Old Ironsides)'이란 별명을 지녔다.

투어는 약 30분간 진행되며, 입장 전 여권 등 신분증 확인과 보안 검색을 거친다. 갑판에서 한 층 내려가면 대포를, 다시 한 층 더 내려가면 해군들의 생활 공간을 볼 수 있다. 워낙 인기가 높아서 오후에 방문하면 몇 시간씩 줄을 섰더라도 입장하지 못할 수 있으니 오전 중 방문해야 하며, 주말과 성수기에는 오픈런 권장. 배가 정박한 찰스타운 네이비 야드(Charlestown Navy Yard)는 1801년 건설된 옛 해군 조선소 부지로, USS 컨스티튜션 박물관(배가 아닌 건물)이 있다. 5월 말 메모리얼 데이부터 11월 중순까지는 제2차 세계대전에서 활약한 구축함 USS 캐신 영(USS Cassin Young)의 내부도 관람할 수 있다. 오후에는 페리를 타고 다운타운 쪽으로 넘어가거나 벙커힐 모뉴먼트까지 올라가자. MAP ❹

ADD 93 Chelsea St
PRICE 무료(예약 불가, 선착순 입장)
WEB navy.mil/USS-CONSTITUTION
ACCESS 콥스 힐 묘지에서 도보 20분/벙커힐 모뉴먼트에서 도보 10분/다운타운 Long Wharf(South)에서 페리 10분
OPEN USS 컨스티튜션호(전함) 10:00~18:00/월요일 휴무(겨울철 ~16:00/월·화요일 휴무)
USS 컨스티튜션 박물관 09:30~17:00(11~4월 10:00~)
USS 캐신 영(전함) 10:00~16:00(6월 말~10월 중순 ~17:30/월요일 휴무)/월·화요일 및 11월 중순~5월 말 휴무
찰스타운 네이비 야드 24시간

USS 캐신 영

USS 컨스티튜션 박물관

한국전 참전 기념비

16 보스턴이 다 보인다

벙커힐 모뉴먼트 ★

Bunker Hill Monument

독립전쟁 초기에 벌어졌던 벙커힐 전투를 기념하여 세운 67m 높이의 화강암 오벨리스크. 1843년 완공되었다. 맨 꼭대기 전망대까지는 총 294개의 계단을 걸어서 올라가야 하는데, 안전상의 이유로 한 번에 20명씩 입장할 수 있다. 모뉴먼트 맞은편에는 벙커힐 전투와 모뉴먼트의 건립에 관련된 자료를 전시한 벙커힐 박물관이 있다.

벙커힐과 USS 컨스티튜션 사이에는 포토존으로 유명한 예쁜 주택가가 자리한다. 경사진 언덕 위에 있어서 걸어 가기에 조금 힘들 수 있으니 아침 일찍 우버나 버스를 타고 가는 방법을 추천한다.

MAP ❹

ADD Monument Sq

OPEN 10:00~17:30(5월 말~6월 ~16:30, 11월~5월 말 13:00~16:00)/월·화요일 휴무

PRICE 무료

WEB nps.gov/bost/learn/historyculture/bhm.htm

ACCESS 다운타운에서 4km/패늘 홀 앞에서 89·93번 버스로 15분(121 Bunker Hill St, opp Lexington St 정류장 하차)

전망대에서 바라본 보스턴 풍경

항구 도시 보스턴의 매력

워터프런트 Waterfront

다운타운 동쪽의 워터프런트에서는 페리와 유람선이 끊임없이 드나드는 항구 도시 보스턴의 활기찬 분위기가 느껴진다. 관광객이 많은 곳인 만큼 전망 좋은 호텔과 레스토랑, 카페 등 편의 시설도 모여 있다. 육지와 바다를 오가는 보스턴 덕 투어 또한 여기서 출발한다. MAP ❹

ACCESS 지하철 블루라인 Aquarium역에서 도보 3분/퀸시 마켓에서 도보 7분

¤ 뉴잉글랜드 아쿠아리움 New England Aquarium

보스턴의 대표 수족관이자 전 세계 300마리 남짓한 북대서양 참고래(North Atlantic Right Whale)를 연구하는 기관이기도 하다. 가족 단위 관람객이 많아 주말 방문은 예약 필수다. 5~11월에는 고래 관찰 크루즈를 운항한다.

ADD 1 Central Wharf
OPEN 09:00~18:00
PRICE 아쿠아리움 $39, 고래 관찰 크루즈 $70
WEB neaq.org
고래 관찰 크루즈 cityexperiences.com/boston/city-cruises/whale-watch

¤ 롱 워프 Long Wharf

인근 지역을 연결하는 페리가 출항하는 선착장이다. 여기서 찰스타운행 페리를 타면 프리덤 트레일 15번 USS 컨스티튜션호가 정박한 네이비 야드까지 쉽게 갈 수 있다. 보스턴 항구를 한 바퀴 돌아보는 유람선 투어 판매 부스도 롱 워프 앞에 있다. 페리에 대한 자세한 정보는 168p 참고.

ADD 66 Long Wharf

#Zone 2

보스턴 쇼핑과 문화 생활의 중심지
백 베이 & 펜웨이 Back Bay & Fenway

코플리 스퀘어를 중심으로 고색창연한 건물과 현대식 고층 빌딩이 공존하는 백 베이는 이곳저곳 걸어 다니면서 구경하기 좋은 동네다. 푸르덴셜 센터 전망대에서 도시 전체의 모습을 담고, 보스턴의 가로수길 뉴베리 스트리트에서 커피 한잔의 여유를 즐기자. 펜웨이 파크, 보스턴 미술관, 이사벨라 스튜어트 가드너 미술관 등이 있는 펜웨이 쪽은 상당히 넓은 지역이니 취향에 따라 선택하여 방문하자.

CHECK

- 보스턴 커먼에서 코플리 스퀘어까지 지하철로 3정거장
- 펜웨이 쪽으로 걸어갈 순 있지만, 지하철이 편리하다.

코플리 스퀘어와 트리니티 교회

생동감 넘치는 휴식 공간
코플리 스퀘어
Copley Square

식민지 시대 미국 미술계를 대표하는 보스턴 출신 화가 존 싱글턴 코플리에게 헌정된 공원이다. 보스턴 공립 도서관과 올드 사우스 교회, 트리니티 교회 등 고풍스러운 건물들이 아담한 공원을 둘러싸고 있어 백 베이 지역의 구심점 역할을 한다. 전 세계 마라토너가 참여하는 보스턴 마라톤(082p)의 결승점 또한 공원 앞을 지난다. 겨울철을 제외하고 매주 열리는 파머스 마켓에서 먹거리를 사들고 공원에서 피크닉을 즐기며 주변을 구경하기만 해도 좋은 장소다. **MAP ⑤**

ADD Copley Sq
OPEN 광장 24시간, 파머스 마켓 화·금 11:00~18:00(5~11월), 인스타그램 @copleysqfarmersmarket에서 일정 공지
ACCESS 지하철 그린라인 Copley역

예술 작품처럼 빛나는
트리니티 교회
Trinity Church

신로마네스크 양식으로 지어진 성공회 교회다. 외벽의 계단과 화려한 스테인드글라스, 거대한 파이프 오르간 등 건물 외부와 내부 인테리어까지 모든 것이 빼어나게 아름답다. 1885년 건축가들이 꼽은 미국에서 가장 중요한 건물로 선정된 바 있고, 1970년에는 국가 사적지로 등록되었다. 교회 내 매장에서 입장권을 구매하고 개별 관람이 가능하며, 가이드 투어(영어)도 진행한다. **MAP ⑤**

ADD 206 Clarendon St
OPEN 화~토 10:00~17:00(가이드 투어 일정은 홈페이지 확인)
PRICE $10
WEB trinitychurchboston.org
ACCESS 코플리 스퀘어 바로 옆

파머스 마켓

③ 미국 1호 공공 도서관
보스턴 공립 도서관
Boston Public Library

1848년에 설립한 시립 도서관. 워싱턴DC 의회 도서관과 뉴욕 공립 도서관에 이어 미국에서 3번째로 큰 공공 도서관이다. 미국 최초의 무료 시립 도서관, 책을 대여해준 최초의 공공 도서관 등 도서관 분야에서 의미 있는 타이틀을 보유한 곳. 아치형 천장의 열람실 베이츠 홀(Bates Hall)과 회랑으로 둘러싸인 아름다운 중정이 돋보인다. 맥킴 빌딩(구관) 중앙의 계단과 홀 내부에는 유럽 화가들의 벽화가 그려져 있는데, 3층 아치 천장에는 '마담 X의 초상'으로 유명한 미국의 거장 존 싱어사전트가 29년에 걸쳐 완성한 '종교의 승리(Triumph of Religion)'가 있다. 2000년 보스턴 랜드마크로 지정됐으며, 관광객도 주요 장소에 입장할 수 있다. **MAP ⑤**

ADD 700 Boylston St
OPEN 09:00~20:00
(금·토 ~17:00, 일 11:00~17:00)
WEB bpl.org/locations/central
ACCESS 코플리 스퀘어에서 도보 2분

④ 아름다운 고딕양식 건축물
올드 사우스 교회
Old South Church

청교도들이 보스턴에 최초로 지은 교회에서 2번째로 갈라져 나와 세운, 일명 '제3 교회'. 새뮤얼 애덤스, 벤저민 프랭클린 등이 1669년 설립했다. 초창기의 시더 미팅 하우스(The Cedar Meeting House)에서 올드 사우스 미팅 하우스로 옮겼다가, 1872년 보스턴 대화재 때 피해를 입고 1875년 현재의 위치에 재건됐다. 75m 높이의 종탑을 가진 이탈리아 신고딕 양식의 건물로, 연갈색과 분홍색, 회색을 띠는 건물 외벽의 상당 부분은 매사추세츠산 록스버리 푸딩스톤(Roxbury puddingstone)이 쓰였다. 교회 앞 코플리역에서 강변 쪽으로 조금만 걸어가면 뉴베리 스트리트 한복판이다. **MAP ⑤**

ADD 645 Boylston St
OPEN 08:00~20:00(금 ~19:00, 토 09:00~16:00, 일 08:30~16:00)
WEB oldsouth.org
ACCESS 지하철 그린라인 Copley역에서 바로/보스턴 공립 도서관 건너편

보스턴의 중심대로

보일스턴 스트리트

Boylston Street

보스턴 전체를 동서로 가로지르는 핵심 도로다. 특히 뉴베리 스트리트와 평행하게 2블록 남쪽으로 뻗은 길을 따라 애플 스토어를 비롯해 고급 부티크와 플래그십 스토어, 로컬 숍이 모여 있다. 고급 레스토랑뿐 아니라 칙필레, 레이징 케인 등 저렴한 프랜차이즈 맛집도 많아서 간단히 식사하기에도 좋다. 길을 걷다 보면 버클리 음대(Berklee College of Music) 건물도 만나게 된다. MAP ❺

ADD Boylston St
ACCESS 퍼블릭 가든과 보스턴 공립도서관 사이가 핵심 구간

6 트렌드 세터 다 모였다!

뉴베리 스트리트

Newbury Street

고급 쇼핑가로 유명한 거리. 퍼블릭 가든과 맞닿은 알링턴 스트리트부터 매사추세츠 애비뉴 사이의 가로수길이다. 원래 작은 카페나 독립 서점, 개성 있는 패션 로드숍 등이 모여 있었지만, 차츰 유명해지면서 글로벌 체인 매장의 비중이 높아졌다. 약 1.6km 길이의 거리에 19세기 브라운스톤 타운하우스가 늘어선 모습이 아름다워서 쇼핑에 흥미가 없는 사람도 산책하며 구경하기 좋다. MAP ❺

ADD Newbury St
ACCESS 코플리 스퀘어에서 도보 5분/지하철 그린라인 Hynes Convention Center Station역(서쪽 끝) 또는 Arlington역(동쪽 끝)

SPECIAL PAGE ★

하루 종일 걷고 싶은 거리

뉴베리 스트리트 맛집 & 숍

뉴베리 스트리트의 동쪽에는 샤넬, 까르띠에, 티파니, 랄프로렌, 마크 제이콥스 등 명품과 디자이너 브랜드가, 서쪽에는 자라, 무인양품, 나이키, 룰루레몬 등 SPA와 스포츠 웨어 브랜드가 눈에 띈다. 핫한 SNS 맛집과 카페가 많아서 한국 여행자들이 특히 사랑하는 동네. 아무 데고 마음에 드는 카페에 불쑥 들어가 보는 재미가 쏠쏠하다.

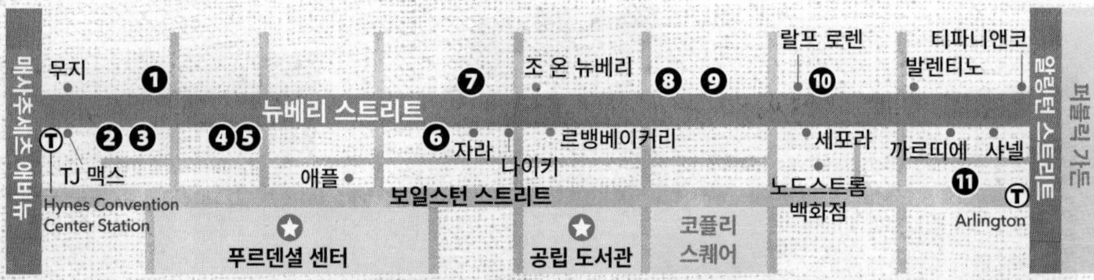

❶ 손시
Sonsie

브런치 맛집으로 유명한 비스트로. 뉴베리 최고의 핫플 중 하나.

ADD 327 Newbury St

❷ 뉴베리 코믹스
Newbury Comics

트라이던트 서점과 함께 뉴베리 스트리트의 정체성을 간직한 만화책 및 장난감 매장

ADD 348 Newbury St

❸ 트라이던트 서점
Trident Booksellers

뉴베리 스트리트의 감성을 품은 독립서점 겸 브런치 카페. 기념품이나 에코백을 구매하기에도 좋다.

ADD 338 Newbury St

❹ 페이브먼트 커피하우스
Pavement Coffeehouse

누구나 하나씩 들고 다니는 종이컵의 주인공. 달콤한 라테류가 인기다.

ADD 286 Newbury St

❺ 브랜디 멜빌
Brandy Melville

하이틴 의류 브랜드. 자연스러운 수수함을 추구하는 콘셉트대로 간판도 없어 번지수를 보고 찾아가야 한다.

ADD 284 Newbury St

❻ 노 레스트 포 브리짓
No Rest for Bridget

미국 서부 LA 지역과 보스턴에 매장을 둔 캐주얼 의류 브랜드.

ADD 220 Newbury St

❼ 센트럴 퍼크 커피
Central Perk Coffee

미드 <프렌즈> 컨셉의 카페. 세트장과 흡사하게 꾸민 장소에서 '프렌즈' 로고가 붙은 커피를 맛볼 수 있다.

ADD 205 Newbury St

❽ 솔티걸
Saltie Girl

날씨 좋은 날이면 테라스석이 가득 차는 핫플. 랍스터롤 및 브런치 메뉴가 인기다.

ADD 147 Newbury St

❾ 존퀼스 카페
Johnquils Café

기하학적인 디자인의 케이크가 명물인 디저트 카페

ADD 125 Newbury St

❿ 싱킹 컵
Thinking Cup

스텀프타운 커피를 사용하는 스페셜티 커피 전문점. 쉬어가기 좋다.

ADD 85 Newbury St

⓫ 타테 베이커리앤카페
Tatte Bakery & Café

보스턴 전역에 매장을 둔 인기 브런치 카페 1호점

ADD 399 Boylston St

푸르덴셜 타워 표지판도 포토 스폿

여행자의 오아시스
푸르덴셜 센터
Prudential Center

삭스 핍스 애비뉴 백화점, 쉐라톤 호텔, 푸드홀 이탈리를 비롯한 유명 브랜드가 다수 입점한 대형 복합 쇼핑몰이다. 또다른 대형 쇼핑 센터 코플리 플레이스와 연결되어 있어서, 비가 내리거나 추운 날 실내에서 움직여야 할 때 좋은 대안이 되어준다. 쇼핑센터 지하의 대형 주차장 요금은 하루 $46으로 다소 높은 편이지만 보안이 잘 되어 있어, 당일 주차가 필요한 사람에게 추천한다. **MAP ❺**

ADD 800 Boylston St
OPEN 11:00~21:00(일 ~20:00)
WEB prudentialcenter.com
ACCESS 코플리 스퀘어에서 도보 5분/지하철 그린라인 Prudential역과 연결

코플리 스퀘어와 보스턴 커먼 전경,
초고층 빌딩인 존 핸콕 타워

찰스강 건너편 MIT와 하버드 캠퍼스

보스턴의 초고층 전망대

뷰 보스턴

View Boston

보스턴에 왔다면 꼭 가봐야 할 전망대. 푸르덴셜 센터와 연결된 푸르덴셜 타워 50~52층에 있으며, 입장권 확인 후 엘리베이터로 52층까지 올라가 749ft(약 228m) 높이에서 보스턴의 주요 명소와 도시 전경을 360° 파노라마 뷰로 감상할 수 있다. 52층은 실내 전망대, 51층은 야외 전망대 및 칵테일바가 있으며, 50층에는 도시를 다방면으로 체험할 수 있는 인터랙티브 전시관과 레스토랑을 운영 중이다.

낮에 방문하면 보스턴 시내와 찰스강 건너편의 대학 캠퍼스, 멀리 항구 지역까지 시원한 풍경이 펼쳐진다. 한여름 성수기나 일몰 직전 시간대를 제외하면 관람객이 많지 않으므로 방문일을 확정한 뒤 티켓을 구매해도 늦지 않다. 온라인 예약 시 별도 티켓 수령 절차 없이 모바일 바코드로 입장하면 된다. 단, 예약 후 입장 날짜를 변경하고 싶다면 이메일로 요청할 것. MAP 5

ADD 800 Boylston St(52층)
OPEN 10:00~22:00
PRICE $29~(입장료$25+예약비$4)
WEB viewboston.com
ACCESS 푸르덴셜 센터 1층으로 입장

8회 말 홈팀의 공격이 시작되기 전 흘러나오는 닐 다이아몬드의 '스위트 캐롤라인(Sweet Caroline)'을 함께 불러보세요!

9 보스턴 야구 사랑, 감당 가능?
펜웨이 파크
Fenway Park

현존하는 30개 메이저 리그 구장 중 가장 오래된 보스턴 레드삭스(Boston Red Sox)의 홈구장으로 1912년 4월 20일에 개관했다. 홈런이 나오기 어렵게 좌측 외야에 설치한 11m 높이의 녹색 담장(그린 몬스터)으로 유명하다.
레드삭스 홈구장에선 관중들의 뜨거운 응원 열기에 파묻혀 직관하는 재미가 남다르다. 열성팬들 덕분에 미국 프로스포츠 사상 최초로 820경기 연속 매진기록을 달성할 정도이니 홈경기는 예약 필수!
펜웨이 파크 주변은 평소에 매우 조용하지만, 홈경기가 열리는 날이면 왁자지껄한 분위기로 바뀐다. 경기가 없는 낮에는 영화 <머니볼> 촬영지인 3루 쪽의 기자실에서 출발해 1루 쪽 외야까지 돌아본 뒤 펜웨이 파크 명예의 전당을 관람하는 투어를 진행한다. MAP 5

ADD 4 Jersey St
OPEN 09:00~17:00 매 정시에 투어 시작(11~3월 10:00~), 경기가 있는 날은 경기 시작 3시간 전까지
PRICE 투어 $25
WEB mlb.com/redsox/ballpark/tours
ACCESS 지하철 그린라인 Kenmore역에서 도보 6분

: WRITER'S PICK :
밤비노의 저주란?

펜웨이 파크 건설 비용을 충당하기 위해 레드삭스의 간판 타자였던 베이브 루스를 1919년 뉴욕 양키스로 트레이드한 이래 무려 86년간 월드 시리즈에서 우승하지 못했던 사건을 이른바 '밤비노의 저주'라고 한다. 2004년에 비로소 우승컵을 들어 올리면서 저주가 풀렸다.

7시즌 동안 함께 했던 팀메이츠 동상. 왼쪽부터 테드 윌리엄스, 바비 도어, 조니 페스키, 돔 디마지오.

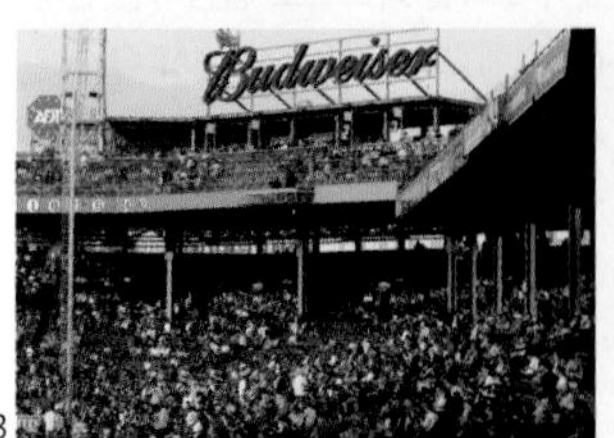

+MORE+

펜웨이 파크 가면 뭐 먹지?

▶ 야구장 내부

관중석에서 시원한 음료를 주문하거나 매점에서 클램차우더, 랍스터롤, 펜웨이 프랭크(Fenway Frank) 핫도그, 새뮤얼 애덤스 맥주 등 보스턴 명물을 모두 맛볼 수 있다.

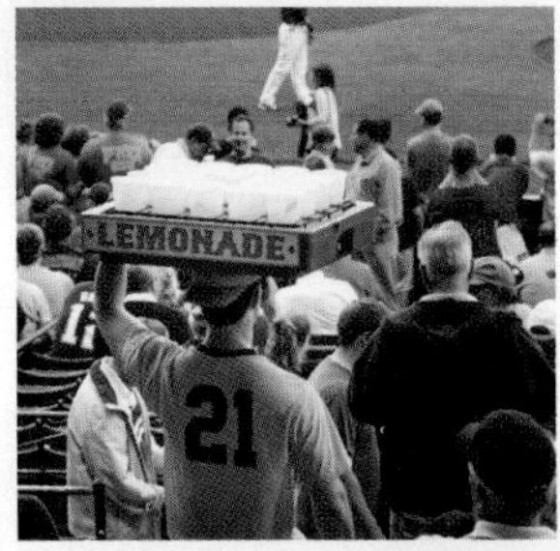

▶ 야구장 외부

경기장 옆 숨은 핫플 저지 스트리트(Jersey Street)의 스포츠 바에서 새뮤얼 애덤스 한잔과 함께 TV로 시청하는 것도 보스턴을 즐기는 방법이다. 이곳에는 경기를 중계하는 스포츠 바가 많은데, 그중에서도 불펜 키친 앤탭(Bullpen Kitchen and Tap)과 캐스크앤플래건(Cask 'N Flagon) 등이 유명하다. 그 외 가까운 먹거리 장소로 타임아웃 마켓(214p)이 있다.

10 뉴욕 못지 않은 컬렉션 보스턴 미술관

Museum of Fine Arts, Boston

고대 이집트부터 유럽, 미국, 아시아, 아프리카 등 전 세계의 예술품을 망라한 박물관이다. 특히 아시아 컬렉션이 유명한데, 일본관은 해외 전시관 중에서 가장 큰 규모로 들어서 있고, 우리나라 고려시대와 조선시대의 작품도 다수 소장하고 있다.

내부는 고대 이집트, 고대 그리스와 로마 예술, 유럽 예술, 미국 예술, 아시아 예술(중국, 일본), 아프리카, 오세아니아 등으로 구분된다. 유럽 섹션에서는 네덜란드 황금기 회화와 반 고흐, 고갱, 르누아르, 드가, 모네 등 프랑스 인상주의 및 후기 인상주의 작품들을 감상할 수 있고, 미국 섹션에서는 존 싱글턴 코플리, 존 싱어 사전트, 길버트 스튜어트 등 미국 예술가들의 작품을 볼 수 있다. 아울러 악기 컬렉션도 수준급이다. 초대형 박물관이라서 제대로 보려면 하루 종일 봐도 시간이 모자랄 수 있으므로 인포메이션 센터에서 안내도를 받아 관심 있는 분야나 작가 위주로 돌아보는 것이 효율적이다. **MAP ❹**

ADD 465 Huntington Ave
OPEN 10:00~17:00(목·금~22:00)/화요일 휴무
PRICE $27
WEB mfa.org
ACCESS 지하철 그린라인 Museum of Fine Arts역에서 도보 2분

Collection Highlight
보스턴 미술관 주요 작품

터너 Joseph Mallord William Turner

'노예선 Slave Ship(Slavers Throwing Overboard the Dead and Dying, Typhoon Coming On)**'** 1840 갤러리 332

프랑스 인상파에 영향을 미친 터너의 대표작. 영국에서 노예 폐지 운동에 불을 지핀 사건인 '노예선 종호의 학살(Zong massacre)'을 묘사했다. 작품 중앙의 핏빛처럼 보이는 진홍색 노을 속에 성난 파도를 위태롭게 항해하는 종호가 보인다. 오른쪽 구석에는 검은 피부의 다리 하나가 발목에 쇠사슬이 걸린 채 물 밖으로 튀어나와 있고, 갈매기와 물고기떼가 모여 있다. 바닷속 사람들은 죽거나 병들어서 버려진 노예들이다. 당시 물에 빠져 죽은 노예들은 '잃어버린 화물'로 보험 처리가 됐지만, 병으로 죽으면 보상받을 수 없었던 보험 약관 때문에 많은 노예가 바다에 버려졌다. 원래 잔잔한 바다에서 자행된 일이었지만, 노예 매매의 잔인함을 표현하기 위해 폭풍과 핏빛 노을을 더했다.

밀레 Jean-François Millet

'씨 뿌리는 사람 The Sower**'** 1850 갤러리 158

농부의 아들이었던 밀레는 '일하는 농부'라는 필생의 주제를 놓고 농부들의 근면한 삶을 다양한 모습으로 담았다. 이 작품은 겨울에 파종하는 농부를 묘사했다. 새벽녘 밭에 나온 농부는 보온을 위해 다리에 짚을 두른 채 왼쪽 어깨에 씨주머니를 메고 씩씩하게 걸음을 옮기면서 오른손으로 씨를 뿌리는 중이다. 밀레는 농부를 영웅으로 묘사하고자 의도적으로 농부의 신체 비율을 변형했고, 작품의 구도도 아래에서 위를 향하는 로우 앵글로 잡았다. 반 고흐는 이 작품에서 영감을 받아 자신만의 색으로 '씨 뿌리는 사람(The Sower, 1888)'을 그렸다.

모네 Claude Monet

'일본 여인(일본 의상을 입은 카미유 모네) La Japonaise (Mrs Monet in Japanese Costume)**'** 1876 갤러리 252

화려한 기모노차림에 금발 가발을 쓴 여성은 모네의 아내 카미유다. 일본 춤을 묘사한 이와 같은 그림은 19세기 프랑스 화가들 사이에 크게 유행했는데, 이 작품은 그중에서 독보적이다.

캔버스 중앙에는 검을 들고 옷에서 튀어나올 듯한 사무라이가 생생하게 묘사되어 있다. 검은 머리에 엄격한 표정의 사무라이와 금발에 부드러운 표정을 하고 프랑스 국기 색상의 부채를 든 카미유가 대비된다. 서구적인 것과 일본적인 것, 여성적인 것과 남성적인 것, 부드러움과 강직함의 대비를 추구한 작품이다.

고갱 Paul Gauguin

'우리는 어디서 왔고, 우리는 무엇이며, 우리는 어디로 가는가 Where Do We Come From? What Are We? Where Are We Going?**'**

1897~1898 갤러리 255

오염되지 않은 순수한 낙원을 찾아 프랑스에서 타히티로 건너간 고갱은 기대와 다른 타히티의 모습에 실망하고, 생활고와 개인적인 불행의 중첩에 좌절했다. 이 작품은 그런 그가 삶의 본질에 대해 던지는 질문이자 탐구의 과정으로 풀이된다. 작품은 오른쪽에서 왼쪽으로 진행되며, 아기부터 노인까지 삶의 다양한 편린을 담고 있다. 추상적인 개념을 그린 작품이라 해석에는 다양한 의견이 제시되는데, 미국 기독교 철학자 프란시스 쉐퍼(Francis Schaeffer)는 "우리는 온 곳도 없고, 우리는 아무것도 아니며, 우리는 갈 곳도 없다"라고 풀이하기도 했다.

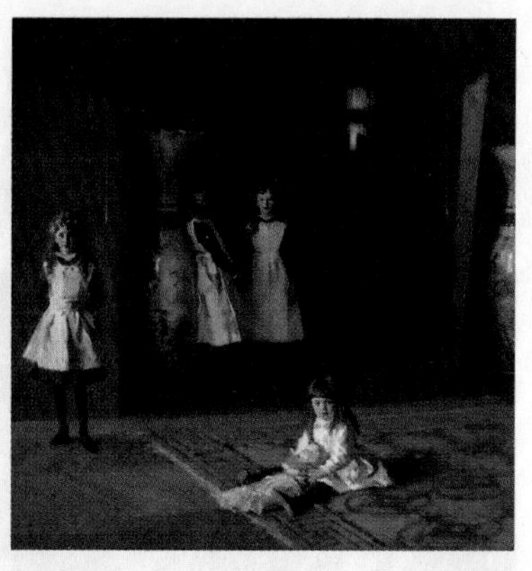

사전트 John Singer Sargent

'에드워드 달리 보이트의 딸들 The Daughters of Edward Darley Boit**'**

1882 갤러리 232

하버드 출신 변호사 에드워드 달리 보이트의 네 딸을 그린 작품. 바닥에 4살짜리 막내 줄리아가 앉고, 8살 메리 루이자가 왼쪽에, 12살 제인과 14살 피렌체가 뒤에 서 있다. 맏딸 피렌체는 일본 화병에 옆으로 기대어 얼굴이 잘 보이지 않는다. 그룹 초상화로는 매우 이례적인 구도로, 발표 당시 비평가들 사이에서 큰 논란이 일었다. 해맑은 막내는 환한 빛을 받으며 가운데에 앉아 있고, 2명의 큰딸들은 곧 진입해야 할 성인의 세계를 두려워하는 심리를 묘사했다고 해석된다. 훗날 네 딸은 모두 결혼하지 않았고, 뒤쪽의 두 딸은 말년에 정신적인 문제를 겪기도 하면서 모델의 성격까지 꿰뚫어 표현한 화가의 통찰력 때문에 더 놀라운 작품이 되었다.

코플리 John Singleton Copley

'폴 리비어 Paul Revere**'** 1768 갤러리 132

보스턴의 두 유명 인사가 만났다. 모델은 '한밤의 질주'의 주인공인 폴 리비어이고, 화가는 보스턴 출신으로 식민지 시대 최고의 미국 화가인 존 싱글턴 코플리다. 작품이 그려지던 시기의 폴 리비어는 숙련된 은세공사였다. 작품에서도 은으로 된 찻주전자를 들고 있다. 테이블에는 은세공용 조각 도구가 있고, 찻주전자 표면이 장식되지 않은 것으로 보아 폴 리비어가 든 찻주전자는 미완성이다. 이 작품에서 찻주전자는 특히나 의미심장하다. 폴 리비어는 1762~1773년에 총 9개의 찻주전자를 만들었는데, 뒤로 갈수록 주문 생산량이 줄어들었다. 이는 차를 포함한 다양한 수입품에 관세를 부과한 타운젠드 법 때문으로, 미국 독립에 적극적이었던 그의 성향이 어떻게 강화됐는지 설명하는 장치라 할 수 있다.

11 보스턴의 숨은 보석
이사벨라 스튜어트 가드너 미술관
Isabella Stewart Gardner Museum

베니스의 르네상스 궁전풍 박물관 안에 각국의 작품을 전시한 예술의 전당. 설립자인 이사벨라 스튜어트 가드너가 자신의 소장품을 바탕으로 이상적인 박물관을 구현하고자 건축과 인테리어 등 전 분야에 관여했으며, 완공 후에도 작품 배치에만 1년을 더 쏟아붓고 1903년 오픈했다.
남편 집안에서 거액의 유산을 상속받은 그녀는 베르메르(Vermeer)의 '콘서트(The Concert)'부터 시작해 미국인 최초로 보티첼리의 작품을 사들였으며, 이탈리아 르네상스 거장, 프랑스 인상파와 후기 인상파, 휘슬러나 사전트 등 유럽에서 활동한 미국 화가들의 작품들을 수집했다. 고대 로마, 중세 유럽, 르네상스 이탈리아, 19세기의 프랑스 등 시기별 대표작을 선별했으며, 아시아와 이슬람 미술품도 볼 수 있다. 회화뿐만 아니라 조각, 가구, 태피스트리, 자기, 책 등 박물관 내 모든 것이 예술품. 총 4개 층 중 1~3층이 갤러리이며, 사계절 꽃이 만발하는 안뜰이 아름답기도 유명하다. MAP ⑤

ADD 25 Evans Way
OPEN 11:00~17:00(목 ~21:00, 토·일 10:00~)/화요일 휴무
PRICE $22(예약 권장)
WEB gardnermuseum.org
ACCESS 지하철 그린라인 Longwood Medical Area역에서 도보 4분/보스턴 미술관에서 도보 7분

인생샷 포인트, 안뜰

라파엘 룸

롱 갤러리

: WRITER'S PICK :

영화 같은 미술품 도난 사건

갤러리에는 빈 프레임을 걸어 두고 작품의 귀환을 기다리고 있다.

넷플릭스 다큐멘터리 <이것은 강도다: 세계 최대 미술품 도난 사건>이 발생한 장소가 바로 이 미술관이다. 1990년 총 13점의 작품이 사라졌는데, 그중에는 가드너의 첫 번째 컬렉션인 베르메르의 '콘서트'와 렘브란트의 '갈릴리 바다의 폭풍(Christ in the Storm on the Sea of Galilee)', 드가의 작품 5점 등이 포함돼 있었다. 피해액이 약 5억 달러에 달하는데, 여전히 범인을 검거하지 못했다. 결정적인 제보자에게는 1000만 달러(한화 약 130억 원)의 보상금을 지급한다고 한다.

12 예술은 혁신이다!

보스턴 현대 미술관

ICA(Institute of Contemporary Art) Boston

'현대 미술의 실험소'를 사명으로 신진 작가 발굴 및 현대 미술의 지평을 넓히는데 앞장서는 미술관이다. 1940년 게르니카를 포함한 피카소 특별전, 1941년 프리다 칼로와 디에고 리베라를 포함한 멕시코 거장전 등 굵직한 특별전을 열었다. 2006년 보스턴 이너 하버에 현재의 모습으로 개관하면서 오늘날에도 현대적이면서 실험적인 신예 예술가 특별전을 선보이고 있다.

작품과 함께 미술관의 설계도 인상적이다. 워터프런트에서 바라보는 미술관 외부와, 미술관에서 창문 너머로 보이는 보스턴 이너 하버의 풍경까지 여행자를 설레게 하는 요소로 가득하다. 이너 하버 건너편의 ICA 워터셰드(ICA Watershed) 분관은 여름에만 한시적으로 개방한다. MAP ❺

ADD 25 Harbor Shore Dr
OPEN 10:00~17:00(목·금 ~ 21:00)/월요일 휴무
PRICE $20(목 17:00~21:00 무료)
WEB icaboston.org
ACCESS 버스 실버라인 SL1·SL3 Courthouse 정류장 하차 후 도보 6분

#Zone 3

아름다운 대학 도시
케임브리지 Cambridge

찰스강 건너편의 케임브리지는 하버드와 MIT 캠퍼스를 보유한 세계 최고의 대학 도시이다. 도시 이름 또한 영국의 케임브리지 대학에서 차용했다. 보스턴에서 지하철 레드라인을 타고 쉽게 방문할 수 있는데, 글로벌 리더를 꿈꾸는 학생과 학부모는 물론 호기심 많은 관광객까지 찾아온다. 동부의 아이비리그 대학에 관한 설명은 102p 참고.

: WRITER'S PICK :

강변까지 가는 방법은?

자동차 도로(Storrow Drive)가 강변과 시내 사이를 가로지르고 있어 육교를 건너야 한다. 찰스강 에스플러네이드의 해치 셸과 가장 가까운 육교는 보스턴 퍼블릭 가든과 연결된 아서 피들러 육교(Arthur Fiedler Footbridge)다. 과학 박물관 근처, 롱펠로 다리 옆, 다트머스 스트리트 쪽에도 육교가 있다.

1 공룡부터 우주과학까지 폭넓게! 과학 박물관 Museum of Science

찰스강 댐 위 다리와 맞붙여 지은 독특한 건물이다. 1830년 자연사 박물관으로 개관하여 지질학, 수학, 물리, 전기, 나노기술, 우주과학 등을 다루는 과학 전문 박물관으로 거듭났다. 여전히 자연사 박물관의 뿌리가 남아있어서 공룡화석 및 동물 박제 등의 전시물이 많으며, 어린이 과학 체험 프로그램이 다양해서 가족 관람객에게 인기가 높다. 박물관 내 찰스강이 내다보이는 리버뷰 카페(Riverview Café)에서 간단한 스낵을 먹으며 잠시 휴식하기 좋다. MAP ❸

ADD 1 Museum of Science Driveway
OPEN 09:00~17:00
PRICE $31
WEB mos.org
ACCESS 지하철 그린라인 Science Park/West End역에서 도보 5분

롱펠로우 브리지와 과학박물관, 찰스강 에스플러네이드

2 마음이 편안해지는 강변 공원
찰스강 에스플러네이드
Charles River Esplanade

찰스강 유역의 산책로 중에서 과학 박물관과 보스턴 대학 다리(BU Bridge) 사이에 조성된 전망 공원을 찰스강 에스플러네이드라고 부른다. 보스턴 시민들이 자전거를 타고 레저 스포츠를 즐기는 강변 공원으로, 벚꽃이 피는 5월과 단풍이 물드는 가을에 특히 아름답다. 평소에는 한적한 편이어서 산책하기 좋으며, 야외 공연장 해치 메모리얼 셸(Hatch Memorial Shell)에서 콘서트가 열리거나 영화 상영 등의 이벤트가 있는 날이면 활기가 넘친다. MAP ⑤

ADD 해치 메모리얼 셸 47 David G Mugar Way
OPEN 06:00~20:00
PRICE 무료
WEB esplanade.org
ACCESS 과학 박물관에서 해치 메모리얼 셸까지 도보 20분/지하철 레드라인 Charles/MGH역에서 도보 10분

찰스강의 봄

찰스강의 가을

해치 메모리얼 셸

3 존 하버드 동상을 찾아서!
하버드 대학교
Harvard University

하버드 대학교 캠퍼스는 보스턴을 찾은 대부분 사람들이 한 번쯤 다녀가는 인기 명소다. 하버드로 향하는 지하철 레드라인 자체가 하버드의 상징색인 크림슨 레드(Crimson Red)에서 비롯됐다는 점도 흥미롭다. 다운타운에서 지하철을 타면 MIT를 거쳐 하버드로 가기 때문에, 재학생들이 탑승한 지하철 안부터 벌써 캠퍼스 투어가 시작되는 기분이다. MAP ③

TRAVEL TIP

하버드 대학교 투어 방법

지하철역에서 나오면 하버드 스퀘어부터 둘러보자. 케임브리지 비지터 센터나 하버드 대학교 비지터 센터에서 받은 무료 지도와 셀프 가이드앱을 참고하면 혼자서도 캠퍼스를 돌아볼 수 있다. 공식 하버드 투어(Official Harvard Tour)는 온라인 예매(무료) 필수로, 전문 가이드의 사전 안내 1시간, 재학생을 따라 건물들을 돌아보는 캠퍼스 투어 1시간으로 이뤄진다. 하버드대 진학에 관심 있는 학생과 학부모가 주로 참여하며, 건물 역사와 학교 문화, 대학 생활 등을 설명한다. 웹사이트를 통한 투어 신청은 학기 시작 1달 전에 오픈하는데, 일찍 마감되니 서둘러 예매하자. 외부 기관에서 진행하는 비공식 유료 투어도 있다.

하버드 대학교 비지터 센터
ADD 1350 Massachusetts Ave, Cambridge
OPEN 월~금 09:00~17:00(캠퍼스는 시간 제한 없음)
WEB www.harvard.edu/visit/tours
ACCESS 보스턴 커먼에서 대중교통으로 30분/지하철 레드라인 Harvard역 하차

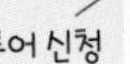

투어 신청

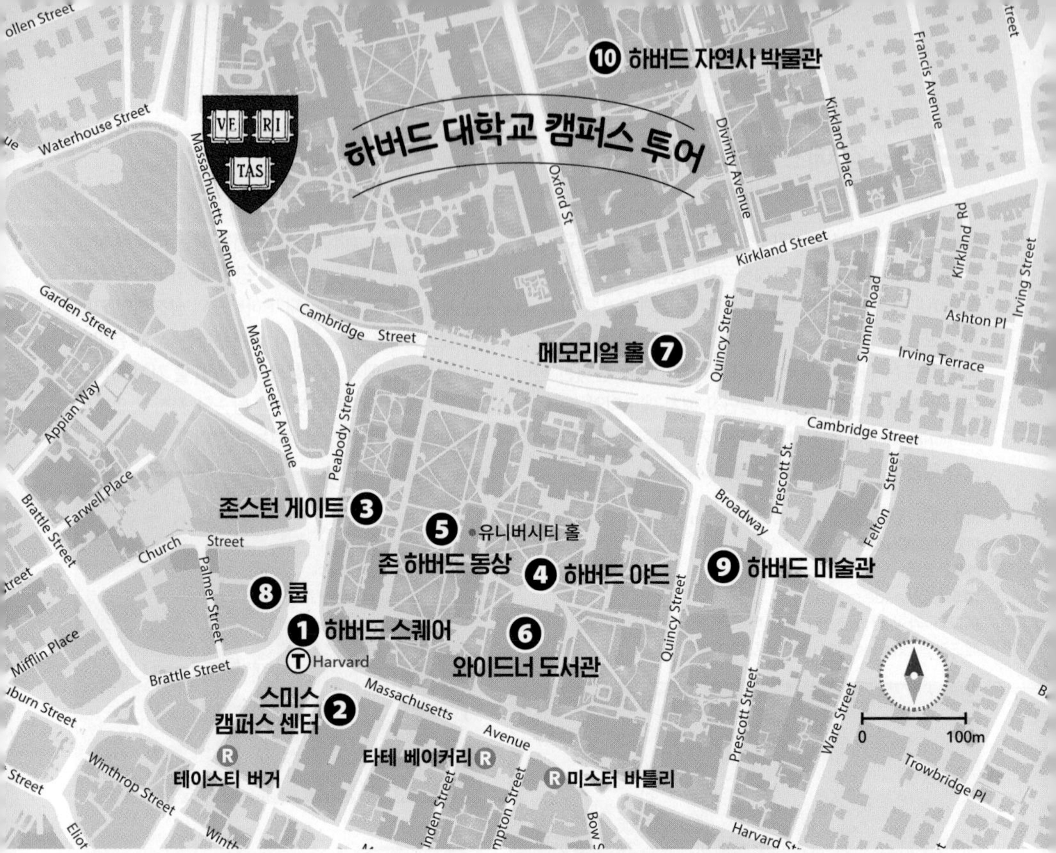

하버드 대학교 캠퍼스 투어

① 하버드 스퀘어
② 스미스 캠퍼스 센터
③ 존스턴 게이트
④ 하버드 야드
⑤ 존 하버드 동상
⑥ 와이드너 도서관
⑦ 메모리얼 홀
⑧ 쿱
⑨ 하버드 미술관
⑩ 하버드 자연사 박물관

유니버시티 홀
Ⓣ Harvard
Ⓡ 테이스티 버거
Ⓡ 타테 베이커리
Ⓡ 미스터 바틀리

Massachusetts Avenue, Cambridge Street, Kirkland Street, Quincy Street, Broadway, Brattle Street, Church Street, Garden Street, Oxford St, Divinity Avenue, Kirkland Place, Francis Avenue, Prescott Street, Felton Street, Peabody Street, Palmer Street, Appian Way, Farwell Place, Mifflin Place, Winthrop Street, Waterhouse Street, Sumner Road, Irving Terrace, Ashton Pl, Kirkland Rd, Irving Street, Ware Street, Trowbridge Pl

0 100m

하버드 스퀘어
Harvard Square

지하철 레드라인에서 나오면 곧바로 보이는 하버드 대학교의 중심 광장. 바로 앞에 인포메이션 부스가 있고 기념품점인 하버드 숍도 눈에 띈다.

스미스 캠퍼스 센터
Richard A. and Susan F. Smith Campus Center

식당, 카페 등이 들어서 학생들의 모임이나 생활 정보 등을 교환할 수 있는 학생회관 겸 인포메이션 센터. 투어 맵을 받을 수 있으며, 하버드대의 공식 투어가 출발하는 지점이다.

존스턴 게이트
Johnston Gate

올드 야드로 향하는 하버드 대학교의 주 출입문. 하버드 야드를 둘러싼 크고 작은 문이 20여 개에 달한다.

Point 4 하버드 야드 Harvard Yard

하버드 대학교의 초기 캠퍼스로, 투어 사이트가 몰려 있다. 올드 야드(Old Yard)라고도 불리는 이곳을 둘러싼 건물은 대부분 1학년 기숙사다. 하버드의 1학년은 전공 없이 문·이과를 넘나들며 수강하며, 1학년 전용 기숙사와 식당 등에서 학교 생활을 익히고 교우 관계도 넓힌다.

Point 5 존 하버드 동상 John Harvard Statue

하버드 대학교에 이름을 남긴 존 하버드의 동상. 그의 발을 만지면 3대 안에 하버드대에 입학한다는 속설이 있어서 발을 만지고 사진을 찍으려는 사람들이 동상 앞에 길게 늘어선다. 동상 뒤 흰색 건물이 유니버시티 홀이다.

Point 6 와이드너 도서관 Widener Library

하버드 대학교 도서관 중 가장 큰 곳. 졸업식 날 학사모를 던지는 장소이기도 하다. 와이드너는 타이태닉호 침몰 사건으로 희생된 졸업생으로, 부모가 그의 장서를 모교에 기증하면서 이름을 남겼다. 총 300만권이 넘는 장서를 보유하고 있으며, 하버드 대학생이라면 신청시 24시간 이내에 구해주고, 교내에 없다면 48시간 내 보스턴시 외곽 서고에서, 그곳에도 없으면 72시간 안에 무조건 구해준다고 한다.

Point 7 메모리얼 홀 Memorial Hall

신고딕 양식의 고풍스러운 건물. 일반에게는 미국 남북전쟁 전사자를 기리는 추모 공간인 메모리얼 트랜셉트(Memorial Transept)만 입장이 허용된다. 윈스턴 처칠, 루즈벨트 대통령, 빌 게이츠 등의 특강과 마이클 샌델 교수의 '정의론'과 같은 명강의가 행해진 샌더스 극장(Sanders Theatre)은 행사 때만 문을 연다. 1학년 학생들의 전용 식당인 애넨버그 홀(Annenberg Hall) 또한 비공개다.

쿱
The Coop

하버드대 로고 후드나 노트, 컵 등 각종 기념품을 구매할 수 있는 공식 기념품점

하버드 미술관
Harvard Art Museums

유럽의 그림과 조각 중심의 포그 미술관(Fogg), 독일계 작품 중심의 부시 라이징어 미술관(Busch-Reisinger), 동양 예술품 중심의 아서 M 새클러 박물관(Arthur M. Sackler)을 통합한 미술관이다.

OPEN 10:00~17:00/월요일 휴무
PRICE 무료
WEB harvardartmuseums.org

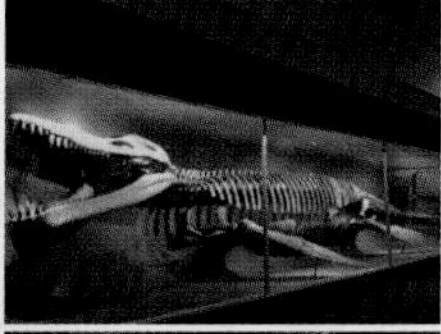

하버드 자연사 박물관
Harvard Museum of Natural History

하버드 대학교의 4개 박물관(하버드 자연사 박물관, 피바디 인류학, 하버드 고대 근동 박물관, 과학기구 컬렉션) 중 대표 박물관이다. 연구를 위한 보관 전시가 운영 목적이라서 하나의 주제를 다양하고 깊이 있게 보여주는 소장품이 많다.
자연사 박물관과 피바디 박물관은 유료(하버드 재학생은 무료)이고 나머지 2곳은 무료다. 오픈 시간이 각각 다르니 주의한다.

OPEN 자연사 박물관·피바디 박물관 09:00~17:00
고대 근동 박물관·과학기구 컬렉션 11:00~16:00/토요일 휴무
PRICE 자연사 박물관+피바디 박물관 $15
WEB hmnh.harvard.edu

: WRITER'S PICK :

누구나 갖고 싶은 하버드 굿즈! 어디서 살까?

가장 유명하면서 다양한 굿즈를 갖춘 곳은 1882년부터 하버드와 MIT 캠퍼스의 공식 기념품점과 서점 역할을 해온 쿱(공식 명칭은 하버드/MIT 협동조합)이다. 하버드 기숙사에 문을 연 것이 시초로, 메인 매장은 하버드 스퀘어에 있고 MIT의 켄달 스퀘어에도 매장이 있다. 그 외 하버드 스퀘어에는 공식 기념품점인 하버드 숍, 1932년에 문을 연 하버드 북스토어가 있으니 비교하며 구매하자. 보스턴 퀸시 마켓에도 하버드와 MIT는 물론 보스턴 소재 보스턴 칼리지와 보스턴 유니버시티의 기념품을 판매하는 보스턴 캠퍼스 기어가 있다.

♦ 쿱 The COOP
WEB thecoop.com(온라인 주문 가능)
하버드 스퀘어점
ADD 1400 Massachusetts Ave
MIT 켄달 스퀘어점
ADD 80 Broadway

♦ 하버드 숍 The Harvard Shop
ADD 52 John F. Kennedy St
WEB theharvardshop.com

♦ 하버드 북스토어 Harvard Book Store
ADD 1256 Massachusetts Ave
WEB harvard.com

♦ 보스턴 캠퍼스 기어 Boston Campus Gear
ADD 1 N Market St
WEB bostoncampusgear.com

하버드 쿱
MIT 쿱

4 세계적인 천재들의 창의력 대결
매사추세츠 공과대학
MIT Campus

네모 반듯한 건물들이 공과 대학다운 분위기를 한껏 풍기는 캠퍼스다. 캠퍼스 투어에 참여하면 여러 건물에 얽힌 재미있는 일화를 들을 수 있는데, 굳이 투어를 신청하지 않더라도 캠퍼스 구경은 할 수 있다. 방문 시기에 따라 입학 설명 위주의 인포메이션 세션(Information Session)과 교내를 돌아보는 캠퍼스 투어(Campus Tour)로 나뉘니 목적에 맞게 잘 선택하자. 찰스강 바로 건너편이 뉴베리 스트리트이므로, 킬리언 코트 앞쪽으로 강변을 산책하듯 걸어가 보는 것도 괜찮다. **MAP ❸**

ADD 77 Massachusetts Ave, Cambridge
WEB mitadmissions.org/visit(투어 예약은 필수)
ACCESS 지하철 레드라인 Kendall/MIT역 하차/뉴베리 스트리트에서 도보 15~30분

그레이트 돔과 킬리언 코트

: WRITER'S PICK :

MIT 학생들의 'HACK'이란?

괴짜 천재 이미지가 강한 MIT 학생들의 창의적인 장난을 핵(Hack)이라고 한다. 하버드 대학교과 예일 대학교의 스포츠 라이벌전에 난입하여 MIT 배너를 띄운다거나 기상 관측용 풍선을 경기 전에 몰래 심어 놓고 하프타임에 저절로 부풀어 터지게 한 장난이 대표적인 예. MIT 대학의 도서관 돔도 단골 타깃인데, 돔 위에 아폴로 달 탐사선, 경찰차, 소방차 등을 올려놓거나 돔을 스타워즈의 R2D2로 도색한 적도 있다. 학교 당국에서도 공식 홈페이지에 학생들의 장난을 모아 놓은 갤러리(Hack Gallery)를 운영하는 등 창의력을 존중하는 분위기가 강하다.

MIT 캠퍼스 투어

Vassar Street
Main Street
Ames Street
MIT 쿱
Broadway
6 스타타 센터
구글 캠퍼스
MIT 서점
Kendall/MIT
MIT 박물관 2
1 웰컴 센터
켄달 스퀘어
Massachusetts Avenue
알케미스트
5 로비 7 (로저스 빌딩)
3 그레이트 돔
4 킬리언 코트
7 MIT 채플
Main Street
Carleton Street
Hayward Street
Wadsworth Street
Ames Street
Amherst Street
Memorial Drive
Memorial Drive
하버드 브리지 *Harvard Bridge*
↓ **백 베이**(뉴베리 스트리트)
찰스강 *Charles River*

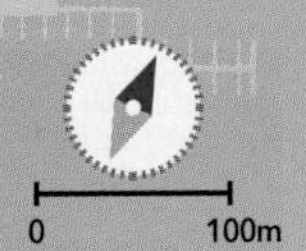

켄달 스퀘어
Kendall Square

지하철 Kendall/MIT역 앞의 작은 광장. 캠퍼스 투어가 시작되는 장소로, 안쪽 건물에 공식 관광 안내소 MIT 웰컴 센터(MIT Welcome Center)가 있다.

OPEN 웰컴 센터 09:00~17:00/
토·일요일 휴무

MIT campus walking tour
Chart your own course! Self-guided walking tour.

MIT 박물관
MIT Museum

웰컴 센터 바로 옆 건물. 홀로그램, AI 기술과 각종 자연과학 관련 전시를 볼 수 있다. 아이들과 함께 방문해도 흥미로운 곳. 1층에 MIT 서점과 기념품점, 카페가 있다.

OPEN 10:00~17:00
PRICE $18

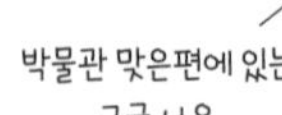
박물관 맞은편에 있는
구글 사옥

그레이트 돔
Great Dome

킬리언 코트 뒤로 이오니아식 기둥이 늘어선 신고전주의 건물로, 이 건물의 꼭대기가 MIT 해킹의 주요 타깃이 되는 그레이트 돔이다. 번호로 식별하는 MIT의 건물들 중 10번 건물로, 바커 공학 도서관(Barker Engineering Library)이 있다.

킬리언 코트
Killian Court

보스턴의 스카이라인이 보이는 강변 공원. 입학생 오리엔테이션과 졸업식 같은 특별 행사를 진행하기도 한다. 여기서 하버드 다리(Harvard Bridge)를 건너면 보스턴의 백 베이 지역과 연결된다.

로비 7 (로저스 빌딩)
Lobby 7(Rogers Building)

정식 명칭은 7번 빌딩이지만, 과거 비지터 센터가 있었던 곳이어서 '로비 7'이라는 별명으로 불린다.

로비 7 건너편의 인증샷 포인트 '알케미스트'

스타타 센터
(The Ray and Maria) Stata Center

여러 개의 건물이 구겨져 뭉쳐진 듯한 독특한 외관 덕분에 멀리서도 한눈에 알아볼 수 있다. '건축계의 노벨상'이라 불리는 프리츠커상 수상자 프랭크 게리가 설계했고, MIT 출신 기업가 레이 스타타 부부의 기부금으로 건축됐다. 현재 컴퓨터 공학과 강의실과 인공지능 실험실, 언어학과 철학 강의실 등으로 사용되고 있다. 방문객도 들어갈 수 있는 스타타 센터 로비에는 MIT 학생들의 핵(Hack) 역사가 전시돼 있다.

MIT 채플
MIT Chapel

천장에서 내려오는 빛이 반사되어 마치 샹들리에 분수처럼 보이도록 만든 제단은 미니멀한 디자인의 '튤립 의자'를 1950년대에 처음 고안한 유명 건축가 에로 사리넨(Eero Saarinen)의 작품. 아주 작은 공간이지만, 개방 시간이라면 들어가 볼 가치가 충분하다.

OPEN 10:00~11:00, 13:30~14:30/토·일요일 휴무

골라먹는 재미가 있다

보스턴 푸드홀과 맛집 골목

미식 여행을 빼놓고는 보스턴 여행을 논할 수 없다. 특히 랍스터와 클램차우더, 보스턴 크림 파이는 꼭 먹어봐야 할 음식이다. 일정이 촉박하다면 보스턴 명물 음식을 한데 모은 푸드홀과 맛집 골목을 추천한다. 고물가 시대에 팁 걱정 없이 마음껏 먹을 수 있다는 것도 장점이다.

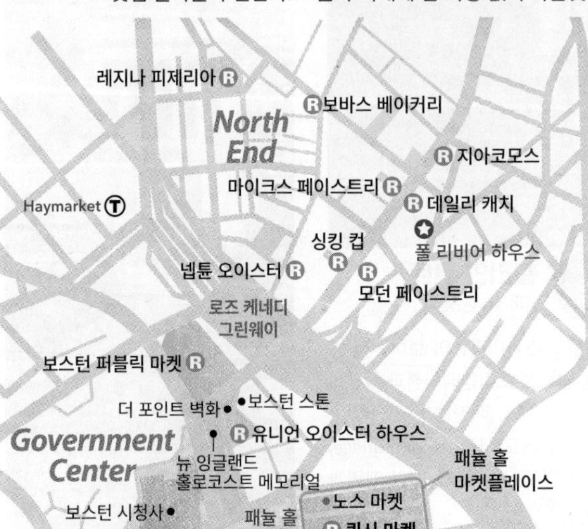

보스턴 대표 맛집을 모았다

퀸시 마켓 Quincy Market

1826년 설립된 보스턴 대표 시장이다. 보스턴 한복판, 퀸시 마켓을 가운데 두고 양옆으로 형성된 사우스 마켓과 노스 마켓을 통틀어 '패뉼 홀 마켓플레이스'라고 부른다. 퀸시 마켓은 길거리 음식 위주이고 사우스마켓과 노스 마켓은 레스토랑과 보스턴 소재 대학교 기념품점 등이 입점했다. 패뉼홀과 퀸시 마켓 주변 광장에는 버스킹도 상시 펼쳐지니 꼭 가볼 것. 패뉼 홀 앞쪽 정문으로 들어가면 통로형 아케이드 양쪽으로 푸드 스탠드가 늘어섰는데, 퀸시 마켓 입점 매장만 100여 개여서 간단히 끼니를 때우기에도 좋다. 퀸시 마켓 중앙의 원형 돔(로툰다) 근처 테이블에서 구매한 음식을 먹을 수 있다. 퀸시 마켓에서 판매하는 랍스터롤은 가벼운 스낵 수준으로, 정식 레스토랑의 절반 가격인 $17~20이니 참고하자. MAP ④

ADD 206 S Market St
OPEN 10:00~21:00(일 11:00~19:00)
PRICE $(메뉴별 예산 $15~20, 팁 없음)
WEB faneuilhallmarketplace.com
ACCESS 패뉼 홀 바로 앞(프리덤 트레일 ⑪번)

퀸시 마켓 추천 먹거리

❶ 보스턴 차우다 컴퍼니
Boston Chowda Co.

25년 이상 자리를 지켜온 대표 맛집. 가게 이름 차우다는 '차우더(Chowder)'의 보스턴식 발음이다. 속을 파낸 브레드볼에 담아주는 클램차우더가 대표 메뉴. 랍스터롤과 세트로 주문해도 된다.

INSTA @bostonchowdaco

❷ 보스턴 & 메인 피시 컴퍼니
Boston & Maine Fish Company

광장 쪽 입구와 가깝고 각종 해산물을 화려하게 전시해 눈길을 끄는 해산물 전문점이다. 랍스터롤 종류가 여러 가지인데, 차가운 샐러드롤보다는 따끈하게 먹을 수 있는 핫 버터 랍스터롤을 추천한다.

INSTA @boston.mainefish

❸ 위키드 랍스터
Wicked Lobsta

후발주자로 퀸시 마켓에 입점했지만, 속이 꽉 찬 랍스터롤로 인기를 얻고 있다. 랍스터가 들어간 맥앤치즈도 판매한다.

INSTA @wickedlobsta

❹ 레지나 피제리아
Regina Pizzeria

노스 엔드에 본점을 둔 인기 피자집. 본점이 워낙 줄서서 먹는 맛집이라 퀸시 마켓 분점을 공략하는 사람도 많다. 두툼한 화덕 피자를 한 조각씩 맛볼 수 있다.

INSTA @reginapizzeria

❺ 오이스터 바
Oyster Bar

굴과 해산물, 클램차우더를 간단하게 맛보고 싶을 때 추천한다. 작은 바 형태의 테이블에 앉아 먹을 수 있다.

❻ 와가마마
Wagamama

보스턴에서 아시안 푸드를 원할 때 가 볼 만한 곳. 영국에 본사를 둔 세계적인 아시안 누들 레스토랑 체인이다. 일본식 라멘과 교자로 한식에 대한 그리움을 달래보자.

INSTA @wagamamausa

여유로운 공간을 찾는다면

보스턴 퍼블릭 마켓 Boston Public Market

현지인이 즐겨 찾는 로컬 매장 위주의 실내 푸드홀 겸 청과물 시장이다. 매장 수는 35개 정도이고 공간이 넓어서 편하게 돌아볼 수 있다. 눈여겨볼 곳은 매사추세츠주에서 4대째 대를 이어 과수원을 경작하는 레드 애플 팜(Red Apple Farm)의 직영점. 애플 사이다로 만든 도넛이 별미다. 커피 전문가 조지 하웰의 카페, 보스턴 인기 도넛 가게 유니언 스퀘어 도넛도 있다. **MAP ④**

ADD 100 Hanover St
OPEN 08:00~20:00(월·화 ~18:00, 일 10:00~18:00)
PRICE $(메뉴별 예산 $15~30, 팁 없음)
WEB bostonpublicmarket.org
ACCESS 유니언 오이스터 하우스 옆/퀸시 마켓에서 도보 10분

펜웨이 파크에 야구 보러 갈 때

타임아웃 마켓 Time Out Market

뉴욕, 시카고, LA 등 미국 각지에 체인을 둔 프랜차이즈 푸드홀이다. 리뷰 웹사이트인 타임아웃 마켓이 직접 기획한 푸드홀로, 지역별 대표성을 지닌 업체로 선정된 곳만 입점할 수 있다. 중심가와 떨어진 펜웨이 지역에 있는 탓에 매장이 빈번하게 교체되는 점은 아쉽지만, 펜웨이 파크를 방문하는 날 식사를 해결하기 좋다. 관광객보다는 로컬들이 더 많이 찾는 곳으로, 테이블에서 QR 코드로 주문할 수 있다. **MAP ⑤**

ADD 401 Park Dr
OPEN 08:30~22:00(금 ~23:00, 토 09:00~23:00, 일09:00~)
PRICE $(메뉴별 예산 $15~30, 팁 없음)
WEB timeoutmarket.com/boston
ACCESS 펜웨이 파크에서 도보 7분/지하철 그린라인 Fenway역에서 도보 3분

맛집과 관광을 동시에

보스턴 명물 레스토랑

보스턴의 장점은 관광 명소와 가까운 곳에 최고의 맛집이 많다는 것.
역사, 맛, 분위기 면에서 다른 도시와 견주어도 손색없는 유명 맛집을 알아보자.

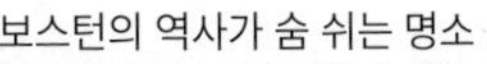

보스턴의 역사가 숨 쉬는 명소

유니언 오이스터 하우스
Union Oyster House

투어 가이드들이 가게 앞을 지날 때 설명을 빼놓지 않는 레스토랑. 1700년에 지은 건물에서 1826년 영업을 시작한 이래 200년간 보스턴 역사를 함께 써 내려왔다. 프랑스 대혁명 때 귀족 처형을 피해 해외로 탈출한 루이 필리프 공작이 미국 망명 당시 2층에서 프랑스어를 가르치며 생계를 유지했다고 전해진다(훗날 그는 프랑스의 마지막 왕위에 올랐다).

음식 맛은 대체로 무난한 수준으로, 대표 메뉴는 오이스터, 클램차우더, 랍스터롤 및 랍스터를 통째로 쪄내는 랍스터 팟이다. 여러 채의 건물 중 1층과 야외 테이블은 워크인 손님에게 배정되며, 예약 후 방문하면 옛 건물 그대로 보존된 2층 테이블에 앉을 수 있는 확률이 높다. 현지인보다는 관광객 위주의 레스토랑이지만, 300년 된 건물에서 즐기는 식사는 충분히 가치 있는 경험이다. **MAP ④**

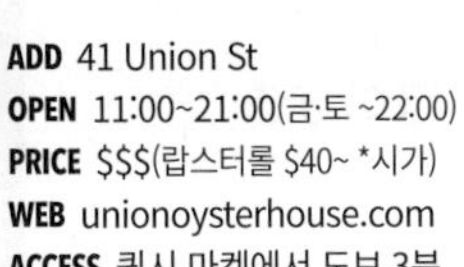

ADD 41 Union St
OPEN 11:00~21:00(금·토 ~22:00)
PRICE $$$(랍스터롤 $40~ *시가)
WEB unionoysterhouse.com
ACCESS 퀸시 마켓에서 도보 3분

2층에는 존 F. 케네디가 자주 앉았다는 테이블이 있다.

+MORE+

인증샷은 필수! 보스턴 스톤과 더 포인트

유니언 오이스터 하우스 옆 골목에는 18세기 건물이 즐비하다. 그중 놓칠 수 없는 포토 스폿은 레스토랑 겸 펍 더 포인트(The Point) 외벽에 그려진 벽화. '1795년부터(est.1795)'라고 적힌 글씨를 보면 카메라에 저절로 손이 간다. 보스턴의 지리적 중심지로 알려진 보스턴 스톤(Boston Stone)도 골목 안에 있다. 원래 물감 안료를 가는 맷돌이었는데, 건물 공사 중 발굴되어 초석으로 활용됐다.

줄 서는 랍스터롤 맛집

넵튠 오이스터

Neptune Oyster

<푸드앤와인>을 비롯한 여러 미디어에서 '미국 최고의 오이스터 바', '보스턴 최고의 해산물 레스토랑'으로 선정된 곳이다. 인기 메뉴는 종류별로 골라먹는 굴과 스페인 문어 요리. 따끈한 랍스터살 위에 버터를 녹여 주는 랍스터롤(Hot with Butter)도 맛있는데, 차가운 것(Cold with Mayo)으로 선택하면 랍스터 살을 마요네즈에 버무려준다. 예약 없이 선착순 입장이고 대기 시간은 기본 2시간 이상! 대기자 명단에 전화번호를 적고 연락을 기다린다. **MAP ❹**

ADD 63 Salem St #1
OPEN 11:00~21:30(금·토 ~22:30)
PRICE $$$(랍스터롤 $36~40/시가)
WEB neptuneoyster.com
ACCESS 퀸시 마켓에서 도보 10분/
폴 리비어 하우스에서 도보 7분

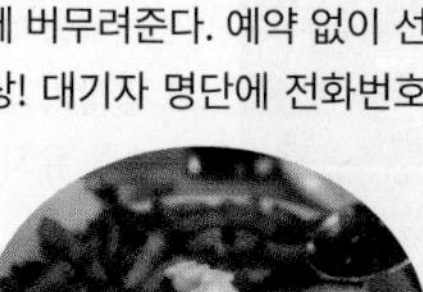

랍스터 속살이 듬뿍!

제임스 훅앤컴퍼니

James Hook & Co.

다양한 해산물을 눈으로 직접 보고 고르는 직판장 분위기의 간이 식당이다. 추천 메뉴는 즉석에서 찐 랍스터와 속살이 꽉 찼기로 유명한 랍스터롤! 무엇보다 팁이 필요 없어서 다른 레스토랑보다 저렴한 것이 큰 장점이다. **MAP ❹**

ADD 440 Atlantic Ave
OPEN 10:00~17:00(금·토 ~18:00, 일 ~16:00)/
겨울철 단축 영업
PRICE $$(버터 랍스터롤 $35, 팁 없음)
WEB jameshooklobster.com
ACCESS 퀸시 마켓에서 도보 15분(시포트 지역)

특별한 건물에서의 식사

루스 크리스 스테이크하우스

Ruth's Chris Steak House

미 전역에 130여 개의 체인점을 둔 스테이크하우스. 보스턴 지점은 미국 최초의 공립학교 터이자, 옛 보스턴 시청 건물에 자리 잡고 있어서 더욱 특별하다. 뉴욕 스트립과 티본 스테이크를 비롯해 해산물 메뉴도 훌륭하다. 프리덤 트레일 6번 스폿에 있어 접근성도 좋다. **MAP ❹**

ADD 45 School St
OPEN 16:00~22:00
(수·목 11:00~, 금·토 11:00~22:30, 일 ~21:00)
PRICE $$$$(1인 예산 $100~)
WEB ruthschris.com
ACCESS 퀸시 마켓에서 도보 10분

커다란 수제 버거와 고구마 튀김

패뉼 홀 광장에서 맥주 한잔

새뮤얼 애덤스 탭룸

Samuel Adams Tap Rooms

보스턴에서 탄생한 맥주 회사 새뮤얼 애덤스의 탭룸. 프리덤 트레일의 가장 핵심적인 위치여서 관광하다가 들르기 좋고, 3층 규모라 테이블도 넉넉하다. 보스턴 라거, 뉴잉글랜드 IPA 등 20여 종의 생맥주는 1잔에 16oz(473ml). 여러 가지를 맛보고 싶다면 맥주 4종을 5.5oz(162ml)짜리 시음용 잔에 따라주는 비어 플라이트를 주문하자. 파니니나 치킨 앤와플, 프레첼 등 안주류도 다양하다. 예약 없이 선착순 입장이고 저녁 8시 이후에는 21세 이상만 입장 가능(신분증 제시 필수). MAP ④

ADD 60 State St
OPEN 11:30~21:00(목~토 11:00~23:00)/겨울철 단축운영
PRICE $$
WEB samadamsbostontaproom.com
ACCESS 패뉼 홀(퀸시 마켓) 앞

: WRITER'S PICK :

새뮤얼 애덤스 양조장 투어

새뮤얼 애덤스는 한국에도 수입되는 인기 맥주로, 타겟, 월마트 등 미국 대형 슈퍼마켓에서 판매한다. 도심에서 약 30분 거리에 브루어리 투어를 진행하는 양조장이 있다. 140p 참고.

하버드 명물 버거

미스터 바틀리

Mr. Bartley's

1960년부터 바틀리 가족이 대를 이어 운영하는 하버드 캠퍼스의 수제 버거 가게. 시그니처 메뉴는 클래식 아메리칸 치즈 버거인 조 바틀리(Joe Bartley)다. 정치인과 스포츠 선수 등 유명인의 이름을 딴 버거부터 아이폰 버거, 매사추세츠 버거까지 메뉴명이 재미있기로 소문난 곳. 학생과 관광객이 어우러지는 흥겨운 분위기다. MAP 206p

ADD 1246 Massachusetts Ave
OPEN 11:00~19:30(금·토 ~20:00)/일요일 휴무
PRICE $$(버거 $16~25)
WEB mrbartley.com
ACCESS 지하철 레드라인 Harvard역

보스턴에서 태어난

테이스티 버거

Tasty Burger

뉴욕은 쉐이크쉑 버거, 보스턴은 테이스티 버거! 버거 가게를 열고 싶었던 한 무리의 요리사 친구들이 의기투합해 2010년 펜웨이 파크 앞에 문은 열었고, 현재 보스턴과 케임브리지에 총 4개 매장을 운영한다. 육즙 가득한 패티와 푸짐한 채소가 어우러져 기본에 충실하면서도 균형 잡힌 맛. 깔끔하게 먹을 수 있도록 절반쯤 벗겨 돌돌 만 포장 센스도 돋보인다. MAP 206p

OPEN 11:00~02:00(펜웨이 파크 매장)
PRICE $(버거 $7~11)
WEB tastyburger.com
ACCESS 펜웨이, 백 베이, 하버드 스퀘어, 케임브리지 등 4곳

파스타와 카놀리 끝판왕

노스 엔드 이탈리안 맛집

이탈리아 이민자들이 뉴욕과 보스턴으로 몰려들던 19세기 후반, 당시 임대료가 저렴했던 보스턴 노스 엔드 지역에는 1905년 무렵 주민의 80%가 이탈리아 출신의 이민자로 채워졌다. 덕분에 이곳에서는 보스턴의 싱싱한 해산물을 재료로 한 미국 최고의 이탈리안 음식을 경험할 수 있다. 디저트로 카놀리도 꼭 맛보자.

노스엔드 최고의 핫플

지아코모스 Giacomo's

미국 파스타 맛집 20위에 손꼽히는 곳. 항상 긴 줄이 늘어서지만, 기다릴 만한 가치가 있다. 대표 메뉴인 링귀니 파스타는 머슬(홍합), 스캘롭(관자), 클램(조개), 쉬림프(새우) 중 1~2가지를 토핑으로 고르고 소스(바질 페스토, 랍스터 베이스의 레드 소스, 매콤한 프라 디아볼로, 새우가 들어간 오일 소스 스캄피)를 선택한다. 라비올리, 페투치니 등 다른 파스타 면을 사용한 메뉴도 있다. 사이드로는 오징어 튀김(Fried Calamari)을 추천. 현금만 가능. 매장에 현금 인출기가 있다. MAP ④

ADD 355 Hanover St
OPEN 12:00~22:00(금·토 ~22:30)
PRICE $$(파스타 $24~32, 현금만 가능)
WEB giacomosboston.com
ACCESS 퀸시 마켓에서 도보 12분/올드 노스 처치에서 도보 3분

보스턴 피자의 자존심

레지나 피제리아 Regina Pizzeria

1926년 오픈한 레지나 피제리아의 본점. 2018년 트립어드바이저에서 미국 최고의 피자로 선정됐다. 항상 붐비는 곳이라 예약을 받지 않으며, 일행이 모두 와야 착석할 수 있다. 자리 잡기가 어려워서 테이크아웃(to-go) 주문도 많은데, 그조차도 밖에서 기다려야 할 정도. 30종 이상의 피자는 10인치, 16인치 2가지 사이즈가 있다. 도우뿐 아니라 소시지도 매일 직접 만드니 이왕이면 소시지가 들어간 피자를 추천. 퀸시 마켓 매장에서는 조각 피자도 판매한다. MAP ④

ADD 11 1/2 Thacher St
OPEN 11:00~22:00(일 ~21:00)
PRICE $$(피자 한 판 $17~26)
WEB pizzeriaregina.com
ACCESS 퀸시 마켓에서 도보 12분/올드 노스 처치에서 도보 5분

시실리안 파스타 맛집

데일리 캐치 Daily Catch

지아코모스 못지않게 만족스러운 식사를 할 수 있는 50년 역사의 맛집. 산지에서 직송한 신선한 재료로 파스타를 만들며, 오징어 먹물로 만든 두툼한 블랙 파스타 면이 시그니처 메뉴다. 담백한 마늘 오일 베이스의 알리오 올리오(Aglio Olio), 크림소스인 알프레도(Alfredo), 매콤한 토마토 베이스의 푸타네스카(Puttanesca) 중에서 선택하자. 1/2 접시(Half)로도 주문 가능하다. **MAP ❹**

ADD 323 Hanover St
OPEN 11:00~21:00(금·토 ~22:00)
PRICE $$(현금만 가능)
WEB thedailycatch.com
ACCESS 퀸시 마켓에서 도보 10분

정통 이탈리아 디저트 전문점

모던 페이스트리 Modern Pastry

밀가루 반죽을 원통형으로 성형한 셸(Shell) 안에 리코타 치즈와 각종 크림을 채워 튀겨낸 이탈리아 전통 디저트 카놀리(Cannoli) 맛집. 1930년 문을 열었다. 케이크, 타르트, 쿠키 등 다양한 디저트와 이탈리아식 커피도 있다. 테이크아웃하면 예쁜 박스에 담아 준다. **MAP ❹**

ADD 257 Hanover St
OPEN 07:00~23:00(금·토 ~24:00)
PRICE $(현금만 가능)
WEB modernpastry.com
ACCESS 퀸시 마켓에서 도보 10분/폴 리비어 하우스에서 도보 3분

: WRITER'S PICK :

모던 페이스트리에서 카놀리 주문하는 방법

주문할 때 셸의 종류와 필링, 토핑을 하나씩 고른다. 즉석에서 셸에 크림을 채워주기 때문에 얇고 바삭한 셸의 식감을 그대로 느낄 수 있다. 이탈리아 정통 스타일로 맛보려면 플레인+리코타 치즈 조합을 추천! 구매 직후 곧바로 먹어야 제일 맛있다.

STEP 1 셸 선택	STEP 2 필링 선택	STEP 3 토핑 선택
플레인(이탈리아 정통 스타일)	리코타 치즈	초콜릿 칩
초콜릿 딥(끝에만 초콜릿 코팅)	초콜릿 커스터드	피스타치오
초콜릿(전체 초콜릿 코팅)	바닐라 커스터드	아몬드
미니 셸(작은 사이즈)	휘핑 크림	

줄 서는 카놀리 맛집

마이크스 페이스트리

Mikes Pastry Shop

모던 페이스트리가 정통 이탈리안 베이커리라면, 마이크 페이스트리는 카놀리와 도넛 전문 베이커리다. 20여 종의 다양한 카놀리를 판매하며, 카운터 위쪽에 걸린 사진을 보고 주문할 수 있어 편리하다. 미리 만들어둔 것을 곧바로 포장해주는 방식이라서 눅눅해지지 않도록 셸이 크고 두꺼운 편이다. 다양한 필링 중에서는 리몬첼로와 리코타를 추천! 보스턴 크림 도넛도 하나쯤 맛보자. 테이크아웃만 가능. **MAP ❹**

ADD 300 Hanover St
OPEN 08:00~22:00
PRICE $(현금만 가능)
WEB mikespastry.com
ACCESS 퀸시 마켓에서 도보 10분/폴 리비어 하우스에서 도보 2분

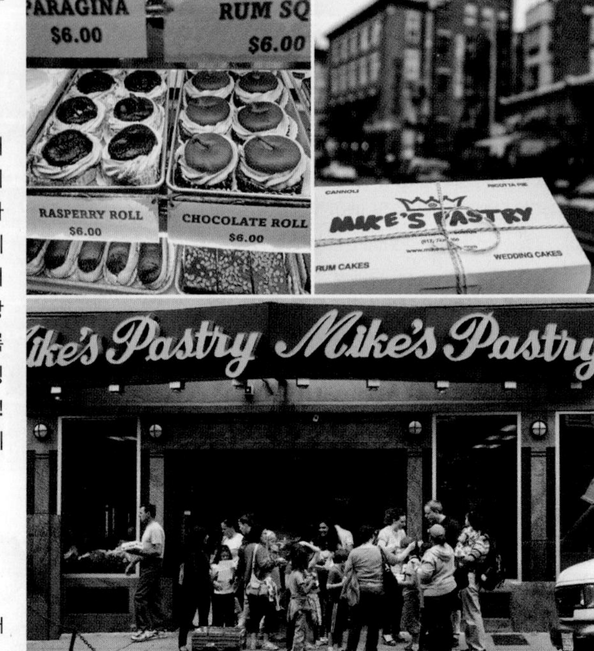

100년 전통의 노포

보바스 베이커리

Bova's Bakery

1926년에 문을 연 정통 이탈리아식 베이커리다. 앞서 소개한 2곳보다 안쪽 주택가 골목에 자리 잡고 있어서 접근성은 떨어지지만, 아는 사람은 다 아는 로컬 맛집. 카놀리는 물론 티라미수 같은 이탈리안 디저트와 빵, 사각팬에 굽는 시칠리아 피자와 칼초네도 판매한다. 카놀리도 미리 만들어서 포장해주는 방식. 테이크아웃만 가능. **MAP ❹**

ADD 134 Salem St
OPEN 24시간
PRICE $
WEB bovabakeryboston.net
ACCESS 올드 노스 교회에서 도보 2분(프리덤 트레일 13번)

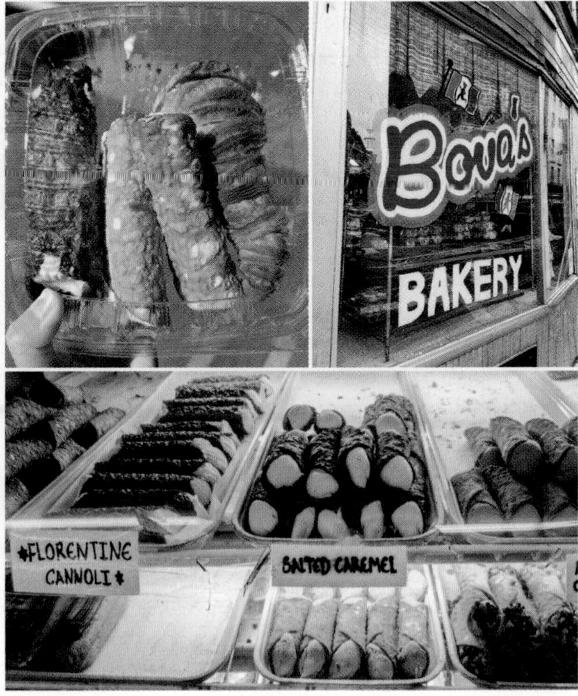

보스토니안 취향 탐구

핫플과 트렌디 카페

클래식한 보스턴에 힙한 감성 한 스푼! 보스턴 역사 탐방에서 한 발 벗어나고 싶어질 무렵에는 핫플을 찾아가 휴식을 취해보자. 프리덤 트레일 투어나 뉴베리 스트리트에서 쇼핑하다가 들르기 좋은 장소를 모았다.

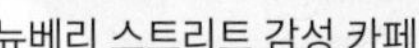

뉴베리 스트리트 감성 카페

트라이던트 서점 & 카페

Trident Booksellers & Café

뉴베리 스트리트의 독립서점 겸 북카페. 책을 읽으며 커피 한잔 하거나 간단한 브런치를 즐기기도 좋아서 오랫동안 사람들의 발길이 끊이지 않는 곳이다. 추천 도서를 손글씨로 적어둔 서가에 눈길이 머물고, '보스턴의 누군가가 당신을 사랑한다(Someone in Boston Loves You)'라는 고백 문구에 마음이 따뜻해진다. 뉴베리 스트리트의 감성을 담은 예쁜 기념품도 판매한다. MAP ❺

ADD 338 Newbury St
OPEN 08:00~22:00
PRICE $(토스트, 샌드위치 $10~14)
WEB tridentbookscafe.com
ACCESS 지하철 그린라인 Hynes Convention Center Station에서 도보 1분/푸르덴셜 센터에서 도보 10분

상큼한 브런치 카페

타테 베이커리

Tatte Bakery

분위기와 맛에 빠져드는 베이커리 카페. 코플리 스퀘어의 파머스 마켓 푸드카트에서 빵으로 인기를 끌다가 2016년 대형 베이커리 체인인 파네라 브레드가 인수하면서 매사추세츠주 전역과 워싱턴 DC까지 매장을 넓혔다. 메뉴 콘셉트는 '엘리건트 컴포트 푸드(Elegant Comfort Food), 즉 마음에 위안을 주는 고급 음식을 지향한다. 샥슈카('에그인헬'로도 알려진 토마토 달걀 요리)나 프렌치토스트 같은 브런치 메뉴와 다양한 빵이 인기이며, 주문 시 자리에서 먹겠다고 말하면 빵 1개도 예쁘게 담아준다. 접근성이 가장 좋은 곳은 프리덤 트레일 중 7번 코스, 올드 코너 서점과 가까운 다운타운점. 하버드 캠퍼스점도 인기가 높다. MAP ❹

PRICE $$
WEB tattebakery.com

다운타운점
ADD 201 Washington St
OPEN 07:00~18:00(토 ~16:00, 일 08:00~16:00)

하버드 캠퍼스점
ADD 1288 Massachusetts Ave, Cambridge
OPEN 07:00~20:00(일 08:00~19:00)

3D 프린터로 만든 디저트?

존퀼스 카페 & 베이커리 Jonquils Café & Bakery

어떤 맛일까 궁금해지는 기하학적 디자인의 디저트로 유명해진 카페다. 지오메트릭 애플(기하학적 사과), 이그조틱 스피어(열대의 천체), 트위스티드 펌킨(꼬인 호박) 등 메뉴명이 호기심을 자극한다. 3D 프린터를 사용해 모양을 낸다고 하는데, MIT가 있는 보스턴에선 어쩐지 어색하지 않다. 라테아트와 함께 내어주는 음료 또한 인기. 카페는 1층과 지하로 이루어져 있고, 낮에는 테라스석까지 상당히 붐빈다. **MAP ❺**

ADD 125 Newbury St
OPEN 09:00~18:00
PRICE $(디저트 $9~10)
WEB jonquilscafe.com
ACCESS 코플리 스퀘어에서 도보 5분/뉴베리 스트리트 중간

단짠단짠 마스터

유니언 스퀘어 도넛 Union Square Donut

던킨도너츠의 도시 보스턴에서 새로운 강자로 떠오르는 도넛이다. 큼지막한 도넛에 초콜릿과 과일잼 등이 진득하고 푸짐하게 올려져서 좋은 재료를 아낌없이 썼음을 한눈에 알 수 있다. 특히 달콤한 메이플 시럽이 들어간 도넛에 도톰한 베이컨을 얹은 도넛은 단짠단짠의 정석을 보여주는 최고의 베스트셀러다. 초콜릿 코팅 안에 커스터드 크림이 들어간 보스턴 크림 도넛도 추천! 퍼블릭 마켓이나 타임아웃 마켓 등 푸드홀에 입점해 있어 찾아가기도 쉽다. **MAP ❹**

PRICE $(개당 $4~5)
WEB unionsquaredonuts.com
ACCESS 퍼블릭 마켓, 타임아웃 마켓

동부에서 맛보는 서부 대표 커피

싱킹 컵 Thinking Cup

미국의 3대 스페셜티 커피 로스터 중 하나인 서부 포틀랜드 로스터, 스텀프타운의 원두를 보스턴에서 최초로 사용한 카페다. 넉넉한 좌석이 반가운 휴식 공간이기도 하다. 보스턴 커먼과 노스 비치, 뉴베리 스트리트에 매장을 두고 있다. MAP ❺

PRICE $(샌드위치 $7~10)
WEB thinkingcup.com

뉴베리 스트리트점
ADD 85 Newbury St
OPEN 07:00~19:00(금~일 ~21:00)

보스턴 커먼점
ADD 165 Tremont St
OPEN 07:00~19:00

프라푸치노를 개발한 천재

조지 하웰 커피 George Howell Coffee

커피와 우유, 크림을 넣고 얼음과 갈아 만드는 달콤한 음료, 프라푸치노를 발명한 조지 하웰이 자신의 이름을 걸고 운영하는 커피 브랜드다. 조지 하웰은 미국 스페셜티 커피 협회에서 공로상을, 유럽 스페셜티 커피 협회에서는 베스트 커피 어워드를 수상한 인물로, 커피 커넥션이라는 브랜드를 키워 1994년에 스타벅스와 합병시키기도 했다. 플래그십 매장은 보스턴 다운타운 크로싱의 고드프리 호텔(The Godfrey Hotel)에 있고, 퍼블릭 마켓에는 소박한 에스프레소 바가 있다. MAP ❹

PRICE $
WEB georgehowellcoffee.com

다운타운 크로싱점
ADD 505 Washington St
OPEN 07:00~18:30

퍼블릭 마켓점
ADD 100 Hanover St
OPEN 08:00~19:00
(월·화 ~18:00, 일 10:00~18:00)

: WRITER'S PICK :

보스턴에서는 재미삼아 던킨도너츠를 먹어보자!

세계적인 프랜차이즈 던킨도너츠(Dunkin' Donuts)의 탄생지가 바로 보스턴 남쪽의 소도시 퀸시에 있다. 매사추세츠주에만 1000곳이 넘는 매장이 있고, 고속도로 휴게소는 물론 보스턴 도심에도 80여 곳의 매장이 있을 정도로 사랑받는 브랜드다. 이쯤 되면 누구나 다 아는 맛이라도 한 번쯤 먹어봐야 하지 않을까? 던킨도너츠 1호점에 관한 상세 정보는 127p 참고.

BOSTON
DAY TRIPS

보스턴 근교 여행

보스턴에서 다녀오거나 뉴욕(맨해튼)을 오가는 길에 방문하기 좋은 근교 여행지를 모았다. 보스턴과 뉴욕 사이에는 유럽에서 넘어온 최초 이민자들이 첫발을 내디딘 삶의 터전 플리머스, 뉴욕 부유층의 여름 별장이 많은 뉴포트 등이 있다. 시원한 바닷바람이 불어오는 온화한 날씨 덕분에 점차 휴양지로 사랑받는 동부 해안의 매력을 느껴보자. 대부분 개인 차량으로 방문해야 하며, 대중교통으로 갈 수 있는 장소는 본문에 함께 표시했다.

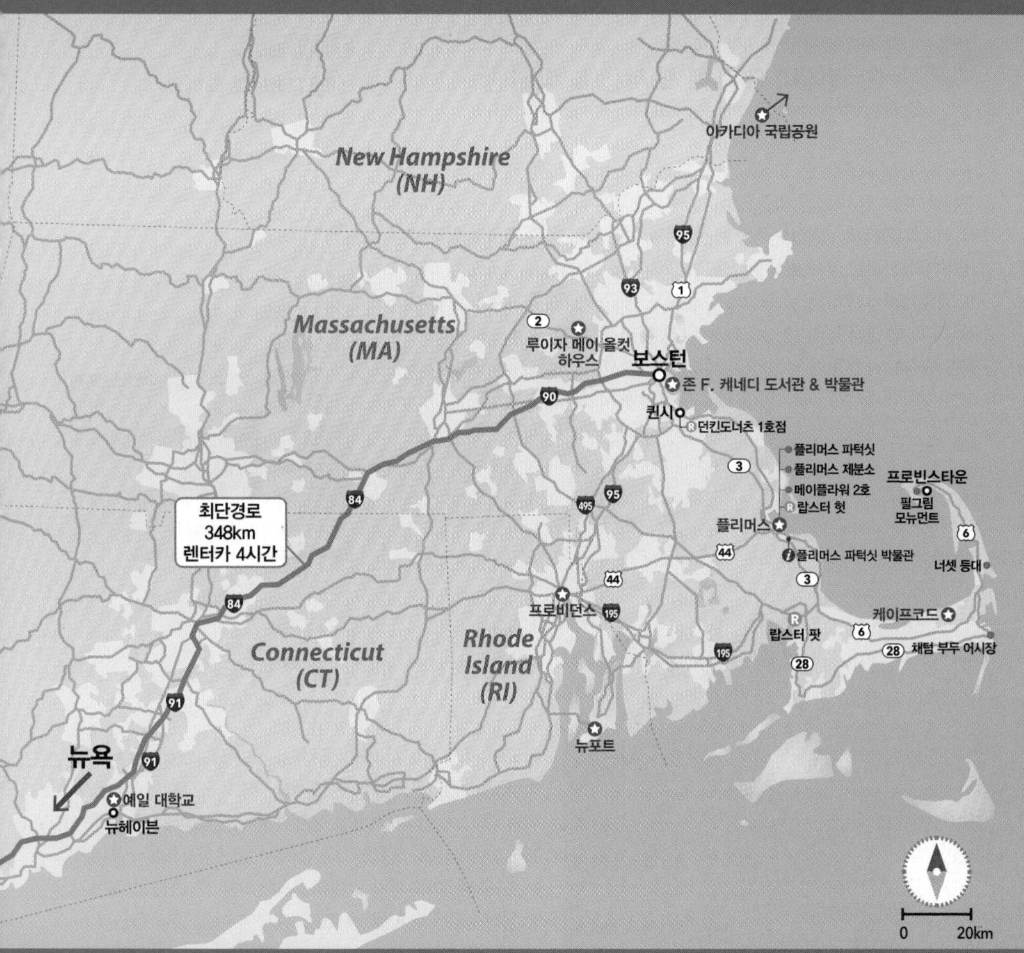

TRAVEL TIP

보스턴에서 뉴욕까지는 고속도로(I-84, I-91)를 타고 가는 것이 가장 빠르다. 중간에 뉴헤이븐에 있는 예일 대학교 정도만 들른다면 하루면 충분히 갈 수 있는 거리다. 하지만 케이프코드 쪽까지 돌아보려면 최소 하루나 이틀 정도 여유를 갖고 방문하는 것이 좋다.

1 미국 최고의 명문 케네디 가문
존 F. 케네디 대통령 도서관 & 박물관
John F. Kennedy Presidential Library and Museum

미국의 35대 대통령 존 F. 케네디를 기리기 위해 1979년 케네디의 고향 보스턴에 세운 도서관 겸 박물관이다. 케네디 대통령의 치적 관련 사진과 영상, 케네디 행정부 시절의 각종 문서, 해외 정상에게 받은 가구나 예술품 등 케네디와 관련된 자료들을 망라한다. 그가 생전에 반환을 추진했던 어니스트 헤밍웨이의 쿠바 시절 원고와 수집품도 중요한 소장품. <무기여 잘 있거라>의 대체 엔딩 여러 편, <태양은 다시 떠오른다>의 초고, 헤밍웨이가 수집한 원작자의 친필이 담긴 책들, 주고받은 편지 등은 헤밍웨이의 유족이 기부한 것이다. 탁 트인 대서양 풍경도 위안이 된다. MAP ❼

ADD Columbia Point, Boston
OPEN 10:00~17:00
PRICE $18
WEB jfklibrary.org
ACCESS 보스턴 남쪽으로 8km(자동차 25분, 대중교통 40분)

TRAVEL TIP

대중교통으로 다녀오기

보스턴 사우스역(South Station)에서 브레인트리(Braintree) 방향 지하철 레드라인 또는 커뮤터 레일 탑승 후 JFK/우마스역(UMass) 하차. 기차역에서 8번 버스로 환승하거나 매사추세츠 대학에서 운영하는 무료 셔틀인 폴 리비어 루트 1 셔틀버스 이용.

루이자 메이 올컷

2 작은 아씨들의 집
루이자 메이 올컷 하우스
Louisa May Alcott's Orchard House

미국의 작가 루이자 메이 올컷(Louisa May Alcott, 1832-1888)이 사랑스럽고 개성이 뚜렷한 네 자매의 성장기, <작은 아씨들>을 집필한 주택이다. 작가 루이자를 포함한 네 자매는 1858년부터 1877년까지 이 집에서 20년을 지냈다. 루이자는 1868년, 아버지가 만들어준 책상에서 가족들의 이야기를 담은 <작은 아씨들>을 썼다. 내부 투어를 통해 집안과 사과나무 과수원을 둘러보고 루이자 가족의 삶과 소설에 대한 자세한 설명을 들을 수 있다. MAP ❼

ADD 399 Lexington Rd, Concord
OPEN 11:00~17:00(11~3월 ~15:30, 일 13:00~17:00)/
투어로만 입장 가능. 방문 전 시간 확인
PRICE $15
WEB louisamayalcott.org
ACCESS 보스턴 북서쪽으로 30km(자동차 30분, 대중교통 이용 어려움)

3 도금시대의 화려한 생활상

뉴포트
Newport

남북 전쟁 종전 후, 1870년대부터 1890년대 사이의 경제적 부흥기를 뜻하는 도금시대(Gilded Age)가 도래하면서 철도 재벌 밴더빌트(Vanderbilt) 형제들을 비롯한 미국의 부유층은 앞다투어 로드아일랜드 뉴포트에 여름 별장을 짓기 시작했다. 미국 소설가 이디스 워튼(Edith Wharton)의 소설 <순수의 시대>는 1920년대 뉴욕에 거주하는 상류층이 겨울에는 따뜻한 플로리다의 별장으로, 여름에는 시원한 뉴포트의 별장으로 휴가를 떠나는 생활을 묘사했다.
그들의 별장은 엄청난 규모에도 불구하고 침실은 많지 않다는 점이 특이한데, 뉴포트 저택에 찾아오는 방문객들은 대체로 근처에 별장을 가지고 있어서 굳이 남의 집에 묵을 필요가 없었기 때문이었다고. 대신 파티를 여는 대형 무도회장과 식당, 그리고 바다 전망의 정원을 갖추고 있다.
영화 <위대한 개츠비>와 HBO 드라마 <길디드 에이지> 촬영 장소로 사용된 뉴포트의 저택들을 돌아볼 계획이라면 비지터 센터부터 시작하는 것이 편리하다. MAP ❼

ⓘ **Newport Visitor Information Center**
ADD 21 Long Wharf Mall Newport, RI 02840
OPEN 10:00~17:00(11~5월 ~16:00)
WEB discovernewport.org 또는 newportmansions.org
ACCESS 보스턴 남쪽으로 115km(자동차 1시간 30분, 대중교통 이용 어려움)

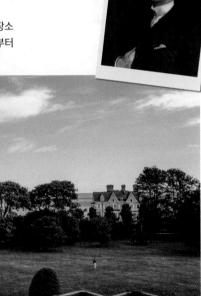

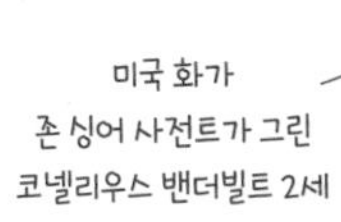
미국 화가 존 싱어 사전트가 그린 코넬리우스 밴더빌트 2세

SPECIAL PAGE ★

대부호의 바닷가 맨션

뉴포트 저택 투어

뉴포트 카운티 보존 협회(The Preservation Society of Newport County)에서는 뉴포트에 있는 10개의 저택과 1개의 정원을 돌아보는 다양한 종류의 복합 티켓을 판매한다. 상시 개관하는 브레이커스 이외의 저택은 휴관일이 계속 바뀌고, 여름에만 운영하는 곳도 있으므로 방문 전 확인이 필요하다.

OPEN 10:00~17:00(11~5월 ~16:00, 저택마다 다를 수 있음)
PRICE 브레이커스 $29, 저택 2곳(Duo) $38, 저택 3곳(Trio) $46, 연간 자유이용권(All Access) $70
WEB newportmansions.org/mansions-and-gardens

브레이커스 The Breakers

미국의 거부 밴더빌트 가문의 형제들 중 코닐리어스 밴더빌트 2세(Cornelius Vanderbilt II)의 여름 별장. 1895년 완공 당시 뉴포트 지역의 맨션들 가운데 가장 크고 화려한 대저택으로 이름을 날렸다. 프랑스에서 디자인·제작한 가구와 고성에서 뜯어 온 벽난로 패널 등 내부의 화려함과 바다를 향해 쭉 뻗은 잔디밭 등 눈길 닿는 곳이 모두 경이롭다. 오디오 앱을 다운받아 자유롭게 내부를 관람할 수 있는데, 거주자들의 일기와 편지 및 기타 기록을 바탕으로 들려주는 이야기에서 상상 이상으로 부유했던 당시의 생활상을 엿볼 수 있다.

ADD 44 Ochre Point Ave
ACCESS 비지터 센터에서 차량으로 8분

마블 하우스 Marble House

브레이커스를 지은 코닐리어스 밴더빌트의 동생, 윌리엄 밴더빌트의 여름 별장. 누미디아 마블로 꾸민 핑크빛 식당, 나무 패널을 온통 금도금한 무도회장, 고딕 양식 건물에 유럽 고딕 예술품을 채워 넣은 고딕 룸 등이 호사스러움의 극치를 보여준다. 윌리엄 밴더빌트의 큰 딸 콘수엘로(Consuelo)는 250만 달러(현재 가치 700억 원 이상)의 지참금을 가지고 영국 말보로 공작과 결혼해 윈스턴 처칠과 친척이 됐다. 오디오 가이드를 활용해 자유 관람하다 보면 밴더빌트 가문의 이야기가 영화처럼 펼쳐진다.

ADD 596 Bellevue Ave
ACCESS 비지터 센터에서 차량으로 7분/브레이커스에서 차량으로 3분

엘름 The Elms

파리의 고성을 본떠 건축한, 석탄 왕 에드워드 버윈드(Edward J. Berwind)의 여름 별장이다. 내부는 프랑스 스타일의 가구와 이탈리아 베네치아풍의 그림으로 채워졌으며, 외부는 저택의 이름처럼 아름답고 신비로운 느릅나무 숲이 우거진 프랑스식 정원으로 꾸며졌다.

ADD 367 Bellevue Ave
ACCESS 비지터 센터에서 차량으로 4분

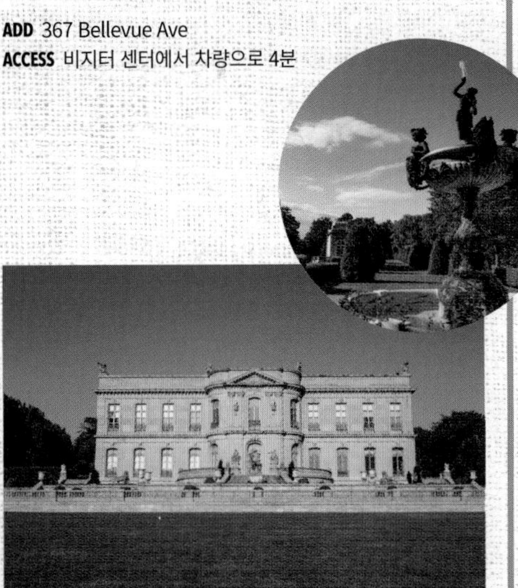

로즈클리프 Rosecliff

은광 채굴업자의 상속녀 테레사 오엘리치스(Theresa Fair Oelrichs)의 여름 별장으로 지어졌다. 1974년 로버트 레드포드와 미아 패로가 주연한 <위대한 개츠비>를 이곳에서 촬영했다. 화려한 볼룸과 예술품 등 뉴포트 맨션의 특징을 모두 가지고 있으며, 결혼식 등의 행사장으로 종종 사용된다.

ADD 548 Bellevue Ave
ACCESS 비지터 센터에서 차량으로 7분

샤토쉬메르 Chateau-sur-Mer

중국과의 무역을 통해 재벌이 된 윌리엄 웨트모어(William S. Wetmore)가 1852년 이탈리아 양식으로 지은 저택이다. 미국 도금시대의 초창기에 지어져 다른 여름 별장에 비해 규모가 작은 편이다.

ADD 548 Bellevue Ave
ACCESS 비지터 센터에서 차량으로 7분

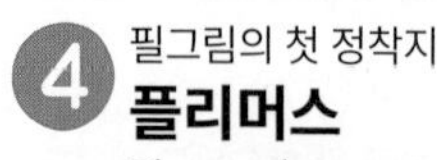

필그림의 첫 정착지

4 플리머스

Plymouth

1620년 종교 박해를 피해 메이플라워호(Mayflower)에 몸을 실은 영국 청교도(Pilgrims)들은 출발 66일 만인 11월 11일 케이프코드(Cape Cod) 끝자락, 지금의 프로빈스타운(Provincetown)에 도착했다. 그러나 정착지로 부적합하다고 판단해 주변을 탐색하다가 최종적으로 플리머스에 정착한다. 영국인들의 최초 정착지는 식민지 개척을 목표로 1607년에 조성한 버지니아의 제임스타운(440p)이지만, 이곳 플리머스는 자유를 찾아온 사람들의 최초 정착지라는 의미에서 미국인들에게 각별히 인정받는다. 원주민의 도움으로 혹독한 겨울을 나고 첫 수확의 기쁨을 함께 나눴던 추수감사절 행사도 여기서 시작됐다.

플리머스 관광은 대부분 필그림의 발자취를 쫓아가는 것이다. 특히 플리머스 파턱싯 박물관에서 관리하는 여러 부지를 찾아 다니다 보면 중요한 곳에 모두 발도장을 찍을 수 있다. 참고로 'Plimoth'는 'Plymouth'의 옛 표기다. MAP ❼

ⓘ **Plimoth Patuxet Museums**

ADD 137 Warren Ave, Plymouth, MA 02360
OPEN 3월 중순~추수감사절 다음주 일요일 09:00~17:00
PRICE 헤리티지 패스(파턱싯+메이플라워 2호+제분소) $46/
컴비네이션 패스(파턱싯+메이플라워 2호) $44/
파턱싯 $35/메이플라워 2호 $19/제분소 $11
WEB plimoth.org
ACCESS 보스턴 남쪽으로 69km(자동차 50분, 대중교통 이용 불가)

Spot 1 플리머스 파턱싯
Plimoth Patuxet

최초 정착지의 모습을 복원한 민속촌이다. 전시는 청교도 이주 전, 이 지역 원주민 파턱싯 부족의 거주지(Historic Patuxet Homesite)와 17세기 영국인 마을(17th Century English Village)로 크게 나뉜다. 곳곳에 전통 복장을 한 가이드가 당시의 생활상을 자세히 설명한다.

ADD 137 Warren Ave, Plymouth

플리머스 제분소
Plimoth Grist Mill

1636년, 청교도들이 수력을 이용해 옥수수를 빻던 제분소다. 1970년 원래의 위치에 복원했으며, 매주 토요일 오후에 옥수수 제분을 재연한다.

ADD 6 Spring Ln, Plymouth

메이플라워 2호
Mayflower II

메이플라워호를 복원한 선박 박물관이다. 미국 박물관에 남아 있던 설계도를 참고해 영국 플리머스에서 건조한 후 1957년 미국 플리머스로 옮겨 왔다. 복제 선박이지만 원래 메이플라워호의 여정을 그대로 밟은 셈이다.
근처의 플리머스 바위(Plymouth Rock)는 필그림이 배에서 내려 첫발을 내디딘 바위로 알려져 있다. 메이플라워가 도착한 지 121년 후인 1741년에 이 지점이었을 것으로 추정 발표됐고, 이후 자유의 상징이 됐다.

ADD 75 Water St, Plymouth

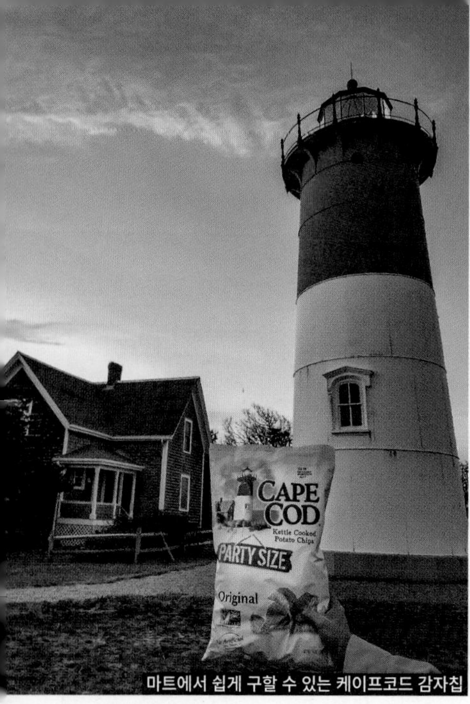

마트에서 쉽게 구할 수 있는 케이프코드 감자칩

5 감자칩 포장지에서 봤는데! 케이프코드 Cape Cod

매사추세츠 남동쪽, 갈고리처럼 생긴 반도 지형. 대구(cod)가 많이 잡힌다 하여 케이프코드라고 이름이 지어졌다. 여러 종류의 등대 중 가장 유명한 것은 감자칩 브랜드 케이프코드의 모델이 된 너셋 등대(Nauset Lighthouse). 필그림이 정착지를 찾아 유랑할 때 플리머스보다 먼저 거쳐 갔다는 역사적 중요성도 있지만, 무엇보다 평화로운 어촌 풍경이 아름답다. 해안 일대는 케이프코드 국립 해안(Cape Cod National Seashore)으로 지정돼 있고, 대서양, 습지, 연못, 낮은 키의 소나무 숲을 가진 천혜의 환경이다. 너셋 등대에서 10분 거리에 국립공원에서 운영하는 관광안내소가 있다. MAP ❼

ⓘ 비지터 센터
ADD 50 Nauset Rd, Eastham, MA 02642
OPEN 09:00~17:00(11~4월 ~16:30)
WEB nps.gov/caco
ACCESS 보스턴 남쪽으로 150km(자동차 1시간 30분, 대중교통 이용 불가)

Spot 1 필그림 모뉴먼트 Pilgrim Monument Provincetown

반도 맨 끝 마을 프로빈스타운(Provincetown)에 필그림의 첫 족적을 기념하여 세워진 77m 높이의 전망탑이다. 116개의 계단을 오르면 맨 위에서 케이프코드 전경을 감상할 수 있다. 모뉴먼트 바로 앞에 주차하거나 언덕 아래쪽 박물관에서 경사로를 따라 설치한 인클라인 엘리베이터를 타고 올라간다.

ADD 1 High Pole Hill Rd, Provincetown
OPEN 10:00~19:00/12~3월 휴무
PRICE $20.94(모뉴먼트·박물관 엘리베이터 통합)/주차비 별도 $20
WEB pilgrim-monument.org
ACCESS 비지터 센터 북쪽으로 38km(자동차 30분)

프로빈스타운 마을 풍경

Spot 2 채텀 부두 어시장 Chatham Pier Fish Market

갓 잡아 올린 신선한 랍스터, 피시앤칩스 등을 판매하는 작은 어시장. 바로 앞 해안에서는 물개들이 자유롭게 헤엄치는 모습도 볼 수 있다.

ADD 45 Barcliff Ave, Chatham
OPEN 10:00~19:00/화·수요일 휴무(여름철은 매일 영업)/11월~3월 중순 휴무
WEB chathampierfishmkt.com
ACCESS 비지터 센터 남쪽으로 21km(자동차 20분)

로드아일랜드주 의사당

브라운 대학교

로드아일랜드의 주도

프로비던스

Providence

로드아일랜드의 주도이며, 주 의사당 소재지이다. 보스턴에서 남서쪽으로 80km 정도 떨어진 도시로, 아이비리그 대학 중 하나인 브라운 대학교와 세계적인 요리교육기관인 존슨앤웨일즈 대학, 로드아일랜드 디자인 스쿨 등이 자리한 수준 높은 대학 도시다. 걷기 좋은 거리와 아기자기한 상점 등 미국 소도시의 전형적인 모습을 볼 수 있다. MAP ❼

ⓘ **Providence Visitor Information Center**
ADD 1 Sabin St, Providence, RI 02903
OPEN 09:00~17:00/일요일 휴무
WEB goprovidence.com
ACCESS 보스턴에서 82km

기숙사

상점가

TRAVEL TIP

기차로 가는 방법

뉴욕 그랜드 센트럴 터미널이나 보스턴 사우스역에서 열차를 타면 뉴헤이븐의 중심 역인 유니언역(Union Station) 또는 예일 캠퍼스 역(State Street)까지 2시간 10~30분 소요된다.

7 아름다운 캠퍼스로 유명한

예일 대학교

Yale University

예일 대학교 캠퍼스는 하나의 작은 도시와 같다. 크게 남쪽과 북쪽으로 나뉘며, 관광객이 볼 만한 건물은 북쪽 올드 캠퍼스(Old Campus) 주변에 모여 있다. 올드 캠퍼스 입구에서 하이 스트리트(High Street)를 따라 스털링 메모리얼 도서관(Sterling Memorial Library)까지 500m 거리를 걸어서 돌아볼 수 있다. 도서관 및 일부 건물은 투어 때만 들어갈 수 있으니 방문 전 인터넷을 통해 투어 신청을 해두는 것이 좋다. 투어는 재학생이 안내하며, 학교생활에 대한 다양한 이야기를 접할 수 있다. 유럽풍 기숙사 건물이 특히 아름다운데, 입학 시 14개의 기숙사 중 한 곳을 배정받아 졸업 때까지 쭉 사용하는 것이 전통이다. MAP ❼

ⓘ **미드 비지터 센터**
ADD 149 Elm St, New Haven, CT 06511
OPEN 09:00~16:00/일요일 휴무
WEB admissions.yale.edu/tours(투어 시 예약 필수, 영어로 진행)
ACCESS 뉴욕에서 130km(자동차 1시간 30분)/보스턴에서 220km(자동차 2시간 30분)

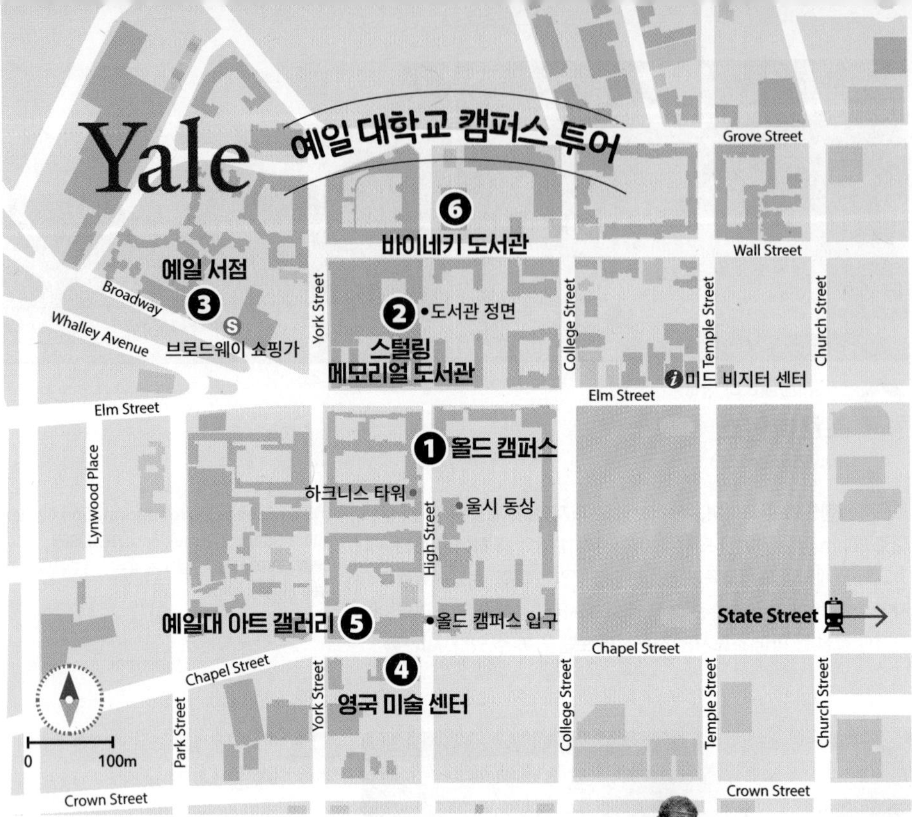

Yale 예일 대학교 캠퍼스 투어

Grove Street
6 바이네키 도서관
Wall Street
예일 서점
Broadway
3
Whalley Avenue
S 브로드웨이 쇼핑가
York Street
2 •도서관 정면
스털링 메모리얼 도서관
College Street
Temple Street
Church Street
i 미드 비지터 센터
Elm Street
Elm Street
1 올드 캠퍼스
Lynwood Place
하크니스 타워•
•울시 동상
High Street
예일대 아트 갤러리 5
•올드 캠퍼스 입구
State Street
Chapel Street
Chapel Street
4 영국 미술 센터
York Street
Park Street
College Street
Temple Street
Church Street
0 100m
Crown Street
Crown Street

올드 캠퍼스 & 울시 동상
Old Campus & Theodore Dwight Woolsey Statue

25년간 예일대 학장을 지낸 시어도어 드와이트 울시

예일대 캠퍼스에서 가장 오래된 구역으로, 19세기 중반에 25년간 예일대 학장을 지낸 시어도어 드와이트 울시의 동상이 있다. 예일대와 하버드대의 조정 경기 전에 그가 예일대의 배를 발로 차면 항상 승리했다고 해서 그의 발을 만지면 행운이 따른다고 한다. 존 하버드의 동상처럼 울시의 동상도 한쪽 발이 반질반질 윤이 난다.

올드 캠퍼스 입구

올드 캠퍼스의 랜드마크, 하크니스 타워(Harkness Tower)

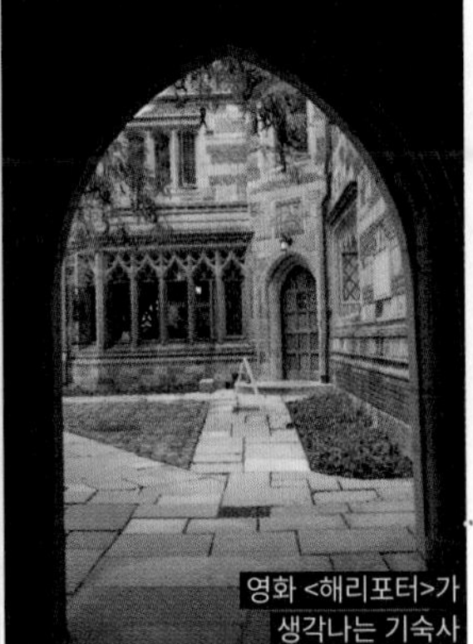

영화 <해리포터>가 생각나는 기숙사

Point 2 스털링 메모리얼 도서관
Sterling Memorial Library

스테인드글라스와 조각으로 장식되어 마치 유럽의 오래된 성당에 들어온 듯한 분위기의 도서관이다. 셰익스피어의 초판을 전시한 공간도 있다. 투어로만 입장 가능.

졸업생과 신입생들이
기념 촬영하는 도서관 정문 앞

도서관의 안뜰, 셀린 코트야드

Point 3 예일 서점
Yale Bookstore

예일 대학 구내 서점 겸 기념품점. 서점 앞 도로인 브로드웨이(Broadway) 주변은 예일 캠퍼스의 중심 쇼핑 거리로, 학생들이 즐겨 찾는 레스토랑과 카페, 프랜차이즈 맛집이 많다.

OPEN 10:00~20:00(방학/학기 중 영업시간 다름)

Point 4 영국 미술 센터
Center for British Art

터너, 컨스터블, 레이놀즈 등 영국 회화의 전성기를 이끈 화가들의 작품과 홀바인, 루벤스, 반다이크 등 영국에서 활동한 최정상 유럽 화가의 작품이 모여 있어 대학 미술관이라고 믿기 어려운 수준 높은 컬렉션을 자랑한다.

OPEN 보수공사 후 2025년 3월 개관 예정
PRICE 무료
WEB britishart.yale.edu

Point 5 예일대 아트 갤러리
Yale University Art Gallery

전 지역, 전 시기를 아우르는 미술관. 특히 이탈리아 르네상스 회화, 아프리카 조각, 현대 미술 부분의 컬렉션이 두텁다. 보수 공사 중인 영국 미술 센터 소유의 영국 회화 작품 일부도 전시한다.

OPEN 10:00~17:00(토·일 11:00~, 9~6월 목 ~20:00)/월요일 휴무
PRICE 무료
WEB artgallery.yale.edu

Point 6 바이네키 도서관
Beinecke Library

세계에서 가장 큰 희귀 도서 및 필사본(Rare Book & Manuscript) 전용 도서관이다. 장서 보존을 위해 햇빛이 차단되는 건물로 설계됐다. 투어를 통해 내부를 관람할 수 있다.

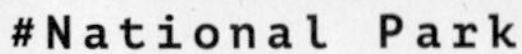

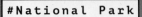

미국에서 가장 시원한
여름을 만나다!

아카디아 국립공원

Acadia National Park

랍스터의 고장 메인주 끄트머리에 자리 잡은 이 지역은 북부의 침엽수림 삼림 지대, 울퉁불퉁한 바위로 둘러싸인 해변, 빙하로 뒤덮인 화강암 봉우리 등 미국 동북부의 특징적인 자연경관을 골고루 가지고 있다. 아카디아 국립공원의 관문 도시인 바 하버(Bar Harbor) 또한 아기자기하고 사랑스럽다. 공원을 도는 파크 루프 로드는 12월 초~4월 중순에 폐쇄하며, 여름철 방문 예약이 필요한 도로도 있다.

SUMMARY

공식 명칭 Acadia National Park
소속 주 메인
면적 202km²
오픈 24시간(겨울철 주요 도로 폐쇄)
요금 차량 1대 $35(7일간 유효), 캐딜락 서밋 로드 $6(별도)

ⓘ Hulls Cove Visitor Center

ADD 25 Visitor Center Rd, Bar Harbor, ME 04609
OPEN 08:30~16:30/11~4월 휴무
TEL 207-288-3338
WEB nps.gov/acad

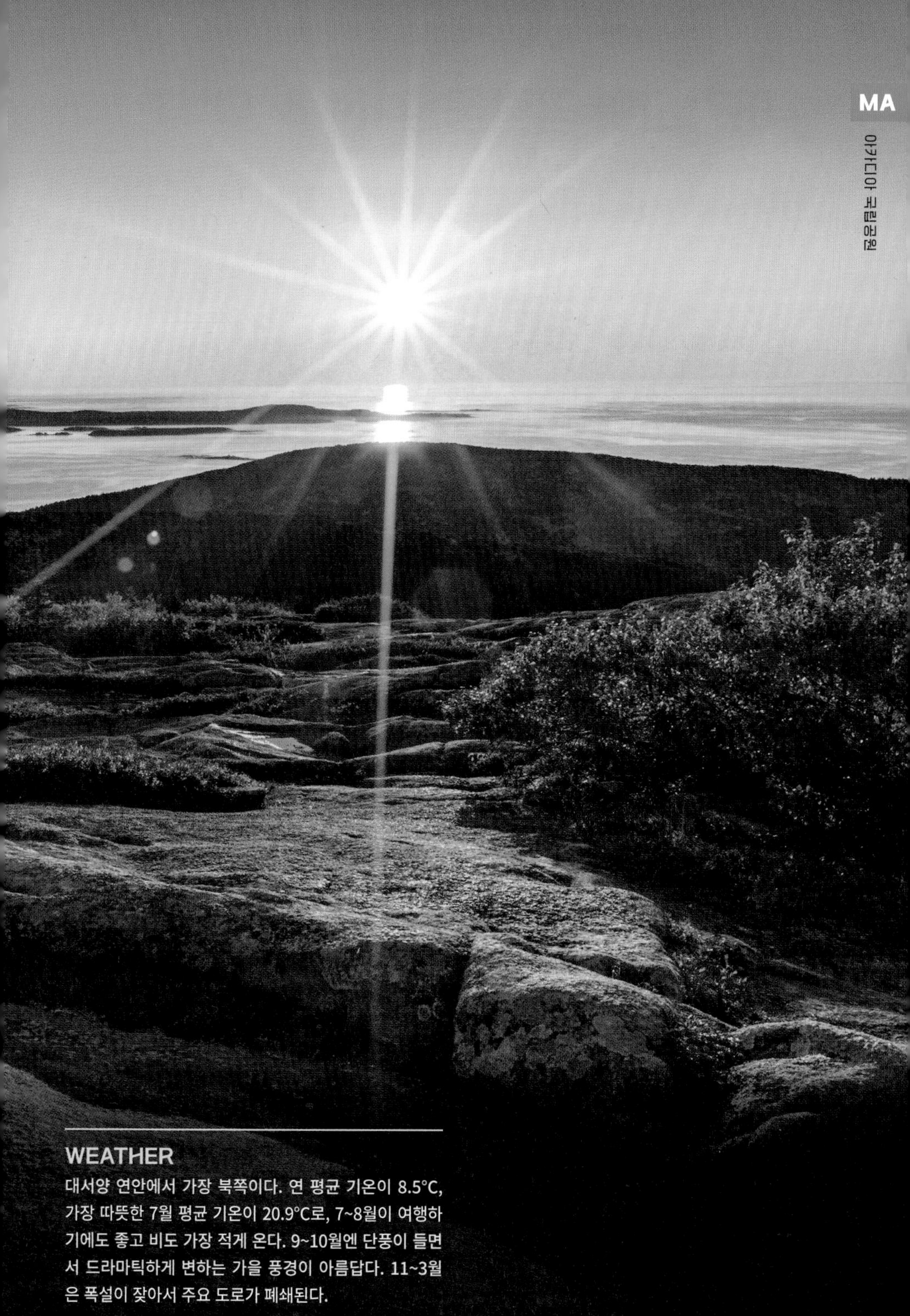

WEATHER

대서양 연안에서 가장 북쪽이다. 연 평균 기온이 8.5°C, 가장 따뜻한 7월 평균 기온이 20.9°C로, 7~8월이 여행하기에도 좋고 비도 가장 적게 온다. 9~10월엔 단풍이 들면서 드라마틱하게 변하는 가을 풍경이 아름답다. 11~3월은 폭설이 잦아서 주요 도로가 폐쇄된다.

아카디아 국립공원 IN & OUT

추천 경로

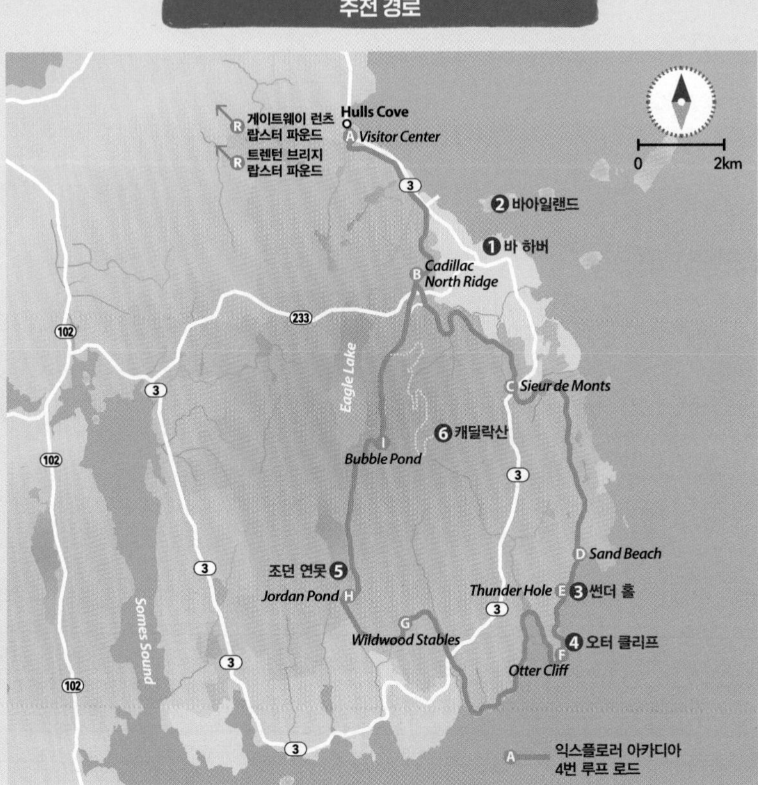

DAY 1 마운트 데저트섬(Mount Desert Island)에 위치한 ❶ **바 하버**가 여행의 출발점이다. 오후에 도착하면 호텔에서 간조 시간을 확인하고 바 하버 앞, 썰물 시간대에 바다가 갈라지는 ❷ **바아일랜드**로 걸어간다. 저녁에는 섬 입구인 트렌튼(Trenton)이나 바 하버에서 지역 특산물인 랍스터로 멋진 디너 타임을 보내자.

DAY 2 국립공원의 주요 도로 **파크 루프 로드(Park Loop Road)**를 따라 ❸ **썬더 홀** ❹ **오터 클리프** ❺ **조던 연못**을 거친 후 바 하버로 돌아와 ❻ **캐딜락산**을 오른다. 바 하버에서 캐딜락산까지는 왕복 3시간 30분~4시간이 소요되고, 조던 연못을 한 바퀴 돌면 약 2시간~2시간 30분이 소요되므로 캐딜락산에 오를 예정이라면 조던 연못은 입구까지만 구경하고 돌아오는 것이 좋다.

아카디아 국립공원 무료 셔틀버스

파크 루프 로드를 따라 자동차로 이동하면 편리하지만, 여름 성수기에는 공원 내 주차난이 극심해서 주차하는 데 시간을 많이 허비할 수 있다. 이 때문에 공원 측에서는 주요 장소까지 데려다 주는 무료 셔틀버스 익스플로러 아카디아를 운영 중이다. 파크 루프 로드를 도는 4번 루트는 09:00~17:00에 30분 간격으로 출발한다. 이외 다른 노선과 자세한 시간표는 홈페이지 참조.

WEB exploreacadia.com

캐딜락산 자동차 도로 예약 방법

5월 말~10월 말에 개방되는 자동차 도로 캐딜락 서밋 로드(Cadillac Summit Road)를 렌터카로 통과하려면 국립공원 홈페이지에서 방문 예약을 해야 한다. 낮에 방문하는 데이타임(Daytime)과 일출 시간의 선라이즈(Sunrise)로 구분해 예약을 받는데, 일출·일몰 시간대에는 일찍 마감된다. 걸어서 갈 경우 예약하지 않아도 되고, 사설 셔틀버스(cadillacmtnshuttle.com)를 이용하는 방법도 있다.

예약 방법

❶ 공식 홈페이지(recreation.gov)에서 계정 생성
❷ 'Cadillac Summit Road Vehicle Reservations'로 검색해서 예약 진행(화면 캡처 혹은 인쇄)
❸ 방문 90일 전에 오픈하는 1차분이 매진된 경우 방문 2일 전 10:00에 잔여분 추가 배정
❹ 입구에서 예약 내역과 예약자 신분증(여권) 제시

이글 레이크(Eagle Lake)

캐딜락산에서 바라본 풍경

아카디아 국립공원의 마차

+MORE+

아카디아 국립공원 숙소, 어디로 정할까?

아카디아 국립공원 내에는 숙소가 없으므로 국립공원으로 들어가는 바 하버(Bar Harbor) 마을에 숙소를 정하는 것이 일반적이다. 햄튼, 베스트웨스턴, 홀리데이 인과 같은 체인 호텔도 있지만, 개성 넘치는 B&B에서 묵는 것도 좋은 방법이다. 앤틱 가구로 꾸민 식당에서 가정식 조식을 즐길 수 있으며, 오후에는 차와 다과가 제공되기도 한다.

♦ 샌드바 코티지 Sand Bar Cottage
ADD 106 West St
TEL 207-288-3759
PRICE $420~650
WEB staybarharbor.com/sand-bar-cottage.htm

♦ 마운트 데저트 인 The Inn on Mount Desert
ADD 68 Mt Desert St
TEL 207-288-8300
PRICE $400~550
WEB staybarharbor.com/inn-on-mount-desert.htm

♦ 스트랫포드 Stratford
ADD 39 High St
TEL 207-610-2764
PRICE $450~600
WEB stratfordbarharbor.com

♦ 앤스 화이트 컬럼 인 Anne's White Columns Inn
ADD 57 Mt Desert St
TEL 207-288-5357
PRICE $300~450
WEB anneswhitecolumns.com

♦ 손헤지 인 Thornhedge Inn
ADD 47 Mt Desert St
TEL 207-288-5398
PRICE $350~450
WEB thornhedgeinn.com

♦ 프림로즈 Primrose
ADD 73 Mt Desert St
TEL 207-288-4031
PRICE $400~600
WEB primroseinn.com

1 아카디아 국립공원의 베이스캠프
바 하버
Bar Harbor

마운트 데저트섬에서 가장 큰 마을이다. 체인 호텔과 B&B 등 다양한 숙소가 있고 레스토랑, 기념품숍 등도 모두 모여 있어 아카디아 국립공원에 왔다면 반드시 들르게 된다. 부둣가에 정박한 그림처럼 새하얀 요트들과 고즈넉한 자갈이 낭만을 더하는 곳. 하루 일정을 마치고 해변과 상점가를 산책하면서 휴양지의 여름밤을 만끽해보자. 혹등고래를 보는 고래 관찰 크루즈도 이곳에서 출발한다. **MAP 8**

ADD Bar Harbor
WEB visitbarharbor.com

2 바다가 갈라지는 기현상
바아일랜드
Bar Island

바 하버 건너편에 있는 섬 중 하나. 썰물 때 바다가 갈라지면서 천연 자갈길이 열리면 약 800m 떨어진 바아일랜드까지 걸어갈 수 있다. 섬에 도착해 트레일 헤드 표지판을 따라 언덕에 오르면 바 하버의 아름다운 풍경을 조망할 수 있다. 단, 약 3km 길이의 트레일은 걷는 속도에 따라 45분~1시간 30분이 소요되고, 바닷길이 열리는 시간은 간조 전후 약 1시간 30분씩 최대 3시간이므로 시간 안배가 매우 중요하다. 바 하버의 대부분 호텔에서 조수 시간표를 확인할 수 있지만, 보다 철저하게 계획하려면 홈페이지 확인이 필수다(www.usharbors.com/harbor/Maine/Bar-Harbor-me/tides). **MAP 8**

WEB nps.gov/thingstodo/hike-bar-island-trail.htm
ACCESS 바 하버 브리지 거리(Bridge st)의 끝에서 시작

3 천둥 같은 파도소리
썬더 홀
Thunder Hole

대서양의 거친 파도가 좁고 깊은 틈으로 들이치면서 천둥 같은 소리를 낸다고 하여 붙여진 이름이다. 썬더 홀 바닥의 작은 동굴로 밀어닥친 파도가 바위에 부딪힐 때 동굴에서 공기가 방출되면서 굉음을 내는 현상으로, 태풍이 올 때 또는 만조 2시간 전쯤에 들을 수 있다. 매섭게 몰아치는 파도와 때에 따라 무려 12m까지 솟구치는 포말이 아찔한 비경을 선사한다. MAP ❽

ACCESS 파크 루프 로드 초입

4 파도가 들이치는 아찔한 절벽
오터 클리프
Otter Cliffs

대서양을 마주 보는 아름다운 해안 절벽이다. 돌, 산, 나무, 바다 등 어느 해안에서나 흔히 볼 수 있는 풍경이지만, 일반적인 해변과는 다른 느낌을 주는 특별한 풍경. 이 주변으로는 해안 절벽이나 넓고 평평한 바위에 부딪히는 파도와 둥글둥글한 돌덩이 해안 등 빙하가 만들어낸 해안선을 경험할 수 있다. MAP ❽

ACCESS 썬더 홀에서 1km

5 빙하가 만든 언못

조던 연못

Jordan Pond

빙하의 침식작용으로 생성된 깨끗하고 아름다운 호수다. 조던 폰드 건너편의 완만한 산, 버블스(The Bubbles)도 빙하가 지나간 흔적. 우거진 침엽수림 아래 길을 따라 호수를 한 바퀴 도는 트레일 길이는 5.6km로, 버블스를 바라보고 서쪽(왼쪽)으로 갈 경우 1/4 지점까지 나무를 툭툭 잘라 만든 운치 있는 길이고, 다음 1/4은 바위를 타고넘는 힘든 지형이 종종 나타난다. 다시 중간 지점을 지나면 비포장길이지만 평탄한 길을 걸어 나올 수 있다. 한 바퀴 도는데 2시간 ~2시간 30분이 소요되니 추가 일정이 있다면 1/4 지점에서 되돌아 나오는 게 좋다. 트레일 초입에는 조던 가족이 운영하던 레스토랑 조던 폰드 하우스가 있다. 상류층의 사교장으로 사랑받던 곳이어서 지금도 애프터눈 티 세트가 유명하다. **MAP 8**

ACCESS 오터 클리프에서 12km

6 미국 최고의 일출 명소

캐딜락산

Cadillac Mountain

10월 7일부터 3월 6일까지 미국에서 가장 빠른 일출을 볼 수 있는 명소. 너럭바위가 펼쳐진 해발 460m 정상에 서면 탁 트인 절경과 수많은 섬을 굽어볼 수 있다. 차를 타고 캐딜락 서밋 로드를 달려 정상 부근까지 가려면 인터넷 예약 필수. 정상으로 난 여러 갈래의 트레일 중 가장 인기 코스는 파크 루프 로드 북쪽에서 출발하는 노스 리지 트레일(North Ridge Trail)로, 편도 1시간 30분~2시간이 소요된다. 일몰도 아름답다. **MAP 8**

PRICE 통행료 차량 1대당 $6(예약 필수)
ACCESS 노스 리지 트레일 입구에서 3.5km

뉴잉글랜드에 왔다면
랍스터를 먹자!

미국의 메인주에서 캐나다 노바스코샤주에 이르는 해역은 세계 최대의 랍스터 산지다. 7~9월이라면 오직 산지에서만 먹을 수 있는 명물인 뉴셸 랍스터를 맛볼 수 있다. 뉴셸 랍스터란 갓 탈피한 랍스터를 뜻한다. 성장을 위한 공간이 수분으로 차 있어서 식감이 더 부드럽다. 그 외 계절에 먹는 하드셸 랍스터는 살이 단단하고 꽉 차 있으며, 은은한 단맛이 난다.

¤ 아카디아 국립공원 근처

메인주의 차갑고 깨끗한 바다는 바닷가재가 서식하기에 완벽한 환경이다. 마운트 데저트섬으로 건너가기 직전에 자리한 트렌튼에는 일반적인 레스토랑보다 가격이 저렴한 랍스터 맛집 2곳이 있다.

♦ 트렌턴 브리지 랍스터 파운드
Trenton Bridge Lobster Pound

ADD 1237 Bar Harbor Rd, Trenton, ME 04605
OPEN 6월 중순~10월 중순 08:00~19:30/일요일 휴무, 그외 기간 08:30~16:30 테이크아웃만 가능/토·일요일 휴무
WEB trentonbridgelobster.com
ACCESS 트렌튼 다리 입구

♦ 게이트웨이 런츠 랍스터 파운드
Gateway Lunt's Lobster Pound

ADD 1133 Bar Harbor Rd, Trenton, ME 04605
OPEN 11:00~19:30/11~4월 휴무
WEB gatewayluntslobster.com
ACCESS 트렌튼 다리에서 약 1km

¤ 보스턴 근처

매사추세츠주의 케이프코드(232p)에서도 랍스터가 많이 잡힌다. 보스턴에서 접근성이 좋은 만큼 유명한 맛집들이 있다.

♦ 랍스터 팟
Lobster Pot

ADD 321 Commercial St, Provincetown, MA 02657
OPEN 11:30~20:00/11~4월 휴무
WEB ptownlobsterpot.com
ACCESS 보스턴에서 188km

♦ 랍스터 헛
Lobster Hut

ADD 25 Town Wharf, Plymouth, MA 02360
OPEN 11:00~21:00(12~2월 ~19:00)
WEB lobsterhutplymouth.com
ACCESS 보스턴에서 66km

뉴욕 & 뉴저지

New York & New Jersey

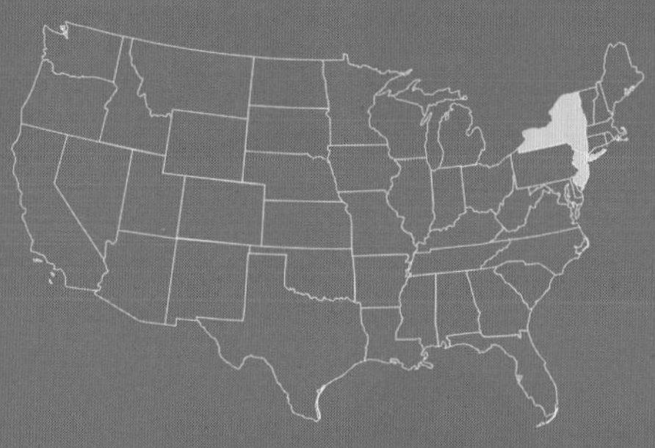

북쪽으로 캐나다 국경과 맞닿은 뉴욕주(New York State)는 동쪽의 뉴욕시에서 서쪽의 나이아가라 폭포까지 차로 7시간이 걸릴 정도로 거대한 면적을 자랑한다. 주도는 올버니(Albany)이며, 가장 큰 도시가 뉴욕시(New York City)다. 주와 도시명을 구분하기 위해 뉴욕 시티 혹은 NYC 등으로 부르기도 하지만, 미국인들도 뉴욕 하면 자연스럽게 뉴욕시를 떠올린다. 그래서 뉴욕 메트로폴리탄(NYC Metropolitan Area)을 제외한 나머지 지역을 '뉴욕의 위쪽 지역'이라는 의미의 업스테이트 뉴욕(Upstate New York)으로 통칭한다. <디스 이즈 미국 동부>에서도 편의를 위해 도시를 언급할 때는 대부분 뉴욕으로 표기했다.

한편, 뉴욕과 인접한 뉴저지주(New Jersey State) 중에 북부에 위치한 저지 시티(Jersey City), 호보컨(Hoboken), 팰리세이드 파크(Palisades Park) 등은 뉴욕시와 같은 생활권에 속한다. 뉴저지의 주도는 뉴욕에서 남쪽으로 114km 떨어진 트렌턴(Trenton)이다.

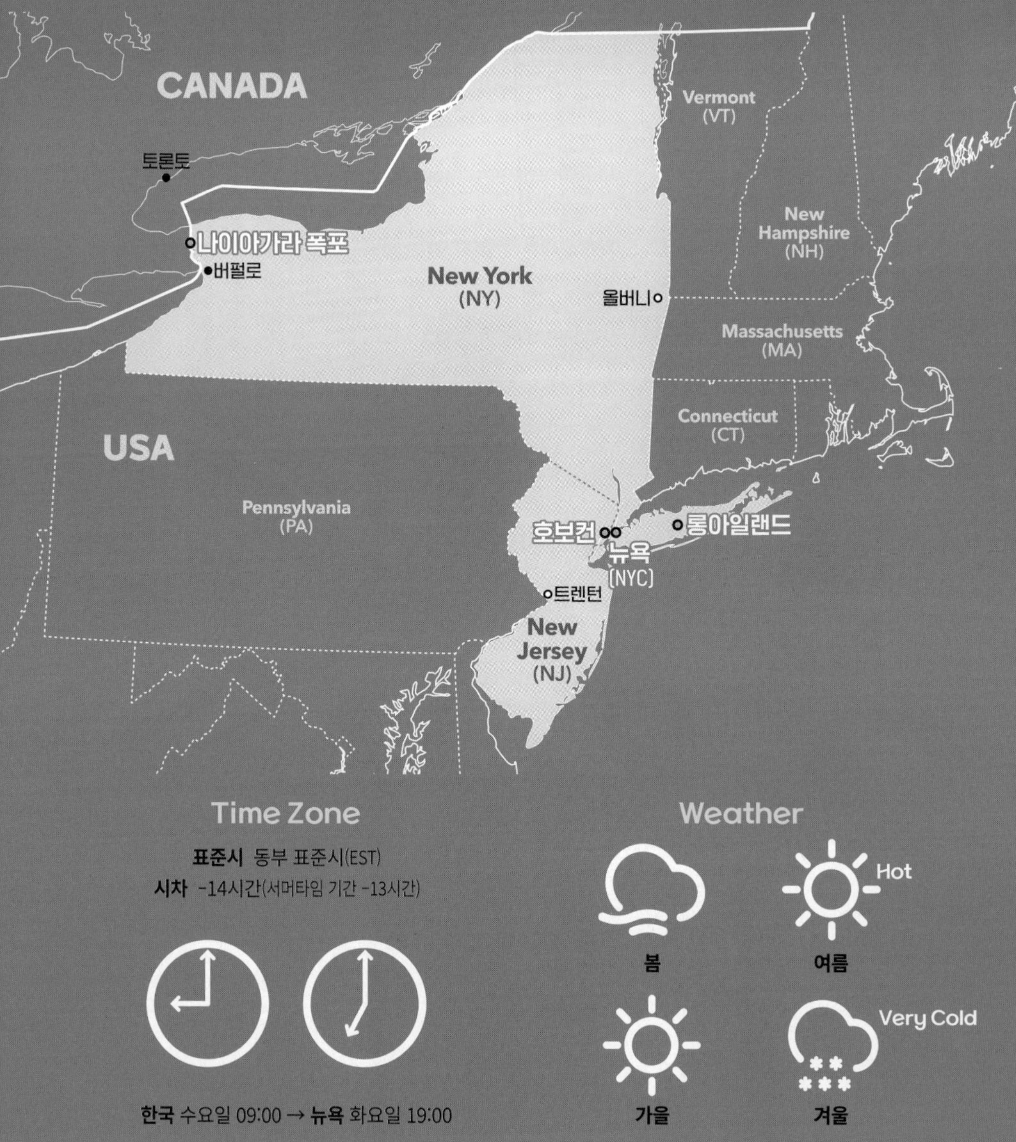

MetLife
ONLY

New York City (NYC)

뉴욕시

뉴욕은 유엔 본부가 위치한 국제 외교의 중심지이자, 경제·문화·예술 등 모든 면에서 특별한 최고의 여행지다. 번쩍거리는 광고판이 가득한 타임스 스퀘어의 혼돈도, 센트럴 파크의 평화로움도 뉴욕의 일부! 뉴욕에 사는 사람들 또한 타지역보다 남다른 생활 습관과 문화적 배경을 가지고 있어서 '뉴요커(New Yorker)'로 정의된다. 알면 알수록 흥미로운 도시, 지금 이 순간에도 진화를 거듭하는 역동적인 도시, 뉴욕을 알아갈 시간이다.

뉴욕 BEST 9

1 타임스 스퀘어 273p

2 록펠러 센터 280p

3 베슬 301p

4 첼시 마켓 304p

5 센트럴 파크 320p

6 메트로폴리탄 미술관 315p

7 월스트리트 황소상 329p

8 자유의 여신상 326p

9 브루클린 브리지 332p

SUMMARY

공식 명칭 New York City
소속 주 뉴욕(NY)
표준시 EST(서머타임 있음)

ⓘ 메이시스 비지터 센터
Macy's Visitor Center

ADD 151 W 34th St, New York, NY 10011
OPEN 10:00~22:00(토 ~19:00, 일 11:00~19:00)
WEB nyctourism.com
ACCESS 미드타운 헤럴드 스퀘어 메이시스 백화점 내부

EAT in New York City → 290p

뉴욕 피자, 뉴욕 스테이크, 뉴욕 베이글! 뉴욕의 줄 서는 맛집은 어디일까? 세계 수준의 고급 레스토랑도 다양하지만, 인기 맛집만 모아둔 푸드홀과 길거리 푸드트럭, 연중 열리는 다양한 음식 축제를 통해서도 뉴욕의 다양한 맛을 경험할 수 있다.

뉴욕 한눈에 보기

뉴욕은 '버러(Borough)'라고 하는 5개의 자치구(맨해튼, 브루클린, 퀸스, 브롱스, 스태튼아일랜드)로 나뉜다. 대부분의 볼거리는 맨해튼에 모여 있으며, 허드슨강(Hudson River) 건너편 뉴저지나 이스트강(East River: 실제로는 강이 아닌 해협) 건너편 브루클린과 퀸스에서 맨해튼의 완벽한 스카이라인을 감상할 수 있다. 자유의 여신상이 우뚝 선 곳은 뉴욕 하버(New York Harbor)라 불리는 자연항으로, 강과 바다가 만나는 지점이다.

WEATHER

뉴욕 여행 최고 시즌은 벚꽃이 피는 봄과 단풍이 드는 가을이다. 여름철 기온은 우리나라보다 낮은 편이지만, 열섬 효과로 최고 온도가 38°C까지 치솟기도 한다. 특히 에어컨이 없는 지하철 플랫폼은 환기가 되지 않아 상당히 무덥다. 늦여름에는 드물게 허리케인 영향권에 들기도 한다. 겨울에는 강과 바다에서 매서운 바람이 불어와 체감 온도가 훨씬 낮게 느껴지니 롱패딩 필수! 폭설로 교통이 마비될 때도 있다.

	1월(겨울)	**4월**(봄)	**7월**(여름)	**10월**(가을)
최고 평균	6°C	15°C	29°C	18°C
최저 평균	-3°C	7°C	21°C	10°C
강수량	85mm	96mm	101mm	94mm

뉴욕 맨해튼 이해하기

맨해튼은 59번 스트리트 위쪽을 업타운(Uptown), 14번 스트리트 아래를 다운타운(Downtown), 중간을 미드타운(Midtown)으로 구분한다. 세로로는 5번가(5th Avenue)를 기준으로 동쪽(East)과 서쪽(West)으로 구분해 주소에 E 또는 W라는 알파벳이 추가된다.

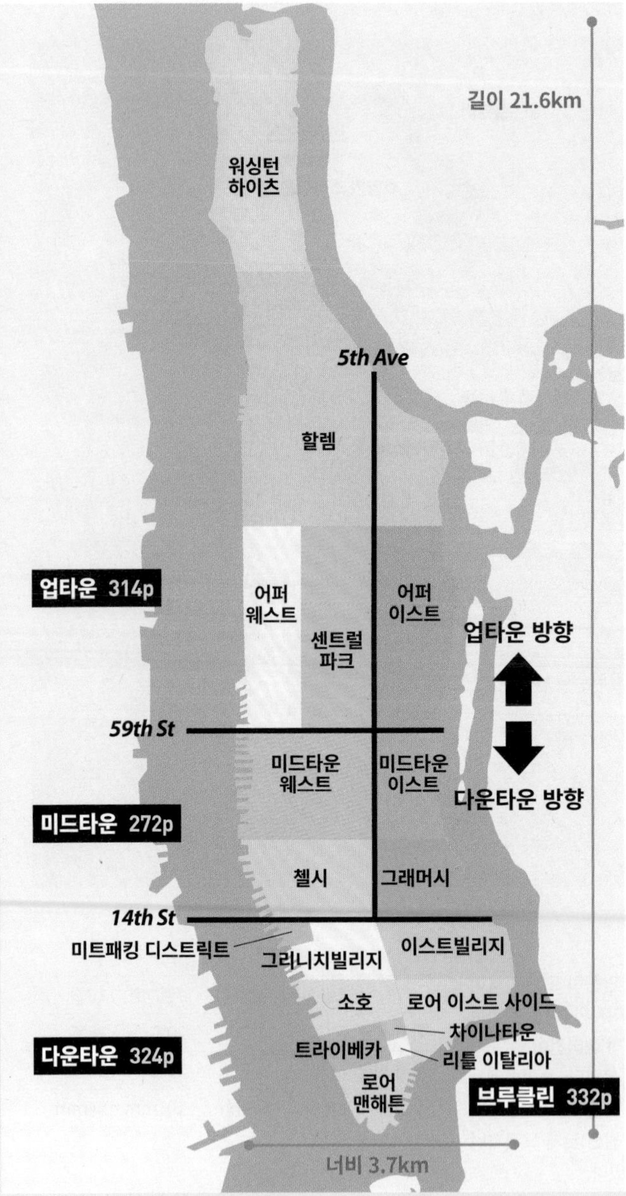

길이 21.6km

워싱턴 하이츠

5th Ave

할렘

어퍼 웨스트

센트럴 파크

어퍼 이스트

업타운 314p

업타운 방향

59th St

미드타운 웨스트

미드타운 이스트

다운타운 방향

미드타운 272p

첼시

그래머시

14th St

미트패킹 디스트릭트

그리니치빌리지

이스트빌리지

소호

로어 이스트 사이드

차이나타운

트라이베카

리틀 이탈리아

다운타운 324p

로어 맨해튼

브루클린 332p

너비 3.7km

ⓘ

첼시(Chelsea), 소호(SoHo), 웨스트 빌리지(West Village) 등은 뉴요커들이 동네를 구분할 때 사용하는 이름이다. 실제로는 지도에 표시된 것보다 많은 동네가 존재하는데, 관습적인 명칭이다 보니 경계가 모호하거나 서로 겹치기도 한다. 흔히 경복궁 서쪽 지역을 서촌이라고 부르지만, 실상 서촌이라는 행정구역은 존재하지 않는 것과 비슷한 개념이다. 책을 읽다 보면 뉴욕의 지명이 익숙해질 것이다.

ⓘ

지하철을 탈 때는 업타운과 다운타운의 개념이 위(Up) 아래(Down) 방향이라는 뜻으로 조금 달라진다. 지하철역 관련 정보는 260p 참고.

할인 패스 총정리

뉴욕은 다른 도시에 비해 관광 명소도 많고 할인 패스의 종류 또한 다양하다. 가격대는 서로 비슷한 수준이기 때문에 패스의 사용 기간과 입장 가능한 장소를 비교하는 것이 중요한 포인트. $40가 넘는 전망대와 버스·크루즈 입장권 위주로 5~6곳 이상 방문 계획이라면 패스가 경제적이다. 패스가 있더라도 별도로 예약이 필요한 장소도 있고 이용 조건 및 사용 장소는 계속 바뀌니 구매 전 업체 홈페이지를 꼼꼼하게 확인한다.

*뉴욕에만 있는 빅애플 패스는 기본 가격이 약간 저렴한 대신 프리미엄 어트랙션을 선택할 경우 요금이 $9~18 추가된다. 또한, 가고 싶은 명소를 미리 지정해야 한다는 점이 고우시티, 사이트시잉 패스와 다르다. 홈페이지는 따로 없고 타미스, 앳홈트립 등에서 안내 및 판매한다.

WEB **시티패스** citypass.com/new-york **고우시티** gocity.com/en/new-york
사이트시잉 뉴욕 sightseeingpass.com/en/new-york

구분 ★ 예약 필수		고우시티		시티패스	사이트시잉 뉴욕		빅애플 패스*
		익스플로러 (개수 선택)	올인클루시브 (기간 선택)	필수 2개 +선택 3개	플렉스패스 (개수 선택)	데이패스 (기간 선택)	방문 장소 사전 지정 (비용 추가)
가격(비슷한 조건끼리 비교)		5개 $169	3일권 $259	5개 $146	5개 $169	3일권 $259	5개 $145~190
사용 기간		첫 사용 후 60일	선택한 만큼	첫 사용 후 9일	첫 사용 후 60일	선택한 만큼	티켓에 따라 다름
전망대★	록펠러 센터(탑 오브 더 록)	O	O	O 선택	O	O	O
	허드슨 야드(엣지)	O	O	–	O	O	O
	월드 트레이드 센터(원 월드)	O	O	–	O	O	O
	엠파이어 스테이트 빌딩(ESB 86층)★	O	O	O 필수	O	O	O(비용 추가)*
	서밋 원 밴더빌트	–	–	–	–	–	O(비용 추가)*
박물관/미술관	메트로폴리탄	–	–	–	–	–	O
	모마	O	O	–	O	O	O
	구겐하임	–	–	O 선택	O	O	O
	자연사 박물관★	O	O	O 필수	O	O	O
	인트레피드 해양 항공우주 박물관	O	O	O 선택	O	O	O
	9/11 메모리얼 & 박물관	O	O	O 선택	–	–	O
	휘트니 미술관	O	O	–	O	O	O
버스/크루즈	더 라이드 탑승권★	O	O	–	O	O	O
	자유의 여신상 페리★(크라운 별도)	O	O	O 선택	X	O	O
	서클라인 크루즈(랜드마크 90분)	O	O	O 선택	O	O	O
	빅 버스	O	O	–	O	O	O(비용 추가)*
	우드버리 아울렛 버스 탑승권★	O	X	–	O	O	O(비용 추가)*
	맨해튼 ⇄ JFK/뉴악 공항셔틀(편도)	–	–	–	O	O	O(비용 추가)*
기타+α	마담 투소 & 마블 유니버스 4D	O	O	–	O	O	O(비용 추가)*
	Rise NY 박물관	O	O	–	O	O	O
	센트럴 파크 동물원	–	–	–	O	O	–
	센트럴 파크 자전거 대여	O	O	–	O	O	O
	뉴욕 양키즈 관람권	O	O	–	O	O	–

뉴욕 추천 일정

보통 일주일 이상 방문하는 도시인 점을 감안해 한국에서 토요일 비행기로 출발하여 일주일간 뉴욕을 여행하고, 일요일 새벽 1시 비행기로 돌아가는 7박 9일 일정으로 구성했다. 계획을 세울 때는 맨해튼을 구역별로 나눠서 걸어 다닐만한 범위를 파악한 다음(지도 속 색상 표시 구간), 늦은 오후에 전망대나 뮤지컬 공연 등을 취향에 맞게 배치하면 좋다.

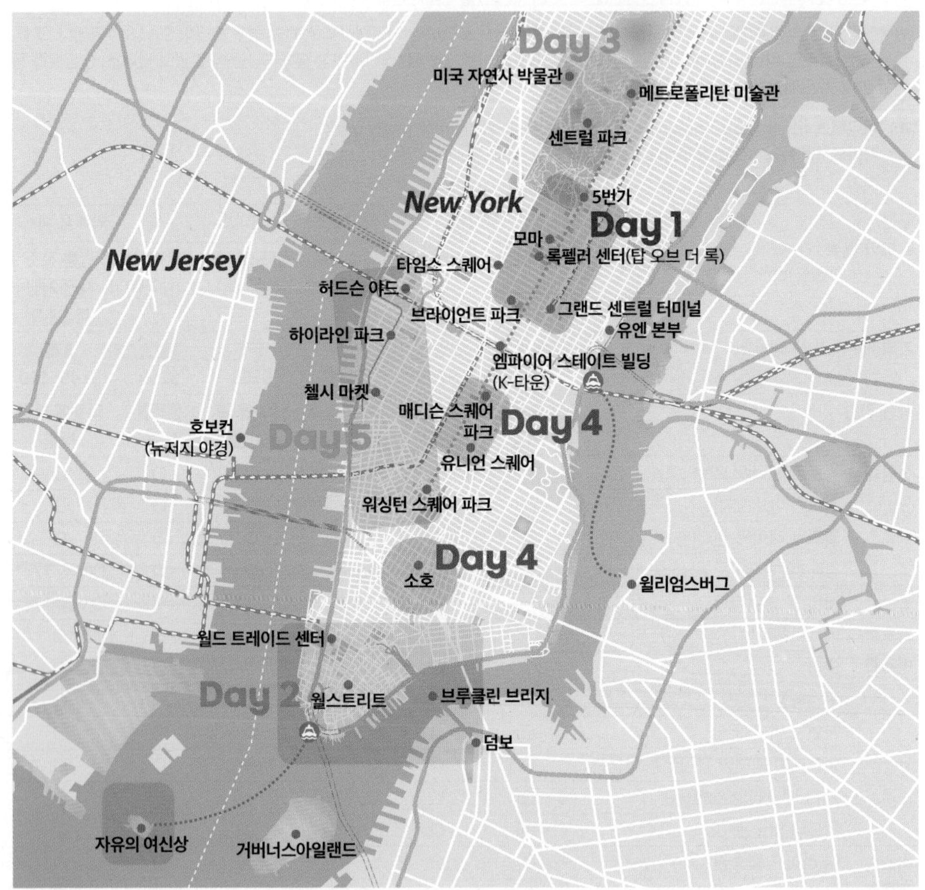

CHECK

- 맨해튼은 교통 정체가 굉장히 심해서 지하철을 많이 이용하게 된다. 지하철 노선은 주로 남북 방향으로 움직이니 동서 방향으로는 걷거나 버스를 타는 동선으로 계획한다.
- 강을 건널 때 페리를 활용하면 여행의 즐거움이 2배!
- 전망대, 유엔 본부, 자유의 여신상 크루즈 등에서는 보안 검사를 실시한다. 배낭이 금지된 곳도 있으니 소지품은 되도록 줄여서 다니자.
- 우연히 발견한 거리 축제를 즐기거나, 월스트리트 황소상 앞에 모인 관광객만 구경해도 재밌는 곳이 뉴욕이다. 꼭 챙겨야 할 몇 곳만 예약하고 나머지 일정은 여유롭게 잡아보자.
  - 사전 예약 필수(자유의 여신상 크루즈, 유엔 본부, 전망대, 스포츠 경기, 헬리콥터 투어 등)
  - 브로드웨이 뮤지컬 정보 107p
  - 뉴욕 전망대 총정리 268p

*여행 당일 비가 내린다면 야외 활동과 실내를 바꿔서 일정을 조정해보세요! ★는 실내를 의미합니다.

	토요일	Day 1(일)	Day 2(월)	Day 3(화)
오전	뉴욕 도착	리버티 베이글 **센트럴 파크 남쪽 & 5번가**	**자유의 여신상 크루즈** (또는 거버너스아일랜드)	**메트로폴리탄 미술관★**
오후	숙소 이동 **타임스 스퀘어**	랄프스 커피 **MoMA 미술관★** 할랄가이즈 **브라이언트 파크** **그랜드 센트럴 터미널** (엣지 전망대)	푸드홀 **월스트리트** **월드 트레이드 센터** **브루클린 브리지** **덤보** 뉴욕 피자 타임아웃 마켓	미술관 카페 **센트럴 파크 중심부** **자연사 박물관★**(또는 유엔 본부)
저녁	조스 피자 휴식	푸드코트	**브루클린 야경** 페리+지하철	지하철 **뮤지컬**

	Day 4(수)	Day 5(목)	Day 6(금)	토요일
오전	**매디슨 스퀘어 파크** (해리포터 스토어) 쉐이크쉑 버거 본점 **유니언 스퀘어** (파머스 마켓-월·수·금·토) 지하철	푸드코트 **허드슨 야드** **하이라인 파크**		지하철 **윌리엄스버그** (푸드트럭 축제-토요일)
오후	**소호** (쇼핑/맛집) 지하철	**첼시 마켓★** 스타벅스 리저브 로스터리 **그리니치빌리지** (쇼핑/맛집)	근교	페리 **K-타운**(헤럴드 스퀘어)
저녁	**록펠러 센터 전망대** (또는 엠파이어 스테이트 빌딩) **타임스 스퀘어**	선택: **재즈바/호보컨 야경/스포츠 경기**		공항 이동 일요일 뉴욕 출발 월요일 새벽 한국 도착

뉴욕 근교 여행

일주일 이상의 일정이라면 하루나 이틀 정도 뉴욕 주변 지역을 다녀올 수 있다.

- **쇼핑** ➡ 우드버리 아웃렛(하루)
- **자연** ➡ 롱아일랜드(하루) 또는 나이아가라 폭포(최소 1박 2일)
- **도시** ➡ 워싱턴 DC 또는 보스턴(최소 2박 3일)

나이아가라 폭포

워싱턴 DC

뉴욕 IN & OUT

주요 지점과의 거리

CANADA

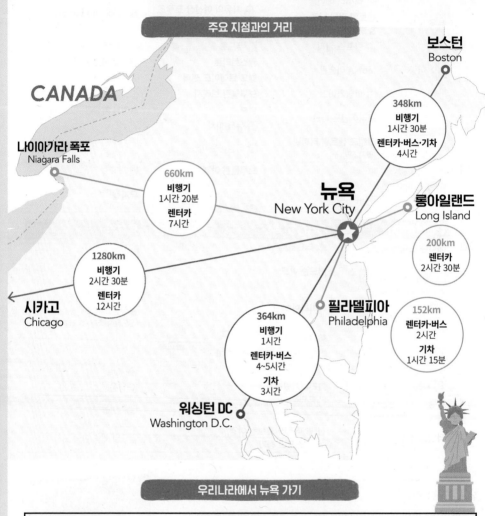

보스턴 Boston
348km
비행기 1시간 30분
렌터카·버스·기차 4시간

나이아가라 폭포 Niagara Falls
660km
비행기 1시간 20분
렌터카 7시간

뉴욕 New York City

롱아일랜드 Long Island
200km
렌터카 2시간 30분

시카고 Chicago
1280km
비행기 2시간 30분
렌터카 12시간

필라델피아 Philadelphia
152km
렌터카·버스 2시간
기차 1시간 15분

워싱턴 DC Washington D.C.
364km
비행기 1시간
렌터카·버스 4~5시간
기차 3시간

우리나라에서 뉴욕 가기

비행기 Airplane

직항편 기준 한국에서 뉴욕까지 14시간, 뉴욕에서 한국까지 약 15시간 소요된다. 우리나라에서 출발하는 항공편은 주로 JFK 국제공항(JFK)을 이용하며 좀더 가까운 뉴어크 공항(EWR)과 라과디아 공항(LGA)도 있다.

뉴욕행 비행기에서 보는 맨해튼 풍경

❶ 존 F. 케네디 국제공항 (JFK)
John F. Kennedy International Airport

JFK 국제공항까지 대한항공 직항이 하루 2회, 아시아나항공 직항이 하루 1회 운영 중이며, 그 외 다양한 경유편이 있다. 공항은 매우 큰 규모로, 1·4·5·7·8번 총 5개의 여객 터미널과 4개의 활주로가 있다. 대한항공과 아시아나항공은 스카이팀 터미널이자 A380 운항이 가능한 1번 터미널에 착륙한다. 1번 터미널에서 렌터카 사무실과 지하철역으로 갈 때는 공항 철도인 에어트레인(AirTrain)을 이용한다.

ADD Queens, NY 11430 **WEB** jfkairport.com

*지하철 Z라인은 평일 오전 1시간 정도만 특별 편성되는 노선이다. 뉴욕 지하철은 주말에는 운행 시간이 불규칙해지니 구글맵 정보를 참고해서 움직일 것.

♦ JFK 공항에서 시내 가기(미드타운까지 26.5km)

1 에어트레인+지하철 AirTrain+Subway + : 1시간 30분

가장 저렴한 대신 시간이 오래 걸리고, 특히 혼자 여행하는 사람에게는 뉴욕 치안 상황을 고려하여 추천하지 않는다. 교통 정체가 심하거나 짐이 많지 않을 때 이용할 만하다.

HOUR 24시간 운행
PRICE 에어트레인 $8.5+지하철 $2.9

➡ 공항에서 에어트레인 빨간색 노선을 타고 종착역인 자메이카역(Jamaica Station)까지 가는 데 20분 정도 걸린다.

➡ 에어트레인은 공항 내에서만 무료이고, 자메이카역에서 내릴 때 신용카드 또는 모바일 결제로 편도 요금을 후불 결제한다.

➡ 지하철을 타려면 'New York City Subway' 표지판을 따라서 지상으로 나간 다음, 130m쯤 걸어 지하철역(Sutphin Blvd-Archer Av) 입구를 찾아 지하로 내려간다. 짐이 있으면 엘리베이터를 이용해도 된다.

➡ 지하철 요금은 탑승할 때 한 가지 결제 수단을 정해서 개찰구에 탭하면 그때부터 OMNY(259p)의 1주일 승차 금액 누적이 개시된다.

Ⓔ 맨해튼 미드타운 방향 : 50분 소요
지하철 E라인으로 환승
→ 타임스 스퀘어 근처는 포트 오소리티 버스터미널역(42 St-Port Authority Bus Terminal) 하차
→ 헤럴드 스퀘어 근처는 펜 스테이션(34 St-Penn Station) 하차

Ⓙ 맨해튼 다운타운 방향 : 1시간 소요
지하철 J라인으로 환승
→ 풀턴 스트리트역(Fulton St) 하차

에어트레인 내부

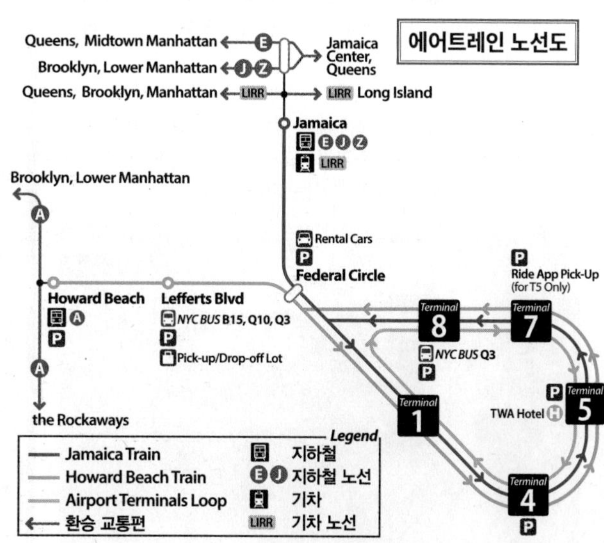

2 에어트레인+기차 LIRR : 50분

에어트레인 종착역인 자메이카역에서 한 층 내려가면 롱아일랜드 기차역(Long Island Rail Road, LIRR)이다. 이 역에서 미드타운 펜 스테이션(Penn Station)이나 그랜드 센트럴 터미널역(Grand Central Terminal)까지 20분 만에 갈 수 있다.

요금은 OMNY로 결제할 수 없고 따로 티켓을 구매해야 한다. 한글 지원이 되는 모바일 앱(MTA TrainTime)을 다운받아 운행 시간과 경로를 확인한 후 추천해주는 티켓 유형으로 구매해보자. 잘 안 된다면 역 자판기에서 근거리 할인권인 '시티 티켓(City Ticket)'을 선택하고 출퇴근 시간(평일 06:00~10:00, 16:00~20:00)에는 피크 요금, 그 외에는 오프 피크 요금을 낸다. 티켓 없이 탑승하면 기차에서 역무원에게 추가 요금(Onboard)을 내고 티켓을 사야 한다.

HOUR 24시간 운행
PRICE 에어트레인 $8.5+LIRR 편도 요금(시티 티켓: 오프 피크 $5, 피크 $7/역무원 오프 피크 $14, 피크 $17)

3 셔틀버스 GO Airlink : 1시간

요금 및 편의성 면에서 1인 여행자에게 유리한 JFK 공항 공인 밴 서비스(GO Airlink). 그랜드 센트럴 터미널 직행(Grand Central Express) 또는 목적지에 차례로 내려주는 방식(Shared Ride) 중 선택할 수 있다. 예약 시 비행기 편명을 입력하면 차량이 배정되며, 터미널 도착 층에 있는 웰컴 센터에서 운전기사를 만나거나 전화로 호출한다.

의사소통이 힘들거나 변수를 줄이고 싶다면 한인 업체가 운영하는 픽업/센딩 서비스를 확인해보자(네이버에 'JFK 공항셔틀'로 검색).

PRICE $27~36(팁 $2~3별도/짐은 1개까지)
WEB goairlinkshuttle.com

셔틀버스 웰컴센터

4 택시/우버/한인 택시 Taxi/Uber : 30~50분

택시는 터미널 도착 층의 웰컴 센터에서 호출하거나 1층 외부의 택시 승강장에 줄을 서서 탑승한다. 택시 요금은 JFK 공항에서 맨해튼까지 $70(러시아워에는 $75)로 고정돼 있으나, 공항 이용료 $1.75, 목적지에 따른 혼잡 통행료 $0.75~2.75가 추가되며, 팁 15~20%까지 가산하면 $100 가까이 나온다.

우버나 리프트는 에어트레인을 타고 라이드 쉐어 픽업 장소로 이동한 다음 호출해야 하고, 교통 체증 정도에 따라 $70~90 정도 나온다. 출국 전 카카오톡으로 가격 문의 후 예약 가능한 한인 택시(오렌지 콜택시, 옐로라이드)를 이용하는 것도 괜찮다.

우버 픽업 화면

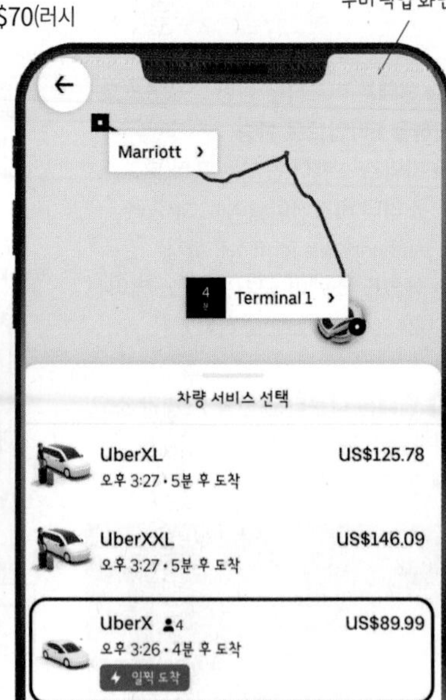

❷ 뉴어크 리버티 국제공항 (EWR)
Newark Liberty International Airport

뉴저지에 자리한 공항. 국내선 비중이 높지만, 2023년 5월부터 저비용 항공사 에어프레미아가 인천-뉴어크 노선을 신설하면서 JFK 공항의 과부하를 분담하게 됐다. 남미를 비롯해 유럽, 캐나다 등지로의 국제선도 다수 취항한다. 에어프레미아 카운터는 국제선 터미널 B에 있고, 에어 캐나다, 델타 항공, 유나이티드 항공이 이용하는 터미널 A나 C로 이동할 때는 에어트레인을 탑승한다.

ADD 3 Brewster Rd, Newark, NJ 07114
WEB newarkairport.com

공항 인포메이션 센터

♦ 뉴어크 공항에서 맨해튼 가기
(미드타운까지 26km, 다운타운까지 20km)

1 공항버스 : 1시간

코치 USA(Coach USA)에서 운행하는 공항버스(Newark Airport Express)로, 밤이 아닌 낮에 맨해튼으로 들어가는 가장 무난한 방법이다. 뉴어크 공항의 각 터미널 앞에서 그랜드 센트럴 터미널, 브라이언트 파크, 포트 오소리티 버스 터미널(PABT)까지 직행 노선 3개가 번갈아 출발한다. 온라인 예약을 하거나, 모바일앱(Coach USA)을 다운받아 티켓을 구매하고 탑승한다.

PRICE 편도 $22.5, 왕복 $38.5(예약 수수료 $2.5~3.5 추가)
HOUR 05:30~24:00(3개 노선이 45분~1시간마다 출발)
WEB coachusa.com/airport-transportation/newark-airport/stop-information

2 택시/우버/한인 택시 Taxi/Uber : 30~50분

택시는 미터 요금제로 운행하고 우버/리프트는 택시보다 조금 저렴한 편이다. 맨해튼까지 우버 기준으로 톨비 포함 $60~80 정도가 일반적이나, 교통 상황에 따라 시간 및 비용이 예측 불가능한 수준으로 높아질 수 있다. 밤에는 할증 요금이 붙기도 한다. 대신 숙소를 뉴저지의 호보컨이나 저지 시티로 정한다면 우버로 $30~40 정도면 갈 수 있다.

: WRITER'S PICK :

에어프레미아를 타고 뉴어크에 도착했다면?

뉴어크 공항은 JFK 국제공항보다 맨해튼과 가깝다. 하지만 출퇴근 시간에는 뉴저지와 맨해튼을 연결하는 지하 터널 정체가 심한 탓에 구글맵 예측보다 훨씬 오래 걸린다. 에어프레미아 항공편은 뉴어크 공항에 늦은 밤 도착하고 새벽에 출발하는 노선이라서 교통정체와 큰 관련이 없으나, 대중교통을 이용하기에 적절한 시간은 아니기 때문에 우버/리프트 또는 한인 택시 이용을 권장한다.

❸ 라과디아 공항 (LGA) LaGuardia Airport

미국 국내선이 주로 이용하는 공항이지만, 인천에서 캐나다를 경유하는 항공편은 보통 라과디아 공항에 착륙한다. 맨해튼 미드타운까지 14km 거리로 뉴욕 주변 3개 공항 중 가장 가깝지만, 대중교통 이용이 불편하고 공사 때문에 주변이 매우 혼잡하다. 택시는 미터 요금제로 운행하고 우버/리프트는 그보다 조금 저렴한 $50~60 수준이지만, 교통 체증에 따라 요금이 훨씬 높아질 수 있다.

ADD Queens, NY 11371
WEB laguardiaairport.com

미국 다른 도시에서 뉴욕 가기

장거리 버스 Bus & Coach

보스턴, 워싱턴 DC, 필라델피아로 이동할 때는 가격 면에서 직행버스를 이용하는 것도 괜찮다. 그레이하운드는 포트 오소리티 버스터미널(PABT)을 이용하지만, 다른 버스 회사는 주변 도로에 정류장 표지판을 세워 두고 승객을 태우기도 하니 온라인 티켓 예매 시 안내하는 승차 장소를 반드시 확인해야 한다. 버스 요금은 예약 시점과 이용 시기에 따라 크게 달라진다.

보스턴행 버스

◆ 포트 오소리티 버스터미널 Port Authority Bus Terminal(PABT)

뉴저지를 왕복하는 수많은 통근 버스와 시외버스 및 장거리 그레이하운드가 주로 이용하는 버스터미널이다. 허드슨강 건너편 뉴저지 호텔에 숙박하거나 우드버리 아웃렛에 갈 때 이용하기도 한다. 200여 개의 탑승 게이트가 있고 40~42번 스트리트(40th~42nd St)에 걸친 거대한 규모다. 지하철 A·C·E·1·2·3·7·N·Q·R·W라인과 연결된다.

포트 오소리티 버스터미널

ADD 625 8th ave
WEB panynj.gov

주요 버스 업체

피터팬버스(메가버스)
WEB peterpanbus.com

플릭스버스
WEB flixbus.com

그레이하운드
WEB greyhound.com

고투버스
WEB gotobus.com

열차 Train

뉴욕 맨해튼에는 펜 스테이션과 그랜드 센트럴 터미널이라는 2개의 기차역이 있다. 주변 대도시를 오갈 때는 펜 스테이션을 주로 이용한다.

앰트랙
WEB amtrak.com

❶ 펜 스테이션 (펜실베이니아 역) Pennsylvania Station

맨해튼 미드타운 서쪽에 위치한 기차역이다. 지상에 매디슨 스퀘어 가든(농구 경기장)을 이고 있는 지하 구조이며, 지하철 A·C·E·1·2·3라인과 연결된다.

워싱턴 DC, 보스턴, 필라델피아 등 주변의 대도시와 연결된 장거리 열차 앰트랙 노선 외에도 근교 지역 통근 열차인 롱아일랜드 철도(LIRR), 뉴저지 트랜짓(NJ Transit)이 지나는 중추 역할을 한다.

ADD W 32nd St & 7th Ave
WEB amtrak.com/nyp

❷ 그랜드 센트럴 터미널 Grand Central Terminal

뉴욕주 북부나 코네티컷 등 교외 거주자가 주로 이용하는 통근 열차 메트로노스(MetroNorth)를 탈 때 이용한다. 지하철 5개 노선(4·5·6·7·S라인)과도 연결돼 있다. 참고로 그랜드 센트럴 터미널이라고 할 때는 기차역을, 그랜드 센트럴 스테이션은 지하철역을 의미한다. 미국 역사 랜드마크로 지정된 기차역 자체가 핵심 관광지이기도 하다. 상세 내용은 286p 참고.

ADD 89 E 42nd St
WEB grandcentralterminal.com

뉴욕 시내 교통

뉴욕 메트로폴리탄의 지하철과 버스는 메트로폴리탄 교통국(Metropolitan Transportation Authority, MTA)에서 통합 관리한다. 단, 뉴저지를 왕복하는 철도인 패스(PATH)는 별도의 요금 시스템이 적용된다.

WEB new.mta.info

요금 결제는 OMNY(옴니)로!

기존의 노란색 메트로 카드를 대체하는 새로운 결제 방식이다. 지하철이나 버스를 탑승할 때 단말기에 비접촉식 결제가 가능한 신용카드 또는 모바일 결제(애플페이, 구글페이, 삼성페이)가 등록된 스마트폰을 탭한다.
OMNY 시스템에서는 정기권 구매가 불가능한 대신 첫 사용 후 7일간 12회 탑승분만 과금하는 일주일 교통비 상한선(Fare-cap) 혜택이 있다. 그에 따라 현재 1회 교통비 $2.9를 기준으로 7일간 결제 금액이 $34를 넘어서면 해당 기간 이내에는 지하철과 일반 버스 요금이 무료다.

◆ 주의사항

❶ 결제 수단은 하나로 통일

일주일 교통비 상한선 혜택을 받으려면 1장의 카드로 1가지 결제 방식을 정해서 사용해야 한다. 신용카드가 같아도 실물 카드와 모바일 결제는 서로 다른 결제 수단으로 인식한다.

❷ 중복 결제에 주의

1개의 결제 수단으로 최대 4인까지 탑승할 수 있다. 만약 같은 역에서 카드를 한 번 더 탭할 경우 동행인이 있는 것으로 판단하여 중복 결제되니 주의한다. 대신 탑승 회차는 1회만 인정되며, 교통비 상한선 혜택은 1카드 1인 적용이 원칙이다.

❸ 어린이는 키를 기준으로

키 111cm 이하의 어린이는 성인과 동반 시 3인까지 무료이고, 그 외에는 동일한 요금을 적용한다.

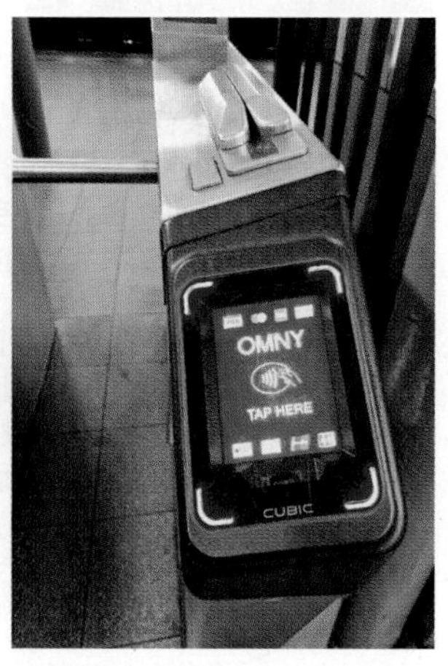

시내 교통수단

지하철 Subway

24시간 운행하는 지하철은 맨해튼에서 가장 유용한 교통수단이다. 그러나 1904년에 개통해서 플랫폼에 냉난방 시설이 갖춰져 있지 않은 등 시설이 낙후된 역이 많은 것이 단점이다. 요즘에는 대부분의 지하철 플랫폼에서 인터넷이 가능하지만, 운행 중에는 접속이 끊어지는 구간이 여전히 존재하니 온라인 경로 검색(구글맵 또는 공식 앱)은 지하철을 타기 전에 해야 한다.
안전상의 이유로 지하철 플랫폼에서는 벽 쪽에 바짝 붙어서 대기하고, 퇴근 시간대 이후로는 이용하지 말아야 한다. 특히 혼자서 탑승한다면 승객이 적은 맨 마지막 칸은 되도록 피하자.

뉴욕 지하철 이용 팁

❶ 지하철 입구로 내려가기 전 방향 확인하기

진행 방향에 따라 입구가 완전히 나뉜 곳이 많으니 지상에서 표지판을 꼭 확인하고 내려가자. 내가 있는 곳을 기준으로 북쪽으로 가면 업타운(Uptown), 남쪽으로 가면 다운타운(Downtown)이다. 입구에 별다른 표시가 없거나 둘 다 적혀 있으면 지하에서 서로 연결된다는 뜻이다.

업타운 방향

다운타운 방향

방향구분 없음

❷ 같은 색 라인은 비슷한 경로

빨간색 1·2·3라인, 파란색 A·C·E라인, 오렌지색 B·D·F·M라인, 노란색 N·Q·R·W라인, 초록색 4·5·6라인은 종착역은 서로 다르지만, 맨해튼에서는 거의 비슷한 경로로 운행하고 플랫폼을 공유한다.

❸ 급행(Express)과 완행(Local) 확인하기

지하철 노선도의 동그라미 색상으로 일부 역을 무정차 통과하는 급행(흰색 동그라미)과 모든 역에 정차하는 완행(검은색 동그라미)을 구분할 수 있다. 예를 들어 1·2·3라인이 다니는 빨간색 노선을 살펴보면, 맨 아래 검은색 동그라미 28 St 아래 숫자 1이 적혀 있다. 이는 빨간색 1라인만 이 역에 정차한다는 의미다. 그 다음 역인 34 St Penn Station은 1·2·3라인이 전부 정차하는 역으로, 흰색 동그라미로 표현한다.

❸ 급행과 완행

❹ 노선 변경에 주의

뉴욕 지하철은 운행 노선이나 정차역이 자주 바뀐다. 사전에 계획된 일정은 지하철 플랫폼이나 공식 앱을 통해 알 수 있지만, 안내방송을 통해 갑자기 공지할 때도 있다. 이런 돌발상황을 고려해 공연이나 맛집 등을 예약했다면 충분한 시간 여유를 두고 탑승하자.

❹ 노선 변경 안내 앱 화면

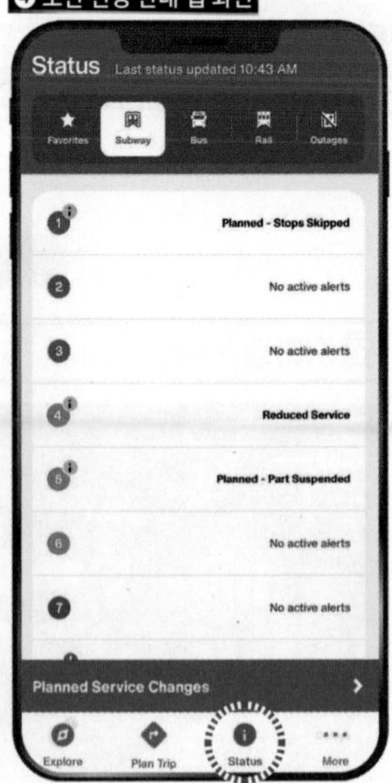

❺ 지하철 노선도 모바일로 다운받기

오프라인 상태에서도 노선도를 볼 수 있도록 모바일 웹이나 공식 앱(MTA)에서 노선도를 다운받자. MTA 앱 하단의 'Status'를 클릭하면 정상 운행 중인 노선과 변경된 시간표 안내도 실시간으로 확인할 수 있다.

WEB new.mta.info/maps

MTA 공식 앱

뉴욕 지하철 노선도
NY
MANHATTAN
Central Park
Jacqueline Kennedy Onassis Reservoir
Belvedere Castle
Metropolitan Museum of Art
The Lake
The Pond
Harlem Meer
Hudson River
East River
HARLEM
EAST HARLEM
UPPER WEST SIDE
UPPER EAST SIDE
WEST SIDE
CHELSEA
GREENWICH VILLAGE
EAST VILLAGE
NOHO
SOHO
TRIBECA
LITTLE ITALY
LOWER EAST SIDE
CHINATOWN
FIDI
RANDALLS ISLAND
RIKERS ISLAND
ROOSEVELT ISLAND
LONG ISLAND CITY
GREENPOINT
WILLIAMSBURG
NAVY YARD
DUMBO
BROOKLYN HEIGHTS
CARROLL GARDENS
RED HOOK
LIBERTY ISLAND
GOVERNORS ISLAND
125 St
116 St
Cathedral Pkwy (110 St)
Central Park North (110 St)
103 St
96 St
86 St
81 St–Museum of Natural History
79 St
77 St
72 St
68 St Hunter College
66 St–Lincoln Center
Lexington Av/63 St
Lexington Av/59 St
59 St–Columbus Circle
57 St–7 Av
57 St
5 Av/59 St
59 St
7 Av
Lexington Av/53 St
50 St
49 St
47–50 Sts Rockefeller Ctr
5 Av/53 St
51 St
42 St/Port Authority Bus Terminal
Times Sq–42 St
42 St Bryant Pk
5 Av
Grand Central –42 St
06:00~23:59에만 환승 가능
34 St Hudson Yards
34 St Penn Stn
34 St–Penn Stn
34 St Herald Sq
33 St
28 St
23 St
18 St
14 St
6 Av
14 St–Union Sq
3 Av
1 Av
Bedford Av
8 Av
8 St–NYU
Astor Pl
Christopher St Stonewall
W 4 St Wash Sq
Bleecker St
B'way–Lafayette St
Houston St
Prince St
Spring St
2 Av
Delancey St Essex St
Bowery
Grand St
East Broadway
Canal St
Franklin St
Chambers St
Park Place
City Hall
Brooklyn Bridge–City Hall
World Trade Center
WTC Cortlandt
Cortlandt St
Fulton St
Wall St
Rector St
Broad St
Whitehall St–South Ferry
Bowling Green
South Ferry
York St
High St
Court St
Clark St
Borough Hall
Bergen St
Carroll St
Greenpoint Av
Nassau Av
Marcy Av
Astoria–Ditmars Blvd
Astoria Blvd
30 Av
Broadway
36 Av
39 Av
36 St
21 St Queensbridge
Roosevelt Island
Queensboro Plaza
Court Sq–23 St
Queens Plaza
Court Sq
21 St
Vernon Blvd Jackson Av
Hunters Point Av
33 St Rawson St
M60 SBS LGA Airport
Washington Square Park
Four Freedoms Park
United Nations
Javits Center
The High Line
Hudson River Park
East River Park
Brooklyn Bridge Park
New York Transit Museum
Staten Island Ferry
LINCOLN TUNNEL
QUEENS MIDTOWN TUNNEL
HUGH L. CAREY TUNNEL
QUEENSBORO BRIDGE
WILLIAMSBURG BRIDGE
MANHATTAN BRIDGE
BROOKLYN BRIDGE
TRAMWAY
Legend
시간제 확장 노선
로컬 열차 정차역
모든 열차 정차역(로컬 및 익스프레스 포함)
역 이름
무료 환승 가능
공항 교통 연계 역
경찰서
풀타임 운행 노선
기·종점
외부 무료 환승 가능 (1회권은 불가)
시간제 운행 노선
Metro-North, LIRR, PATH, Amtrak
공항버스
페리
*주말 운행 변경 노선
B W 운행 없음
M N 5 일부 구간만 운행
*24:00~06:00 변경 노선
C B S W 운행 없음
A E B D F M N Q R 2 3 4 5 로컬 열차 또는 일부 구간만 운행

MTA 버스 MTA Bus

맨해튼의 심각한 교통 체증으로 인해 지하철보다 이용 빈도는 낮지만, 지하철은 주로 세로 방향으로 운행하기 때문에 대로를 따라 가로 방향으로 다니는 버스 노선을 알아두면 편리하다. 예를 들어 유니언 스퀘어 앞에서 첼시 마켓까지는 도보 20분 거리이고 지하철을 타기에도 애매한 위치다. 이럴 때 14번 스트리트(14th St)를 다니는 버스를 타고 서쪽으로 5개 애비뉴를 이동한 다음 9번가(9th Avenue)에서 내리면 훨씬 편하게 갈 수 있다. MTA 앱에서 제공하는 버스 노선도는 복잡해서 알아보기 힘드니 탑승 노선과 정류장까지 자세히 알려주는 구글맵을 활용하자.

HOUR 24시간

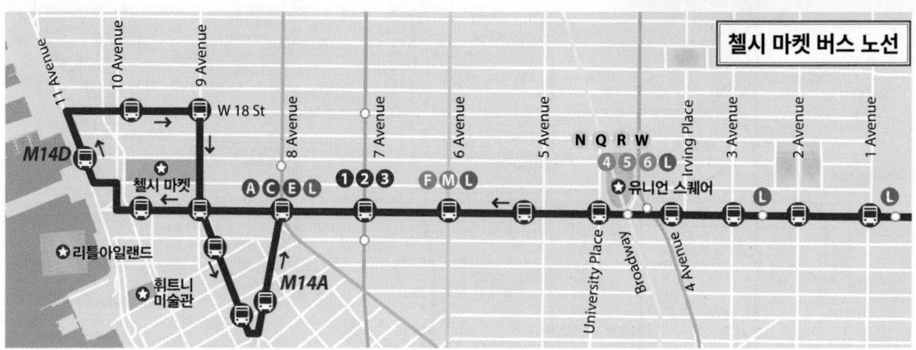

패스 PATH(Port Authority Trans-Hudson)

뉴욕 지하철과 뉴저지 PATH가 만나는 월드 트레이드 센터역

뉴저지 교통국에서 운영하는 맨해튼-뉴저지 구간 지하철이다. 뉴저지에 숙소를 구했다면 유용한 교통수단. 뉴욕 지하철과는 별개 시스템이라서 환승 할인은 적용되지 않고, 같은 이름의 역이라고 해도 뉴욕 지하철 개찰구를 나온 뒤 다시 PATH 개찰구를 통과해야 한다.

뉴욕의 OMNY(옴니)처럼 TAPP(탭)이라는 신용카드 및 모바일 결제 방식으로 탑승할 수 있으며, 자판기에서 1회권(SmartLink) 또는 PATH 전용 10회권(10 Trip SmartLink) 등을 구매해서 탑승해도 된다.

PRICE 1회 $2.75, 10회 $26
WEB panynj.gov/path

택시 Taxi

옐로캡(Yellow Cab)이라는 애칭으로 불리는 노란 택시는 교통 정체와 높은 비용을 고려하면 그리 추천하지 않는다. 기본 $3부터 시작하여 약 300m마다 70¢가 추가된다. 이 외에 16:00~20:00에는 러시아워 할증료 $2.5가, 20:00~06:00에는 심야 할증료 $1가 추가된다. 최종 금액에 팁 15~20%도 가산된다.

우버/리프트 Uber/Lyft

차량 공유 서비스인 우버와 리프트도 많이 활용하는 교통수단이다. 하지만 출퇴근 시간대에는 5분 단위로 요금이 2~3배씩 할증되어 택시와 비슷한 수준으로 비싸진다. 지하철 이용이 꺼려지는 밤과 대중교통으로 찾아가기 애매한 장소를 방문할 때 적절하게 이용하자.

시티 바이크 Citi Bike

교통체증이 심한 뉴욕에서 자전거는 편리한 교통수단이다. 단, 처음 여행하는 사람이 복잡한 맨해튼에서 차도를 달리는 것은 위험하니 되도록 공원이나 강변에서만 타도록 하자.

뉴욕시의 공유 자전거 시티 바이크는 모바일 앱(Citi Bike)을 다운받아 신용카드를 등록하고 이용한다. 무인 시스템이 있는 곳이라면 어디서나 대여와 반납 가능. 단, 30분마다 반납하고 다시 빌려야 한다.

WEB citibikenyc.com
PRICE 싱글 라이드(Single Ride): 첫 30분 $4.79, 이후 1분당 $0.36 추가
데이 패스(Day Pass): 24시간 $19(단, 30분마다 반납하고 재대여. 미반납 시 15분당 $4 추가)
전기 자전거(E-Bike): 대여 요금에 분당 $0.36 추가

투어 프로그램 (영어로 진행)

뉴욕이 처음이라면 투어를 통해 도시에 대한 감을 잡아가는 것도 괜찮다. 티켓 개별 가격은 방문 시기에 따라 크게 달라지는데, 버스나 크루즈 투어는 고우시티 패스, 사이트시잉 뉴욕 패스, 빅애플 패스 등을 통한 할인 혜택을 얻을 수 있다. 패스 정보는 251p 참고.

뉴욕 여행을 더 편하게

빅 버스 Big Bus

핵심 명소 바로 앞에서 타고 내릴 수 있는 홉온홉오프(Hop-On Hop-Off) 버스 투어. 빅 버스는 타임스 스퀘어를 기준으로 배터리 파크 방향의 빨간색 다운타운 루프, 메트로폴리탄 박물관 방향의 파란색 업타운 루프 2개 노선을 운영한다. 2일권의 가성비가 좋은 편이고, 냉방 시설이 없어서 지하철을 타기 힘든 여름과 추워서 걷기 힘든 겨울에는 상당히 괜찮은 대안이다.

ACCESS 타임스 스퀘어 엠앤엠즈(M&M's) 앞 (W 48th St & 7th Ave)
PRICE 1일권 $82, 2일권 $102
WEB bigbustours.com

움직이는 뮤지컬 공연장

더 라이드 뉴욕 The Ride NYC

한 면이 통유리로 된 버스를 타고 뉴욕을 누비면서 다양한 거리 퍼포먼스를 관람할 수 있다. 예약 시 생일이나 결혼기념일 등에 '샤라웃(Shout Out)' 유료 서비스를 신청하면 따로 축하받을 수 있다.

ACCESS 미드타운 포트 오소리티 버스터미널(42nd St & 8th Ave)
PRICE 일반석 $89(첫 번째 줄 추가 요금 있음)
WEB experiencetheride.com

빅 버스

©The Ride

뉴욕이 내 발 아래!

헬리콥터 투어

헬리콥터 투어는 가격이 매우 높고 예약 변경이 어려워서 신중하게 결정해야 한다. 날씨가 나쁘면 당일 취소 통보를 하기도 하는데, 현금 대신 1년 내 사용권 등으로 바꿔준다. 좌석은 몸무게 측정 후 좌우 균형을 맞춰 배정하는 것이 기본. 추가 요금을 내고 출입구 옆 자석을 보장받는 방법도 있으니 예약 시 확인하자. 또한 탑승 시간보다 일찍(45~90분 정도) 도착해 안전 교육을 이수해야 한다.

◆ 플라이나이언 FlyNYON

맨해튼 상공에서 헬기 문밖에 다리를 내밀고 기념사진을 찍을 수 있다. SNS 인생샷으로는 최고이나, 뉴저지에서 이륙하므로 이동시간까지 고려하면 반나절 이상 소요된다. 기온이 2°C 이하일 때는 문을 닫고 운항한다.

ACCESS 뉴저지 사우스 키어니(78 John Miller Way)
PRICE 16~20분 $190~250(할인 적용시)
WEB flynyon.com

플라이나이언

맨해튼 헬리콥터 탑승장

◆ 일반 헬리콥터 투어

맨해튼 다운타운에서 출발하는 일반 헬리콥터 투어는 지정된 항로를 운항하므로 업체마다 프로그램과 가격이 비슷하다. 따라서 자신이 원하는 날짜에 자리가 있는지 비교해보고 선택하면 된다. 지하철 사우스 페리역(South Ferry)에서 헬기장까지 도보 6분 정도 걸린다.

ACCESS 배터리 파크 근처(6 East River Piers)
PRICE 12~15분 기준 최소 $250

헬리 뉴욕
WEB heliny.com

헬리콥터 NYC
WEB helicopternewyorkcity.com

맨해튼 헬리콥터
WEB newyorkhelicopter.com

리버티 헬리콥터
WEB libertyhelicopter.com

배 타고 맨해튼 한 바퀴

서클라인 크루즈 Circle Line Cruise

유람선 중에서는 가장 유명한 업체다. 맨해튼을 완전히 한 바퀴를 도는 '베스트 오브 뉴욕'은 2시간 30분, 로어 맨해튼만 보는 '랜드마크 크루즈'는 1시간 30분이 소요된다. 티켓 가격은 입석과 좌석 여부, 날짜에 따라서 다르다. 출발 장소는 지하철 허드슨 야드역(34 St-Hudson Yards)에서 강변을 따라 도보 15분 거리이며, 타임스 스퀘어에서 간다면 42번 스트리트를 따라서 서쪽으로 이동하는 버스 M42를 타도 된다.

ACCESS 피어 83
PRICE 베스트 오브 뉴욕 $45~78, 랜드마크 크루즈 $39~71
WEB circleline.com

서클라인 크루즈

유람선 대신 타도 좋아요!

페리 Ferry

일반 대중교통 수단으로 사용되는 뉴욕의 페리는 크게 4종류로 구분한다. 운영 업체마다 요금 체계가 다르고 노선도 제각각이어서 복잡해보이지만, 잘 활용하면 유람선보다 훨씬 저렴하게 멋진 풍경을 감상할 수 있다. 주요 경로를 한눈에 파악할 수 있게 그린 아래 노선도를 보면서 어떤 페리를 탈지 골라보자. NYC 페리는 브루클린(덤보·윌리엄스버그)으로 갈 때, NY 워터웨이는 뉴저지의 전망 포인트(호보컨·해밀턴 파크)로 갈 때 이용하면 좋다. 두 업체의 티켓은 페리 터미널(보통 피어(Pier)라고 부른다) 창구 또는 모바일 앱으로 구매할 수 있다. 상세 노선도도 앱에서 확인할 수 있다.

NY 워터웨이
WEB nywaterway.com
NYC 페리
WEB ferry.nyc

NYC 페리

페리 노선도

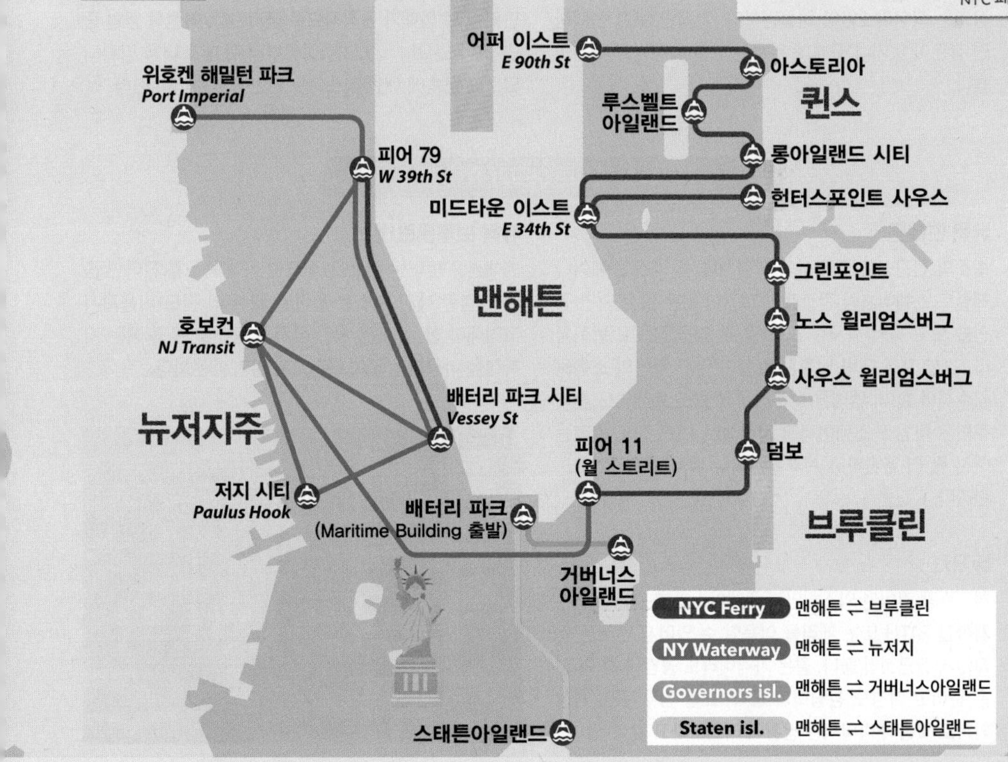

위호켄 해밀턴 파크 *Port Imperial*
피어 79 *W 39th St*
어퍼 이스트 *E 90th St*
아스토리아
퀸스
루스벨트 아일랜드
롱아일랜드 시티
미드타운 이스트 *E 34th St*
헌터스포인트 사우스
그린포인트
맨해튼
노스 윌리엄스버그
호보컨 *NJ Transit*
사우스 윌리엄스버그
배터리 파크 시티 *Vessey St*
뉴저지주
피어 11 (월 스트리트)
덤보
저지 시티 *Paulus Hook*
배터리 파크 (Maritime Building 출발)
브루클린
거버너스 아일랜드
스태튼아일랜드

NYC Ferry	맨해튼 ⇄ 브루클린
NY Waterway	맨해튼 ⇄ 뉴저지
Governors isl.	맨해튼 ⇄ 거버너스아일랜드
Staten isl.	맨해튼 ⇄ 스태튼아일랜드

뉴욕 숙소 정하기

뉴욕 호텔은 평소 20~30만 원대의 3성급 호텔이 연휴나 성수기에 70만 원을 훌쩍 넘길 정도로 가격 변동 폭이 크다. 여행뿐 아니라 출장 수요와도 맞물려 있어서, 휴가철인 7~8월에는 오히려 가격이 낮아졌다가 9월부터 가격이 다시 크게 오르는 편. 가족 방문객이 많은 5월, 단풍철인 10월, 추수감사절 이후인 11월 말부터 크리스마스와 연말이 가장 비싸고, 눈이 많이 내리고 추운 1~3월에 가장 저렴하다.

숙소 정할 때 고려할 사항

치안

충분한 주의를 기울인다는 전제하에, 관광객이 많은 지역에서는 큰 문제가 없고 소매치기 범죄도 유럽보다는 현저히 낮은 편이다. 하지만 할렘(맨해튼 북쪽)의 강력 범죄율은 뉴욕의 다른 지역보다 높다. 지하철에도 노숙자가 많아서 늦은 밤에는 각별한 주의가 필요하다.

방의 크기

전반적으로 가격 대비 낙후된 시설로 악명이 높다. 방 크기를 특히 잘 살펴야 하는데, 적어도 20㎡(215 sq ft) 정도는 되어야 2인이 머물만하다. 가격만 보고 선택하면 창문이 없거나 구석에 위치한 방을 배정받을 확률이 높다.

추가 수수료

호텔 정책에 따라 세금과는 별도로 하룻밤에 수십 달러에 달하는 데스티네이션 수수료(Destination Fee) 또는 어메니티 수수료(Amenity Fee)가 추가될 수 있다. 주차비 또한 별도다. 아래 웹사이트에서 호텔명을 검색해보거나, 예약 마지막 단계까지 가서 정확한 금액을 확인할 것.

WEB resortfeechecker.com

에어비앤비·민박

뉴욕에서는 주인이 함께 체류하지 않는 이상, 30일 미만의 유료 임대가 원칙적으로 금지된다. 여전히 영업 중인 곳이 있으나, 2023년 여름부터 규제가 더욱 강화되었으니 단속에 대한 리스크는 본인이 감수해야 한다.

숙소 위치는 어디가 좋을까?

뉴욕 맨해튼

숙소의 접근성은 안전성과 직결된다. 타임스 스퀘어나 헤럴드 스퀘어처럼 관광객이 밀집한 곳은 늦은 시간 공연을 보고 나서 식사를 하러 갈 수 있을 정도로 번화하다. 대신 가격 대비 낙후한 호텔이 많고 주변의 소음을 감수해야 한다. 맨해튼 다운타운의 월드 트레이드 센터 주변은 타임스 스퀘어까지 지하철로 15분 정도 걸리는 대신 좀 더 깔끔하고 브루클린이나 뉴저지로 가기에도 편하다.

뉴저지

허드슨강 건너편 익스체인지 플레이스와 호보컨 주변은 지하철 PATH 또는 페리를 이용할 수 있어서 맨해튼 못지않게 접근성이 좋다. 같은 가격이라도 공간이 좀 더 넓은 편이고 야경도 감상하기 좋다. 드문 경우지만, 기상 악화로 교통이 마비되는 상황이 리스크라고 할 수 있다.

뉴욕 브루클린·퀸스

맨해튼을 벗어난 퀸스, 브루클린 등에 숙소를 정하면 좀 더 저렴한 대신 숙소로 돌아갈 때 우버 편도 비용까지 고려해야 한다. 늦은 시간 뮤지컬 공연을 본 후에는 지하철을 이용하는 것이 안전하지 않기 때문이다.

뉴욕 숙소 추천 리스트

*가격은 7~8월 평일, 2인실 기준. 현지 상황과 현지 상황과 객실 종류에 따라 만족도는 다를 수 있습니다.

힐튼 뉴욕 Hilton New York ★★★★

힐튼 계열의 호텔은 맨해튼에 여러 지점이 있고 4성급 타임스 스퀘어점은 객실 크기가 기본 30㎡라서 가족 여행을 하기에 무난하다. 가격이 부담된다면 한 등급 아래인 힐튼 가든 인(Hilton Garden Inn)도 괜찮다.

ADD 234 W 42nd St(미드타운) **TEL** 212-913-9488
PRICE $380 **WEB** hilton.com

마르가리타빌 리조트 타임스 스퀘어 Margaritaville Resort Times Square ★★★★

타임스 스퀘어에서 도보 4분 거리의 신축 호텔(2021년 오픈). 객실은 기본 17㎡부터로 협소한 대신 시설이 깔끔하다.

ADD 332 W 23rd St(미드타운) **TEL** 212-929-1010
PRICE $350 **WEB** margaritavilleresorts.com

알로 노마드 Arlo NoMad ★★★★

객실 사이즈가 14㎡에 불과해 매우 협소하지만, 킹베드-시티 뷰 이상 객실의 경우 2면 통창 전망이 인상적이다. 루프탑 바 있음.

ADD 11 E 31st St(미드타운 K타운 근처) **TEL** 212-806-7000
PRICE $320 **WEB** arlohotels.com/nomad

더 스탠다드 하이라인 The Standard, High Line ★★★★

하이라인 파크의 시작점(첼시 마켓 근처)에 위치한 고급 호텔. 완벽한 강변 전망을 자랑하며, 객실 사이즈는 23~27㎡ 사이로 넉넉한 편이다.

ADD 848 Washington St(미드타운 사우스) **TEL** 212-645-4646
PRICE $500 **WEB** standardhotels.com

아티젠 호텔 Artezen Hotel ★★★★

월스트리트, 월드 트레이드 센터와 가깝고 지하철 노선이 주변에 다양해 위치가 좋은 호텔이다. 가장 저렴한 객실은 사이즈가 14㎡에 불과하니 잘 보고 선택할 것.

ADD 24 John St(맨해튼 다운타운) **TEL** 212-566-5511
PRICE $300 **WEB** artezenhotel.com

뉴욕 메리어트 마르키스 New York Marriott Marquis ★★★★

타임스 스퀘어 한복판, TKTS 붉은 계단 앞이라는 최고의 위치. 로비 라운지 등에서 멋진 야경을 감상하거나 식사하기에도 좋다. 35㎡ 킹 베드룸 객실에 소파베드를 추가 요청하면 3인까지 투숙할 수 있다. 극성수기를 제외하고 의외로 저렴한 가격의 방이 나오기도 한다.

ADD 1535 Broadway(미드타운) **TEL** 212-398-1900
PRICE $370~420 **WEB** marriott.com

손더 배터리 파크 Sonder Battery Park

호텔과 에어비앤비의 중간 개념처럼 운영되는 콘도/레지던스 스타일 숙소. 장기 투숙 할인을 제공하고 대부분 부엌과 세탁 시설을 갖추고 있다. 로어 맨해튼의 깔끔한 빌딩에 지점이 4곳 있는데, 지점마다 옵션이 다르니 잘 확인한다. 스튜디오는 가장 작은 방으로 원룸을 뜻한다.

ADD 2 Washington St(맨해튼 배터리 파크) **TEL** 617-300-0956
PRICE 스튜디오 $200~ **WEB** sonder.com

하얏트 하우스 저지 시티 Hyatt House Jersey City ★★★

허드슨강 건너편 저지 시티에 있으며, 맨해튼 월드 트레이드 센터까지 PATH로 한 정거장 거리다. 객실 크기가 보통 40㎡ 정도로 뉴욕에 비해 훨씬 넓다. 숙소 가격에 조식이 포함돼 있고 호텔 룸(전망 선택 요금 별도)이나 로비에서 완벽한 맨해튼 뷰를 감상할 수 있다.

ADD 1 Exchange Pl, Jersey City, NJ **TEL** 201-395-0500
PRICE $400 **WEB** hyatt.com

민트 하우스 Mint House at 70 Pine ★★★★

장기 투숙이나 가족 여행에 적합한 고급 아파트먼트 호텔이다. 스탠다드 스튜디오 객실 크기가 27㎡고 부엌과 세탁 시설 포함. 건물 내 식료품점이 있어 편리하다.

ADD 70 Pine St(맨해튼 월스트리트 근처) **TEL** 646-598-0100
PRICE $370 **WEB** minthouse.com

보석처럼 빛나는 뉴욕의 밤

뉴욕 전망 포인트 총정리

고층빌딩 전망대 BEST 5 유료

전망대 입장권 가격은 시간대별로 달라지며 일몰 2~3시간 전이 가장 비싸고 인기가 많아 예약이 필수다. 티켓이 매진됐거나 시간을 아끼고 싶다면 추가 요금을 내고 익스프레스 패스를 사는 방법도 있다.

전망대(빌딩)	**층수 / 높이**	**한줄평**
ESB(엠파이어 스테이트 빌딩)	102층 / 381m	맨해튼 한가운데서 뉴욕 내려다보기 288p
탑 오브 더 록(록펠러 빌딩)★	70층 / 260m	ESB가 정면으로 보이는 뉴욕 시그니처 전망. 일몰 시간에 추천 280p
원월드(월드 트레이드 센터)	102층/ 386m	미국에서 제일 높은 빌딩에서 보는 브루클린 브리지 야경 331p
서밋(원 밴더빌트 빌딩)★	93층 / 336m	포토 스폿으로 가득한 신개념 전망대. 어느 시간에 가든 완벽! 287p
엣지 NYC(허드슨 야드)	100층 / 345m	허드슨 강변의 새로운 전망대. 공간이 좁아 사람이 몰리면 아쉬울 수 있다. 301p

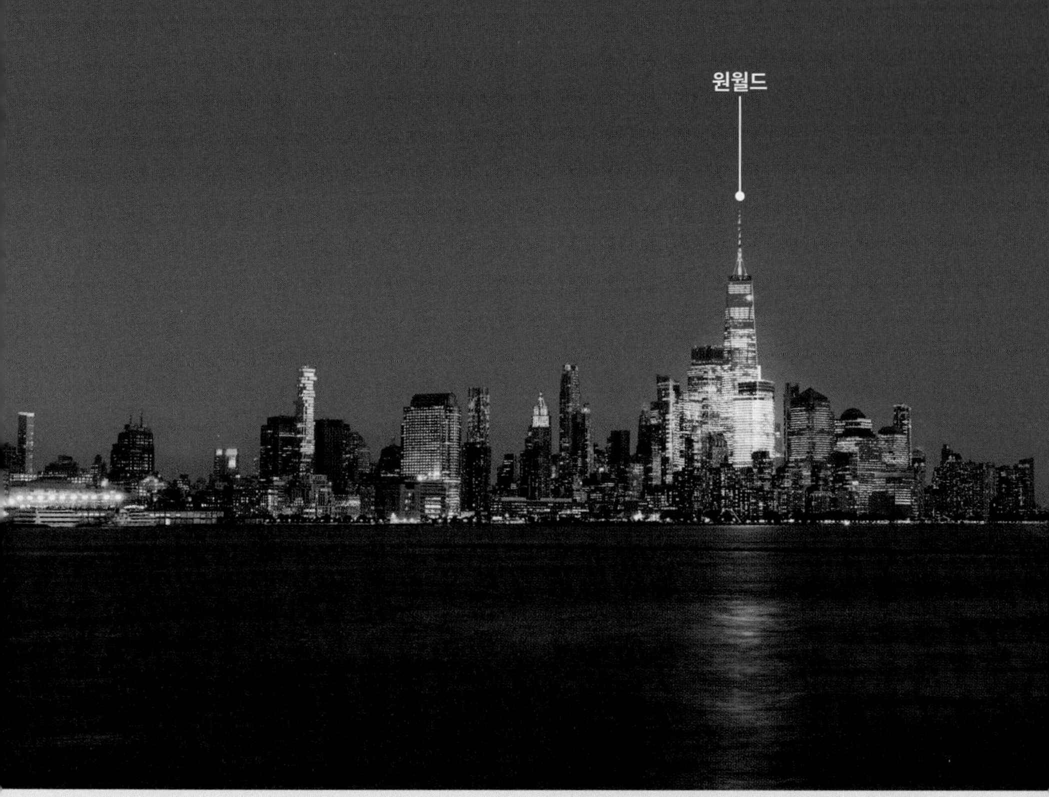

스카이라인 감상 포인트 BEST 5 ◀무료

맨해튼의 황홀한 스카이라인을 감상하기 좋은 최고의 장소는 다름아닌 강 건너편이다. 일주일 정도의 시간이 있다면 유료 2곳, 무료 2곳을 섞어서 다녀오는 걸 추천한다. 이 페이지에 게재한 사진도 호보컨에서 촬영했다.

포인트	위치	한줄평
브루클린 브리지 파크★	브루클린	맛집 + 피크닉 + 야경을 한 번에! 이보다 좋을 수는 없다. 333p
윌리엄스버그	브루클린	스모가스버그가 열리는 토요일에 페리 타고 가면 최고! 337p
호보컨 피어 A★	뉴저지	강 건너 맨해튼이 가깝게 보이는 멋진 전망 포인트 336p
해밀턴 파크	뉴저지	너무 아름다운 전망, 너무 가기 힘든 위치 336p
루스벨트아일랜드	맨해튼	지하철 요금 내고 타는 관광 케이블카 289p

지금 뉴욕에 간다면 꼭!

트렌드 체크하기

시대를 초월한 뉴요커의 책 사랑
스트랜드 서점 Strand Bookstore

뉴욕 최대의 중고 서점이자, 뉴욕에서 가장 클래식한 장소. 패션 아이템으로 인기인 에코백을 비롯해 다양한 굿즈도 판매한다. 1927년 문을 연 이래 가족이 대를 이어 운영하는 곳으로, 책방 거리로 불렸을 만큼 서점이 많았던 유니언 스퀘어의 정체성을 여전히 지키고 있다. 장르를 가리지 않는 방대한 도서 컬렉션과 추천 도서마다 끼워놓은 손글씨 메모가 모든 세대를 사로잡은 비결! NYU 대학가 분위기도 한껏 느낄 수 있다.

ADD 828 Broadway
OPEN 10:00~21:00
WEB strandbooks.com
ACCESS 유니언 스퀘어에서 도보 5분

핫플로 변신한 올드 뉴욕
피어 17 Pier 17

17세기 뉴욕의 무역항이던 사우스 스트리트 시포트(South Street Seaport)의 옛 수산시장 자리에 세워진 최신식 건물이다. 루프톱에서 브루클린 브리지를 감상하고, 미슐랭 스타 셰프 장조지가 장기 프로젝트 끝에 완성한 틴 빌딩(Tin Building)의 푸드 마켓을 방문해 보자.

ADD 89 South St **OPEN** 11:00~22:00
WEB theseaport.nyc/pier-17
ACCESS 월스트리트에서 도보 15분

뉴욕에서 만나는 오징어 게임!
스퀴드게임 익스피리언스
Squid Game: The Experience

현재 세계 각국에서는 넷플릭스 시리즈 <오징어 게임>의 세트장을 재현한 체험관이 문을 열고 있다. 60분 동안 단체로 프런트맨의 진행에 맞춰 '무궁화꽃이 피었습니다.' 등 5종의 게임을 즐기며 우승자를 가리는 몰입형 프로그램이다. 한국 야시장 코너에서는 소주 칵테일과 간식을 판매하고, 기념품점도 운영한다. 이 체험은 뉴욕에서 3월 9일까지 진행될 예정이며, 이후 연장 여부는 공식 홈페이지를 참고할 것.

ADD 100 W 33rd St(맨해튼 몰) **OPEN** 목·금요일(예약 필수, 3월 9일까지)
PRICE 일반 $39, VIP $65~89 **WEB** squidgameexperience.com
ACCESS 헤럴드 스퀘어와 K-타운 사이, 32th St와 6th Ave 방향으로 입장

사우스 스트리트 시포트에서 바라보는 브루클린 브리지

TOPIC 4

영원한 뉴욕의 친구들

프렌즈 익스피리언스 FRIENDS™ Experience

종영한 지 20년이 지난 드라마지만 여전히 뉴욕과 떼 놓을 수 없는 미드 <프렌즈>! 그리니치빌리지에 드라마 속 친구들의 집(307p)이 그대로 남아 있지만, 직접 들어가 볼 수 없다. 그래서 더욱 흥미진진한 곳이 프렌즈 익스피리언스! 모니카의 집이나 카페 센트럴 퍼크(Central Perk)를 재현한 세트장에서 기념 촬영을 하고 각종 인터랙티브 전시를 즐길 수 있다.

ADD 130 E 23rd St **OPEN** 10:00~19:00(수 11:00~)/월·화요일 휴무 **PRICE** 스탠다드 티켓(시간 지정 예약) $54~60, 언리미티드 티켓(날짜 지정 및 사진 촬영, 기념품 등) $87.5
WEB friendstheexperience.com/new-york **ACCESS** 매디슨 스퀘어 파크에서 도보 5분

TOPIC 5

컨템포러리 & 스트리트 패션이 궁금해?

플라이트 클럽 Flight Club

5번가의 휘황찬란한 나이키 매장과 아디다스의 플래그십 스토어도 멋지지만, 에어조던 같은 한정판 아이템을 원하는 스니커즈 컬렉터라면 유니언 스퀘어의 플라이트 클럽을 놓칠 수 없다.

ADD 812 Broadway
ACCESS 유니언 스퀘어에서 도보 5분 309p

에메 레온 도르 Aimé Leon Dore

퀸스 출신 디자이너의 패션 라이프스타일 브랜드. 거실처럼 꾸민 매장에 입장하려면 대기표를 받아야 한다. 같은 골목에 자체 브랜드 카페도 운영하고 있으니 기다리면서 프레도 카푸치노(Freddo Cappuccino)를 즐겨보는 건 어떨까?

ADD 매장 49 Chambers St, 카페 214 Mulberry St
ACCESS 소호의 인기 맛집 루비스 바로 건너편 312p

슈프림 Supreme

슈프림이 탄생한 곳은 바로 뉴욕의 소호! 1994년 라파예트 스트리트에 최초 매장이 있었지만, 지금은 스프링 스트리트 매장이 플래그십 스토어 역할을 한다.

ADD 190 Bowery
ACCESS 글로시에 소호 매장에서 도보 5분 311p

키스 윌리엄스버그 Kith Williamsburg

브루클린에서 탄생한 스트리트 패션 브랜드. 2023년 윌리엄스버그에 멋진 플래그십 스토어를 오픈했다. 건물 앞이 곧 포토 스폿!

ADD 25 Kent Ave, Brooklyn
ACCESS 윌리엄스버그 337p

#Zone 1

미드타운 전체가 거대한 포토존

미드타운 맨해튼 Midtown Manhattan

고층 빌딩이 즐비한 미드타운은 뉴욕의 현대적이고 화려한 이미지 그 자체다. 센트럴 파크의 경계선(59th St)부터 엠파이어 스테이트 빌딩까지 2km 정도에 불과한 일직선 거리에 셀 수 없이 많은 명소가 모여 있다. 여행 동선은 타임스 스퀘어와 5번가, 그리고 헤럴드 스퀘어(34th St) 아래쪽 구역(Zone 2, 300p)으로 나누어 계획하는 것이 효율적이다.

CHECK

- 길 찾기가 어려울 때는 5번가(5th Avenue)를 기준으로 삼자.
- 5번가와 센트럴 파크는 낮에, 타임스 스퀘어는 조명이 화려해지는 저녁에 가면 좋다.
- 타임스 스퀘어에서 캐릭터 코스튬을 입은 사람과 사진을 찍으면 팁($10)을 요구하니 주의!

드디어 뉴욕에 왔어!

1 타임스 스퀘어
Times Square

뉴욕에 처음 온 사람이라면 반드시 찾아가는 타임스 스퀘어는 한편으로 뉴욕에서 가장 난해한 공간이다. 24시간 번쩍이는 글로벌 대기업의 첨단 광고와 뮤지컬 홍보 간판은 전 세계 사람들을 불러 모으고, 그렇게 모여든 관광객이 다시 상업성을 증폭시키는 이곳은 하나의 거대한 미디어 공간이다. 타임스 스퀘어를 좋아한다고 고백하는 이는 찾기 어렵지만, 여행자에게 이만큼의 충격과 즐거움을 동시에 안겨주는 장소가 흔치 않은 것도 사실. 드디어 내가 뉴욕에 왔다는 실감, 너무나 붐비는 이곳을 빨리 벗어나고 싶다는 초조함 등 다양한 감정을 끌어안은 채 붉은색 TKTS 계단에 서면, 나도 모르게 묘한 흥분에 빠져든다. 도보 10~15분 거리에 모여 있는 디즈니 스토어, 엠앤엠즈 뉴욕, 허쉬 초콜릿 월드 같은 기념품점도 놓치지 말자. **MAP ❾**

WEB timessquarenyc.org
ACCESS 지하철 1·2·3·N·Q·R·W라인 Times Sq-42 St역에서 TKTS 계단이 있는 47번 스트리트까지 도보 10분

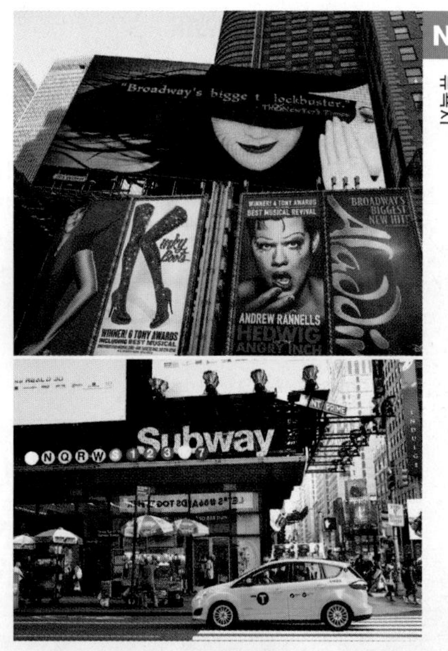

원 타임스 스퀘어
One Times Square

매년 새해맞이 카운트다운과 볼 드롭 행사를 진행하는 111m 높이의 좁은 삼각형 건물. 뉴욕 타임스의 옛 사옥으로, 이 주변 랜드마크인 만큼 광고비가 가장 비싼 건물이다. 42~47번 스트리트 사이를 타임스 스퀘어라 부르기 시작한 것도 1904년 뉴욕 타임스가 미드타운의 세 도로(42nd St, Broadway, 7th Avenue)의 교차점에 본사를 신축하면서부터였다고. 1층에 뉴욕 경찰국(NYPD) 대형 간판이 있어서 쉽게 찾을 수 있다.

ADD 1 Times Sq(42nd St와 43rd St 사이)

TKTS 붉은 계단
TKTS Red Steps

타임스 스퀘어 일대를 조망할 수 있는 붉은 계단이다. 계단 밑에서 올려다보거나 계단 꼭대기에 올라가서 동서남북 어디를 찍어도 화보가 된다. 더피 신부(Father Duffy)의 동상이 세워진 작은 광장에 있으며, 원 타임스 스퀘어가 정면으로 보이는 위치다. 계단 아래에는 브로드웨이 공연 할인 티켓을 구할 수 있는 판매처가 있다. 뮤지컬 상세 정보는 107p.

ADD Duffy Square
OPEN 24시간(행사 진행 시 폐쇄)

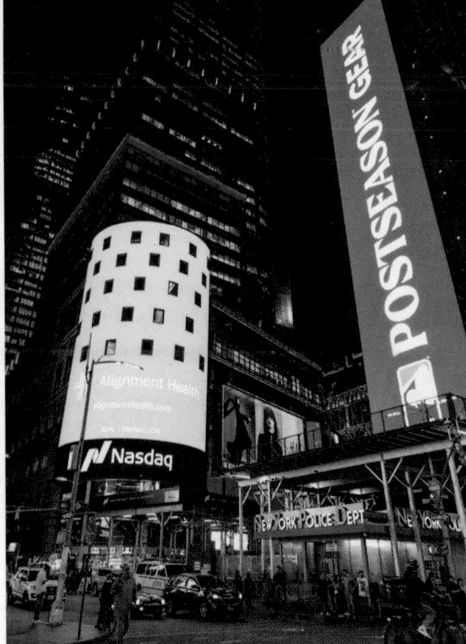

+MORE+

타임스 스퀘어 인증샷 촬영팁

- 관광객으로 가득한 타임스 스퀘어는 생각보다 자유로운 장소다. 교통을 방해하지 않는 선에서 얼마든지 멋진 사진을 찍을 수 있다.
- 한가롭게 서 있는 기마경찰이나 뉴욕 경찰(NYPD)에게 부탁하면 흔쾌히 기념사진을 찍어준다.

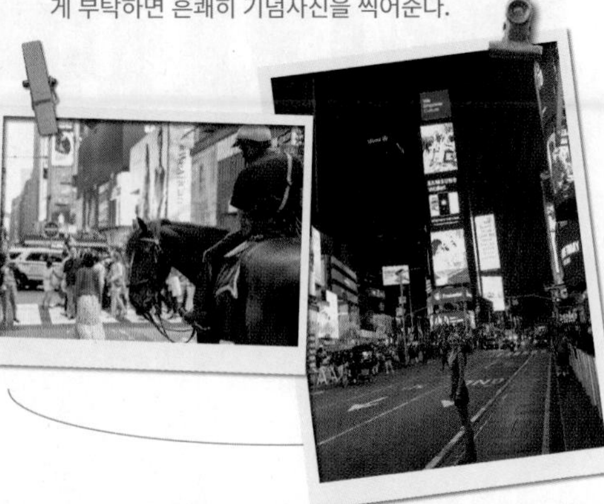

록펠러 센터 주변

타임스 스퀘어 4대 스토어

어른과 아이 모두 행복해지는 공간! 타임스 스퀘어의 대표 기념품점을 모았다.

디즈니 스토어 Disney Store

Point 1

올랜도의 디즈니 월드 다음으로 큰 규모를 자랑하는 디즈니의 플래그십 스토어다. 디즈니 캐릭터 인형과 피규어, 의류 등 최신 디즈니 굿즈가 한자리에 모여 있다.

ADD 1540 Broadway
OPEN 09:00~21:00

엠앤엠즈 뉴욕 M&M'S New York

Point 2

예쁜 굿즈 많기로는 여기가 최고! 3층 전체가 알록달록한 색으로 꽉 채워진 초콜릿 세상이다. 인생네컷 부스(유료)에서 사진을 찍거나, 나만의 문구를 새긴 초콜릿도 만들 수 있다.

ADD 1600 Broadway
OPEN 10:00~23:00(금~일 09:00~)

허쉬 초콜릿 월드 Hershey's Chocolate World

Point 3

달콤한 미국 초콜릿의 대명사! 허쉬, 키세스, 킷캣, 리세스의 초콜릿 제품과 기념품으로 가득하다. 타임스 스퀘어 로고가 새겨진 초콜릿과 세계에서 가장 큰 판 초콜릿도 있다.

ADD 20 Times Square
OPEN 10:00~24:00

라인 프렌즈 Line Friends New York Times Square Store

Point 4

라인 캐릭터들과 BTS 컬래버 제품을 전시 판매하는 매장. 한국에서도 볼 수 있지만, 뉴욕, 그것도 타임스 스퀘어에서 만나는 라인 프렌즈 스토어는 더욱 반갑다.

ADD 1515 Broadway
OPEN 10:00~23:00(금~일 ~24:00)

② 뉴욕의 패션 애비뉴 5번가

5th Avenue

맨해튼 중심 대로인 5번가(피프스 애비뉴)와 센트럴 파크가 만나는 구간은 뉴욕에서 가장 화려한 쇼핑가다. 특히 예술작품처럼 디스플레이한 5번가 쇼윈도는 크리스마스에 화려함이 절정에 달한다. 최고급 백화점은 물론, 루이비통, 구찌, 샤넬 등 명품 브랜드, 나이키와 아디다스 등 대중적인 브랜드까지 남다른 스케일의 플래그십 스토어가 자리한 곳. 플라자 호텔에서 록펠러 센터까지 700m 거리에 대부분 핵심 매장이 있고, 보다 남쪽에 있는 브라이언트 파크(42nd St)까지는 1.5km 거리다. MAP ❾

WEB fifthavenue.nyc
ACCESS 지하철 N·R·W라인 5Av/59St역
또는 B·D·F·M라인 47-50 Sts-Rockefeller Ctr역에서 시작

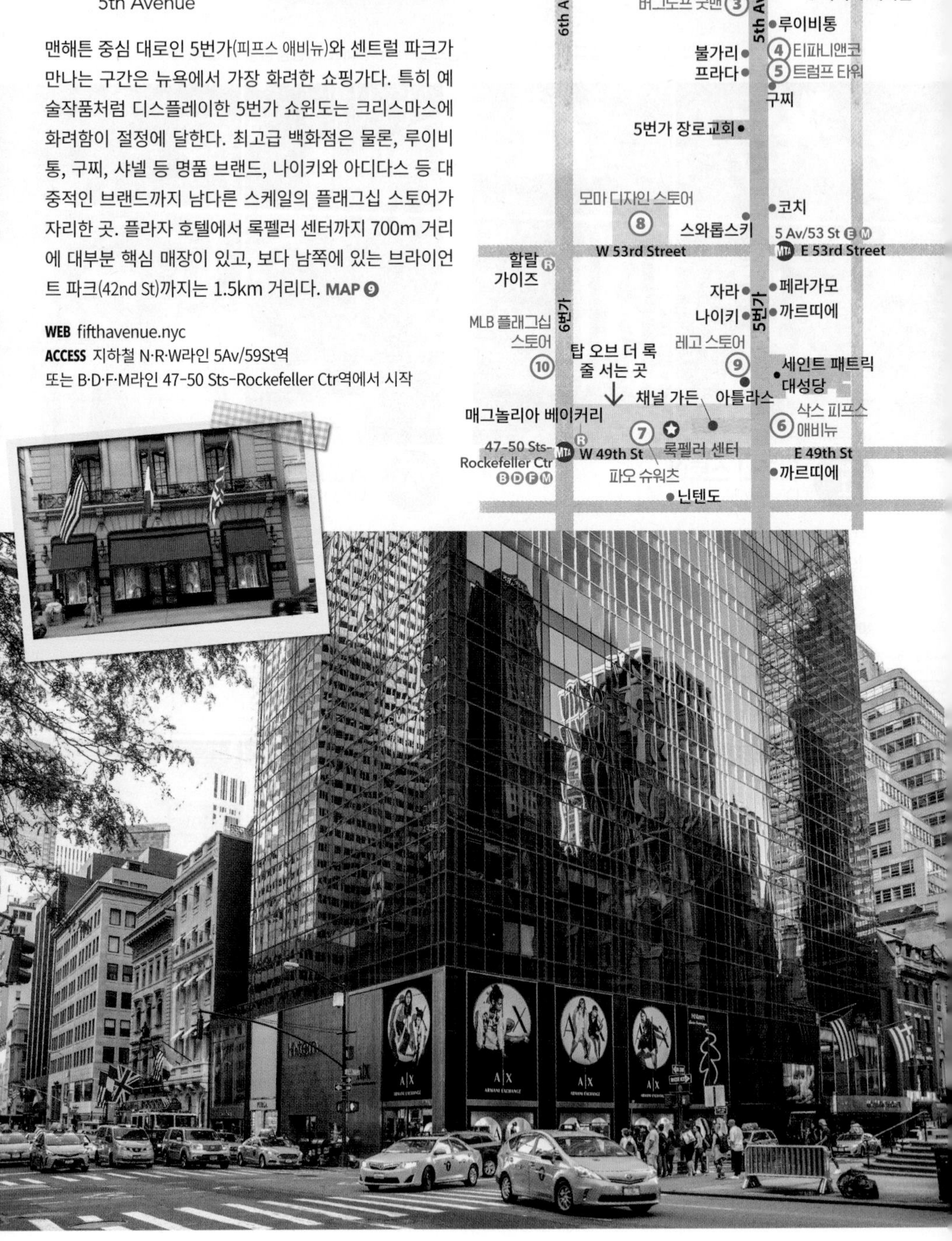

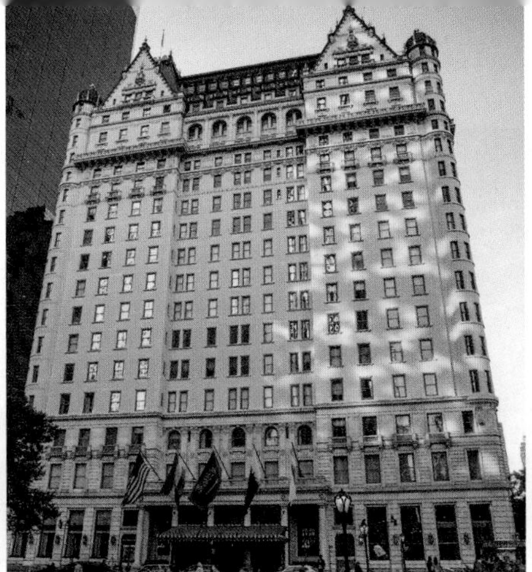

Spot 1 플라자 호텔
The Plaza

1907년 프랑스 르네상스 양식으로 지은 호텔. 유엔 총회 때 귀빈 숙소와 행사장으로 쓰이는 최고급 호텔로, 1박에 150만 원이 훌쩍 넘는다. 로비 안쪽의 팜 코트(Palm Court)에서는 럭셔리한 애프터눈 티를 즐길 수 있다. 영화 <나 홀로 집에 2>와 소설 <위대한 개츠비>의 배경지였으며, 정문 앞 퓰리처 분수(Pulitzer Fountain)는 미드 <프렌즈>의 오프닝에 등장한 분수 모델로 유명하다.

플라자 호텔 광장의 퓰리처 분수

ADD 768 5th Ave

Spot 2 애플 스토어 & 디올 핍스 애비뉴
Apple Store & DIOR Fifth Avenue

플라자 호텔 건너편, 유리 큐브 중앙에 하얀 사과 로고가 반짝이는 애플 스토어 앞은 아무렇게나 셔터를 눌러도 작품이 되는 포토존이다. 디올이 바로 옆에 5번가 매장을 열면서 얼리어답터와 패션피플의 성지로 더욱 떠올랐다. 유리 계단이나 원통형 유리 엘리베이터를 통해 지하로 내려가면 애플 스토어를 둘러볼 수 있으며, 근처 리버티 베이글(294p)에서 무지개 베이글을 사 들고 광장에 앉아 먹어도 즐겁다.

디올 핍스 애비뉴

ADD 767 5th Ave
OPEN 애플 24시간
디올 10:00~20:00(일 11:00~19:00)

Spot 3 버그도프 굿맨
Bergdorf Goodman

뉴욕 5번가 럭셔리의 상징과도 같은 백화점이다. 애플 스토어 대각선 방향에 놓인 건물 전체가 명품관에 해당하는 본관이며, 건너편에는 남성 패션관이 있다. 크리스마스 시즌은 물론, 평소에도 가장 화려하고 멋진 쇼윈도를 선보인다.

ADD 754 5th Ave
OPEN 11:00~19:00(일 ~18:00)

티파니앤코
Tiffany & Co.
(The Landmark)

대대적인 리뉴얼 끝에 '랜드마크'라는 이름을 갖게 된 초대형 티파니 매장이다. 고가의 다이아몬드부터 은 제품과 키친 웨어까지 세계에서 가장 큰 티파니 매장에서 다양한 제품을 구경해보자. 6층에는 영화 <티파니에서 아침을>을 콘셉트로 한 티파니 블루 박스 카페(Blue Box Café by Daniel Boulud)가 있다. 브런치($65~)와 애프터눈 티 세트($98~) 등을 제공하며, 인기가 많아서 예약은 필수다(구글맵으로 예약 가능).

ADD 727 5th Ave
OPEN 10:00~20:00(일 11:00~19:00)

오드리 헵번이 크루아상을 먹는 장면을 촬영한 5번가의 쇼윈도

티파니 블루 박스 카페

트럼프 타워
Trump Tower

사업가에서 미국 대통령 자리까지 오른 도널드 트럼프 소유의 58층짜리 건물. 맨 위층의 펜트하우스에는 2019년까지 트럼프 가족이 거주하기도 했다. 저층부는 일반에게 개방되어 온통 황금빛으로 번쩍이는 건물 내부를 구경할 수 있다. 지하에 커피숍과 화장실이 있어서 5번가를 돌아다닐 때 알아두면 편리하다.

ADD 725 5th Ave
OPEN 08:00~22:00

삭스 피프스 애비뉴
Saks Fifth Avenue

이름에도 '5번가'가 들어간 고급 백화점. 뉴욕 본사를 비롯해 미국 전역에 체인을 두고 있다. 크리스마스 시즌에는 백화점 건물 외벽에 조명을 비추는 미디어 파사드가 유명하다. 록펠러 센터의 GE 빌딩과 정면으로 마주 보고 있다.

ADD 611 5th Ave
OPEN 11:00~19:00(일 12:00~18:00)

Spot 7 파오 슈워츠
F.A.O. Schwarz

독일 이민자 오토 슈워츠가 1862년 설립한 장난감 가게. 한때 문을 닫았다가 2018년부터 록펠러 센터로 자리를 옮겨 사람들의 동심을 지키고 있다. 영화 <나 홀로 집에>, <빅>에 등장한 피아노 건반과 예쁜 로고가 박힌 기념품이 눈길을 사로잡는다.

ADD 30 Rockefeller Plaza
OPEN 10:00~20:00

Spot 8 모마 디자인 스토어
MoMA Design Store

저절로 지갑을 열게 되는 고품질 아트 워크 제품과 뉴욕 기념품으로 가득한 곳. 미술관 로비, 미술관 건너편, 소호 지점까지 총 3군데를 운영한다.

ADD 44 W 53rd St
OPEN 09:30~18:30/지점에 따라 다름

Spot 9 레고 스토어
LEGO® Store

뉴욕을 주제로 한 작품 감상을 위해서라도 충분히 들를 만한 가치가 있는 곳. 예술 작품 수준으로 조립된 다양한 레고 모형을 볼 수 있다.

ADD 636 5th Ave
OPEN 09:00~21:00(일 ~20:00)

Spot 10 MLB 플래그십 스토어
MLB Flagship Store

록펠러 센터 단지의 플래그십 스토어에서는 뉴욕 양키스 모자를 비롯해 MLB 야구팀의 저지와 야구용품을 구경할 수 있다.

ADD 1271 6th Ave
OPEN 10:00~20:00

③ 뉴욕 최고의 전망대
록펠러 센터
Rockefeller Center

록펠러 센터의 탑 오브 더 록(Top of the Rock) 전망대는 엠파이어 스테이트 빌딩을 가장 아름답게 담을 수 있는 명소로, 서쪽의 허드슨강과 북쪽의 센트럴 파크 전경까지 감상할 수 있다. 뉴요커들이 '라커펠러'라고 발음하는 록펠러 센터는 19개의 건물이 모인 상업 단지이며, 전망대는 그중 가장 높은 GE 빌딩 67·69·70층에 있다. 위에 올라가면 기존 전망대보다 더 높이 올라가는 스카이리프트(Skylift)와 1932년 록펠러 센터 건축 당시 인부들이 앉아서 휴식을 취하던 빔(Beam)을 그대로 재현해 놓은 인증샷존도 만날 수 있다.

뉴욕의 대표적인 전망대이기에 패스 이용자라고 해도 시간대별 입장 예약은 필수. 피크 타임인 일몰 1시간 전후로는 입구에 긴 줄이 늘어선다. 특히 70층 실외 전망대의 자리 경쟁이 치열해서 좋은 자리를 맡으려면 2~3시간 전에는 도착해야 한다. 일반 입장권은 예약 후 지정된 시각에만 방문할 수 있고, 익스프레스 패스 구매 시 선택한 날짜에 줄을 서지 않고 원하는 시간에 입장할 수 있다. MAP ❾

ADD 30 Rockefeller Plaza **OPEN** 09:00~24:00(마지막 입장 23:00)
PRICE $40~61(시간대별 가격 다름), 익스프레스 패스 $95~105, 스카이리프트와 빔은 예약 시 추가 요금을 내고 선택
WEB rockefellercenter.com/attractions/top-of-the-rock-observation-deck
ACCESS 지하철 B·D·F·M라인 47-50 Sts-Rockefeller Ctr역에서 지하로 연결/삭스 피프스 애비뉴 맞은편

새로운 체험존 '빔'

: WRITER'S PICK :

록펠러 센터 입구 찾는 방법

전망대 입구와 티켓 오피스는 건물 지하에 있지만, 줄을 서서 입장할 때는 5번가와 6번가 사이의 50번 스트리트로 가야 한다. 5번가 삭스 피프스 애비뉴를 등지고 GE 빌딩을 정면으로 바라봤을 때 오른쪽에 있는 도로가 50번 스트리트다. 라디오 시티 뮤직홀 간판이 보일 때까지 걸어가면 입구가 보인다. 276p 약도 참고.

록펠러 센터 주변

포토 스폿 BEST 3

록펠러 센터 주변에는 탑 오브 더 록 외 전망대 외에도 인증샷 포인트가 굉장히 많다.
5번가를 걷다가 쉽게 발견할 수 있는 3곳은 꼭 기억해 두기!

채널 가든
Channel Gardens

GE 빌딩이 정면으로 보이는 작은 정원 앞에서 록펠러 센터의 전체 모습을 담을 수 있다. 크리스마스 시즌의 삭스 피프스 애비뉴 백화점 파사드도 채널 가든에서 가장 잘 보인다.

아틀라스
Atlas

뉴욕 5번가의 문화적 상징성을 나타낸 조형물이다. 1879년 웅장한 고딕 리바이벌 양식으로 건축된 세인트 패트릭 대성당(St. Patrick's Cathedral)을 배경으로, 길 건너편 아틀라스 조각상 뒤쪽에서 촬영하면 우뚝 솟은 성당 첨탑까지 한 화면에 담아낼 수 있다. 낮에는 랄프 로렌 커피 트럭이 음료를 팔고 있어서 쉬어 가기에도 좋은 곳.

로어 플라자
Lower Plaza

프로메테우스 황금 동상 앞 광장은 여름에는 롤러스케이트장이나 휴식 공간으로 사용되다가 겨울에는 아이스링크로 변신한다. 초대형 크리스마스트리도 이곳에 설치된다.

크리스마스 시즌의 채널 가든

랄프 로렌 커피 트럭

로어 플라자의 여름 풍경

4 현대 미술의 아이콘
모마(뉴욕 현대 미술관)
Museum of Modern Art(MoMA)

'현대 미술' 하면 가장 먼저 떠올리는 세계적인 미술관이다. 1929년 개관 당시에는 84점뿐이었지만, 세 차례의 장소 이전과 더불어 확장을 거듭하면서 회화·조각·인쇄·사진·건축·디자인 등 150년에 걸친 근현대 예술품 20만여 점을 소장하게 됐다. 미디어와 책에서만 볼 수 있었던 명작은 대부분 5층과 4층 일부에 전시돼 있으니 '별이 빛나는 밤'이 있는 5층부터 관람을 시작해 한 층씩 내려오며 둘러보는 방법을 추천. 6층은 이벤트 전시장, 3층 이하는 컨템퍼러리 작품 전시장이다.

매월 첫째 금요일 오후 4시 이후는 뉴욕 거주자 무료 입장의 날이라서 매우 붐빈다는 점을 참고하자. 플래티넘 이상 현대카드 소지 시 로비 안쪽 티켓 오피스에서 본인 명의 신용카드를 제시하면 무료 입장권(본인 및 동반 2인)을 받을 수 있고, 모마 디자인 스토어에서도 20% 결제 할인을 해준다. MAP ❾

ADD 11 W 53rd St(5th Ave & 6th Ave 사이)
OPEN 10:30~17:30(토 ~19:00)
PRICE $30
WEB moma.org
ACCESS 록펠러 센터에서 도보 7분/타임스 스퀘어에서 도보 15분

모마 디자인 스토어 본관

: WRITER'S PICK :

모마 가기 전,
모바일 앱 설치하고 가세요!

모바일 앱(Bloomberg Connects)을 설치하고 'MOMA'로 검색하면 미술관 내부 지도와 작품 위치를 확인할 수 있다. **작품 번호**를 입력하면 오디오 가이드(영어)를 들을 수 있고, 한글로 된 짧은 대본도 같이 제공한다.

안드로이드

ios

조각정원에서 쉬어가기

Collection Highlight
모마 주요 작품

피카소 Pablo Picasso

'아비뇽의 처녀들 Les Demoiselles d'Avignon' 1907

작품번호 502

현대 미술의 시초가 된 작품. 오랜 기간 미술계에서 외면받았다가 1937년 뉴욕 현대 미술관에서 구매 후 상설 전시가 되고부터 명성을 얻게 됐다. 다양한 각도에서 보이는 3차원의 모습을 2차원 평면에 하나로 합친 다섯 명의 여인들은 원근법과 사실적 묘사의 세계를 벗어나 현대 회화의 문을 열었다. 왼쪽 여인 3명은 피카소가 나고 자란 스페인의 조각에서, 오른쪽 여인 2명은 아프리카 가면에서 영감을 받았다. 아프리카 가면에는 위험하고 불운한 것으로부터 보호하는 힘이 있다고 전해지는데, 피카소는 이 작품을 통해 당시 파리에 만연했던 성병으로부터의 보호를 기원했다.

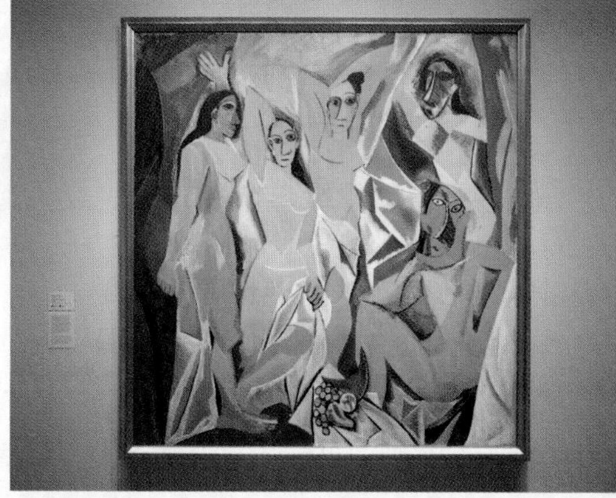

반 고흐 Vincent van Gogh

'별이 빛나는 밤 The Starry Night' 1889 작품번호 51

반 고흐가 자신의 귀를 자르고 정신병원에서 생활할 때 동트기 전 밤하늘을 보고 그린 그림. 뉴욕 현대 미술관 4층을 장식한 수많은 걸작 중 단연 돋보인다. 굵은 선, 거친 붓놀림, 불꽃처럼 솟구친 사이프러스 나무, 태양처럼 빛나는 별, 휘몰아치는 하늘과 이와 대조적으로 고요한 마을은 반 고흐의 전형적인 스타일. 그의 열정은 별로, 그 별에 닿고 싶은 바람은 사이프러스로 형상화했고, 여기에 마음의 눈으로 바라본 고향 마을을 더했다.

달리 Salvador Dalí

'기억의 지속 The Persistence of Memory' 1931 작품번호 517

무의식을 통해 새로운 현실을 창조하는 초현실주의 작품의 대표작. 작품의 배경은 달리의 고향인 스페인 카탈루냐 해안이다. 사실적으로 묘사된 해변에 햇빛에 녹아내린 듯 흐물흐물해진 시계들은 멈춰버린 시간에 대한 은유로, 시간이 의미를 잃은 영원의 공간을 나타낸다. 주황색 회중시계에 달라붙은 개미와 파리는 부패와 죽음을 상징한다. 즉, 이 작품은 이성의 대표적인 억압 기제인 시계가 멈추거나 부패한 무의식의 세계다.

모네 Claude Monet

'수련 Water Lilies' 1914~1926 작품번호 539

모네는 빛이 비친 모습을 바로 그 현장에서, 눈에 보이는 그대로 그리는 작업을 고수한 화가이자, 이를 한계 너머까지 밀고 간 화가다. 무엇을 보겠다는 의식 없이, 눈앞에 놓인 것이 무엇이라는 지식 없이 사물을 보면 그 대상은 혼란스러운 색채 덩어리일 뿐. 원근과 입체라는 3차원에 대한 환상도 사라지고 점차 추상화와 닮아간다. 이 작품은 수련 연작 중에서도 후반기에 완성된 것으로, 수평선이 사라지고 시작도 끝도 없이 무한한 물과 하늘만 남았다.

워홀 Andy Warhol

'캠벨 수프 통조림 Campbell's Soup Cans' 1962

작품번호 476

슈퍼마켓에서 파는 수프 캔의 이미지를 단순하게 옮긴 작품. 일부는 워홀이 그렸고 일부는 실크 스크린으로 인쇄했다. 똑같은 테마로 캔을 1개, 2개, 심지어 200개짜리까지 만든 탓에 진품의 진정성이나 희소성이 떨어짐에도 불구하고 이 작품이 높게 평가받는 이유는 손쉽게 대량 생산·소비되는 현대 사회를 적나라하게 표현한 선도적인 팝아트 작품이기 때문이다. 워홀은 자기 작품마저 대량 생산함으로써 '예술의 아우라를 완전히 제거한 최초의 예술가'가 됐다.

폴록 Jackson Pollock

'하나: No.31, 1950 One: Number 31, 1950' 1950

작품번호 402

그림을 그리는 과정부터 결과물까지 전통 회화의 방식을 크게 벗어난 작품. 바닥에 펼친 캔버스 주변에 페인트와 물감, 붓, 삽, 막대 등을 놓고는 캔버스 안팎을 돌아다니며 그림을 그렸는데, 붓으로 물감을 흩뿌리고, 막대로 휘갈기고, 삽으로 퍼붓고, 페인트를 통째로 들이붓기도 하여 액션 페인팅(Action Painting) 또는 드립 페인팅(Drip Painting)이라 부른다. 독자적인 퍼포먼스가 작품의 결과보다 더 중요한 의미를 갖기 때문에 그의 작품은 거꾸로 걸어도 알아채기 어렵다.

5 쉼표 같은 잔디공원
브라이언트 파크
Bryant Park

뉴욕 공립 도서관 바로 뒤, 빌딩 숲에 둘러싸인 직사각형 공원. 커피를 손에 쥐고 공원 로고가 새겨진 녹색 의자에 앉으면 누구나 뉴요커가 된다. 낮에는 요가 클래스, 여름에는 무료 음악회나 영화 상영회가 열리고, 겨울에는 크리스마스 마켓과 아이스링크로 변신! 입구 매점뿐 아니라 도보 5분 거리 안에 라 콜롬브, 블루보틀, 블루 스톤레인 같은 인기 카페와 치폴레, 쉐이크쉑 버거 등의 체인 맛집이 전부 모여 있으니 테이크아웃해서 피크닉을 즐겨보자. MAP ⑨

한여름 밤의 영화제

ADD 42nd St & 6thAve
OPEN 07:00~22:00(5~9월 ~23:00)
WEB bryantpark.org
ACCESS 타임스 스퀘어에서 42nd St를 따라서 도보 5분/
지하철 7라인 5Av역

6 영감을 불러일으키는 공간
뉴욕 공립 도서관
New York Public Library

관광객도 자유롭게 내부를 둘러보고 책을 읽을 수 있는 도서관. 2개의 사자상이 지키는 보자르 양식의 대리석 건물은 1911년 개관한 뉴욕 공립 도서관의 중앙관(Stephen A. Schwarzman Building)이다. 5번가 방면 정문으로 들어가서 왼쪽에 영화 <섹스 앤 더 시티> 도입부에서 캐리가 결혼식을 위해 올라갔던 계단이 있고, 맨 위층(3rd Floor)에는 축구장과 맞먹는 규모의 대형 열람실 로즈 메인 리딩룸이 있다. 화려한 금박 천장화 아래 묵직한 떡갈나무 책상이 늘어선 모습이 매우 아름답다. 일반 관람은 오픈 직후 1시간으로 제한되지만, 빈자리가 있다면 언제든지 조용히 앉아서 공부할 수 있다. 열람실 입구에는 구텐베르크 성서가 전시돼 있으며, 비지터 센터와 전시관도 운영한다. MAP ⑨

ADD 42nd St & 5th Ave
OPEN 10:00~18:00
(로즈 메인 리딩룸 일반 관람 ~11:00, 화·수 ~20:00, 일 13:00~17:00)
WEB nypl.org/locations/schwarzman
ACCESS 브라이언트 파크에서 5번가 방향의 건물/
록펠러 센터에서 도보 12분

로즈 메인 리딩룸

7 뉴요커가 지켜낸 아름다운 기차역
그랜드 센트럴 터미널
Grand Central Terminal

전 세계에서 플랫폼이 가장 많은 역. 총 44개 플랫폼에서 열차가 쉴 새 없이 오가는 기차역이자, 5개 지하철 노선의 환승역이다. 1913년 미드타운 동쪽에 개장한 후 미드타운 서쪽의 펜 스테이션과 함께 뛰어난 외관의 건축물로 사랑받았는데, 펜 스테이션이 1963년 철거됐다가 볼품없는 모습으로 신축되면서 그랜드 센트럴 터미널만큼은 반드시 지켜내자는 여론에 힘입어 초창기 모습 그대로 보존되고 있다. 엠파이어 스테이트 빌딩과 함께 뉴욕을 대표하는 랜드마크여서 뉴욕 배경 영화에 어김없이 등장하는 건물. 중앙 홀(메인 콩코스)은 BTS의 <ON> 컴백 무대로 쓰였다. 황금 물감으로 별자리를 그려 넣은 연녹색 천장 아래 수많은 사람이 스쳐 지나가는 모습은 계단 위에서 내려다볼 때 가장 매혹적이다. 지하의 다이닝 콩코스에는 오이스터 바, 쉐이크쉑 버거, 루크 랍스터 등 맛집이 많아서 현지 직장인과 여행자들이 즐겨 찾는다. MAP ❾

ADD 89 E 42nd St
OPEN 05:15~02:00
WEB grandcentralterminal.com
ACCESS 지하철 4·5·6·7·S라인 Grand Central–42 St역/브라이언트 파크에서 도보 6분

8 국제연합 견학 꼭 해보자!
유엔 본부
United Nations Headquarters

1945년 10월 24일 공식 출범한 국제연합(이하 유엔)의 본부. 가이드 투어를 신청하고 가면 약 1시간 동안 회원국에서 기증한 예술작품을 비롯해 경제사회이사회·신탁통치이사회·안전보장이사회 회의실을 관람하게 된다. 예약 없이 방문한다면 로비의 전시관과 기념품점, 서점 정도를 방문할 수 있다. 특이한 점은 미국 영토임에도 유엔이 관리하는 치외법권 지역이라는 것. 기념품점 옆 우체국에서 유엔 소인이 찍힌 엽서를 발송해보자. MAP ❾

ADD 801 1st Ave(체크인 오피스)
OPEN 09:00~17:00/토·일요일 휴무
PRICE $26(수수료 6% 별도)
WEB un.org/visit
ACCESS 그랜드 센트럴 터미널에서 도보 13분/버스 M42번을 타고 E 42 St/1 Av정류장 하차

안전보장이사회 회의실

: WRITER'S PICK :

입장 방법과 주의 사항

❶ 가장 먼저 유엔 본부 건너편의 방문객 체크인 사무실(Visitor Check-in Office)에서 신분증(여권) 확인 후 입장 스티커를 교부받는다.

❷ 유엔 본부 방문객 입구(46th St & 1st Ave)에서 엄격한 보안 검사를 받는다. 음식이나 물, 배낭, 35x33cm보다 큰 가방은 반입 금지. 보관함은 따로 없다.

❸ 가이드 투어는 온라인 사전 예약이 필수다. 5세 미만은 입장 불가이고, 예매 후에는 환불과 교환이 불가능하다. 보안 검사가 필요하므로 예약 시간 1시간 전에 도착해야 한다.

❹ 가이드 투어 언어를 영어, 스페인어 등 6개 공식 언어 중에서 선택할 수 있고, 한국어 투어는 1달에 2~3회 정도 배정된다. 예약 창에서 'Other Languages'를 클릭하여 방문 일정 중 한국어 투어가 있는지 확인하거나, toursunhq@un.org로 문의 메일을 보내는 방법이 있다.

9 최고의 인생샷 포인트
서밋 원 밴더빌트
SUMMIT One Vanderbilt

원 밴더빌트 빌딩 꼭대기 층에 있는 신개념 체험형 전망대. 엠파이어 스테이트 빌딩이 손에 잡힐 듯 가깝게 보이고, 유리와 거울이 만들어낸 착시 효과 덕분에 어느 각도에서 사진을 찍어도 환상적이다. 91층부터 93층까지 3개 층을 이동하면서 거울의 방, 쿠사마 야요이의 '구름(Clouds)', 풍선의 방 등을 차례로 둘러보게 되는데, 중간에 되돌아갈 수 없으니 꼼꼼히 감상하자. 2시간가량 쉼 없이 돌아봐야 해서 체력도 충분히 필요하다. 내부가 거울이어서 치마와 굽 높은 구두는 착용 금지. 입장 시 신발에 덧씌울 비닐과 선글라스를 준다. **MAP 9**

ADD 45 E 42nd St
OPEN 09:00~24:00(마지막 입장 21:30, 시간 지정 예약 필수)
PRICE $43~59/예약 수수료 $3(일몰 전이 가장 비싸다)
WEB summitov.com
ACCESS 뉴욕 공립 도서관과 그랜드 센트럴 터미널 사이(42nd St 입구로 진입)

거울의 방

쿠사마 야요이의 '구름'

풍선의 방

전망대에서 내려다본 맨해튼 풍경

영원한 뉴욕의 황제

엠파이어 스테이트 빌딩

Empire State Building

20세기 초 '황제의 도시(Empire City)'로 불렸던 뉴욕의 기술력과 자본력을 담은 결정체. 혁신적인 철근콘크리트구조 공법으로 지었으며, 1931년 완공 당시 세계에서 가장 높은 건축물(높이 381m, 첨탑과 안테나 포함 443m)로 이름을 날렸다. 비록 지금은 맨해튼에서 8번째로 높은 건물이 되었지만, 100여 년의 세월이 흘렀어도 뉴욕의 황제다운 존재감은 여전하다.

영화 <시애틀의 잠 못 이루는 밤>의 로맨틱한 만남 장소는 86층 실외 전망대(Main Deck)이고, 2019년에 102층 실내 전망대(Top Deck)를 추가로 오픈했다. 전망대 중에서는 월드 트레이드 센터 다음으로 높을 뿐 아니라 맨해튼 한가운데라서 빌딩 숲을 내려다보는 기분이 최고! 전망대 입구는 헤럴드 스퀘어와 5번가 사이에 있으며, 보안 검사가 엄격하다. MAP ❾

ADD 20 W 34th St
OPEN 09:00~24:00(시간지정 예약 필수, 겨울철 ~21:00 또는 ~23:00 주 단위 변동)
PRICE 86층 $44~58, 86층+102층 $79~96/예약 수수료 $5 및 시간대별 추가 요금 있음
WEB esbnyc.com
ACCESS 헤럴드 스퀘어에서 도보 4분

헤럴드 스퀘어에서 본 엠파이어 스테이트 빌딩

헤럴드 스퀘어와 메이시스 백화점

엠파이어 스테이트 빌딩이 보이는 광장

11 헤럴드 스퀘어
Herald Square

코리아타운과 가까워서 뉴욕 생활을 하다 보면 자주 들르게 되는 작은 광장이다. 이곳의 랜드마크는 독립기념일 불꽃놀이와 추수감사절 퍼레이드를 후원하는 메이시스(Macy's) 백화점이다. 단일 매장으로는 미국에서 가장 큰 백화점이며, 국가 역사 랜드마크로 지정되기도 했다. 백화점 안에는 뉴욕시 공식 비지터 센터가 있다. 메이시스 간판을 등지고 앞을 바라보면 엠파이어 스테이트 빌딩이 가깝게 보인다. **MAP ❾**

ADD 151 W 34th St
ACCESS 지하철 B·D·F·M·N·Q·R·W라인 34 St-Herald Sq역/브라이언트 파크에서 6번가를 따라 도보 6분

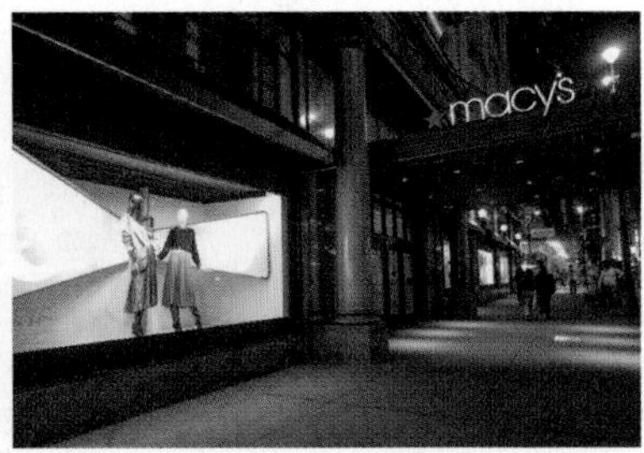

+MORE+

지하철 편도 요금으로 타는 케이블카!
루스벨트아일랜드 트램 Roosevelt Island Tramway

맨해튼과 퀸스 사이의 작은 섬, 루스벨트아일랜드로 건너가는 케이블카(트램웨이)다. 퀸스버러 브리지(Queensboro Bridge)의 철제 교각 옆을 나란히 지나게 되며, 강 건너편에서 유엔 빌딩 등 맨해튼의 스카이라인을 감상할 수 있는 숨은 전망 포인트. 지하철과 동일한 방식으로 탑승하면 되고, 건너가는 데 5분이면 충분하다.

ADD 254 E 60th St
OPEN 06:00~02:00(금·토 ~03:30)
ACCESS 지하철 F·Q라인 Lexington Av/63 St역에서 도보 6분

SPECIAL PAGE

아직 이틀밖에 안 됐는데 한식 생각나!

K-타운 & 아시아 맛집

헤럴드 스퀘어에서 2블록 아래, 코리아 웨이(Korea Way)라고 불리는 32번 스트리트 일대는 H마트(한아름마트), 파리바게뜨, 뚜레쥬르, 분식집 등 다양한 상점과 맛집이 모인 맨해튼의 K-타운이다. 한식 붐으로 범위가 점점 넓어지더니 이제는 밤늦게까지 붐비는 핫플로 등극! 미국 소갈비를 맛보기 위해서라도 한 번쯤 가볼 만하니 인기 아시아 음식점과 함께 체크해보자.

CHECK

한국 음식점의 기본 메뉴(찌개, 국밥 등) 가격은 $20~25 내외.
기본 반찬은 제공되지만, 다른 곳과 마찬가지로 팁 18~20%를 더해야 한다.

코리아타운의 터줏대감

큰 집 The Kunjip

설렁탕, 비빔밥, 고등어구이 등 다양한 한식 메뉴를 갖춘 BBQ 전문점. 런치 타임(월~금 11:00~15:00)에 갈비와 냉면 정식, 보쌈 정식을 저렴하게 먹을 수 있다. MAP 9

ADD 32 W 32nd St
OPEN 09:00~01:00(금·토 ~06:00)
WEB kunjip.nyc
ACCESS 헤럴드 스퀘어에서 도보 3분

LA가 원조!

북창동 순두부 BCD Tofu House

미국 서부 LA에서 창업해 한국으로 역수출된 순두부 체인점. 따끈한 돌솥밥과 종류별 순두부를 먹을 수 있는 인기 식당이다. MAP 9

ADD 5 W 32nd St
OPEN 10:30~01:00(금·토 ~05:00)
WEB bcdtofuhouse.com
ACCESS 헤럴드 스퀘어에서 도보 5분

뉴욕 타임스에 소개된 돼지국밥

옥동식 뉴욕 OKDONGSIK New York

깔끔하고 맑은 육수, 부드러운 돼지고기로 미국인의 입맛을 사로잡은 옥동식 셰프의 돼지국밥집. 바 테이블뿐이니 구글 예약 권장. MAP 9

ADD 13 E 30th St
OPEN 11:30~14:30, 17:00~21:00 (목~토 ~22:00)
WEB okdongsik.net
ACCESS 헤럴드 스퀘어에서 도보 8분

한국 본점보다 맛있어

곱창 이야기 Gopchang Story BBQ

미국다운 푸짐한 양이 인기 비결. 근교 도시에서 일부러 방문할 정도로 입소문이 났고 퀸스의 플러싱에도 지점이 있다. 평일은 저녁에만 열고, 금~일요일은 브레이크타임이 있다. MAP 9

ADD 312 5th Ave(2층)
OPEN 16:00~01:00(금~일 12:00~01:00)
WEB gopchangbbq.com
ACCESS 헤럴드 스퀘어에서 도보 8분

믿고 먹는 강호동 맛집

아가씨 곱창 Ahgassi Gopchang

옛 강호동 백정(갈빗집) 자리에 새롭게 문을 연 LA의 인기 곱창집. 곱창 세트뿐 아니라 갈비, 소고기, 돼지고기도 다양하게 주문 가능. 규모가 크고 룸까지 있어서 예약 손님도 많다. MAP 9

ADD 1 E 32nd St
OPEN 11:30~23:00(목~토 24:00)
WEB ahgassigopchangnyc.com
ACCESS 헤럴드 스퀘어에서 도보 8분

홍콩 미슐랭 맛집을 뉴욕에서
팀호완 Tim Ho Wan

'세계에서 가장 저렴한 미슐랭 원 스타 레스토랑' 팀호완의 뉴욕 지점. 딤섬 4~5개에 팁과 세금을 더하면 2인 기준 $35~45으로 홍콩보단 비싸지만, 뉴욕에선 꽤 합리적이다. 구글로 온라인 웨이팅 가능. MAP ⑨

PRICE $(메뉴당 $7~8)
WEB timhowanusa.com

미드타운 헬스키친점
ADD 610 9th Ave
ACCESS 지하철 A·C·E라인 42 St-Port Authority Bus Terminal역에서 도보 4분

다운타운 이스트 빌리지점
ADD 85 4th Ave
ACCESS 유니언 스퀘어 파크에서 도보 9분

광둥식 딤섬 맛집
징퐁 레스토랑 Jing Fong

차이나타운의 또 다른 광둥식 딤섬 전문점. 딤섬 10여 종이 담긴 카트가 테이블 사이를 오가면 골라 먹는다. 예능 프로그램에 소개돼 한국 여행객이 많지만, 매장에 따라 맛의 편차가 있다. 미드타운보다는 차이나타운점이 낫다. MAP ⑨

ADD 202 Centre St
OPEN 10:30~21:00
PRICE $$(영수증에 팁 포함 확인)
WEB jingfongny.com
ACCESS 지하철 N·Q·R·W라인 Canal St 역에서 도보 2분

차이나타운에 간다면 무조건
조스 상하이 Joe's Shanghai

샤오롱바오 하나로 뉴욕을 평정한 딤섬 전문점. 정통 상하이 스타일의 돼지고기 샤오롱바오와 게살 샤오롱바오 2종류가 있으며, 쿵파오치킨, 사천 비프 등의 요리와 곁들여 먹는다. 대형 원탁에 다른 손님과 합석하는 방식. MAP ⑩

ADD 46 Bowery St **OPEN** 11:00~23:00
PRICE $$(영수증에 팁 포함 확인)
WEB joeshanghairestaurants.com
ACCESS 지하철 N·Q·R·W라인 Canal St 역에서 도보 8분

두툼한 차슈가 듬뿍
토토 라멘 Totto Ramen

허름한 인테리어에도 맛은 일품이어서 매장을 꾸준히 확장 중인 일본 라멘집. 관광지와 다소 거리가 있는 미드타운 이스트에 지점을 둔 현지인 맛집이다. 예약 불가. MAP ⑨

ADD 248 E 52nd St
OPEN 11:30~14:45, 17:00~22:30 (일 ~21:30)
PRICE $ **WEB** tottoramen.com
ACCESS 지하철 E·M라인 Lexington Av/53 St 역에서 도보 3분

추운 계절 뉴욕에 왔다면
잇푸도 뉴욕 Ippudo NY

트렌디한 인테리어로 화제를 모았던 일본 라멘집. 미국 1호점인 NYU점은 규모나 분위기 면에서 확실한 뉴욕 스타일이고, 이후 오픈한 지점들은 한국인에게 친숙한 느낌이다. 육향을 잘 잡은 육수가 겨울철 몸을 따뜻하게 녹인다. MAP ⑨

PRICE $
WEB ippudous.com

NYU점
ADD 65 4th Ave
OPEN 10:30~23:30(금·토 ~00:30)
ACCESS 워싱턴 스퀘어 파크에서 도보 10분

미드타운 5번가점
ADD 24 W 46th St
OPEN 10:30~23:00
ACCESS 브라이언트 파크와 록펠러 센터 사이

뉴욕 식비 걱정 끝!

팁 없는 미드타운 맛집

뉴욕의 물가는 세계에서 가장 높은 수준이다.
팁을 주지 않아도 되는 인기 맛집에서 부담 없는 런치를 즐겨보자.

뉴요커의 버거 맛집

슈니퍼스

Schnipper's Quality Kitchen

뉴욕 타임스 빌딩 1층에 있는 버거 가게. 주변 사무실에서 들어오는 배달 주문이 끊이지 않는다. 큼직한 사이즈로 승부하는 육즙 가득 버거와 프라이드치킨이 대표 메뉴. 신선한 재료를 사용한 덕분에 직장인들 사이에 먼저 입소문이 났던 곳이다. 쉐이크쉑 버거나 파이브 가이즈가 아닌 다른 미국식 버거가 궁금한 사람에게 추천! MAP ❾

ADD 620 8th Ave
OPEN 10:30~22:00(금·토 ~23:00, 일 11:00~22:00)
PRICE $(음료와 감자튀김 세트 주문 시 $17~20)
WEB schnippers.com
ACCESS 포트 오소리티 버스터미널 앞/타임스 스퀘어 TKTS 계단에서 도보 12분

뉴욕 스타일 스트릿 피자

조스 피자 브로드웨이

Joe's Pizza Broadway

조각으로 판매하는 뉴욕 스타일 길거리 피자의 대명사. 1975년 오픈했으며, 2004년 <스파이더맨 2>의 주인공 피터 파커가 파트타임으로 일하는 곳으로 등장하면서 유명해졌다. 타임스 스퀘어를 걷다가 사람들이 긴 줄을 선 조스 피자를 발견한다면 즐거운 마음으로 기다려보자. 내부에 좌석이 부족하기 때문에 테이블 앞에 서서 먹는 것도 자연스러운 분위기. MAP ❾

ADD 1435 Broadway(타임스 스퀘어점)
OPEN 10:00~03:00(금·토 ~05:00)
PRICE $(한 조각 $4~6)
WEB joespizzanyc.com
ACCESS 지하철 N·Q·R·W라인 Times Sq-42 St역 대각선 방향

믹스드 오버 라이스

크림치즈

길거리 음식의 레전드

할랄 가이즈 The Halal Guys

미국 전역을 비롯해 한국에도 지점을 낸 글로벌 체인의 원조 푸드트럭. 줄 서는 맛집이다 보니 재료가 신선한 것이 강점이다. 날씨가 좋은 날 가야 주변 벤치에서 바로 먹을 수 있다. **MAP ❾**

팔라펠도 있어요!

ADD W 53rd St & 6th Ave
OPEN 11:00~04:00(금·토 ~03:30)
PRICE $(스몰 $13, 레귤러 $15)
WEB thehalalguys.com
ACCESS 모마에서 6번가 방향으로 도보 2분(힐튼 호텔 맞은편)

: WRITER'S PICK :

할랄 가이즈 주문 방법

❶ 자이로(소고기) ❷ 치킨(닭고기) ❸ 믹스드(혼합) 중 하나를 고른 후 밥 위에 얹어 달라는 뜻으로 "(자이로/치킨/믹스드) 오버 라이스"라고 말하면 끝. 우리 입맛에는 짤 수 있으니 바로 옆 냉장고에서 음료수를 골라 두었다가 함께 결제한다. 신용카드 결제 시 수수료가 발생하고 거스름돈을 직원이 팁처럼 챙길 때가 있으니 현금으로 딱 맞춰 낼 것.

전통의 강자

에싸 베이글 Ess-a Bagel

오스트리아 출신 제빵사 부부가 1976년 오픈한 후 뉴요커에게 꾸준히 사랑받는 베이글 가게. 가게명은 독일계 유대인의 말 "베이글을 먹어라"라는 뜻이다. 단단한 베이글을 부드럽고 바삭하게 만들고 크기는 키운 것이 인기 비결! 본점은 일부러 찾아가야 하는 위치이나, 헤럴드 스퀘어에 분점이 있으니 여행 중 꼭 한 번 뉴욕 베이글 맛을 경험해보자. **MAP ❾**

PRICE $(시그니처 $17) **WEB** www.ess-a-bagel.com

본점
ADD 831 3rd Ave **OPEN** 06:00~17:00
ACCESS 그랜드 센트럴 터미널에서 도보 15분

헤럴드 스퀘어점
ADD 108 W 32nd St **OPEN** 06:00~19:00
ACCESS 지하철 B·D·F·M·N·Q·R·W라인 34 St-Herald Sq역에서 도보 4분

본점 / 헤럴드 스퀘어점

알록달록 무지개 빵

리버티 베이글 5번가점

Liberty Bagels 5th Ave

알록달록한 레인보 베이글로 SNS를 휩쓴 곳. 사실 레인보 베이글은 SNS에 특화한 메뉴이고, 그 외 수십 종의 먹음직스러운 베이글 샌드위치가 기다리고 있다. 베이컨과 계란, 치즈가 든 샌드위치(Bacon, Egg & Cheese)나 캐나다 노바스코샤산 연어가 든 노바앤플레인 크림치즈(Nova & Plain Cream Cheese)는 든든한 한 끼로 추천. 접근성이 뛰어난 5번가 지점은 매장이 협소하니 테이크아웃해 애플 스토어 앞 광장이나 센트럴 파크에서 맛보자. **MAP ❾**

ADD 16 E 58th St
OPEN 06:00~17:00(토·일 07:00~)
PRICE $($11~15)
WEB libertybagels.com
ACCESS 5번가 애플 스토어에서 도보 2분

한국+이탈리아+미국

안젤리나 베이커리

Angelina Bakery

이탈리아 출신 한국계 파티시에가 타임스 스퀘어 근처에 문을 연 베이커리. 봄볼론(Bombolone)이라고 불리는 이탈리아식 도넛이 대표 메뉴이고 간단한 식사 메뉴도 있다. 맨해튼에 총 6개 지점을 운영 중이며, 타임스 스퀘어점은 주변에 갈 만한 곳이 없을 때 방문하기 좋고 테이블도 많다. 안젤리나는 오너 파티시에의 딸 이름이다. **MAP ❾**

ADD 1675 Broadway
OPEN 07:30~22:30(금·토 ~24:00)
PRICE $
WEB angelinabakery.com
ACCESS 타임스 스퀘어에서 도보 10분

아기자기 예쁜 컵케이크

매그놀리아 베이커리

Magnolia Bakery

1996년 맨해튼 블리커 스트리트에 문을 연 베이커리. 빵을 팔다가 남은 반죽으로 만든 작은 컵케이크로 선풍적인 인기를 끌었다.

본점은 <섹스 앤 더 시티>의 캐리네 집 근처에 있지만, 가장 접근성이 좋은 곳은 록펠러 센터 지점이다. 테이크아웃 전문이어서 바나나 푸딩이나 컵케이크를 구매한 다음 주변 공간을 찾아서 먹어야 한다. **MAP ❾**

ADD 1240 6th Ave
OPEN 08:00~22:00
PRICE $
WEB magnoliabakery.com
ACCESS 록펠러 센터에서 6th Ave 방향 코너

바나나 푸딩은 여전히 인기!

한 번쯤은 근사하게
고급 레스토랑

뉴욕에는 최고급 레스토랑뿐 아니라 합리적인 가격대의 레스토랑도 존재한다. 미슐랭 스타 셰프의 이름을 건 계열 레스토랑이나 가성비 좋은 스테이크하우스가 그 주인공들. 겨울과 여름에 걸쳐 연 2회 개최하는 레스토랑 위크(142p)에도 참여하는 곳들이니 가능하면 일정을 맞춰 보자. 예약은 필수!

시그니처 디저트 마들렌

파인 다이닝의 문턱을 낮추다
누가틴 바이 장조지
Nougatine by Jean-Georges

프랑스 출신 유명 셰프 장조지 폰게리히텐은 다양한 시도를 통해 뉴욕 레스토랑 트렌드를 이끌어가고 있다. 콜럼버스 서클의 트럼프 빌딩 1층에는 그의 미슐랭 2스타 레스토랑 장조지, 그리고 바 섹션에 만들어진 세미-캐주얼 레스토랑 누가틴이 있다. 장조지보다 단가를 약간 낮춘 누가틴에서는 미슐랭의 터치를 가미한 센스 있는 뉴아메리칸 요리를 선보인다. MAP ❾

ADD 1 Central Park West
OPEN 월~금 07:00~22:00(토·일 08:00~)/브레이크 타임 있음
PRICE $$$$(애피타이저 $22~30, 메인 $48~88, 테이스팅 메뉴 1인 $178)
WEB jean-georgesrestaurant.com
ACCESS 지하철 1·A·C·B·D라인 59 St-Columbus Circle역에서 도보 1분

시그니처 디저트 초콜릿 케이크

뉴욕 프렌치의 대명사
카페 블뤼
Café Boulud

뉴욕 셰프들의 존경을 받는 리더급 인물, 다니엘 블뤼의 레스토랑. 다니엘 블뤼는 뉴욕 타임스에서 매긴 최고 등급 별점인 4스타를 가장 오랫동안 유지한 셰프로, 2006년 프랑스 정부로부터 레지옹 도뇌르 훈장을 받기도 했다. 그는 미슐랭 2스타 레스토랑 다니엘, 브런치로 유명한 티파니 블루 박스 카페, 저가형 베이커리 에피세리 블뤼 등을 운영 중인데, 그중 어퍼 이스트에 자리한 이곳 카페 블뤼에서는 다소 낮은 가격에 파인 다이닝을 경험할 수 있다. MAP ❾

ADD 100 E 63rd St
OPEN 12:00~14:30, 17:00~22:00(토 브런치 11:00~14:30)
PRICE $$$$(런치 기준 애피타이저 $22~32, 메인 $40~50/저녁 2코스 $95)
WEB cafeboulud.com
ACCESS 지하철 F·Q라인 Lexington Av/63 St역에서 도보 4분/5번가 플라자 호텔에서 도보 11분

로버트 드 니로의

트라이베카 그릴

Tribeca Grill

영화배우 로버트 드 니로가 공동 설립자이며, 빌 머레이, 애드 해리스, 숀 펜 등이 출자한 레스토랑. 매년 열리는 트라이베카 영화제 기간 동안 배우들의 행사 장소로도 활용되는 곳이다. 그릴 요리 전문점이니 스테이크와 생선 요리(농어, Branzino) 등을 섞어서 주문해보자. 와인 셀렉션이 특히 유명하다. **MAP ❾**

ADD 375 Greenwich St(다운타운)
OPEN 17:00~22:00/월·일요일 휴무
PRICE $$$(시푸드 $38, 스테이크 $60)
WEB tribecagrill.com
ACCESS 지하철 1·2라인 Franklin St역에서 도보 5분

워런 버핏과 점심을!

스미스앤월렌스키

Smith & Wollensky

TGIF 레스토랑 창업자 엘런 스틸민(Alan Stillman)이1977년 설립한 스테이크하우스. USDA 프라임 등급을 선별하여 최대 28일간 건조 숙성한 스테이크를 판매한다. 워런 버핏과의 점심 경매 당첨자가 식사하는 곳으로 유명하며, 영화 <악마는 프라다를 입는다>에도 등장했다. 본점 예산은 1인 $100 이상이지만, 바로 옆의 스미스앤월렌스키 그릴에서 가격대를 대폭 낮춘 프라임 월렌스키 버거나 시그니처 프라임 립 등을 먹을 수 있다. **MAP ❾**

ADD 797 3rd Ave
OPEN 본점 11:45~14:00, 17:00~23:00
(토·일 디너만 영업)/예약 후 방문
그릴 11:30~01:00
PRICE 본점 $$$$, 그릴 $$$
(단품 $28~31, 프라임 립 $49)
WEB smithandwollenskynyc.com
ACCESS 지하철 4·6라인 51 St역에서 도보 5분

워런 버핏의 친필 편지

로케이션이 탁월한

울프강 스테이크하우스

Wolfgang's Steakhouse

브루클린의 명물 스테이크하우스 피터 루거에서 40년간 웨이터로 근무한 울프강 즈위너(Wolfgang Zwiener)가 맨해튼의 파크애비뉴, 뉴욕 타임스 빌딩 등 직장인이 많은 고급 빌딩에 전략적으로 매장을 열면서 명성을 얻었다. 깔끔하고 격식을 갖춘 분위기이고 동선에 맞춰 골라 가기 편하다. 대표 메뉴인 포터하우스는 저녁에만 주문 가능할 때가 많고, 2인분 이상 주문이 원칙이다. **MAP ❾**

ADD 250 W 41st St
OPEN 12:00~21:45(금·토 ~22:15, 일 ~21:00)
PRICE $$$$(포터하우스 1인 $70, 사이드 메뉴 주문 시 팁 포함 $100 이상)
WEB wolfgangssteakhouse.net
ACCESS 지하철 Times Sq-42 St역에서 도보 5분

가성비 스테이크 맛집

갤러거즈 스테이크하우스

Gallaghers Steakhouse

애피타이저와 메인, 디저트까지 포함한 3코스 런치 스페셜 메뉴를 일주일 내내 선보인다. 메인 요리로 슬라이스 필레미뇽이 포함돼 있어 특히 인기가 높다. 정통 뉴욕 스테이크하우스를 경험하기에도 충분한 분위기로, 약간 가격대를 높여 두툼한 고기로 선택하는 방법도 있다. 유리창을 통해 들여다보이는 육류 저장고가 지나가는 사람의 눈길을 사로잡는다. **MAP ❾**

ADD 228 W 52nd St
OPEN 11:30~23:00(런치 스페셜 주문 11:45~16:00)
PRICE $$$(런치 스페셜 $34)
WEB gallaghersnysteakhouse.com
ACCESS 타임스 스퀘어 TKTS 계단에서 도보 5분

돌아다니다가 편리하게!

접근성 좋은 미드타운 맛집

여행할 때는 관광지 근처에서 식사를 해결하는 것이 돈과 시간을 아끼는 방법이다. 가족 동반이라면 좌석이 넉넉한 패밀리 레스토랑을 알아 두자.

시그니처 메뉴 에그 베네딕트

<섹스 앤 더 시티>의 핫플

사라베스

Sarabeth's

미드 <섹스 앤 더 시티>의 주인공 4명이 주말마다 모여 브런치를 먹던 어퍼 이스트점은 아쉽게도 문을 닫았지만, 여전히 많은 이들이 사라베스를 찾는다. 잉글리시 머핀에 캐네디언 베이컨(또는 연어 선택)과 수란을 올리고 홀랜다이즈 소스를 뿌린 베네딕트(Benedict)가 대표 메뉴. 접근성이 좋은 곳은 5번가와 가까운 센트럴 파크 사우스점이다. 베네딕트, 프렌치토스트 등의 브런치 메뉴는 오후 4시까지만 판매한다. MAP ⑨

ADD 40 Central Park S
OPEN 08:00~22:00(일 ~21:00)
PRICE $$(메뉴당 $30~)
WEB sarabethsrestaurants.com
ACCESS 5번가 플라자 호텔에서 도보 2분

오마이갓 24 레이어스 케이크

<뉴욕 뉴욕>의 그곳

카네기 다이너앤카페

Carnegie Diner & Café

미국식 기사식당, 다이너를 콘셉트로 한 체인점. 카네기 홀 맞은편 매장이 한국 예능 프로그램에 소개되면서 유명해졌다. '올데이 브런치'라고 부르는 팬케이크, 프렌치토스트, 에그 베네딕트 같은 조식을 브레이크타임 없이 판매하며, 푸짐하게 먹을 수 있다는 것이 장점. 24겹짜리 초코케이크인 오마이갓 24 레이어스 케이크(OMG 24 Layers Cake)도 인기다. 오픈 테이블 예약이 가능하고 테이블 회전이 빨라서 대기시간은 짧은 편. 오래 줄을 서서 먹을 만한 맛집은 아니다. MAP ⑨

ADD 205 W 57th St(07:00~24:00), 828 8th Ave(07:00~01:00)
PRICE $$(메뉴당 $20~25)
WEB carnegiediner.com
ACCESS 센트럴 파크와 타임스 스퀘어 사이/지하철 N·Q·R·W라인 57 St-7 Av역에서 도보 1분

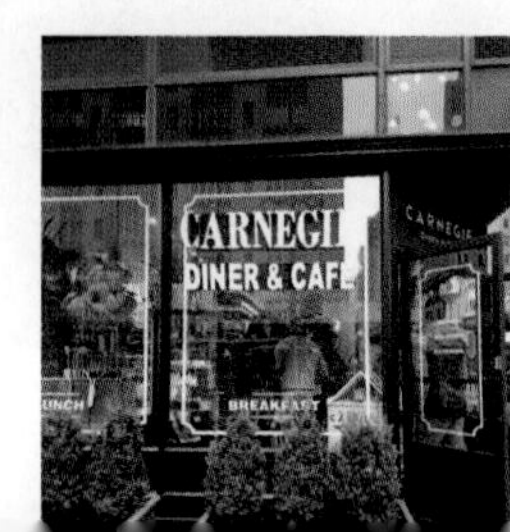

뉴욕 치즈케이크의 대명사
주니어스 레스토랑 Junior's Restaurant

묵직하고 밀도 높은 뉴욕식 치즈케이크로 유명하지만, 알고 보면 미국식 패밀리 레스토랑이다. 브루클린 본점 말고 타임스 스퀘어에도 2개의 매장이 있는데, 49번 스트리트쪽이 대표 매장이다. 예약 없이 방문해도 될 만큼 공간이 넉넉하고 분위기 또한 유쾌해서 가족 식사 장소로 적합한 곳이다. 버거, 샌드위치, 바비큐 등 미국식 메뉴를 먹은 다음 마무리는 꼭 치즈케이크로! MAP ❾

ADD 1626 Broadway **OPEN** 07:00~24:00(금·토 ~01:00)
PRICE $$
WEB juniorscheesecake.com
ACCESS 타임스 스퀘어 TKTS 계단에서 도보 4분

타임스 스퀘어 뷰 맛집
브로드웨이 라운지 Broadway Lounge

타임스 스퀘어가 내려다보이는 전망 좋은 식당에서 합리적인 가격으로 즐기는 뉴욕 메리어트 마르키스 호텔의 레스토랑. 칵테일과 가벼운 스낵은 물론 스테이크나 파스타 등 식사도 주문할 수 있다. MAP ❾

ADD 1535 Broadway
OPEN 17:00~24:00
PRICE $$(메뉴당 $32~42, 3인 2메뉴)
WEB broadwaylounge.nyc
ACCESS 타임스 스퀘어 TKTS 계단 옆

맛있고 푸짐한 뉴욕식 이탈리안
카마인스 Carmine's

'이탈리안-아메리칸 결혼식 잔치 음식'을 테마로 하는 패밀리레스토랑. 토마토소스(Marinara) 파스타나 슈림프 파스타 한 접시가 2인 분량이어서 3~4명이 방문해야 다양한 음식을 맛볼 수 있다. 양도 많고 맛있다 보니 넓은 레스토랑이 언제나 손님으로 가득하다. 브로드웨이 뮤지컬 공연을 보고 난 다음에 가기 좋은 위치다. MAP ❾

ADD 200 W 44th St
OPEN 11:00~24:00
PRICE $$(메뉴당 $32~42, 3인 2메뉴)
WEB carminesnyc.com
ACCESS 타임스 스퀘어 한복판

허드슨 야드 쇼핑센터
메르카도 리틀 스페인 Mercado Little Spain

베슬로 유명한 허드슨 야드 산책을 마친 뒤 식사 장소로 추천하는 스페인풍 푸드코트. 미슐랭 스타 쉐프 호세 안드레스(José Andrés)가 총괄하는 곳으로, 레스토랑 부문과 푸드코트 부문으로 나뉜다. 푸드코트에서는 감바스, 파에야, 엠파나다, 하몽, 스패니쉬 오믈렛과 추로스 등을 캐주얼한 분위기에서 합리적인 가격으로 즐길 수 있다(그래도 가격대가 높은 편). 대형 솥에서 조리하는 파에야가 식욕을 돋운다. MAP ❾

ADD 10 Hudson Yards **OPEN** 11:00~22:00
WEB littlespain.com **ACCESS** 허드슨 야드 베슬 앞

#Zone 2

다이내믹한 뉴욕과의 만남

미드타운 사우스 & 소호

Midtown South & SoHo

지난 10년간 가장 다이내믹하게 변화한 뉴욕을 만나고 싶다면, 뉴욕의 스카이라인을 완전히 바꿔 놓은 빌딩 숲 허드슨 야드에서 출발해 첼시 마켓까지 걸어 내려가자. 남쪽으로 갈수록 건물의 높이가 점점 낮아지는 이 일대가 바로 멋스러운 벽돌 건물마다 패션 매장과 레스토랑이 즐비한 첼시, 그리니치빌리지, 소호다. 그저 걷기만 해도 재미있는 곳, 과거와 현재가 공존하는 미드타운 남쪽과 다운타운 사이가 바로 그런 곳이다.

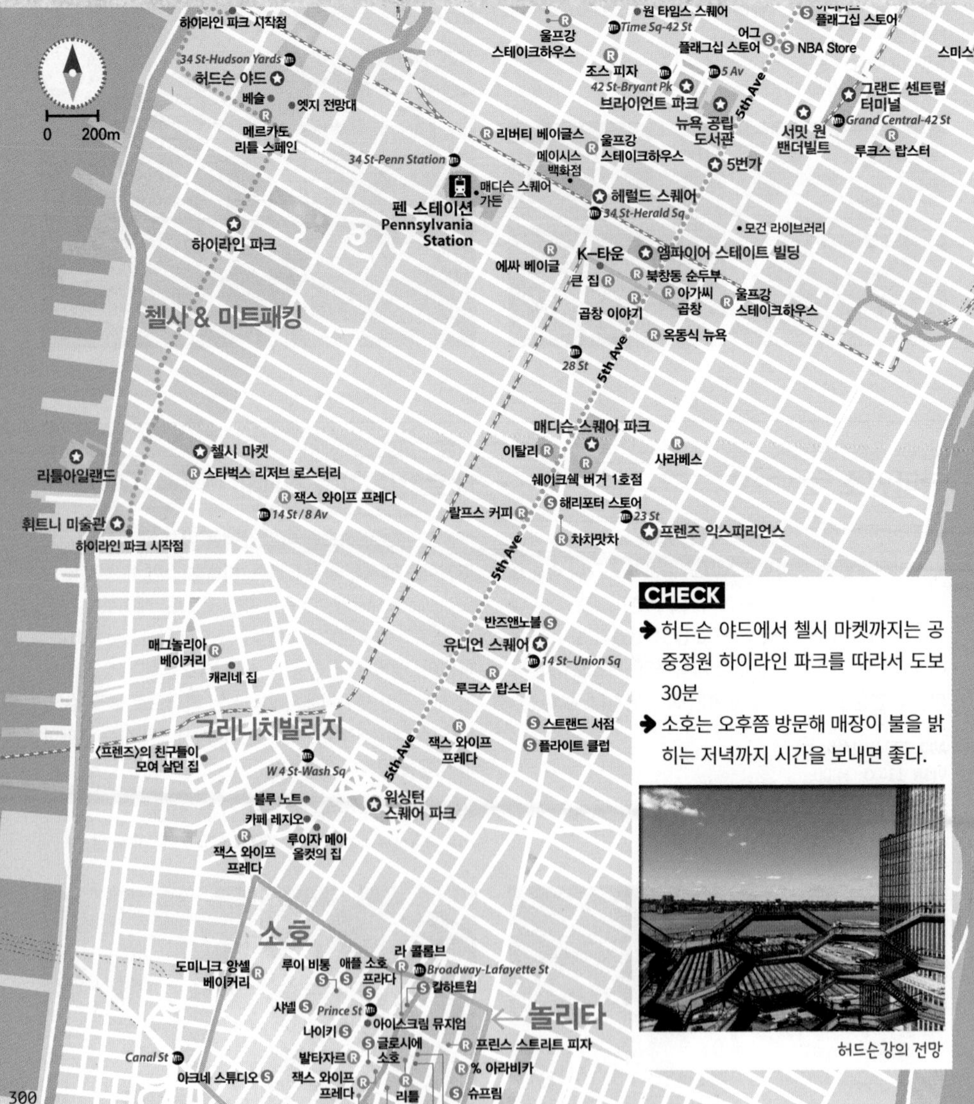

CHECK

➔ 허드슨 야드에서 첼시 마켓까지는 공중정원 하이라인 파크를 따라서 도보 30분

➔ 소호는 오후쯤 방문해 매장이 불을 밝히는 저녁까지 시간을 보내면 좋다.

허드슨강의 전망

1 엣지있는 강변 쇼핑센터
허드슨 야드
Hudson Yards

허드슨강 주변의 철도 기지창을 재개발한 도시 재생 프로젝트 단지다. 초고층 주상복합 빌딩군과 엣지(Edge) 전망대, 아트 센터 쉐드(The Shed) 등으로 이루어져 있다. 벌집 형태의 구조물 베슬(Vessel)은 혁신적인 디자인으로, 첫 공개될 당시부터 찬사를 받은 전망대이나, 현재는 1층에서 올려다보는 것만 가능하다. 쇼핑센터 안에는 스페인 음식 전문 푸드코트와 수많은 패스트푸드 체인, 레스토랑이 입점해 있다. 101층의 전망 레스토랑 피크(Peak NYC)에서 $40 이상 식사하면 엣지 전망대 무료입장 가능. MAP 9

ADD 30 Hudson Yards **OPEN** 10:00~20:00(일 11:00~19:00)
WEB hudsonyardsnewyork.com
ACCESS 지하철 7라인 34 St-Hudson Yards역/하이라인 파크와 연결

허드슨 야드 전경

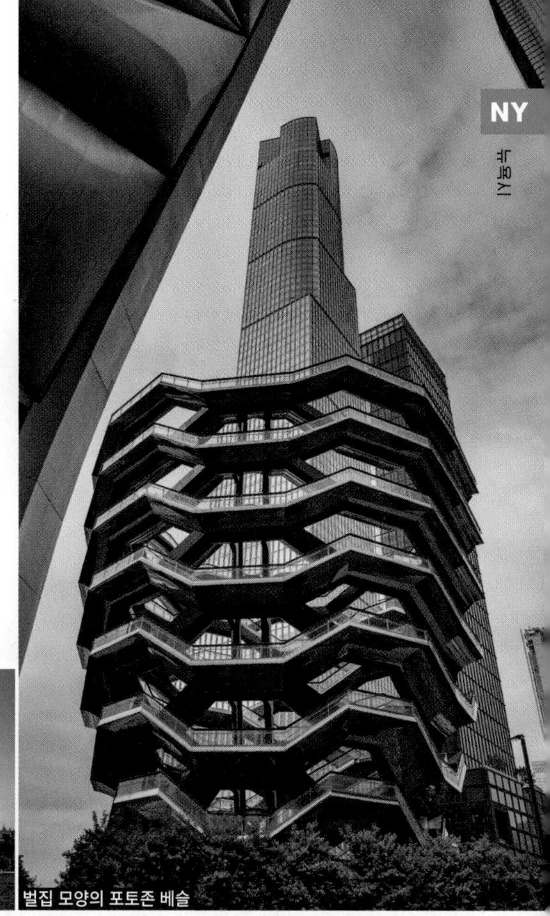
벌집 모양의 포토존 베슬

+MORE+

엣지 전망대 Edge

허드슨 야드 쇼핑센터와 연결된 초고층 전망대. 야외 전망대의 뾰족한 유리 벽 모서리에 서서 하늘에 떠 있는 것 같은 느낌으로 인증 사진을 찍는 것이 포인트! 100층 아래를 수직으로 내려다볼 수 있는 강화유리 바닥도 찾아보자. 포토존이 생각보다 넓지 않아서 상당히 붐비는 편이다.

OPEN 08:00~23:00(시즌별로 다름) **PRICE** $40~60(시간대별로 다름) **WEB** edgenyc.com/en

여기가 바로 엣지의 포토 포인트

2 공중 공원으로 변신한 철도
하이라인 파크
The High Line

낡은 기찻길을 낭만적인 공원으로 변신시킨 공중 산책로다. 철로의 흔적은 그대로 유지하되 곳곳에 꽃과 나무를 심어 공원길을 조성하고, 유명 작가들의 예술 작품이나 벽화를 포인트별로 배치하여 문화 공간의 기능도 갖추었다. 도로 약 9m 높이에서 뉴욕의 길거리를 내려다볼 수 있고, 빌딩 숲 사이를 걷다가 보이는 허드슨강의 경치도 뛰어나다. 간혹 창문에 독특한 장식이나 재치 있는 슬로건을 내건 가정집도 눈에 띈다. 휘트니 미술관 앞(Gansevoort St)에서부터 허드슨 야드까지 총 2.33km이고, 공원으로 올라가는 입구는 여러 곳에 있다.

MAP ❾

OPEN 07:00~22:00(겨울철 ~20:00)
WEB thehighline.org
ACCESS 허드슨 야드 또는 첼시 마켓에서 진입

: WRITER'S PICK :

뉴욕의 끝없는 진화
첼시 & 미트패킹

1870년대 이후 맨해튼 미드타운 서쪽의 첼시(Chelsea)에 항만 시설과 철도, 공장이 건설되면서 노동자들이 대거 유입됐고, 도축업이 활발하던 미트패킹 디스트릭트(Meatpacking District)와 함께 상업 지구를 형성했다. 1960년대 이후 쇠락하며 한때 슬럼화되기도 했으나, 옛 공장 중 한 곳은 첼시 마켓으로, 화물을 실어 나르던 철도는 하이라인 파크로 거듭나면서 뉴욕 트렌드를 선도하는 중심지로 발전했다.

하이라인 파크 입구

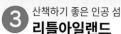

리틀아일랜드에서 본 휘트니 미술관

산책하기 좋은 인공 섬

리틀아일랜드
Little Island

잔해만 남은 55번 부두(Pier 55)에 조성된 작은 인공 섬이다. '튤립'이라고 불리는 화분 모양의 구조물 132개를 연결하여 만든 강변 공원으로, 야외 원형극장, 광장, 잔디밭, 산책로, 전망대 등으로 구성돼 있다. 아기자기한 초목 사이로 다양한 식물이 번갈아 가며 꽃을 피우는 등 조경이 매우 예쁘고 공원에서 바라보는 뉴욕시의 전경도 인상적이다. 무엇보다 허드슨강의 탁 트인 전망이 시원하다. MAP ⑩

ADD Pier 55 in Hudson River Park at, W 13th St
OPEN 06:00~23:00(겨울철 ~21:00)
WEB littleisland.org
ACCESS 첼시 마켓 10th Ave 쪽 출구에서 도보 7분

4 신진 예술가의 등용문

휘트니 미술관
Whitney Museum of American Art

철도왕 코닐리어스 밴더빌트의 둘째 손녀로 미국의 저명한 사교계 명사이자, 미술 후원자였던 거트루드 밴더빌트 휘트니(Gertrude Vanderbilt Whitney)가 설립한 미술관이다. 휘트니 자신이 수집한 미국 현대 미술 작품들을 메트로폴리탄에 기부하고자 했으나 거절당하고, 이에 직접 미술관을 개관했다. 상설 전시작으로는 에드워드 호퍼(Edward Hopper), 재스퍼 존스(Jasper Johns) 등의 회화와 알렉산더 칼더(Alexander Calder)의 조형물 등이 있으며, 여전히 신진 예술가를 발굴하는 비엔날레를 개최하고 있다.
미술관 건물의 5~8층에 각각 야외 테라스가 있으며, 여기서 보는 하이라인 파크와 맨해튼의 전망도 빼놓을 수 없는 매력이다. MAP ⑩

ADD 99 Gansevoort St
OPEN 10:30~18:00(금 ~22:00)/화요일 휴무
PRICE $30(금요일 17:00 이후·매월 둘째 일요일 무료입장)
WEB whitney.org
ACCESS 지하철 A, C, E, L라인 14 St/8 Av역과 첼시 마켓에서 도보 10분

루프탑

전망 포인트

옛날 비스킷 컴퍼니 시절의 흔적

5 뉴욕 맛집 완전 정복!
첼시 마켓
Chelsea Market

오레오 과자로 유명한 나비스코 비스킷 컴퍼니의 옛 공장을 리모델링한 쇼핑몰. 규모는 그리 크지 않지만, 뉴욕의 유명 레스토랑과 디저트 가게를 선별하여 모아놓은 핵심 쇼핑몰이다. 폐공장의 파이프와 허물어진 벽돌이 그대로 보존된 가운데, 조명과 인테리어로 세련미를 더하여 뉴욕의 옛 모습과 현재를 동시에 보여준다. 첼시 마켓 건물 뒤쪽 10번가로 나가면 고가도로처럼 연결된 하이라인 파크의 입구와 만난다. 앞쪽의 9번가에 있는 스타벅스 리저브 로스터리(136p)도 놓치지 말 것! MAP ⑩

ADD 75 9th Ave
OPEN 07:00~22:00
WEB chelseamarket.com
ACCESS 지하철 A·C·E·L 14 St-8 Av역에서 도보 5분/유니언 스퀘어에서 14번 스트리트를 다니는 버스를 타고 E 14 St/Irving Pl 정류장 하차

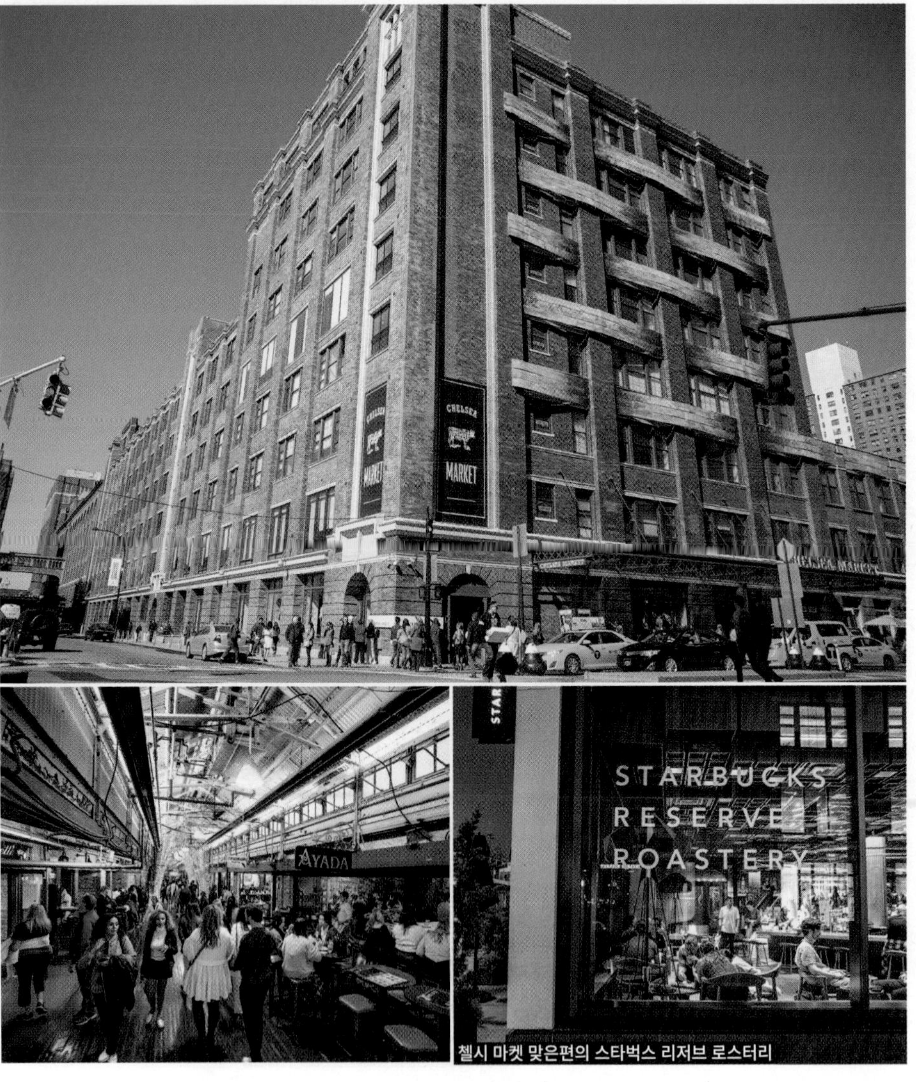

첼시 마켓 맞은편의 스타벅스 리저브 로스터리

첼시 마켓 대표 스토어

랍스터 플레이스
The Lobster Place

신선한 랍스터를 그 자리에서 바로 쪄 주는 곳. 워낙 인기라 언제 가도 줄 설 각오를 해야 한다. 주변의 오이스터, 스시 매대에서 음식을 사서 같이 먹어도 된다.

로스 타코스 넘버 원
Los Tacos No.1

뉴욕에 여러 군데 매장을 둔 가성비 타코 맛집. 첼시 마켓에서 가장 줄을 길게 선다.

컬앤피스톨
Cull & Pistol

랍스터 플레이스에서 운영하는 시푸드 전문점. 첼시마켓에서 제대로 된 해산물 요리를 먹을 때 추천한다. 가격대는 살짝 높은 편.

팻 위치 베이커리
Fat Witch Bakery

친숙한 꼬마 마녀 캐릭터. 달콤한 브라우니와 쿠기는 선물용으로도 인기.

에이미스 브레드
Amy's Bread

사워도우 빵으로 유명한 뉴욕의 아티장 베이커리. 간단하게 샌드위치나 달콤한 브리오슈 롤을 구매해서 맛보자.

아티스트앤플리
Artists & Fleas

뉴욕 로컬 예술가들의 수공예품을 한자리에 모아 놓은 실내 상설 플리마켓.

사라베스 베이커리
Sarabeth's Bakery

사라베스의 다양한 베이커리 제품과 잼을 테이크아웃 할 수 있다.

6 로맨틱 뉴욕의 완성

워싱턴 스퀘어 파크

Washington Square Park

뉴욕 대학교(NYU) 부근에 있어 대학가 특유의 활기가 느껴지는 공원이다. 입구의 개선문은 1889년 조지 워싱턴 취임 100주년을 기념하여 임시로 설치했다가 1892년 대리석을 이용하여 제대로 만들어 세운 것이다. 개선문 아치 아래 길거리 뮤지션들의 공연이 많이 열리며, 공원 중앙의 유럽풍 분수와 아름드리나무, 잔디밭은 모두에게 열린 휴식 공간이다. **MAP ⑩**

ADD 5th Ave, Waverly Pl, W 4 St and Macdougal St
OPEN 06:00~24:00
WEB nycgovparks.org/parks/washington-square-park
ACCESS 지하철 A·B·C·D·E·F·M라인 W 4 St-Wash Sq역에서 도보 3분

뉴욕 대학교 건물인 저드슨 메모리얼 교회

거리 예술가들이 자유롭게 공연을 펼치는 곳

블리커 스트리트까지 걸어서 5분!

뉴욕의 예술마을

그리니치빌리지 Greenwich Village

워싱턴 스퀘어 파크는 오 헨리의 단편 <마지막 잎새>의 배경이 된 그리니치빌리지의 중심에 있다.
자유분방한 아티스트, 문학가, 지식인들의 근거지인 그리니치빌리지는 지역 전체가 역사지구로 지정돼 있다.
블리커 스트리트(Bleecker Street) 쇼핑가를 구경하거나,
여러 명사들이 살았던 집과 영화·드라마 속 장소들을 찾아서 마냥 걸어 다녀도 좋은 동네다.

◆ 뉴욕 최고의 재즈 클럽 블루 노트 Blue Note

ADD 131 W 3rd St

◆ 미드 <섹스 앤 더 시티> 캐리의 집

ADD 66 Perry St

◆ 영화 <대부>에 등장한 카페 레지오 Café Reggio

ADD 119 MacDougal St

◆ 미드 <프렌즈>의 친구들이 모여 살던 집

ADD 90 Bedford St

◆ <작은 아씨들>의 작가 루이자 메이 올컷의 집

ADD 132 MacDougal St

7 해리포터 만나고, 쉐이크쉑 버거도 맛보고!

매디슨 스퀘어 파크
Madison Square Park

다소 애매한 위치에 있는 매디슨 스퀘어 파크를 방문해야 할 이유 3가지! 첫 번째는 해리포터 스토어(Harry Potter New York)에서 굿즈 쇼핑과 함께 인증샷을 찍기 위해서다. 오후가 되면 사람이 많아져 원하는 사진을 찍을 수 없으니 무조건 오전에 방문할 것. 두 번째는 공원 안에 자리한 쉐이크쉑 버거 1호점(Shake Shack Madison Square Park) 때문이다. 뉴욕 곳곳에 지점이 있긴 하지만, 야외 테이블에서 피크닉하듯 맛보는 1호점 버거 맛은 여전히 특별하다. 마지막으로 세 번째는 5번가와 브로드웨이 교차점에 지어진 플랫아이언 빌딩(Flatiron Building: 다리미를 닮았다는 뜻)에서 인증샷 남기기! 플랫아이언부터 유니언 스퀘어까지 걸어 내려가며 브로드웨이 쇼핑가를 구경하고 차차맛차(Cha Cha Matcha) 등 주변 카페를 방문하는 일도 즐겁다. MAP ⑩

ADD 11 Madison Ave
OPEN 10:00~17:00
WEB madisonsquarepark.org
ACCESS 지하철 N·Q·R·W라인 23St역 하차/유니언 스퀘어 파크에서 도보 10분

쉐이크쉑 버거 (10:30~22:00)

해리포터 스토어
ADD 935 Broadway
OPEN 09:00~21:00(일 ~19:00)

차차맛차
ADD 1158 Broadway
OPEN 07:00~19:00(토·일 08:00~)

+MORE+

이탈리안 푸드코트
이탈리 Eataly NYC

이탈리아 식재료 전문 마트 겸 푸드홀. 매디슨 스퀘어 파크 바로 옆 이탈리 1호점(Eataly NYC Flatiron)은 여름마다 분위기 좋은 루프탑 비어 가든(SERRA)을 운영한다. 다운타운 월드 트레이드 센터의 2호점에 이어 2023년 11월 소호에도 3호점을 열었다. 3곳 모두 여행자가 찾아가기 편한 위치이고 화장실을 이용하면서 쉬어가기에 좋다.

OPEN 07:00~23:00(매장마다 다름)
WEB eataly.com

유니언 스퀘어역

뉴욕 파머스 마켓이 궁금해?

유니언 스퀘어

Union Square

1839년에 만들어진 만남의 광장이자 미드타운과 다운타운을 구분하는 경계선이다. 일주일에 4회, 뉴욕 근교에서 재배한 싱싱한 채소와 꽃, 베이커리, 아미시 유제품 등을 판매하는 유니언 스퀘어 그린 마켓(파머스 마켓)이 열려서 더욱 매력적인 장소. 핼러윈과 추수감사절을 코앞에 둔 가을에는 더욱 다양한 지역 특산물을 구경할 수 있다. 겨울에는 뉴욕에서 가장 큰 규모의 홀리데이 마켓이 열리면서 크리스마스 분위기가 한껏 고조된다. **MAP ⑩**

ADD E 14 St
OPEN 그린 마켓 월·수·금·토 08:00~18:00
홀리데이 마켓 11월 중순~12월 24일 11:00~저녁
ACCESS 지하철 4·5·6·L·N·Q·R·W라인 14 St-Union Sq역

홀리데이 마켓

그린 마켓

+MORE+

유니언 스퀘어에서 쇼핑하기

유니언 스퀘어와 매디슨 스퀘어 파크 사이는 대형 가구점과 인테리어 매장, 라이프스타일 편집숍, 마트 등 생활형 매장이 모여 있어서 뉴요커들이 즐겨찾는 쇼핑가다. 공원 남쪽 입구 맞은편에 홀푸드 마켓과 신발 할인 매장인 DSW가 있으며, 고풍스러운 건물에 입점한 대형 서점 반즈앤노블에 잠시 들러도 좋다. 브로드웨이를 따라 5분만 걸어 내려가면 최고의 스니커즈 리셀샵 플라이트 클럽(Flight Club)과 중고 서점 스트랜드(270p)가 있다.

반즈앤노블

9 트렌디한 패션 거리
소호
SoHo

클래식한 건물마다 명품매장과 대중적인 브랜드 매장, 신진 디자이너의 부티크숍이 입점한 소호는 뉴욕 패션과 소비문화의 중심지다. 패션 화보 단골 촬영지이자, 현재 가장 인기 있는 브랜드의 팝업 스토어가 열리는 곳도 소호! 명암과 색채가 뚜렷한 건물과 예쁜 간판을 배경으로 마음껏 사진을 남기고 쇼핑까지 마친 후에 쉴만한 레스토랑과 카페를 찾기에도 완벽한 동네다.

소호는 '하우스턴 스트리트 남쪽(South of Houston Street)'의 줄임말이다. '리틀 이탈리아 북쪽(North of Little Italy)'의 줄임말인 놀리타까지 프린스 스트리트(Prince St)를 기준으로 삼아 둘러보자. MAP ⑩

ACCESS 지하철 R·W라인 Prince St 역/6라인 Spring St역

: WRITER'S PICK :

뉴욕다운 화보의 완성, 캐스트 아이언

건물 외벽을 주철(캐스트 아이언)로 장식한 캐스트 아이언 건물은 1840년에서 1880년 사이에 집중적으로 건설됐다. 돌이나 벽돌보다 저렴한 방식이라서 상업용 건물에 많이 사용됐는데, 결과적으로 네모반듯한 벨기에 블록(Belgian Blocks)이 깔린 벽돌길과 함께 뉴욕 특유의 감성을 가장 잘 나타내는 피사체가 됐다. 오늘날 뉴욕에 남아 있는 250채 중 대부분이 소호에 있어 지역 전체가 소호 캐스트 아이언 역사 지구(SoHo-Cast Iron Historic District)로 지정돼 있다.

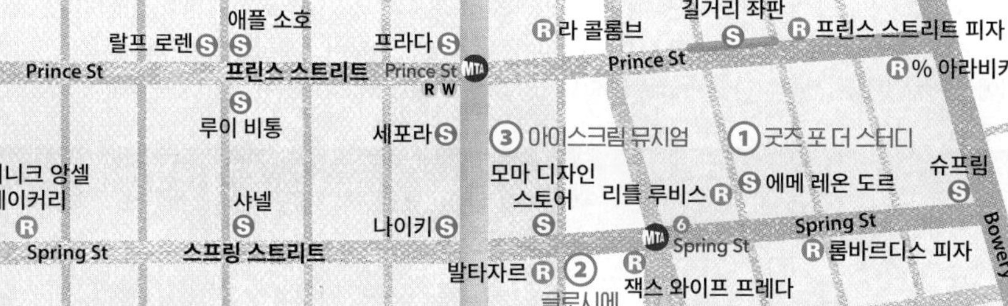

굿즈 포 더 스터디
Goods for the Study

갖가지 필기구와 학용품, 다이어리 꾸미기용 제품으로 가득해 들여다보기만 해도 기분 좋아지는 공간이다. 예쁜 가게가 많은 멀버리 스트리트에 있다.

ADD 234 Mulberry St
OPEN 12:00~20:00

글로시에 소호
Glossier Soho

메이크업 스테이션과 셀카존까지, 감성을 자극하는 핑크빛으로 꾸민 화장품 매장. 여기서 스프링 스트리트를 따라 5분만 더 걸어가면 슈프림(Supreme) 매장도 쉽게 찾을 수 있다.

ADD 72 Spring St
OPEN 10:00~20:00(금·토 ~21:00)

아이스크림 뮤지엄
Museum of Ice Cream

아이스크림을 주제로 한 체험형 박물관. 다채로운 놀이를 경험하고 무제한 아이스크림도 먹을 수 있어서 아이들과 함께라면 추천! 다른 도시(시카고, 보스턴, 샌프란시스코 등)에도 같은 컨셉의 박물관이 있지만, 뉴욕 소호점이 가장 큰 플래그십 스토어다.

ADD 558 Broadway
OPEN 10:00~19:00(입장 기준, 금·토 ~ 20:30)
PRICE $39~59

내가 찾던 뉴욕 감성

소호 & 놀리타 맛집

길을 걷다가 마음에 드는 장소를 만났다면 어디든 괜찮다. 마음 가는 대로 자유롭게, 편하게 즐기는 것이 소호의 매력이니까! 소호의 거리는 오전에는 다소 한산하다가 오후가 되면 점점 활기가 넘치고, 불빛이 반짝이는 저녁에 더욱 예쁘다. 간단한 식사를 원한다면 새로 생긴 이탈리 소호점을 찾아가도 좋다. 여기에 소개된 맛집은 전부 지하철 Prince St(R, W라인) 또는 Spring St(6라인)에서 도보 10분 내외에 모여 있다.

호주식 브런치 카페

리틀 루비스 Little Ruby's SoHo

소녀시대가 다녀간 맛집으로 유명해지면서 서울에도 매장을 낸 루비스 카페의 본점. 합리적인 가격으로 깔끔한 브런치를 즐기면서 놀리타의 분위기를 제대로 느낄 수 있다. 브런치 메뉴는 오후 4시까지, 대표 메뉴인 브론테 버거(일명 떡갈비 버거)와 고구마튀김은 하루 종일 주문 가능하다. 예약은 따로 받지 않으니 기다리면서 길 건너편 에메 레온 도르(Aimé Leon Dore) 매장과 카페를 구경하면 딱이다. **MAP ⑩**

ADD 219 Mulberry St
OPEN 09:00~23:00
PRICE $$(메뉴당 $17~20)
WEB rubyscafe.com

지중해식 브런치 카페

잭스 와이프 프레다 Jack's Wife Fredda

지중해 요리를 테마로 하는 브런치 레스토랑이다. 상큼한 맛이 매력인 그린 샥슈카(아스파라거스 같은 녹색 재료와 계란을 이용하는 요리), 식용 로즈워터(장미수)로 반죽한 와플이 대표 메뉴. 염소 치즈와 양 치즈를 얹은 그릴드 할루미 샐러드나 남아프리카식 치킨 요리인 페리페리 치킨 윙도 인기다. 첫 매장인 소호점을 비롯해 맨해튼과 브루클린에 매장이 여럿 있는데, 주말 브런치 타임에는 늘 줄을 서야 하니 예약하고 방문하자. **MAP ⑩**

ADD 226 Lafayette St
OPEN 08:30~22:00(일 ~21:00, 목~토 ~23:00)
PRICE $$(메뉴당 $20~30)
WEB jackswifefreda.com

그린 샥슈카

달걀 요리의 마법사

발타자르 Balthazar

1997년 소호에 문을 연 이래 인기가 식지 않는 프렌치 비스트로. 무쇠 스킬렛에 내어주는 에그 플로렌틴(시금치와 수란 요리), 진한 어니언 수프와 라타투이 오믈렛, 오리 콩피 등 프랑스 가정식 요리가 일품이다. 갓 구운 빵과 페이스트리, 타르트도 유명한데, 바로 옆 베이커리에서 별도 구매 가능. 시간대별로 메뉴가 바뀌며, 달걀 요리를 맛보려면 조식 또는 주말 브런치 타임에 예약하고 가는 것이 좋다. **MAP ⑩**

ADD 80 Spring St
OPEN 08:00~24:00(토·일 브런치 09:00~16:00)
PRICE $$(메뉴당 $26~40)
WEB balthazarny.com

양파 수프

보드라운 가정식 치즈케이크 맛집

에일린스 치즈케이크 Eileen's Special Cheesecake

일반적인 진한 뉴욕 치즈케이크와 달리 입에 넣자마자 사르르 녹아내리는 치즈케이크로 인기를 얻었다. 과일을 올린 미니 치즈케이크가 있으니 부담 없이 맛보자. 매장은 매우 협소하다. 현지 발음은 아일린스. **MAP ⑩**

ADD 17 Cleveland Pl
OPEN 11:00~19:00(금·토 ~20:00)
PRICE $(미니 치즈케이크 $6.25)
WEB eileenscheesecake.com

크로넛을 개발한

도미니크 앙셀 베이커리 Dominique Ansel Bakery

크루아상과 도넛을 합친 크로넛(Cronut)을 개발해 이름을 알린 도미니크 앙셀의 첫 베이커리. 주문 후 즉석에서 따끈하게 구워주는 미니 마들렌(Mini Madeleine), 바닐라 아이스크림으로 마시멜로를 감싼 프로즌 스모어스(Frozen S'mores)만 먹어도 만족스럽다. 카운터 안쪽에 테이블이 있다. **MAP ⑩**

ADD 189 Spring St
OPEN 08:00~19:00(금·토 ~22:00)
PRICE $(개당 $8~10)
WEB dominiqueanselonline.com

커피잔이 예쁜

라 콜롬브 소호점 La Colombe Coffee Roasters

미국 전역에 30여 개 지점, 맨해튼에만 9개 지점을 보유한 필라델피아의 커피 전문점이다. 그중 소호점은 동선상 편리하고 분위기도 좋은 편. 독특한 문양의 커피잔에 내주는 라테 맛이 진하고 고소하다. 라 콜롬브의 시그니처인 드래프트 라테는 마트에서 캔으로도 구매할 수 있다. **MAP ⑩**

ADD 270 Lafayette St
OPEN 07:00~18:30
PRICE $
WEB lacolombe.com

#Zone 3

센트럴 파크와 뉴욕의 슈퍼 리치

업타운 맨해튼 Uptown Manhattan

미드타운 59번 스트리트 위쪽의 업타운을 뉴욕에서는 어퍼 맨해튼(Upper Manhattan)이라고 부른다. 센트럴 파크를 기준으로 동쪽인 어퍼 이스트 사이드(Upper East Side)는 미드 <가십걸> 속 고급 주거지역으로 잘 알려져 있다. 5번가를 따라 메트로폴리탄과 구겐하임 등 뉴욕의 대표 박물관과 미술관이 모여 있다. 콜럼버스 서클에서 시작되는 어퍼 웨스트사이드(Upper West Side)의 주택가는 어퍼 이스트에 비해 자유롭고 활기찬 느낌이다. 자연사 박물관과 링컨 센터 등의 문화 공간은 서로 거리가 떨어져 있으니 가고 싶은 곳을 정한 다음 지하철을 이용하는 것이 좋다.

센트럴 파크와 어퍼 웨스트사이드

CHECK

- 센트럴 파크의 면적은 매우 넓다. 플라자 호텔이 있는 남쪽(Central Park South)과 가로수길(The Mall)이 있는 중심부로 나누어서 생각하면 편리하다.
- 어퍼 이스트의 메트로폴리탄 미술관을 보고 난 다음 5번가를 따라 아래로 내려오는 버스를 타면 좀 더 쉽게 다닐 수 있다.

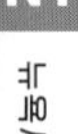

찰스 엥겔하드 코트

전망 좋은 5층 루프톱 가든

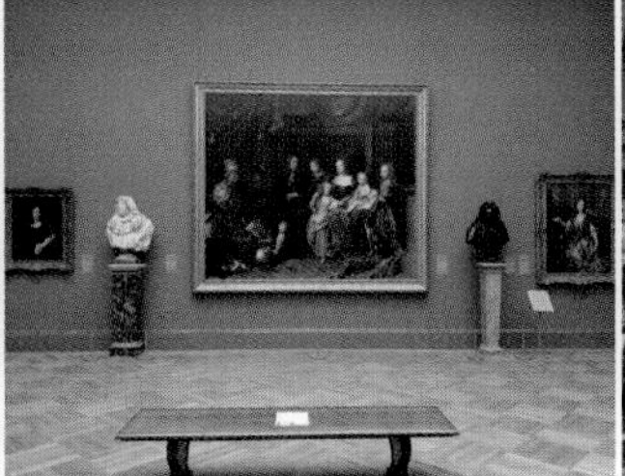

인류 문화 유산의 보고

메트로폴리탄 미술관

The Metropolitan Museum of Art

오랜 기간 축적된 문화적 토대 위에 왕이나 제후의 후원으로 생겨난 유럽의 박물관과는 달리 메트로폴리탄은 시민들의 자발적 참여로 시작한 미술관이다. 150년이 지난 현재는 2백만 점 이상의 예술품을 소장한 북미 최대 미술관으로 성장했으며, 소장품 또한 174점의 초기 유럽 회화를 포함하여 기원전 8천 년부터 현대에 이르기까지 모든 문화권과 시대를 망라하는 예술 작품을 집대성하고 있다. 뉴욕 패션 위크 등 중요 이벤트 장소로 사용되는 이집트관의 덴두어 신전(Temple of Dendur)과 5층 루프탑 가든이 촬영 포인트다. 뮤지엄 스토어에서는 퀄리티 좋은 기념품을 판매한다. MAP ❾

ADD 1000 5th Ave
OPEN 10:00~17:00(금·토 ~21:00)/수요일 휴무
PRICE $30(당일에 한해 메트 클로이스터스까지 입장 가능)
WEB metmuseum.org
ACCESS 지하철 4·5·6라인 86St역에서 도보 15분

+MORE+

뉴욕의 가을 명소
메트 클로이스터스 The Met Cloisters

1938년 개관한 메트 클로이스터스는 존 D. 록펠러 주니어가 프랑스의 수도원 4개를 옮겨와 재조합한 중세 유럽 종교 예술 전시관이다. 메트로폴리탄 미술관 입장권으로 방문 가능한 분관이지만 상당히 멀리 떨어져 있으므로 서로 다른 날 방문하는 것이 좋다.

7점의 유니콘 태피스트리 연작(The Unicorn Tapestries)을 포함해 수천 점의 중세 미술품을 전시하고 있으며, 수도원 안뜰을 둘러싼 큰 회랑(Cuxa Cloisters)도 중요한 관람 포인트다. 가장 높은 지점인 린든 테라스(Linden Terrace)에서는 맨해튼과 뉴저지를 잇는 조지 워싱턴 다리와 허드슨강을 따라 펼쳐진 뉴저지의 팰리세이드(Palisades) 협곡이 바라다보인다.

ADD 99 Margaret Corbin Drive, Fort Tryon Park
OPEN 10:00~17:00(겨울철 ~16:30)/수요일 휴무
ACCESS 지하철 A라인 190 St역에서 도보 10분

Collection Highlight
메트로폴리탄 미술관 주요 작품

경이로운 전시품으로 가득한 미술관은 하루 만에 다 볼 수 없다. 일정이 한정된 여행자 입장에서는 3시간 정도가 최선이므로 사전에 우선순위를 정해두고 보는 것이 바람직하다. 미술관 1층 로비에서 오른쪽이 이집트관, 왼쪽이 그리스·로마 미술관이다. 중앙 계단으로 올라가면 2층의 유럽 회화관과 연결된다. 2층부터 시작해 관심 있는 작품을 돌아본 다음, 1층으로 내려와 찰스 엥겔하드 코트의 카페에서 휴식을 취하는 순서도 괜찮다. 입구에서 한글 종이 지도를 제공하며, 전시실 작품 아래에 표시된 번호를 모바일 앱(The Met)에 입력하면 오디오 가이드를 이용할 수 있다. 한글 설명은 <투어 하이라이트>로 표시된 일부 작품만 제공한다.

다비드 Jacques Louis David

'소크라테스의 죽음 The Death of Socrates' 1787

갤러리 634

열성적인 프랑스 혁명파이자 나폴레옹 지지자였던 화가 겸 정치가 다비드의 작품. 소크라테스가 독배를 드는 순간을 묘사했다. 소크라테스도, 다비드도 법이란 시민들 사이에 합의된 약속으로 사회 정의를 위해 반드시 지켜야 하는 것이라고 받아들였다. 죽음을 선택함으로써 소크라테스는 자신의 신념을 지켰다. 개인의 이익에 앞서는 사회적 이념과 실천, 이것이 바로 다비드가 이 주제를 택해 그림을 그린 이유였다.

모로 Gustave Moreau

'오이디푸스와 스핑크스 Oedipus and the Sphinx' 1864 갤러리 800

그리스·로마 신화 중 오이디푸스 이야기의 한 장면이다. 이 작품에서 스핑크스는 중앙에 자리 잡고 위협적인 자세를 취하고 있다. 스핑크스가 이제 막 수수께끼를 냈고 오이디푸스는 아직 답을 하기 전 상황이다. 선과 악의 팽팽한 대결의 순간이요, 여성과 남성 사이의 긴장 가득한 응시가 오고 가는 순간이다.

고갱 Paul Gauguin

'마리아를 경배하며 Ia Orana Maria(Hail Mary)' 1891 갤러리 825

이 작품은 고갱의 타히티식 수태고지(천사 가브리엘이 마리아에게 나타나 예수 그리스도 잉태를 예고한 일화)다. 수많은 화가가 수태고지를 자기만의 방식으로 그렸지만, 성모 마리아, 성모 머리 위 후광, 천사 가브리엘, 하늘에서 내려오는 빛 또는 비둘기 등은 공통적인 상징이다. 이 작품에서 마리아, 예수, 경배하는 사람들은 모두 폴리네시아인으로 그려졌고 마리아 발치의 제물은 타히티의 열대 과일로 채워졌다.

로이체 Emanuel Gottlieb Leutze
'델라웨어강을 건너는 워싱턴 Washington Crossing the Delaware' 1851
갤러리 760

메트로폴리탄 소장 회화 중 가장 큰 작품(높이 3.78m, 너비 6.48m). 1776년 12월 25일 새벽, 워싱턴 장군이 이끄는 대륙군이 뉴저지주 트렌턴에 주둔한 영국군을 기습 공격하려고 델라웨어강을 건너는 장면이다. 패전을 거듭했던 대륙군은 트렌턴 전투를 필두로 승기를 잡기 시작했고, 결국 미국은 영국으로부터 독립했다. 미국 독립 전쟁사의 중요한 전환점이 되는 순간을 영원으로 남긴 작품이다.

사전트 John Singer Sargent
'마담 X Madame X' 1883~1884 갤러리 771

눈부신 피부와 검은 의상의 대조가 매력적인 초상화이지만, 1884년 파리에서 발표됐을 땐 세기의 스캔들을 불러 모은 문제작이었다. 도도하게 치켜든 옆얼굴이나 너무 하얀 피부는 성적으로 문란하다고 여겨졌고, 드레스 가슴선이 낮아서 노출이 많다는 점도 문제가 됐다. 더욱 충격적인 것은 보석으로 장식된 어깨끈. 처음 전시된 작품은 오른쪽 어깨끈이 아래로 흘러내린 모습으로, 옷이 벗겨질 것 같은 상상을 자극해 비평가와 관람객 모두를 경악게 했다. 이후 사전트는 어깨끈을 올려서 다시 그렸지만, 결국 파리를 떠나야 했다. 화가와 모델에게 시련을 안긴 작품이었으나 사전트는 이 작품을 자신의 최고 걸작으로 손꼽았다.

덴두어 신전 Temple of Dendur
갤러리 131

B.C. 10년에 완공된 이시스 여신을 위한 신전이다. 1963년 아스완 댐 공사로 수몰위기에 처한 것을 이전한 것으로 이집트 정부가 메트로폴리탄에 기증했다. 넓은 통유리창을 통해서 센트럴 파크와 고대 유적의 조화를 감상할 수 있다.

무기와 갑옷관 Arms and Armor
갤러리 371

중세 기마 기사단을 중심으로 이슬람, 일본 및 근대 열병기까지 문화권별 다양한 무기와 갑옷을 전시한 공간이다. 특히 갤러리 중앙에 전시된 기마 기사단의 존재감과 위압감이 대단하다.

2 미술관 건물이 최고의 작품
솔로몬 R. 구겐하임 미술관
Solomon R. Guggenheim Museum

미국의 대표 건축가 프랭크 로이드 라이트의 걸작, 솔로몬 R. 구겐하임(1959년 완공)은 소장한 작품 이상으로 건물이 유명하고 가치가 있는 미술관이다. 아래가 좁고 위로 갈수록 점점 넓어지는 거대한 나선형의 건물은 네모반듯하게 하늘로 쭉쭉 뻗은 뉴욕 건물들 사이에서 단연코 돋보인다.

자연광을 그대로 받는 중앙 로툰다(Rotunda, 원통형 공간) 아래로 나선형의 복도를 따라 천천히 돌아 내려가면서 작품을 관람하는 내부 공간은 조형적으로도 독특하고, 관람객 입장에서도 매우 편리하다. 주로 현대 미술 특별전이 열리며, 타워 부문 2층에 위치한 탄하우저 컬렉션(Thannhauser Collection)에 칸딘스키, 피카소의 작품이 상설 전시된다. **MAP 9**

ADD 1071 5th Ave
OPEN 10:30~17:30(월·토 16:00 이후~ 기부금 입장, $10 권장)
PRICE $30
WEB guggenheim.org
ACCESS 버스 M1·M2·M3·M4를 타고 Madison Av/E 89 St 정류장 하차 후 도보 3분

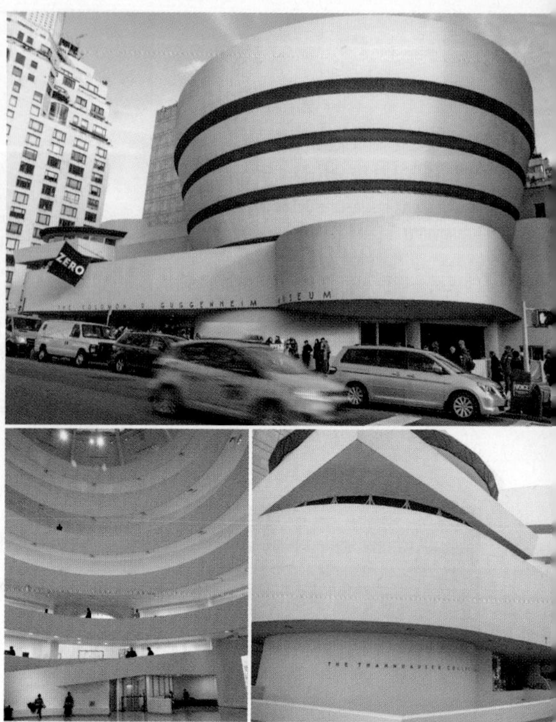

: WRITER'S PICK :

미술관의 거리, 뮤지엄 마일

메트로폴리탄 미술관이 있는 82번에서 105번 스트리트(82nd St~105th St)까지, 5번가를 따라 주요 박물관과 미술관이 밀집한 거리를 뮤지엄 마일(Museum Mile)이라고 한다. 기업가 헨리 클레이 프릭(Henry Clay Frick)의 개인 소장품을 바탕으로 설립한 프릭 컬렉션(The Frick Collection), 영화 <우먼 인 골드>의 소재가 된 클림트의 '아델르 블로흐-바우어의 초상'을 전시한 노이에 갤러리(Neue Galerie New York), 디자인 및 장식 미술 전문 박물관 쿠퍼 휴잇 스미스소니언 디자인 박물관(Cooper Hewitt, Smithsonian Design Museum) 등을 눈여겨보자.

WEB mcny.org

'아델르 블로흐-바우어의 초상'

3 센트럴 파크의 서쪽 입구
콜럼버스 서클
Columbus Circle

어퍼 웨스트의 시작점인 콜럼버스 서클은 브로드웨이와 8번가(8th Avenue)와 59번 스트리트(59th St)가 만나는 회전 교차로다. 중앙에는 크리스토퍼 콜럼버스의 동상이 우뚝 서 있고, 도이체방크 센터(구 타임 워너 센터) 안에서 전경을 볼 수 있다. 쇼핑센터 지하의 홀푸드 마켓은 점심과 저녁 식사 시간에 맞춰 샐러드 및 핫푸드바를 운영하는데, 좌석이 넓어서 여행 시 이용하기 좋다. 4층에는 미슐랭 3스타 레스토랑 퍼 세(Per Se)와 다양한 맛집이 있다. 콜럼버스 서클은 센트럴 파크의 서쪽 입구와 연결된다. MAP 9

ADD 10 Columbus Cir(도이체방크 센터)
OPEN 10:00~20:00(일 11:00~19:00)
WEB theshopsatcolumbuscircle.com
ACCESS 지하철 A·C·B·D·1·2라인 59 St-Columbus Circle역과 연결

쇼핑센터에서 본 콜럼버스 서클

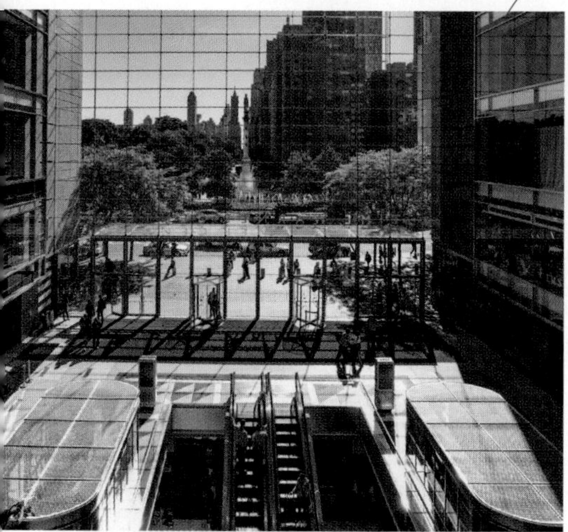

콜럼버스 서클 북쪽의 지구 조형물과 트럼프 인터내셔널 호텔 & 타워

4 박물관이 살아있다
미국 자연사 박물관
American Museum of Natural History

약 3천 5백만 개 전시품을 45개 전시관에 걸쳐 전시하고 있다. 중생대의 시기별 공룡 화석과 매머드, 검치호랑이 등의 화석 전시관, 코끼리 군집을 박제한 전시관 풍경은 영화 <박물관이 살아있다>에 생생하게 담겨 있다. 전시품이 늘어남에 따라 박물관 확장을 거듭해 2000년에는 로즈 지구 우주 센터(The Rose Center for Earth and Space)를, 2023년에는 혁신적인 디자인의 체험형 전시관 길더 센터(Richard Gilder Center for Science, Education, and Innovation)를 개관했다. 방문 전 예약 필수. 5개의 유료 전시도 시간 예약 필수다. MAP 9

ADD 200 Central Park West
OPEN 10:00~17:30
PRICE 기본 입장권 $28/추가 관람 1개당 +$6, 2개 이상 +$11로 고정
WEB amnh.org
ACCESS 지하철 B·C라인 81 St-Museum of Natural History역에서 바로

길더 센터

로즈 지구 우주 센터

자연사 박물관
재클린 케네디 오나시스 저수지
메트로폴리탄 미술관
스트로베리 필즈
그레이트 론
베데스다 테라스
더 몰
콜럼버스 서클
울먼 링크
갭스토우 브리지

5 산책으로 완성하는 뉴욕 여행
센트럴 파크
Central Park

센트럴 파크는 대도시에 녹지를 확보하기 위해 1858년, 건축가 옴스테드와 보(Olmsted and Vaux)의 설계로 뉴욕 중심부에 만들어졌다. 크고 작은 호수와 얕은 구릉, 너른 잔디밭 등으로 다양하게 꾸며진 총면적 3.41㎢의 드넓은 도심 공원이다. 여름 내내 푸른 오아시스 같던 센트럴 파크는 10월 중순 무렵부터 단풍으로 물들어 알록달록한 유화 캔버스처럼 변신한다. 인적이 드문 장소가 있어서 해가 지기 전 반드시 공원 밖으로 나와야 한다. 짧게는 6마일(약 10km)부터 길게는 18마일(약 30km) 코스로 구성된 센트럴 파크의 자전거 전용 도로는 시계 반대 방향으로만 순환하도록 설계돼 있다. 공원 중간의 산책로와 주요 인증샷 포인트에서는 자전거에서 내려 끌고 가야 한다는 점에 유의하자. MAP 9

ADD New York, NY
OPEN 06:00~01:00
WEB centralparknyc.org

센트럴 파크 마차 투어

자전거로 한바퀴!

더 몰의 겨울 풍경

갭스토우 브리지에서 플라자 호텔을 배경으로 찰칵!

울먼 링크 근처의 너럭바위

South Area 남쪽

시간이 부족한 사람은 플라자 호텔과 가까운 남쪽의 갭스토우 브리지(Gapstow Bridge)까지만이라도 꼭 들어가 보자. 뉴욕의 빌딩과 센트럴 파크의 자연이 어우러진 모습이 멋스럽다. 이곳을 시작점으로 삼아 겨울에 아이스링크가 설치되는 울먼 링크(Wollman Rink) 방향으로 걸어가다 보면 고층 빌딩을 배경으로 사진 찍는 명소인 너럭바위를 찾을 수 있다.

ACCESS 지하철 N·R·W라인 Av/59 St역에서 바로/플라자 호텔에서 도보 5분

센트럴 파크 보트하우스

베데스다 테라스

더 몰

Central Area 중심부

공원 서쪽에 있는 존 레논 추모 공간 스트로베리 필즈(Strawberry Fields)에서 시작해 공원 한복판의 베데스다 테라스(Bethesda Terrace)를 찾아가면 편하다. 물의 천사상이 세워진 분수에 보랏빛 수련이 피어나는 봄과 싱그러운 여름에 특히 아름답다. 호숫가의 센트럴 파크 보트하우스(Central Park Boathouse)에서 배를 빌리면 활 모양으로 휘어진 보우 브리지(Bow Bridge) 아래까지 배를 타고 지날 수 있다. 베데스다 테라스는 느릅나무가 두 줄로 곧게 뻗어 터널을 이루는 더 몰(The Mall)과 연결된다.

ACCESS 지하철 B·C라인 72 St역에서 스트로베리 필즈까지 도보 2분, 스트로베리 필즈에서 베데스다 테라스까지 도보 10분

North Area 북쪽

어퍼 이스트의 메트로폴리탄 미술관과 어퍼 웨스트의 자연사 박물관 사이에는 휴식 공간이자 이벤트 장소로 활용되는 잔디밭 그레이트 론(Great Lawn)이 있다. 북쪽으로는 뉴요커들이 조깅과 산책을 위해 찾는 재클린 케네디 오나시스 저수지(Jacqueline Kennedy Onassis Reservoir)와 맞닿아 있다. 도보로 방문하기에는 다소 애매한 위치다.

ACCESS 지하철 B·C라인 81St-Museum of Natural History역에서 메트로폴리탄 미술관까지 1.4km(79th St를 따라 공원을 가로지르는 M79 버스를 타면 쉽게 이동할 수 있음)

미술관 관람하다가 잠시 휴식

업타운 숨은 맛집

어퍼 이스트와 어퍼 웨스트의 맛집들은 대개 고급스러운 주택가 사이에 숨어 있다. 짧은 여행 중 일부러 찾아가기에는 다소 힘들 수 있고, 미술관 내부의 카페나 콜럼버스 서클의 쇼핑센터를 잘 활용하면 좋다. 장조지(295p) 레스토랑은 콜럼버스 서클 쪽에 있다.

유럽 감성 그대로

카페 사바스키 Café Sabarsky

클림트 작품을 볼 수 있는 20세기 독일과 오스트리아 미술관 노이에 갤러리(Neue Galarie) 내부의 카페. 메트로폴리탄 미술관과도 가깝다. 오전 9~11시의 뷔페식 아침 식사를 비롯해 비엔나 슈니첼, 아인슈패너의 원조인 비엔나커피와 자허 토르테(생크림을 곁들인 초코케이크), 모차르트 토르테(피스타치오가 들어간 케이크) 등을 판매한다. 미술관 관람객이 아니어도 입장 가능. 예약은 저녁에만 받는다. **MAP ❾**

ADD 1048 5th Ave
OPEN 09:00~21:00(월 ~18:00)/화요일 휴무
PRICE $$(아침 식사 $34, 디저트 $14~16)
WEB neuegalerie.org/cafesabarsky
ACCESS 메트로폴리탄 미술관과 구겐하임 미술관 사이

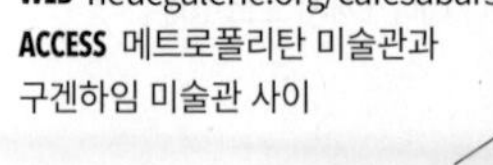

자허 토르테

뉴욕에서 즐기는 애프터눈 티

앨리스 티컵 Alice's Tea Cup

<이상한 나라의 앨리스>를 모티브로 한 애프터눈 티 전문점. 동화 속 인테리어에 소꿉놀이 장난감 같은 티팟과 찻잔이 눈길을 사로잡고, 스콘 위에 클로티드 크림을 발라 먹다 보면 계속 머물고 싶어진다. 동화 속 '미치광이 모자 장수(Mad Hatter)'의 이름을 딴 정식 애프터눈 티 세트가 유명하지만, 브런치나 단품 스콘을 주문해도 된다. 주말에는 6인 이하 예약을 받지 않아서 대기 시간이 2시간까지 늘어나니 평일 예약 방문을 추천. 1호점은 어퍼 웨스트, 2호점은 어퍼 이스트에 있으며, 챕터 2(Chapter 2)라고 부르는 2호점 접근성이 좀 더 좋다. **MAP ❾**

ADD 156 E 64th St
OPEN 11:00~18:00(토·일 10:00~)
PRICE $$(브런치 $20~24, 2인 티세트 $85)
WEB alicesteacup.com
ACCESS 지하철 F·Q라인 Lexington Av/63 St역에서 도보 1분

셀레나 고메즈의 아이스크림

세렌디피티3 Serendipity 3

로맨틱 코미디 영화 <세렌디피티> 배경지로 유명한 곳. 1950년대에는 매릴린 먼로, 앤디 워홀, 재클린 케네디의 단골 디저트 가게였다. 만능 엔터테이너 셀레나 고메즈가 인수한 이후 키치한 콘셉트의 아이스크림 브랜드를 런칭하는 등 제3의 전성기를 맞이했다. 버거, 와플, 피자 등의 음식도 있지만, 그릇 가득 채워주는 프로즌 핫 초콜릿(Frozen Hot Chocolate)이 세렌디피티의 정체성! 입구에서 식사 손님과 디저트 손님을 구분하여 자리를 배정한다. 1인 1메뉴 주문. MAP ❾

ADD 225 E 60th St
OPEN 11:00~24:00(목~일 10:00~)
PRICE $(프로즌 핫 초콜릿 $11~)
WEB serendipity3.com
ACCESS 지하철 4·5·6·N·R·W라인 Lexington Av/59 St역에서 도보 5분/루스벨트아일랜드 트램 근처

커피 한 잔도 특별하게

랄프스 커피 Ralph's Coffee

랄프 로렌의 뉴욕 플래그십 스토어에서 운영하는 자체 브랜드 카페. 5번가의 록펠러 센터와 플랫아이언에서도 커피를 맛볼 수 있지만, 매디슨 애비뉴 쇼핑가의 고급스러운 분위기를 경험하려면 이곳으로! 예쁜 로고가 그려진 굿즈는 기념품으로도 좋다. MAP ❾

ADD 888 Madison Ave
OPEN 08:00~18:00(금·토 ~19:00)
PRICE $
WEB ralphs-coffee.com
ACCESS 센트럴 파크 베데스다 테라스에서 도보 10분

잊을 수 없는 맛!

르뱅 베이커리 Levain Bakery

뉴욕 최고의 초코칩 & 피넛 버터 쿠키 가게의 본점이다. 발효된 반죽(르뱅)으로 만드는 두툼하고 쫀득한 '르뱅 쿠키'가 히트상품으로 떠올라 지금은 보스턴과 시카고로도 진출했다. 본점은 자연사 박물관에서 10분 거리이고, 어퍼 이스트, 소호, 윌리엄스버그 등에도 매장이 있다. MAP ❾

ADD 본점 167 W 74th St
OPEN 08:00~20:00
PRICE $
WEB levainbakery.com
ACCESS 지하철 1·2·3라인 72 St역에서 도보 2분

#Zone 4

뉴욕의 역사 속으로 시간여행

로어 맨해튼 & 브루클린

Lower Manhattan & Brooklyn

맨해튼 남쪽 끝에 있는 로어 맨해튼은 17세기 유럽인들이 처음 정착해 도시를 발전시켜 나간 뉴욕의 발상지로, 계획도시인 14번 스트리트 위쪽과는 다르게 복잡한 옛 골목이 그대로 남아있다. 뉴욕에서 가장 높은 월드 트레이드 센터에서 시작해 자유의 여신상 크루즈가 출발하는 배터리 파크, 월스트리트의 황소상을 차례로 둘러보고, 브루클린 브리지 건너편의 강변 공원에서 월스트리트의 스카이라인을 눈에 담아 보자.

CHECK

- 자유의 여신상 공식 크루즈는 최소 3~4시간이 걸린다.
- 오후 3~4시쯤 브루클린 브리지를 걸어서 건넌 다음, 덤보에서 야경 감상 후 페리로 돌아오는 코스 추천.

로어 맨해튼

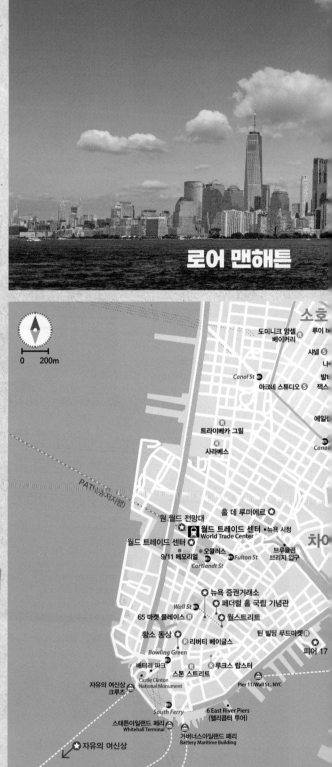

0 200m
소호
도미니크 앙셀 베이커리
루이 비
샤넬
나
Canal St
아크네 스튜디오
발터
잭스
에일린
트라이베카 그릴
사라베스
Canal
PATH(뉴저지행)
홀 데 루미에르
원 월드 전망대
월드 트레이드 센터 World Trade Center
뉴욕 시청
월드 트레이드 센터
차이
9/11 메모리얼
오큘러스
Fulton St
Cortlandt St
브루클린 브리지 입구
뉴욕 증권거래소
페더럴 홀 국립 기념관
Wall St
65 마켓 플레이스
월스트리트
황소 동상
리버티 베이글스
틴 빌딩 푸드마켓
피어 17
Bowling Green
배터리 파크
루크스 랍스터
스톤 스트리트
자유의 여신상 크루즈
Castle Clinton National Monument
Pier 11/Wall St., NYC
South Ferry
6 East River Piers (헬리콥터 투어)
스태튼아일랜드 페리 Whitehall Terminal
거버너스아일랜드 페리 Battery Maritime Building
자유의 여신상

브루클린

라 콜롬브
소호
프라다
Broadway-Lafayette St
칼하트윕
아이스크림 뮤지엄
놀리타
글로시에 소호
프린스 스트리트 피자
% 아라비카
리틀 루비스
슈프림
굿즈 포 더 스터디
케이크
에메 레온 도르
징퐁 레스토랑
조스 상하이
타운
키스 윌리엄스버그
브루클린 브루어리
North Williamsburg
스모가스버그
버틀러
파트너스 커피
맥날리 잭슨 서점
Bedford Av
잭스 와이프 프레다
데보시온
애플
슈프림
선데이 인 브루클린
Williamsburg Bridge
윌리엄스버그
오슬로 커피
버틀러 베이크샵
피터 루거
South Williamsburg
Manhattan Bridge
브루클린 브리지
브루클린 브리지 파크
엠파이어 스토어즈
덤보
Dumbo
회전 목마
덤보 포토존
덤보
루크스 랍스터
타임아웃 마켓
펠리체 파스타 바
브루클린 아이스크림 팩토리
줄리아나스 피자
브루클린 브리지 출구
% 아라비카
브루클린
0
200m

1 자유의 상징
자유의 여신상
Statue of Liberty

뉴욕항(New York Habor)의 작은 섬에 세워진 자유의 여신상은 유럽에서 배를 타고 온 이민자들이 드디어 미국에 도착했음을 실감하게 하는 상징적인 존재다. 독립 전쟁의 우방국인 프랑스가 미국 독립 100주년을 기념하여 제작한 선물로, 조각가 프레데릭 오귀스트 바르톨디가 디자인하고 구스타브 에펠이 건축했다. 미국 독립 100주년인 1776년으로부터 10년이 더 지난 1886년 10월 28일에 공식적으로 완성되었다.

여신의 오른손은 자유와 정의의 길로 인도하는 횃불을, 왼손은 미국 독립선언일인 1776년 7월 4일이 새겨진 독립선언서를 들고 있다. 머리에 쓴 왕관은 7대양 7대륙을 향하는 7개의 광선으로 이루어져 전 세계에 자유를 전파한다. 앞으로 나아가는 듯 옷자락이 살짝 들려 발을 드러낸 뒷모습은 자유를 향한 끊임없는 전진을 나타낸다. 발치에는 노예제도 폐지를 의미하는 부서진 사슬과 족쇄가 놓여 있다. MAP ⑩

OPEN 09:00부터 늦은 오후까지 운항(할인 패스 이용자도 입장 예약 필수)
PRICE $32(기본 입장), $32.3(기단 또는 왕관)
ACCESS 지하철 1라인 South Ferry역 또는 4·5라인 Bowling Green역에서 배터리 파크 크루즈 터미널까지 도보 10분

: WRITER'S PICK :

자유의 여신상 예약 방법

홈페이지에서 방문일(Date)을 입력하면 선택할 수 있는 옵션이 뜬다. 출발 장소(뉴욕 또는 뉴저지)와 함께 3종류의 티켓 중 하나를 선택해야 한다. 자유의 여신상 왕관까지 올라가는 티켓(Crown Reserve)은 보통 몇 개월 전에 예약이 마감된다. 여신상 아래쪽 기단부 전망대까지 올라가는 티켓(Pedestal Reserve)이나 섬과 박물관만 구경할 수 있는 기본 입장권(General Admission)만 남아 있을 수도 있다.

자유의 여신상 예약 바로가기

자유의 여신상 앞은 뉴욕 최고의 포토존!

엘리스아일랜드

배를 기다리는 사람들

자유의 여신상 완벽 가이드

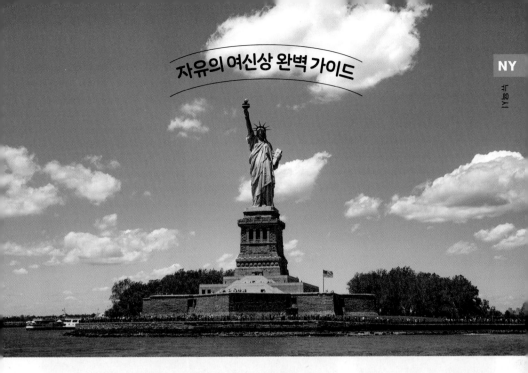

자유의 여신상은 배터리 파크에서 2km 떨어진 리버티아일랜드로 배를 타고 가야 한다. 그곳에서 보는 로어 맨해튼의 풍경이 무척 인상적이므로 방문을 추천한다. 보안 검색을 위해 예약 최소 1시간 전에 도착해야 하며, 성수기에는 반나절 이상의 시간이 소요될 수 있다.

Point 1 자유의 여신상 크루즈

국립공원 관리청(NPS) 지정 업체가 운영하는 공식 크루즈(Statue City Cruises)를 타고 ❶ **배터리 파크**(Battery Park)에서 출발해 ❷ **리버티아일랜드**(Liberty Island)로 건너간 다음, 돌아오는 길에 ❸ **엘리스아일랜드**(Ellis Island)에 내려 옛 출입국 관리소까지 관람하는 코스다. 참고로 오후 2시 이후에 출발하는 배는 엘리스아일랜드를 경유하지 않는다.

Point 2 또 다른 감상 포인트

맨해튼과 스태튼아일랜드를 오가는 스태튼아일랜드 페리는 배에서 자유의 여신상을 볼 수 있는 무료 페리로 유명하지만, 시간이 너무 짧아서 아쉽다. 거버너스아일랜드로 건너가면 자유의 여신상을 정면에서 감상할 수 있다.

OPEN 07:00~18:00(5월 말~9월 초 ~22:00)
PRICE 거버너스아일랜드 페리 $5(12세 이하, 65세 이상 무료)
WEB govisland.com/plan-your-visit
ACCESS 지하철 1라인 South Ferry역에서 도보 5분 거리의 Battery Maritime Building에서 페리로 5분

자유의 여신상 앞을 지나는 주황색 스태튼아일랜드 페리.
촬영 장소는 거버너스아일랜드

② 세계 경제의 수도 월스트리트 Wall Street

높은 건물을 성벽처럼 에워싸고 있는 좁은 도로 '월스트리트'에는 1792년 개설된 뉴욕 증권거래소(New York Stock Exchange)가 있다. 현재 시가총액 기준 세계에서 가장 큰 증권거래소인 이곳은 월스트리트가 세계 경제와 동의어가 된 이유. 1922년 지은 건물은 여행자들의 인증샷 명소로, 내부 출입은 불가능하다. 뉴욕 증권가의 주요 기관과 은행이 밀집한 월스트리트 일대를 로어 맨해튼 금융지구(Financial District)라고 한다. **MAP ⑩**

ADD 11 Wall St(증권 거래소)
ACCESS 지하철 4·5라인 Wall St역 하차/배터리 파크에서 도보 8분

증권거래소 입구
증권거래소 정면 파사드

③ 조지 워싱턴 동상이 인상적인 페더럴 홀 국립 기념관 Federal Hall National Memorial

1703년 뉴욕 시청사로 지어졌다가 1789년 미국 독립 이후 연방 정부 청사로 사용된 건물이다. 독립국 미국의 첫 번째 하원 의회가 개최된 곳이자, 초대 대통령 조지 워싱턴이 대통령 취임 선서를 한 곳. 이후 세관 및 재무부 건물로 사용되다가 현재는 미국 건국 기념 박물관 겸 기념관으로 사용 중이다. 건물 앞에는 조지 워싱턴 동상이 뉴욕 증권거래소를 바라보고 서 있다. **MAP ⑩**

ADD 26 Wall St
OPEN 10:00~17:00(토·일요일 휴무)
WEB nps.gov/feha/index.htm
ACCESS 월스트리트 뉴욕 증권 거래소 옆

황소를 만지면 행운!

황소 동상
Charging Bull

돌진하는 황소 동상은 1987년 블랙 먼데이 주가 폭락 후 조각가 아르투로 디 모디카(Arturo Di Modica)가 힘든 시기를 헤쳐 나가는 용기를 북돋기 위해 제작했다. 원래 뉴욕 증권거래소 앞에 몰래 설치했다가 경찰에 압수됐으나, 시민들의 호응을 얻어 현재 위치에 영구 설치됐다. 특정 부위를 만지면 부자가 된다는 속설 때문에 관광객들의 인증샷 명소가 됐다. MAP ⑩

ADD Bowling Green
ACCESS 지하철 4·5라인 Bowling Green 역 하차/배터리 파크와 월스트리트 사이

+MORE+

월스트리트에서 뭐 먹지?

숨은 직장인 맛집이 많은 곳이지만, 바쁘게 다녀야 하는 로어 맨해튼에서는 간단한 식사 장소를 알아두면 도움이 된다. 특히 자유의 여신상 크루즈를 탈 예정이라면 미리 꼭 식사를 챙기자. 황소 동상에서 도보 5분 이내의 장소를 모았다. MAP ⑩

♦ 리버티 베이글스
Liberty Bagels

크림치즈 베이글이나 계란을 넣은 샌드위치는 뉴요커의 단골 아침 식사! 황소상 바로 앞.

ADD 32 Broadway
OPEN 07:00~18:00

♦ 버라이어티 커피
Variety Coffee

윌리엄스버그에서 2008년 오픈해 맨해튼 여러 곳에 지점을 둔 카페. 맛있는 라테와 간단한 베이커리류를 판매한다. 월스트리트를 구경한 후 브루클린 브리지 입구로 걸어가는 길에 찾아보자.

ADD 140 Nassau St
OPEN 07:00~21:00

♦ 65 마켓 플레이스
65 Market Place

샐러드 바에서 음식을 담아 무게로 계산하거나, 델리 코너에서 버거나 샌드위치, 초밥 등을 주문해 먹는 카페테리아. 2층에 테이블이 넉넉해서 편리하다.

ADD 65 Broadway
OPEN 24시간

♦ 루크스 랍스터
Luke's Lobster FiDi

뉴욕에서 한 번쯤은 먹어봐야 할 캐주얼 랍스터롤 체인점. 맨해튼의 직장인 맛집 골목 스톤 스트리트(Stone St)를 구경할 겸 찾아가면 좋다.

ADD 26 S William St
OPEN 11:00~19:00

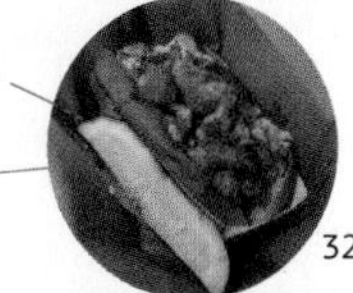
랍스터 롤

5 원 월드 전망대와 9/11 추모 공간
월드 트레이드 센터
World Trade Center

뉴욕은 잔혹했던 2001년 9/11테러 현장을 깨끗이 지워버리는 대신 동명의 월드 트레이드 센터를 재건했다. 추모의 공간인 동시에 뉴요커의 깊은 연대감을 느낄 수 있는 미래 지향적인 장소다. 2006~2018년 사이에 각각 번호를 붙여 부르는 4개의 고층빌딩(1, 3, 4, 7 WTC)을 차례로 완공했으며, 여기에 오큘러스까지 더해 교통 허브의 기능을 완전히 되찾았다. 광장에서는 화요일에 파머스 마켓이, 금요일(4~10월)에 푸드트럭 축제 스모가스버그가 열린다. MAP ⑩

ADD 70 Vesey St
ACCESS 월스트리트에서 도보 10분/
지하철 1라인 WTC Cortlandt역에서 바로

Spot 1 오큘러스
Oculus

지하도를 통해 뉴욕 지하철 12개 노선과 뉴저지행 PATH까지 연결하는 초대형 역사다. 웨스트필드에서 운영하는 쇼핑몰이 2개 층으로 연결돼 있으며, 블루보틀, 레이디 M, 이탈리 등이 입점해 있다.

건축가 산티아고 칼라트라바가 어린아이의 손에서 날아오르는 새의 형상을 염두에 두고 디자인한 오큘러스는 '둥근 창'을 뜻하며, 9/11 테러 희생자들의 영혼을 위로하자는 의미를 담았다. 낮에는 채광창을 통해 밝은 빛이 들어오고, 밤에는 갖가지 색의 조명으로 빛난다.

OPEN 24시간(매장별로 다름)

Spot 2 9/11 메모리얼
9/11 Memorial

2001년 9/11 테러로 무너진 쌍둥이 빌딩 자리에는 2개의 정사각형 분수가 조성됐다. 지하로 끝없이 낙하하는 형태의 분수는 '부재의 반추(Reflecting Absence)'라는 의미로, 희생된 생명과 물리적 손실이 대체될 수 없음을 표현한다. 가장자리에는 9/11 테러 희생자 2977명과 1993년 세계무역센터 폭탄 테러 당시 희생자 6명의 이름이 새겨져 있다. 이름은 희생자들의 소속 조직과 유족들의 증언에 따른 친분 관계 및 물리적 근접성 등을 고려해 배치했는데, 생을 함께한 사람들 혹은 죽음을 같이 맞이한 사람들이 함께 안식을 취하기를 염원하는 뜻에서다. 그 옆에는 테러 희생자들을 추모하는 박물관이 있다.

메모리얼
OPEN 08:00~20:00
PRICE 무료

박물관
OPEN 09:00~19:00/화요일 휴무
PRICE $33
WEB 911memorial.org

6 초고층 전망대에서 뉴욕을 보다!
원 월드 전망대
One World Observatory

현재 미국에서 가장 높은 건물인 원 월드 트레이드 센터(1 WTC)의 높이는 1776ft(541.3m). 독립기념일인 1776년 7월 4일을 나타내는 숫자다. 100~102층에는 뉴욕에서 가장 높은 전망대가 자리 잡고 있다. 고속 엘리베이터를 타고 전망대로 향하는 동안 벽면에 맨해튼 발전사가 비주얼 아트로 상영되고, 102층에 도착해 커튼이 펼쳐지는 순간 로어 맨해튼이 발아래 펼쳐진다. 101층에는 전망 좋은 레스토랑과 칵테일 바가 있다.
미드타운의 전망대와는 전망 차이가 있기 때문인지 상대적으로 관람객이 적지만, 자유의 여신상과 브루클린 브리지를 조망할 수 있고 전체가 실내라서 겨울에도 춥지 않은 것이 장점이다. MAP ⑩

OPEN 09:00~21:00
PRICE $49+예약 수수료 $3.5
WEB oneworldobservatory.com

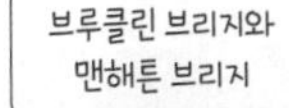

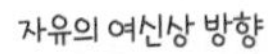

19세기의 기적

브루클린 브리지

Brooklyn Bridge

정교하게 얽힌 강철 케이블과 석조 교각이 월스트리트의 초고층 빌딩과 조화를 이루는 아름다운 현수교. 존 뢰블링의 설계로 1869년 공사를 시작해 난공사 끝에 1883년 개통했다. 빠른 물살과 넓은 강폭 탓에 당시 기술로는 불가능에 가까운 과업이었기에 '19세기의 기적'으로 불리며, 무려 6016ft(1.83km)에 달하는 길이로 완공 당시 세계에서 가장 긴 현수교로 기록됐다. 현재도 견고한 모습으로 맨해튼과 브루클린을 연결하고 있으며, 왕복 6차로에 도보 및 자전거 전용 도로까지 있어 1일 12만여 대의 차량과 3만 명의 보행자가 통행한다. 로어 맨해튼의 뉴욕 시청 앞에서부터 브루클린까지는 30분쯤 소요되는데, 바람이 심하거나 너무 춥지 않다면 넉넉히 1시간 정도 예상하고 경치를 감상하며 걸어 볼 만하다. 브루클린에 거의 도착했을 때 끝까지 가지 말고, 워싱턴 스트리트(Washington St)와 연결된 계단으로 내려가자. 인도로 내려와서 정면을 보면 인파로 가득한 맨해튼 브리지 포토존이 보인다. **MAP ⑩**

OPEN 24시간

ACCESS 지하철 4·5·6라인 Brooklyn Bridge-City Hall역 앞에서 진입/월드 트레이드 센터에서 도보 15분

+MORE+

영화 속 주인공처럼!

덤보 Dumbo

푸른색의 교각을 배경으로 인생샷을 남길 수 있는 장소다. 로버트 드 니로의 영화 <원스 어폰 어 타임 인 아메리카> 포스터에 등장한 이래 수많은 화보가 같은 장소에서 촬영됐고, 예능 프로그램 <무한도전> 달력 촬영지로도 유명하다. 조금이나마 사람이 적은 시간에 가려면 평일 오전이 좋지만, 교각 아래에서 열리는 브루클린 플리마켓을 보려면 주말에 가야 한다. 덤보는 '맨해튼 교각 아래(Down Under the Manhattan Bridge Overpass)'의 줄임말이다.

ACCESS 워터 스트리트와 워싱턴 스트리트의 교차 지점(Water St & Washington St)

8 맨해튼 최고의 야경 포인트
브루클린 브리지 파크
Brooklyn Bridge Park

브루클린 브리지 아래의 페리 선착장에서 시작되는 강변 공원. 잘 정비된 강변 산책로에 바비큐 시설과 농구장, 축구장, 공연시설 등이 있다. 6번 부두(Pier 6)까지 내려가면 자유의 여신상이 더 또렷하게 보이지만, 회전목마(Jane's Carousel)가 있는 맨해튼 브리지 중간 지점에서 시간을 보내도 충분히 즐겁다. 늦은 오후에는 노을을 감상하려는 사람들이 모이고, 밤에는 브루클린 다리의 조명과 월스트리트 고층 빌딩의 불빛이 어우러져 환상적인 야경을 볼 수 있다.
지하철역과 다소 거리가 있으므로 브루클린 브리지를 걸어서 건너거나 로어 맨해튼의 월스트리트 근처에서 출발하는 페리 이용을 추천. 윌리엄스버그를 오갈 때도 페리가 편리하다. **MAP ⑩**

ADD Brooklyn, NY 11201
OPEN 06:00~01:00
WEB brooklynbridgepark.org
ACCESS 지하철 A·C라인 High St역에서 도보 10분/
NYC 페리 Wall St/Pier 11 ⇌ Dumbo 편도 5분(265p)

9 포토존으로 변신한 창고 건물
엠파이어 스토어즈
Empire Stores

1945년 이후 버려졌던 창고를 리모델링하여 2019년 문을 연 쇼핑센터다. 이곳을 그냥 지나칠 수 없는 이유는 타임아웃 마켓이 새로 생겼기 때문. 뉴욕의 인기 맛집을 한데 모은 푸드홀로, 브루클린 브리지에 놀러 와서 식사할 때 딱 어울리는 장소다. 타임아웃 마켓의 매장은 대부분 1층에 있지만, 5층 테라스 루프탑에서 보는 전망이 시원하다. 입장료는 따로 없고 엘리베이터를 타고 올라가면 된다. **MAP ⑩**

ADD 53-83 Water St
OPEN 엠파이어 스토어즈 08:00~24:00
타임아웃 마켓 08:00~22:00(금·토 ~23:00)
WEB empirestoresdumbo.com
timeoutmarket.com/newyork
ACCESS 브루클린 브리지와 맨해튼 브리지 사이

뷰맛집+찐맛집

브루클린 맛집

브루클린 강변 공원에는 줄리아나스 피자, 브루클린 아이스크림처럼 특별한 의미를 가진 맛집 외에도 쉐이크쉑 버거, 루크스 랍스터 같은 인기 체인점도 모여 있다. 마음에 드는 메뉴로 테이크아웃해서 강변에서 즐긴다면 최고의 브루클린 여행을 완성할 수 있을 것! MAP ⑩

정통 뉴욕 화덕 피자

줄리아나스 피자

Juliana's Pizza

뉴욕 피자계의 거물, 팻시 그리말디 할아버지가 창업한 브루클린의 피자 가게. 백종원의 <스트리트 푸드파이터 2>에 소개되기도 했다. 전통 있는 뉴욕 피자 전문점에서는 조각 피자 대신 한 판으로 주문해야 하는데, 지름 16인치(약 40cm)의 라지 사이즈가 가장 맛있다. 마르가리타, 마리나라, 화이트 등 기본 피자를 선택해 이탈리안 수제 소시지, 버섯, 엑스트라 치즈 등 토핑을 취향껏 추가한다. 하프앤하프(Half & Half)로 주문해 2종류의 피자를 맛봐도 된다.

ADD 19 Old Fulton St, Brooklyn
OPEN 11:30~15:15, 16:00~21:00
PRICE $$(라지 $30, 토핑 $3~7)
WEB julianaspizza.com
ACCESS 브루클린 브리지 아래

타임아웃 마켓 즉석 파스타

펠리체 파스타 바

Felice Pasta Bar

타임아웃 마켓 1층에 입점한 파스타 전문점. 주문 즉시 생면을 뽑아 만들기 때문에 이탈리아에서 온 관광객이 은근히 많이 찾는다. 팁 없이 간단히 식사하고 싶을 때 추천. 자리를 먼저 확보한 다음 주문하는 것이 좋다.

ADD 55 Water St, Brooklyn
OPEN 11:00~22:00(금·토 ~23:00)
PRICE $(1접시 $15~20)
WEB felicerestaurants.com
ACCESS 엠파이어 스토어즈 1층

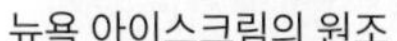

뉴욕 아이스크림의 원조

브루클린 아이스크림 팩토리

Brooklyn Ice Cream Factory

덤보와 브루클린 브리지를 산책할 때 빼놓을 수 없는 곳. 바닐라, 초코, 커피 등 오직 8가지 맛으로만 승부하며, 달걀 없이 만드는 베이스가 특징이다. 원래 브루클린 브리지 교각 바로 아래에 있다가 길 건너편 매장으로 이전한 후에도 여전히 인기를 이어가는 뉴욕 대표 아이스크림 맛집이다.

ADD 14 Old Fulton St, Brooklyn
OPEN 11:30~22:00(금·토 ~23:00)
PRICE $
WEB brooklynicecreamfactory.com
ACCESS 브루클린 브리지 아래

뉴욕에서 맛보는 교토 라테

% 아라비카

% Arabica

일명 '응 커피'로 알려진 교토 아라시야마의 퍼센트 아라비카 커피의 첫 번째 뉴욕 매장. 넓고 쾌적한 매장 안에서 브루클린 브리지가 정면으로 보이며, 커피를 들고 강변으로 나가기에도 딱 좋은 위치다. 달콤하고 고소한 교토 라테를 브루클린에서 즐겨보자. 소호와 록펠러에도 매장이 있다.

ADD 20 Old Fulton St, Brooklyn
OPEN 08:00~18:00
PRICE $
WEB arabicacoffeeus.com
ACCESS 브루클린 브리지 아래, 덤보(Dumbo) 선착장에서 도보 2분

브루클린 브리지 교각 아래

밴 르윈 아이스크림

Van Leeuwen Ice Cream

페리를 타고 브루클린 브리지 파크에 도착하면 가장 먼저 눈에 띄는 하얀 집! 원조 브루클린 맛집이었던 브루클린 아이스크림이 사용하던 건물에 입점했다. 브랜드는 바뀌었지만, 다리 교각 밑에서 아이스크림을 사 먹는 전통은 영원할 듯.

ADD 1 Water St, Brooklyn
OPEN 11:00~24:00(금·토 ~01:00)
PRICE $
WEB vanleeuwenicecream.com
ACCESS 브루클린 브리지 파크

뉴욕의 또 다른 야경 명소

뉴저지 전망 포인트

브루클린에서 보이는 야경이 다리 건너편 맨해튼 다운타운(월스트리트)을 감상하는 것이라면,
반대편 뉴저지에서는 맨해튼 중심부의 스카이라인이 파노라마로 펼쳐진다.

호보컨 피어 A 파크
Hoboken Pier A Park

독특한 지명만큼이나 이색적인 호보컨은 기차역과 페리까지 연결된 교통의 요지다. 왼쪽으로는 엠파이어 스테이트 빌딩이, 오른쪽으로는 로어 맨해튼의 월드 트레이드 센터를 완벽하게 감상할 수 있는 포인트! 맨해튼과 뉴저지를 [illegible] 허드슨 강을 건너기만 하면 전망 포인트라서 부담 없이 다녀올 수 있다.

ADD Pier A Park, 100 Sinatra Dr, Hoboken, NJ
ACCESS PATH Hoboken역 하차/NY Waterway Hoboken-NJ Transit 방향 페리로 10분

해밀턴 파크
Hamilton Park Observation Deck

높은 언덕에서 맨해튼 전경을 내려다보듯 조망할 수 있으며, 뉴욕의 스카이라인을 바꿔 놓은 허드슨 야드와 엠파이어 스테이트 빌딩을 비롯한 고층빌딩이 정면으로 보인다. 하지만 가는 방법이 까다롭고 주택가에 숨은 공원이라서 혼자 방문하는 것은 금물. 맨해튼에서 버스로 가면 길이 많이 막히고 페리도 [illegible]야 한다. 호보컨까지 PATH를 타고 건너가 우버를 이용하는 방법이 그나마 무난하다.

ADD 12 Cambridge Way, Weehawken, NJ 07086
ACCESS 우버로 호보컨에서 10~15분/NJ Waterway 페리 Port Imperial/Weehawken역

10 브루클린의 소호
윌리엄스버그
Williamsburg

윌리엄스버그는 맨해튼의 비싼 물가를 피해 새 보금자리를 찾아 나선 젊은층의 주거지역으로 떠오르면서 뉴욕의 트렌드 발신지로 변모했다. 힙한 카페와 레스토랑, 패션 매장, 빈티지숍, 갤러리가 끊임없이 생기는 이곳에서는 정해진 공식보다 각자의 취향을 찾아 즐기는 것이 포인트! 위스 애비뉴(Wythe Avenue)를 따라 걸으며 나만의 핫플을 발견해보자. 참고로 지하철 L라인은 주말에 운행이 지연될 때가 많아서 페리 노선을 알아두면 유용하다. 윌리엄스버그라는 이름을 가진 페리 선착장이 2곳 있는데, 윌리엄스버그 브리지 북쪽의 노스 윌리엄스버그에서 내려야 한다. 월스트리트에서 덤보를 거쳐 페리를 타고 가는 30분간 유람선 못지않은 멋진 풍경과 만난다. **MAP ⑩**

ACCESS 지하철 L라인 Bedford Ave역/
NYC 페리 다운타운 Wall St/Pier 11–Dumbo–N Williamsburg–S Williamsburg–N Williamsburg 편도 30분/
NYC 페리 미드타운 유엔 본부 근처 East 34th St ⇄ N Williamsburg 편도 15분(265p)

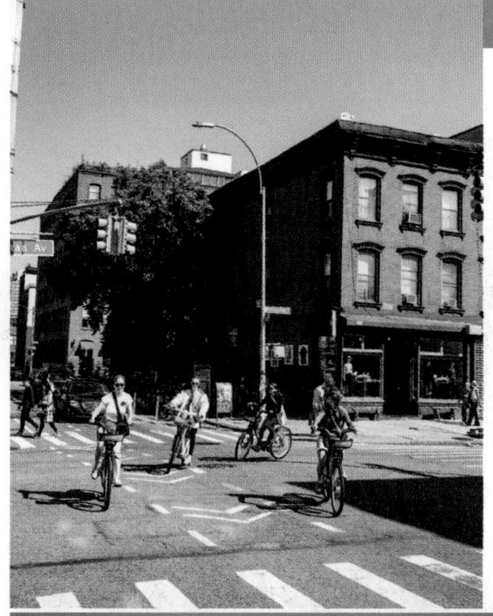

페리 터미널

강변 공원

윌리엄스버그 제대로 즐기기

맨해튼에 비해 건물이 넓고 고층빌딩이 거의 없어 전체적으로 여유로운 반면, 한적한 거리와 곳곳에 그려진 그라피티 때문에 다소 낯설게 느껴질지도 모른다. 다음 5가지를 기억한다면 실패 없는 윌리엄스버그 여행이 될 것이다.

Point 1

토요일의 음식 축제

스모가스버그 Smorgasburg

엠파이어 스테이트 빌딩이 보이는 강변 공원에 뉴욕의 인기 푸드트럭이 모인다. 전망만 보러 가도 멋진 장소에서 피크닉 하는 기분을 즐길 수 있다. 너무 늦게 가면 음식이 소진될 수 있으니 점심 무렵 가는 것이 좋다. 신용카드 결제도 웬만큼 가능하지만, 현금을 어느 정도 준비할 것. MAP ⑩

ADD Marsha P. Johnson State Park(페리 선착장 바로 앞)
OPEN 4~10월 토 11:00~18:00
WEB smorgasburg.com

Point 2

건물 앞이 포토 스폿

키스 윌리엄스버그 Kith Williamsburg

브루클린의 작은 편집숍으로 시작해 세계적인 스트리트 패션 브랜드로 성장한 키스의 플래그십 스토어. 낡은 건물을 세련된 쇼핑몰과 호텔로 리모델링했다. 건물 사이로 보이는 맨해튼 스카이라인을 배경으로 멋진 사진을 남겨 보자. MAP ⑩

ADD 25 Kent Ave, Brooklyn
OPEN 11:00~20:00(일 ~19:00)
WEB kith.com

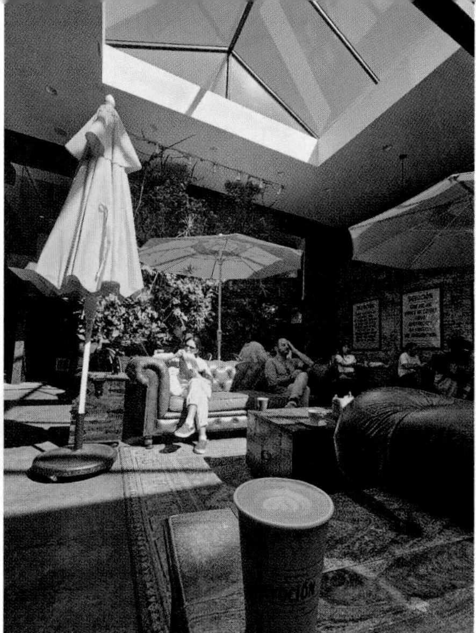

이것이 윌리엄스버그 감성

데보시온 Devoción

윌리엄스버그다운 여유가 느껴지는 카페. 콜롬비아 원두를 사용한 라테가 인기이고, 자가 로스팅한 원두도 판다. 천장을 통해 햇살이 환하게 비쳐 드는 실내에서 소파에 푹 파묻혀 있다 보면 자연스럽게 뉴요커 따라잡기 성공! 주변에 인기 브런치 맛집들이 많아서 식사 후 방문하면 딱이다. MAP ⑩

ADD 69 Grand St, Brooklyn
OPEN 08:00~19:00
WEB devocion.com

Point 4

예쁜 로고를 기억하세요!

버틀러 Butler

인텔리젠시아 원두를 사용해 커피를 내려주는 테이크아웃 전문점, 버틀러에서 힙한 로고를 새긴 커피잔을 들고 거리를 걸어보자. 남쪽의 '버틀러 베이크샵'에서는 브런치까지 맛볼 수 있다. 브루클린 덤보와 맨해튼 소호에도 카페가 있다. MAP ⑩

ADD 101 N 8th St, Brooklyn
OPEN 07:00~15:00
(토·일 08:00~16:00)
WEB butler-nyc.com

뉴욕 스테이크의 대명사

피터 루거 Peter Luger

영향력은 다소 줄었지만, 1887년 개업한 피터 루거는 여전히 뉴욕 스테이크의 상징이다. 28일간의 드라이에이징 과정을 거친 프라임 등급(USDA Prime)의 포터하우스(안심과 등심이 같이 붙은 스테이크)가 대표 메뉴. 사이드 메뉴로 토마토를 주문해 특제 소스와 곁들여 먹으면 느끼함을 덜 수 있다. 홈페이지에서 실내석(Indoor)과 야외석(Outdoor)으로 구분해 약 1개월 전부터 예약을 받는다. 미국에서 발행한 직불카드가 없다면 현금 결제만 가능한데, 팁까지 고려해 넉넉하게 준비해가자. MAP ⑩

ADD 178 Broadway, Brooklyn
OPEN 11:45~21:45(예약 필수)
PRICE $$$$(1인 $100~150)
WEB peterluger.com
ACCESS 지하철 M·J·Z Marcy Av역에서 도보 7분(우버 이용 추천)

#Day_Trip

영화 <이터널 선샤인>을 꿈꾸며

롱아일랜드 Long Island

길게 뻗은 독특한 지형을 가진 롱아일랜드는 예부터 뉴요커의 주말 여행지였다. 섬 동쪽 리버헤드(Riverhead) 지점에서 두 갈래로 갈라지는데, 남동쪽은 고급 바닷가 별장지인 이스트 햄프턴으로 향하는 길이고, 그 끝에 완벽한 대서양 일출 명소인 몬탁 등대가 있다. 영화 <이터널 선샤인>에서 주인공 남녀가 몬탁 해변으로 기차 여행을 떠나면서 많은 이들이 꿈꾸는 여행지가 됐다. 한가롭게 여름 해변을 거닐고, 대저택을 구경하고, 도로변 해산물 레스토랑에서 신선한 해물을 맛보는 일 모두 즐거운 추억이 된다.

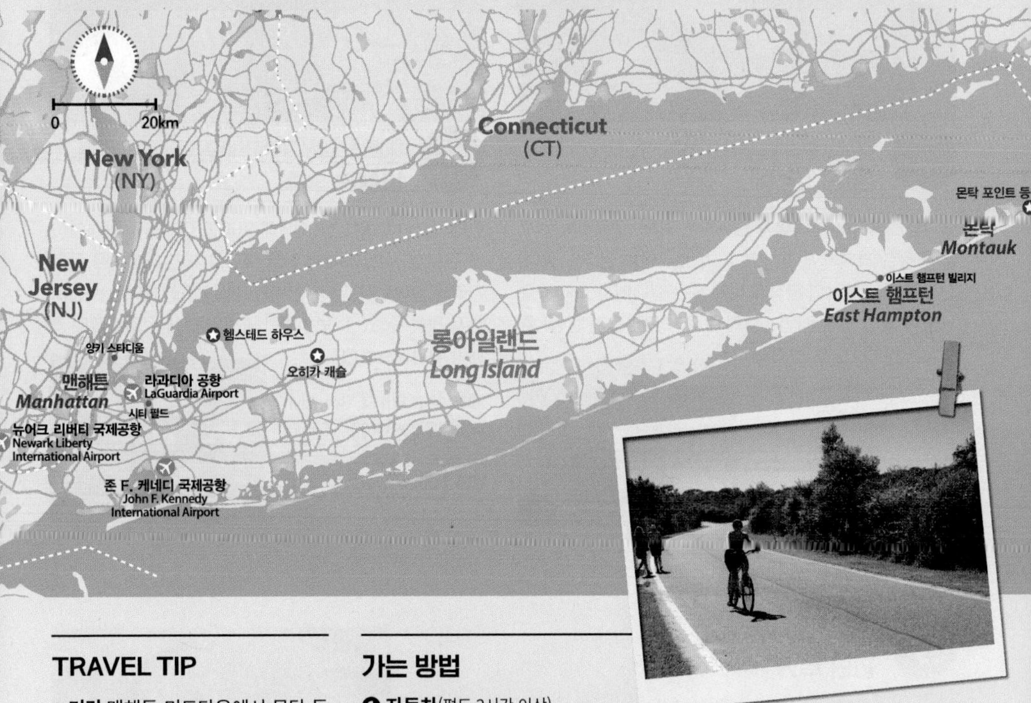

TRAVEL TIP

- **거리** 맨해튼 미드타운에서 몬탁 등대까지 200km
- **여행 시간** 하루 또는 1박 2일
- **여행 시기** 봄부터 초겨울(한겨울에는 강추위와 폭설로 교통에 차질이 생길 수 있음)
- **WEB** longisland.com

가는 방법

❶ 자동차(편도 3시간 이상)

롱아일랜드를 충분히 즐기려면 자동차를 이용하는 것이 좋다. 여름철 금요일과 주말은 뉴욕시를 벗어나 별장에서 시간을 보내려는 사람들로 교통이 매우 혼잡해 훨씬 오랜 시간이 걸릴 수 있다.

❷ 기차(편도 3시간 30분)

맨해튼의 펜 스테이션 또는 그랜드 센트럴 터미널에서 몬탁(Montauk)행 롱아일랜드 철도(LIRR) 탑승. 계절과 요일에 따라 운행 횟수 및 차편이 크게 달라지므로 홈페이지에서 몬탁행 기차 시간을 반드시 확인해야 한다. 몬탁 기차역에서 12km 떨어진 등대까지는 택시나 우버를 이용한다.

PRICE 편도(One-Way) Peak(할증요금): $31.75, Off-Peak(기본요금): $23.5
WEB mta.info/lirr

1 뉴욕주의 동쪽 끝
몬탁 포인트 등대
Montauk Point Lighthouse

1782년 조지 워싱턴 대통령 시절 허가를 받아 1796년 완공된 이래 빛을 밝히고 있는 등대는 200년이 넘는 세월 동안 거친 바다와 싸워낸 역사의 이정표다. 등대 맨 꼭대기의 좁은 전망대에서는 롱아일랜드의 기나긴 해안선과 대서양이 보인다. 등대지기가 거주하던 공간은 현재 작은 박물관으로 개조하여 일반에 공개하고 있다.

푸른 잔디 언덕 위에 서 있는 몬탁 등대는 수많은 사진작가와 화가의 뮤즈였으며, 등대에서 보이는 전망뿐 아니라 등대 주변의 해변도 한적하고 아름답다. 영화 <이터널 선샤인>에는 쓸쓸한 겨울 바다 풍경이 등장했지만, 여행의 적기는 봄부터 가을까지다. MAP ⑫

ADD 2000 Old Montauk Hwy, Montauk, NY
OPEN 10:30~16:30(10월~11월 말 주말만 운영 ~15:30)/11월 말~3월 초 휴관
PRICE $15
WEB montaukhistoricalsociety.org
ACCESS 롱아일랜드의 맨 동쪽, 27번 도로(NY State Route 27)의 끝 지점

+MORE+

롱아일랜드란?

원래 뉴욕시의 브루클린과 퀸스 지역은 동서로 190km, 남북으로 37km에 달하는 길쭉한 섬, 롱아일랜드의 일부다. 그러나 일반적으로 롱아일랜드라고 하면 뉴욕시에 포함되는 브루클린과 퀸스를 제외한 섬의 나머지 지역을 의미한다. 1883년 브루클린 브리지가 건설되기 전까지는 선박으로만 접근할 수 있던 시골 바닷가였으나, 19세기 말, 미국 도금시대(Gilded Age)에 모건, 밴더빌트와 같은 신흥 부호들이 대저택을 건설하면서 골드 코스트라는 별명을 얻기도 했다. 이스트 햄프턴 북쪽에는 화가 잭슨 폴록이 작업실로 사용하던 주택, 폴록-크래스너 하우스(Pollock-Krasner House)도 있다. 대부분의 장소가 겨울철에는 휴관하므로 봄~가을이 여행 적기다.

메인 비치

2 부자들의 해변
이스트 햄프턴
East Hampton

여름철과 주말이면 롱아일랜드 고속도로는 맨해튼을 벗어나 이스트 햄프턴으로 떠나는 차량으로 가득 찬다. 해안가를 따라 유명 인사들의 개인 별장과 프라이빗 비치, 레스토랑, 앤티크 매장, 쇼핑거리 등 휴가에 필요한 모든 것을 갖춘 이스트 햄프턴은 롱아일랜드 최고의 부촌이다.
타운을 가로지르는 27번 도로를 따라가면 내셔널지오그래픽이 '미국에서 제일 아름다운 마을'로 선정한 이스트 햄프턴 빌리지(Village of East Hampton)를 볼 수 있다. 1648년 코네티컷 어부들이 배를 타고 건너와 정착한 이래 현재까지 10대, 12대손이 거주하기도 하는 역사 깊은 마을이다. 뉴잉글랜드 풍으로 건축된 저택과 풍차가 있는 목조 전통가옥, 한가롭게 백조가 노니는 연못을 눈여겨보자. MAP ⑫

ADD 101 Ocean Ave, East Hampton, NY 11937(메인 비치)
WEB easthampton.com
ACCESS 맨해튼에서 173km(차로 2시간 30분)

3 미국에서 두 번째로 큰 저택
오히카 캐슬
Oheka Castle

미국의 개인 주택 중에서 노스캐롤라이나에 있는 밴더빌트 가문의 빌트모어(Biltmore) 저택 다음으로 큰 저택. 부유한 은행가 오토 헤르만 칸(Otto Hermann Kahn)의 여름 별장이었다. 오토 헤르만 칸은 보드게임 모노폴리에 등장하는 콧수염 은행가 캐릭터의 모델이기도 할 만큼 성공한 인물이다.
이곳은 원래 뉴저지에 있었던 칸의 별장이 화재를 입은 탓에 재건한 것이다. 화재 때 그가 소장했던 유럽 명화가 전소되고 말았는데, 이 때문에 오히카 캐슬 벽에는 모작품을 걸어놓았다고 한다. 현재는 32개 객실을 갖춘 호텔로 운영 중. 뉴욕 거물의 초대 손님처럼 하룻밤 묵거나 별도의 저택과 정원 투어를 신청할 수 있다. 저택 이름은 칸의 풀네임 첫 1~2글자인 O, He, Ka에서 따왔다. MAP ⑫

ADD 135 W Gate Dr, Huntington, NY
TOUR 11:00, 18:00(금 11:00/토 11:00, 12:30/일 12:30)
PRICE $30
WEB oheka.com
ACCESS 맨해튼에서 62km/롱아일랜드 중심부에 위치

찰리 채플린 방

4 소설 <위대한 개츠비>의 모델

헴스테드 하우스
Hempstead House

롱아일랜드 북쪽 해안, 이스트에그(East Egg) 반도에 자리한 뉴욕 대부호들의 저택을 모티브로 한 소설이 바로 <위대한 개츠비>다. 햄스테드 하우스를 포함해 건물 4채로 이뤄진 구겐하임 에스테이트(Guggenheim Estate)의 대영지는 미국 철도왕 제이 굴드의 아들 하워드 굴드가 1912년 완공했고, 광산 채굴업자 다니엘 구겐하임이 매입해 거주했던 곳이다. 입장료에는 산책로와 정원만 포함된다. 저택 내부 투어는 캐슬 굴드의 웰컴 센터에서 별도 신청해야 한다. 투어당 인원 제한이 있으니 일찍 방문해 예매하자. MAP ⑫

ADD 127 Middle Neck Rd, Sands Point, NY
OPEN 09:00~18:00/월·화요일 휴무(6~8월 ~19:00, 11~3월 ~17:00)
PRICE 차량 입장 $15, 도보 입장 $4(맨션 투어는 별도)
WEB sandspointpreserveconservancy.org
ACCESS 맨해튼에서 46.5km(차로 1시간 30분)/몬탁과는 방향이 다르므로 다른 날 방문

+MORE+

구겐하임 이스테이트의 저택들

♦ 헴스테드 하우스 Hempstead House
웅장한 3층짜리 튜더 양식의 본관. 빈 공간만 남았으나, 건물 자체가 볼만하다.
TOUR 일요일 12:00, 14:00(요일·시간은 유동적) **PRICE** $10

♦ 캐슬 굴드 Castle Gould
하워드 굴드가 가장 먼저 거주용으로 지은 저택. 웰컴 센터로 사용 중이다.

♦ 팔레즈 Falaise
16~17세기 골동품을 보존한 저택. 13세 이상만 입장할 수 있다.
TOUR 5월 말~10월 말 금~일 12:00, 14:00 **PRICE** $15

♦ 밀 플레르 Mille Fleur
다니엘 구겐하임의 아내 플로렌스가 1930년 건축한 주거용 저택(비공개)

헴스테드 하우스 전경

웰컴 센터가 있는 캐슬 굴드

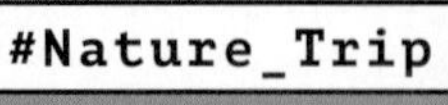

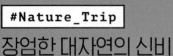

장엄한 대자연의 신비

나이아가라 폭포

Niagara Falls

세계 3대 폭포로 손꼽히는 나이아가라 폭포는 미국 뉴욕주(New York State)와 캐나다 온타리오주(Ontario State)의 국경에 걸쳐 있다. 슈페리어호, 미시간호, 휴런호, 이리호에서 대서양으로 흘러가는 물길이 오대호(Great Lakes 471p)의 마지막 호수인 온타리오호로 합류하기 직전에 생성된 폭포가 바로 나이아가라 폭포다. 굉음과 함께 끝없이 쏟아져 내리는 폭포는 전 세계 여행자들의 꿈과 로망을 자극한다.

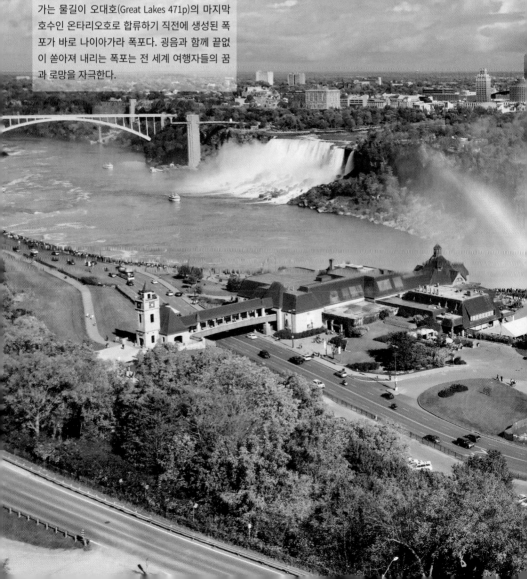

SUMMARY

공식 명칭 Niagara Falls

소속 주 미국 뉴욕주 & 캐나다 온타리오주

표준시 EST(서머타임 있음)

오픈 365일

요금 무료입장

WEATHER

여행 적기는 모든 관광시설이 정상적으로 운영하는 5월 중순 이후부터 10월 초 사이다. 겨울에는 매서운 추위로 관광이 어려울 수 있으나, 일부 물줄기와 표면의 안개가 얼음으로 변하는 모습이 장관이어서 사계절 내내 관광객의 발길이 끊이지 않는다. 4월 초부터 눈이 녹기 시작하지만, 4월 중순에 폭설이 내리기도 한다.

나이아가라 폭포 이해하기

나이아가라 폭포는 고트아일랜드를 기점으로 두 갈래로 갈라져 가장 큰 홀스슈 폭포(Horseshoe Falls, 너비 670m)와 일자형 아메리칸 폭포(American Falls, 너비 260m), 좁고 길게 흐르는 브라이들 베일 폭포(Bridal Veil Fall, 너비 15m)로 이뤄졌다. 세 폭포의 물살은 미국과 캐나다의 국경선에 해당하는 나이아가라강으로 흘러 들어간다.

홀스슈 폭포 앞까지 배를 타고 접근하는 크루즈는 미국·캐나다 양국에서 모두 탈 수 있지만, 캐나다 쪽에서 보는 경치가 더 좋고 액티비티도 다양해서 미국 방문객이어도 국경을 통과해 캐나다에서 관광하는 것이 일반적이다.

국경 통과 & 주의 사항

레인보 브리지(Rainbow Bridge) 양쪽에는 미국과 캐나다의 출입국 관리소가 있다. 다리 길이는 총 440m로 길지 않아서 도보로 건너가는 사람이 많다. 자동차는 톨게이트를 지나가듯 통과하면서 입국 심사를 받게 되는데, 빠를 때는 10분이면 충분하지만, 교통 정체 시에는 1시간 이상 걸리기도 한다.

보통 오전에는 미국 → 캐나다 방향이, 오후 4시 이후에는 캐나다 → 미국 방향 교통이 정체되고, 성수기와 주말에는 오전 시간대 정체가 양방향 모두 심하다. 캐나다로 입국할 때 차량 1대당 $5(USD)/$6.5(CAD)를, 반대로 걸어서 캐나다에서 미국으로 입국할 때는 1인당 $1(USD)를 내야 한다.

출입국 서류 준비

대한민국 전자여권을 소지한 90일 이내 단순 관광객 기준이며, 방문 시점에 따라 필요 서류는 바뀔 수 있다.

캐나다 입국

캐나다에 버스·열차·자동차·선박으로 입국할 때는 여권만 준비하면 된다. 참고로 캐나다의 eTA(전자여행허가)는 비행기로 입국하는 경우에만 필요하다.

미국 입국

미국 국경을 버스·열차·자동차·선박으로 통과하려면 ESTA(전자여행허가)뿐 아니라 미국 출입국 기록인 I-94가 필요하다. 아래 웹사이트 또는 모바일 앱(CBP One™)으로 사전 접수(수수료 $6)를 하고 영수증을 캡처해 두면 국경에서의 절차가 간편해진다. 국경에 따라서 입국 심사를 느슨하게 하기도 하는데, 둘 다 준비하는 것이 원칙이다.

WEB i94.cbp.dhs.gov/I94

나이아가라 폭포 IN & OUT

나이아가라 폭포의 소재지는 폭포와 이름이 같은 나이아가라 폴스(Niagara Falls)라는 도시이고, 캐나다와 미국 양쪽에 걸쳐 있다. 미국 여행 중 나이아가라를 일정에 포함한다면 항공+렌터카를 이용하거나, 현지 여행사의 투어를 이용하는 것이 좋다

주요 지점과의 거리

지명	거리	소요 시간			
		자동차	항공(직항)	버스	기차
뉴욕	660km	7시간	1시간 20분	10시간	9시간 10분
보스턴	752km	7시간 10분	1시간 40분	-	-
시카고	896km	9시간	1시간 40분	-	-

비행기로 가기

미국의 주요 도시에서 출발하는 항공편은 뉴욕주의 버펄로 나이아가라 국제공항(BUF)에 도착한다. 여기서 나이아가라 폴스까지 40km 거리다.

Buffalo Niagara International Airport(BUF)

ADD 4200 Genesee St, Buffalo, NY, 14225
WEB buffaloairport.com

❶ 렌터카/우버

공항에서 미국 측 나이아가라 폴스까지 차로 30분이면 갈 수 있다. 최종 목적지가 캐나다라면 국경의 교통 정체를 감안해야 한다. 우버 비용은 $50~60 정도. 렌터카를 이용하면 폭포 근처의 비싼 호텔 대신 근처의 모텔에 묵을 수 있다는 게 장점이다.

❷ 플릭스버스

캐나다행 직행버스(1시간)와 버펄로 시내 및 미국 나이아가라 폴스를 경유하는 노선(2시간)으로 나뉜다. 예약 시점과 운행 방식에 따라 가격이 다르다.

PRICE $14~24
WEB flixbus.com

+MORE+

캐나다 달러는 미리 환전하기

나이아가라 폭포 근처 지역에 한해 캐나다에서도 미국 화폐가 통용된다. 다만 미국 달러($)와 캐나다 달러(CAD 또는 CA$)를 1:1 환율로 적용하는 것이 관례라서 여행자에게는 손해이니 미리 캐나다 달러로 환전해 두는 것이 유리하다(환율 1 CAD=1000원).

나이아가라 폴스 추천 일정

미국과 캐나다 양쪽의 핵심 명소를 다 보려면 최소 이틀이 필요하다. 아래 일정 또한 상당히 빠듯한 편이고 실제로는 이보다 훨씬 많은 액티비티가 있으니 양쪽보다는 한쪽에서 충분한 시간을 보내길 권장한다. 특히 직접 운전한다면 이동 거리를 감안해 여유 있는 일정을 계획한다.

	Day 1	Day 2
오전	**09:00** 뉴욕(JFK, LGA, NWR 중 하나)공항 출발 **11:00** 버펄로(BUF)공항 도착 후 렌트	**06:00** 일출 감상 (캐나다 기준, 미국 폭포 위로 해가 뜸) **10:00** 캐나다 북쪽 월풀 에어로 카·화이트 워터 워크
국경 통과	**13:00** 캐나다 입국 (국경 통과 후 호텔에 짐 맡기기)	**13:00** 미국 재입국* (전망 레스토랑 탑 오브 더 폴스)
오후	**14:00** 나이아가라 크루즈 탑승 **15:30** 테이블 록 전망대 **16:00** 폭포 아래 동굴 탐험	**14:00 미국 나이아가라 주립공원 방문** • 바람의 동굴 • 테라핀 포인트 • 루나아일랜드
저녁	**18:00** 전망대 및 저녁 식사 스카이론 타워/스카이휠/전망 레스토랑 **22:00** 불꽃놀이(5월 중순~10월 중순)	**17:00** 저녁 식사 또는 공항 이동

*미국에 재입국 하는 대신 캐나다 쪽의 꽃시계(Floral Clock), 나이아가라 온 더 레이크(Niagara-on-the-Lake) 마을, 이니스킬린 와이너리(Inniskillin Wines) 등 근교에서 시간을 보내도 좋다.

미국과 캐나다의 국경 레인보 브리지

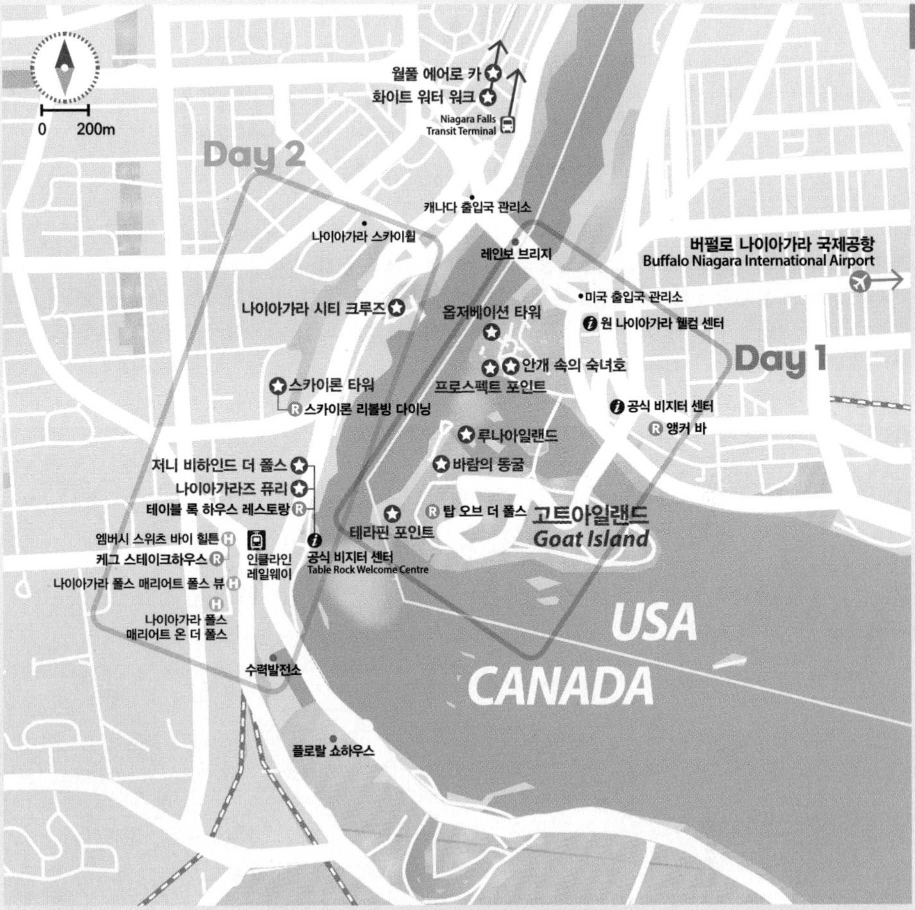

0 200m
Day 2
Day 1
월풀 에어로 카
화이트 워터 워크
Niagara Falls Transit Terminal
캐나다 출입국 관리소
나이아가라 스카이휠
레인보 브리지
버펄로 나이아가라 국제공항
Buffalo Niagara International Airport
미국 출입국 관리소
나이아가라 시티 크루즈
옵저베이션 타워
원 나이아가라 웰컴 센터
안개 속의 숙녀호
프로스펙트 포인트
스카이론 타워
스카이론 리볼빙 다이닝
공식 비지터 센터
앵커 바
루나아일랜드
바람의 동굴
저니 비하인드 더 폴스
나이아가라즈 퓨리
테이블 록 하우스 레스토랑
탑 오브 더 폴스
고트아일랜드
Goat Island
테라핀 포인트
엠버시 스위츠 바이 힐튼
케그 스테이크하우스
인클라인 레일웨이
공식 비지터 센터
Table Rock Welcome Centre
나이아가라 폴스 매리어트 폴스 뷰
나이아가라 폴스 매리어트 온 더 폴스
USA
CANADA
수력발전소
플로랄 쇼하우스

: WRITER'S PICK :

미국 vs 캐나다 뭐가 다를까?

여행 정보를 검색하다 보면 미국과 캐나다의 액티비티 명칭이 뒤죽박죽이고 한글 번역까지 더해져 무척 혼란스럽다. 그러나 이름만 다를 뿐 액티비티 내용은 비슷하다. 폭포를 관람하는 각도가 변하는 정도라고 이해하면 간단하다.

구분	캐나다 350P	미국 356P
크루즈	나이아가라 시티 크루즈	안개 속의 숙녀호(메이드 오브 더 미스트)
전망 포인트	테이블 록 웰컴 센터	테라핀 포인트, 프로스펙트 포인트
인공 전망대	스카이론 타워	옵저베이션 타워
폭포수 뒤 동굴	저니 비하인드 더 폴스	바람의 동굴(케이브 오브 더 윈드)
4D 극장	나이아가라즈 퓨리	없음
교통수단	위고버스(WEGO Bus)	트롤리(Trolley)

#Zone 1

나이아가라 폴스 캐나다
Niagara Falls CANADA

나이아가라의 3개 폭포 중 전체 수량의 90%가 쏟아져 내리는 홀스슈 폭포(Horseshoe Falls)는 캐나다 측에 있어서 캐나다 폭포(Canadian Falls)라고도 불린다. 말발굽처럼 휘어진 폭포의 곡선은 캐나다에서만 제대로 볼 수 있다. 캐나다 지역의 공식 비지터 센터인 테이블 록 웰컴 센터에서 관광 정보를 얻고 각종 패스를 구매할 수 있으며, 바로 앞에 홀스슈 폭포에서 직각으로 떨어져 내리는 물줄기를 감상하는 전망 포인트가 있다. 전망 레스토랑과 푸드코트, 4D 상영관과 폭포 뒤 동굴 체험도 이곳에서 시작한다.

ⓘ **공식 비지터 센터 Table Rock Welcome Center**

ADD 6650 Niagara River Pkwy, Niagara Falls, ON L2E 6T2
OPEN 24시간(종종 변경됨)
WEB niagarafallstourism.com
ACCESS 버펄로 국제공항에서 45km/미국 측 비지터 센터에서 4.5km

테이블 록 웰컴 센터

나이아가라 패스, 어떻게 고를까?

캐나다 주요 어트랙션 총정리

핵심 어트랙션인 크루즈를 제외한 나머지 어트랙션은 캐나다 지역의 공식 패스 판매처를 통해 예약하고 구매한다. 패스의 종류(❶ 어드벤처 클래식 ❷ 나이아가라 폴스 패스 ❸ 어드벤처 패스 플러스)를 살펴보고 일정에 맞게 선택하자. 패스에 포함된 어트랙션은 여러 날에 걸쳐 사용할 수 있지만, 위고(WEGO)버스는 연일로 이용해야 한다. 계절별로 어트랙션 운영 시간과 가격이 바뀌며, 동절기에는 크루즈를 포함한 주요 시설의 운영이 중단되기 때문에 실내 시설 위주의 원더패스($49)를 판매한다.

WEB niagaraparks.com(공식 패스 판매처)

★는 추천

구분		현장 가격(캐나다 달러)	공식 관광 패스		
			❶ $64	❷ $84	❸ $104
주요 액티비티	나이아가라 시티 크루즈★	$33.50	x	x	x
	저니 비하인드 더 폴스★	$25	○	○	○
	나이아가라 퓨리	$17.50	○	○	○
	화이트 워터 워크★	$19	○	○	○
	월풀 에어로 카★	$19	x	○	○
	파워 스테이션 & 터널	$32	x	○	○
	나비 보호구역	$19	x	x	○
	플로랄 쇼하우스	$8	x	x	○
	스카이론 타워	$22	x	x	x
	스카이 휠	$15	x	x	x
교통수단	위고버스★	24시간 $13, 48시간 $17	2일권	2일권	3일권
	인클라인 레일웨이★	편도 $3.50, 1일권 $8	x	2일권	3일권
	나이아가라 온 더 레이크 셔틀	편도 $12	x	x	○
	주차권	1일 주차권 $35	패스 구매 시 옵션으로 추가		

¤ 폭포 주변 교통수단

❶ 위고(WEGO)버스

어트랙션 사이를 이동할 때 편리한 유료 셔틀버스. 4개(레드, 블루, 그린, 오렌지) 라인이 폭포 주변 명소와 버스터미널, 관광 단지, 북쪽의 화이트 워터 워크나 월풀까지 연결된다.

HOUR 시즌별로 다름(30~40분 간격 운행) **WEB** wegotransit.com

WEGO버스

인클라인 레일웨이

❷ 인클라인 레일웨이 Falls Incline Railway

호텔과 카지노가 모인 절벽 위쪽의 관광 단지에서 테이블 록 웰컴 센터까지 내려갈 수 있도록 만들어진 짧은 푸니쿨라. 숙소에 차를 주차해 놓고 위고버스를 타고 다닐 때 무척 편리하다.

❸ 개인 차량

명소마다 마련된 주차장은 대부분 유료다. 1일 주차권(Daily Parking Pass)은 공식 홈페이지를 통해 패스를 구매할 때만 추가 옵션으로 선택할 수 있다. 심야 주차는 허용되지 않으므로 숙소에 문의한다.

1 이건 꼭 타야 해!
나이아가라 시티 크루즈
Niagara City Cruises

유람선을 타고 아메리칸 폭포를 지나 홀스슈 폭포 바로 아래까지 접근하는 유람선은 필수 코스! 폭포수와 가까워질수록 심하게 요동치는 배 안에서 하얀 포말과 안개, 대자연의 경이로움을 온몸으로 느낄 수 있다. 20분짜리 기본 크루즈(Falls Boat Tour)는 미국에서 출발하는 메이드 오브 미스트(358p)와 동일한 시간과 경로로 운행하는 프로그램이며, 탑승할 때 보통 미국은 파란색, 캐나다는 빨간색 우비를 제공한다. 불꽃놀이 시간에 맞춰 운행하는 야경 크루즈도 있다. **MAP ⑬**

ADD 5920 Niagara River Pkwy
OPEN 4월 말~11월 초(성수기 시간 예약 필수, QR코드 확인)
ACCESS 테이블 록 웰컴 센터에서 차로 7분

나이아가라 시티 크루즈 홈페이지 바로가기

: WRITER'S PICK :

준비물은 뭐가 있을까?

물이 고여 미끄러운 곳이 많으니 주의해야 한다. 신발은 미끄럼 방지 샌들이나 운동화를 신는 것이 좋다. 나중에 물기를 닦을 수 있도록 휴지나 수건을 준비하자. 여벌의 신발은 따로 챙길 것. 스마트폰과 카메라도 물에 젖지 않도록 방수팩에 넣어야 한다. 우비는 어트랙션별로 제공한다.

2 폭포수 뒤를 지나 바닥까지
저니 비하인드 더 폴스
Journey Behind the Falls

엘리베이터를 타고 38m 아래까지 내려가 터널을 통과하고, 폭포 밑에서 폭포를 올려다보는 동시에 인공 입구를 통해 폭포의 뒤편까지 구경하는 투어다. 지속적인 침식 작용으로 인해 1889년에 뚫은 최초의 인공 입구는 폐쇄됐고 지금의 입구는 1944년에 새로 뚫은 것이다. 바깥으로 이어진 도보용 데크에 서면 물보라가 사정없이 튀어 오른다. 우비 제공. MAP ⑬

ADD 6650 Niagara River Pkwy
OPEN 사계절
ACCESS 테이블 록 웰컴 센터

3 나이아가라 4D 영화
나이아가라즈 퓨리
Niagara's Fury

나이아가라 폭포의 생성 과정을 보여주는 4D 애니메이션 및 실사 영화다. 영화관 360° 전체가 파노라마 스크린으로 구성돼 있으며, 암실 곳곳에서 물살이 분사된다. 어린이를 동반한 가족에게 인기가 높은 상품이다. 테이블 록 웰컴 센터 안으로 들어가면 된다. 우비 제공. MAP ⑬

ADD 6650 Niagara River Pkwy
OPEN 1~8월
ACCESS 테이블 록 웰컴 센터

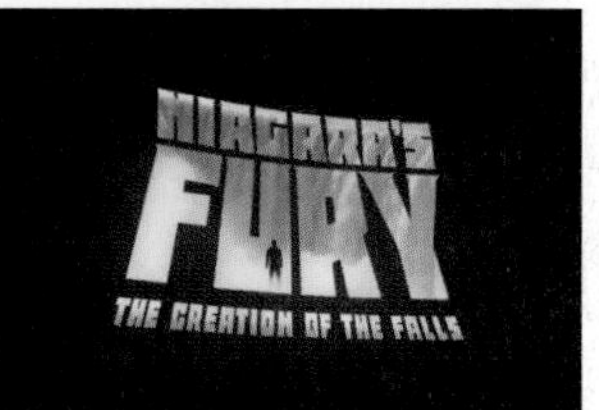

+MORE+

홀스슈 폭포 상류 지역

1905년 완공된 수력발전소와 터널을 방문하는 파워 스테이션(Power Station) 투어와 식물원인 플로랄 쇼하우스(Floral Showhouse)는 홀스슈 폭포의 상류 쪽에 있다. 하류 쪽의 다른 어트랙션을 먼저 즐기고 난 다음에 고려해보자.

4 폭포의 물줄기를 만나는 거친 협곡

화이트 워터 워크

White Water Walk

나이아가라 폭포에서 떨어진 엄청난 양의 물줄기는 좁은 계곡을 따라 세차게 흘러 나간다. 이 강물을 따라 400m의 보드워크가 조성되어 물보라가 끊임없이 몰아치는 물살을 감상하며 걸을 수 있다. 보드워크 끝에는 강 쪽으로 나간 전망대가 있어서 좀 더 가깝게 접근하게 된다. 보드워크까지는 엘리베이터를 타고 내려간다. MAP ⓭

ADD 4330 River Rd
OPEN 6~10월
ACCESS 테이블 록 웰컴 센터에서 차량 10분

5 아찔한 케이블카 타고 건너기

월풀 에어로 카

Whirlpool Aero Car

나이아가라강이 90°로 꺾이면서 생성된 소용돌이(월풀) 위로 작은 케이블카를 타고 건너는 스릴 만점 액티비티. 캐나다령에서 시작해 미국령으로 갔다가 되돌아오는데, 이곳만큼은 여권이 필요 없다. 소용돌이는 보통 반시계 방향으로 돌지만, 수력발전소로 유입되는 유량이 많아져 수위가 낮아지면 시계 방향으로 돌기도 한다. 에어로 카를 타지 않아도 옆에서 구경은 할 수 있다. MAP ⓭

ADD 3850 Niagara River Pkwy
OPEN 6~10월
ACCESS 테이블 록 웰컴 센터에서 차량 13분

6 폭포 전경을 한눈에

스카이론 타워

Skylon Tower

158m 높이에서 폭포의 전경을 감상할 수 있는 타워. 이 일대에서 가장 눈에 띄는 구조물이다. 2개 층으로 구성된 타워의 상층부까지 노란색 엘리베이터를 타고 올라가면, 전망대와 3D/4D영화관, 회전식 레스토랑(Revolving Dining Room)과 뷔페식 레스토랑(Summit Suite Restaurant) 등의 부대시설이 있다. MAP ⓭

ADD 5200 Robinson St
OPEN 사계절
WEB skylon.com
ACCESS 테이블 록 웰컴 센터에서 도보 15분(관광 단지에 위치)

캐나다의 관광 단지

폴스뷰 투어리스트 에어리어

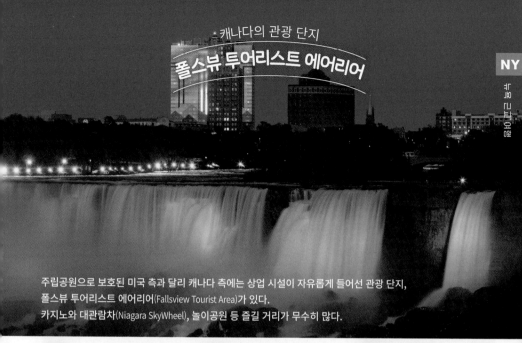

주립공원으로 보호된 미국 측과 달리 캐나다 측에는 상업 시설이 자유롭게 들어선 관광 단지, 폴스뷰 투어리스트 에어리어(Fallsview Tourist Area)가 있다.
카지노와 대관람차(Niagara SkyWheel), 놀이공원 등 즐길 거리가 무수히 많다.

나이아가라 폭포의 야경

화려한 조명으로 장식되는 밤의 폭포를 보기 위해서라도 최소 1박 2일 일정으로 여행하는 것이 좋다. 5월 중순부터 10월 중순까지는 매일 밤 10시(맑은 날), 그 외의 기간에는 특정일을 정해 불꽃놀이가 펼쳐진다. 폭포 주변 어디에서나 볼 수 있다.

WEB 불꽃놀이 일정
niagarafallstourism.com/fireworks

전망 좋은 호텔 BEST 3

폭포와 가까운 호텔은 아침저녁으로 환상적인 뷰를 볼 수 있고, 숙소에 차를 두고 테이블 록 웰컴 센터까지 다녀오기 편리하다. 좋은 전망을 원한다면 폭포 뷰(Falls View) 등 객실 조건을 잘 보고 선택할 것. 아래 호텔들은 모두 고가의 4성급이며, 주차비는 숙박비와 별도다.

❶ Marriott Fallsview Hotel & Spa
❷ Embassy Suites Niagara Falls Fallsview
❸ Marriott on the Falls

나이아가라 뷰맛집 BEST 3

낮에 관광을 마친 사람들은 저녁이 되면 전망 좋은 레스토랑을 찾아서 식사를 한다. 미리 한 곳을 골라서 예약하고 방문하는 것이 좋다. 3곳 모두 오픈테이블을 통해 예약할 수 있다.

WEB opentable.ca

♦ 테이블 록 하우스 레스토랑
Table Rock House Restaurant

테이블 록 웰컴 센터 안의 전망 레스토랑

PRICE $$

♦ 스카이론 리볼빙 다이닝
Skylon Revolving Dining Room

1시간에 걸쳐 천천히 회전하는 스카이론 타워의 레스토랑

PRICE $$$

♦ 케그 스테이크하우스
The Keg Steakhouse+Bar - Fallsview

캐나다의 인기 스테이크 전문 체인점. 반드시 엠버시 스위츠 호텔 9층에 있는 폴스 뷰 지점으로 검색한다.

PRICE $$$

#Zone 2

나이아가라 폴스 미국

Niagara Falls USA

나이아가라강을 경계로 하는 뉴욕주 일대는 1885년에 설립된 미국 최초의 주립공원(Niagara Falls State Park)으로서 보호받고 있다. 섬 바깥의 비지터 센터에서 폭포 사이에 자리한 고트아일랜드(Goat Island)는 도보로 20~30분 거리다. 주차난이 심각해지는 4~11월 사이에는 트롤리(하루 $3)를 타고 들어가는 것이 좋다. 바람의 동굴, 크루즈 등의 유료 어트랙션은 주립공원 홈페이지를 통해 예매할 수 있다.

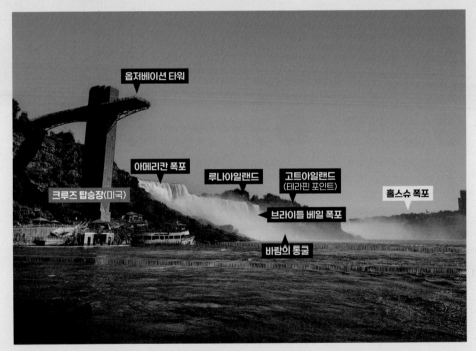

옵저베이션 타워
아메리칸 폭포
루나아일랜드
고트아일랜드 (테라핀 포인트)
크루즈 탑승장(미국)
홀스슈 폭포
브라이들 베일 폭포
바람의 동굴

ⓘ **공식 비지터 센터 Niagara Falls USA Official Visitor Center**

ADD 10 Rainbow Blvd, Niagara Falls, NY 14303
OPEN 08:30~17:00
WEB niagarafallsstatepark.com
ACCESS 버펄로 국제공항에서 40km/
캐나다 측 비지터 센터에서 4.5km

트롤리

주립공원 입구

1 두 개의 폭포 올려다보기
바람의 동굴(케이브 오브 더 윈즈)
Cave of the Winds

미국 측 핵심 투어로, 데크를 따라 걸어 내려가 맨 아래쪽에서 아메리칸 폭포와 브라이들 베일 폭포 2개를 올려다본다. 원래 브라이들 베일 폭포 뒤에 있었던 자연 동굴은 사라졌고 도보용 데크를 설치했다. 때에 따라 최대 시속 110km의 강풍이 몰아치며, 온몸이 흠뻑 젖는다.

안전 문제로 인해 폭포에 근접한 데크 일부는 매년 가을 철거됐다가 봄에 다시 설치되므로 겨울철에는 폭포로부터 접근 거리가 멀어진다. 티켓은 고트아일랜드 티켓 창구에서 현장 구매만 가능. 성수기에는 티켓부터 먼저 사고 그 사이에 다른 장소를 보는 게 좋다. 관람 소요 시간은 45분~1시간 30분. 우비와 투어용 신발 제공. MAP ⑬

OPEN 사계절
PRICE $21(10월 말~5월 초 $14)
ACCESS 고트아일랜드 내부. 비지터 센터에서 도보 15분

2 두 개의 폭포 내려다보기
루나아일랜드
Luna Island

브라이들 베일 폭포와 아메리카 폭포 사이에 놓인 작은 섬. 상류에서 잔잔하게 흐르던 강이 아찔한 두 갈래의 폭포수로 떨어지는 것을 볼 수 있다. 고트아일랜드에서 루나아일랜드로 건너가는 다리가 있다. MAP ⑬

OPEN 사계절
PRICE 무료
ACCESS 바람의 동굴에서 도보 5분

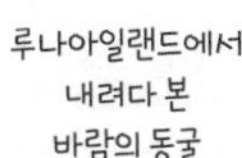

루나아일랜드에서
내려다 본
바람의 동굴

3 홀스슈 폭포를 가장 가깝게
테라핀 포인트
Terrapin Point

고트아일랜드에서 홀스슈 폭포를 가장 가깝게 바라볼 수 있는 전망 포인트. 폭포 전경보다 검푸르게 넘실대며 흘러가는 물살과 피어오르는 물안개가 생생하게 느껴지는 장소다. 근처에 탑 오브 더 폴스 레스토랑이 있다. MAP ⑬

OPEN 사계절
PRICE 무료
ACCESS 고트아일랜드 중간 지점. 바람의 동굴에서 도보 8분

미국에서 출발하는 크루즈

4 안개 속의 숙녀호(메이드 오브 더 미스트)

Maid of the Mist

아메리칸 폭포 아래에서 출발해 국경 건너편 홀스슈 폭포 아래까지 접근하는 유람선이다. 캐나다에서 출발하는 유람선과 동일한 경로로 운항한다. 원래는 1846년 나이아가라강을 건너는 여객 운송용으로 시작되었으나, 1848년 미국과 캐나다를 연결하는 다리가 개통되면서 관광용으로 바뀌었다. 예매 시 티켓은 날짜만 지정되고 선착순으로 탑승한다. 소요시간은 약 20분이며, 대기시간이 있을 수 있다. 폭포를 가깝게 보려면 왼쪽으로 타는 것이 좋다. 우비 제공. MAP ⓭

ADD 1 Prospect St, Niagara Falls, NY
OPEN 4월 중순~10월
PRICE $30.25
WEB maidofthemist.com
ACCESS 주차 후 옵저베이션 타워의 엘리베이터를 타고 협곡 아래로 이동

나이아가라의 세 폭포를 한눈에

5 옵저베이션 타워

Observation Tower

아메리칸 폭포 옆에 세워진 인공의 구조물로, 나이아가라의 세 폭포를 한 화면에 담을 수 있는 전망대다. 타워에 설치된 엘리베이터를 타고 협곡 아래로 내려가면 '안개 속의 숙녀호' 탑승장과 '바람의 동굴'과 비슷한 형태의 데크가 나온다. 크루즈 티켓이 없는 사람은 소정의 입장료를 내고 들어갈 수 있다. MAP ⓭

ADD 332 Prospect St
OPEN 사계절
PRICE $1.25(안개 속의 숙녀호 탑승권에 포함)
WEB niagarafallsstatepark.com
ACCESS 주차장에서 300m

아메리카 폭포를 가장 가깝게

6 프로스펙트 포인트

Prospect Point

절벽 위에 마련된 전망 포인트로, '안개 속의 숙녀호' 탑승 전후에 보면 된다. 콸콸 쏟아지는 아메리칸 폭포의 물살을 가장 가까이에서 볼 수 있다. MAP ⓭

OPEN 사계절
PRICE 무료
ACCESS 옵저베이션 타워 바로 옆

뉴욕주의 나이아가라 폴스

미국 측 편의시설

캐나다처럼 본격적인 규모의 관광 단지는 아니지만, 미국 측에도 편의시설은 충분하다. 크루즈 탑승 장소 주변으로 수족관, 왁스 박물관, 레스토랑이 모여 있고, 캐나다 국경을 건너가기 전 쇼핑할 수 있는 면세점까지 있다.

원 나이아가라 웰컴 센터
One Niagara Welcome Center

'안개 속의 숙녀'에서 운영하는 관광 안내소. 주립공원 공식 비지터 센터에 비해 운영 시간이 길고, 내부에 레스토랑과 기념품점도 있다. 이 앞에 주차를 하고 크루즈를 타러 가면 된다. 헬리콥터 투어도 여기서 신청할 수 있다. MAP ⑬

ADD 360 Rainbow Blvd
OPEN 09:00~21:00(겨울철 09:00~19:00, 토 ~20:00)
WEB nfwelcomecenter.com

탑 오브 더 폴스
Top of the Falls

테라핀 포인트와 홀스슈 폭포가 내다보이는 전망 레스토랑. 저녁에 가면 강 건너편의 캐나다 측 화려한 풍경을 감상할 수 있다. 버거, 버펄로 윙 등의 미국식 메뉴를 판매한다. 고트아일랜드에 있으며, 바로 앞에 주차가 가능하다. MAP ⑬

ADD 30 Goat Island Loop Road
OPEN 6~8월 11:00~18:00(토·일 ~19:00), 5·9월 11:00~16:00(토·일 ~17:00)
WEB niagarafallsstatepark.com/attractions-and-tours/in-park-dining

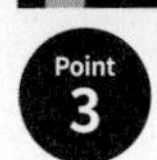

앵커 바
Anchor Bar

새콤·매콤한 닭날개튀김 버펄로 윙을 처음 개발했다고 알려진 레스토랑이 버펄로 시내에 있다. 주립공원 비지터 센터 근처와 공항에도 체인점이 있으니 재미 삼아 맛보자. MAP ⑬

ADD 1047 Main St, Buffalo
OPEN 11:00~21:00(금·토 ~22:00)
WEB anchorbar.com

워싱턴 DC & 중부 대서양

Washington, D.C. & Mid-Atlantic

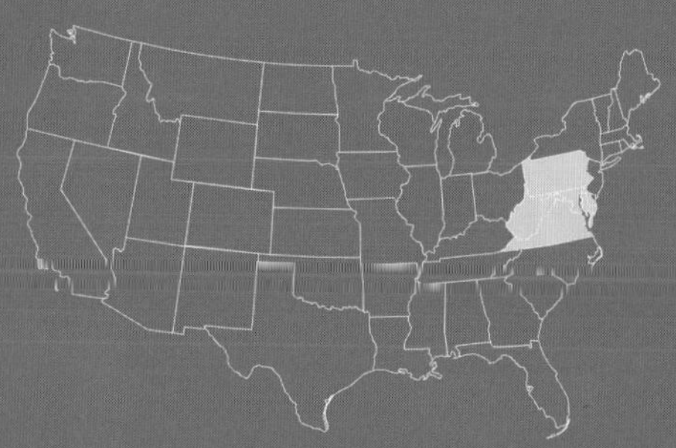

미국의 수도 워싱턴 DC(District of Columbia)와 뉴욕, 뉴저지, 펜실베이니아, 델라웨어, 메릴랜드, 버지니아, 웨스트 버지니아의 7개 주를 통틀어 미드 애틀랜틱(Mid-Atlantic), 즉 중부 대서양 연안 지역으로 구분한다. 북쪽에서 남쪽까지의 직선 거리가 1000km에 이를 만큼 넓은 지역이므로 이 책에서는 워싱턴 DC와 필라델피아를 중심으로 여행할 만한 장소를 정리했다.

워싱턴 DC의 자체 인구는 67만 명 정도에 불과하지만, 지하철로 연결된 버지니아와 메릴랜드 일부, 그리고 볼티모어에 이르는 워싱턴 메트로폴리탄(Washington Metropolitan Area)의 전체 인구는 630만 명에 달한다. 하나의 생활권으로 묶여 있으나 워싱턴 DC와 메릴랜드는 북부, 버지니아는 남부 문화권이라는 점이 흥미롭다.

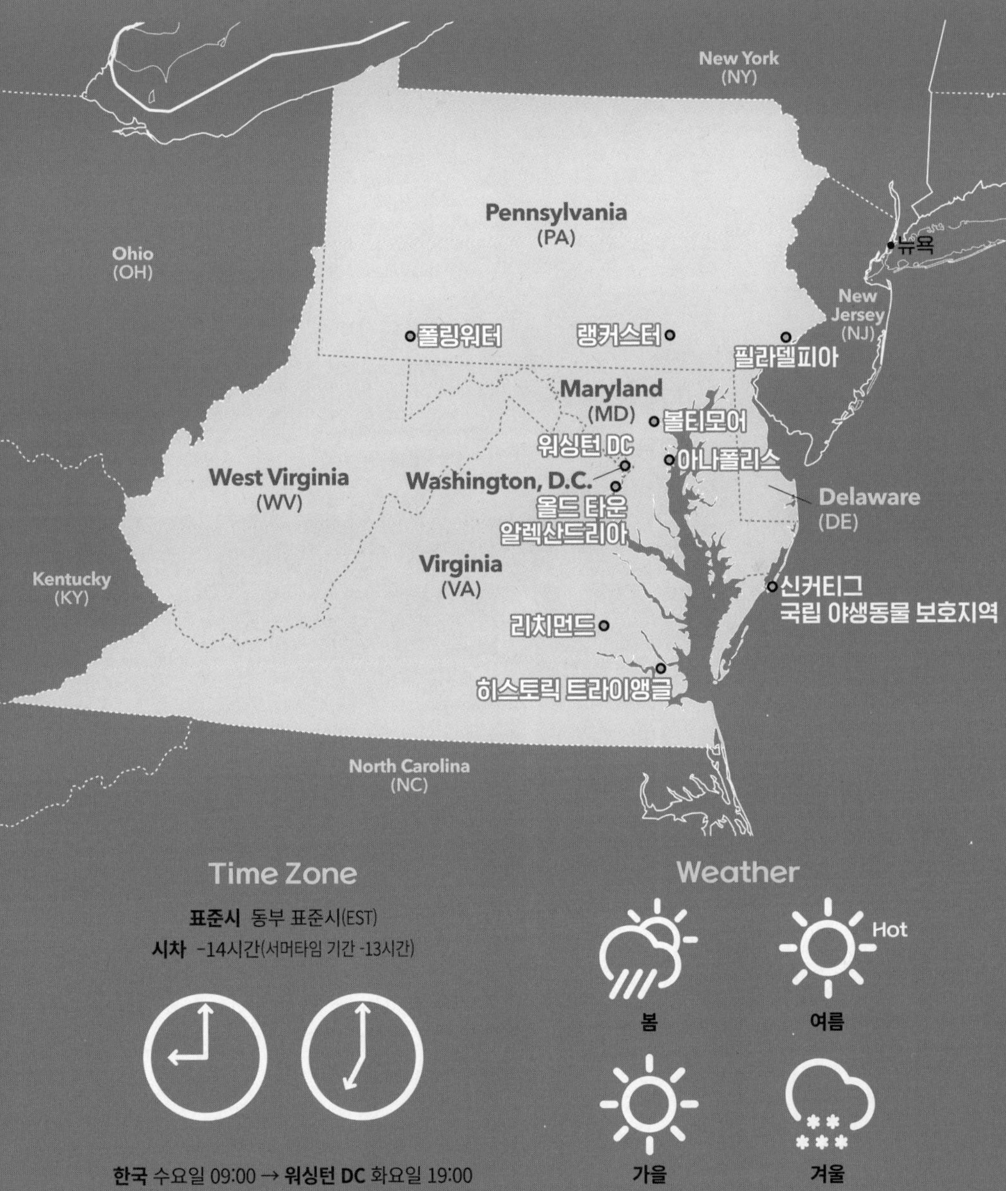

Washington, D.C.

워싱턴 DC

워싱턴 DC는 미국 초대 대통령 조지 워싱턴 시절인 1790년 탄생했다. 미국의 어느 주(State)에도 속하지 않는 연방 직할 구역(Federal District)으로, 애초부터 삼권 분립의 주요 기관(의회, 대법원, 백악관)이 자리 잡은 수도의 기능을 하도록 설계됐다. 공식 명칭은 디스트릭트 오브 컬럼비아(District of Columbia)이지만, 관습적으로 '워싱턴 디시' 또는 '디시'로 줄여서 부른다. 오늘날 워싱턴 DC는 미국 정부 부처와 각국의 대사관이 모인 세계 정치의 중심지이자, 다양한 볼거리를 갖춘 문화 수도의 역할을 겸한다. 새하얀 대리석 건물의 위용과 함께 시대와 국경을 초월하는 문화의 힘을 느껴보자.

워싱턴 DC BEST 9

1 워싱턴 모뉴먼트 382p

2 국회의사당 384p

3 백악관 388p

4 링컨 기념관 390p

5 제퍼슨 기념관 벚꽃 392p

6 스미스소니언 박물관 397p

7 조각 정원 분수 401p

8 조지타운 412p

9 더 워프 417p

SUMMARY

공식 명칭 District of Columbia

소속 주 해당 없음

표준시 EST(서머타임 있음)

ⓘ 캐피틀 비지터 센터
The Capitol Visitor Center

ADD First St SE, Washington, DC 20515

OPEN 08:30~16:30/겨울철 일요일 휴무

WEB washington.org/ko(워싱턴 DC 관광청)

ACCESS 내셔널 몰 동쪽 국회의사당

EAT in Washington DC → 420p

워싱턴 DC는 맛집의 비중이 큰 여행지는 아니다. 그러나 미국 대통령은 물론 각계각층의 고위 인사가 드나들던 명소가 많다는 점에서 맛집 투어의 재미가 쏠쏠하다. 백악관 옆 펜 쿼터와 듀폰 서클, 조지타운에는 맛집과 카페가 다양하고, 지역 특산품 블루크랩(게 요리)을 파는 수산시장과 로컬 마켓도 있다.

워싱턴 DC 한눈에 보기

포토맥강(Potomac River) 동쪽, 마름모 형태의 지도만 봐도 워싱턴 DC가 완전한 계획도시임을 알 수 있다. 미국 국회의사당 부지(U.S. Capitol Grounds)를 기준으로, 크게 북동(NE), 북서(NW), 남동(SE), 남서(SW)의 4구역으로 구분하는데, NW가 가장 안전한 편이며 SE는 각종 범죄 등 위험 요소가 많다. 주소에 방위 표시를 붙여 위치를 쉽게 파악할 수 있고 대부분의 도로가 방사형과 직선으로 뻗어 있어 길 찾기도 무척 쉽다. 높은 건물을 짓지 못하도록 고도를 제한하여 전체적으로 시야가 탁 트여 있다.

내셔널 몰 380p

미국 국회의사당에서부터 백악관, 워싱턴 모뉴먼트를 지나 링컨 기념관까지 이어지는 직사각형 공원 일대를 내셔널 몰(National Mall)이라고 한다. 주요 국가 기관 외에도 스미스소니언 재단(Smithsonian Institution) 산하의 박물관 11개와 국립 문서 보관소, 국립 미술관 등의 볼거리가 자리 잡고 있다.

캐피틀 힐 387p

내셔널 몰의 동쪽 끝, 연방 국회의사당(United States Capitol) 뒤쪽 지역을 뜻한다. 연방 대법원, 의회 도서관, 셰익스피어 도서관 등이 있으며, 고풍스러운 타운하우스가 즐비하다.

조지타운 412p

워싱턴 DC에서 가장 오래된 지역으로, 옛 저택을 우아한 상점가로 변모시킨 거리다. 강변에는 세련된 쇼핑센터 워싱턴 하버가 있어 상반된 매력이 공존한다.

워싱턴 DC 추천 일정

내셔널 몰 주요 명소에 대한 관심도에 따라 워싱턴 DC 여행에 필요한 시간이 달라진다. 링컨 기념관에서 국회의사당까지 직선으로 3.5km에 불과하지만, 박물관을 드나들다 보면 실제 걷는 거리가 한없이 늘어난다. 이 점을 감안하여 내셔널 몰을 이틀에 나누어 볼 수 있도록 구성했는데, 일정이 짧다면 박물관 관람을 줄이고 2일 차와 3일 차 일정을 적절히 조합해도 된다.

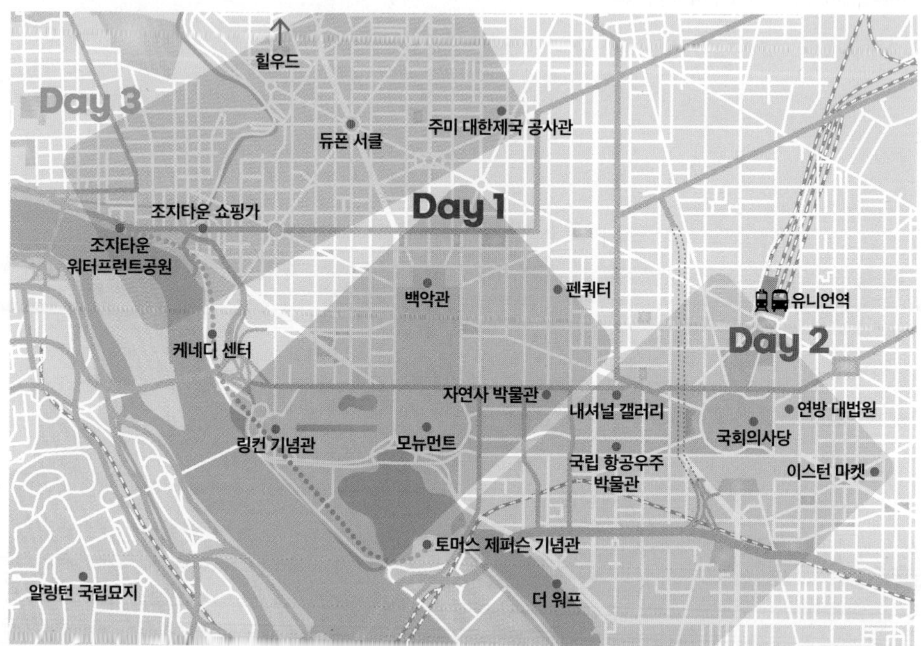

	Day 1(맑은 날)	Day 2	Day 3
오전	자연사 박물관 카페 **자연사 박물관** **백악관** 비지터 센터 & 공원 올드 에빗 그릴	국회의사당 카페 **국회의사당 투어** **의회 도서관** 이스턴 마켓(주말)	PLAN Ⓐ **힐우드/알링턴 국립묘지** PLAN Ⓑ **주미 대한제국 공사관** 듀폰 서클/조지타운 맛집
오후	**워싱턴 모뉴먼트** 전망대 올라가기 **링컨 기념관** 산책하며 야경까지 감상 OPTION 빠르게 보려면 세그웨이 투어	**국립 항공우주 박물관** **내셔널 갤러리** 관람 후 조각 정원 분수 인증샷	**조지타운 쇼핑가** **자전거 타기** 워싱턴 하버(강변 공원)에서 제퍼슨 기념관까지 20분
저녁	펜 쿼터 맛집	더 워프(수산시장)	**케네디 센터** 무료 공연 관람

WEATHER

서울과 대체로 비슷하다. 한겨울에는 서울보다 조금 덜 춥지만, 눈이 많이 오는 편이다. 강수량은 연간 큰 폭의 차이가 없으며, 장마철도 따로 있지 않다. 여행 최적기는 벚꽃이 피는 3월 말~4월 초 사이다.

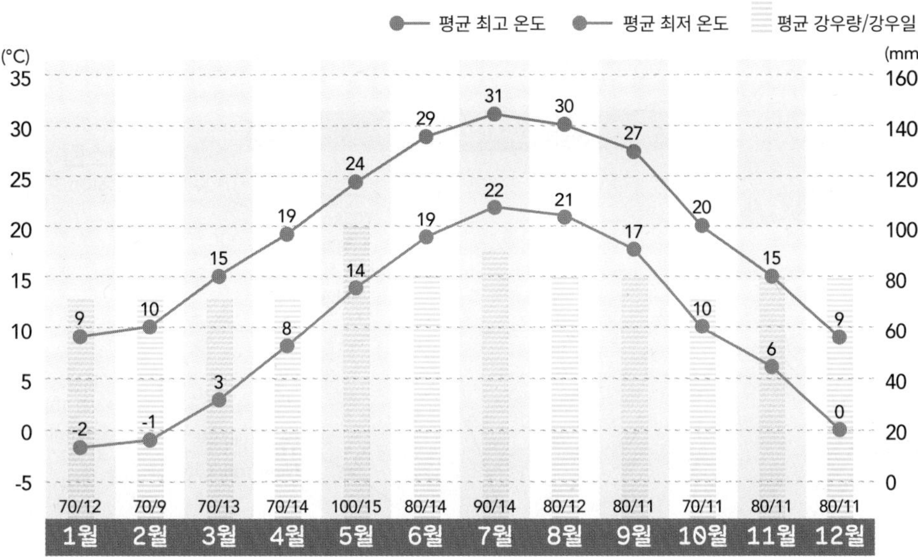

워싱턴 DC 여행 노하우

❶ 워싱턴 DC에는 70여 곳 이상의 박물관과 미술관이 있다. 하루에 2~3곳 이상을 소화하기는 체력적으로 힘들다는 점을 감안해 취향에 맞는 장소로 골라보자. 394p

❷ 주요 명소는 대부분 무료지만, 입장 예약이 필요한 장소는 미리 확인해야 한다.(대표적으로 백악관, 국회의사당, 의회 도서관, 워싱턴 모뉴먼트, 항공우주 박물관, 주미 대한제국 공사관)

❸ 국회의사당 등 국가 기관은 신분증(여권)과 보안 검사를 한다. 큰 가방은 반입 금지라서 소지품은 간단할수록 좋다.

❹ 자전거를 탈 수 있다면 조지타운과 내셔널 몰 사이의 포토맥 강변을 달려보자. 특히 3월 중순~4월 초에는 토머스 제퍼슨 기념관 앞 호수에 벚꽃이 핀다.

❺ 5월 초에는 세계 각국의 대사관 오픈하우스 행사(Passport DC)에 참여할 수 있다. 410p

워싱턴 DC 근교 여행 → 430p

DC 주변에는 미국 문화를 경험하기 좋은 관광지가 많다. 독립 이전의 옛 마을 모습을 간직한 올드 타운 알렉산드리아는 메트로레일(지하철)을 타고 다녀올 수 있고, 조지 워싱턴의 생가 마운트버넌은 차로 30분 거리다. 아기자기한 매력으로 가득한 아나폴리스에서의 하루도 추천! 1박 2일 이상의 시간 여유가 있다면 최초의 영국인 정착지 히스토릭 트라이앵글과 남북전쟁 당시 남부의 수도였던 리치먼드로 시간여행을 떠나도 좋다.

올드 타운 알렉산드리아

워싱턴 DC IN & OUT

워싱턴 DC는 세계 각국을 오가는 국제선 및 미국 국내선 항공을 비롯해 근교 도시와 기차, 버스 등 대중교통으로 촘촘하게 연결된 교통의 요지다. 뉴욕(맨해튼)과도 가까워 버스와 기차로 쉽게 왕복할 수 있으니 두 도시를 모두 여행하려면 워싱턴 DC로 입국해 뉴욕에서 출국(혹은 그 반대로)하는 계획을 세워도 괜찮다.

주요 지점과의 거리

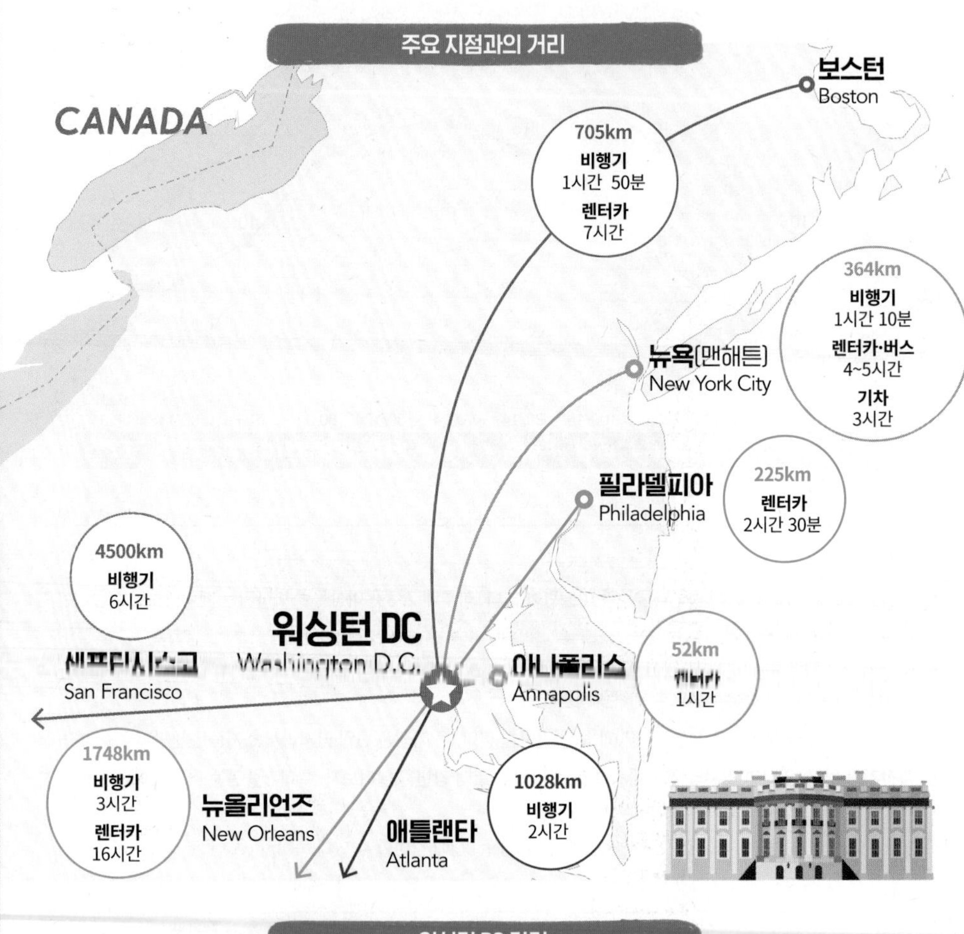

워싱턴 DC 가기

비행기 Airplane

직항편 기준 한국에서 워싱턴 DC까지는 14시간, 워싱턴 DC에서 한국까지는 14시간 30분 정도 소요된다. 워싱턴 DC 주변에는 공항이 여럿 있으니 항공편 선택 전 공항 코드를 잘 확인해야 한다. 우리나라에서 출발하는 국제선 항공편은 덜레스 국제공항(IAD)을 이용하고, 워싱턴 DC와 가장 가까운 곳은 국내선 공항인 로널드 레이건 국립공항(DCA)이다. 볼티모어-워싱턴 국제공항(BWI)은 거리가 멀고 교통편이 자동차와 기차뿐이라 추천하지 않는다. 미국 내 다른 공항을 경유해 워싱턴 DC로 입국하는 경우 환승 항공편 이용 정보를 꼭 확인할 것. 상세 정보 060p.

❶ 덜레스 국제공항 (IAD) Dulles International Airport

우리나라에서 대한항공(델타항공 공동운항)이 매일 1회 직항편을 운항하며, 유나이티드 항공의 거점 공항이기도 하다. 여행보다는 출장으로 방문하는 사람들이 주로 이용하는 곳이라 크게 붐비지 않고, 출입국 수속도 수월한 편이다. 메인 터미널에 탑승동 4개(Concourse A/B, C/D)가 연결된 구조로, 비행기에서 터미널까지는 셔틀버스로 이동한다.

ADD 1 Saarinen Circle, Dulles, VA 20166
WEB flydulles.com

♦ IAD 공항에서 시내 가기(⇌ 내셔널 몰 기준)

워싱턴 DC까지 50km. 평소에는 차로 40분 거리지만, 출퇴근 시간에는 교통체증이 매우 심하다. 대신 메트로레일 실버라인을 타면 내셔널 몰의 스미스소니언역(Smithsonian)이나 펜 쿼터의 메트로 센터역(Metro Center)까지 환승 없이 한 번에 갈 수 있다. 메트로레일(지하철) 탑승 장소는 국제선 메인 터미널에서 무빙워크로 연결된다. 워싱턴 DC 유니언역으로 갈 때는 버지니아 브리즈 버스(메가버스)를 이용해도 된다.

구분	요금	소요 시간	운행 시간
메트로레일★	$6.75	1시간	05:00~23:10 (금 ~24:10, 토 07:00~24:11, 일 07:00~23:11)
버지니아 브리즈(메가버스)	$15~20	1시간 10분	하루 3회(13:05, 13:15, 17:35 출발)
택시	$90~110	30~40분	24시간(승강장 밖 탑승)
우버/리프트	$50~60	30~40분	24시간(탑승 위치에서 호출)

❷ 로널드 레이건 워싱턴 국립공항 (DCA) Ronald Reagan Washington National Airport

이름이 길어 DCA 공항, 레이건 내셔널 등으로 줄여 부른다. 포토맥강 건너편 알링턴에 있어서 이/착륙 시 워싱턴 DC 전경을 감상할 수 있다. 입국 심사대가 따로 없는 국내선 전용 공항이다. 캐나다 국적기인 에어 캐나다를 이용할 때도 캐나다 동부의 도시(오타와, 토론토, 몬트리올)에서 미국 입국 심사를 미리 받고 환승하게 된다. 덜레스 국제공항보다 이용객이 많고 혼잡한 편이다.

ADD 2401 Ronald Reagan Washington National Airport Access Rd, Arlington, VA 22202
WEB flyreagan.com

♦ DCA 공항에서 시내 가기(⇌ 내셔널 몰 기준)

워싱턴 DC까지 7km. 우버로 10~15분 거리이고, 비용은 $20~30 내외. 지하철은 기본요금($2.25)만 내면 된다. 메트로레일 옐로라인을 타면 펜 쿼터의 갤러리 플레이스역(Gallery Pl-Chinatown)까지 20분, 블루라인을 타면 듀폰 서클역(Dupont Circle)까지 30분 소요.

장거리 버스 Bus & Coach

워싱턴 DC-뉴욕 구간은 직행버스가 많아서 가장 저렴하고 효율적인 교통수단이다. 교통정체가 없을 경우 5시간 정도(중간 1회 휴식 포함) 소요된다. 뉴욕까지 편도 요금은 예약 시기와 조건에 따라 크게 다른데, 보통 $35~55. 뉴욕 외 다른 주변 도시로 향하는 노선도 매우 다양하다.

주요 버스 업체

피터팬버스(메가버스)
WEB peterpanbus.com

그레이하운드
WEB greyhound.com

플릭스버스
WEB flixbus.com

열차 Train

뉴욕 및 필라델피아, 볼티모어 등 근처 도시에서 워싱턴 DC까지는 기차도 편리하다. 특히 보스턴에서 뉴욕, 필라델피아, 볼티모어를 거쳐 워싱턴 DC를 연결하는 고속열차 아셀라(Acela)를 이용하면 자동차나 버스보다 훨씬 빠르고 쾌적하게 이동할 수 있다. 뉴욕 펜 스테이션(Penn Station)에서 출발할 경우 고속 열차 아셀라는 2시간 50분($108~250), 일반 앰트랙 열차는 3시간 20분($40~140) 정도 걸린다.

앰트랙
WEB amtrak.com

: WRITER'S PICK :

버스와 열차의 허브, 유니언역 Union Station

워싱턴 DC로 들어오는 앰트랙(Amtrak), 통근열차(MARC), 장거리 버스는 모두 유니언역을 이용한다. 내셔널 몰의 국회의사당에서 도보 15분 거리이고 메트로레일(지하철) 레드라인이 연결돼 편리하다.

ADD 50 Massachusetts Ave NE
WEB unionstationdc.com

워싱턴 DC 시내 교통

워싱턴 DC의 지하철과 버스는 워싱턴 DC 메트로폴리탄 교통공사 WMATA(Washington Metropolitan Area Transit Authority)에서 총괄한다. 도심부터 근교에 이르기까지 대중교통과 우버 등을 적절히 활용하면 차가 없어도 여행할 수 있다. 홈페이지의 트립 플래너(Trip Planner)를 이용해 최적의 이동 경로와 정확한 요금을 확인해보자.

WEB wmata.com

교통 요금 및 결제 수단

워싱턴 DC의 교통 요금은 시간대와 이동 거리에 따라 다르다. 일반 버스와 메트로레일에서 무제한 사용하는 패스(1·3·7·30일 정기권)도 있지만, DC 서큘레이터를 탈 수 없다는 제약 조건이 있기 때문에 내셔널 몰 중심으로 여행한다면 필요한 금액만 충전해서 사용하는 것이 더 유리하다.

이용 시간	메트로레일(지하철)	메트로버스	DC서큘레이터
평일(05:00~21:30)	$2.25~6.75	$2.25 (익스프레스 $4.8)	$1
평일(21:30~) **& 주말**	$2.25~2.5		
종일	패스(Pass) 1일 $13.5, 3일 $33.75		패스 사용 불가(금액권만 사용 가능)

❶ 현금 Cash

DC 서큘레이터와 메트로버스에서는 현금 탑승이 가능한 대신 환승 할인은 받을 수 없다. 거스름돈을 주지 않으니 정확한 금액을 맞춰 내야 한다.

❷ 스마트립 SmarTrip®

워싱턴 DC에서 대중교통(특히 메트로레일) 이용 시 꼭 필요한 플라스틱 교통카드다. 지하철이나 버스 승하차 시 카드를 태그하면 금액이 차감되고, 2시간 이내 무료 환승이 적용된다. DC 외 메릴랜드주와 버지니아주의 버지니아주의 지역 버스와 볼티모어 대중교통에서 사용할 수 있다. 메트로역 주차장 이용 시에도 스마트립 카드로 지불 가능하다.

① **구매하기**(카드 발급 비용 $2) 지하철역 파란색 자동판매기에서 카드 구매(Purchase Single Card)를 선택해 필요한 금액을 충전(Purchase Value)하거나 패스를 구매(Purchase Pass)한다.

② **충전하기** 자동판매기 색상별로 결제 수단(신용카드/현금)이 다른 것을 확인하고 충전한다. 예를 들어 개찰구 안쪽 브라운색 자동판매기(Exitfare)는 현금 충전만 가능하다. 잔액은 환불되지 않으니 필요한 만큼 조금씩 충전한다.

③ **모바일 결제** 공식 모바일 앱(SmarTrip)에 카드를 등록하면 이용 내역을 관리할 수 있다. 단, 모바일 앱으로 충전한 금액이 반영되기까지 시간이 걸릴 수 있다. 스마트립 카드를 애플페이와 구글월렛에 넣어 사용하는 방법도 있다.

다양한 디자인의 스마트립 카드

스마트워치로 스마트립 사용하기

일반 자동판매기

개찰구 안쪽, 잔액 부족시 충전용 자동판매기(Exitfare)

메트로레일 (지하철) Metrorail

워싱턴 DC에서 버지니아 및 메릴랜드의 통근 지역을 연결하는 워싱턴 광역 도시권의 핵심 교통수단이다. 노선은 레드라인(RD), 블루라인(BL), 오렌지라인(OR), 그린라인(GR), 옐로라인(YL), 실버라인(SV) 6개로 나뉜다. 워싱턴 DC 시내 일부 구간에서는 6개 노선이 선로를 공유하므로 주의. 차량만으로는 노선을 구분할 수 없으니 탑승구 전광판에서 목적지를 잘 확인하고 탑승할 것.

HOUR 05:00~24:00(금 ~01:00, 토 07:00~01:00, 일 07:00~24:00)

메트로레일 노선도

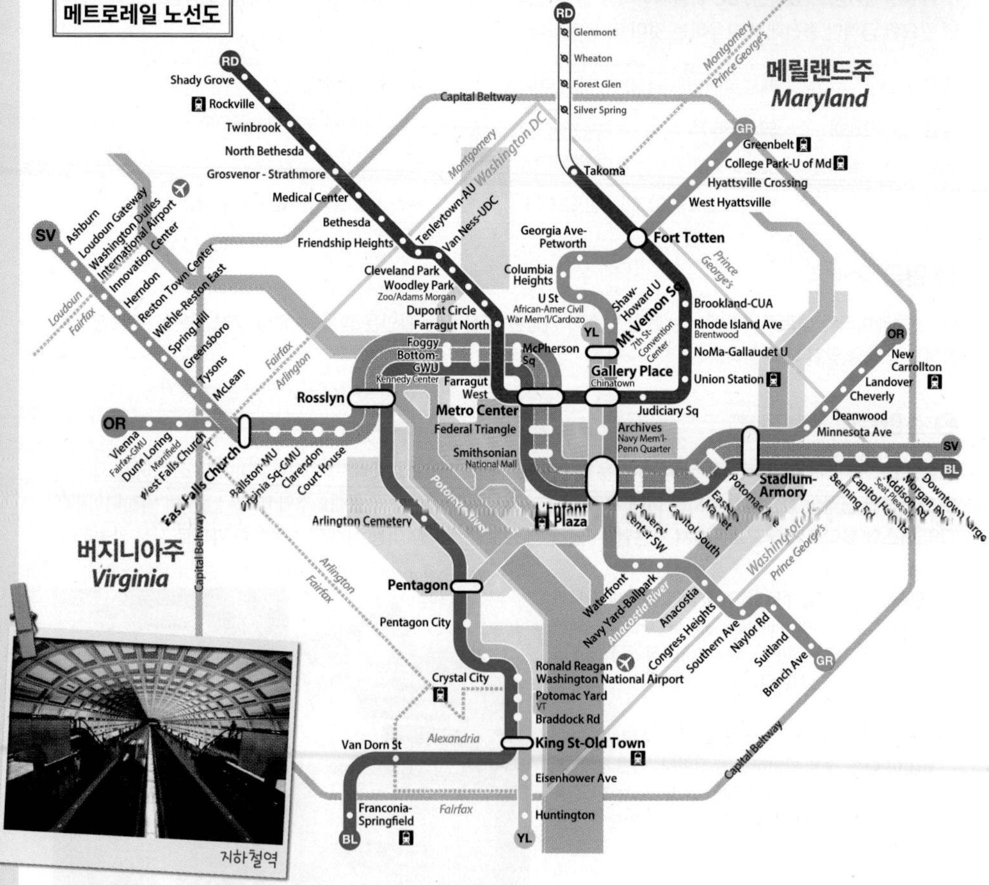

메릴랜드주 Maryland

버지니아주 Virginia

RD Glenmont, Wheaton, Forest Glen, Silver Spring, Takoma, Fort Totten, Brookland-CUA, Rhode Island Ave Brentwood, NoMa-Gallaudet U, Union Station, Judiciary Sq, Gallery Place Chinatown, Metro Center, Farragut North, Dupont Circle, Woodley Park Zoo/Adams Morgan, Cleveland Park, Van Ness-UDC, Tenleytown-AU, Friendship Heights, Bethesda, Medical Center, Grosvenor - Strathmore, North Bethesda, Twinbrook, Rockville, Shady Grove

GR Greenbelt, College Park-U of Md, Hyattsville Crossing, West Hyattsville, Fort Totten, Georgia Ave-Petworth, Columbia Heights, U St African-Amer Civil War Mem'l/Cardozo, Shaw-Howard U, Mt Vernon Sq 7th St-Convention Center, Gallery Place, Archives Navy Mem'l-Penn Quarter, L'Enfant Plaza, Waterfront, Navy Yard-Ballpark, Anacostia, Congress Heights, Southern Ave, Naylor Rd, Suitland, Branch Ave

SV Ashburn, Loudoun Gateway, Washington Dulles International Airport, Innovation Center, Herndon, Reston Town Center, Wiehle-Reston East, Spring Hill, Greensboro, Tysons, McLean, East Falls Church

OR Vienna Fairfax-GMU, Dunn Loring Merrifield, West Falls Church VT, East Falls Church, Ballston-MU, Virginia Sq-GMU, Clarendon, Court House, Rosslyn, Foggy Bottom-GWU Kennedy Center, Farragut West, McPherson Sq, Metro Center, Federal Triangle, Smithsonian National Mall, L'Enfant Plaza, Federal Center SW, Capitol South, Eastern Market, Potomac Ave, Stadium-Armory, Minnesota Ave, Deanwood, Cheverly, Landover, New Carrollton

BL Franconia-Springfield, Van Dorn St, King St-Old Town, Braddock Rd, Potomac Yard VT, Ronald Reagan Washington National Airport, Crystal City, Pentagon City, Pentagon, Arlington Cemetery, Rosslyn, Stadium-Armory, Benning Rd, Capitol Heights, Addison Rd Seat Pleasant, Morgan Blvd, Downtown Largo

YL Huntington, Eisenhower Ave, King St-Old Town, Mt Vernon Sq

Capital Beltway, Montgomery, Prince George's, Washington DC, Loudoun, Fairfax, Arlington, Alexandria, Potomac River, Anacostia River

지하철역

Legend

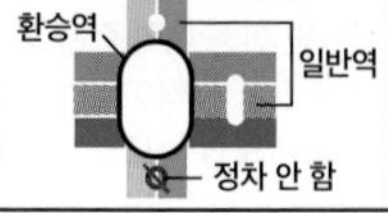

RD **Red Line** • Takoma~Shady Grove

OR **Orange Line** • New Carrollton~Vienna

BL **Blue Line** • Franconia-Springfield~Downtown Largo

GR **Green Line** • Branch Ave~Greenbelt

YL **Yellow Line** • Huntington~Mt Vernon Sq

SV **Silver Line** • Ashburn~Downtown Largo

메트로버스 Metrobus

워싱턴 DC와 버지니아, 메릴랜드의 통근권을 커버하는 광역 버스 시스템이다. 일반 노선(Regular Route)과 먼 거리를 이동하는 익스프레스 노선(Express Route)으로 나뉜다. 지하철이 닿지 않는 곳으로 이동할 때 유용하지만, 배차 간격이 길어서 여행자에게는 불편할 수 있다. 멀지 않은 곳은 우버/리프트를 타는 것이 효율적이다.

HOUR 04:00~01:00/노선 및 요일에 따라 다름

DC 서큘레이터 DC Circulator

워싱턴 DC의 주요 관광 포인트를 순환하는 버스로, 6개 노선이 있다. 메트로버스 정류장이 아닌 'DC Circulator' 깃발이 달린 전용 정류장에서 탑승한다. 기본요금은 5세 이상 $1, 65세 이상 50¢이며, 현금으로 지급할 수 있다. 스마트립 카드(금액 충전방식)를 이용하면 2시간 내 서큘레이터 간 환승은 무료이며, 메트로버스와 메트로레일로 갈아탈 때도 환승 할인이 적용된다. 관광객에게 유용한 내셔널 몰 라인에 관한 자세한 정보는 380p 참고.

HOUR 07:00~19:00(토·일 09:00~/4~9월 ~20:00)/내셔널 몰 라인 기준/노선에 따라 다름
WEB dccirculator.com

자동차

워싱턴 DC의 도로는 넓고 반듯하지만, 회전교차로가 많고 버지니아에서 포토맥강을 건너오는 구간이 매우 복잡하다. 초행자는 자칫 다른 길로 접어들기 쉬우니 내비게이션을 잘 보고 운전해야 한다.
노상주차(Street Parking)를 할 때는 구역별 시간제한(대개 2~3시간)과 규정을 잘 확인할 것. 월~토요일의 유료 주차 시간에는 주차 미터기를 찾아 요금을 정산하고, 영수증을 차량 대시보드에 올려 두거나 파크 모바일(Park Mobile) 앱으로 주차 시간을 관리한다. 저녁과 일요일·공휴일에는 대부분의 노상주차가 무료여서 미터기가 꺼져 있는 자리에서는 요금을 정산하지 않아도 된다.

투어 프로그램 (영어로 진행)

워싱턴 DC에서는 관광객을 위한 DC 서큘레이터 버스를 운행하고 있으며, 대부분 명소의 입장료가 무료이기 때문에 투어버스와 할인 패스의 활용도가 현저히 낮은 편이다. 하지만 무더운 여름 시즌이거나 어린이와 노약자를 동반한 가족 여행자라면 투어버스를 고려해보는 것도 좋다. 자전거나 세그웨이를 타기에도 좋은 환경이다.

깔끔한 기본 코스

올드 타운 트롤리
Old Town Trolley

노선이 하나뿐인 것이 오히려 장점. 기본 트롤리 투어는 하루 동안 워싱턴 DC의 주요 15개 지점에서 타고 내릴 수 있는 홉온홉오프(Hop-on & Hop-off) 버스 투어다. 내셔널 몰의 주요 포인트, 더 워프(수산시장), 스파이 박물관, 제퍼슨 기념관 등을 지나며, 운전 기사가 안내(영어)를 해준다. 알링턴 국립묘지가 포함된 투어는 트롤리 투어를 마친 다음 날 링컨 기념관에서 무료 셔틀버스를 타고 알링턴 국립묘지 웰컴 센터를 다녀오는 상품이다. 유니언역 또는 워싱턴 웰컴 센터에서 출발해 2시간 30분 동안 주요 기념관의 저녁 풍경을 감상하는 야경 투어(Monuments by Moonlight)도 있다.

START 워싱턴 웰컴 센터(Washington Welcome Center) 및 각 정류장
HOUR 09:00~16:00(30분 간격 운행, 계절별 변동 가능)
PRICE 트롤리 $60~75, 트롤리+알링턴 국립묘지 $70~80, 야경 투어 $70~85
WEB historictours.com/washington-dc
ACCESS 워싱턴 웰컴 센터: 스미스소니언 자연사 박물관에서 도보 10분/Metro Center역에서 도보 5분

이층 버스 타고 한 바퀴

빅 버스
Big Bus

올드 타운 트롤리와 마찬가지 방식으로 운행하는 홉온홉오프 버스 투어로, 헤드폰을 통해 안내방송(영어)을 제공한다. 기본 노선인 레드 루프(Red Loop)에 알링턴 국립묘지가 포함되고 트롤리에 비해 좀더 폭넓은 범위로 움직이기 때문에 2일권 활용 시 트롤리보다 유리하다. 저녁에는 노을과 야경을 감상하는 선셋 투어를, 벚꽃 시즌에는 핑크 루프(Pink Loop)를 운영한다.

START 유니언역을 포함한 버스 정류장 전체
HOUR 09:30~17:30(겨울철 ~16:30, 15~30분 간격)
PRICE 1일 $63, 2일 $75, 3일 $89
WEB bigbustours.com/en/washington-dc

가이드 따라 핵심만 골라 본다

세그웨이 투어

Capital Segway Tours

내셔널 몰을 가장 빠르고 재미있게 구경하는 방법! 가이드의 안내(영어)에 따라 백악관과 링컨 기념관 등 주요 장소를 방문하고 멋진 인증샷도 남기는 투어 프로그램이다. 단, 건물 밖에서만 보기 때문에 건물 내부와 박물관까지 제대로 보려는 사람에게는 적합하지 않을 수 있다.

START 818 Connecticut NW(백악관에서 도보 5분)
HOUR 2시간 소요(예약 필수)/ 1월~3월 초 운휴
PRICE 1인당 $70
WEB capitalsegway.com

주차 걱정없이 편하게

캐피털 바이크셰어

Capital Bikeshare

워싱턴 DC의 공공 자전거 시스템으로, 내셔널 몰 주변과 조지타운 등 도시 곳곳에 자전거 스탠드를 갖추고 있어 대여와 반납이 편리하다. 모바일앱(Capital Bikeshare 또는 Lyft)을 통해 QR코드를 스캔하고 대여한다. 싱글 라이드(1회권) 요금은 최초 구동 시 $1, 대여 시간 중 1분당 $0.05(일반 자전거) 또는 $0.15(전동 자전거)이다. 데이 패스(1일 $8)를 구매하면 한 번에 45분씩 이용 가능. 반납 연체 시 싱글 라이드처럼 분당 추가 과금된다.

WEB capitalbikeshare.com

단거리 이동수단

킥보드

E-scooter

현지에서 킥보드는 '일렉트릭 스쿠터(전동 스쿠터)'라고 하며, 각 대여 회사의 앱을 다운받아 이용료 및 사용 위치를 파악해 이용한다. 단, 워싱턴 모뉴먼트나 링컨 기념관 등 국립공원 관리 지역은 킥보드 입장 불가. 이 구역으로 들어가면 킥보드가 자동으로 정지하며, 그냥 놓고 갈 경우 벌금을 내야 한다. 안전 문제로 내셔널 몰에서는 이용 규제를 강화하는 추세다.

WEB 버드 bird.co
라임 li.me
리프트 lyft.com/scooters
볼트 bolt.eu/en/scooters

워싱턴 DC 숙소 정하기

워싱턴 DC는 세계 각국 정상의 방문이 많은 곳인 만큼 최고급 호텔부터 여행자를 위한 경제적인 호텔까지 다양한 숙박시설이 있다. 숙박세가 15.95%에 달하고 숙박비도 매우 비싼데, 출장 방문자가 많은 지역 특성상 의회가 휴가를 떠나는 7~8월에 숙박비가 오히려 저렴해진다. 에어비앤비(민박) 이용 시에는 허가번호(license)가 있는지 확인하자.

숙소 정할 때 고려할 사항

치안

숙박비가 부담된다면 지하철이 닿는 북서쪽(NW)으로 검색 범위를 넓혀도 좋다. 유니언역 북동쪽의 브렌트우드(Brentwood), 동남쪽 강 건너편의 애너코스티아(Anacostia) 지역은 범죄율이 높은 편이다.

렌터카

내셔널 몰 주변의 유서 깊은 호텔들은 주차장이 따로 없어 발렛 파킹만 가능한 곳이 많다. 밤새 거리 주차를 해두는 것은 안전 문제가 있으니 예약 전 호텔 주차장 위치와 비용을 확인한다.

워싱턴 DC 지역별 숙소 특징

내셔널 몰 주변

치안을 걱정할 필요가 없을 만큼 안전하지만, 저녁이 되면 인적이 뜸해진다. 백악관과 국회의사당 사이의 펜 쿼터(Penn Quarter)와 페더럴 트라이앵글(Federal Triangle) 지역에 유서 깊은 호텔이 많고, 남쪽의 더 워프(The Wharf)에도 깔끔한 호텔이 즐비하다.

유니언역

국회의사당과 유니언역 사이 지역은 펜 쿼터에 비해 저렴한 편이다. 투어버스를 타기에도 편하고, 기차나 버스로 다른 도시를 오갈 계획이 있다면 고려해볼 만하다.

듀폰 서클 & 조지타운

내셔널 몰에서 지하철로 3~4정거장 떨어진 듀폰 서클에는 깔끔한 호텔이 많다. 조지타운은 지하철이 없어 다소 불편한 대신 쇼핑가와 레스토랑이 많아 구경하는 재미가 있다.

버지니아주

포토맥강 건너편 버지니아주의 호텔들은 지하철로 연결돼 접근성이 좋다. 펜타곤 시티(Pentagon City) 또는 로널드 레이건 공항 근처의 크리스털 시티(Crystal City)를 알아보자. 거리는 좀 더 멀지만, 타이슨스 코너 센터(Tysons Corner Center) 쇼핑센터 쪽도 괜찮다.

월도프 아스토리아 호텔의 시계탑

시계탑 위의 무료 전망대

워싱턴 DC 숙소 추천 숙소 리스트

*가격은 6월 평일, 2인실 기준. 현지 상황과 객실 종류에 따라 만족도는 다를 수 있습니다.

월도프 아스토리아
Waldorf Astoria Washington, D.C. ★★★★★

1899년에 지은 우체국 건물로, 건축 당시 워싱턴 DC에서 가장 높은 건물이었다. 호화로운 내부를 자랑하는 호텔. 시계탑 전망대는 일반 관광객에게도 개방한다.

ADD 1100 Pennsylvania Ave NW(백악관 동쪽 펜 쿼터)
TEL 202-695-1100 **PRICE** $600~900
WEB hilton.com

인터컨티넨탈 윌러드
InterContinental the Willard Washington, D.C. ★★★★★

백악관 바로 옆에 있어 각국 정상이 즐겨 이용하는 유서 깊은 럭셔리 호텔이다. 주변에 유명 레스토랑도 많은 최적의 위치다.

ADD 1401 Pennsylvania Ave NW(백악관 동쪽 펜 쿼터)
TEL 202-628-9100 **PRICE** $400~700
WEB ihg.com

워터게이트 호텔
The Watergate Hotel ★★★★★

1972년 닉슨 대통령의 워터게이트 스캔들이 발생한 현장이다. 각국 정상이 머무는 호텔답게 매우 고급스럽고, 루프탑에서 바라보는 포토맥강 전망이 시원하다.

ADD 2650 Virginia Ave NW(워터프런트)
TEL 844-617-1972 **PRICE** $350~650
WEB thewatergatehotel.com

하얏트 리젠시 타이슨스 코너 센터
Hyatt Regency Tysons Corner Center ★★★★

광역 워싱턴 DC 권에서 가장 큰 쇼핑몰인 타이슨스 코너 센터와 연결되어 쇼핑을 즐기는 관광객에게 최적의 숙소다. 지하철 실버라인과 보행 도로로 연결돼 있어 워싱턴 DC로 들어가기에도 크게 불편하지 않다. 워싱턴 DC까지 지하철 탑승 시간만 30분 정도 소요된다.

ADD 7901 Tysons One Pl, Tysons, VA 22102(버지니아주)
TEL 703-893-1234 **PRICE** $230~400
WEB hyatt.com

킴턴 조지 호텔
Kimpton George Hotel ★★★★

미국에서 가장 큰 부티크 호텔 체인이었다가 IHG 그룹 인수 후 럭셔리 호텔로 업그레이드됐다. 유니언역에서 도보 5분, 국회의사당까지 도보 15분.

ADD 15 E St NW(유니언역) **TEL** 202-347-4200
PRICE $300~480 **WEB** hotelgeorge.com

호텔 하이브
Hotel Hive ★★★

링컨 기념관에서 도보 12분 거리로, 내셔널 몰의 다른 명소와는 거리가 먼 대신 상대적으로 저렴하다. 방 종류에 따라 2층 침대(Bunk Beds)가 배정될 수 있으니 예약 시 확인할 것. 아래층 피자 가게의 소음을 감안해야 한다.

ADD 2224 F St NW(내셔널 몰 북쪽, 백악관 서쪽)
PRICE $200~350 **WEB** hotelhive.com

클럽 쿼터스 호텔 화이트 하우스
Club Quarters Hotel White House ★★★

작지만 깔끔한 호텔이다. 블루·오렌지·실버라인이 통과하는 지하철역(Farragut West)까지 도보 1분 거리라서 편리하다.

ADD 839 17th St NW(백악관과 듀폰 서클 사이)
TEL 202-463-6400 **PRICE** $200~350
WEB clubquartershotels.com

모토 바이 힐튼
Motto by Hilton Washington DC City Center ★★★

포드 극장, 초상화 박물관 등과 가깝고 내셔널 몰까지는 지하철로 갈 수 있으며, 걸어서도 20분이면 닿는다. 옐로·그린라인이 지나가는 갤러리 플레이스역(Gallery Pl-Chinatown)까지는 도보 1분.

ADD 627 H St NW(백악관 동쪽 펜 쿼터)
TEL 202-974-6010 **PRICE** $200~300
WEB hilton.com

SPECIAL PAGE

알고 보면 더 재밌는

워싱턴 DC의 역사

미국에서 '워싱턴' 하면 서부 시애틀이 속한 워싱턴주(State of Washington)가 떠오르기 때문에 워싱턴 DC는 반드시 'DC'까지 붙여서 부른다. 영어 표기 원칙은 'Washington, D.C.'이지만, 편의상 쉼표와 마침표를 생략하기도 하며, 우편번호 기재 시에는 다른 주의 약어(예: New York → NY)와 통일하고자 마침표 없이 DC라고만 쓴다. 워싱턴 DC의 명칭이 이처럼 복잡해진 이유는 미국 수도가 건설된 당시의 역사에서 기인한다.

¤ 1790년

연방 정부의 소재지를 정하는 법안(Residence Act)이 의회를 통과했다. 이듬해 조지 워싱턴 대통령이 포토맥 강변에 수도 부지를 선정하고, 메릴랜드주와 버지니아주에서 100평방마일(259㎢)의 정사각형 땅을 연방 정부에 기증했다.

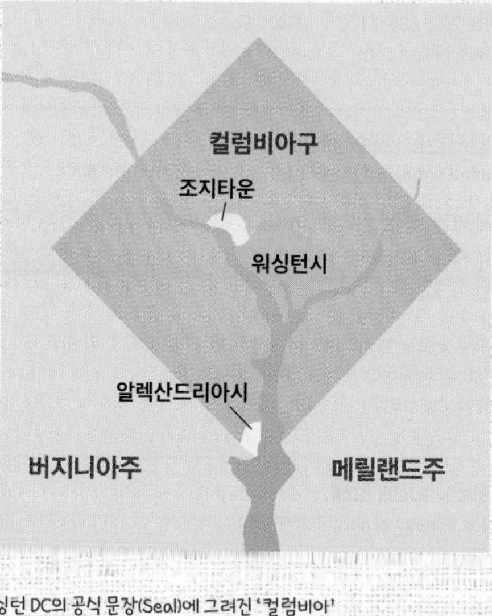

¤ 1791년

새 수도명은 조지 워싱턴 대통령의 이름을 따서 워싱턴시(City of Washington), 이를 둘러싼 구역명은 컬럼비아(Columbia)로 정해졌다. 컬럼비아는 크리스토퍼 콜럼버스로부터 변형된 여성형 이름으로, 독립전쟁 당시의 미국을 의인화한 표현이다.

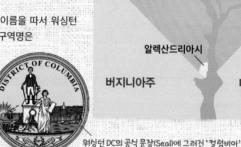

워싱턴 DC의 공식 문장(Seal)에 그려진 '컬럼비아'

¤ 1800년

임시 수도였던 필라델피아에서 워싱턴시로 연방 정부가 옮겨왔다. 미국 헌법에서 정한 바에 따라 컬럼비아구 주민들은 선거권 없이 연방 의회의 관할에 놓이게 됐다. 이로 인해 수도 행정에서 도외시되던 알렉산드리아 지역과의 갈등이 계속되자, 남북전쟁 발발 즈음인 1846년, 결국 포토맥강 서쪽 일대를 버지니아주로 반환하게 된다.

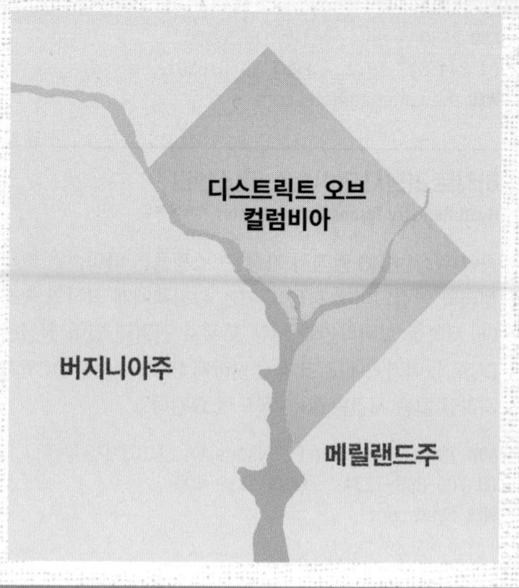

¤ 1871년

도시 구조 개편 법안을 통해 행정 구역이 하나로 통합하면서 오늘날의 공식 명칭 '디스트릭트 오브 컬럼비아(District of Columbia)'만 남게 됐다. '워싱턴시'는 이때 사라졌지만, 관습적으로 DC 앞에 '워싱턴'을 붙여 부르고 있다.

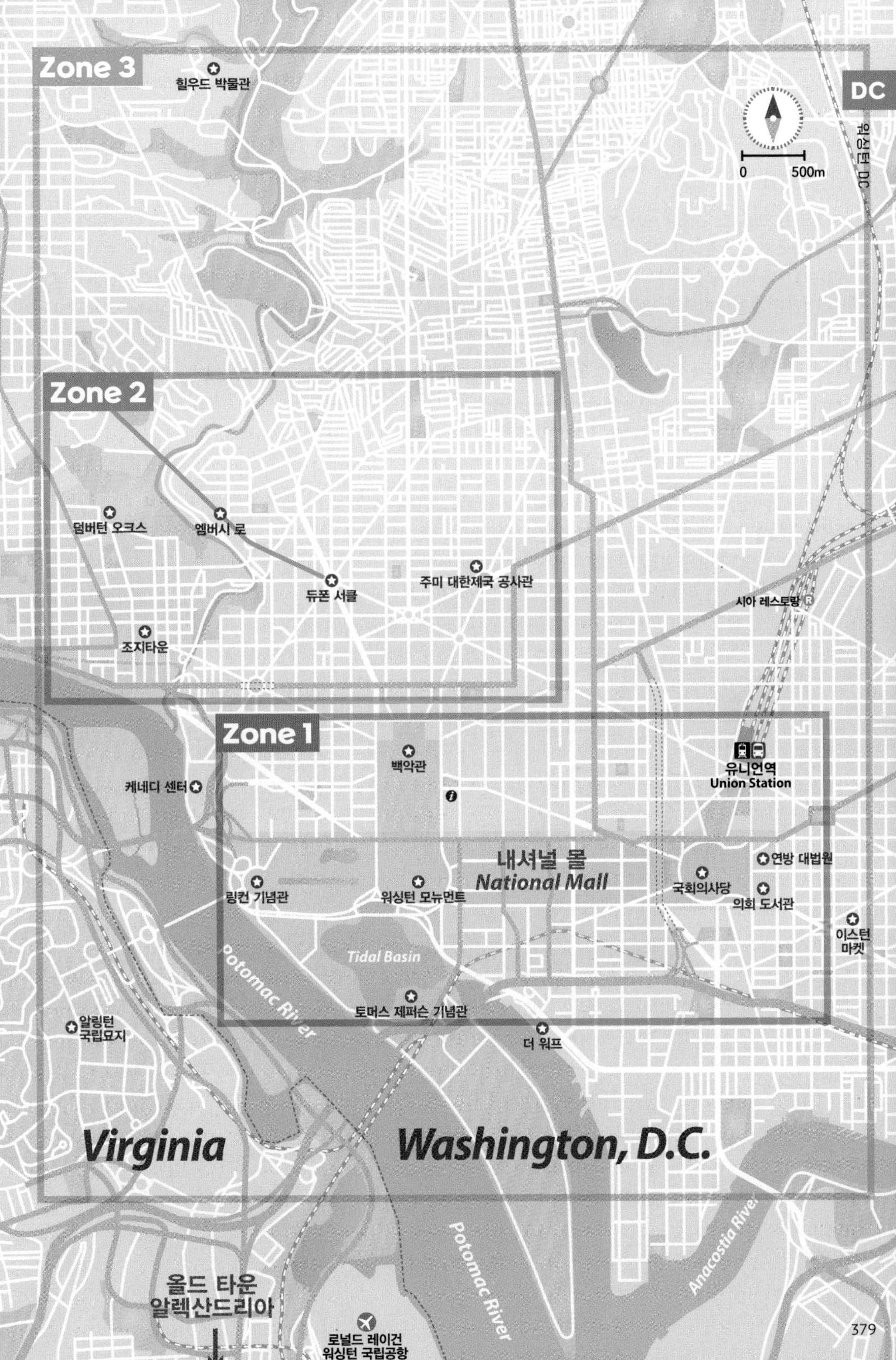
Zone 3
힐우드 박물관
DC
워싱턴 DC
0
500m
Zone 2
덤버턴 오크스
엠버시 로
듀폰 서클
주미 대한제국 공사관
조지타운
시아 레스토랑
Zone 1
백악관
케네디 센터
유니언역
Union Station
내셔널 몰
National Mall
링컨 기념관
워싱턴 모뉴먼트
국회의사당
연방 대법원
의회 도서관
이스턴 마켓
Tidal Basin
Potomac River
토머스 제퍼슨 기념관
알링턴 국립묘지
더 워프
Virginia
Washington, D.C.
Potomac River
Anacostia River
올드 타운 알렉산드리아
로널드 레이건 워싱턴 국립공항

#Zone 1

워싱턴 DC의 심장
내셔널 몰 National Mall

워싱턴 DC의 주요 시설은 내셔널 몰(국립 산책로)이라는 동서로 길게 조성된 직사각형 잔디밭 주위에 몰려 있다. 국가 행사와 집회 장소이자 모두에게 열린 공간으로, '미국의 앞마당(America's Front Yard)'이라고도 불린다. 도시 어디에서나 눈에 띄는 워싱턴 모뉴먼트 주변으로 미국의 힘과 균형, 질서를 상징하는 웅장한 건물들이 서로 대칭을 이룬다. 백악관 서쪽은 미국의 연방 기관이 모인 페더럴 트라이앵글(Federal Triangle)과 펜 쿼터(Penn Quarter) 지역으로 나뉜다. 호텔과 레스토랑도 많기 때문에 내셔널 몰과 연계해 방문하기 좋다.

내셔널 몰에서는 DC 서큘레이터를 타세요!

링컨 기념관에서 국회의사당까지는 도보 약 40분 거리(약 3.5km)다. 걷기 힘들 때는 DC 서큘레이터 버스의 내셔널 몰 루트(NM)를 이용하자. 내셔널 몰 루트는 ❶ **유니언역**에서 출발해 주요 명소 앞에 번호 순서대로 정차한다. 이중 모뉴먼트 앞에는 정류장이 2개 있는데, ❺번 정류장(제퍼슨 드라이브)에서 탑승하면 토머스 제퍼슨 기념관 방향으로, ⓬번 정류장(매디슨 드라이브)에서 탑승하면 국회의사당 방향으로 간다.

HOUR 07:00~19:00(토·일 09:00~/4~9월 ~20:00)
PRICE $1(65세 이상 50¢)를 맞춰서 내거나 스마트립 카트를 태그하고 탑승
WEB bustime.dccirculator.com
(실시간 버스 시간과 정류장 확인)

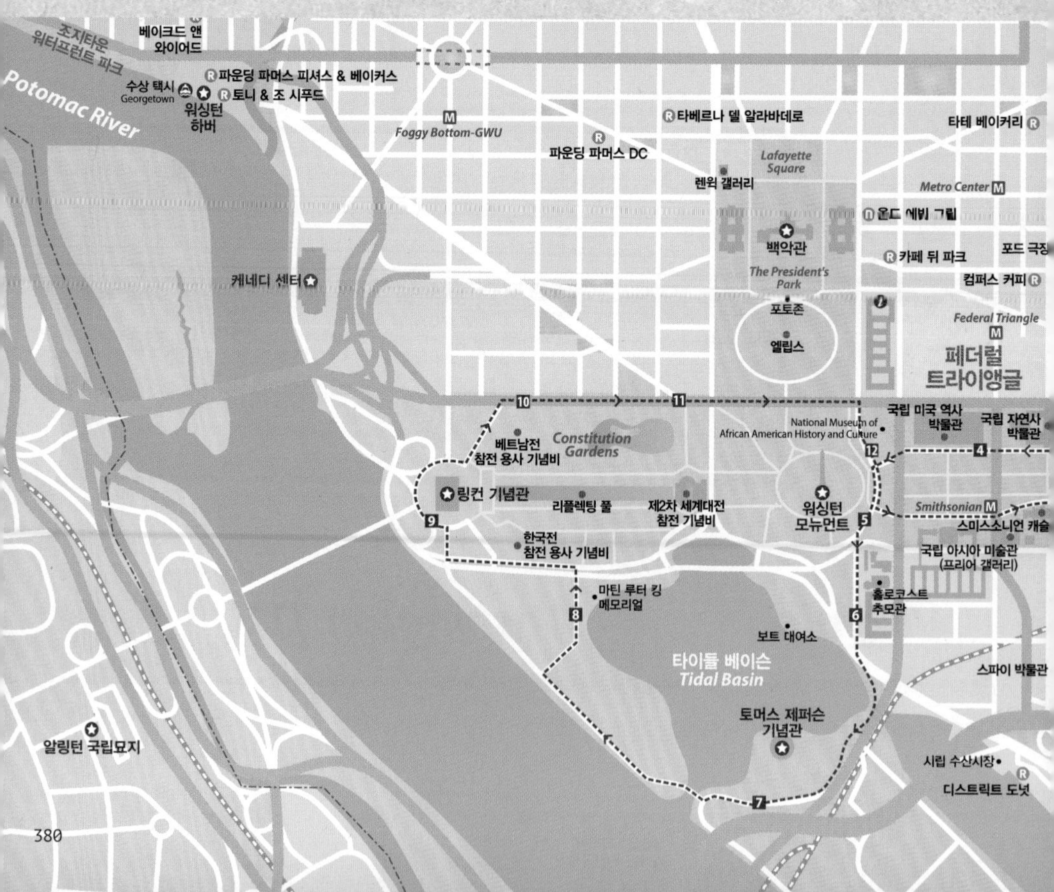

국회의사당
연방 대법원
의회 도서관
내셔널 갤러리
내셔널 아카이브
동관
서관
국립 항공우주 박물관
허쉬혼 미술관
조각 정원
자연사 박물관
국립 아시아 미술관
스미스소니언 캐슬
국립 미국 역사 박물관
농무부(USDA)
내셔널 몰
RPM 이탈리안
시티센터 DC
다이카야
코태시 프라임
Capital One Arena
국립 초상화 미술관
스미스소니언 미국 미술관
난도스 페리페리
할레오
펜 쿼터
펜 쿼터 스포츠 태번
캐피탈 그릴
내셔널 아카이브
유니언역
Union Station
Union Station
DC 서큘레이터 내셔널 몰 라인
내셔널 갤러리 (서관)
동관
조각 정원
내셔널 몰
연방 대법원
국회의사당
폴저 셰익스피어 도서관
의회 도서관
허쉬혼 미술관
국립 항공우주 박물관
아메리칸 인디언 박물관
국립 식물원
이스턴 마켓
마켓 런치
굿 스터프 이터리
L'Enfant Plaza
0
200m
암바
더 워프
행크스 오이스터 바

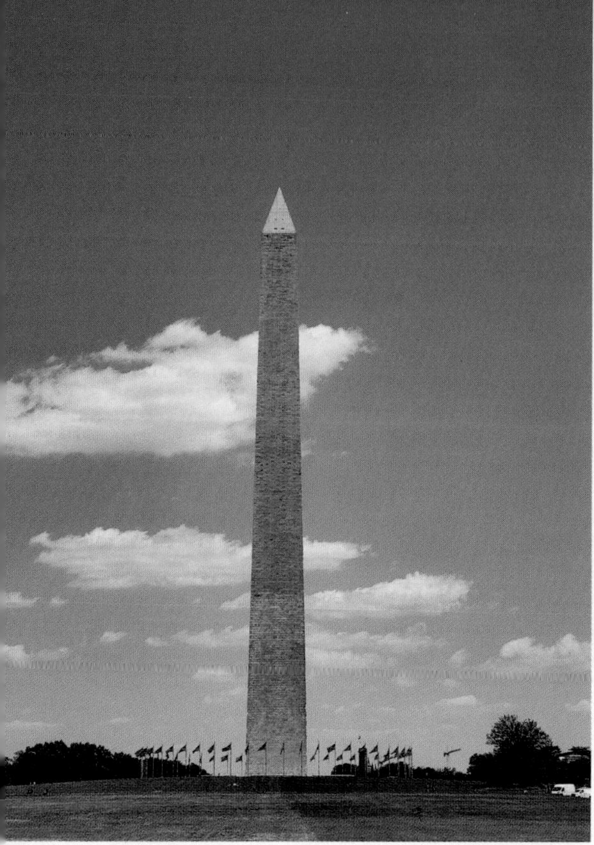

1 워싱턴 DC의 랜드마크
워싱턴 모뉴먼트
Washington Monument

미국 헌정의 기초를 세운 초대 대통령, 조지 워싱턴을 기리기 위해 세운 오벨리스크 형태의 국립 기념물이다. 전체 높이 555ft(약 169m)에 이르는 대형 석조 구조물로, 1848년에 착공했다가 자금 부족과 남북전쟁의 여파로 1884년에야 완공됐다. 이 때문에 자재 공급처가 바뀌면서 하단부 1/3지점, 약 46m까지의 대리석 색상이 더 밝게 보인다.

1899년에 발효된 워싱턴 DC 고도 제한법으로 인해 이 일대에서 유일하게 높은 건축물로 남았다. 엘리베이터를 타고 맨 위의 전망대에 오르면 완벽한 도시 구조가 한눈에 들어온다. **MAP ⑮**

ADD 2 15th St NW
OPEN 09:00~17:00(마지막 입장 16:00)
PRICE 무료
WEB www.nps.gov/wamo
ACCESS 메트로레일 블루·오렌지·실버라인 Smithsonian역에서 도보 10분/국회의사당에서 도보 30분

ⓘ

워싱턴 모뉴먼트 티켓 예약하기

워싱턴 모뉴먼트 입구 안내소(Washington Monument Lodge)에서 매일 08:45에 당일 무료입장권을 선착순 배부하지만, 가능하면 홈페이지 예약을 추천한다. 홈페이지 예약은 입장 30일 전 10:00(동부 표준시 기준)에 시작되고 하루 전날 10:00에 잔여분이 풀린다. 곧바로 매진될 때가 많으니 회원가입부터 미리 해둘 것. ID 하나당 최대 6장까지 예약 가능, 수수료는 장당 $1.

WEB recreation.gov/ticket/facility/234635

입구

조지 워싱턴 동상

엘리베이터

내부 전망창

◆ 워싱턴 DC 어디서나 보이는 워싱턴 모뉴먼트

◆ 모뉴먼트 전망대에서 본 국회의사당과 백악관 일대

: WRITER'S PICK :

내셔널 몰 식사 장소는 여기!

사진에서도 짐작할 수 있듯이 내셔널 몰에는 상업 시설이 거의 없다. 박물관 내부의 카페와 푸드코트를 활용하면 시간도 아끼고 효율적인 동선으로 움직일 수 있다.

◆ 국회의사당 카페 Capitol Café
국회의사당 지하층(Lower Level)에 있는 카페. 내부 터널을 통해 의회 도서관과 연결된다. 투어 시작 전 아침을 먹거나 끝난 다음 점심을 먹기 좋다.

OPEN 08:30~10:30, 11:00~16:00/일요일 휴무

◆ 내셔널 갤러리 National Gallery
미술관 동관과 서관 사이에 3개의 카페와 젤라토 바가 있고 야외 조각 공원에 파빌리온 카페가 있어서 선택의 폭이 가장 넓다.

OPEN 파빌리온 카페 10:00~16:00

◆ USDA 푸드홀 USDA Food Hall
미국 농무부 건물 1층에 자리한 건강식 뷔페 전문 직원 식당이다. 입구에서 카페테리아 이용객이라고 말하면 입장권을 발부해준다. 금요일(09:00~14:00)에는 농무부 앞에서 파머스 마켓이 열린다.

OPEN 평일 07:00~15:00/토·일요일 휴무

◆ 마스(화성) 카페 Mars Café
국립 항공우주 박물관 내 카페다운 이름이 재치있다. 지하층(Lower Level)에 있으며, 간단한 샌드위치류와 커피를 판매한다.

OPEN 10:00~17:00

② 미국 민주주의의 상징
국회의사당
United States Capitol

워싱턴 DC의 설계자 피에르 랑팡(Pierre L'Enfant)은 미국의 입법기관이자 미국 민주주의의 상징인 연방 의회가 사용할 의사당 건물을 도시의 기준점으로 삼았다. 공식 명칭은 '미국 캐피틀(United States Capitol)'. 초기 건물은 1800년에 완공됐지만, 1814년 영국과의 전쟁으로 큰 피해를 입고 증축을 거듭하면서 지금의 모습을 갖췄다.
내셔널 몰의 반대편 의회 도서관과 연방 대법원 사이에 관람객 전용 입구가 있으며, 의회 도서관과 연결된 지하 통로를 이용하는 방법도 있다. 입장 시 여권 검사와 보안 검색대를 통과한다. 물을 포함한 음료수나 음식물, 큰 가방(45x35x21cm 이상)은 소지할 수 없고 물품 보관함은 따로 없다. 투어를 하지 않아도 비지터센터 내 기념품점과 전시관 등은 관람할 수 있다. **MAP ⑮**

ADD First St SE
OPEN 08:30~16:30/일요일 휴무
PRICE 무료(투어 예약 권장)
WEB visitthecapitol.gov
ACCESS 메트로레일 블루·오렌지·실버라인 Capitol South역에서 도보 10분/의회 도서관에서 도보 5분

미국 50달러 지폐에 그려진 국회의사당

: WRITER'S PICK :

미국 의회 The Congress 알아보기

미국 헌법 제1조에서는 국민이 선출한 의원으로 구성된 의회의 입법권을 다룬다. 상원과 하원으로 구성된 의회에서는 법안을 상정하고, 현안에 대하여 발언하며, 법안, 결의안, 고위직 임명에 대하여 표결하고, 외국과의 조약 비준에 관해 의결한다.

♦ 상원 The Senate
50개 주에서 각각 2명씩 선출하여 총 100명으로 구성된다. 의원 임기는 6년이지만, 2년마다 선거를 통해 전체 의원의 1/3을 새로 선출한다.

♦ 하원 House of Representatives
435석으로 구성된 하원은 인구 조사 기준으로 의원 수를 결정하되 주당 최소 1명 이상의 하원 의원을 선출한다. 임기는 2년이다.

로툰다에 그려진 조지 워싱턴의 천장화

돔
Dome

거대한 돔 꼭대기에는 5.9m 높이의 자유의 상(Statue of Freedom)이 서 있다. 돔 아래의 원형 홀 로툰다(Rotunda)는 '워싱턴을 신처럼 우러러보며(Apotheosis of Washington)' 천장화와 콜럼버스 상륙부터 1903년 라이트 형제의 첫 비행까지 미국사의 굵직한 장면을 그린 대형 회화 및 부조로 장식돼 있다.

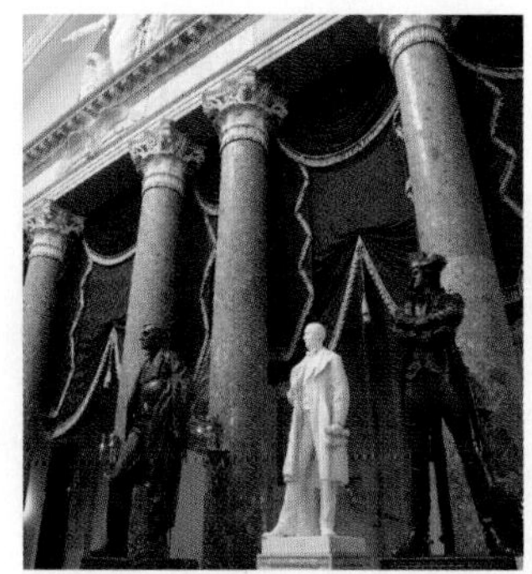

Spot 2 스태츄어리 홀
National Statuary Hall

구 하원 의사당이었던 스태츄어리 홀에는 미국 50개 주에서 기증한 100개의 인물상이 전시돼 있다. 홀의 한쪽 끝 바닥에서 아주 작은 소리로 말해도 다른 한쪽 끝에서 또렷이 들리는 2개의 지점이 있어 관광객들이 소곤거리면서 실험해보는 재미있는 장소다.

지하 묘실 크립트
Crypt

워싱턴 DC의 주소 중에서 동서남북의 기준이 되는 컴퍼스 스톤(Compass Stone)을 볼 수 있다. 초대 대통령 조지 워싱턴을 안치하기 위해 지어진 공간이지만, 워싱턴의 유지에 따라 묘소는 생가인 마운트버넌(433p)에 조성됐다.

ⓘ

국회의사당 방문 예약하기

❶ 국회의사당 내부 투어 U.S. Capitol Tour

약 40분에 걸쳐 크립트, 로툰다, 스태츄어리 홀을 관람하는 무료 가이드 투어는 캐피틀 비지터 센터에서 08:30부터 15:20까지 10분 간격으로 출발한다. 관광객이 많은 주말과 공휴일, 여름철에는 매진될 수 있으므로 원하는 시간에 참여하려면 홈페이지를 통해 예약하는 것이 좋다. 미처 예약하지 못한 사람은 비지터 센터의 인포메이션 데스크에서 14:30까지 잔여 투어를 신청할 수 있다. 길을 찾고 보안 검색을 통과하는 데 걸리는 시간을 고려해 투어 예약 시간보다 30분(성수기에는 45분) 먼저 방문할 것을 권장한다.

❷ 상원·하원 의사당 방청석 Senate and House Galleries

회기 중에 한해 방청석 참관이 가능한데, 해외 관광객은 비지터 센터의 인포메이션 데스크에 문의하면 가능할 수도 있다.

건물 아래쪽 캐피틀 비지터 센터 입구를 찾아갈 것

3 문화와 지식의 힘

의회 도서관 ★

The Library of Congress

1800년 설립된 의회 도서관은 제3대 대통령이자 철학자였던 토머스 제퍼슨의 소장 도서 6487권과 4100만 권의 장서를 포함해 1억7500만 종 이상의 자료를 보유한 세계적인 규모의 도서관이다. 주제나 언어, 자료의 유형에 구애받지 않고 폭넓은 자료를 수집하는 실질적인 국립도서관 역할을 한다. 국회의사당 안에 개관했다가 1897년 토머스 제퍼슨 빌딩 건립 후 이전했고, 현재 존 애덤스 빌딩과 제임스 매디슨 빌딩까지 총 3개 건물로 구성돼 있다.

관광객이 주로 찾는 토머스 제퍼슨 빌딩은 의회 도서관의 본관이다. 미국 문화의 르네상스를 보여줄 목적으로 파리 국립 오페라하우스를 모델로 하여 당대 최고의 조각가와 화가가 참여했다. 지혜의 여신 미네르바(아테나)의 모자이크 조각이 있는 아름다운 중앙 홀을 지나 위층 상설 전시관으로 가면 마인츠 대성경 필사본, 구텐베르크 성경 인쇄본 등의 진귀한 수집품을 볼 수 있다. 메인 리딩 룸(Main Reading Room)은 종교·무역·역사·예술·철학·시학·법학·과학을 상징하는 8개 여신상을 떠받친 대리석 기둥 아래 학자들이 연구에 매진하는 공간이다. 입장은 방문 30일 전 오픈되는 온라인 예약을 통해 시간제 예약하며, 매일 오전 9시에 당일 잔여 티켓이 풀린다. 메인 리딩 룸 관람 시간은 보다 제한적이다. MAP ⑮

ADD 10 First Street, SE
OPEN 일반 관람 10:00~17:00(목 ~20:00)/일·월요일 휴무
메인 리딩 룸 10:30~11:30, 14:00~15:00(목요일 17:00~19:00)/토~월요일 휴무
PRICE 무료(시간 지정 예약 필수)
WEB loc.gov
ACCESS 국회의사당 길 건너편(지하 통로로 연결)

내부 중앙홀

약 8만 권의 장서가 있는 메인 리딩 룸

마인츠 대성경 필사본

4 미국 최고 사법기관
연방 대법원
U.S. Supreme Court

미국에는 별도의 헌법재판소가 없으므로 헌법에 근거해 법을 해석하고 판단하는 사법 기관인 연방 대법원이 최고 법원의 기능을 한다. 정식 명칭은 'Supreme Court of the United States(SCOTUS)'이다. 대통령이 임명하는 연방 대법관은 종신 재직권을 가지며, 대법원장(Chief Justice)과 8인의 대법관(Associate Justice)으로 구성된다.
국회의사당 뒤쪽의 연방 대법원 건물은 국가적으로 중요한 판결이 내려질 때마다 스포트라이트가 쏟아지는 장소다. 재판이 없는 평일에는 1층 박물관이 개방되며, 선착순으로 대법원의 사법적 기능과 연방 대법원 건물의 역사 등에 관한 25분 분량의 공개 강의도 들을 수 있다. 사전 예약은 받지 않는다.

MAP ⑮

ADD 1 First St NE
OPEN 09:00~15:00/토·일요일 휴무
PRICE 무료
WEB supremecourt.gov
ACCESS 국회의사당에서 도보 5분

미국 헌법의 체계를 확립한 제4대 대법원장 존 마셜

대법원 정문에서 본 국회의사당

페디먼트에 새겨진 문구
'법 앞에 평등(Equal Justice under Law)'

5 미합중국 대통령 집무실
백악관
The White House

미국 대통령의 관저 겸 집무실이다. 초대 대통령 조지 워싱턴 시절 착공해 2대 대통령 존 애덤스가 1800년 11월 1일 첫 번째로 입주했다. 원래 '이그제큐티브 맨션(Executive Mansion)'으로 불리던 관저가 '화이트 하우스'가 된 것은 새하얀 건물 색상 때문. 미영전쟁 때인 1814년, 워싱턴 DC 전체가 불탈 때 그을린 흔적을 가리고자 하얗게 칠했다는 설이 있으나, 실제로는 1798년부터 균열을 막기 위해 석회질 도료를 덧발라온 것이라고 한다. 132개의 방을 가진 백악관은 크게 3개 구역으로 구분된다. 가장 서쪽에 자리한 대통령 집무실 오벌 오피스(Oval Office)와 보좌관 집무실은 NBC 드라마 <웨스트 윙>에 가장 많이 등장했던 장소. 중앙의 대통령 관저에는 공식 접견실(Diplomatic Reception)과 국빈 만찬장(State Dining Room), 색상별로 꾸민 응접실(Red Room, Blue Room, Green Room) 등이 있고, 동쪽의 이스트 윙은 영부인의 집무 공간이다. 백악관 내부 투어 시 접견실과 응접실, 이스트 윙 일부를 관람할 수 있다. MAP ⑮

WEB www.nps.gov/whho

ⓘ

백악관 내부 투어 White House Tours **신청 방법**

신청 절차가 간소화된 국회의사당 투어와는 달리 백악관 내부 투어(약 45분, 자유관람)는 극히 제한적으로 진행된다. 미국 거주자는 지역구 하원 의원, 해외 관광객은 워싱턴 DC의 하원 의원을 아래 웹사이트에서 검색하여 현직 하원 의원실의 신청 양식에 따라 접수한다. 보통 3개월 전(최소 21일 전) 이메일을 보내면 가능한 경우에만 회신을 준다. 이때 추가로 받게 될 질문과 보안 절차를 정확하게 이해하고 회신해야 한다.

WEB congress.gov/members
검색창(Find your member by address)에 'Washington, D.C.' 입력 후 검색되는 현직 하원의원의 홈페이지로 이동

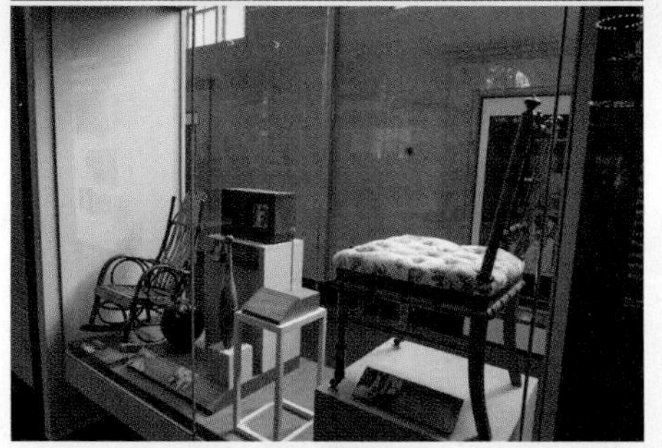

인증샷 포인트

백악관 방문자 센터
White House Visitor Center

백악관 내부 투어는 매우 까다롭지만, 공원 동쪽에 있는 백악관 방문자 센터는 누구에게나 열려 있다. 백악관의 역사를 비롯해 백악관의 내부 구조와 가구, 집기 등을 전시하며, 기념품도 판매한다.

ADD 1450 Pennsylvania Ave NW
OPEN 07:30~16:00
ACCESS 메트로레일 블루·오렌지·실버라인 Federal Triangle역에서 도보 7분

미국 20달러 지폐에 그려진 백악관을 찍으려면 라파예트 광장으로!

엘립스
The Ellipse

백악관 남쪽과 맞닿은 타원형 공원. 바리케이드 건너편에서 백악관을 꽤 가깝게 볼 수 있어서 인증샷을 남기려는 이들로 늘 북적인다. 워싱턴의 모든 길이 시작되는 지점인 제로 마일스톤(Zero Milestone) 표지석을 찾아가면 된다. 매년 12월 초에는 공원에 '국립 크리스마스 나무'라고 불리는 대형 트리를 설치하는데, 대통령과 영부인이 점등하고, 주변에는 미국의 각 주와 자치령의 초중고 학생들이 만든 크리스마스 장식품이 전시된다.

ADD E St NW
OPEN 07:30~16:00
ACCESS 백악관 비지터 센터에서 도보 5분/워싱턴 모뉴먼트에서 잔디밭을 지나 도보 10분

라파예트 광장에서 본 백악관

6 자유와 인권의 신전
링컨 기념관
Lincoln Memorial

제16대 대통령 에이브러햄 링컨을 기리기 위해 1922년 개관한 기념관이다. 아테네의 파르테논 신전을 본뜬 장엄한 건물을 에워싼 36개의 도리아식 기둥은 링컨 서거 당시의 36개 연방 주를 상징한다. 내부에는 대니얼 프렌치가 완성한 링컨의 거대한 대리석 좌상이 맞은편 국회의사당을 바라보고 있다. 양쪽 벽에는 1863년 "국민의, 국민에 의한, 국민을 위한 정부(Government of the people, by the people, for the people)"를 주창한 게티즈버그 연설문과 남북전쟁 종전을 앞두고 화해와 재건의 메시지를 담은 2번째 취임식 연설문을 각인했다. 링컨의 생애와 업적을 전시한 작은 박물관도 있다. 역사의 전환점이 된 중요 행사가 많이 열린 장소로, 1963년 8월 28일 마틴 루터 킹 목사의 "나에게는 꿈이 있습니다(I have a Dream)" 연설 터가 계단에 표시돼 있다. <포레스트 검프>, <내셔널 트레저>, <하우스 오브 카드> 등 워싱턴 DC가 나오는 영화의 단골 배경지다. MAP ⑮

ADD 2 Lincoln Memorial Circle NW
OPEN 24시간
PRICE 무료
WEB nps.gov/linc
ACCESS 워싱턴 모뉴먼트에서 도보 20분/메트로레일 블루·오렌지·실버라인 Foggy Bottom-GWU역에서 도보 15분

: WRITER'S PICK :

링컨 기념관, 이렇게 보면 좋아요!

내셔널 몰 가장 서쪽 끝에 위치한 링컨 기념관은 지하철이나 다른 명소와 상당히 거리가 멀다. 그래서 박물관이 문을 닫은 늦은 오후에 노을과 야경을 감상하기 위해 찾아오는 사람이 많다. DC 서큘레이터 운행은 저녁 7~8시면 종료되니 우버를 호출하거나 메트로레일역까지 걸어가야 한다.

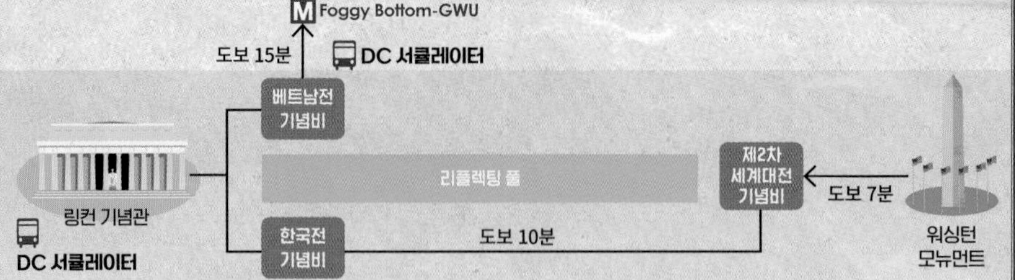

링컨 기념관의 노을과 리플렉팅 풀

리플렉팅 풀
Reflecting Pool

링컨 기념관 앞으로 펼쳐진 길이 620m, 너비 51m의 직사각형 연못이다. 특히 해 진 후 조명을 밝힌 워싱턴 기념탑과 멀리 국회의사당까지 물 위에 반영되는 모습이 매우 아름답다.

제2차 세계대전 참전 기념비
World War II Memorial

분수대를 중심으로 50개 주와 6개 자치령을 상징하는 기념비가 타원형으로 세워져 있다. 중앙에는 주요 전장이었던 태평양과 대서양 탑이 서 있다.

한국전 참전 용사 기념비
Korean War Veterans Memorial

총을 든 19명의 군인 상이 정찰하듯 서 있고, 향나무과 관목으로 한국의 논을 표현했다. 군상 제일 앞에는 '알지도 못하고 만나보지도 못한 사람들과 그들의 나라를 지키기 위해 국가의 부름에 응한 미국의 아들과 딸들에게 경의를 표한다'는 글귀가 적혀 있다.

베트남전 참전 용사 기념비
Vietnam Veterans Memorial

1959년에서 1975년까지 희생된 5만8318명의 전사자와 행불자의 명단을 빼곡하게 적은 검은 대리석 기념비가 거대한 담을 이루고 있어 마음이 숙연해진다.

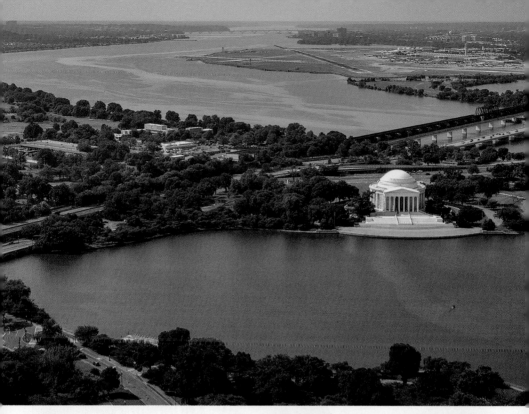

7 호수가 벚꽃 명소
토머스 제퍼슨 기념관
Thomas Jefferson Memorial

미국 독립선언서 작성자이자 3대 대통령인 토머스 제퍼슨은 조지 워싱턴, 벤저민 프랭클린 등과 함께 미국 건국의 아버지(174p)로 불린다. 다양한 관점에 대한 포용을 강조한 제퍼슨의 평소 철학을 표현하기 위해 모든 신에게 바쳐진 만신전(종교적 포용성을 상징)인 로마의 판테온을 본뜬 기념관을 건축했다.

1897년 포토맥강 범람을 막기 위해 조성된 인공 호수인 타이들 베이슨(Tidal Basin)에 세워진 원형 대리석 건물로, 제퍼슨 기념관 앞 계단에 앉아 바라보는 풍경이 평화롭다. 호수가 굉장히 넓으니 직접 가보려면 DC 서큘레이터나 자전거를 타고 가는 것이 좋고, 호수 건너편에서 감상하거나 보트를 타는 것도 괜찮은 방법이다. MAP ⑮

ADD 16 E Basin Dr SW
OPEN 24시간
PRICE 무료
WEB www.nps.gov/thje
ACCESS 워싱턴 모뉴먼트 앞 15th St. SW/Jefferson Dr 정류장에서 DC 서큘레이터를 타고 East Basin Drive SW at Jefferson Memorial 하차 후 도보 4분/워싱턴 모뉴먼트에서 도보 20~30분

토머스 제퍼슨

타이들 베이슨의 마틴 루터 킹 메모리얼

벚꽃과 사랑에 빠지다!

워싱턴 DC의 벚꽃을 즐기는 방법

매년 봄이면 도시가 온통 핑크빛으로 물들고, 벚꽃 축제를 찾아 관광객이 모여든다. 워싱턴 DC 최고의 벚꽃 명소는 4천 그루의 벚나무가 일제히 꽃을 피우는 타이들 베이슨 호수! 한 바퀴 돌면서 토머스 제퍼슨 기념관의 모습도 카메라에 담아보자.

❶ 벚꽃 현황 체크하기

보통 3월 말~4월 초에 만개하는데, 기후 변화로 점점 개화 시기가 빨라진다. 벚꽃 예보를 통해 정보를 확인하자.

WEB cherryblossomwatch.com

❷ 축제 일정 체크하기

3월 말~4월 중순의 축제 기간에는 '국가 벚꽃 축제 퍼레이드' 등 각종 이벤트가 열린다.

WEB nationalcherryblossomfestival.org

❸ 보트 대여하기

타이들 베이슨 호수를 즐기는 또 다른 방법! 평소에는 예약제로 운영하다가 벚꽃 시즌에는 현장 신청만 받는다.

ADD 1501 Maine Ave SW(워싱턴 모뉴먼트에서 도보 15분)
OPEN 3월 중순~10월 중순 10:00~18:00(토·일 09:00~)
PRICE 1시간 $38~40
WEB boatingindc.com/tidal-basin

❹ 벚꽃 버스 타고 투어하기

봄에는 투어버스인 '빅 버스'가 '핑크 루프(Pink Loop)' 노선을 추가 편성한다. 90분 동안 이층 버스를 타고 벚꽃 명소를 돌아보거나 버스에서 내렸다 타면서 구경할 수 있다. 상세정보 374p

❺ 조지타운 벚꽃 크루즈

체리 블러섬 투어(Cherry Blossom Tour)는 포토맥강에서 45분 동안 벚꽃을 구경하는 유람선 투어다. 출발 장소는 조지타운의 워싱턴 하버 앞 수상 택시 터미널이다. 상세 정보 412p

세계 박물관의 수도!

워싱턴 DC 핵심 박물관 총정리

워싱턴 DC의 수많은 국가 기념물과 박물관은 누구나 문화를 향유할 수 있도록 대부분 무료로 개방된다. 미국의 막강한 자본력을 바탕으로 한 방대한 규모의 컬렉션마다 '세계 최대'라는 수식어가 어김없이 따라온다. 내셔널 몰 주변의 핵심 박물관을 다음 4개의 카테고리로 분류했으며, 특별히 인기가 많은 곳엔 ★를 표시했다. 예약이 필요한 곳도 있으니 방문 시기에 맞춰 홈페이지에서 입장 정책을 반드시 확인하자.

구분	번호	명칭	요금	한 줄 소개
자연·과학	1	**국립 자연사 박물관** ★	무료	공룡 화석과 루이 14세의 '호프 다이아몬드'
	2	**국립 항공우주 박물관** ★	무료	세계 최대 항공우주 전시관과 분관
	3	**국립 식물원**	무료	6년에 한 번 피는 시체꽃 등 희귀 식물의 보고
역사·문화	4	**스미스소니언 캐슬**	무료	스미스소니언 재단의 인포메이션 센터이자 숨은 힐링 스팟
	5	**내셔널 아카이브** ★	무료	독립선언서 원본이 전시된 국립문서보관소
	6	**국립 미국 역사 박물관**	무료	창의적인 전시 방식으로 미국 발전사를 한눈에!
	7	**폴저 셰익스피어 도서관**	무료	세계 최대의 셰익스피어 박물관과 극장
	8	**아메리칸 인디언 박물관**	무료	미국 원주민 역사와 전통문화 박물관
미술관	9	**내셔널 갤러리** ★	무료	서양 회화관과 현대 미술관, 조각 공원까지
	10	**프리어 갤러리** ★	무료	공작새의 방(피콕 룸)에서 만나는 동양 도자기
	11	**허쉬혼 미술관**	무료	야외 조각 정원에서 로댕과 쿠사마 야요이 작품 감상
	12	**필립스 컬렉션**	유료	원색의 방 로스코 룸과 르누아르, 반 고흐의 작품
	13	**국립 초상화 미술관**	무료	역대 대통령의 초상화와 아름다운 안뜰 만나기
	14	**스미스소니언 미국 미술관**	무료	백남준의 비디오 아트가 전시된 미국 작품관
	15	**렌윅 갤러리**	무료	신비로운 LED 작품과 미국 현대 미술의 현주소
기타	16	**포드 극장**	유료	링컨 암살의 현장인 극장 방문
	17	**스파이 박물관** ★	유료	재미있는 체험형 미션과 즐기는 첩보의 세계

워싱턴 DC의 자랑

자연·과학 박물관

인기 박물관 No. 1

국립 자연사 박물관
National Museum of Natural History ★

워싱턴 DC의 박물관 중 가장 많은 숫자인 연간 440만 명이 방문하며, 1억4600만 점 이상의 표본을 소유한 거대한 자연사 박물관이다. 메인 홀(Rotunda)에 들어서면 제일 먼저 무게 11t, 높이 4m에 달하는 아프리카코끼리를 마주하게 된다. 우측의 화석 전시관(David H. Koch Hall of Fossils)은 40억년 전의 화석 플랑크톤 등 생명의 탄생부터 진화, 멸종 사건 및 공룡의 생태를 쉽고 재미있게 보여준다. 북대서양긴수염고래(North Atlantic Right Whale)의 실물 크기 표본을 볼 수 있는 해저 생물관(Ocean Hall)도 흥미롭다. 광물관과 보석관으로 이루어진 2층의 하이라이트는 세계 최대의 블루 다이아몬드 '호프'다. MAP ⑮

ADD 10th St & Constitution Ave NW
(내셔널 몰 스미스소니언 캐슬 맞은편)
OPEN 10:00~17:30
PRICE 무료(예약 없이 입장)
WEB naturalhistory.si.edu
ACCESS 메트로레일 블루·오렌지·실버라인 Smithsonian역에서 도보 5분

: WRITER'S PICK :

저주받은 보석, 호프 다이아몬드 Hope Diamond

17세기 중반 프랑스 왕실이 소유했던 블루 다이아몬드다. 최초 약 110.5캐럿이었던 것을 루이 14세가 66캐럿으로 만들었고, 이후 세공을 거듭한 끝에 45.52캐럿으로 작아졌다. 1830년에 이를 사들인 영국의 은행가 헨리 필립 호프 등 역대 소유자의 대부분이 비극적 운명을 맞이해 '저주받은 보석'으로 불렸다. 1949년 뉴욕의 보석상 해리 윈스턴이 구입하여 스미스소니언 재단에 기증했다. 16개의 화이트 다이아몬드가 블루 다이아몬드를 감싼 현재의 모습은 1910년 피에르 까르띠에가 디자인한 것으로, 추정가는 약 3억 5천만 달러(4800억 원)에 달한다.

세계 최대 항공우주 전시관

국립 항공우주 박물관

National Air and Space Museum ★

자연사 박물관과 더불어 워싱턴 DC 최고의 박물관으로 손꼽힌다. 라이트 형제가 개발한 세계 최초의 비행기 플라이어부터 최초로 대서양 횡단 비행에 성공한 스피리트 오브 세인트루이스호, 우주선, 월석, 화성 무인 탐사기 등 미국의 경쟁력 있는 콘텐츠로 가득하다. 아폴로 11호의 사령선과 각종 화성 탐사 로봇, 달 착륙선 및 허블 우주망원경 등도 볼 수 있다. 화성 탐사 로봇 큐리오시티와 함께 화성을 여행하고, 달에서 채취한 조각을 만져보고, 우주 정거장에 들어가보는 인터랙티브 전시와 아이맥스 영화관, 태양계 밖을 경험해보는 플라네타리움도 흥미롭다. 홈페이지에서 시간제 예약 후 방문하며, 매일 오전 8시 30분 당일 잔여 티켓이 풀린다. 2026년까지 리뉴얼 공사로 일부 전시관만 개방한다. **MAP ⑮**

ADD 600 Independence Ave SW
(내셔널 몰 스미스소니언 캐슬 맞은편)
OPEN 10:00~17:30
PRICE 박물관 무료('Timed Entry Pass' 예약 필수)/
아이맥스 영화관과 플라네타리움은 주제에 따라 요금 다름
WEB airandspace.si.edu
ACCESS 메트로레일 블루·오렌지·실버·옐로·그린라인 L'Enfant Plaza역에서 도보 5분

우주 왕복선

달 착륙선

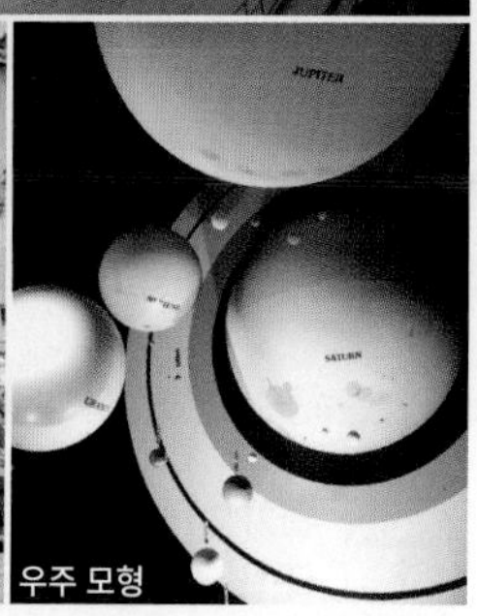

우주 모형

+MORE+

[illegible] 비행기나 우주선을 보고 싶다면?

총 39회 우주를 다녀온 디스커버리호

버지니아주에 있는 항공우주 박물관의 분관 스티븐 F. 우드바-헤이지 센터(Steven F. Udvar-Hazy Center)에서는 상업용 항공기, 제1차 세계대전의 군용기, 제2차 세계대전에 사용된 각종 전투기와 폭격기, 대륙 간 장거리 미사일 등 규모가 압도적인 비행기나 우주왕복선 등을 전시한다.

ADD 14390 Air and Space Museum Pkwy, Chantilly, Virginia
OPEN 10:00~17:30 **PRICE** 입장 무료, 주차 $15(예약 없이 방문)
WEB airandspace.si.edu/visit/udvar-hazy-center
ACCESS 내셔널 몰에서 차로 40분

Museum 3

전 세계 희귀 식물의 보고

국립 식물원

United States Botanic Garden

세계 각국의 식물을 채집해 전시하는 온실. 지중해 식물관, 약용 식물관, 세계의 사막관 및 난초관 등으로 구분되며, 키 큰 나무로 꽉 들어찬 열대 우림관도 장관이다. 6~10년에 한 번 꽃을 피우는 시체꽃(아모르포팔루스 티타눔, Titan Arum)의 개화 시기가 되면 홈페이지에 공지가 올라온다. **MAP ⑮**

ADD 100 Maryland Ave SW(내셔널 몰)
OPEN 10:00~17:00(7~8월 11:00~18:00)
PRICE 무료
WEB usbg.gov
ACCESS 국회의사당에서 도보 10분

소프트파워의 집합체

역사·문화 박물관

Museum 4

내셔널 몰 박물관 정보는 여기서

스미스소니언 캐슬

Smithsonian Castle

19개 박물관과 1개 동물원을 산하에 둔 스미스소니언 재단의 행정본부이자 인포메이션 센터. 뉴욕 5번가의 세인트 패트릭 성당과 워싱턴 DC 렌윅 갤러리를 건축한 제임스 렌윅의 설계로 1855년 완공되었다. 건물 내부에는 재단 설립자 제임스 스미스슨의 묘소가 있다. 내셔널 몰의 메트로레일역 바로 옆에 있어 여행의 시작점으로 삼기 좋다. **MAP ⑮**

ADD 1000 Jefferson Dr SW(내셔널 몰) **OPEN** 2028년까지 내부 공사(외부 및 정원은 관람 가능)
PRICE 무료 **WEB** si.edu
ACCESS 메트로레일 블루·오렌지·실버라인 Smithsonian역에서 도보 1분

스미스소니언 캐슬 뒤편의 정원에서 잠시 쉬어가면 좋아요

제임스 스미스슨의 묘

: WRITER'S PICK :

워싱턴 DC의 박물관이 전부 무료라고? 스미스소니언의 탄생 배경

세계에서 가장 큰 복합 박물관이자 연구 기관인 스미스소니언 재단은 영국 과학자 제임스 스미스슨(James Smithson)이 '지식의 증대와 보급을 위한 기관'을 반드시 미국에 설립해 달라는 유언으로 시작됐다. 그는 조카에게 유산을 남기면서 조카가 후사 없이 사망할 경우 전 재산을 미국에 기증할 것을 명시했는데, 조카도 미혼으로 요절하면서 1826년 50만 달러라는 막대한 유산이 영국에서 미국으로 오게 된다. 지금도 스미스소니언 운영자금의 약 1/3이 그의 유산에서 나온다. 홈페이지 주소에 'si.edu'가 포함돼 있다면 스미스소니언 소속의 박물관이라는 뜻이다.

미국의 모든 것을 기록하라

내셔널 아카이브

National Archives ★

132억8천만 페이지에 달하는 각종 기록을 보관한 국립 문서 보관소. 미국 민주주의 3대 문서로 불리는 독립 선언서(Declaration of Independence), 헌법(Constitution), 권리 장전(Bill of Rights)을 포함해 근대 헌법의 토대가 된 마그나카르타(Magna Carta)의 원본을 보기 위해 많은 미국인이 방문한다.

상설 전시관인 공공 금고(Public Vaults)에는 링컨 대통령이 장군들에게 보낸 전보, 역대 대통령의 초상화 및 가족 사진, 집무실 모형, 아폴로의 달 착륙 영상 등을 전시해 놓았다. 주말에는 방문객이 많아 예약하는 것이 좋다.

MAP ⑮

ADD 701 Constitution Ave NW(내셔널 몰)
OPEN 10:00~17:30
PRICE 무료(예약 수수료 $1)
WEB museum.archives.gov
ACCESS 국립 자연사 박물관과 내셔널 갤러리 사이

내셔널 아카이브 입구와 조각 정원의 분수

마그나가르디

독립 선언서

중앙홀

미국 발전사를 한눈에

국립 미국 역사 박물관

National Museum of American History

미국의 중요 역사와 발전 과정을 보여주는 박물관이다. 1700년대부터 200여 년간 사람이 실제로 거주한 집을 그대로 옮겨와 시대상을 재현했고, 교통 발달사 코너에는 버지니아 지역 최고 수출품이었던 담배와 노예 수송선의 실태 및 서부 개척기의 마차와 기차 등이 전시돼 있다. 가장 인기 있는 전시관은 미국 대통령 취임식 때 영부인이 입었던 드레스를 전시한 3층의 퍼스트 레이디(The First Ladies) 코너다. **MAP** ⑮

ADD 1300 Constitution Ave NW(내셔널 몰)
OPEN 10:00~17:30
PRICE 무료
WEB americanhistory.si.edu
ACCESS 국립 자연사 박물관 옆

퍼스트 레이디 코너

담배 수출선

리딩 룸

햄릿

폴리오

한여름 밤의 꿈

Museum 7

세계 최대의 셰익스피어 박물관

폴저 셰익스피어 도서관

Folger Shakespeare Library

셰익스피어를 사랑한 기업가 헨리 클레이 폴저(Henry Clay Folger)가 세운 도서관. 셰익스피어의 희귀본뿐 아니라 유럽의 르네상스·종교개혁·문학·역사 등 15~17세기 사상과 시대상을 총망라한다. 유명한 소장품은 셰익스피어의 주요작을 담은 최초의 희곡 전집 퍼스트 폴리오(First Folio) 컬렉션. 셰익스피어 사후 7년째인 1623년에 총 750권을 인쇄한 폴리오(2절판)는 현재 전 세계에 235권만 남아있는데, 그중 82권이 이곳에 있다. 세계 유일의 1619년 파비어 콰르토(Pavier Quarto, 4절판)도 소장하고 있다. 개관 기념일 겸 셰익스피어의 탄생일인 4월 23일에는 일반인에게 열람실을 개방하며, 평소에는 상설 전시관과 건물 뒤편 엘리자베스풍 정원을 개방한다. 소극장에서는 셰익스피어 원작 연극이나 시대 음악 공연이 열린다. MAP ⑮

ADD 201 E Capitol St SE
OPEN 11:00~18:00(목·금·토 ~21:00)/월요일 휴무
PRICE 무료($15 기부 권장)
WEB folger.edu
ACCESS 의회 도서관에서 도보 5분

원주민 전통음식

Museum 8

미국 원주민 역사와 전통 문화

아메리칸 인디언 박물관

National Museum of the American Indian

바람과 물이 빚은 암석의 형상을 닮은 유려한 외관의 건물로, 2004년에 개관했다. 아메리카 원주민의 토착 문화와 예술품을 감상할 수 있으며, 카페테리아에서는 원주민의 전통음식도 판매한다. 뉴욕 맨해튼의 황소 동상(329p) 근처에 아메리칸 인디언 박물관 분관이 있다. MAP ⑮

ADD 4th St SW(내셔널 몰)
OPEN 10:00~17:30
PRICE 무료
WEB americanindian.si.edu
ACCESS 국립 항공우주 박물관 옆

거장의 작품을
마주하는 순간

미술관

서양 예술의 마스터피스
내셔널 갤러리 National Gallery of Art ★

15만여 점의 작품을 소장한 미국 국립 미술관. 사업가이자 재무부 장관을 역임한 앤드루 멜론(Andrew W. Mellon)의 기부로 1937년에 건립됐다. 동관과 서관으로 분리된 미술관 규모가 매우 방대하여 하이라이트 위주로 돌아보더라도 2~3시간은 걸린다.
동관과 서관은 지하에서 멀티버스(Multiverse)라는 LED 무빙워크 작품으로 연결되어 다른 차원으로 이동하는 듯한 색다른 경험을 선사한다. 미술관 곳곳에 카페와 기념품숍이 있으며, 야외 조각 정원의 분수대와 파빌리온 카페 앞은 날씨 좋은 날 휴식 공간으로 사랑받는다. MAP ⑮

ADD 3rd~9th St & Constitution Ave NW
OPEN 10:00~17:00
PRICE 무료
WEB nga.gov
ACCESS 국립 항공우주 박물관 맞은편

서관 내부의 머큐리 분수

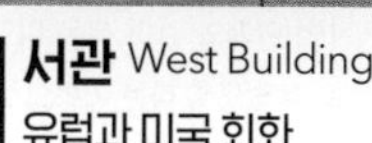

서관 West Building
유럽과 미국 회화

중앙 로비를 기준으로 서쪽에는 13~16세기 이탈리아 종교 미술부터 티치아노, 틴토레토와 라파엘 등 르네상스 회화의 변천사가 담겨 있다. 특히 6번 갤러리에 전시된 레오나르도 다빈치의 초기 초상화는 미국 미술관에서는 유일한 다빈치의 그림. 동쪽에는 인상파와 후기 인상파를 아우르는 19세기 프랑스 회화관, 윌리엄 터너의 풍경화가 있는 영국 회화관, 제임스 애벗 맥닐 휘슬러와 존 싱어 사전트의 작품이 모인 미국 회화관이 있다. 지하층에는 로댕의 작품을 포함해 17~20세기 초 조각품과 중세 및 르네상스 시대 장식품이 있다.

동관 East Building
현대 미술

1900년부터 이후까지 모던 아트 중심으로 구성된 현대 미술관. 현대 미술의 시작이라고 일컬어지는 피카소부터 칸딘스키, 몬드리안, 말레비치의 추상화를 전시한다. 미국의 대표적인 현대 화가인 조지아 오키프, 잭슨 폴록이 작품도 전시돼 있으며, 앤디 워홀과 로이 리히텐슈타인의 작품 중 일부는 화가가 직접 골라 기증한 작품이라 더욱 의미가 깊다.

조각 정원 Sculpture Garden
대형 설치 작품과 분수

내셔널 갤러리 서관과 국립 자연사 박물관 사이에 있는 야외 정원. 루이즈 부르주아(Louise Bourgeois)의 마망(Maman)과 로버트 인디애나(Robert Indiana)의 'AMOR' 및 호안 미로의 작품 등을 감상할 수 있다. 중앙의 분수대에서 내셔널 아카이브를 배경으로 인증샷을 남겨 보자.

서관 프랑스 회화관
서관 내부

동관 3층의 파란 수탉

동관 내부

조각 정원

Collection Highlight

내셔널 갤러리 주요 작품

다빈치 Leonardo da Vinci

'지네브라 데 벤치 Ginevra de' Benci**'** 1474~1478 서관

미국 땅에 있는 유일한 다빈치의 작품이다. 모델은 유력 금융가의 딸로, 16세 무렵 결혼을 앞두고 의뢰한 초상화로 추정된다. 이 작품은 다빈치의 유명한 스푸마토 기법(안개와 같이 색을 미묘하게 변화시켜 색깔 사이의 윤곽을 명확히 구분할 수 없도록 하는 기법으로, 모나리자에서 보이는 명암법)이 정립되기 이전의 초기작이다.

반 에이크 Jan van Eyc

'수태고지 The Annunciation**'**

1434~1436 서관

대천사 가브리엘이 마리아에게 예수의 잉태를 예고하는 장면(수태고지)을 그린 작품. 성령을 뜻하는 비둘기와 일곱 광선, 순결의 상징 백합 등이 담겨 있다. 반 에이크는 본격적으로 유화를 사용하기 시작한 네덜란드 화가로, 동시대 다른 화가들의 템페라(달걀 노른자와 같은 수용성 결합제를 안료와 섞어 사용하는 오래된 회화 기법) 작품과 비교해 보면 색채의 깊이와 세부 묘사의 정교함에 새삼 놀라게 된다. 20여 점에 불과한 그의 작품을 실제로 감상할 수 있다는 것 자체가 귀중한 경험이므로 충분한 시간을 들여 감상하길 권한다.

휘슬러 James McNeill Whistler

'흰색의 교향곡 제1번: 흰옷을 입은 소녀 Symphony in White, No. 1: The White Girl**'** 1861~1863, 1872 서관

'조안나 히퍼넌(Joanna Hiffernan)'을 모델로 초상화의 형식을 빌리긴 했지만, 제목이 표현하는 그대로 다양한 흰색의 변주가 만들어내는 화면 분할과 조화를 주요 감상 대상으로 하는 추상화다. 원 제목은 <The White Girl>인데, 1863년 프링스 신시 때 유명 미술 잡지 가제트 데 보자르의 폴 망스(Paul Manz)가 붙인 별칭 '흰색의 교향곡'이 작품의 주제를 관통했다. 이후 휘슬러는 작품의 서사적인 측면을 약화시키고 전체적인 구성과 색채의 조화를 강조하기 위해 그의 작품에 교향곡(Symphony), 야상곡(Nocturne), 화음(Harmony) 등과 같은 음악 용어를 표제로 달았다.

모네 Claude Monet

'일본식 다리 The Japanese Footbridge'

1899년 경 서관

인상파 거장 모네가 시골 지베르니로 이사한 후 그의 취향대로 정원과 연못을 만들고 그린 작품이다. 모네는 하나의 대상이 빛의 변화에 따라 달라지는 모습을 그려냈는데, 연못을 가로지르는 일본식 다리를 중심으로 한 작품도 총 12점에 이른다. 과감하게 다리 상단을 자른 구도는 일본 판화 우키요에의 영향을 받은 것. 당시 인상파 화가들은 일본 판화의 새로운 시각에 매료되어 회화에 다양하게 적용했다.

피카소 Pablo Picasso

'곡예사 가족 Family of Saltimbanques' 1905년 경 동관

피카소는 큐비즘(입체파)을 창시한 화가로 유명하지만, 그의 작품은 젊은 날의 절망이 점철된 청색 시대, 인생에 사랑이 들어오면서 밝은색이 스며드는 장밋빛 시대를 거쳐 '아비뇽의 처녀들'로 서막을 연 입체파 시기, 그리고 종합주의 시기로 계속 변모해 갔다.

이 작품은 그의 첫 연인인 페르낭드 올리비에가 그의 삶에 들어온 장밋빛 시대의 작품으로, 절망의 요소가 줄어들고 밝고 따뜻해졌으며, 선도 부드러워졌다. 또한 이 시기의 작품에는 서커스의 광대가 주로 등장하는데, 피카소가 도시 빈민인 이들의 처지에 자신을 이입했기 때문이다. 다이아몬드 광대 옷을 입은 인물은 피카소이고, 오른쪽에 따로 떨어져 있는 여인이 페르낭드 올리비에다.

리히텐슈타인 Roy Lichtenstein

'이것 봐 미키 Look Mickey' 1961 동관

리히텐슈타인은 원래 추상 표현주의 계열의 작품을 그리던 화가였는데, 어느 날 그의 아들이 "아빠는 미키마우스 만화처럼 잘 그리진 못할걸요!"라고 던진 한마디에 인생이 바뀌었다. 당시 추상 표현주의는 미술의 주류였고, 만화는 저급한 문화의 상징이었다. 하지만 추상 표현주의가 철학적으로 심오한 개념을 품었다 한들 일반인들의 눈에는 만화만도 못한 작품일 뿐이었다. 이 일을 계기로 그는 알기 쉽고 재미있으며, 누구나 향유할 수 있는 팝아트의 선봉자가 되었다. 이 작품은 내셔널 갤러리 50주년을 기념해 작가가 직접 기부했다.

Museum 10

공작새의 방으로 유명한

프리어 갤러리 Freer Gallery of Art ★

철도 재벌 찰스 랭 프리어가 스미스소니언 재단에 기증한 9000여 점의 동양 예술품을 기반으로 1923년 설립한 박물관이다. 이곳의 하이라이트는 도자기 전시실 공작새의 방(Peacock Room). 영국의 거부 프레데릭 레이랜드가 당대 최고의 미국 화가 제임스 맥닐 휘슬러에게 인테리어를 맡겼으나, 의뢰 방향과 다른 결과물로 인해 둘의 관계는 크게 악화됐다. 이후 휘슬러는 전시실 한쪽에 불화를 상징하는 공작새 2마리를 그려 넣는다. 꽁지깃과 날개를 펴고 공격적인 모습의 오른쪽 공작새는 레이랜드를, 수세에 몰린 불쌍한 모습의 왼쪽 공작새는 휘슬러를 뜻한다. 원래 이 방은 런던에 있었는데, 프리어가 구매해 미국으로 옮겨왔다. 프리어의 소장품인 청자를 주로 전시하지만, 부정기적으로 레이랜드의 소장품인 백자로 교체하기도 한다.

서아시아와 동남아시아 문화 및 고대 중국 문화를 전시한 아서 M. 새클러 갤러리(Arthur M. Sackler Gallery)와 지하로 연결되며, 이 둘을 합쳐서 국립 아시아 미술관(National Museum of Asian Art)이라고 한다. **MAP ⓯**

ADD 1050 Independence Ave SW (내셔널 몰)
OPEN 10:00~17:30
PRICE 무료
WEB asia.si.edu
ACCESS 스미스소니언 캐슬에서 도보 1분

공작새의 방

중정

로댕의 '칼레의 시민들'

내부 전시관

스미스소니언의 현대 미술관
허쉬혼 미술관 Hirshhorn Museum

가운데가 뚫린 원통형 구조의 건물이 시선을 사로잡는 현대 미술관이다. 1966년 조셉 H. 허쉬혼이 기증한 컬렉션을 시작으로, 19세기에서 현대에 이르는 미술품 1만2000여 점을 소장한다. 야외 조각 공원에는 로댕의 '칼레의 시민들(Les Bourgeois de Calais)', '발자크(Monument à Balzac)', 쿠사마 야요이의 '호박(Pumpkin)', 리히텐슈타인의 '붓놀림(Brushstroke)' 등 유명 작품이 가득하다. MAP ⑮

ADD Independence Ave and 7th St(내셔널 몰)
OPEN 10:00~17:30(월 12:00~)
PRICE 무료
WEB hirshhorn.si.edu
ACCESS 국립 항공우주 박물관 옆

Museum 12

미국 최초의 현대 미술관
필립스 컬렉션 The Phillips Collection

미국에 유럽 현대미술을 널리 소개한 미술품 컬렉터 던컨 필립스와 그의 화가 아내 마저리가 자택에 지은 현대미술관. 쿠르베, 피카소 등 5000점이 넘는 소장품이 있다. 그중 커다란 캔버스에 사각형을 칠해 넣은 색면회화의 거장 마크 로스코의 작품을 전시한 로스코 룸(Rothko Room)은 작지만 특별한 공간이다. 필립스와 로스코가 상의해 갤러리의 조도와 작품 배치를 조율했고, 방 안에 의자 대신 나무 벤치만 두는 것도 로스코의 의견이었다. 그 외 반 고흐의 '아를의 공원 입구', 르누아르의 '선상 위의 식사' 등도 놓치지 말자. 공간이 협소해서 순환 전시한다. MAP ⑮

ADD 1600 21st St NW
OPEN 10:00~17:00(일 11:00~)/월요일 휴무
PRICE $20(예약 필수)
WEB phillipscollection.org
ACCESS 메트로레일 레드라인 Dupont Circle역에서 도보 3분

같은 건물 안에 미술관이 두 곳!

국립 초상화 미술관

National Portrait Gallery

19세기 미국 최고의 초상화가 길버트 스튜어트가 남긴 조지 워싱턴의 미완성 초상화 등 역대 대통령과 유명 인사의 초상화로 가득하다. 옛 특허청 건물을 개축하여 국립 초상화 미술관과 스미스소니언 미국 미술관으로 나누어 사용 중. 유리 블록으로 천장을 덮은 중정, 코고드 코트야드(Kogod Courtyard) 자체가 볼거리이며, 비오는 날 쉬어 가기에도 좋다. MAP ⑮

ADD 8th St NW & G St NW
OPEN 11:30~19:00
PRICE 무료
WEB npg.si.edu
ACCESS 메트로레일 Metro Center역에서 도보 8분

백남준의 '일렉트로닉 슈퍼 하이웨이'

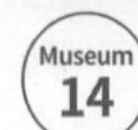

미국 작품만 모았다

스미스소니언 미국 미술관

Smithsonian American Art Museum

국립 초상화 미술관과 같은 건물에 있으며, 에드워드 호퍼, 조지아 오키프, 오거스터스 세인트 고든스 등 미국 작품만 모여있다. 최고의 인기작은 백남준의 비디오 아트 '일렉트로닉 슈퍼 하이웨이'. 총 336개 브라운관에 미국의 주를 뜻하는 50개의 영상과 1개의 CCTV가 고속도로를 달리듯 스쳐 지나간다. MAP ⑮

WEB americanart.si.edu
ACCESS 국립 초상화 미술관과 동일

미국 현대 미술의 현주소

렌윅 갤러리

Renwick Gallery

스미스소니언 미국 미술관의 분관. 작품을 계속 바꿔가면서 미국 현대 미술을 소개한다. 2층에 오르는 계단에 설치된 빌라레알(Villareal)의 2015년 LED 작품, '볼륨(Volume)'이 유일한 상설 전시 작품. 컴퓨터 프로그램으로 제어하는 작품으로, 매번 다른 패턴으로 빛을 낸다. MAP ⑮

ADD 1661 Pennsylvania Ave at 17St NW
OPEN 10:00~17:30
PRICE 무료
WEB americanart.si.edu/visit/renwick
ACCESS 메트로레일 블루·오렌지·실버라인 Farragut West역에서 도보 5분

Museum 16

링컨 암살의 현장

포드 극장 Ford's Theatre

1865년 4월 14일, 남북전쟁이 끝난 지 불과 5일 후, 링컨 대통령은 영부인과 함께 공연을 보러 이곳 포드 극장을 찾았다가 한 남부 지지자에게 저격당해 사망했다. 사건 이후 방치돼 있던 곳을 1968년 국가 사적지로 지정하면서 공연도 재개하게 되었다.
내부 관람 코스는 링컨 대통령이 앉았던 좌석을 볼 수 있는 ❶ **극장**(Theatre), 링컨이 사망한 맞은편 건물 ❷ **피터슨 하우스**(Petersen House), 링컨의 유품과 당일의 프로그램, 저격에 사용된 피스톨 등 링컨 암살 사건과 관련된 자료와 남북전쟁의 역사를 전시한 ❸ **박물관**(Museum), 3개 구역으로 나뉜다. 예약 시 시간대별로 관람 가능한 구역이 표시되니 잘 확인하고 선택하자. 40분짜리 연극(One Destiny) 관람시 비용이 추가된다. MAP ⓯

ADD 511 10th St NW
OPEN 11:30~19:00
PRICE 일반 $3.5 연극 포함 $11
WEB fords.org/calendar('Historic Site Visit' 중에서 선택)
ACCESS 백악관 비지터 센터에서 도보 10분

링컨 대통령이 앉았던 좌석　　피터슨 하우스

스릴 넘치는 첩보의 세계

스파이 박물관 Spy Museum ★

유명 스파이의 활동과 첩보 활동에 사용된 각종 도구를 전시한 이색 박물관이다. 입장할 때 간단한 테스트로 각자의 위장 신분과 암호명을 부여받으며, 전시물을 관람하는 중간중간 스파이 미션도 풀게 된다. 백악관의 최종 의사결정권자가 되어 오사마 빈 라덴을 검거하는 미션도 흥미롭다. 기념품숍에는 첩보 활동이라는 테마에 맞는 상품들이 다양해 색다른 재미가 있다. MAP ⓯

ADD 700 L'Enfant Plaza SW
OPEN 09:00~19:00(토 ~20:00, 9~2월 단축 운영)
PRICE $30~35(예약 권장)
WEB spymuseum.org
ACCESS 스미스소니언 캐슬에서 남쪽으로 도보 8분

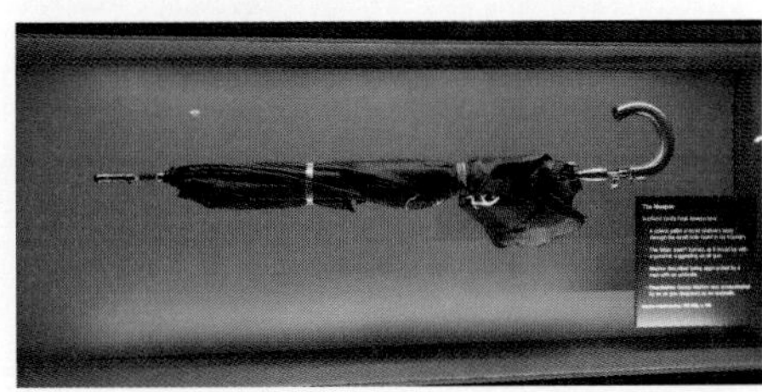

#Zone 2

워싱턴 DC의 또 다른 매력

듀폰 서클 & 조지타운

Dupont Circle & Georgetown

백악관 북쪽으로 여행의 범위를 넓혀 볼 시간! 세계 각국의 대사관이 자리한 듀폰 서클과 18~19세기 감성이 살아 있는 조지타운은 다소 딱딱한 분위기의 내셔널 몰과는 전혀 다른 매력으로 가득하다. 상당히 넓은 지역이니 관심 가는 곳을 미리 정하고 방문하는 것이 효율적이다.

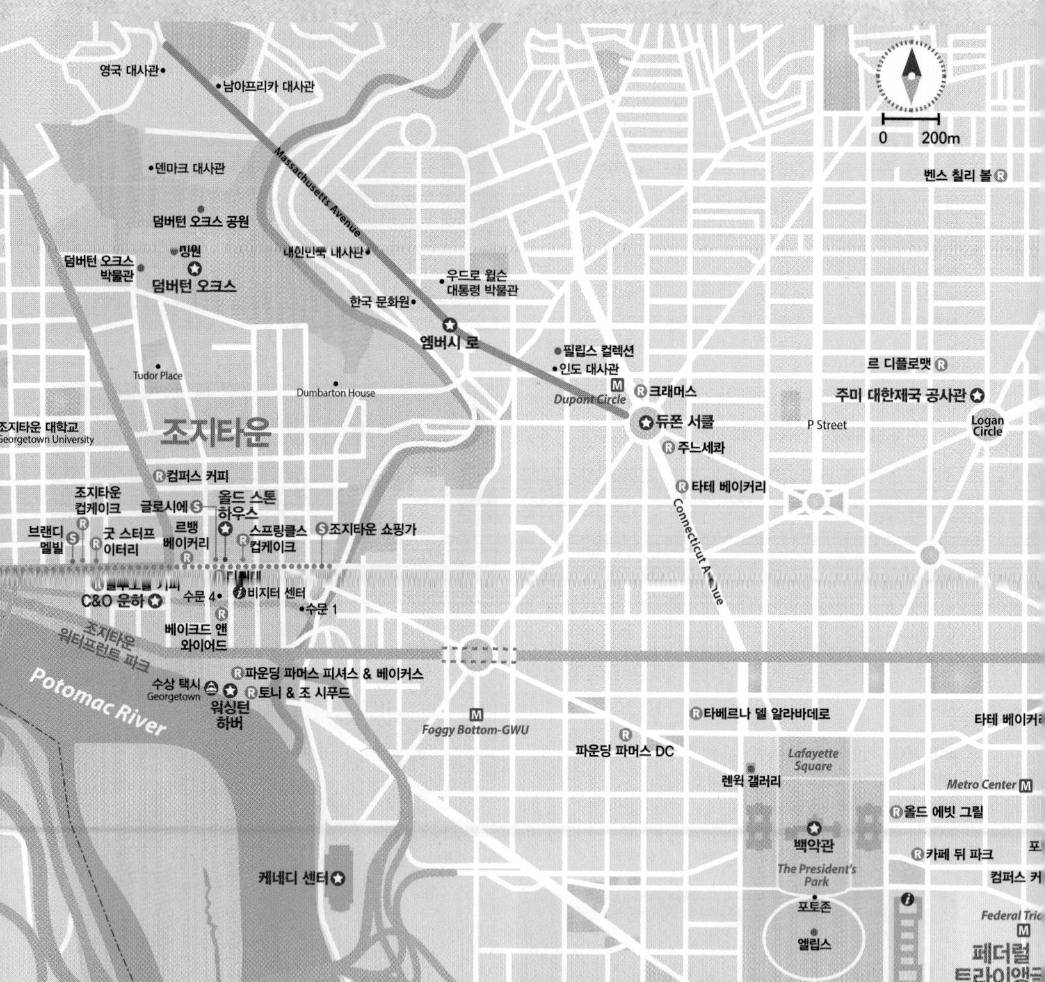

CHECK

- 듀폰 서클까지는 메트로레일, 조지타운 쪽은 우버로 가면 편리하다.
- 유명 맛집은 오픈 테이블 앱으로 예약 후 방문한다.

1 문화의 교차로
듀폰 서클
Dupont Circle

내셔널 몰에서 지하철 3~4정거장 거리의 듀폰 서클은 관광지이기 이전에 교통의 요지다. 워싱턴 DC의 지명 중에는 회전 교차로(로터리)를 뜻하는 서클이 유난히 많은데, 도시를 설계한 피에르 랑팡이 대로가 교차하는 지점에 사람들이 자연스레 모여 교류하길 원했기 때문이다. 그가 바란대로 듀폰 서클 중앙의 커다란 분수와 공원은 다채로운 문화가 공존하는 만남의 광장이 됐다. 매주 일요일(08:30~13:30)에는 파머스 마켓이 열린다.

듀폰 서클을 가로지르는 5개 거리 중 매사추세츠 애비뉴(Massachusetts Avenue) 북서쪽에는 각국 대사관이, 코네티컷 애비뉴(Connecticut Avenue) 남동쪽에는 댄스클럽과 바, 맛집이 밀집했다. 동쪽의 로건 서클(Logan Circle)과 연결된 P 스트리트(P Street)는 무지개색으로 횡단보도를 채색한 성소수자 문화의 거리로 이어진다. 우드로 윌슨 대통령 박물관과 필립스 컬렉션(405p) 같은 하우스 뮤지엄도 근처에 있다. MAP ⓯

ADD Dupont Circle
ACCESS 메트로레일 레드라인 Dupont Circle역/내셔널 몰에서 약 2km

거대한 터널 형태의 듀폰 서클역

파머스 마켓

2 대사관의 거리 엠버시 로 Embassy Row

듀폰 서클 주변은 1900년대 이전에 건축된 대형 연립 주택(Row Houses)과 맨션이 많아서 역사 지구(Historic District)로 지정돼 있다. 그중 매사추세츠 애비뉴 북서쪽(Massachusetts Ave NW)은 19세기 후반에는 유력한 정치인과 저명인사가 모여 살던 '백만장자의 거리'였다. 1929년 대공황 이후 대저택들이 점차 대사관으로 바뀌면서 이 주변에만 170여 개의 대사관이 모이게 됐다. 대한민국 대사관과 한국문화센터도 이 거리에 있다. 영국 대사관 앞 처칠 동상, 남아프리카 대사관 앞 넬슨 만델라 동상, 인도 대사관 앞 간디 동상 등을 구경하며 걸어 봐도 좋다. **MAP ⑮**

ACCESS 듀폰 서클에서 영국 대사관(British Embassy)까지 약 2km

대한민국 대사관 영사과

: WRITER'S PICK :

전 세계 대사관 내부를 구경해보자! 5월의 문화 축제 패스포트 DC

매년 5월은 워싱턴 DC의 대사관들이 대거 참여하는 '패스포트 DC' 축제 기간이다. 유럽 대사관들이 주도적으로 진행해 일반 관람객에게 대사관 건물을 개방하던 오픈 하우스 행사 규모가 점차 확대된 것이다. 대부분 별도 예약이나 입장권 없이 공지된 시간에 방문해 대사관에서 제공하는 프로그램을 즐기면 된다. 화려한 퍼레이드가 눈길을 끄는 '피에스타 아시아' 축제는 아시아 대사관들이 주관한다. 이 밖에도 세계 음식 축제, 수공예 마켓 등 5월 내내 다양한 이벤트가 열린다.

WEB eventsdc.com/passportdc

한국 문화원

덴마크 대사관

대사관에서 준비한 간단한 음식 맛보기

공사 침실
미국 잡지에 '예쁜 해외 공관'으로 소개된 객당

3 대한제국의 발자취
주미 대한제국 공사관
Old Korean Legation Museum

고종황제가 설립한 대한제국 최초의 대외 공사관이다. 1888년 박정양 공사가 클리블랜드 대통령에게 고종의 국서를 전달하고 백악관 부근 피셔옥(Fisher House)에 공사관 사무소를 개설했으며, 이듬해 현재의 건물로 이전했다. 1910년 일제에게 주권을 빼앗긴 후 일본이 건물을 5달러에 매입하여 일반인에게 팔아버렸으나, 2012년 재매입 후 2018년부터 일반에 공개하고 있다.

1층은 공적인 공간으로, 손님을 맞이하는 객당(客堂)과 사교장 기능의 식당(食堂), 고종의 어진(御眞)을 모시고 망궐례(望闕禮)를 올리던 정당(正堂) 등이 있다. 2층은 공사원들의 사무실과 공사 부부의 침실 등 업무 및 사적 공간이 있다. 3층에는 원래 공관원들이 묵었던 3개의 방이 있었지만, 이 집을 재구매한 시점에는 이미 철거돼 1개의 홀로 바뀌어 있었다. 이에 따라 문화재청도 복원하지 않고 미국 수교 관련 자료를 전시한 전시실로 운영 중이다. MAP ⑮

ADD 1500 13th St NW
TOUR 11:00, 13:00, 14:00, 15:00(예약 필수)/일·월요일 휴무
PRICE 무료(사전 예약 필수)
WEB oldkoreanlegation.org
ACCESS 듀폰 서클에서 G2번 버스로 10분

+MORE+

다운타운의 쇼핑가
시티센터 DC CityCenterDC

고급 아파트와 사무실, 럭셔리 호텔이 포함된 복합 건물 단지로, 1층에는 루이비통, 에르메스, 디올, 불가리, 로로피아나, 몽클레르 등 유럽 명품 브랜드점과 레스토랑이 있다. 4개의 건물이 모인 건물군 가운데에는 작은 분수와 레스토랑의 야외석이 마련돼 있어 잠시 쉬어 가기에도 좋다.

ADD 825 10th St NW **OPEN** 24시간
WEB citycenterdc.com
ACCESS 메트로레일 블루·오렌지·실버·레드라인 Metro Center역에서 도보 4분

4 올드 타운에서 최신 핫플로 변신한 조지타운

Georgetown

약 17세기부터 유럽인이 정착한 조지타운은 워싱턴 DC에서 가장 오래된 지역이다. 미국 독립 이후 메릴랜드주에 속해 있다가, 1790년 '디스트릭트 오브 컬럼비아'로 편입됐다. 빌 클린턴 대통령, 매들린 올브라이트 국무장관, 헨리 키신저 국무장관 등을 배출한 조지타운 대학교도 이곳에 있다. 옛 건물과 골목이 그대로 남은 가운데 핫플이 즐비해 구경하는 재미가 있다. 메인 도로인 M 스트리트에서 C&O 운하(Chesapeake and Ohio Canal)를 지나 강변 공원까지는 걸어서 15분 거리다. MAP ⑮

ⓘ **비지터 센터**

Georgetown Visitor Center

OPEN 09:30~17:00/월·화요일 휴무

WEB nps.gov/choh(C&O 운하 옆)

M 스트리트

워싱턴 하버 쇼핑센터

: WRITER'S PICK :

조지타운, 이렇게 다녀오면 좋아요!

메트로레일이 없는 조지타운으로 갈 때는 우버나 DC 서큘레이터를 타는 것이 편하다. 좀 더 재밌게 여행하려면 자전거나 수상 택시를 이용해도 괜찮다.

❶ 우버로 가기

내셔널 몰 펜 쿼터 쪽에서 3.5km, 차로 10분 거리다. 하차 지점은 올드 스톤 하우스(Old Stone House) 앞.

❷ DC 서큘레이터로 가기

유니언역에서 출발하는 노란색 노선(GT-US)으로 30분, 듀폰 서클에서 출발하는 파란색 노선(RS-DP)으로 15분 정도 걸린다. 하차 지점은 위스콘신 애비뉴와 M 스트리트의 교차로(Wisconsin Ave. NW/M St.).

WEB dccirculator.com/georgetown-union-station

❸ 자전거로 가기

포토맥강을 따라 자전거 도로가 조성돼 있다. 내셔널 몰(링컨 기념관 또는 제퍼슨 기념관 근처)-케네디 센터-워터프런트 파크까지 불과 3~5km 거리. 공유 자전거인 캐피털 바이크셰어(Capital Bikeshare)를 활용하기 좋다.

❹ 수상 택시로 가기

워싱턴 하버에서 출발하는 포토맥 수상 택시(Potomac Water Taxi)를 타고 내셔널 몰 남쪽의 더 워프까지 갈 수 있다. 3~4월에는 벚꽃 크루즈도 특별 편성한다.

PRICE 편도 $22~27, 왕복 $35~44

WEB potomacriverboatco.com

조지타운 산책

Point 1 M 스트리트 M Street

18~19세기 타운하우스가 핫플로 변신한 조지타운의 대표 쇼핑가. 글로시에, 블루머큐리, 세포라 같은 뷰티 브랜드, 대중적인 의류 브랜드, 잡화점 사이에 인기 맛집과 카페가 자리 잡고 있다. M 스트리트 자체는 상당히 긴 거리이니 올드 스톤 하우스와 조지타운 컵케이크 사이를 구경해보자.

Point 2 올드 스톤 하우스 Old Stone House

1766년경 건축된 집으로, 외관상의 큰 변화 없이 잘 보존돼 있다. 페인트점, 시계점, 양복점, 중고차 딜러점 등으로 사용되다가 1950년대에 국가에서 매입해 초기 모습으로 복원했다. 현재 하우스 뮤지엄으로 운영한다.

ADD 3051 M St NW
OPEN 11:00~19:00/화~목요일 휴무
PRICE 무료

Point 3 C&O 운하 Chesapeake & Ohio Canal

장장 22년에 걸친 공사 끝에 1850년 완공됐지만, 철도에 밀려 1924년 운영이 중단된 운하다. 조지타운부터 메릴랜드주의 컴버랜드까지 석탄, 목재, 곡물 등의 물자 수송을 위해 건설됐다. 옛날에는 물길에 배를 두고 노새가 끌었다고 한다. 조지타운 비지터 센터와 수문 4(Lock 4) 사이를 잠깐 구경하고 강변으로 걸어 내려가자.

ADD C&O Canal Lock 4

노새로 배를 끄는 모습

Point 4 워싱턴 하버 Washington Harbour

조지타운의 또 다른 핫플! 오랜 정비 사업 끝에 세련된 쇼핑센터와 복합 시설로 거듭난 지역이다. 파운딩 파머스 피셔스 & 베이커스, 토니 & 조 시푸드 같은 인기 맛집들이 입점해 있고, 시민들이 산책과 휴식을 즐기는 공간이기도 하다. 센터 앞 광장은 겨울에 야외 스케이트장으로 운영된다. 강변 공원인 조지타운 워터프런트 파크와 맞닿아 있으며, 포토맥강의 자전거 도로와 산책로를 따라 내셔널 몰까지 갈 수 있다. 수상 택시 터미널이 이 앞에 있다.

OPEN 24시간
WEB georgetownwaterfrontpark.org

5 기부로 탄생한 아름다운 정원
덤버턴 오크스
Dumbarton Oaks

조지타운의 첫 번째 정착민이었던 스코틀랜드 출신 니니안 비얼(Ninian Beall)이 고향의 지명을 따서 명명한 곳이다. 이후 여러 명의 주인을 거쳐 블리스(Bliss) 부부가 집과 정원을 1940년 하버드 대학교에 기부했다. 현재 비잔틴 연구소 및 박물관으로 운영되는 덤버턴 오크스 박물관과 정원(The Gardens) 부문으로 나뉜다. 주로 정원을 보러 가는 곳으로, 목련과 벚꽃이 피는 3월 말에서 4월까지 가장 아름답다. 정원과 연결된 3만 평의 부지인 덤버턴 오크스 공원(Dumbarton Oaks Park)도 블리스 부부가 미국 국립공원에 기증한 것이다. MAP ⑮

ADD 1703 32nd St NW
OPEN 박물관 11:30~17:30, 정원 3월 중순~10월 말 14:00~18:00(11월~3월 중순 ~17:00)/월요일 휴무
PRICE 박물관 무료, 정원 $13.5(11~3월 중순 무료)
WEB doaks.org
ACCESS 올드 스톤 하우스에서 도보 20분/33번 버스 Wisconsin Ave NW & R St NW 정류장 하차 후 도보 3분

백화점에서 아웃렛까지

워싱턴 DC 근교에서 쇼핑하기

워싱턴 DC와 버지니아, 메릴랜드는 소비세가 6%라서 비교적 저렴한 쇼핑이 가능하다. 근교의 아웃렛을 방문하기 전 원하는 브랜드가 있는지 비교해보고 방문하자.

♦ 타이슨스 코너 센터
Tysons Corner Center

워싱턴 DC 생활권 내의 최대 쇼핑몰. 300여 개의 숍과 디즈니 스토어, 애플 스토어와 테슬라 쇼룸을 갖췄다.

ADD 1961 Chain Bridge Rd Tysons Corner, VA
OPEN 10:00~21:00(일 11:00~19:00)
WEB tysonscornercenter.com
ACCESS 지하철 실버라인 Tysons Corner역에서 연결

♦ 탠저 아웃렛 내셔널 하버
Tanger Outlets National Harbor

워싱턴 DC에서 가장 가까운 아웃렛이라 우버·리프트 등으로 가기에 용이하다. 명품 브랜드 비중은 약한 편.

ADD 6800 Oxon Hill Rd, National Harbor, MD
OPEN 10:00~21:00(일 11:00~19:00)
WEB tangeroutlet.com/nationalharbor
ACCESS 내셔널 몰에서 차로 15분

♦ 패션 센터 앳 펜타곤 시티
Fashion Center at Pentagon City

타이슨스 코너 센터보다 작은 대신 워싱턴 DC에서 더 가깝다. 푸드코트가 잘 돼 있어 점심에는 인근 직장인들로 매우 붐빈다.

ADD 1100 S Hayes St, Arlington, VA
OPEN 10:00~21:00(일 ~19:00)
WEB simon.com/mall/fashion-centre-at-pentagon-city
ACCESS 지하철 블루라인 Pentagon City역에서 연결

♦ 리즈버그 프리미엄 아웃렛
Leesburg Premium Outlets

버지니아주 리즈버그에 위치한 사이먼 계열의 아웃렛. 버버리, 코치, 토리버치 등 110여 개의 매장이 있다.

ADD 241 Fort Evans Rd NE, Leesburg, VA
OPEN 10:00~21:00(일 ~19:00)
WEB premiumoutlets.com/outlet/leesburg
ACCESS 워싱턴 DC에서 70km

♦ 클라크스버그 프리미엄 아웃렛
Clarksburg Premium Outlets

메릴랜드주 클라크스버그에 위치한 사이먼 계열의 아웃렛. 코치, 토리버치, 보스, 제냐 등 90여 개의 매장이 있다.

ADD 22705 Clarksburg Rd, Clarksburg, MD
OPEN 10:00~21:00(일 11:00~19:00)
WEB premiumoutlets.com/outlet/Clarksburg
ACCESS 워싱턴 DC에서 60km

#Zone 3

현지인의 일상 속으로 **워싱턴 DC 주변**

재밌는 마켓과 쇼핑센터, 저녁 6시의 무료 공연, 강 건너편 국립 기념물까지. 관광 명소라기보다는 워싱턴 DC의 현지인들이 평소 자주 가는 장소를 모았다. 정해진 여행 방법은 없으니 살펴보고 마음에 드는 곳을 방문해보자.

1 DC 로컬들이 사랑하는 **이스턴 마켓** Eastern Market

주말에는 국회의사당 뒤쪽 캐피틀 힐 지역에 있는 이스턴 마켓을 방문해도 좋다. 워싱턴 DC 주민들의 식생활을 위해 도시 계획 초기부터 설계에 포함되어 1871년 이래 한결같이 자리를 지켜 온 시장이다. 메릴랜드에서 넘어오는 수산물과 지역 농산물, 수제 소시지, 치즈 등 식재료 위주의 작은 시장이라 주중에는 크게 볼거리가 없지만, 토요일이면 야외 파머스 마켓이, 일요일에는 벼룩시장이 선다. 건물 내의 식당 마켓 런치(425p)가 유명하다. MAP ⑮

ADD 225 7th St SE
OPEN 08:00~18:00(일 ~17:00)/
주말 야외 파머스 마켓 & 벼룩시장 09:00~16:00
WEB easternmarket-dc.org
ACCESS 메트로레일 블루·오렌지·실버라인 Eastern Market역/캐피틀 힐에서 버스 32·36번을 타고 Pennsylvania Ave & 8th St SE(EB) 정류장 하차 후 도보 2분

파머스 마켓 & 벼룩시장

상설 실내시장

2 수산 시장에서 블루크랩 어때요?
더 워프
The Wharf DC

내셔널 몰 남쪽으로 깔끔하게 정비된 항구 일대를 '디스트릭트 워프' 또는 '더 워프'라고 한다. 조지타운 워싱턴 하버 또는 올드 타운 알렉산드리아행 수상 택시 탑승장이 바로 여기다. 요트가 정박한 워싱턴 수로(Washington Channel)를 따라 고든 램지 헬스 키친, 행크스 오이스터 바(425p) 같은 맛집과 맥주를 즐기기 좋은 바, 고급 호텔이 늘어섰다. 북쪽의 시립 수산시장(Municipal Fish Market)은 1805년부터 워싱턴 DC 시민들에게 싱싱한 해산물을 제공해온 곳이다. 제시(Jessie's) 등 여러 상점에서 따끈하게 쪄낸 블루크랩과 굴, 조개 등을 그 자리에서 먹을 수 있다. MAP ⑮

ADD 1100 Maine Avenue SW
OPEN 08:00~20:00
WEB wharfdc.com
ACCESS 백악관 근처에서 버스 52번을 타고 Maine Av SW & 9 St SW 정류장 하차 후 바로/
내셔널 몰 허쉬혼 미술관 뒤쪽(Independence Ave at 7th St SW)에서 출발하는 무료 셔틀버스(Southwest Shuttle) 이용

+MORE+

블루크랩, 어떻게 먹을까?

블루크랩은 암·수 및 사이즈별로 나뉘는데, 꽃게보다 작으니 가능한 한 큰 사이즈를 고르는 것이 낫다. 12마리를 더즌(Dozen), 6마리는 하프 더즌(Half Dozen)이라고 한다. 찐 것(Steamed)으로 고르면 그 자리에서 시즈닝을 넣어 다시 한번 쪄 준다. 간단하게 먹으려면 블루크랩을 통째로 튀겨낸 소프트셸 크랩 샌드위치나 살만 발라서 구워 낸 크랩 케이크로 먹어도 된다.

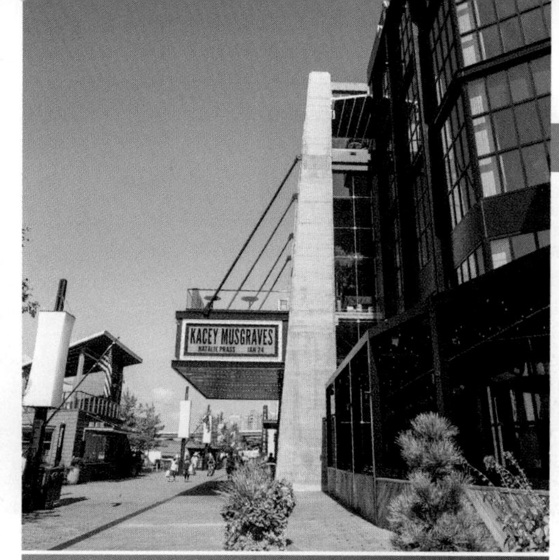

워싱턴 부두

수상 택시 승선장

시립 수산시장

테라스 전망

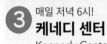

테라스

③ 매일 저녁 6시!
케네디 센터
Kennedy Center

포토맥강이 보이는 지점에 건축된 거대한 공연 시설 단지. 콘서트홀, 오페라 하우스, 아이젠하워 극장으로 이뤄졌다. 워싱턴 내셔널 오페라와 국립 심포니오케스트라의 주 공연장으로, 전망 좋은 루프탑 테라스레스토랑도 갖췄다. 매일 저녁 6시면 밀레니엄 스테이지(Millenium Stage)에서 무료 공연을 볼 수 있는 진정한 예술의 전당이기도 하다. 공연 2주 전 수요일에 입장권 예매가 시작되며, 당일 오후 4시 30분 현장 박스오피스에서 잔여분을 구할 수 있다. **MAP ⑮**

ADD John F. Kennedy Center for the Performing Arts
WEB kennedy-center.org/whats-on/millennium-stage
ACCESS 메트로레일 블루·오렌지·실버라인 Foggy Bottom-GWU역에서 무료 셔틀(Kennedy Center Shuttle) 탑승

④ 국가유공자의 안식처
알링턴 국립묘지
Arlington National Cemetery

미국 [illegible] 국립묘지. 워싱턴 DC에서 포토맥강 건너인 버지니아주 알링턴시에 있다. 남북전쟁 때인 1864년 완공해 참전용사와 역대 대통령 등 40만 명 이상의 국가유공자가 잠들어 있다. 남부 연합군 장군 로버트 E.리의 집터를 몰수해 설립한 곳으로, 묘지 내 알링턴 하우스를 리 장군 기념관으로 공개 중이다. 입구와 가까운 존 F. 케네디 묘소와 무명용사 묘, 알링턴 하우스 정도만 본다면 걸어 다닐 수 있지만, 전체를 다 보려면 국립묘지 내부 관람용 트램을 타고 다니는 공식 투어를 추천. 트램 티켓은 웰컴 센터에서 현장 구매하거나 온라인으로 예매한다. 입장 시 여권 제시 필수. 4~9월에는 1시간 간격으로 해병대 위병 교대식이 진행된다. **MAP ⑮**

ⓒElizabeth Fraser/Arlington National Cemetery

ADD Arlington, VA
OPEN 08:00~17:00
PRICE 입장 무료, 트램 이용료 별도
WEB arlingtoncemetery.mil/Visit
ACCESS 메트로레일 블루라인 Arlington Cemetery에서 도보 5분/빅 버스나 트롤리 투어로도 방문 가능

5 미국 부자의 라이프스타일

힐우드 박물관

Hillwood Museum

유명 시리얼 회사 포스트의 상속녀인 마저리 메리웨더 포스트(Marjorie Merriweather Post)의 저택. 워싱턴 DC의 수많은 하우스 뮤지엄 중에서도 가장 화려한 곳으로, 마저리가 좋아했던 자기류와 그녀의 3번째 남편이 러시아 대사로 근무하면서 수집한 러시아 보물 컬렉션이 하이라이트!

1층에는 예카테리나 대제의 초상화가 걸린 화려한 엔트리 홀(Entry Hall)과 접객 식당, 러시아 보물인 파베르제 달걀(Faberge Egg)과 이콘 성물 등을 전시한 이콘 룸 등이 있다. 17세기 프랑스 가옥에서 옮겨온 프랑스 그림의 방도 아름답다. 2층은 마저리의 침실과 게스트룸, 제정 러시아의 종교 예술품을 모아둔 전시관으로 구성된다. 온실, 러시아식 농장 주택 다차(Dacha), 장미 정원, 일본 정원 등 여러 가지 콘셉트로 꾸민 정원도 볼 만하다. 골프 마니아였던 마저리는 집안에 퍼팅 그린도 만들어놨다. MAP ⑭

ADD 4155 Linnean Ave NW(Hillwood Estate, Museum and Garden)
OPEN 10:00~17:00/월요일 휴무, 1월 휴관
PRICE $18
WEB hillwoodmuseum.org
ACCESS 메트로레일 레드라인 Van Ness-UDC역에서 도보 20분(우버 이용을 권함)

중앙홀

다이닝 룸

프렌치 룸

서재

미국 대통령도 다녀갔다고?

믿고 먹는 미국 공무원 맛집

워싱턴 DC는 알고 보면 세계 요리의 천국! 워싱턴 DC, 특히 백악관 동쪽의 펜 쿼터(Penn Quarter)에는 전 세계 정재계 인사들의 입맛에 맞춘 수준급 레스토랑이 자리 잡고 있다. 미국 대통령들이 다녀간 맛집에는 입소문을 듣고 찾아온 관광객으로 문전성시를 이룬다.

역대 대통령이 방문했던 그곳

올드 에빗 그릴 Old Ebbitt Grill

1856년에 문을 연 이후 율리시스 그랜트, 시어도어 루스벨트 등 역대 대통령들이 즐겨 찾은 아메리칸 레스토랑이다. 백악관 바로 옆에 있어 온종일 공무원과 관광객의 식사 장소로 사랑받는 곳. 가장 저렴한 버거나 크랩 케이크(게살 요리)가 $25 정도지만, 애피타이저와 음료수를 곁들여 주문하는 것이 보통이다. 해피아워(15:00~17:00)에는 굴을 좀 더 저렴하게 판매한다. 예약 권장. MAP ⑮

ADD 675 15th St NW
OPEN 08:00~02:00(토·일 09:00~)
PRICE $$
WEB ebbitt.com
ACCESS 백악관 비지터 센터에서 도보 6분

야외 테이블에서 우아한 런치

카페 뒤 파크 Café du Parc

200년간 백악관 옆자리를 지켜 온 윌라드 호텔의 프렌치 레스토랑이다. 백악관 주변 풍경을 감상할 수 있는 야외 테이블이 인기. 시간대별로 메뉴가 바뀌는데, 오전에는 오믈렛, 에그 베네딕트, 크로크 무슈(샌드위치) 등 간단한 메뉴도 있다. 레스토랑 안 커피숍에서 커피와 프렌치 페이스트리로 분위기만 즐겨도 좋다. 저녁에는 와인과 곁들여 식사하는 분위기라서 예산을 더욱 높게 잡아야 한다. 예약 권장. MAP ⑮

ADD 1401 Pennsylvania Ave NW
OPEN 06:30~22:00(브레이크타임 있음)
PRICE $$$
WEB cafeduparc.com
ACCESS 백악관 비지터 센터에서 도보 3분

워싱턴 DC의 상징적인 노포

벤스 칠리 볼 Ben's Chili Bowl

워싱턴 DC에서 오랫동안 사랑받은 노포. 벤과 버지니아 알리 부부가 1958년 문을 열었고 지금도 가족들이 직접 운영 중이다. 본점에는 이곳을 방문한 유명 인사의 사인과 사진이 벽면 가득 걸려 있다. 다진 고기에 강낭콩, 양파, 고추 등 매콤한 향신료를 넣고 끓이는 칠리 스튜(Chili con carne)가 시그니처 메뉴. 따끈하게 한 그릇(Bowl)으로 먹거나 다른 메뉴에 소스처럼 얹어 먹기도 한다. 이왕이면 하프 스모크 소시지(일반 소시지보다 거칠게 간 소고기와 돼지고기에 매콤한 향신료를 넣어 만드는 워싱턴 DC 특유의 음식)가 들어가는 핫도그(Chili Half-smoke Dog) 스타일로 맛보자. 내셔널 몰에서 본점까지 메트로레일로 약 20분 거리이고 DCA 공항 등에 지점이 있다. **MAP ⑮**

ADD 1213 U St NW
OPEN 11:00~23:00(금·토 ~04:00)
PRICE $(핫도그 $8)
WEB benschilibowl.com
ACCESS 메트로레일 그린라인 U Street/African-Amer Civil War Memorial/Cardozo 도보 2분

+MORE+

벤스 칠리 볼이 유명한 이유

오바마 대통령이 당선 직후 방문한 모습이 매스컴을 타면서 우리나라에는 '오바마 맛집' 또는 '핫도그 맛집' 정도로 알려졌지만, 사실 벤스 칠리 볼은 상징성이 강한 장소다. 미국 흑인 커뮤니티 한복판 U 스트리트에서 마틴 루터 킹이 이끈 1963년의 '워싱턴 대행진'에 음식을 기부하기도 했고, 그의 암살 이후 발생한 1968년의 워싱턴 DC 폭동 당시 가게 문을 닫지 않고 시민들에게 힘이 되어준 것을 계기로 화합과 자유의 아이콘이 된 것. 워싱턴 DC의 정치인이라면 빼놓지 않고 방문하는 장소라고 할 수 있다.

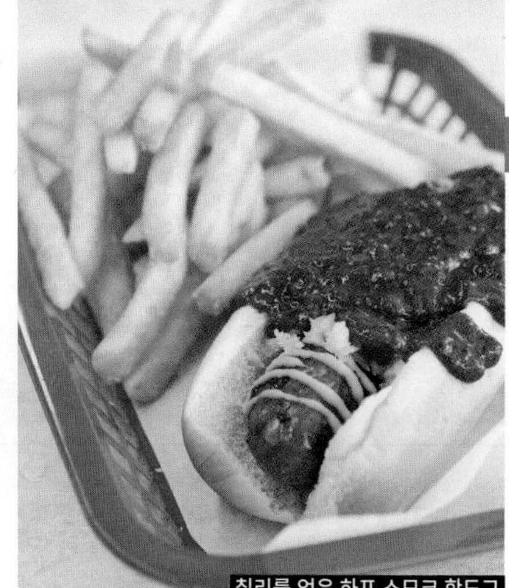
칠리를 얹은 하프 스모크 핫도그

하프 스모크 소시지

버지니아 알리의 젊은 시절

북카페 겸 레스토랑

크래머스 Kramers

1976년에 설립된 독립 서점으로, 서점 내에 카페를 차리는 형태의 비즈니스 모델을 최초로 도입한 곳이다. 앤디 워홀, 버락 오바마 대통령 등이 다녀가기도 했다. 단순한 북카페를 넘어 본격적인 식사 메뉴를 선보이는데, 오전에는 오믈렛과 아보카도 토스트 같은 브런치 메뉴, 샌드위치나 치킨 와플, 파스타도 판매한다. 독립 서점의 특징을 살려 라이브 공연, 저자 사인회 등의 행사도 열린다. **MAP ⑮**

ADD 1517 Connecticut Ave NW(듀폰 서클)
OPEN 08:00~22:00(일 ~21:00)
PRICE $$(메뉴당 $15~25)
WEB kramers.com
ACCESS 메트로레일 레드라인 Dupont Circle역에서 도보 2분

스페인 정통 파에야

타베르나 델 알라바데로

Taberna del Alabardero

하몽, 파에야, 진한 초콜릿에 찍어 먹는 추로스 등 스페인 하면 생각나는 대표적인 음식을 판매한다. 파에야를 주문하면 담당 서버가 조리된 파에예라(파에야 조리용 얕은 팬)를 통째로 가져와서 개인 접시에 덜어주는 퍼포먼스를 펼치는데, 양이 많아서 2인 이상 나눠 먹기 좋다. 그밖에 여러 명이 나눠 먹는 타파스도 다양하다. 예약 권장. **MAP ⑮**

ADD 1776 I St NW(백악관 북서쪽)
OPEN 11:30~14:30, 17:00~22:00
(토·일 브레이크 타임 없음, 일 ~20:00)
PRICE $$$
WEB alabardero.com
ACCESS 메트로레일 블루·오렌지·실버라인 Farragut West역에서 도보 3분

미슐랭 스타 셰프 맛집

할레오

Jaleo by José Andrés

미슐랭 2스타 레스토랑을 운영하는 호세 안드레스 셰프의 스페인 타파스 전문점. 할레오는 빕 구르망에 올라 있다. 파에야나 하몽, 감바스 등 스페인 요리를 단품으로 주문하거나 다양한 타파스 중 3개 혹은 5개를 선택하여 먹을 수도 있다. 평일 4시 이후와 토요일에는 셰프의 테이스팅 메뉴를, 평일 섬심에는 저렴한 런치 스페셜을 선보인다. 예약 권장. **MAP ⑮**

ADD 480 7th St NW(펜 쿼터)
OPEN 11:00~22:00(목~토 ~23:00)
PRICE $$$
WEB jaleo.com/location/washington-dc
ACCESS 내셔널 갤러리에서 도보 10분

자가 제면 생면 파스타

RPM 이탈리안

RPM Italian

블랙 & 화이트, 그레이 톤의 시크한 인테리어가 인상적인 이탈리안 레스토랑이다. 매일매일 매장에서 직접 만드는 12가지 종류의 파스타, 오랜 시간을 들여 정성스럽게 구운 스테이크, 자연산 해산물 요리 등 어떤 것을 선택해도 후회가 없다. 원래는 가격대가 비싸지만, 평일 점심 3코스 런치(Express Lunch)를 $35에 먹을 수 있어 주변 직장인들에게 인기가 높다. **MAP ⑮**

ADD 650 K St NW(펜 쿼터)
OPEN 12:00~22:00(금 ~22:30, 토 15:00~22:30, 일 15:00~21:00)
PRICE $$$
WEB rpmrestaurants.com/rpm-italian-d-c
ACCESS 메트로레일 옐로·그린·레드라인 Gallery Pl-Chinatown역에서 도보 4분

오바마 버거로 유명해진

굿 스터프 이터리
Good Stuff Eatery

국회의사당 근처에서 저렴하게 식사하기 좋은 버거 전문점. 오바마 대통령이 채무 상한선 협상을 마치고 경제 관료들과 방문해 유명해졌다. 대표 메뉴인 대통령 버거(President's Burger)는 채소 없이 두툼한 패티와 캐러멜라이즈한 양파로 맛을 냈는데, 정작 오바마 대통령의 '원픽'은 채소가 많이 든 팜하우스 치즈 버거라고. 조지타운을 포함해 워싱턴 DC 주변 지역에 체인점이 있다. **MAP ⑮**

ADD 303 Pennsylvania Ave SE(캐피틀 힐)
OPEN 11:30~22:00
PRICE $(버거 $11~14)
WEB goodstuffeatery.com
ACCESS 국회의사당에서 도보 10분, 의회 도서관 바로 뒤

프리미엄 스테이크 전문점

캐피탈 그릴
Capital Grille

18~24일간 숙성한 드라이에이징 스테이크를 맛볼 수 있는 고급 스테이크 전문점이자 파인다이닝 레스토랑이다. 미국 전역에 지점이 있는데, 워싱턴 DC점은 내셔널 몰과 가까워 동선 계획이 편하다. 가격대는 상당히 높은 편이라서 레스토랑 위크 같은 할인 기간에 눈에 띈다면 놓치지 말자. 오후 3시부터 저녁 식사 메뉴로 바뀐다. 예약 권장. **MAP ⑮**

ADD 601 Pennsylvania Ave NW(펜 쿼터)
OPEN 11:30~21:00(일 15:00~)
PRICE $$$$
WEB thecapitalgrille.com
ACCESS 내셔널 갤러리에서 도보 5분

워싱턴 DC 문화를 엿보다

확신의 로컬 픽!

내셔널 몰과는 다소 떨어져 있으나 현지인에게 특별히 인기 많은 장소를 모았다. 대서양 체서피크 베이(Chesapeake Bay)에서 들여오는 해산물과 지역 농산물로 만든 음식에는 워싱턴 DC만의 철학과 매력이 가득하다.

신선한 재료로 만드는 음식

파운딩 파머스 DC

Founding Farmers DC

노스다코타 농민연합(North Dakota Farmers Union)의 4만여 명 농민 회원이 소유주로, '직접 기른 신선한 재료'를 사용하면서 큰 인기를 얻었다. 미국 남부 음식 하면 떠오르는 치킨 & 와플(Chicken & Waffle)이 대표 메뉴지만, 우리 입맛에는 새우와 남부식 옥수수죽인 그리츠(Grits)가 잘 맞는 편이다. 두툼한 수제 버거나 핫도그도 있으며, 사이드로는 버터밀크 비스킷을 추천. 백악관 서쪽의 포기 보텀(Foggy Bottom)점을 시작해 조지타운, 차이나타운, 버지니아주로 점점 매장을 늘려가고 있다. 예약 권장. MAP ⑮

ADD 1924 Pennsylvania Ave NW (백악관 북서쪽)
OPEN 07:00~22:00(금 ~23:00, 토 08:30~23:00, 일 08:30~22:00)
PRICE $$
WEB wearefoundingfarmers.com
ACCESS 메트로레일 블루·오렌지·실버라인 Farragut West역에서 도보 4분

기대 이상의 브런치 맛집

파운딩 파머스 피셔스 & 베이커스

Founding Farmers Fishers & Bakers

파운딩 파머스처럼 노스다코타 농민연합에서 운영하는 또 다른 맛집. 치킨 & 와플도 있지만 메뉴를 더욱 다양하게 준비했다. 스시, 피자, 미국식 해산물 스튜인 치오피노 등 무엇을 먹어도 기대 이상이다. 토·일요일 09:00~14:00에 운영하는 브런치 뷔페의 인기가 특별히 높다. 예약 필수. MAP ⑮

ADD 3000 K St NW(조지타운 워싱턴 하버)
OPEN 08:00~22:00(월 ~21:00, 금 ~23:00, 토 09:00~23:00, 일 09:00~21:00)
PRICE $$(주말 브런치 1인 $35.5)
WEB farmersfishersbakers.com
ACCESS 내셔널 몰에서 우버로 10분

수준급 프렌치 가정식

르 디플로맷

Le Diplomate

로컬들이 사랑하는 주말 브런치 장소. 어니언 스프(양파 스프), 키시(달걀 요리), 뵈프 부르기뇽(소고기찜) 등 맛깔스러운 프랑스 가정식을 경험해 보자. 파리의 카페를 그대로 옮겨온 듯한 분위기이며, 인기가 많아 예약은 필수다. MAP ⑮

ADD 1601 14th St NW(내셔널 몰 북쪽 로건 서클)
OPEN 11:30~15:00, 17:00~23:00 (금 ~24:00, 토 09:30~24:00, 일 09:30~23:00)
PRICE $$(메뉴당 $25~40)
WEB lediplomatedc.com
ACCESS 주미 대한제국 공사관에서 도보 5분

싱싱한 굴을 푸짐하게!

행크스 오이스터 바 Hank's Oyster Bar

미국 동부와 서부 연안의 신선한 굴을 곁들여 랍스터롤, 피시 샌드위치 등을 먹을 수 있는 캐주얼한 시푸드 전문점. 워싱턴 DC의 지역 매체에서 가장 신선한 해산물 식당으로 손꼽는다. 워싱턴 DC에서는 듀폰 서클에 첫 매장을 열었는데, 접근성이 좋은 더 워프 매장이 더 인기다. 올드 타운 알렉산드리아에도 매장이 있다. 평일 해피아워(15:00~18:00)에 방문하면 좀 더 저렴하게 굴을 먹을 수 있다. 영수증에 붙는 5%의 서비스 차지 외에 팁은 별도 지불한다. MAP ⑮

ADD 701 Wharf St SW
(내셔널 몰 남쪽 더 워프)
OPEN 11:00~22:00
(금·토 ~23:00)
PRICE $$
WEB hanksoysterbar.com
ACCESS 내셔널 몰에서 버스 52번을 타고 7 St SW & Maine Av SW 정류장 하차 후 도보 1분

이스턴 마켓 명물

마켓 런치 The Market Lunch

이스턴 마켓 안쪽에 위치해 팁 없이 식사할 수 있는 곳. 여름 시즌이라면 탈피 직후 껍질이 말랑할 때 통째로 튀겨내는 소프트셸 크랩 샌드위치를 꼭 맛보자. 현금 결제만 가능하고, 줄 서서 주문하고 나면 담당 직원이 자리를 배정해준다. MAP ⑮

ADD 225 7th St SE(캐피틀 힐)
OPEN 08:00~14:15(일 09:00~)/월요일 휴무
PRICE $
WEB marketlunchdc.com
ACCESS 메트로레일 블루·오렌지·실버라인 Eastern Market역에서 도보 5분(이스턴 마켓 내)

동부 해안의 신선한 해산물 집합

토니 & 조 시푸드 Tony & Joe's Seafood Place

파운딩 파머스 피셔스 & 베이커스와 함께 조지타운 워싱턴 하버의 대표 맛집이다. 남부식 해산물 찜(Low Country Steam Pot), 크랩 케이크, 칼라마리 튀김 등 푸짐하고 맛깔스러운 식사를 하기 좋은 곳. 포토맥강을 바라보는 야외석이 인기다. MAP ⑮

ADD 3000 K St NW(조지타운 워싱턴 하버)
OPEN 11:30~24:00
PRICE $$
WEB tonyandjoes.com
ACCESS 내셔널 몰에서 우버로 10분

발칸 음식 무한 리필

암바 Ambar Capitol Hill

그리스식 샐러드, 발칸 케밥, 양고기 라자냐, 소고기 갈비로 만든 굴래시 등 발칸반도의 음식을 경험해볼 수 있는 레스토랑이다. 담당 서버에게 요리를 주문하면 무제한으로 갖다주는 방식이 뷔페와 비슷한데, 갓 만든 음식이라 더 맛있다. 평일에는 오후 3시 30분까지 런치, 주말에는 4시까지 브런치로 운영하고, 오후 4시부터는 디너 가격을 받는다. 2시간 이용 시간 제한이 있다. 예약 권장. **MAP ⑮**

ADD 523 8th St SE(캐피틀 힐)
OPEN 12:00~22:00(금 ~23:00, 토 10:00~23:00, 일 10:00~)/브레이크 타임 있음
PRICE $$(무제한 런치 $28, 브런치 $37, 디너 $50)
WEB ambarrestaurant.com/capitol-hill-dc
ACCESS 메트로레일 블루·오렌지·실버라인 Eastern Market역에서 도보 5분

워싱턴에서 인기인 일본 라멘

다이카야 Daikaya

워싱턴 DC 차이나타운에서 독보적인 인기를 자랑하는 일본 라멘집이다. 1층은 라멘 전문이고, 2층은 타코야키나 교자, 와규, 돈부리 등 식사 메뉴를 판매한다. 기본 라멘에 추가 토핑을 얹어 $18~20 정도에 식사할 수 있어 언제나 줄 서는 맛집이다. 봉사료 20%가 계산서에 포함돼 있으니 추가로 팁을 내지 않도록 유의하자. **MAP ⑮**

ADD 705 6th St NW(펜 쿼터)
OPEN 11:30~22:00(금·토 ~23:00)
PRICE $
WEB daikaya.com
ACCESS 메트로레일 옐로·그린·레드라인 Gallery Pl-Chinatown역에서 도보 3분

스포츠 경기가 있는 날

펜 쿼터 스포츠 태번 Penn Quarter Sports Tavern

커다란 TV를 설치해 두고, 버팔로 윙, 버거 등 맥주와 어울리는 전형적인 펍 메뉴를 갖춘 곳. 스포츠 경기가 있는 저녁이면 워싱턴 DC 직장인과 여행자가 한데 모여 왁자지껄하게 경기를 관람한다. 평소에도 간단하게 식사할 수 있는 장소다. **MAP ⑮**

ADD 639 Indiana Ave NW
OPEN 11:30~24:00(해피아워 16:00~19:00)
PRICE $$
WEB pennquartersportstavern.com
ACCESS 펜 쿼터. 내셔널 갤러리에서 도보 5분

남아공 매운맛 치킨이 궁금해?

난도스 페리페리 Nando's Peri Peri

남아프리카 공화국의 치킨 체인점. 페리페리(작고 매운 포르투갈 고추) 소스를 발라 구운 직화구이 닭요리로 유명하다. 치킨을 주문할 때는 플레인(순한 맛)부터 엑스트라 핫(아주 매운 맛)까지 매운 단계를 선택할 수 있다. 2~3인이 나눠 먹는 플래터(Platter)부터 1/4조각까지 양 조절이 가능하고, 포르투갈식 밥과 옥수수 위에 치킨을 얹어 주는 볼(Bowl)도 있다. 메뉴를 정한 다음 주문은 앱으로 한다. MAP ⑮

ADD 836 F St NW(펜 쿼터)
OPEN 10:30~22:00
(금·토 ~23:00)
PRICE $(1인 $15~20)
WEB nandosperiperi.com
ACCESS 메트로레일 옐로라인·그린라인·레드라인 Gallery Pl-Chinatown역에서 도보 5분

주방장 피터 창은 어디에?

마마창 Mama Chang

2001년 주미 중국 대사관의 셰프로 미국 땅을 밟은 피터 창은 중국으로 돌아가기 직전 대사관을 탈출하여 잠적해 버렸다. 이후 불법 체류자 상태로 미국 내 중식당에 취업했는데, 가는 곳마다 맛집으로 소문나 유명해지는 바람에 당국의 추적을 피해 장장 10여 년을 떠돌아다녀야 했다. "피터 창은 어디에?(Where's Peter Chang?)"라는 기사까지 나올 정도. 이제는 신분 문제를 해결하고 떳떳하게 자신의 이름으로 레스토랑을 연 피터 창의 사천식 중식이 궁금하면 조금 멀지만 워싱턴 DC 외곽 버지니아로 향해야 한다.

ADD 3251 Blenheim Blvd 101호, Fairfax, VA 22030
OPEN 월~금 11:00~14:30·17:00~21:30, 금·토 11:00~21:30, 일 11:00~20:30/딤섬은 토·일 11:00~15:00 주문 가능
MENU $$(메뉴당 $20~30, 딤섬 $10 이내)
WEB mamachangva.com
ACCESS 워싱턴 DC에서 27km, 차량 30분

흑백요리사 셰프의 맛집!

시아 레스토랑 SHIA Restaurant DC

넷플릭스 시리즈 <흑백요리사>의 준우승자이자 <아이언 셰프 아메리카> 시즌 8 우승자인 에드워드 리 셰프가 2024년 10월에 오픈한 레스토랑이다. 7코스 테스팅 메뉴 1가지만 운영하는데, <흑백요리사>에서 선보였던 참치회로 감싼 비빔밥이 포함된다. 주 3일만 운영하며, 좌석이 많지 않으므로 예약을 권장한다.
부담 없이 방문할 만한 에드워드 리 셰프의 또 다른 레스토랑, 서코태시 프라임(Succotash Prime)이 펜 쿼터에 있다. 치킨 와플, 콘브레드, 스테이크 등 남부 요리를 현대적으로 재해석한 요리를 선보인다. MAP ⑮

ADD 1252 4th St NE
OPEN 17:00~22:00/일~수요일 휴무
PRICE $$$$(7코스 테스팅 메뉴 $165)
WEB shiarestaurant.org
ACCESS 메트로레일 레드라인 NoMa-Gallaudet U New York Ave역에서 도보 10분(내셔널 몰 등 관광지에서는 직행 버스가 없고 거리도 있으므로 우버 이용 권장)

서코태시 프라임
ADD 915 F St NW
OPEN 11:30~22:00(토 11:00~, 일 10:00~)
PRICE $$(1인당 $60)
WEB succotashrestaurant.com
ACCESS 내셔널 갤러리에서 도보 15분

D.C.는 달.콤.

감성 카페 & 베이커리

워싱턴 DC만의 감각적인 맛과 멋을 가진 카페와 베이커리는 내셔널 몰에서 벗어나 다운타운, 조지타운, 듀폰 서클 등 조금 떨어진 지역에 흩어져 있다. 내셔널 몰 관광을 마치고 일부러 찾아가도 좋을 인기 맛집을 모았다.

머랭의 신세계

주느세콰

Un Je Ne Sais Quoi

가게 이름을 '말로 표현할 수 없을 만큼 좋은'이라고 지었을 정도로 맛있는 프랑스식 디저트 전문점. 타르트나 팽 오 쇼콜라, 나폴레옹 등도 훌륭하지만, 유난히 바삭하고 부드러운 머랭 케이크를 꼭 먹어봐야 한다. 가게 내부에 테이블이 몇 좌석 있기는 하지만, 자리 잡기가 쉽지는 않다. 테이크아웃 시 가능한 한 빨리 먹어야 바삭하고 부드러운 식감을 제대로 느낄 수 있다. **MAP** ⓯

ADD 1361 Connecticut Ave NW (듀폰 서클)
OPEN 08:00~18:00(토 08:30~, 일 09:00~17:00)/월요일 휴무
PRICE $
WEB unjonesaisquoi.square.site
ACCESS 메트로레일 레드라인 Dupont Circle역에서 도보 6분

워싱턴 DC 대표 컵케이크

조지타운 컵케이크

Georgetown Cupcake

뉴욕에 매그놀리아 베이커리가 있다면 워싱턴 DC에는 조지타운 컵케이크가있다. 미국 각종 미디어에 소개되면서 더욱 인지도가 높아졌다. 입구부터 유난히 긴 줄이 눈에 띄는 가게라서 주소를 몰라도 찾을 수 있을 정도. 일반적인 컵케이크보다 조금 더 작은 사이즈의 컵케이크는 아이디어가 돋보이는 귀엽고 예쁜 프로스팅이 인상적이다. 클래식 메뉴 외에도 월별, 시즌별 한정 메뉴를 선보인다. **MAP** ⓯

ADD 3301 M St NW
OPEN 10:00~21:00(일 ~20:00)
PRICE $
WEB georgetowncupcake.com
ACCESS 조지타운 올드 스톤 하우스 근처

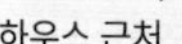

SNS 시대의 특별한 컵케이크

베이크드 앤 와이어드

Baked & Wired

남녀노소 누가 보더라도 힙한 모양의 컵케이크. 빵도 전통적인 컵케이크와는 차이가 있고, 프로스팅의 컬러도 연한 파스텔톤에 파도치는 듯한 모양으로 멋을 내서 "나는 일반 컵케이크와 다르다"고 외치는 듯한데, 맛도 훨씬 더 진하다. 후발주자임에도 여러 면에서 조지타운 컵케이크와 비교되다 보니 둘 다 먹어보는 사람도 많아졌다. 컵케이크 판매 구역과 음료 판매 구역이 따로 있으며, 좌석도 여유가 있는 편. **MAP** ⓯

ADD 1052 Thomas Jefferson St NW (조지타운)
OPEN 08:00~16:00(토 ~20:00)
PRICE $
WEB bakedandwired.com
ACCESS 버스 33, 38B번 M St NW & 30th St NW 정류장 하차 후 도보 3분

요즘 트렌드는 도넛

디스트릭트 도넛

District Doughnut

2012년 혜성처럼 등장해 단짠 매력의 솔티드 돌체 드 레체 도넛과 바닐라 빈 크렘브륄레(Vanilla Bean Crème Brûlée)로 워싱턴 DC의 도넛 시장을 장악했다. 바닐라 빈 크렘브륄레를 주문하면 즉석에서 토치로 구워 바삭하면서도 쌉쌀한 맛을 더해준다. 클래식 도넛 외에 글루텐프리 도넛이나 시즌별 한정판 도넛도 선보인다. **MAP ⑮**

ADD 5 Market Square SW
(내셔널 몰 남쪽, 더 워프)
OPEN 07:00~19:00
PRICE $
WEB districtdoughnut.com
ACCESS 버스 52번 Maine Av SW & 9 St SW 정류장 하차 후 도보 5분

메이드 인 DC

컴퍼스 커피

Compass Coffee

워싱턴 DC에서 시작된 로스터리 카페. 원두가 지닌 고유의 풍미를 살려 로스팅하며, 시즌별 최고의 커피를 선별한다. 대체로 신맛보다 고소한 맛이 강하다. 펜 쿼터, 다운타운, 조지타운 등 여러 곳에 지점이 있다. **MAP ⑮**

PRICE $
WEB compasscoffee.com

펜 쿼터점
ADD 435 11th St NW
OPEN 06:30~17:00(토·일 08:00~15:00)

조지타운점
ADD 1351 Wisconsin Ave NW
OPEN 06:00~18:00(토·일 07:00~19:00)

워싱턴 DC가 사랑한 보스턴 카페

타테 베이커리

Tatte Bakery

보스턴에서 시작된 인기 베이커리로, 세련된 모자이크 타일 바닥과 화이트톤 인테리어 콘셉트가 돋보인다. 프렌치토스트나 북아프리카식 토마토 계란 요리인 샥슈카 등 브런치 메뉴를 비롯해 다양한 빵이 맛있으며, 매장에서 먹고 간다고 말하면 빵 1개만 주문해도 예쁘게 담아준다. 워싱턴 DC 내 9개 지점 중에서 접근성이 가장 좋은 곳은 듀폰 서클과 시티 센터 지점이다. **MAP ⑮**

PRICE $$
WEB tattebakery.com

듀폰 서클점
ADD 1301 Connecticut Ave NW
OPEN 07:00~20:00(일 08:00~19:00)

시티 센터점
ADD 1090 I St NW
OPEN 07:00~20:00(일 08:00~19:00)

#Day_Trip

메트로레일 타고 역사 속으로

올드 타운 알렉산드리아 Old Town Alexandria

올드 타운 알렉산드리아는 미국 독립 이전인 1749년 설립된 소도시다. 남북전쟁 초기에 포토맥강을 두고 북군과 대치하던 남군 도시였지만, 다행히 크게 파괴되지 않았다. 옛 건물과 거리가 고스란히 보존되어 미국 동부의 역사와 매력이 잘 느껴지고, 워싱턴 DC에서 대중교통으로 방문할 수 있어서 반나절 근교 여행지로 완벽한 곳!

올드 타운의 주요 볼거리는 비지터 센터에서 도보 10분 이내에 모여 있으니 지도를 받아 들고 산책하면서 구경하면 된다. 메트로레일역 근처의 조지 워싱턴 프리메이슨 국립 기념관은 날씨가 좋은 때에 맞춰서 올라가자. MAP 361p

ⓘ **비지터 센터** Alexandria Visitor Center(Ramsay House)

ADD 221 King St, Alexandria, VA
OPEN 10:00~17:00(5~8월 ~18:00)
WEB visitalexandria.com

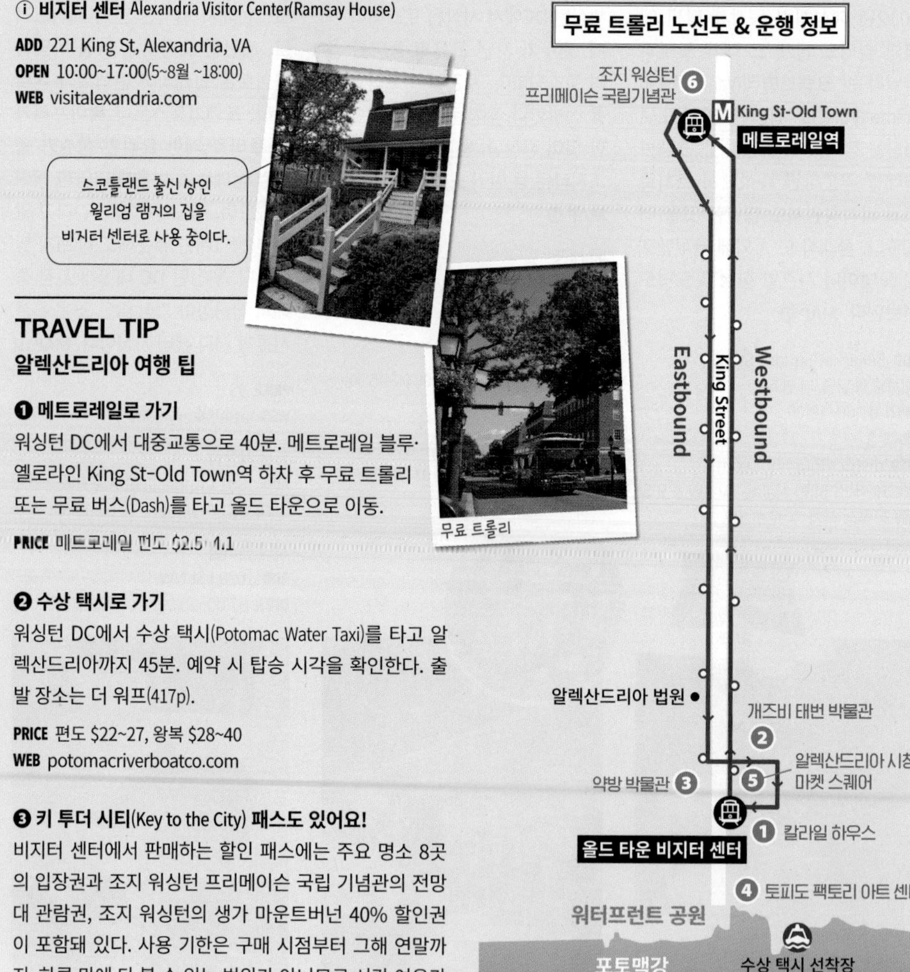

무료 트롤리

HOUR 11:00~23:00(15분 간격 운행)
WEB dashbus.com/trolley

TRAVEL TIP
알렉산드리아 여행 팁

❶ 메트로레일로 가기

워싱턴 DC에서 대중교통으로 40분. 메트로레일 블루·옐로라인 King St-Old Town역 하차 후 무료 트롤리 또는 무료 버스(Dash)를 타고 올드 타운으로 이동.

PRICE 메트로레일 편도 $2.5~4.1

❷ 수상 택시로 가기

워싱턴 DC에서 수상 택시(Potomac Water Taxi)를 타고 알렉산드리아까지 45분. 예약 시 탑승 시각을 확인한다. 출발 장소는 더 워프(417p).

PRICE 편도 $22~27, 왕복 $28~40
WEB potomacriverboatco.com

❸ 키 투더 시티(Key to the City) **패스도 있어요!**

비지터 센터에서 판매하는 할인 패스에는 주요 명소 8곳의 입장권과 조지 워싱턴 프리메이슨 국립 기념관의 전망대 관람권, 조지 워싱턴의 생가 마운트버넌 40% 할인권이 포함돼 있다. 사용 기한은 구매 시점부터 그해 연말까지. 하루 만에 다 볼 수 있는 범위가 아니므로 시간 여유가 있는 사람만 구매할 것.

PRICE $20

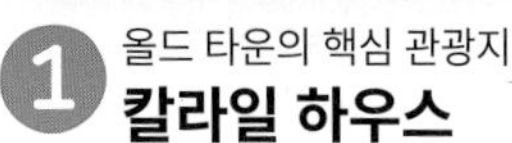

1 올드 타운의 핵심 관광지
칼라일 하우스
Carlyle House

올드 타운 알렉산드리아에 유일하게 남아있는 18세기 건물. 알렉산드리아의 초기 설립자 존 칼라일이 1753년에 건축한 조지 왕조 양식의 저택이다. 영국에서 의사 집안의 차남으로 태어난 칼라일은 장남이 모든 것을 물려받는 당시 관습에 따라 빈털터리로 미국에 도착한다. 이후 버지니아의 대부호 페어팩스(Fairfax) 가문의 딸 사라와 결혼하면서 인생 역전의 주인공이 되었다. 내부 관람은 약 1시간짜리 투어로만 가능하며, 예약 없이 현장에서 접수한다.

ADD 121 N Fairfax St
OPEN 10:00~16:00(일 12:00~)/수요일 휴무
PRICE $8
WEB novaparks.com/parks/carlyle-house-historic-park

2 조지 워싱턴의 단골집
개즈비 태번 박물관
Gadsby's Tavern Museum

1785년 개업한 개즈비 태번은 여관을 겸한 선술집이었다. 조지 워싱턴, 토머스 제퍼슨, 존 아담스 등 미국 독립의 주역들이 즐겨 찾던 곳으로, 역대 대통령의 생일 파티나 연회장으로 사용되었다. 나란히 붙은 2개의 건물 중 옛 선술집은 박물관으로, 옛 여관은 전통 복장을 갖춰 입은 직원들이 서빙을 해주는 아메리칸 레스토랑으로 운영한다.

ADD 134 N Royal St
OPEN 13:00~17:00(목·금 11:00~16:00, 토 11:00~)/수요일 휴무
PRICE $5
WEB alexandriava.gov/GadsbysTavern

3 18세기 약방 모습 그대로
약방 박물관
Stabler-Leadbeater Apothecary Museum

1792년에 에드워드 스태블러(Edward Stabler)라는 퀘이커 교도 약사가 설립한 약방이다. 남북전쟁 중 근처 병원에 약품을 납품하면서 최고의 호황을 맞으며 140여 년간 운영되다가, 1933년 대공황 때 폐업한 이후 박물관으로 개조됐다. 1층에는 당시 약국에서 팔던 각종 약품과 생활용품 및 조지 워싱턴의 부인(마사 워싱턴)에게 처방했던 기록 등이 보존돼 있으며, 2층에는 '용의 피' '유니콘의 뿔' 등 재미있는 약재명이 빼곡한 조제실이 있다.

ADD 105-107 S Fairfax St
OPEN 11:00~16:00(월·일 13:00~17:00, 토 ~17:00)/화요일 휴무
PRICE $5(가이드 투어 $8)
WEB alexandriava.gov/Apothecary

4 갤러리로 변신한 무기 공장
토피도 팩토리 아트 센터
Torpedo Factory Art Center

알렉산드리아 비지터 센터에서 킹 스트리트의 운치 있는 거리를 따라 내려가면 포토맥강과 면한 워터프런트에 도착한다. 중앙에는 제2차 세계대전 당시 어뢰 공장이었다가 예술 마을로 거듭난 토피도 팩토리 아트 센터가 있다. 그림·도자기·보석·판화 등을 제작 판매하는 작업실 겸 갤러리로, 관광객에게 항상 열려 있다.

ADD 105 N. Union St
OPEN 10:00~18:00
WEB torpedofactory.org

파머스 마켓

5 토요일에는 파머스 마켓
알렉산드리아 시청
Alexandria City Hall

올드 타운 알렉산드리아의 랜드마크이자, 국립 역사 유적지다. 평소에는 넓은 분수를 바라보며 잠시 쉬어 가기 좋고, 토요일에는 파머스 마켓이 열려서 여행자의 발길을 붙잡는다. 1753년부터 시작된 파머스 마켓은 미국에서 가장 오래된 파머스 마켓 중 하나로, 과일·채소·고기·치즈·빵·꽃·채소 절임(김치 포함) 등 주변 농장의 다양한 생산품을 판매한다.

ADD 301 King St
OPEN 토 07:00~12:00
WEB alexandriava.gov/OldTownFarmersMarket

9층에서 바라본 포토맥강 일대의 가을

6 알렉산드리아가 다 보이는 9층 전망대
조지 워싱턴 프리메이슨 국립기념관
George Washington Masonic National Memorial

비밀 결사 조직 프리메이슨이 조지 워싱턴을 기념하고자 1910~1923년 사이에 지은 건물. 최상부는 이집트 피라미드, 하부는 로마식 석조 건축양식이다. 건물 앞에 세워진 'G'와 컴퍼스 조형물은 프리메이슨의 상징으로, 'G'는 신(God) 또는 기하학(Geometry)이라는 가설이 있다. 키 투 더 패스 소지자는 올드 타운 알렉산드리아가 한눈에 보이는 9층 전망대만 입장 가능. 내부 전시관은 프리메이슨의 기원과 발전에 관해 다루며 별도 유료 투어로 관람 가능하다. <다빈치 코드>의 작가, 댄 브라운의 또 다른 소설 <로스트 심볼>이 워싱턴 DC를 무대로 한 프리메이슨의 비밀을 다룬다.

ADD 101 Callahan Dr
OPEN 09:00~17:00/화·수요일 휴무
TOUR 09:30, 11:00, 12:30, 14:00(1시간 소요)
PRICE 투어 $20(예약 필수)
WEB gwmemorial.org

조지 워싱턴의 생가
마운트버넌 George Washington's Mount Vernon

미국 초대 대통령 조지 워싱턴의 생가인 마운트버넌은 미국의 랜드마크이자, 국가 사적지다. 대통령이 사랑했던 사가(私家)라는 점도 의미가 있으나, 건국 전후 대농장주의 생활을 세밀하게 살펴볼 수 있다는 점에서 역사적 가치가 높다.

마운트버넌 관광은 크게 맨션 투어와 농장 투어로 나뉘는데, 맨션 투어는 현장에서 신청하면 대기가 길어질 수 있어 되도록 시간을 지정해 예약하고 가는 것이 좋다. 1734년 조지 워싱턴의 아버지가 짓고 조지 워싱턴이 몇 차례 증축한 맨션은 당시로서는 버지니아 일반 주택의 10배 수준에 달하는 어마어마한 규모였다. 저택 내부는 다양한 공식 행사를 주최하던 뉴 룸(New Room: 여러 번 증축하는 과정에서 가장 나중에 만들어진 곳이라는 이유로 붙은 이름), 응접실, 식당, 서재와 집무실 등을 둘러볼 수 있다.

농장 투어는 인포메이션 센터에서 지도와 오디오 가이드를 받고 자유롭게 돌아보는 방식이다. 워싱턴이 공들여 가꾸었다고 하는 프랑스식 정원과 텃밭을 비롯해 세탁실, 부엌, 창고, 마구간과 노예들이 거주하던 건물을 돌아보게 된다. 조지 워싱턴 사후 300명이 넘는 노예들은 그의 유지에 따라 자유인으로 해방되었다.

마운트버넌 입장권 소지자는 인근의 조지 워싱턴 위스키 양조장과 제분소(George Washington's Distillery & Gristmill)도 둘러볼 수 있다.

ADD 3200 Mount Vernon Memorial Hwy Mt Vernon, VA
OPEN 09:00~17:00(11~3월 ~16:00)
PRICE $28(맨션 투어 예약비 $2)
WEB mountvernon.org
ACCESS 워싱턴 DC 내셔널 몰에서 차량으로 25분

마운트버넌에 있는 조지 워싱턴의 묘소

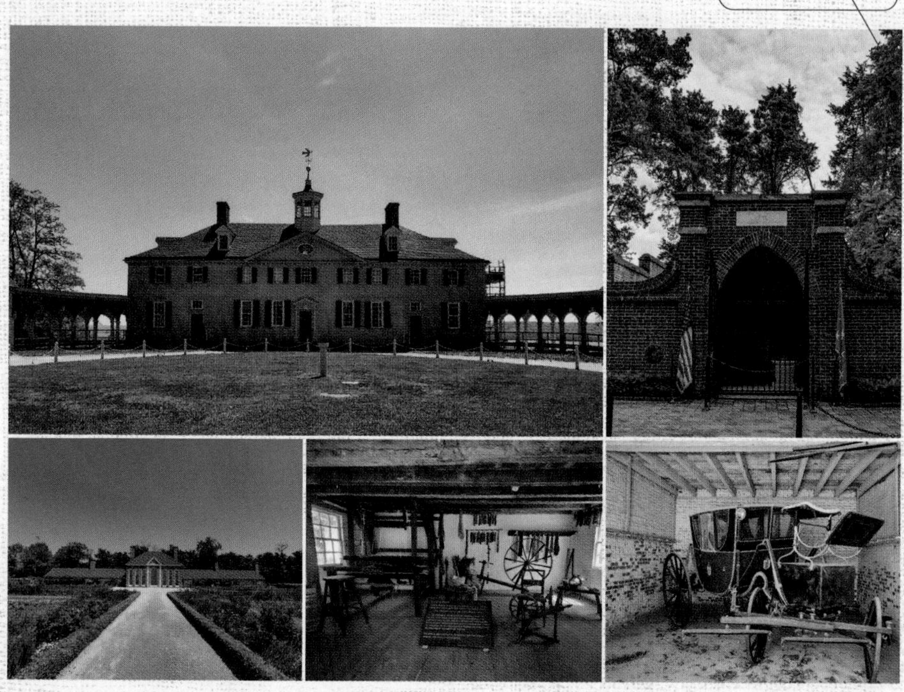

#Day_Trip

어촌 소도시의 매력이 가득
아나폴리스 Annapolis

메릴랜드의 주도인 아나폴리스는 1783년부터 1784년까지 미국의 임시 수도였다. 아나폴리스 비지터 센터부터 시티 독(City Dock)까지 메인 스트리트를 따라 도보 여행을 즐겨보자. 식민지 시대의 건축물과 붉은 벽돌길 양옆으로 예쁜 기념품점과 아이스크림 가게, 카페가 늘어서 있어서 걷기만 해도 충분히 재미있는 곳. 미국 해군 사관학교까지 둘러본 다음, 차를 타고 메릴랜드 특산물인 블루크랩을 먹으러 가는 것이 아나폴리스 필수 코스다.

ⓘ **비지터 센터** Annapolis Visitor Center

ADD 26 West St, Annapolis, MD
OPEN 10:00~17:00
WEB visitannapolis.org
ACCESS 워싱턴 DC에서 동북쪽으로 52km(차로 50분, 대중교통 이용 어려움)

TRAVEL TIP
아나폴리스 주차 방법

주말에는 주차난이 심각하다. 시티 독(City Dock) 쪽에 유료 주차장이 있으나, 자리를 구하기 힘드니 파크 모바일(Park Mobile) 앱으로 주차장을 확인한다. 무료 셔틀버스 노선이 닿는 곳에 주차하는 것도 좋은 방법이다.

PRICE 시간당 주차비 $2~3(최대 2시간 구역 주의)
WEB annapolis.gov/parking

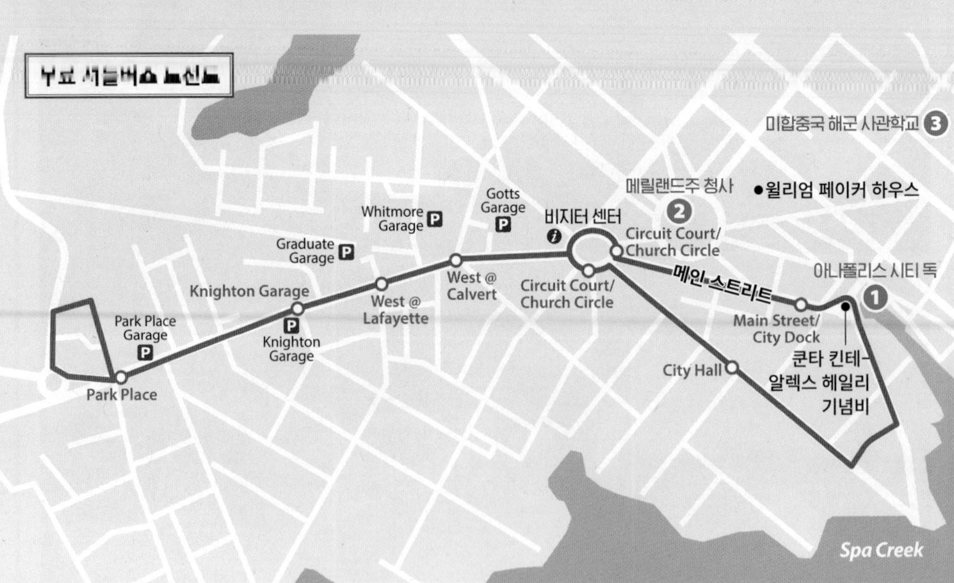

1 로컬들의 주말 나들이 장소
아나폴리스 시티 독
Annapolis City Dock

시내 깊숙한 곳에 자리 잡은 부두가 인상적인 고요한 내항이다. 아나폴리스의 주요 행사가 열리는 곳이기도 해서 매년 3월에는 세인트 패트릭 데이 퍼레이드, 4월에는 스프링 세일 보트 쇼, 7월 4일 독립 기념일에는 불꽃놀이 등이 화려하게 펼쳐지며, 평소에는 보트나 패들 보트, 카약을 즐길 수 있는 레저 스포츠의 본거지다. 시티 독의 시작 지점에 자리한 쿤타 킨테-알렉스 헤일리 기념비(Kunta Kinte-Alex Haley Memorial)도 놓칠 수 없는 볼거리. 노예무역을 소재로 한 소설 <뿌리>의 기념물이다.

ADD Dock St, Annapolis
OPEN 07:00~21:00

2 미국에서 제일 오래된
메릴랜드주 청사
Maryland State House

1772년 건축을 시작해 독립전쟁 이후인 1779년에 완공된 청사다. 실제 입법 활동이 행해지는 미국의 주 청사 중 가장 오래된 건물로, 독립전쟁 직후 약 9개월간 국회의사당으로 사용됐을 정도로 역사적인 건물이다. 현재도 매년 3개월간 메릴랜드 주의회의 회기가 열리며, 주지사, 부지사, 하원의장, 상원의장 등 선출직 지도부의 집무실이 모두 이곳에 있다. 내부 관람 시 신분증(여권) 제시 필수.

ADD 100 State Circle
OPEN 09:00~17:00
WEB statehouse.maryland.gov
ACCESS 시티 독에서 도보 10분

3 미국 해군의 요람
미합중국 해군 사관학교
United State Naval Academy

미국 해군을 양성하는 대표적인 학교. 생도들은 졸업 후 5년의 의무 복무를 조건으로 전액 장학금을 받는다. 의무 복무를 마치면 전역이 가능하기 때문에 학비가 비싼 미국에서는 입학 경쟁이 매우 치열하다. 내부 투어에 참가하면 실내 풀, 채플 등의 실내 시설을 견학하고 생도들의 전통과 생활에 대한 설명을 들을 수 있다. 신분증(여권) 제시 필수.

ADD 121 Blake Rd
TOUR 하루 4~6회, 90분 소요
PRICE $14
WEB navalacademytourism.com
ACCESS 시티 독에서 도보 5분

해군 사관학교의 마스코트인 염소(Bill the Goat)!

메릴랜드에서 맛보는
최고의 블루크랩

강과 바다가 만나는 체서피크 베이(Chesapeake Bay)에 위치한 아나폴리스는 워싱턴 DC 사람들도 일부러 블루크랩을 먹으려고 찾아오는 곳이다. 게살을 뭉쳐서 바삭하게 구워 내는 크랩 케이크나 샌드위치로 먹어도 맛있지만, 진짜 별미는 제철에 먹는 크랩찜(Steamed Crab)이다. 신선한 블루크랩을 쪄낸 다음 매콤한 시즈닝을 뿌려서 달콤한 속살을 느끼함 없이 먹을 수 있다. 칠판에 적힌 마켓 프라이스(시가)는 보통 더즌(12마리) 단위이고, 하프 더즌(6마리)으로 주문해도 된다. 참고로 블루크랩은 사이즈가 클수록 맛있는데, 꽃게보다 몸통이 작아서 최대한 큰 사이즈로 주문해야 맛도 좋고 먹기도 편하기 때문이다. 단, 방문 시점의 어획량과 주문량에 따라 점보 사이즈는 품절될 수 있다.

메릴랜드의 블루크랩 시즌은 4~11월이다. 갓 탈피한 게의 속살을 먹는 소프트 셸 크랩(Soft Shell Crab) 시즌은 4월~9월 중순, 완전히 성장한 성체를 먹을 수 있는 시즌은 9월~11월 중순이다.

: WRITER'S PICK :

블루크랩 크기 구분

미디엄 Medium 5 1/2~6"(약 14~15cm)
라지 Large 6~6 1/2"(약 15~16.5cm)
점보 Jumbo 7" 이상(17.8cm 이상)

게 껍질을 깨는 망치

캔틀러 리버사이드 인
Cantler's Riverside Inn

이 길 끝에 뭔가 나올까 싶은 시골길 강변에 자리 잡은 식당. 강변이 보이는 테이블 석의 인기가 높다.

ADD 458 Forest Beach Rd
OPEN 11:00~22:00(금·토 ~23:00)/시즌에 따라 유동적
WEB cantlers.com
ACCESS 아나폴리스 시내에서 7km

해리스 크랩 하우스
Harris Crab House

미국 동부에서 가장 긴 다리인 윌리엄 프레스톤 레인 브리지를 구경할 겸 다녀오기 좋다.

ADD 433 Kent Narrow Way N, Grasonville, MD 21638
OPEN 11:00~20:30
WEB harriscrabhouse.com
ACCESS 아나폴리스 시내에서 30km

보트야드 바 & 그릴
Boatyard Bar & Grill

다른 곳보다 한 차원 높은 크랩 케이크를 맛볼 수 있다. '세계 최고의 크랩 케이크 정식(World's Best Crab Cake Dinner)'이라는 메뉴명부터 남다른 곳. 시내에서 가까운 것도 장점이다.

ADD 400 Fourth St
OPEN 11:00~24:00(토 10:00~, 일 09:00~)
WEB boatyardbarandgrill.com
(미국 내에서만 접속됨)
ACCESS 아나폴리스 시내에서 1.3km

#Day_Trip

미국 역사 탐방
히스토릭 트라이앵글 Historic Triangle

버지니아주 남쪽 끝, 영국인의 초기 정착지 ❶ 제임스타운, ❷ 요크타운, ❸ 윌리엄스버그가 모인 지역을 히스토릭 트라이앵글(Historic Triangle)이라고 부른다. 워싱턴 DC에서 약 3시간 거리로, 3곳을 전부 들르려면 1박 2일 이상의 일정을 권한다. 3곳 중 편의시설이 비교적 많은 곳은 소도시 윌리엄스버그이며, 버지니아의 주도인 리치먼드에 숙소를 정하는 방법도 있다.

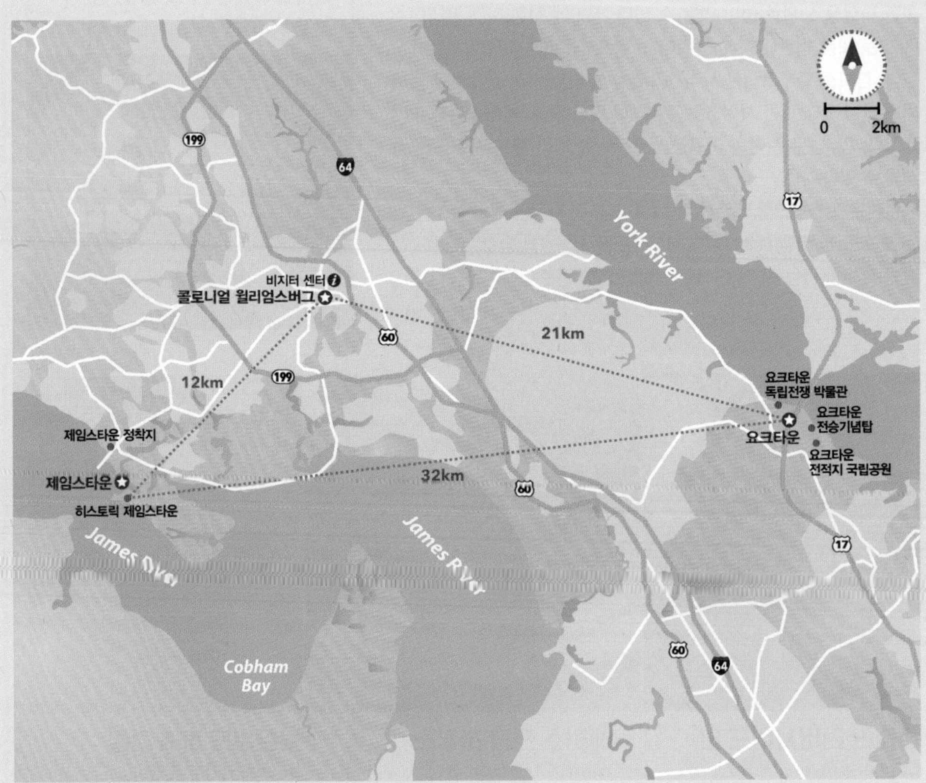

♦ 히스토릭 트라이앵글 주요 명소 입장료

주요 장소	입장권 가격		5곳 통합권
콜로니얼 윌리엄스버그	1일권 $49.99, 3일권 $59.99		America's Historic Triangle Ticket $119(7일간 유효) *장소별 비지터 센터 및 온라인 판매
제임스타운 정착지	$20	2곳 통합권 $34(7일간 유효)	
요크타운 독립전쟁 박물관	$20		
히스토릭 제임스타운	$30	국립공원 연간 패스 소지자 $15	
요크타운 전적지	$15	국립공원 연간 패스 또는 히스토릭 제임스타운 입장권 소지자 무료	

1 미국의 민속촌
콜로니얼 윌리엄스버그
Colonial Williamsburg

제임스타운과 요크타운의 중간에 있는 윌리엄스버그는 요크타운보다 나중에 형성된 정착지로, 1699~1780년 버지니아주 주도였다. 도시의 다른 지역과 구분하고자 초기 정착지의 주거 형태와 삶의 기록을 보존한 민속촌을 '콜로니얼 윌리엄스버그'라고 부른다. 주 의사당, 총독 관저처럼 소실되어 18세기 모습으로 복원된 곳도 있고, 코트하우스처럼 원래의 건물이 고스란히 남아 있는 곳도 있다. 훈련된 직원들이 인쇄공, 구두 장인, 대장장이, 가발 기술자, 총포상, 은 세공업자, 가구 장인 등으로 분장하고 당시의 수공업 과정을 재연하고, 거리 공연도 펼친다. 내부 관람이 가능한 건물은 남부 연합 깃발이 걸려 있어서 쉽게 알아볼 수 있다. 비지터 센터에서 1km 거리의 민속촌까지 셔틀버스를 운행한다. MAP ⑰

ⓘ **비지터 센터** Colonial Williamsburg Visitor Center

ADD 101 Visitor Center Dr, Williamsburg, VA 23185
OPEN 09:00~17:00 **WEB** colonialwilliamsburg.org
ACCESS 워싱턴 DC에서 차량으로 2시간 30분/리치먼드에서 차량으로 1시간

: WRITER'S PICK :

콜로니얼 윌리엄스버그, 이렇게 구경하세요!

❶ 내부 투어가 있는 건물에 들어가려면 입장권이 필요하지만, 글로스터 공작 거리(Duke of Gloucester St)를 걷고 마을을 돌아보는 것은 무료다.

❷ 레스토랑과 거리, 셔틀버스는 저녁 10시까지 운영하고 내부 투어는 오후 5시에 종료된다. 제대로 보려면 전날 도착하여 다음 날 구경하는 것이 좋다.

Spot 1 주 의사당 Capitol Building

1705~1779년 버지니아주 의사당이었던 건물. 1747년 전소됐다가 재건 후 1832년 또다시 전소되면서 방치됐는데, 1930년대에 이르러 콜로니얼 윌리엄스버그 재건 프로젝트를 통해 초창기 모습으로 복원됐다. 내부 관람은 전문 가이드 투어로만 가능. 예약 없이 대기 장소에서 기다렸다가 시간에 맞춰 입장한다. 셔틀버스 정류장 근처여서 투어 시작점으로 삼기 좋다.

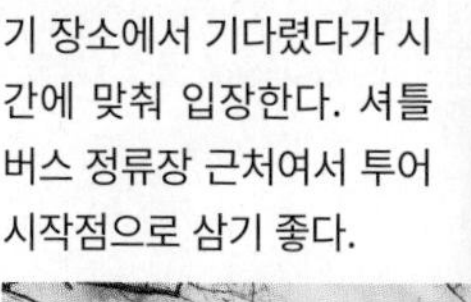

Spot 2 총독 관저 Governor's Palace

주 의사당과 함께 콜로니얼 윌리엄스버그를 상징하는 건물. 식민지 시대에는 영국의 총독들이 거주했고, 독립 후에는 버지니아 주지사 토머스 제퍼슨의 관저로 사용됐다. 가이드의 안내에 따라 거실, 침실, 파티를 열었던 홀, 와인 저장고 등을 견학할 수 있다.

Spot 3 코트하우스 Courthouse

조지 왕조 양식의 법원 건물. 건물 앞에 처형대도 설치돼 있다. 티켓 소지 시 내부를 둘러볼 수 있으며, 따로 정해진 투어는 없고 입장 후 법원 안내자가 시설에 대해 설명해 준다. 1776년 7월 25일 필라델피아에서 도착한 독립선언서 낭독 장소로, 남북전쟁 때는 남부 연합의 병원으로 사용됐다.

Spot 4 무기고 Public Armory

정착민이 스스로 방어해야 했던 식민지 시대의 유산. 정착 초기 원주민들과의 충돌, 인디언-프렌치 전쟁, 독립전쟁 등을 겪을 때마다 정착민들은 무기고와 총독 관저에 보관된 무기를 들고 나가 싸웠다. 따로 정해진 투어는 없고 입장 후 당시 복장을 한 안내자가 관련 설명을 들려준다.

Spot 5 에버라드의 집 Everard House

고아였던 토머스 에버라드는 10살 나이에 견습생으로 미국에 건너온 이후 윌리엄스버그의 시장을 2번이나 역임한 입지전적 인물이다. 이 저택은 콜로니얼 윌리엄스버그에서 공개하는 집 중에서 가장 화려하다. 값비싼 녹색 염료가 사용된 응접실, 에버라드의 침실과 서재, 노예의 방 등을 통해 18세기 미국 부유층의 삶을 체험할 수 있다.

2 최초의 영국 정착지 제임스타운 Jamestown

제임스타운은 애니메이션 <포카혼타스>에 나오는 영국인 존 스미스 일행이 미국 땅에 건설한 최초의 영국 정착지였다. 1606년 런던 버지니아 회사 직원들이 새로운 수익원을 찾아 약 4개월의 항해 끝에 1607년 5월 13일 제임스타운에 첫발을 내딛은 이후, 영국인들의 이주가 시작됐다. 버지니아 회사 직원들이 요새를 만들고 정착한 히스토릭 제임스타운(Historic Jamestowne)은 세월이 지나며 폐허가 됐으나, 1930년대에 이르러 제임스타운의 존재가 세상에 알려지면서 국립 사적지로 지정됐다. 국립공원공단 소속 파크 레인저의 안내로 과거의 건물 유적과 자료를 통해 복원된 제임스타운 메모리얼 교회 등을 둘러볼 수 있다. 여기서 2.5km 떨어진 제임스타운 정착지(Jamestown Settlement)는 제임스 요새를 본떠 만든 박물관 겸 민속촌으로, 국립 사적지와는 별도의 입장권으로 방문해야 한다. MAP ⑰

ⓘ **비지터 센터 Jamestowne Visitors Center**

ADD 1368 Colonial Nat'l Historical Pkwy, Jamestown, VA, 23081
OPEN 09:00~17:00(겨울철 ~16:30)
WEB 히스토릭 제임스타운 historicjamestowne.org
제임스타운 정착지 jyfmuseums.org/visit/jamestown-settlement
ACCESS 콜로니얼 윌리엄스버그에서 차량으로 20분

히스토릭 제임스타운의 존 스미스 선장 동상

포카혼타스 동상

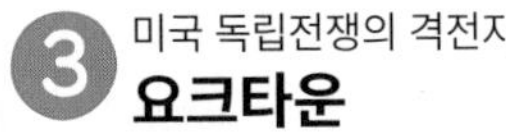

3 미국 독립전쟁의 격전지
요크타운
Yorktown

식민지 시대 담배 수출항이었으나, 전시에는 체서피크만을 봉쇄하는 전략적 요충지였던 곳이다. 영국군 주력부대가 선점하고 있던 이 지역을 조지 워싱턴 장군과 프랑스 함대가 협공하여 1781년 10월 19일 영국함대의 항복을 받았다. 이 전투를 끝으로 미국의 독립전쟁은 실질적으로 막을 내렸다. 요크타운 전적지 국립공원과 전승기념탑, 독립전쟁 박물관은 차량으로 5분 내외의 거리에 있다. MAP ⑰

ACCESS 콜로니얼 윌리엄스버그에서 차량 25분

Spot 1 요크타운 전적지 국립공원
Yorktown Battlefield National Park

영국군 대 미국-프랑스 연합군의 전투 장소. 영국군이 쌓은 보루와 연합군이 판 참호가 남아 있다. 비지터 센터에는 전함 모형과 막사 등이 전시돼 있고, 파크 레인저가 투어를 진행한다. 파크 레인저는 대장장이 남편을 따라 독립전쟁에 참전한 실존 인물, 세라 오즈번 벤저민의 시선으로 전쟁의 일상을 설명한다. 아내가 종군하면 남편은 후방에 배치되는 특혜가 있어 세라는 식사 준비와 빨래 등 허드렛일을 담당했다고 전해진다.

ADD 1000 Colonial Nat'l Historical Pkwy
OPEN 09:00~17:00 **WEB** www.nps.gov/york

Spot 2 요크타운 전승기념탑
Yorktown Victory Monument

미국 대륙군-프랑스 연합군의 승리를 기념하는 탑. 탑의 기단부에 조각된 13명의 여신은 독립 당시의 13개 주를 의미한다. 최상단의 자유의 여신은 미국 독립을 기념한다. "하나의 나라, 하나의 헌법, 하나의 운명(One Country, One Constitution, One Destiny)"이라는 문구가 새겨져 있다.

ADD 803 Main St
WEB nps.gov/york/learn/historyculture/vicmon.htm

Spot 3 요크타운 독립전쟁 박물관
American Revolution Museum at Yorktown

미국 독립전쟁 직전 일촉즉발의 긴장 상태와 보스턴 티파티 및 이후 전쟁의 양상을 기록한 박물관이다. 대륙군과 영국군 양측의 무기와 전투복 및 전투 참여자들의 증언 등 전쟁의 다채로운 모습이 전시돼 있다. 요크타운에 설립된 박물관인 만큼 요크타운에서 마지막 전투까지의 부대별 행로도 기록으로 남아 있다. 규모는 크지 않지만, 독립전쟁을 심도 있게 다룬 박물관이다.

ADD 200 Water St **OPEN** 09:00~17:00
WEB jyfmuseums.org/visit/american-revolution-museum-at-yorktown

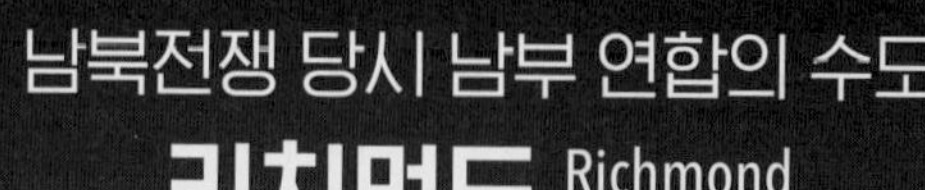

남북전쟁 당시 남부 연합의 수도
리치먼드 Richmond

버지니아주 의사당

버지니아의 주도인 리치먼드는 오늘날 금융·행정의 중심 도시지만, 영국의 초기 정착지였다는 점과 남북전쟁 당시 남부 연합의 수도였다는 역사적 사실이 리치먼드의 정체성에 깊은 영향을 미친다. 1785년 토머스 제퍼슨이 설계한 버지니아주 의사당(Virginia State Capitol)과 버지니아 대법원 및 주지사 관저(Executive Mansion), 추리소설가 에드거 앨런 포의 초판본 등을 전시한 박물관(Poe Museum) 등이 있다. 미국인들이 히스토릭 트라이앵글과 함께 남북전쟁의 역사를 답사하기 위해 방문하는 지역이다.

ⓘ 비지터 센터 VMFA Robinson House Center

ADD 200 N Arthur Ashe Blvd, Richmond, VA 23220(버지니아 회화 박물관 내)
OPEN 10:00~17:00
WEB visitrichmondva.com
ACCESS 워싱턴 DC에서 175km(차로 2시간)/윌리엄스버그에서 82km(차로 1시간)

¤ 리치먼드 3대 남북전쟁 박물관

서로 연계된 자매 박물관으로, 통합권을 구매하여 관람할 수 있다.

PRICE 개별 $15~18, 통합권 $28 **WEB** acwm.org

❶ 히스토릭 트레드가 Historic Tredegar

남북전쟁 당시 대포를 만들던 트레드가 철공소를 리모델링한 남북전쟁 박물관이다. 남군에서 사용한 대포의 절반 이상을 이곳에서 주조했다.

❷ 남부 연합 백악관 White House of the Confederacy

남북전쟁이 발발한 1861년 8월부터 남부 연합의 대통령 제퍼슨 데이비스가 사용한 관저 겸 집무실.

❸ 미국 남북전쟁 박물관 American Civil War Museum

남북전쟁의 종전 협상이 이루어진 애포매톡스(Appomattox)에 위치한 박물관. 리치몬드에서 차로 1시간 30분.

버지니아 주정부 청사

남부 연합 백악관

미국 국가의 탄생지
볼티모어 Baltimore

마운트버넌

볼티모어는 워싱턴 DC 광역 생활권에 포함된 위성 도시다. 유럽으로 담배를 수출하는 항구로 개발되기 시작해 존스홉킨스 대학과 존스홉킨스 병원을 보유한 서비스 산업의 도시로 거듭났다. 주요 관광지는 워싱턴 모뉴먼트(Washington Monument)가 세워진 마운트버넌(Mt Vernon), 항구인 이너 하버(Inner Harbor), 도시를 방어하던 맥헨리 요새(Fort McHenry)의 세 구역으로 나뉜다.

ⓘ **비지터 센터 Baltimore Visitor Center**

ADD 401 Light St, Baltimore, MD 21202
OPEN 10:00~16:00(월 09:00~)
WEB baltimore.org
ACCESS 워싱턴 DC에서 차로 62km(약 1시간)/ 유니언역에서 통근열차(MARC)로 1시간 30분

산책하기 좋은 이너 하버 풍경

맥헨리 요새

: WRITER'S PICK :

미국 국가, 별이 빛나는 깃발 <The Star-Spangled Banner>의 탄생

미-영 전쟁 때인 1814년 9월 13일, 영국 해군이 오전 6시부터 무려 25시간이나 맥헨리 요새를 포격했지만, 요새에 휘날리던 성조기는 전투가 끝날 때까지 꺾이지 않고 위용을 자랑했다. 볼티모어 지역 변호사였던 프랜시스 스콧 키(Francis Scott Key)는 여기에 감동하여 '맥헨리 요새의 방어'라는 시를 써서 인기를 얻었고, 1931년 이 시는 미국 국가로 정식 채택됐다. '오 그대 보이는가, 이른 새벽 여명 사이로 ~중략~ 넓은 줄무늬와 밝은 별들이 새겨진 저 깃발이 치열한 전투 중에도 성벽 위에서 나부끼는 모습'이라는 가사의 탄생 배경이다.

#Nature_Trip

야생 조랑말의 섬

신커티그 국립 야생동물 보호지역

Chincoteague National Wildlife Refuge

델라웨어, 메릴랜드, 버지니아주가 만나는 델마바반도(Delmarva Peninsula)의 동쪽 끝, 신커티그섬(Chincoteague Island)을 방파제처럼 둘러싼 애서티그섬(Assateague Island)에는 야생 조랑말 150~200마리가 평화롭게 해초를 뜯으며 살고 있다. 조랑말 무리는 주로 오전에 출몰하니 전날 인근에서 하룻밤 묵고 다음 날 일찍 방문하는 것이 좋다. 두 섬을 연결하는 다리 근처에서도 간혹 조랑말이 목격되지만, 제대로 보려면 투어에 참여해야 한다.

ADD 8231 Beach Rd Chincoteague Island, VA 23336
OPEN 06:00~18:00
PRICE 버지니아 방향 진입 시 차량당 $10, 메릴랜드 진입 시 $25/국립공원 연간 패스 소지자 무료
WEB fws.gov/refuge/chincoteague
ACCESS 워싱턴 DC에서 277km(차로 3시간 30분)

1 더 가깝게! 생생하게! 야생 조랑말 투어

Wild Pony Watching Tours

호텔과 레스토랑, 각종 액티비티를 위한 투어 회사는 신커티그섬에 모여 있고, 수영, 서핑, 야생마 관람 보트 및 카약 등의 액티비티는 애서티그섬에서 이루어진다. 서로 비슷한 코스를 돌아보는 보트 투어는 2시간, 카약 투어는 3시간 정도 진행된다.

PRICE 보트 투어 $59, 카약 투어 $79

애서티그 익스플로러(보트 & 카약)
WEB assateagueexplorer.com

애서티그 투어(보트 & 카약)
WEB assateaguetours.com

애서티그 어드벤처(카약 전문)
WEB assateagueadventures.com

② 7월의 특별한 이벤트
야생 조랑말 경매
Chincoteague Pony Auction

애서티그섬에 야생 조랑말이 서식하게 된 이유에는 2가지 설이 있다. 첫째는 1750년 미국 동부 해안에서 스페인으로 가던 선박이 침몰하면서 배에 실렸던 말이 야생마가 됐다는 설이고, 둘째는 17세기 무렵 농부들이 세금을 피해 몰래 키웠던 말이라는 설이다. 원래 키가 큰 품종인데, 섬에서 염분 섞인 해초를 먹다 보니 조랑말처럼 작아졌다고. 섬을 나가 먹이를 바꾸면 원래의 큰 말이 된다고 한다. 개체수 유지를 위해 매년 7월 마지막 토요일 전 수요일에 조랑말을 애서티그섬에서 신커티그섬으로 헤엄쳐 건너게 한 뒤 목요일에 경매가 진행되며, 팔리지 않은 조랑말은 금요일에 다시 해협을 건너 서식지로 돌아간다. 이 시기에는 말 떼가 해협을 건너는 장관을 보러온 관광객들로 붐빈다.

③ 파도가 센 서핑 명당
애서티그 비치
Assateague Island Beach

신커티그섬 외연을 방파제처럼 둘러싼 섬, 애서티그의 남쪽은 버지니아주, 북쪽은 메릴랜드주에 속한다. 신커티그섬 남쪽과 연결된 다리로 들어갈 수도 있고, 북부 오션 시티 쪽에서 입도할 수도 있다. 이 긴 섬을 따라 대서양 방향으로 해변이 이어진다. 여름에는 주로 해수욕을 즐기는 관광객이 몰리는데, 파도가 매우 높고 거칠어서 서퍼들에게도 인기가 높다. 인파가 몰리기 전인 이른 아침에는 애서티그 비치 모래밭에서도 야생말을 볼 수 있다.

Philadelphia

필라델피아

펜실베이니아주에서 가장 큰 도시인 필라델피아는 1790년 워싱턴 DC로 수도를 옮기기 전까지 10년간 미국의 수도였다. 독립전쟁 중에는 식민지 대표들의 대륙회의가 열렸던 지역이며, 독립선언서가 최초로 선포된 곳이자 미국 헌법이 공포된 도시이기도 하다. 도시 곳곳에는 건국 초기 연방정부의 자취와 최초의 은행 등 '미국 최초'라는 타이틀을 가진 역사적인 건축물이 즐비하다. 보스턴과 함께 미국 독립에 큰 역할을 한 도시로, 미국 역사에 관심이 있다면 빼놓을 수 없는 관광지다. 아이비리그 대학 중 하나인 펜실베이니아 대학(유펜)이 자리한 대학 도시이기도 하다.

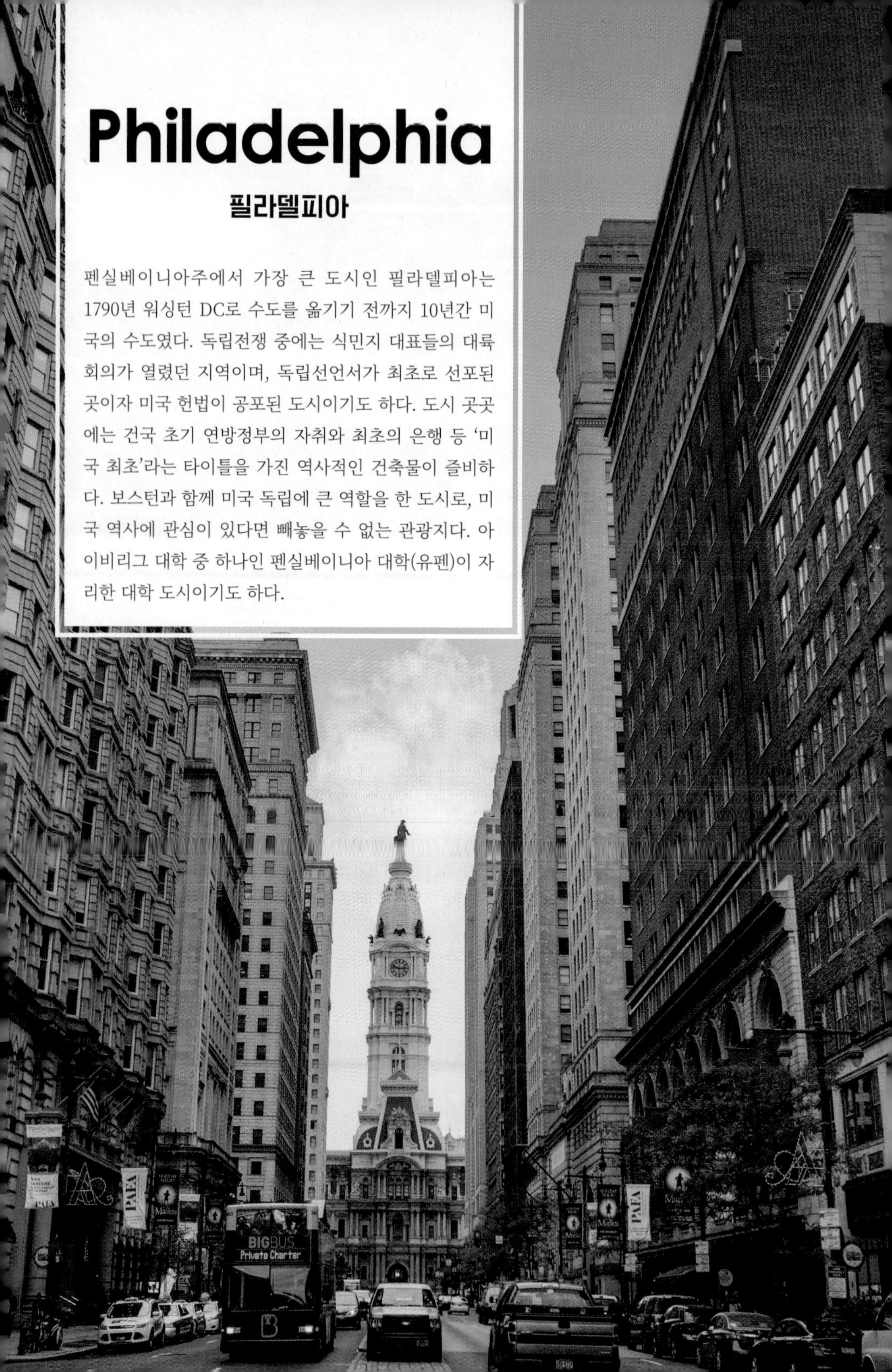

필라델피아 한눈에 보기

필라델피아는 뉴저지주와 펜실베이니아주의 경계인 델라웨어강(Delaware River) 서쪽에 자리 잡고 있다. 미국 북동부에서 뉴욕 다음으로 큰 광역 도시지만, 볼거리는 독립전쟁의 기념비적 장소가 모인 올드 시티(Old City)와 랜드마크인 시청이 있는 센터 시티(Center City) 정도로 제한적이다. 도시 서쪽의 스쿨컬강(Schuylkill River) 강변에 필라델피아 미술관, 로댕 미술관 등이 모인 뮤지엄 디스트릭트(Museum District)도 가 볼 만하다.

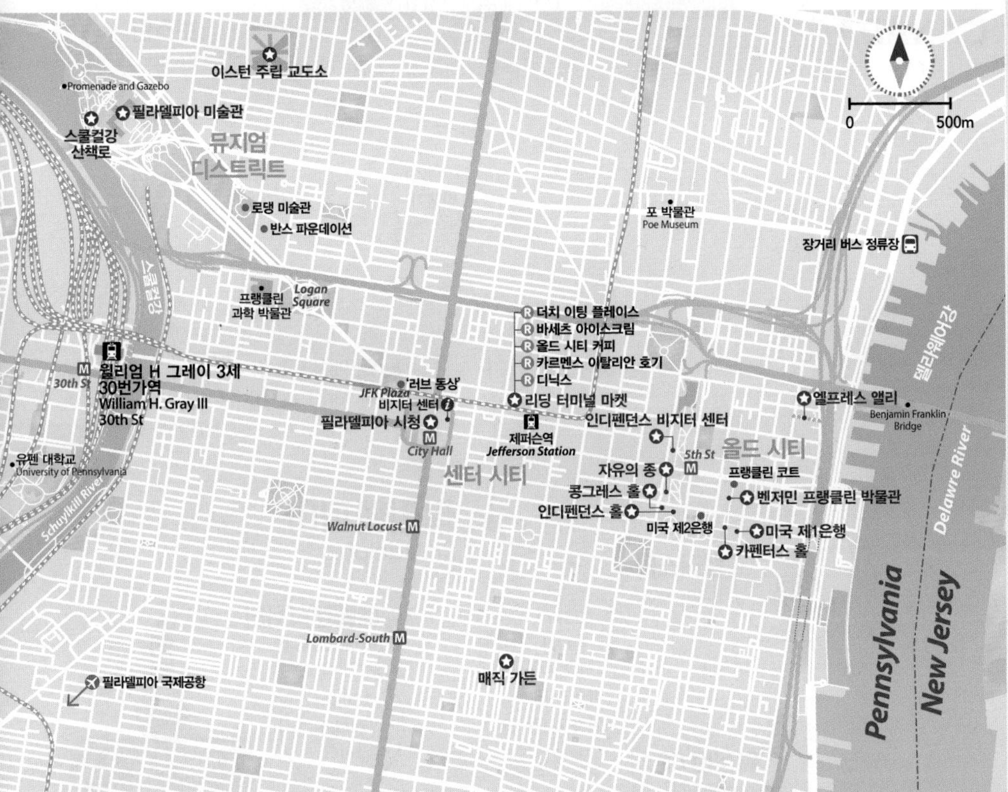

SUMMARY

공식 명칭 City of Philadelphia
소속 주 펜실베이니아(PA)
표준시 EST(서머타임 있음)

ⓘ 비지터 센터

Independence Visitor Center

ADD 599 Market St, Philadelphia, PA 19106
OPEN 09:00~18:00 **WEB** visitphilly.com
ACCESS 올드 시티

EAT in Philadelphia

필라델피아에서는 시청 근처의 재래시장 리딩 터미널 마켓에서 간단하게 식사를 해결하고 여행을 시작하면 좋다. 필라델피아의 명물인 필리 치즈 스테이크 샌드위치도 꼭 맛봐야 하는데, 원조 노포인 팻츠 킹 오브 스테이크에 대한 정보와 상세 주문 방법은 130p을 참고할 것.

필라델피아 IN & OUT

우리나라에서 직항편이 없어서 필라델피아로 가려면 시카고, 샌프란시스코 등 다른 도시를 경유해야 한다. 뉴욕과 워싱턴 DC의 중간 지점에 있으므로 기차를 타고 오가는 길에 들를 수 있다. 랭커스터, 애틀랜틱시티 등 근교까지 여행하려면 렌터카가 필수다.

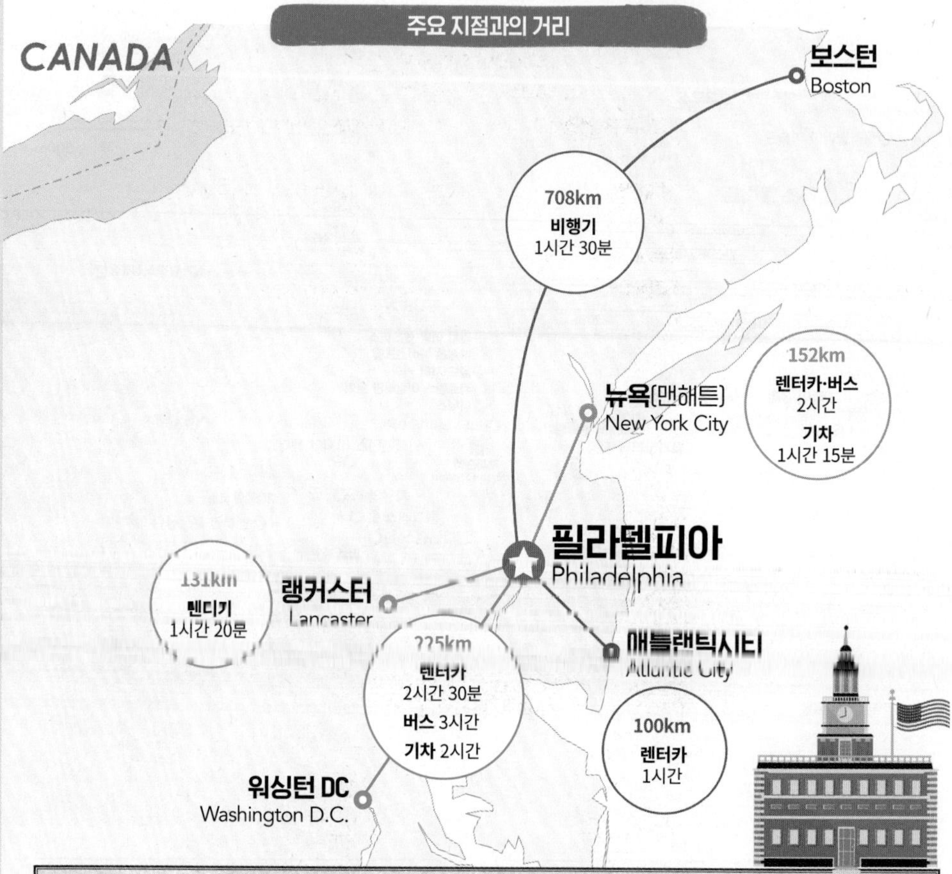

주요 지점과의 거리

CANADA

필라델피아 Philadelphia

- 보스턴 Boston: 708km, 비행기 1시간 30분
- 뉴욕(맨해튼) New York City: 152km, 렌터카·버스 2시간, 기차 1시간 15분
- 랭커스터 Lancaster: 131km, 렌터카 1시간 20분
- 워싱턴 DC Washington D.C.: 225km, 렌터카 2시간 30분, 버스 3시간, 기차 2시간
- 애틀랜틱시티 Atlantic City: 100km, 렌터카 1시간

: WRITER'S PICK :

필라델피아의 어원을 알아보자!

주와 도시명이 상당히 길다 보니 현지에서 펜실베이니아는 '펜(Penn)', 필라델피아는 '필리(Philly)'이라는 애칭으로 줄여서 부른다. 펜실베이니아는 '펜의 숲'이라는 뜻이며, 필라델피아는 그리스어로 '우정, 사랑, 우애'를 의미하는 '필로스(φίλος)'와 '형제, 친밀한 동료'를 의미하는 '아델포스(ἀδελφός)'가 결합한 것이어서 '우애의 도시(The City of Brotherly Love)'라는 별칭을 갖고 있다.

필라델피아 가기

비행기 Airplane

필라델피아 국제공항(PHL)은 미국 국내선 항공사가 주로 이용한다. 필라델피아 도심에서 15km 거리이며, 차량으로 약 20분, 공항 철도(Airport Line)로는 30분이면 도착한다. 공항철도 이용 요금은 시청 근처의 서버번역(Suburban Station)까지 $6.75. 새벽부터 자정까지 평일 30분 간격, 주말 1시간 간격으로 운행한다.

필라델피아 국제공항
Philadelphia International Airport(PHL)

ADD 800 Essington Ave, Philadelphia, PA 19153
WEB phl.org

장거리 버스 Bus & Coach

예전에는 뉴욕, 워싱턴 DC 등 주변 대도시에서 필라델피아 시내까지 직행버스(메가버스, 플릭스버스, 피터팬, 그레이하운드)를 이용하는 것이 가장 편리했지만, 최근 종점 위치를 도시 외곽으로 옮기는 바람에 도심까지 가려면 메트로(도시 철도)로 갈아타야 한다. 출발 장소는 버스 업체별로 다르니 예약할 때 정확한 위치를 확인하고, 늦은 시간에는 안전에 주의한다.

버스 정류장

ADD 520 N Christopher Columbus Blvd
ACCESS 메트로 MFL라인 Spring Garden역에서 City Hall역까지 10분

앰트랙 열차 Amtrak

앰트랙 고속 열차인 아셀라(Acela)를 이용할 경우 뉴욕까지 1시간 15분, 워싱턴 DC까지 1시간 30분 소요된다. 성수기 또는 날짜가 임박한 경우 비행기보다 비쌀 때도 있으니 미리미리 예매하는 것이 좋다. 정차역은 스쿨컬강 건너편에 있다. 이름이 길고 독특해서 보통 30번가역(30th Street Station)으로 부른다.

윌리엄 H 그레이 3세 30번가역
William H. Gray III 30th St

ADD 2955 Market St
ACCESS 메트로 MFL라인 69th St Transportation Center역에서 15th St Station역까지 5분

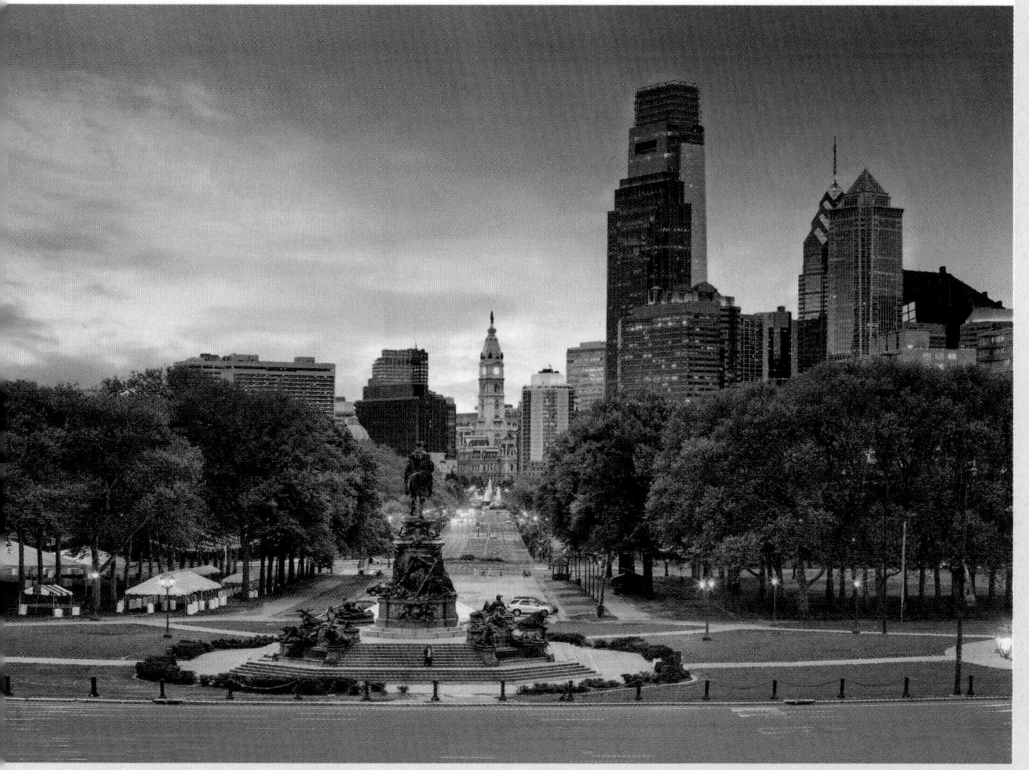

필라델피아 시내 교통

시내 관광은 걸어 다녀도 좋지만, 봄~가을 사이 운행하는 관광 버스 플래시(PHLASH)를 타면 쉽게 둘러볼 수 있다. 필라델피아 및 근교를 연결하는 대중교통은 셉타(SEPTA: Southeastern Pennsylvania Transportation Authority)로 불리는 펜실베이니아 남동부 교통국에서 총괄한다. 모바일 앱(SEPTA)을 다운받으면 노선도를 확인할 수 있다. 경로 검색은 구글맵이 좀 더 정확하다.

WEB septa.org

교통 요금 및 결제 수단

필라델피아에서 대중교통을 타고 내릴 때는 개찰구와 버스 단말기에 카드를 태그하여 요금을 결제한다. 충전식 교통카드인 셉타 키(SEPTA Key) 카드는 발급 비용($4.95)이 드는 대신 카드를 제시하면 플래시버스를 무료 탑승할 수 있으니 체류 기간을 고려해 어떤 카드를 사용할지 결정하자. 현금이나 퀵 트립 티켓 사용 시 요금 할인 및 환승 혜택을 받을 수 없다.

<table>
<tr><th>구분</th><th>버스</th><th>메트로</th><th>플래시 PHLASH</th><th>리저널 레일 Regional Rail</th></tr>
<tr><td>셉타 키 카드*</td><td colspan="2" rowspan="3">$2.5</td><td>무료</td><td>$4~10</td></tr>
<tr><td>컨택리스 결제(신용카드, 모바일)</td><td>사용 불가</td><td rowspan="2">$6~11</td></tr>
<tr><td>현금 결제</td><td>$2</td></tr>
<tr><td>퀵 트립 티켓(1회용 승차권)</td><td>사용 불가</td><td>$2.5</td><td>사용 불가</td><td>$4~10</td></tr>
</table>

*모바일 카드인 셉타 키 틱스(SEPTA Key Tix)는 미국 주소가 있어야 구매 가능

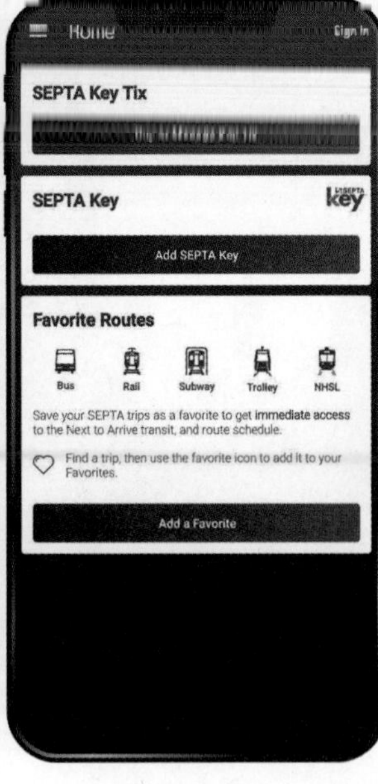

필라델피아 메트로 앱 SEPTA

: WRITER'S PICK :

필라델피아의 교통 패스

■ 컨비니언스 패스
Convenience Pass

버스·메트로 할인권. 셉타 키 카드에 충전해 사용하므로 관광객에게는 혜택이 크지 않다.

PRICE 1일권 $6(8회까지), 3일권 $15(24회까지)

■ 플래시버스 1~2일권

1일 2회 이상 이용할 경우 고려할 만하다.

PRICE 1일권 $5(비지터 센터 또는 온라인 구매), 2일권 $9(온라인 전용)

시내 교통수단

메트로 Metro

지하철(Subway), 노면 전차 트롤리(Trolley) 등의 도시 철도를 통합해서 메트로(Metro)라고 한다. 현지에서 경로를 검색했을 때 표시되는 색상과 약자를 보고, 어떤 종류의 교통수단인지 구분할 수 있어야 한다. 예를 들어 'MFL'이 뜬다면 지하철이고, 숫자 '10'이 뜬다면 트롤리 10번 노선을 타라는 뜻이다. 한편, 뉴저지와 연결된 팻코(PATCO)라인은 셉타(SEPTA)가 아닌 뉴저지 교통국 관할 철도라서 별도 요금을 받는다.

HOUR 04:00~24:00(새벽에는 버스가 지하철 노선을 대체하여 운행)

아이콘	약자 & 노선명		종류	노선
L	MFL	Market-Frankford Line	지하철	1개
B	BSL	Broad Street Line	지하철	3개
M	NHSL	Norristown High Speed Line	경전철	1개
T	10	Trolley Lines	트롤리	10, 11, 13, 34, 36번
G	15	Route 15	트롤리	15번(Girard Avenue Line)
D	102	Media/Sharon Hill Line	트롤리	101, 102번
PATCO			철도	뉴저지 교통국 관할

버스 Bus

총 156개의 버스 노선이 지하철이 닿지 않는 구석구석까지 커버하지만, 관광 명소는 지하철이 통과하므로 여행자가 이용할 일은 많지 않다. 지하철 미운행 시간에 주요 노선을 버스가 대체하는데, 이때는 약자가 L 대신 O로 변경된다. 예를 들어 MFL 대신 MFO라고 돼 있다면 심야버스가 다닌다는 뜻이다.

HOUR 24시간(노선별로 다름)

리저널 레일 Regional Rail

셉타(SEPTA)에서 운영하는 광역 철도 노선으로, 앰트랙과는 다른 기차역에 정차한다. 공항철도 노선(Airport Line) 또한 리저널 레일에서 운행하며, 뉴저지 교통국(NJ Transit)과 연계하기도 한다.

HOUR 노선별로 다름

필리 플래시 Philly PHLASH

올드 시티에서 출발해 시청을 지나 필라델피아 미술관까지 순환하는 버스다. 노선도를 따라 순서대로 돌다 보면 거의 모든 필라델피아 명소를 방문하는 셈. 셉타 키 카드를 보여주거나 현금(정확한 액수) 및 필리 플래시 전용 패스로 탑승한다. 1일권은 관광 안내소에서, 2일권은 온라인 구매만 가능하다.

HOUR 5월 말~9월 초 매일 10:00~18:00(15분 간격)/4월 말~5월 초·9월 초~12월 말 금~일 운행
WEB ridephillyphlash.com

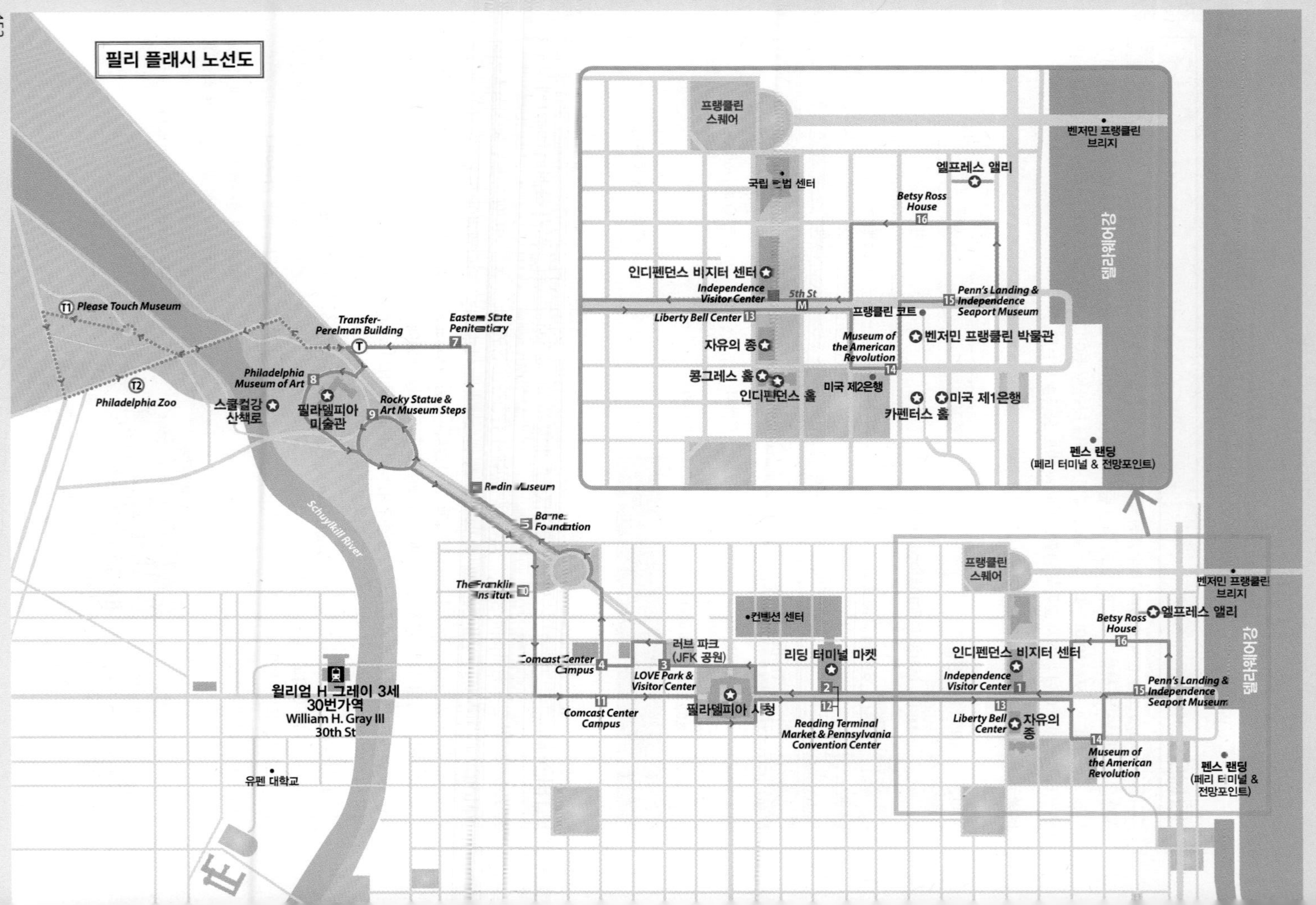
필리 플래시 노선도
T1 Please Touch Museum
T2 Philadelphia Zoo
Transfer-Perelman Building
Eastern State Penitentiary 7
Philadelphia Museum of Art 8
스쿨킬강 산책로
필라델피아 미술관
9 Rocky Statue & Art Museum Steps
Rodin Museum
5 Barnes Foundation
Schuylkill River
The Franklin Institute 10
Comcast Center Campus 4
3 LOVE Park & Visitor Center
러브 파크 (JFK 공원)
11 Comcast Center Campus
윌리엄 H 그레이 3세 30번가역
William H. Gray III 30th St
유펜 대학교
컨벤션 센터
필라델피아 시청
리딩 터미널 마켓
2
12 Reading Terminal Market & Pennsylvania Convention Center
프랭클린 스퀘어
인디펜던스 비지터 센터
Independence Visitor Center 1
13 Liberty Bell Center
자유의 종
14 Museum of the American Revolution
Betsy Ross House 16
엘프레스 앨리
15 Penn's Landing & Independence Seaport Museum
벤저민 프랭클린 브리지
델라웨어강
펜스 랜딩 (페리 터미널 & 전망포인트)
프랭클린 스퀘어
벤저민 프랭클린 브리지
국립 헌법 센터
엘프레스 앨리
Betsy Ross House 16
델라웨어강
인디펜던스 비지터 센터
Independence Visitor Center
5th St
M
Liberty Bell Center 13
프랭클린 코트
15 Penn's Landing & Independence Seaport Museum
Museum of the American Revolution 14
벤저민 프랭클린 박물관
자유의 종
콩그레스 홀
인디펜던스 홀
미국 제2은행
미국 제1은행
카펜터스 홀
펜스 랜딩 (페리 터미널 & 전망포인트)

필라델피아 할인 패스

❶ 필라델피아 시티패스
Philadelphia CityPASS

입장료가 비싼 곳 위주로 3곳 정도를 골라 본다면 쓸만한 패스다. 첫 번째 방문지에서 티켓을 활성화한 후 9일간 유효하다.

PRICE 3개 $59, 4개 $77, 5개 $87
WEB citypass.com/philadelphia

❷ 고우시티 필라델피아
GoCity Philadelphia

어트랙션 개수를 정해서 사용 개시 후 60일 이내에 방문하는 Ⓐ 익스플로러 패스(Explorer Pass)와 기간 내 최대한 여러 곳을 다니는 Ⓑ 올인클루시브 패스(All-Inclusive Pass)로 나뉜다. 제휴 업체는 30곳 이상인데, 입장권 가격이 높은 곳 위주로 선정해보자.

PRICE 익스플로러 3개 $65, 4개 $86, 5개 $97, 7개 $122
올인클루시브 1일권 $59, 2일권 $89, 3일권 $109, 5일권 $134
WEB gocity.com/philadelphia/en-us

❸ 필라델피아 사이트시잉 패스
Philadelphia Sightseeing Pass

고우시티처럼 방문할 곳을 선택하는 Ⓒ 플렉스 패스(Flex Pass)와 기간 내 최대한 여러 곳을 다니는 Ⓓ 데이 패스(Day Pass)로 나뉜다. 제휴 업체는 고우시티보다 많지만, 유명 관광지 비중이 낮다.

PRICE 플렉스 패스 2개 $55, 3개 $65, 4개 $86, 5개 $97, 7개 $122
데이 패스 1일권 $59, 2일권 $89, 3일권 $109, 4일권 $119, 5일권 $134
WEB sightseeingpass.com/en/Philadelphia

★ 예약 필수(각 패스 앱에서 예약 가능)

구분		고우시티		시티패스	사이트시잉 패스	
		Ⓐ 익스플로러	Ⓑ 올인클루시브	선택 3~5개	Ⓒ 플렉스 패스	Ⓓ 데이 패스
가격(할인가 기준, 비슷한 조건끼리 비교)		3개 $60	2일권 $84	3개 $59	3개 $65	2일권 $89
사용 기간		첫 사용 후 60일	선택한 만큼	첫 사용 후 9일	첫 사용 후 60일	선택한 만큼
버스/페리	빅 버스 1일권	O	O	O	-	-
	필라델피아 홉온홉오프 버스	-	-	-	O	O
박물관/미술관	필라델피아 미술관	O	O	-	O	O
	반즈 파운데이션★	O	O	O	-	-
	로댕 미술관	O	O	-	-	-
	프랭클린 과학 박물관	O	O	O	-	-
	미국 독립전쟁 박물관	O	O	O	-	-
	뉴저지 전함 박물관(여름 한정)	O	O	O	O	O
	드렉셀 대학교 자연사 박물관	O	O	O	O	O
	펜실베니아 대학교 인류학 박물관	O	O	-	-	-
	펜실베니아 예술협회 미술관	-	-	-	O	O
워킹 투어	필라델피아 아트(벽화) 투어★	O	O	-	-	-
	필라델피아 영화·드라마 투어	O	O	-	-	-
	필라델피아 고스트 투어	O	O	-	O	O
	파운딩 파더스 워킹 투어	O	O	-	O	O
기타+α	이스턴 주립 형무소	O	O	O	O	O
	어드벤처 아쿠아리움★	O	O	O	-	-
	필라델피아 동물원	O	O	O	-	-
	벳시 로스 하우스(역사)	O	O	-	O	O
	국립 헌법 센터	O	O	O	O	O
	레고랜드	O	O	-	-	-
	롱우드 가든(시외)	O	O	-	-	-

*티켓 할인율과 장소별 이용 조건은 여행 시기에 따라 수시로 변경되니 기본적인 내용만 참고할 것

투어 프로그램 (영어로 진행)

필라델피아를 빠르고 쉽게 보고 싶다면 버스 투어를, 미국 독립전쟁의 역사에 대해 좀 더 깊게 알고 싶다면 워킹 투어를 선택해 보자.

❶ 홉온홉오프 버스 Hop-On Hop-Off Bus

필라델피아 주요 명소에 내렸다 탈 수 있는 버스 투어는 플래시버스가 운행을 중단하는 겨울 시즌이나 야경 투어 시 고려할 수 있다. 2개 업체가 비슷한 요금과 경로로 운행한다.

PRICE 1일권 $36~
WEB 시티 사이트시잉 city-sightseeing.com
빅 버스 bigbustours.com

❷ 파운딩 풋스텝스 Founding Footsteps

가이드를 따라 올드 시티를 걸으면서 독립전쟁 전후의 역사와 문화를 알아보는 투어 등 다양한 프로그램이 있다. 요즘 인기 있는 투어는 트롤리를 타고 다니면서 참가자가 각자 가져온 술을 마시는 BYOB(Bring Your Own Bottle) 프로그램이다.

PRICE $30~50(예약 권장)
WEB foundingfootsteps.com

필라델피아 숙소 정하기

필라델피아의 주요 관광지는 대부분 도시 중앙에 몰려 있어 호텔 또한 중심지에 정하는 것이 여러모로 편리하고 안전하다. 센터 시티, 올드 시티, 뮤지엄 디스트릭트는 모두 필라델피아의 중심지로, 시청을 기준점으로 동쪽에 있느냐 서쪽에 있느냐 정도의 차이이며, 시청에서 가까울수록 편리하다. 필라델피아의 호텔세는 8.5%이고, 여기에 주세(州稅)를 더해 15.5%가 추가된다.

숙소 정할 때 고려할 사항

치안

북쪽의 켄싱턴(Kensington) 지역은 일명 '좀비 랜드'로 악명 높은 필라델피아의 우범 지대다. 도심에서 지하철로 20분가량 떨어져 있으며, 일반 여행자는 갈 일도 없고, 가서도 안 된다. 책에 소개한 올드 시티와 센터 시티 쪽은 관광객이 걸어 다니거나 숙소로 정하더라도 큰 문제가 없는 환경이다.

필라델피아 숙소 추천 숙소 리스트

*가격은 6월 평일, 2인실 기준. 현지 상황과 객실 종류에 따라 만족도는 다를 수 있습니다.

리츠칼튼 필라델피아
Ritz-Carlton, Philadelphia ★★★★★

시청에서 남쪽으로 길 하나를 두고 있는 럭셔리 호텔. 룸의 위치에 따라 클래식한 시청 전망이 보이기도 한다. 시청 주변이라 쇼핑, 레스토랑, 지하철이 가까워서 편리하다.

ADD 10 Ave Of The Arts(센터 시티)
TEL 215-523-8000
PRICE $450~700
WEB ritzcarlton.com

손더 더 위더스푼
Sonder The Witherspoon

호텔과 에어비앤비 중간 형태의 전문 숙박업체다. 에어비앤비보다 표준화된 서비스를 제공하고 호텔보다 넓은 공간에서 저렴하게 숙박할 수 있다. 지역마다 차이는 있지만, 보통 1~3개의 침실 외에 주방, 거실, 세탁 시설을 갖춘 아파트형 호텔이고 길게 묵을수록 할인율이 높아진다. 에어비앤비나 호텔 예약 사이트, 공식 홈페이지에서 예약 가능. 필라델피아 내 13개 지점 중 시청 근처인 위더스푼점의 위치가 가장 좋다.

ADD 130 S Juniper St(센터 시티, 시청 남동쪽)
TEL 617-300-0956
PRICE $150~200
WEB sonder.com

클럽 쿼터스 호텔 리튼하우스 스퀘어
Club Quarters Hotel Rittenhouse Square ★★★

군더더기 없이 필요한 것만 갖춰서 가성비가 뛰어난 호텔이다. 시청까지 도보 10분, 주변에 푸드코트를 포함한 쇼핑몰과 타겟, DVS와 같은 마켓, 소매점, 식료품점, 식당이 즐비해 편리하다.

ADD 1628 Chestnut St(센터 시티, 시청 남서쪽)
TEL 215-282-5000
PRICE $160~250
WEB clubquartershotels.com

필라델피아 애플 호스텔
Apple Hostels of Philadelphia ★★

도미토리 형태의 호스텔이다. 여성 18인실, 여성 4인실, 남성 18인실, 남성 4인실 등으로 구분되며, 2인, 4인용 개별룸도 있다. 도미토리 이용 시 공용 주방과 공용 화장실을 사용한다. 인디펜던스 홀에서 가깝다.

ADD 33 Bank St(올드 시티)
TEL 215-922-0222
PRICE $45~105(도미토리)
WEB applehostels.com

윈저 스위트
Windsor Suites ★★★

필라델피아 시청에서 뮤지엄 디스트릭트 방향에 있어 복잡한 센터 시티의 호텔에 비해 공간이 넓다는 것이 장점이다. 시청까지도 도보 7분 정도로 멀지 않다.

ADD 1700 Benjamin Franklin Pkwy(뮤지엄 디스트릭트)
TEL 215-981-5678
PRICE $250~380
WEB thewindsorsuites.com

모리스 하우스 호텔
Morris House Hotel ★★★

18세기 건물을 리뉴얼한 부티크 호텔로, 아기자기하고 고풍스러운 분위기가 일품이다. 조식 도시락이 포함되며, 오후에는 쿠키를 곁들인 애프터눈 티도 제공한다. 인디펜던스 국립 역사 공원까지 도보 10분 거리다.

ADD 225 S 8th St(올드 시티)
TEL 215-922-2446
PRICE $240~330
WEB morrishousehotel.com

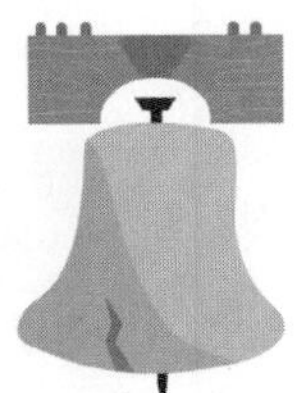

1 여행 전 방문자 센터부터 들르자!
인디펜던스 비지터 센터
Independence Visitor Center

국립공원관리청(NPS)에서 운영하는 비지터 센터는 웬만한 박물관만큼 규모가 크다. 미국 독립 관련 영상과 전시가 볼 만하고, 필라델피아 관광 정보와 자료를 제공한다. 아기자기한 기념품을 비롯해 플래시버스 패스도 판매하니 필라델피아 관광에 앞서 방문해보자. 테라스에서는 중앙 잔디밭인 인디펜던스 몰(Independence Mall)을 배경으로 멋진 사진을 남길 수 있다. MAP ⑱

ADD 599 Market St, Philadelphia, PA 19106
OPEN 09:00~18:00
WEB philvisitorcenter.com
ACCESS 메트로 MFL라인 5th St역에서 도보 1분

! WRITER'S PICK !

'미국 독립 국립역사공원'이란?

미국 독립이 논의되고, 헌법이 탄생하고, 미국이 국가의 기틀을 잡고 형성되기까지의 역사를 고스란히 간직한 곳이 필라델피아의 올드 시티(Old City)다. 그 중요성 때문에 이 일대는 미국 독립 국립역사공원(Independence National Historical Park)으로 지정돼 있고 대부분 명소는 무료 개방한다. 비지터 센터에서 도보 10분 이내에 모인 여러 명소를 차례대로 들르다 보면 의외로 시간이 많이 소요된다. 역사공원 내 명소 정보는 국립공원관리청 공식 홈페이지에서도 볼 수 있다.

WEB www.nps.gov/inde

2 미국 독립선언의 상징
자유의 종
Liberty Bell

1776년 7월 8일, 독립선언서 낭독 당시 타종한 종이다. 1752년경 영국에서 주문 제작한 것으로, "모든 땅 위의 모든 사람에게 자유를 선포하라(Proclaim LIBERTY Throughout All the Land unto All the Inhabitants Thereof)"는 성경(레위기25:10) 문구가 새겨져 있다. 1830년대 노예제도 폐지론자 학회의 상징이 되면서 자유의 종으로 불렸다. 다만 처음부터 잘못 주조된 탓에 종에는 뚜렷하게 금이 간 자국이 남았고, 1846년 2월 23일 조지 워싱턴 생일 기념 타종을 끝으로 사용할 수 없게 됐다. 금이 간 종은 자유의 상징이 되어 1800년대 후반 필라델피아를 시작으로 미국 각 시도를 순회하고, 2003년 현재의 리버티 벨 센터로 옮겨졌다. MAP ⑱

ADD 526 Market St
OPEN 09:00~17:00
ACCESS 인디펜던스 비지터 센터에서 도보 1분

+MORE+

미국 100달러 지폐는 필라델피아 기념품?

100달러 지폐 앞면에는 벤저민 프랭클린의 초상화 옆에 자유의 종 홀로그램이, 뒷면에는 인디펜던스 홀이 디자인돼 있다.

3 100달러 지폐에도 그려진
인디펜던스 홀
Independence Hall

1776년 7월 4일, 13개 식민지 대표단이 독립선언서를 승인·발표한 미국 독립의 산실. 자유의 종도 원래 이곳의 종탑에 걸려 있었다. 펜실베이니아주 청사였다가 필라델피아가 독립혁명의 중심지가 되면서 제2차 대륙회의의 본거지가 됐다. 1775년 조지 워싱턴의 혁명군 총사령관 임명, 1776년 독립선언서 서명, 1787년 미국 헌법 작성과 비준 등 중요한 역사가 이뤄진 곳. 내부 관람은 투어 참가 시 약 20분만 가능하고, 예약 시간보다 최소 30분 전 도착해 보안 검색을 마쳐야 한다. MAP ⑱

ADD 520 Chestnut St
OPEN 09:00~17:00
(3~12월 온라인 예약 필수)
PRICE 입장 무료. 예약 수수료 $1
WEB recreation.gov/ticket/234639/ticket/90
ACCESS 인디펜던스 비지터 센터에서 도보 4분

미국 독립의 3대 문서가 전시된 웨스트 윙

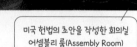

미국 헌법의 초안을 작성한 회의실
어셈블리 룸(Assembly Room)

펜실베이니아 대법원 법정
(Courtroom of the Pennsylvania Supreme Court)

4 초기 연방 의회 의사당
콩그레스 홀
Congress Hall

1790년 12월부터 1800년 5월까지 필라델피아가 미국의 임시수도 기능을 하는 동안 연방의회 의사당으로 사용된 건물. 이때 버몬트, 켄터키, 테네시가 새로운 주로 편입됐고, 권리장전 비준 및 조지 워싱턴의 두 번째 취임식이 행해졌다. 1층 하원 회의실과 2층 상원 회의실 및 분과 위원회별 소회의실 등 내부를 관람하려면 투어에 참가한다. MAP ⑱

ADD Chestnut St at 6th
OPEN 09:00~17:00(투어는 선착순으로 현장 신청)
ACCESS 인디펜던스 홀 바로 옆

하원 회의실

상원 회의실

5 미국 독립과 함께 한 건물
카펜터스 홀
Carpenters' Hall

필라델피아 목수 조합에서 건축 기술을 홍보하고 임대 수익을 올리기 위해 세운 건물이다. 1774년 제1차 대륙회의를 개최했으며, 독립전쟁 중에는 병원으로 사용되었다. 독립 이후에는 프랭클린의 도서관 회사, 미국 철학학회, 미국 제1은행과 제2은행 등 굵직한 기관이 거쳐 갔다. MAP ⑱

ADD 320 Chestnut St
OPEN 10:00~16:00/월요일(1~2월 월·화요일) 휴무
WEB carpentershall.org
ACCESS 인디펜던스 홀에서 도보 3분

: WRITER'S PICK :

미국 독립의 첫걸음!
대륙회의

미국 독립 시기에 13개 식민지 대표가 연합을 결의한 회의체를 대륙회의(Continental Congress)라고 한다. 각각의 식민지는 독립 후 13개 주가 됐다. 1774년 카펜터스 홀에서 열린 제1차 대륙회의에서는 영국이 식민지에 부과한 부당함에 대한 대응책을 논의했고, 1775~1781년 독립전쟁 기간에는 미국 군사 작전의 최고 회의체였으며, 미국 최초의 헌법에 해당하는 미국 연합규약(Articles of Confederation)을 제정했다. 인디펜던스 홀 건물 웨스트 윙(West Wing)에 독립선언서(Declaration of Independence)와 헌법(U.S. Constitution)이 전시돼 있다.

6 미국 최초의 중앙은행
미국 제1은행
First Bank of the United States

미국 독립전쟁으로 발생한 막대한 전쟁 부채를 감당하고자 1791년 설립한 최초의 중앙은행이다. 오늘날처럼 강력한 재정정책을 추진할 권한은 없었으나, 미국 전역에 지점을 두고 미국 공통 통화를 발행하는 등의 기능을 수행했다. 내부 입장은 불가능. 제1은행의 초기 20년 인가가 만료된 뒤 1816~1836년에는 제2은행(Second Bank)이 중앙은행의 기능을 담당했다. 두 번째 은행 건물은 18세기 독립 혁명 지도자의 초상화 100여 점을 전시한 미술관으로 활용돼 내부 관람을 할 수 있다. MAP ⑱

ADD 120 S 3rd St(제2은행 420 Chestnut St)
ACCESS 인디펜던스 홀에서 도보 2분

미국 제1은행

미국 제2은행

미국 제2은행 내부

7 자수성가의 아이콘
벤저민 프랭클린 박물관
Benjamin Franklin Museum

미국 100달러 지폐의 주인공이자 미국 건국의 아버지 중 한 사람인 벤저민 프랭클린은 외교관, 과학자, 언론인, 사업가 등 다방면에서 두각을 나타냈다. 1757년 식민지 대표로 런던에 파견되어 자주 과세권을 획득했고, 1776년에는 프랑스로 건너가 미국-프랑스 동맹을 성립시키면서 프랑스의 재정 원조를 끌어내는 등 혁혁한 성과를 거뒀다. 인쇄공으로 사회생활을 시작해 펜실베이니아 화폐를 인쇄하고 신문을 발행하기도 했으며, 인쇄 출판업을 그만두고 과학에 심취한 후로는 어두운색이 밝은색보다 빨리 뜨거워진다는 것을 증명하는가 하면 증발에 의한 냉각 원리도 발견했다. 그의 발명품 중 가장 유명한 피뢰침은 번개가 전기임을 발견하고 실험하는 과정에서 고안한 것. 다초점 안경도 그의 업적이다. 그가 27년간 소유했고, 1785~1790년에 생의 마지막 5년을 보낸 집터 프랭클린 코트(Franklin Court)에서 박물관과 18세기 인쇄소, 옛집을 형상화한 유령 구조물(Ghost Structures) 등을 관람할 수 있다. MAP ⑱

ADD 317 Chestnut St
OPEN 09:00~17:00
PRICE $5(박물관)
ACCESS 인디펜던스 비지터 센터에서 도보 4분

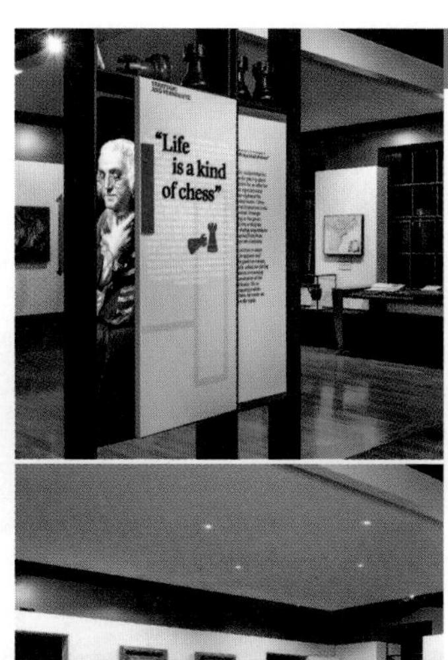

8 미국에서 가장 오래된 거리
엘프레스 앨리
Elfreth's Alley

1703년에서 1836년 사이에 지어진 주택 32채가 남아 있다. 세공사, 조선공, 유리공, 가구공 등 노동자와 상인이 거주하던 구역으로, 18세기의 고풍스러운 돌길과 빨간 벽돌집에서 인생샷을 남길 수 있다. MAP ⑱

ADD 126 Elfreth's Alley
WEB elfrethsalley.org
ACCESS 인디펜던스 비지터 센터에서 도보 10분

: WRITER'S PICK :

필라델피아에도 있다! 'LOVE'

시청에서 대각선 방향에 자리 잡은 JFK 플라자(John F.Kennedy Plaza)는 로버트 인디애나의 대표작 '러브 동상(LOVE Statue)'이 세워져 있어서 '러브 파크'라고 불린다. 각종 편의시설이 모여 있으며, 필라델피아의 먹거리 천국인 리딩 터미널 마켓과도 도보 7분 거리다.

윌리엄 펜 동상

9 필라델피아 최고의 전망대
필라델피아 시청
Philadelphia City Hall

필라델피아를 설립한 윌리엄 펜(William Penn, 1644~1718)의 거대한 청동 동상이 도시를 내려다보는 높이 167m의 시청사는 시내 어디에서나 눈에 띄는 랜드마크다. 제2 제국 양식(나폴레옹 3세 양식이라고도 함)으로 지어진 건물로, 장식성을 극대화한 건축 양식이다. 1871년 시공해 내부 인테리어를 끝마치기까지 총 30년이 소요됐다. <로키>, <필라델피아>, <12 몽키스>, <내셔널 트레저>, <트랜스포머: 패자의 역습> 등 수많은 영화에 등장한다. MAP ⑱

ADD 1400 John F Kennedy Blvd
OPEN 월~금 10:00~16:00
WEB phlvisitorcenter.com/CityHall
ACCESS 메트로 BSL라인 City Hall역 또는 리저널 레일 Suburban역 하차

ⓘ

시청 투어를 하려면 예약 필수!

높이 11m, 무게 2만4198kg의 윌리엄 펜 동상과 같은 눈높이로 필라델피아 시내를 내려다보고 싶다면 투어에 꼭 참여해야 한다. 시청 안 비지터 센터(City Hall Visitor Center)에서도 접수를 받지만, 온라인 사전 예약이 가장 확실한 방법이다.

❶ 타워 투어 Tower Tour

전망대만 올라가는 프로그램이다. 엘리베이터가 좁아서 가이드 포함 5명만 탑승 가능하기 때문에 예약 경쟁이 치열하다.

OPEN 월~금 10:30~14:45(15분 간격)
PRICE $16

❷ 건물의 내/외부+타워 투어
City Hall Interior & Exterior Tour with Tower Tour

타워 투어가 포함돼 있으며, 상세한 건물 소개와 함께 시장 접견실(Mayor's Reception Room), 시의회 회의실(Council Caucus Room)과 재판정, 도서관을 돌아보는 데 약 2시간이 소요된다.

OPEN 월~금 10:00·12:00
PRICE $36

10 130년 전통의 먹거리 천국
리딩 터미널 마켓
Reading Terminal Market

필라델피아가 자랑하는 상설 파머스 마켓이다. 17세기 후반 필라델피아가 처음 생겼을 때부터 있었던 공공 시장을 1893년 실내로 옮겨왔고, 생산자가 직접 농산물을 판매하는 파머스 마켓이자 수많은 맛집이 모인 관광 명소로 거듭났다. 명물 필리 치즈 스테이크부터 디저트, 커피까지 다양한 종류의 음식을 골라 먹을 수 있다. MAP ⑱

ADD 1136 Arch St
OPEN 08:00~18:00(업체별로 다름)
WEB readingterminalmarket.org
ACCESS 필라델피아 시청에서 도보 6분

올드 시티 커피

+MORE+

리딩 터미널 마켓의 인기 매장

♦ **더치 이팅 플레이스** Dutch Eating Place
먹음직스러운 가정식 홈메이드 치킨 팟 파이, 블루베리 팬케이크로 인기가 높다. '애플 덤플링(Apple Dumpling)'이라고 불리는 사과파이를 바세츠 아이스크림과 곁들여 먹으면 최고의 디저트 조합!

LOCATION B11(북쪽 Arch Street 근처)

♦ **바세츠 아이스크림** Bassetts Ice Cream
1861년 퀘이커 교도인 루이스 바세츠가 만든 미국 최초의 아이스크림. 16% 이상의 버터 지방을 기본으로 해서 풍부하고 크리미한 맛이 특징이다.

LOCATION A6(서쪽 12th Street 방향)

♦ **올드 시티 커피** Old City Coffee
1985년 필라델피아 올드 시티에서 1인 매장으로 시작했으며, 리딩 터미널 마켓 안에 매대 2곳을 운영 중이다.

LOCATION A3 & C12(남쪽과 북쪽)

♦ **카르멘스 이탈리안 호기** Carmen's Italian Hoagies
호기(Hoagie, 길다란 샌드위치용 빵)에 얇게 저민 고기를 넣은 필리 치즈 스테이크 맛집. 1983년부터 영업 중.

LOCATION A8(서쪽 12th Street 방향)

♦ **디닉스** DiNic's
필리 치즈 스테이크가 전부는 아니다! 구운 돼지고기에 프로볼론 치즈(이탈리아 치즈), 브로콜리 라브를 곁들인 디닉스의 샌드위치를 맛보자.

LOCATION B5(남서쪽 방향)

11 그리스 신화 속으로

스쿨컬강 산책로

Schuylkill River Promenade

필라델피아의 옛 상수도 시설인 페어마운트 워터 웍스에 위치한 강변 산책로 끝 정자에 서면 한 편의 영화 같은 장면을 마주하게 된다. 필라델피아 미술관과 옛 시설들이 들어선 광경은 마치 그리스 신전이 중첩된 듯한 풍경이다. 필라델피아 수족관과 수영장 등 여러 시설이 잠시 이곳에 자리 잡았다가 이전했지만, 산책로와 정자에서 보는 비현실적인 풍경은 그대로 남았다. **MAP ⑱**

ADD 640 Waterworks Dr
WEB fairmountwaterworks.org
ACCESS 플래시버스 10번을 타고 Anne d'Harnoncourt Dr 정류장 하차 후 도보 5분

로키 계단이 인증샷 포인트!

필라델피아 미술관

Philadelphia Museum of Art

1876년 장식 미술 박물관으로 설립된 곳. 미국, 동아시아 및 남아시아, 르네상스, 인상파, 현대 미술을 아우르는 20만 점 이상의 소장품이 있다. 마네, 모네, 르누아르, 반 고흐 등 프랑스 인상주의와 후기 인상주의를 포함한 유럽과 미국의 회화 컬렉션도 훌륭하고, 뉴욕 메트로폴리탄 미술관에 버금가는 중세 무구관, 유럽 수도원과 인도 힌두교 사원도 인상적이다. 계단에서 바라보는 필라델피아 도심 풍경 또한 매력적인데, 1976년 개봉한 영화 <로키>에서 로키가 미술관 앞 계단을 뛰어오르는 장면이 이곳에서 촬영됐다. 계단 꼭대기, 로키가 도시를 바라보던 자리에 발자국 표시가 있어서 많은 사람이 줄 지어 사진을 찍는다. **MAP ⑱**

ADD 2600 Benjamin Franklin Pkwy
OPEN 10:00~17:00(금 ~20:45)/ 화·수요일 휴무
PRICE $30(근처 로댕 박물관까지 입장 가능)
WEB philamuseum.org
ACCESS 플래시버스 10번을 타고 Anne d'Harnoncourt Dr 정류장 하차

Collection Highlight

필라델피아 미술관 주요 작품

반 고흐 Vincent van Gogh

'해바라기 Sunflowers**'** 1889

해바라기는 반 고흐의 열정을 닮은 생명의 꽃이었다. 여린 꽃송이부터 만개한 꽃, 시들어 버린 꽃대까지, 반 고흐는 탄생부터 소멸에 이르는 열정적인 삶의 과정을 해바라기에 담았다.

세잔 Paul Cézanne

'대수욕도(또는 목욕하는 사람들) The Large Bathers**'** 1900~1906

목욕하는 인물은 세잔이 수없이 반복했던 주제 중 하나다. 필라델피아 미술관 근처의 반스 파운데이션과 뉴욕의 모마, 런던의 내셔널 갤러리 등에도 같은 주제의 작품이 있지만, 필라델피아 미술관의 소장품은 그중에서도 가장 커서 'Large'라는 수식어가 붙어 있으며, 미완성임에도 제일 완성도가 높은 작품으로 평가받는다.

세잔은 인상파의 빛과 색채는 유지하면서 흐릿하고 어수선한 세상 대신 견고한 대상들이 서로 완벽한 균형을 이룬 이상적인 세계를 꿈꿨는데, 수많은 좌절로 불가능해 보였던 그 이상을 결국 실현했다. 세잔은 '자연의 모든 형태는 원기둥과 구, 원뿔에서 비롯된다'는 신념으로 명암이 아닌 색채와 붓 터치만으로 입체감을 표현했다. 이 작품은 나무와 강, 목욕하는 사람들이 삼각형의 대칭 구도를 이루고 있으며, 그만의 특징적인 색채와 붓 터치가 잘 드러난다.

달리 Salvador Dalí

'삶은 콩으로 만든 부드러운 구조물(시민 전쟁의 전조)

Soft Construction with Boiled Beans(Premonition of Civil War)**'** 1936

스페인 내전(1936~39)이 일어나기 약 6개월 전에 완성한 작품이다. 사지가 절단된 채 자기 발에 짓밟히고, 자기 손에 가슴이 짓눌리는 모습은 내전으로 인해 고통받는 스페인 민중을 형상화했다. 사실적인 디테일이 보는 이의 긴장감을 고조시킨다.

뒤샹 Marcel Duchamp

'샘 Fountain**'** 1950(1917년 원본의 복제품)

예술인가 사기극인가 논란을 일으킨 세기의 문제작이다. 1917년 4월 뒤샹은 평범한 소변기 하나를 선택해 '샘'이라 이름 붙이고 'R. Mutt 1917'이란 가명으로 서명해 미국 독립작가협회가 주최하는 전시회에 출품했다. 당초 협회 측은 참가비를 낸 작가의 작품이라면 무엇이든 접수하겠다고 밝혔지만, 그의 작품은 전시되지 못하고 방치되다가 분실됐다. '샘'의 전시 거부 소식에 뉴욕 다다이즘 운동가들은 '리처드 머트 사건'이라는 칼럼을 기고해 협회를 비난했고, 오늘날 '샘'은 레디메이드(Readymade) 미술의 선구작으로 추앙받는다. 레디메이드란 예술가가 기성품에 새로운 해석을 붙이고 서명한 작품으로, 이때부터 미술의 한 장르로 자리 잡았다. 원본 분실로 뒤샹이 복제품을 의뢰한 결과, 현재 필라델피아 미술관 전시품을 포함해 총 16개의 복제품이 남아 있다. 'R. Mutt 1917'이라는 서명을 찾아보자.

동부의 앨커트래즈
이스턴 주립 교도소
Eastern State Penitentiary

1829년부터 142년간 운영한 옛 교도소. 방사선으로 퍼진 7개 건물을 중앙에서 감시하는 구조로, 주변 수감자의 악영향을 받지 않도록 1인실로 돼 있으며, 수세식 변기와 난방시설, 독방에 딸린 개인 운동 공간 및 의료시설 등을 추가해 교화를 강조한 형태로 지어졌다. 그러나 죄수의 증가에 따라 독방 시스템을 더 이상 운영할 수 없게 되자 집단 수용 시설로 바뀌었고, 설립 취지와 달리 구타와 고문이 자행됐다고 한다. 미국 서부 샌프란시스코의 앨커트래즈 감옥에서 악명을 떨친 시카고 마피아 알카포네도 한때 이곳에 수감됐었는데, 그의 감방과 수감시설 일부를 복원해 공개하고 있다. MAP ⑱

ADD 2027 Fairmount Ave
OPEN 10:00~17:00(5~9월 나이트 투어 진행)
PRICE $21~/시즌에 따라 유동적
WEB easternstate.org
ACCESS 플래시버스 9번을 타고 22nd St & Fairmount Ave 정류장 하차

12 업사이클링 예술 작품
매직 가든
Philadelphia's Magic Gardens

라틴 아메리카 민속 예술 큐레이터 아이자이어 자가르(Isaiah Zagar)가 만든 모자이크 미술관이다. 그는 3년간의 페루 거주 경험을 바탕으로 남미 민속 예술에 영감을 받아 갤러리를 구상했고, 14년에 걸친 모자이크 작업 끝에 2008년 매직 가든을 오픈했다. 라틴 아메리카 예술품뿐 아니라 도자기와 접시 파편, 주방 타일, 자전거 바퀴, 깨진 유리병 등 온갖 것들의 집합체이며, 무질서 속의 질서와 조형미가 뛰어나다. MAP ⑱

ADD 1020 South St
OPEN 11:00~18:00/화요일 휴무
PRICE $15
WEB phillymagicgardens.org
ACCESS 메트로 BSL라인 Lombard-South역 하차 후 도보 7분

+MORE+

그 외 가 볼 만한 필라델피아 명소

◆ 로댕 미술관 Rodin Museum

로댕의 작품 150여 점을 소장한 미술관으로, 파리를 제외하고는 최대 규모다. 단테의 <신곡: 지옥편>을 재현한 청동 문 '지옥의 문(The Gate of Hell)'을 거쳐 미술관에 입장하도록 설계되어 입구에서부터 관람객의 감탄을 자아낸다.

ADD 2151 Benjamin Franklin Pkwy
OPEN 10:00~17:00(금~20:30)/화~목요일 휴무
PRICE $15/필라델피아 미술관 티켓($30) 소지 시 무료
WEB rodinmuseum.org
ACCESS 필라델피아 미술관에서 도보 15분

◆ 반스 파운데이션 Barnes Foundation

제약업자 알버트 반스(Albert C. Barnes)가 설립한 재단 겸 미술관. 르누아르, 마티스, 세잔, 반 고흐 등 인상파와 후기 인상파 작품 900여 점을 비롯해 총 4000점 이상을 소장하고 있다. 시대적, 미술사조적 통일성 없이 작품을 전시해 다소 당황스럽지만, 이는 관람객들이 편견 없이 작품을 감상하기를 바랐던 반스의 의도다. 반스가 마티스에게 의뢰한 벽화는 절대 놓치지 말자.

ADD 2025 Benjamin Franklin Pkwy
OPEN 11:00~17:00/화·수요일 휴무
PRICE $30(이틀간 유효)
WEB barnesfoundation.org
ACCESS 로댕 미술관에서 도보 3분

벽화의 도시

필라델피아

필라델피아의 모든 벽은 캔버스와 같다. 1984년 무질서한 그라피티를 대체하고자 도시 환경을 재생하는 사업으로 시작된 벽화 프로젝트는 오늘날 필라델피아의 대표적인 문화 프로그램으로 자리매김했다. '세계 벽화의 수도'라고 불리는 필라델피아 시내에는 현재 4000개가 넘는 벽화가 있으며, 그 벽화의 숫자는 계속 늘어나는 중이다.
가이드 투어에 참여해도 좋고, 벽화 지도 앱을 보며 거리를 산책하는 것도 좋다. '우리가 그랬지(We Did That)', '지식의 나무(Tree of Knowledge)' 등 이름난 작품을 찾아서 인증샷을 남겨 보자. 전화번호 215-608-1866에 MURAL이라고 문자를 보내면 앱을 다운받을 수 있는 링크를 보내준다. QR코드를 이용해 앱을 다운받아도 된다.

WEB muralarts.org

18세기로 떠나는 시간여행
랭커스터 Lancaster

유기농 경작으로 유명한 아미시 농산품은 미국인들에게 인기 만점! 미국 동부 지역 파머스 마켓에서 검은색과 흰색 옷에 모자를 쓰고 유제품이나 피클류를 파는 사람들이 보인다면, 그들이 바로 아미시다. 필라델피아 근교의 랭커스터에는 아미시들이 특히 많이 모여 사는데, 전통적인 모습을 간직한 마을 풍경이 예뻐서 하루 일정으로 방문해볼 만하다. MAP 361p

ⓘ **비지터 센터** Discover Lancaster Visitors Center

ADD 501 Greenfield Rd, Lancaster, PA 17601
OPEN 09:00~16:00/일요일 휴무
WEB discoverlancaster.com
ACCESS 필라델피아에서 180km
(차로 1시간 30분. 대중교통 이용 어려움)

: WRITER'S PICK :

랭커스터에서 사진 촬영 시 주의 사항

아미시들은 우상을 금지하는 성경의 가르침에 따라 사람의 모습이 명확히 나오는 사진도 우상을 만드는 행위로 간주한다. 사진 찍히는 것을 극도로 싫어하니 각별한 주의가 필요하다.

+MORE+

아미시(Amish)는 누구일까?

16세기 유럽의 종교개혁 당시 스위스 종교개혁자 야곱 아망(Jakob Ammann)에 의해 스위스와 프랑스 알자스 지방에서 개신교 종파인 재세례파가 태동했다. 평화주의적 신념에 따라 군 복무 및 세속적 권위에 복종하는 것을 거부했고, 종교의 자유를 찾아 스위스와 독일을 거쳐 아메리카 대륙으로 건너왔다. 독일어에서 변형된 펜실베이니아 더치(Pennsylvania Dutch)라는 언어를 써서 '더치'라고 불리기도 한다.

아미시는 이들 재세례파의 분파 중 하나로, 기계 문명을 거부하고, 노동을 귀하게 여기며, 교육도 8년 이상 시키지 않는 폐쇄적인 커뮤니티다. 이들의 삶은 해리슨 포드가 출연한 영화 <위트니스>에 자세히 묘사돼 있다.

아미시들은 농사를 지을 때 같은 땅에 2년 이상 같은 작물 심지 않는 방법으로 지력을 유지한다. 유기농으로 경작한 아미시 농산물은 미국 내 어디에서나 인기가 높다.

아미시의 농기구

아미시의 생활 속으로

아미시 빌리지
The Amish Village

2가지 투어를 통해 아미시의 삶을 엿보는 일종의 민속촌이다. 25분짜리 팜하우스 투어에서는 아미시의 가옥 설명을 듣고 나서 대장간과 학교 교실 등 마을을 자유롭게 관람하며, 버스 투어에서는 1시간가량 근교를 드라이브하며 미국의 진짜 시골 풍경과 마주한다. 마지막 30분은 아미시 농산품이나 잼 등을 파는 기념품숍에서 마무리한다. 투어는 15분 간격으로 출발하며, 보통 현장에서 신청한다.

ADD 199 Hartman Bridge Rd, Ronks
OPEN 7~9월 09:00~18:00(그 외 시즌에는 방문 전 확인 필수)
PRICE 팜 하우스 투어+버스 투어 $35
WEB amishvillage.com

아미시 테마 거리

키친 케틀 빌리지
Kitchen Kettle Village

아미시는 스스로를 아미시라 부르고, 같은 동네에 사는 일반 미국인을 잉글리시라고 부른다. 키친 케틀 빌리지는 아미시와 잉글리시들이 섞여 사는 작은 마을에 형성된 복합 상점가다. 아미시들의 농산품과 독특한 장식품을 파는 상점 거리로 둘러보기만 해도 즐거운 곳이다.

ADD 3529 Old Philadelphia Pike, Intercourse
OPEN 09:00~17:00(토 ~18:00)/일요일 휴무
WEB kitchenkettle.com

+MORE+

아미시 스타일 뷔페 맛보기, 스모가스보드 Smorgasbord

스모가스보드는 스웨덴식 뷔페를 뜻하는 스뫼르고스보르드(Smörgåsbord)의 변형으로, 미국으로 건너오면서 뷔페를 대신하는 단어가 됐다. 랭커스터의 아미시 뷔페는 가격 대비 퀄리티가 훌륭해서 무려 500~600석 규모의 초대형 스모가스보드도 점심에는 줄을 설 정도이니 예약하고 가는 것이 좋다. 주변 지역 장인들의 퀼트 등 수공예품을 판매하는 대형 상점을 갖춘 것도 특징이다.

◆ 밀러스 스모가스보드
Miller's Smorgasbord

랭커스터 스모가스보드의 원조 맛집. 1929년 문을 열었다.

ADD 2811 E Lincoln Hwy, Ronks
OPEN 11:30~19:00(금·토 ~20:00)
PRICE $28.99(하루 종일 같은 가격)
WEB millerssmorgasbord.com

◆ 셰이디 메이플 Shady Maple

미국에서 가장 큰 초대형 스모가스보드다. 아침·점심·저녁의 메뉴와 가격이 다르다.

ADD 129 Toddy Dr, East Earl
OPEN 07:00~20:15/일요일 휴무
PRICE $13.99~29.99(시간대 및 메뉴에 따라 가격이 달라짐)
WEB shady-maple.com

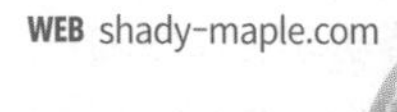

#Day_Trip

프랭크 로이드 라이트의 자취를 따라

펜실베이니아 건축 기행

펜실베이니아주의 남서쪽, 피츠버그 근교에는 20세기 건축학계에서 가장 유명한 집인 폴링워터(낙수장)가 있다. 미국이 낳은 위대한 건축가 프랭크 로이드 라이트(Frank Lloyd Wright, 092p)의 대표작으로, 그가 설계한 주변의 주택들 또한 일반에 공개되고 있으니 함께 묶어서 건축 테마 여행을 떠나보자. MAP 361p

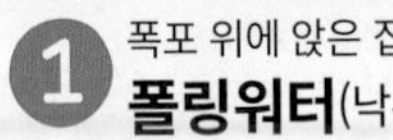

1 폭포 위에 앉은 집 폴링워터(낙수장) Fallingwater

프랭크 로이드 라이트는 '집이란 주변 자연환경과 동화된 유기적인 건축이어야 한다'는 철학을 갖고 있었다. 폭포 위에 세운 저택 폴링워터 곳곳에는 그의 철학이 드러난다. 원래 그 자리에 있던 자연석을 그대로 활용한 내부, 발밑으로 흐르는 폭포를 감상할 수 있는 거실을 비롯해 마음만 먹으면 언제든 집안에서 계곡물에 발을 담글 수 있도록 설계된 폴링워터는 미국 국가 사적지이자 유네스코 세계문화유산으로 지정돼 있다. 방문 전 예약 필수. 취소나 변경은 48시간 전까지만 가능하다.

ADD 1491 Mill Run Rd, Mill Run, PA 15464
OPEN 3월 중순~11월 08:00~16:00, 12월~3월 중순 10:00~15:00/수요일 휴무
PRICE 가이드 건축 투어 $36
WEB fallingwater.org
ACCESS 필라델피아에서 444km(차로 4시간 30분)

2 프랭크 로이드 라이트 설계의 결정판! 켄턱 노브

Kentuck Knob

폴링워터에 매료된 호건(Hogan) 가족이 프랭크 로이드 라이트에게 의뢰하여 지은 저택이다. 당시 라이트는 구겐하임 미술관을 비롯한 여러 프로젝트에 매진 중이었고 나이도 86세에 이른 상태라, 사진만으로 땅의 형태를 살피고 저택을 설계했다. 3년간의 공사 기간 중 딱 한 차례만 방문했지만, 이때는 라이트의 건축 양식이 절정에 오른 시기였던지라 땅의 윤곽과 어우러진 초승달 모양의 저택은 그의 건축학적 특징을 고스란히 담게 됐다. 가족이 모이는 벽난로를 중심으로 방사형으로 퍼지는 독특한 내부 구조와 햇빛을 활용한 인테리어, 정원과 산책로도 걸작이다.

ADD 723 Kentuck Rd, Dunbar, PA 15431
OPEN 3월 15일~11월 2일 09:00~16:00
(수 12:00~16:00/11월 3~29일, 12월 토·일 10:00~15:00)
PRICE $30
WEB kentuckknob.com
ACCESS 폴링워터에서 차로 12분

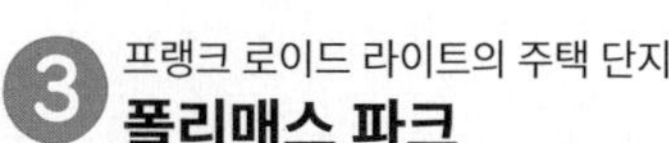

3 프랭크 로이드 라이트의 주택 단지 폴리매스 파크

Polymath Park

프랭크 로이드 라이트가 지은 유소니언(Usonian) 양식 주택 4채를 모아 운영하는 호텔이자 투어 공간이다. 투숙객은 투어가 진행되는 동안 건물을 비워주어야 하지만, 프랭크 로이드 라이트가 건축한 집에서 머무는 것은 특별한 경험이라 언제나 인기가 많다. 투어는 약 2시간 소요되며, 방문 전 예약 필수.

ADD 187 Evergreen Ln, Acme, PA 15610
OPEN 3월 말~11월 말 11:00, 12:00, 16:00/수요일 휴무
PRICE 던컨 하우스+만틀라 하우스 $34, 4개 하우스(화·토·일요일만 진행) $47
WEB franklloydwrightovernight.net
ACCESS 폴링워터에서 차로 30분 거리

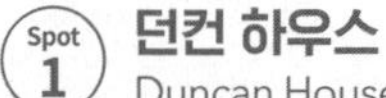

Spot 1 던컨 하우스

Duncan House

1957년 프랭크 로이드 라이트가 시카고 외곽에 지은 집을 옮겨왔다. 공용 공간을 가운데 두고 자연적으로 창을 낸 집은 주변의 다른 라이트 건축에 비해 더 밝고 따뜻하다.

Spot 2 만틀라 하우스

Mäntylä House

만틀라는 소나무를 뜻하는 핀란드어로, 핀란드 출신 린드홀름(Lindholm) 가족을 위한 주택이었다. 바이킹의 선박을 형상화해 뱃머리처럼 날렵한 지붕이 특징이다.

Spot 3 발터 하우스 & 블럼 하우스

Balter House & Blum House

원래부터 이 자리에 있던 두 채의 집으로, 거의 동일한 구조다. 라이트의 제자가 설계한 집이지만, 라이트의 건축과 큰 차이는 없다.

시카고 & 오대호

Chicago & Great Lakes

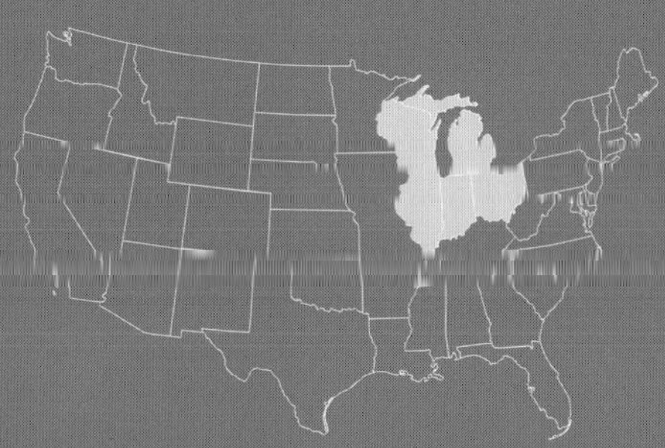

슈피리어호, 미시간호, 휴런호, 이리호, 그리고 온타리오호로 이루어진 오대호(五大湖), 그레이트 레이크(Great Lakes)는 지구상에서 가장 큰 담수 호수다. 약 1만4000년 전 빙하가 땅을 깎아내고 녹아 들어 형성된 호수로, 세인트로렌스강 물줄기를 따라 대서양까지 이어진다. 총면적이 244,106㎢로 한반도가 들어가고도 남을 정도의 규모이며, 파도와 수평선까지 볼 수 있어 내륙의 바다로 불린다.

과거 미국과 캐나다의 주요 운송로 역할을 하면서 오대호를 끼고 있는 시카고, 디트로이트, 토론토 등의 도시가 발달했다. 전체적으로는 위스콘신, 일리노이, 미시간, 뉴욕 등 미국의 8개 주와 캐나다의 온타리오주에 둘러싸여 있다.

Chicago

시카고

일리노이주의 주도인 시카고는 뉴욕과 LA에 이어 미국에서 3번째로 큰 인구 900만 명의 대도시다. 미국 중부에서 금융·문화·상업·산업·교육·기술·통신·교통 등 거의 모든 분야의 중심지이며, 유명한 로펌이 많아서 <굿 와이프> 같은 법률 드라마의 무대가 되기도 했다. 우리에게는 뮤지컬 <시카고>나 마이클 조던이 활약한 NBA 시카고 불스, MLB 시카고 컵스 등의 스포츠 팀으로도 잘 알려져 있다. 또한, 시카고는 도시 중심을 흐르는 시카고강을 따라 세계적으로 유명한 건축물이 즐비한 건축의 도시다. 바다처럼 광활한 미시간 호수(Lake Michigan)에서 '윈디 시티(Windy City)'라는 멋진 별명을 가진 시카고의 스카이라인을 마주해보자.

시카고 BEST 9

1 건축 크루즈 482p

2 듀세이블 다리 492p

3 시카고 전망대 486p

4 밀레니엄 파크 496p

5 시카고 극장 500p

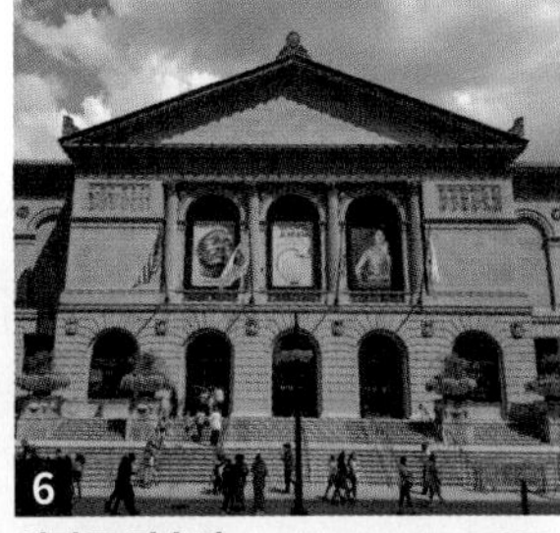
6 시카고 미술관  503p

7 스카이라인 워크 520p

8 네이비 피어 508p

9 매그니피슨트 마일 510p

SUMMARY

공식 명칭 the City of Chicago
소속 주 일리노이(IL)
표준시 CST(서머타임 있음)

ⓘ 메이시스 비지터 센터
Macy's Visitor Center

ADD 111 N State St Chicago IL 60602
OPEN 10:00~21:00(일 11:00~19:00)
WEB choosechicago.com
ACCESS 루프 지역 메이시스 백화점 내

EAT in Chicago → 512p

시카고는 고유한 음식 문화에 남다른 자부심을 갖고 있다. 두툼한 크러스트 안에 치즈와 토마토소스를 가득 채운 시카고 피자, 시카고 스타일 핫도그와 이탈리안 비프 샌드위치, 가렛 팝콘은 꼭 맛봐야 할 음식! 미국 스페셜티 커피의 선구자 인텔리젠시아 본점과 세계에서 가장 큰 스타벅스 리저브 로스터리도 시카고에 있다.

시카고 추천 일정

도심을 관통하는 시카고강이 미시간호를 만나는 지점에 시카고의 중심 상업 지구가 자리한다. 시카고강 남쪽 일대의 ❶ **루프**(Loop, 490p)가 가장 핵심적인 관광지이고, 시카고강 북쪽의 ❷ **니어 노스 사이드**(Near North Side, 506p)에 쇼핑가와 시카고의 대표 맛집이 모여 있다. 박물관이 모인 ❸ **뮤지엄 캠퍼스**(Museum Campus, 520p)에서는 시카고의 스카이라인을 감상할 수 있다.

루프의 핵심 구역은 도보로, 나머지 장소는 대중교통(CTA 트레인/버스)이나 우버를 이용하여 2~3일이면 충분히 볼 수 있다. 근교 여행 정보는 524p.

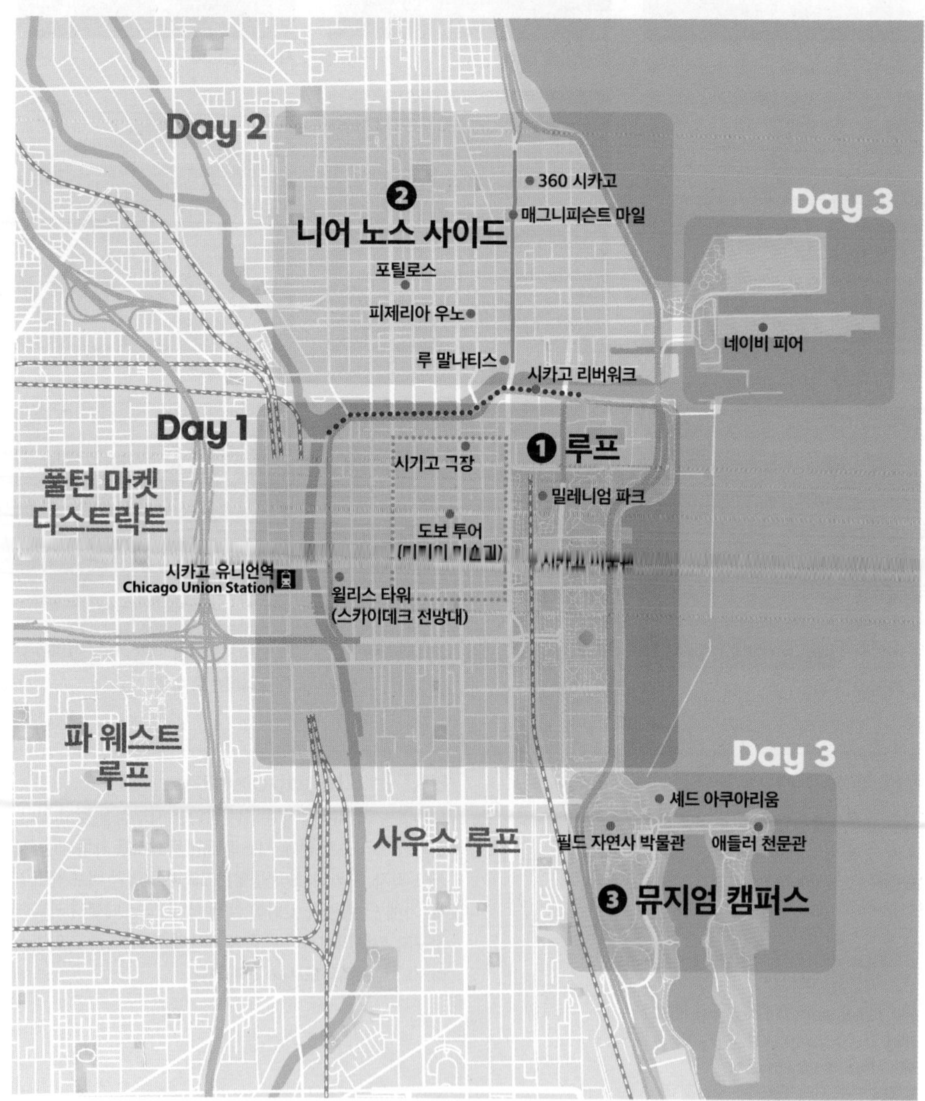

	Day 1	Day 2	Day 3
오전	**건축 크루즈** - 시카고강 보트 투어	**밀레니엄 파크** **시카고 미술관** 리바이벌 푸드홀	**뮤지엄 캠퍼스** 애들러 천문관 전망 포인트
오후	시카고 3대 피자 **매그니피슨트 마일** 쇼핑가 스타벅스 리저브 로스터리	**루프 인증샷 포인트** - 시카고 극장 - 샤갈·미로 조각품 **윌리스 타워 스카이데크 전망대**	박물관 내부 카페 필드 박물관 **네이비 피어**
저녁	퍼플 피그 360 시카고 전망대	윌리스 타워 푸드홀 카탈로그 시카고 리버워크 야경	**공연 또는 스포츠 경기 관람** 488p

WEATHER

위도가 높아 겨울에는 매우 춥고 눈이 많이 온다. 미시간 호에서 불어오는 바람도 거세고, 빌딩 사이를 가르는 골바람도 매섭다. 연중 일교차가 크지만, 봄·가을에는 하루 만에 사계절을 모두 경험할 수 있다고 말할 정도로 일교차가 더욱 커진다. 따라서 봄·가을 여행 시에는 겹쳐 입을 수 있는 옷을 여러 벌 준비하고, 우산도 미리 챙기는 것이 좋다. 여름은 덥고 습하지만, 하늘이 쾌청해서 5월 중순~9월이 관광하기 좋은 기간이다.

	1월(겨울)	**4월**(봄)	**7월**(여름)	**10월**(가을)
최고 평균	-1°C	15°C	29°C	17°C
최저 평균	-11°C	4°C	17°C	6°C
강수량	43mm	97mm	100mm	68mm

시카고 여행 노하우

❶ 관광지인 루프와 매그니피슨트 마일 일대는 치안이 좋고 다른 도시보다 노숙자가 적은 편이다. 하지만 리버워크 야간 산책을 하거나 재즈/블루스 공연을 볼 예정이라면 가급적 혼자 다니는 것은 피하자.

❷ 시카고 지하철 중 레드라인은 우범지대를 통과하는 노선이다. 루프 및 니어 노스 사이드라고 해도 야간 탑승은 권장하지 않는다.

❸ 시카고 여행의 포인트는 다양한 각도에서 건축물을 조망하는 것이므로, 보트를 타고 강을 따라가는 건축 크루즈 투어를 먼저 한다면 도시를 좀 더 쉽고 빠르게 이해할 수 있다. 단, 강이 얼어붙는 겨울에는 휴항한다.

❹ 6월 초에 방문한다면 블루스 페스티벌을, 9월 첫째 월요일 노동절에는 재즈 페스티벌을 놓치지 말자. 시카고의 블루스와 재즈 공연장 정보는 111p

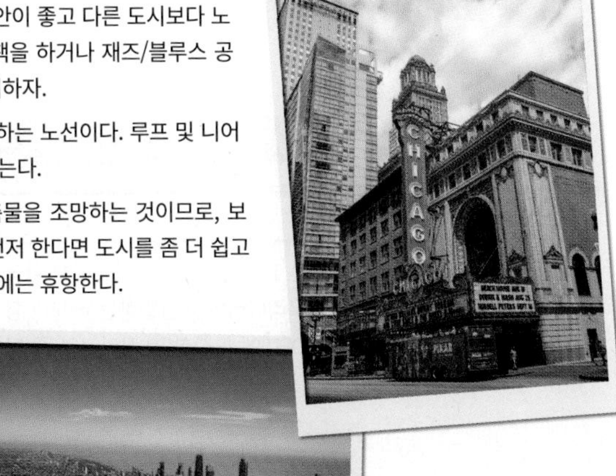

시카고 IN & OUT

시카고는 미국 내륙 중서부에 고립돼 있어서 항공편을 이용해야 한다. 앰트랙이나 버스는 이동 거리가 매우 멀고 중간에 환승까지 해야 하는 경우가 많아서 추천하지 않는다. 한국에서는 직항편으로 쉽게 방문할 수 있다.

주요 지점과의 거리

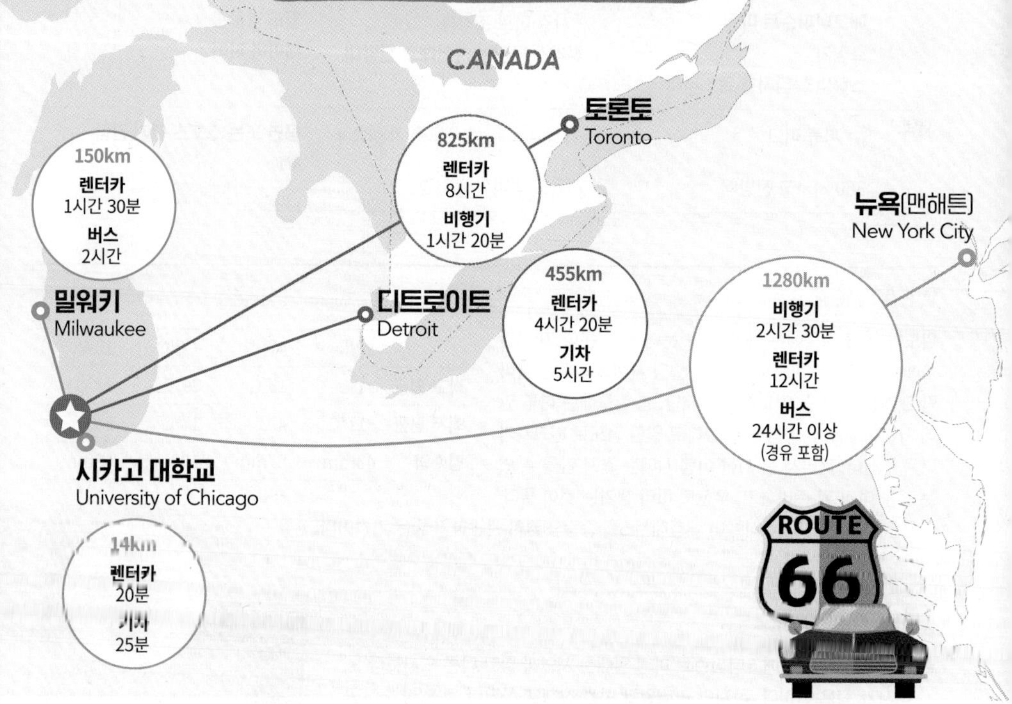

CANADA

밀워키 Milwaukee
150km
렌터카 1시간 30분
버스 2시간

토론토 Toronto
825km
렌터카 8시간
비행기 1시간 20분

디트로이트 Detroit
455km
렌터카 4시간 20분
기차 5시간

뉴욕(맨해튼) New York City
1280km
비행기 2시간 30분
렌터카 12시간
버스 24시간 이상 (경유 포함)

시카고 대학교 University of Chicago
14km
렌터카 20분
기차 25분

ROUTE 66

시카고 가기

비행기 Airplane

직항편 기준 한국에서 시카고까지 13시간 10분, 시카고에서 한국까지 약 14시간 30분 소요된다. 우리나라에서 출발하는 국제선 항공편은 시카고 오헤어 국제공항(ORD)에 도착하며, 시카고와 좀 더 가까운 미드웨이 공항(MDW)은 주로 국내선 항공편이 취항한다.

부산과 자매도시인 시카고

❶ 시카고 오헤어 국제공항 (ORD)
Chicago O'Hare International Airport

대한항공과 델타항공에서 공동 운항하는 직항이 매일 운행된다. 유나이티드 항공과 아메리칸 에어라인의 허브 공항이라서 규모가 매우 크다. 총 4개의 여객 터미널(1, 2, 3, 5번)이 있는데, 대한항공이 이용하는 터미널 5에서 다른 국내선 터미널로 이동할 때는 3~5분 간격으로 운행되는 셔틀 ATS(Airport Transit System)를 이용한다. 출발·도착 항공편이 많고 연착이 잦으니 시카고를 경유하는 항공편 이용 시 연결 시간을 넉넉하게 계획하는 게 안전하다.

ADD 10000 W Balmoral Ave, Chicago, IL 60666
WEB flychicago.com

시카고 오헤어 국제공항 구조도

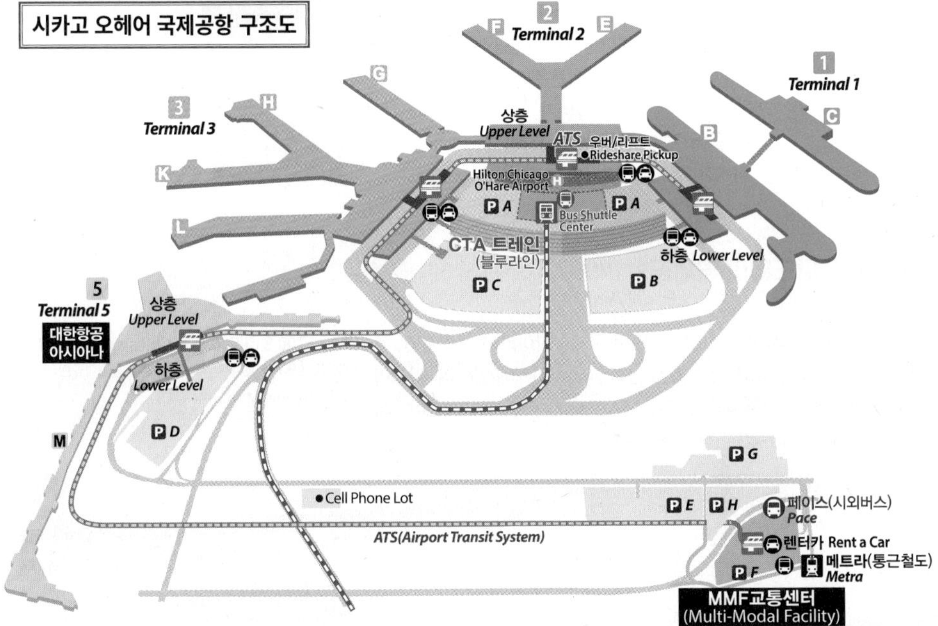

♦ 오헤어 공항에서 시내 가기

시카고 도심(루프)까지 30km, 차로 30~40분 거리다. 렌터카보다는 CTA 트레인이나 우버/리프트 이용을 추천한다. 공항에서 시내로 가는 교통수단별 출발 장소가 다르니 표지판을 잘 확인하고 움직여야 한다.

1 도시철도 CTA 트레인 CTA Train : 1시간 30분

도심(루프)까지 가장 저렴하게 가는 방법은 CTA 트레인의 블루라인을 타는 것이다. 대한항공/델타 직항으로 입국했다면 공항 내 셔틀 ATS를 타고 터미널 5에서 터미널 2까지 이동한다. 터미널 2에서는 'Blue Line Train To City' 표지판을 따라 가면 쉽게 승강장을 찾을 수 있다. 블루라인과 레드라인은 역마다 상행 에스컬레이터가 설치돼 있어서 입국 시 편리하다.

HOUR 24시간 운행　**PRICE** 공항에서 시내로 $5, 시내에서 공항으로 $2.5
WEB transitchicago.com(시카고 교통공사)

2 택시/우버/리프트 Taxi/Uber/Lyft : 50분

시카고 공항에서 출발하는 택시 요금은 미터로 계산하며, 우버/리프트 요금도 택시와 큰 차이가 없다. 교통 정체 시 가격 편차가 매우 심하니 앱으로 가격을 확인해본 다음 결정할 것. 택시는 각 터미널 수하물 픽업 장소와 같은 층(Lower Level)에서, 우버와 리프트는 터미널 2의 상층(Upper Level)으로 이동해 탑승한다. 탑승 장소(2A~2D)가 색깔(블랙, 블루, 오렌지, 그린)로 구분되어 호출할 때 탑승 장소 색깔을 알려줘야 한다.

PRICE $70~140 (루프 기준)

3 렌터카 Rent a Car : 1시간

렌터카를 픽업하려면 ATS(Airport Transit System)를 타고 MMF(Multi-Modal Facility)로 이동해야 하지만, 관광객 차량은 범죄의 표적이 될 우려가 있기 때문에 시카고에서는 렌터카 이용을 추천하지 않는다. 시내는 교통 정체가 심하고 주차비가 비싸며, 외곽 지역에서는 차량 도난 및 절도에 주의해야 한다. CTA 트레인이 고가 철로를 운행하는 구간에서는 GPS가 잘 작동하지 않는다는 점도 참고하자.

❷ 시카고 미드웨이 국제공항 (MDW)
Chicago Midway International Airport

캐나다 토론토와 멕시코행 노선이 있어 국제공항이라고 불리지만, 주로 국내선이 취항한다. 시카고 도심 남쪽 20km 거리에 있으며, 러시아워가 아닌 경우 택시/우버로 20분, CTA 트레인 오렌지라인을 이용하면 다운타운까지 30~40분 정도 소요된다.

ADD 5700 S Cicero Ave, Chicago, IL 60638
PRICE $50~100(우버/리프트), $2.25(CTA 트레인)
WEB flychicago.com

시카고 시내 교통

시카고의 대중교통은 크게 ❶ 도시철도 CTA 트레인, ❷ 시내버스 CTA 버스, ❸ 다운타운 외곽으로 나가는 시외버스 페이스(Pace) 및 ❹ 교외 지역 통근철도 메트라(Metra)로 이루어져 있다. 루프 지역은 걸어 다닐 수 있지만, 매그니피슨트 마일과 뮤지엄 캠퍼스를 넘나들려면 대중교통이 필수다. 시카고의 대중교통 수단은 시카고 교통공사(Chicago Transit Authority, CTA)에서 통합 관리한다.

WEB transitchicago.com

교통 요금 및 결제 수단

체류 기간을 고려해 벤트라 카드와 벤트라 티켓 중 적절한 지급 방법을 선택한다. 벤트라 카드와 티켓 모두 CTA 트레인, CTA 버스와 페이스 버스에서 사용할 수 있으며, 2시간 내 2회까지 환승할 수 있다.

교통권	벤트라 카드	벤트라 티켓	비고
1회권	트레인 $2.5 버스 $2.25	$3	
1일권 CTA & 페이스	$5	$5	개시 후 24시간 유효
3일권 CTA & 페이스	$15	$15	개시 후 72시간 유효
7일권 CTA & 페이스	$20		개시 후 168시간 유효

벤트라 카드

벤트라 카드/티켓 자동판매기

트레인 개찰기

❶ 벤트라 카드 Ventra Card

CTA와 페이스 버스를 모두 이용할 수 있는 터치식 충전 카드다. 원하는 만큼의 금액을 충전할 수도 있고, 1·3·7일권 등으로도 구매할 수 있다. 금액 충전으로 이용해도 벤트라 티켓 1회권보다 저렴하다. CTA 트레인역 및 시내의 월그린, CVS 등 지정 구매처에서 판매하며, 최초 구매 시에는 카드 보증금 $5를 지불해야 한다. 모바일 앱도 있지만, 한국 계정으로 다운로드하거나 해외 신용카드로 충전하는 것은 어렵다. 참고로 통근철도 메트라는 금액 충전 방식으로만 이용할 수 있다.

❷ 벤트라 티켓 Ventra Ticket

벤트라 카드와 마찬가지로 CTA 버스와 기차, 페이스에서 사용할 수 있는 터치식 티켓이다. 1회권은 벤트라 카드보다 조금 비싸지만, 카드 발급비용 없이 1일권과 3일권 구매가 가능해 관광객에게 유리하다. 단, 재충전은 불가능하고, 메트라에서는 이용할 수 없다.

: WRITER'S PICK :

벤트라 카드/티켓 이용 팁

❶ 벤트라 카드/티켓 자동판매기는 거스름돈을 주지 않으므로 가격을 딱 맞추거나 신용카드를 이용해야 한다.

❷ 벤트라 카드는 하나의 카드에 기간권과 금액권을 공통 충전할 수 있다.

❸ CTA 트레인 탑승 시 벤트라 카드(또는 벤트라 티켓)만 따로 꺼낸다. CTA 트레인 개찰기는 벤트라 카드뿐만 아니라 일반 신용카드도 인식하기 때문에 의도치 않게 다른 카드로 계산될 수 있으니 주의할 것.

시내 교통수단

CTA 트레인 [L] CTA Train

시카고의 도시철도 CTA 트레인은 선로의 많은 부분이 지하가 아닌 지상의 고가 철로(Elevated Track)를 이용하고 있어 엘(L)이라고 불린다. 오헤어 공항에서 들어오는 블루라인을 포함해 8개의 노선이 운영된다. 루프를 중심으로 각 지역으로 뻗어 나가는 방사선 모양의 구조로, 시 외곽에서 어떤 라인을 타도 도시 중심과 연결된다.

HOUR CTA 블루·레드라인 24시간/그 외 04:00~12:50(노선 및 요일에 따라 다름)

루프 중심가를 지나는 CTA

메트라 [통근철도] Metra

광역 시카고를 연결하는 열차로, 11개 노선, 242개의 역을 운행한다. 대표 역은 유니언역이지만, 노선에 따라 시내 5곳의 역으로 분산돼 있으므로 목적지의 출발·도착역에 맞춰 이동해야 한다. 운임은 구간별로 달라지며, 현금 또는 벤트라 카드 금액권으로 결제할 수 있다.

WEB metra.com

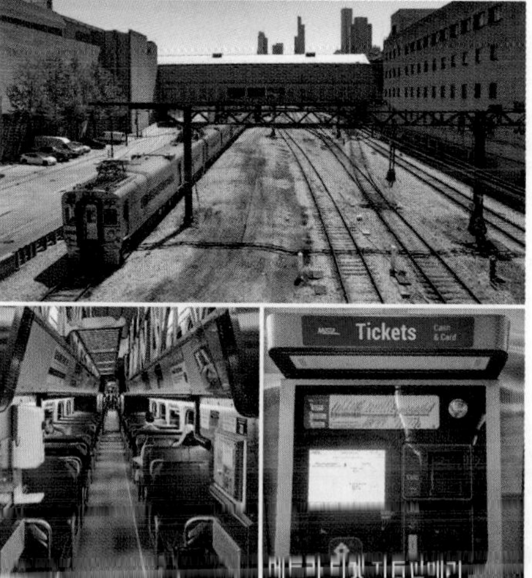

메트라 티켓 자동판매기

CTA 버스 CTA Bus

바둑판처럼 반듯하게 구획된 계획도시 시카고의 도로는 CTA 버스가 누빈다. 네이비 피어나 뮤지엄 캠퍼스 등 지하철이 닿지 않는 곳에서 유용하다. 구글맵을 활용하면 출발·도착 정류장을 확인할 수 있다.

HOUR 04:00~24:00(노선 및 요일에 따라 다름)

페이스 [시외버스] Pace

200개가 넘는 노선버스가 광역 시카고를 연결한다. 파란색 차체에 'Pace'라고 쓰여 있어 쉽게 구분된다. 현금($2.5) 또는 벤트라 카드로($2.25) 탑승할 수 있다.

WEB pacebus.com

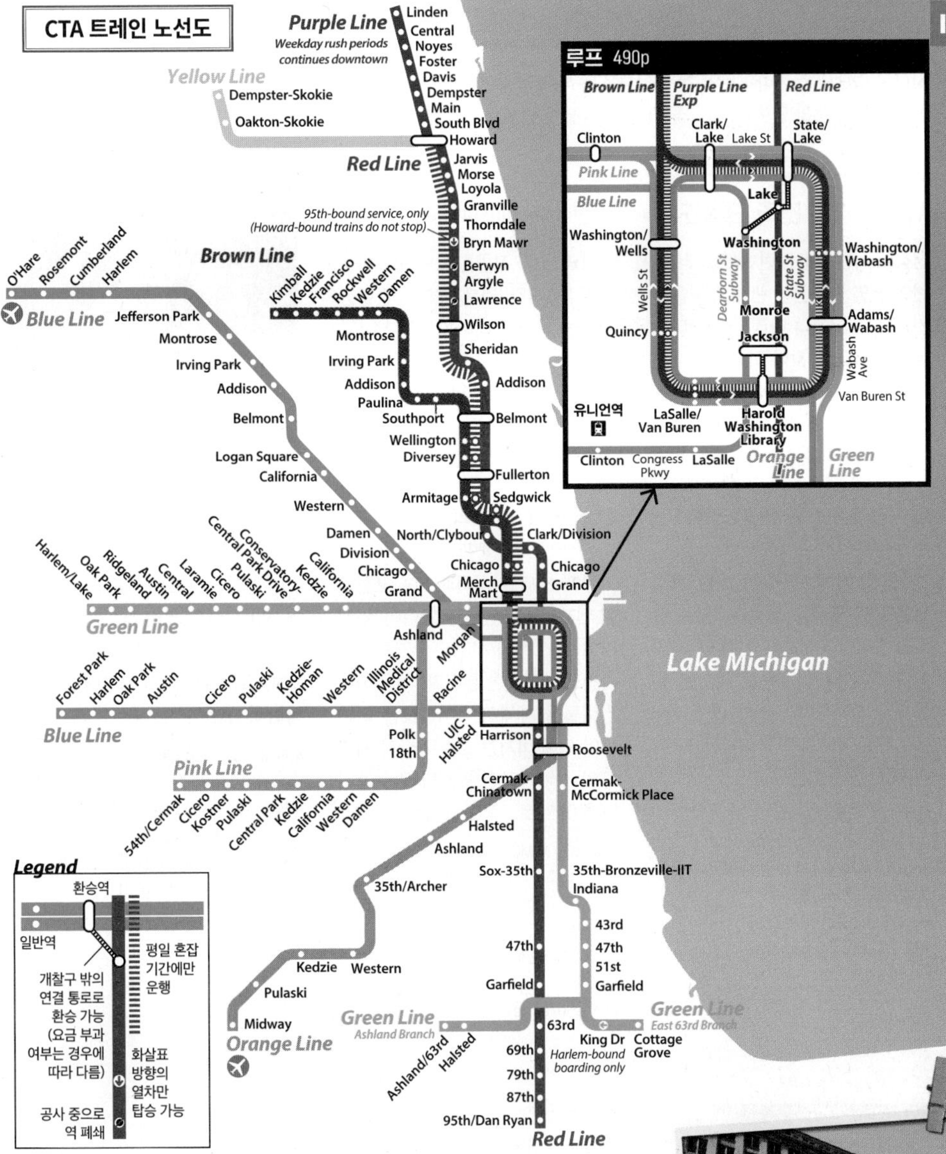

: WRITER'S PICK :

시카고의 중앙역, 유니언역 Union Station

유니언역은 장거리 기차 앰트랙과 통근 열차 메트라가 모두 정차하는 기차역이다. 그레이하운드 장거리 버스 터미널을 겸한다. 루프의 윌리스 타워에서 강을 건너면 바로인데, CTA 트레인과 곧바로 연결되지 않는다는 점을 참고하여 늦은 시간에 이용하지 않도록 주의한다.

ADD 225 S Canal St
ACCESS CTA 트레인 블루라인 Clinton역에서 도보 5분

유니언역

투어 프로그램

시카고 여행의 하이라이트인 건축 크루즈는 루프의 강변 산책로 리버워크(Riverwalk)를 따라 이루어지고, 대중교통을 대신해 이용할 만한 빅 버스 투어는 좀 더 넓은 범위로 움직인다.

Must-see No.1

시카고 강변 건축 크루즈 Chicago Architecture River Cruise

천장이 시원하게 뚫린 보트를 타고 시카고강의 남·북 지류를 오르내리면서 강변의 유명 건축물에 관해 설명을 듣는 투어다. 1시간 30분가량 50개 이상의 건축물과 13개의 다리를 지난다. 출발 장소는 시카고 리버워크가 시작되는 듀세이블 다리, 강이 미시간 호수를 만나는 네이비 피어 2곳으로, 프로그램은 서로 비슷하니 동선에 맞게 예약하면 된다. 크루즈를 낮에 탄다면 리버워크 산책은 밤에, 크루즈를 밤에 탄다면 리버워크 산책은 낮에 하는 방식으로 밤낮을 교차해 계획하면 좋다. 11월 초~3월 중순에는 기상 상황에 따라 운항.

❶ 시카고 퍼스트레이디 크루즈 Chicago's First Lady Cruises

3개의 투어 중 건축에 대한 가장 전문적인 해설을 들을 수 있는 프로그램이다. 비영리 단체인 시카고 건축 센터의 교육을 이수한 해설자가 진행하며, 모바일 앱(Listen Everywhere)에서 한국어 해설도 지원한다.

ADD 112 E Wacker Dr (듀세이블 다리 남쪽의 파란색 천막)
HOUR 3월 중순~11월 초 10:00~19:00 (30분~2시간 간격 출발)
PRICE $54(야간 크루즈 $59)
WEB cruisechicago.com

❷ 쇼어라인 건축 리버 투어 Shoreline Architecture River Tour

고우패스 또는 시티패스에 포함되어 언제나 붐비는 프로그램이다. 시카고 퍼스트레이디 크루즈보다는 가볍고 캐주얼한 분위기. 강을 따라 건축물을 자세히 들여다보는 리버 투어 외에 미시간 호수로 나가 시카고의 스카이라인을 조망하는 레이크 투어 프로그램도 있다.

ADD 401 N Michigan Ave(듀세이블 다리 북쪽), 124 N Streeter Dr(네이비 피어)
HOUR 3월 중순~11월 초 10:00~20:00 (30분~2시간 간격 출발)
PRICE $49.95(리버 투어), $34.95(레이크 투어)
WEB shorelinesightseeing.com

❸ 웬델라 투어앤크루즈 Wendella Tours & Cruises

90분간의 시카고강+미시간 호수 투어, 90분 심층 리버 투어, 45분 핵심 리버 투어 등 다양한 프로그램을 운영한다. 야간 투어 시간대도 가장 많이 배정돼 있다.

ADD 400 N Michigan Ave (듀세이블 다리 북쪽)
HOUR 3월 중순~11월 초 09:00~21:00 (15분~2시간 간격 출발, 월별로 다름)
PRICE $44(90분 투어), $28(45분 투어)
WEB wendellaboats.com

걷기 힘들 때 편하게

빅 버스 Big Bus

루프의 주요 지점과 뮤지엄 캠퍼스, 니어 노스 사이드까지 11개 주요 포인트에 정차한다. 원하는 정거장에서 내려 자유롭게 시간을 보내고 다음 버스를 타는 교통수단으로 이용하거나 도보 건축 투어를 대신하여 관광버스처럼 이용해도 된다. 내리지 않고 한 바퀴를 돌면 2시간이 소요된다.

HOUR 10:00~17:00, 30분 간격 운행(겨울철 ~16:00, 1시간 간격 운행)
PRICE 1일권 $55, 2일권 $65
WEB bigbustours.com/en/chicago/chicago-bus-tours
ACCESS 11개 정류장 어디서나 탑승 가능

시카고 할인 패스

시카고의 할인 패스들은 다른 도시에 비해 활용도가 매우 높은 편이다. 패스를 구매했더라도 별도로 예약해야 하는 장소가 있고 이용 조건이 계속 바뀌니 구매 전 업체 홈페이지를 꼼꼼하게 확인할 것.

❶ 시카고 시티패스
Chicago CityPASS

필수 어트랙션 2곳+선택 3곳으로 구성된 시카고 시티패스, 필수/선택 구분 없이 자유롭게 3곳을 고르는 시카고 C3패스로 나뉜다. 핵심적인 것만 간단히 즐기고 싶다면 C3가 유리하다.

PRICE 시티패스 $139, C3패스 $102
WEB citypass.com/chicago

❷ 고우시티 시카고
Go City Chicago

방문할 어트랙션의 개수를 정해서 패스를 산 다음 사용개시 후 60일 이내에 방문하는 **Ⓐ 익스플로러 패스**(Explorer Pass)와 기간 내 최대한 여러 곳을 다니는 **Ⓑ 올인클루시브 패스**(All-Inclusive Pass)로 나뉜다. 시카고 미술관을 제외한 대부분의 주요 어트랙션이 포함된다. 제휴 업체는 30곳 이상인데, 패스 종류에 따라 방문 가능한 장소가 일부 달라진다.

PRICE 익스플로러 2개 $89, 3개 $109, 4개 $139, 5개 $154
올인클루시브 1일권 $134, 2일권 $184, 3일권 $209, 5일권 $244
WEB gocity.com/en/chicago

★ 예약 필수(각 패스 앱에서 예약 가능)

구분		고우시티		시티패스
		Ⓐ 익스플로러	Ⓑ 올 인클루시브	필수 2개+ 선택 3개
가격(할인가 기준, 비슷한 조건끼리 비교)		**5개 $154**	**3일권 $209**	**5개 $139**
사용 기간		**첫 사용 후 60일**	**선택한 만큼**	**첫 사용 후 9일**
전망대	스카이덱 시카고★	O	O	O 필수
	360 시카고 전망대 ★	O	O	O
버스/페리	쇼어라인 건축 리버 투어★	O	X	O
	강-호수 건축 투어	X	O	-
	스카이라인 호수 투어	O	X	-
	빅버스 1일권★	O	O	-
박물관 /미술관	시카고 미술관	X	X	O
	셰드 아쿠아리움★	X	O	O 필수
	애들러 천문관 (입장 + 2개 영상쇼)	O	O	O
	필드 자연사 박물관	O	O	O
	그리핀 과학 산업 박물관★	O	O	O
	시카고 어린이 박물관	O	O	-
	현대 미술관	O	O	-
	시카고 역사 박물관	O	O	-
	프랭크 로이드 라이트 홈앤스튜디오	O	O	-
	로비 하우스	O	O	-
기타+α	네이비 피어 관람차 & 라이드	O	O	-
	레고랜드	O	O	-
	시카고강 건축 도보 투어★	O	O	-
	시카고 극장투어	O	O	-

시카고 숙소 정하기

시카고는 혹한기에 관광객이 거의 없어서 비수기(겨울)와 성수기(5월 중순~9월)의 숙박비 편차가 매우 크다. 4월 말~5월 초, 10월 중·하순에는 관광하기 좋은 날씨이면서 성수기보다 좀 더 낮은 가격에 숙소를 예약할 수 있다. 참고로 시카고는 에어비앤비(민박)를 허가제로 운영하니 허가 번호(License)를 확인해야 한다.

숙소 정할 때 고려할 사항

치안

시카고는 범죄율이 높은 도시다. 개인 안전에 기본적인 주의를 기울인다면 루프와 도시 중심부가 다른 도시보다 잘 관리된다는 인상을 받을 수 있지만, 저녁에 지하철은 피해야 한다. 루프 이외의 지역은 남쪽으로는 차이나타운, 서쪽으로는 유나이티드 센터(농구, 아이스하키 경기장), 북쪽으로는 하워드(Harward) 이상으로 벗어나지 않는 것이 안전하다.

추가 수수료

시카고의 숙박세는 10.5%이며, 추가로 호텔 정책에 따라 $25~40 정도의 데스티네이션 수수료(Destination Fee)를 부과한다. 주차비 또한 대부분 별도다. 대신 무료 식음료, 우버 비용 및 주요 관광지 입장권 등의 혜택을 제공하는 곳이 많으므로 반드시 혜택 리스트를 확인한다.

WEB resortfeechecker.com

숙소 위치는 어디가 좋을까?

안전 및 편의성을 고려하여 관광지가 몰려 있는 루프 또는 매그니피슨트 마일에 숙소를 정하는 것이 좋다. 둘 중에는 루프 지역보다 매그니피슨트 마일 쪽이 조금 더 조용한 편이다. 가격이 부담이 된다면 최근 선호도가 높아진 아파트형 호텔도 살펴보자.

야경까지 즐기려면 시카고강과 가까운 곳을 추천

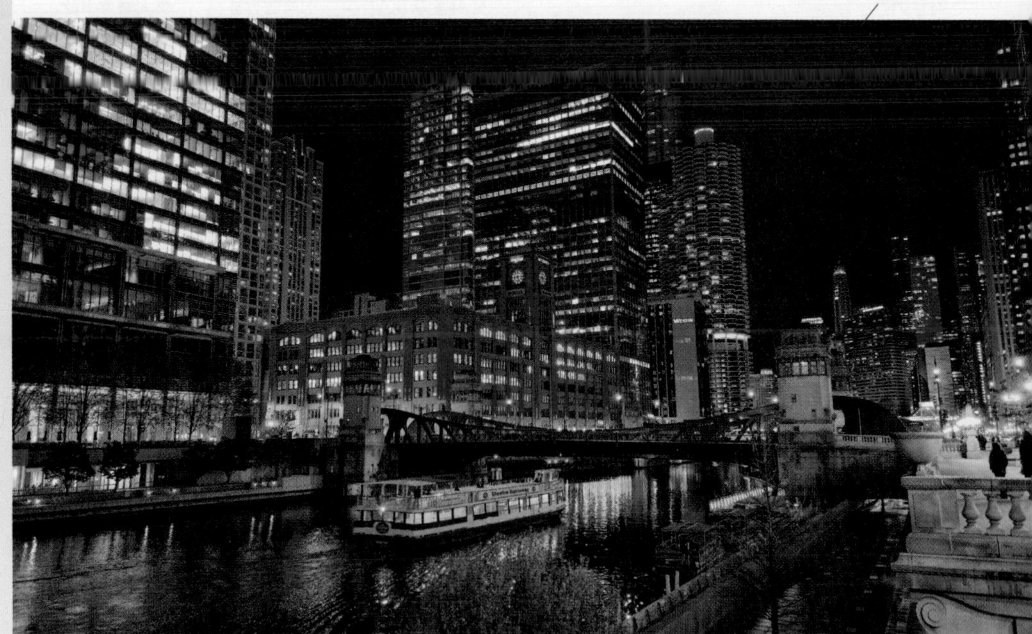

시카고 숙소 추천 숙소 리스트

*가격은 6월 평일, 2인실 , 일반 룸 기준. 현지 상황과 객실 종류에 따라 만족도는 다를 수 있습니다.

트럼프 인터내셔널 호텔앤타워
Trump International Hotel & Tower ★★★★★

시카고강이 내려다보이는 탁월한 전망의 럭셔리 호텔이다. 98층에 이르는 초고층 건물로, 객실에서 조망하는 시카고강의 전경이 일품이다.

ADD 401 N Wabash Ave **TEL** 312-588-8000
PRICE $500~550 **WEB** trumphotels.com

펜드리 시카고 Pendry Chicago ★★★★

시카고의 랜드마크인 카바이드앤카본 빌딩(The Carbide & Carbon Building)에 리뉴얼을 마치고, 2018년 오픈했다. 시카고 건축 워킹 투어에도 포함되는 대표 건축물로, 모던하고 팬시한 객실과 밀레니엄 파크 근처라는 위치가 장점이다.

ADD 230 N Michigan Ave **TEL** 312-777-9000
PRICE $350~550 **WEB** pendry.com/chicago

로우즈 시카고 호텔 Loews Chicago Hotel★★★★

시카고강에 인접하여 전망이 좋은 럭셔리 호텔이다. 루프탑 바가 있어 저녁에 시카고의 야경을 보기에도 그만이다. 오후에는 숙박객들에게 차와 쿠키를 대접하며, 숙박당 $10의 우버 크레딧과 $10의 식음료 크레딧 등이 제공된다.

ADD 455 N Park Dr **TEL** 312-840-6600
PRICE $350~550 **WEB** loewshotels.com

카사(아파트먼트) 매그니피슨트 마일
Kasa Magnificent Mile Chicago

장기 투숙객에게 유리한 아파트형 호텔이다. 스튜디오 스타일부터 1·2베드룸 등 다양한 유닛이 있으며, 2베드룸은 5인까지 이용할 수 있다. 주방 및 세탁·건조 시설이 마련돼 있고 비즈니스 센터와 루프톱 수영장도 이용 가능. 리버 노스 및 사우스 루프에도 지점이 있다.

ADD 1 West Superior St **TEL** 872-204-1535
PRICE $200~350 **WEB** kasa.com

손더 파운드 시카고 Sonder Found Chicago

캐나다에서 시작된 아파트형 호텔 체인이다. 시카고 지점은 공용 주방을 이용한다. 비대면 체크인을 실시하며, 채팅을 통해 24시간 상담할 수 있다.

ADD 1 West Superior St **TEL** 872-204-1535
PRICE $120~200 **WEB** sonder.com

유로 스타즈 매그니피슨트 마일 호텔
Eurostars Magnificent Mile ★★★★

안전한 매그니피슨트 마일에 있으며, 객실에서 바라보는 시내 뷰가 시원스럽다. 지하철 및 버스 정류장과도 가깝고, 호텔 근처에 관광 명소뿐만 아니라 상점과 레스토랑 등이 밀집하여 편리하다.

ADD 660 N State St **TEL** 312-202-6000
PRICE $200~400 **WEB** eurostarshotels.com

클럽 쿼터스 호텔 웨커 앳 미시간
Club Quarters Hotel Wacker at Michigan, Chicago ★★★

객실은 작은 편이지만, 가격 경쟁력이 뛰어나고 기본에 충실한 호텔이다. 룸 위치에 따라 시카고 건축 크루즈가 지나는 강도 바라볼 수 있다. 10층까지는 리버 호텔(River hotel)이, 11층부터는 클럽 쿼터스 호텔이 사용한다.

ADD 75 East Upper Wacker Dr **TEL** 312-357-6400
PRICE $250~300
WEB clubquartershotels.com/chicago/wacker-at-michigan

애크미 호텔 ACME Hotel Company ★★★

니어 노스 사이드, 매그니피슨트 마일과 가깝고 가격 경쟁력이 있는 부티크 호텔이다. 객실에 커피메이커는 없고 근처에 스타벅스가 있다.

ADD 15 E Ohio St **TEL** 312-894-0800
PRICE $200~350 **WEB** acmehotelcompany.com

시카고 전망대 어디로 갈까?
스카이데크 vs 360 시카고

시카고의 대표 전망대는 2곳! 루프 한복판에 위치한 윌리스 타워에서는 도시의 전경을 실감 나게 내려다보고, 매그니피슨트 마일 북쪽의 360 시카고에서는 바다처럼 광활한 미시간 호수를 시원하게 조망할 수 있다.

TOPIC 1 윌리스 타워에는 '레지'가 있다

스카이데크 전망대 Skydeck

시카고에서 가장 높은 윌리스 타워(Willis Tower)의 103층, 지상 412m 높이의 전망대다. 날씨가 맑을 때는 일리노이뿐만 아니라, 인디애나, 위스콘신, 미시간 등 4개 주가 가시거리에 들어온다. 건물 밖으로 돌출된 레지(The Ledge)라는 유리 박스가 인생샷 포인트! 기본 티켓으로 이용할 수 있어 항상 대기 줄이 길다. 한 팀당 90초의 시간만 주어지고 스톱워치로 시간을 측정해 알림을 울리니 촬영 각도를 미리 생각해두자.

ADD 233 S Wacker Dr
OPEN 3~9월 09:00~22:00(토 08:30~), 10~2월 09:00~20:00(토 ~21:00)
PRICE $32~36(온라인 예약 수수료 $5 추가)
WEB theskydeck.com
ACCESS CTA 트레인 Quincy역에서 도보 4분

: WRITER'S PICK :

레지 촬영 팁

❶ 위에서 발을 내려다보고 찍으면 공중에 떠 있는 듯한 느낌을 준다.
❷ 모델은 박스에, 촬영자는 옆에서 찍어주는 방법도 있다.
❸ 낮에 가면 더욱 실감 나는 공중 부양 사진을 얻을 수 있다.
❹ 90초 동안 원하는 사진을 찍지 못했다면 맨 뒤로 가 다시 줄을 선 뒤 2회차 도전!

레지

흰색 안테나가 달린 윌리스 타워

TOPIC 2

존 핸콕 센터의 틸트 전망대 체험

360 시카고 360 Chicago

(구)존 핸콕 센터 94층, 지상 310m 높이의 전망대다. 미시간 호수와 가까워 도시의 스카이라인이 호수와 조화를 이룬 전망이 뛰어나다. 전망대 안에 라운지가 있어 음료나 칵테일을 마시며 감상하기에도 좋다. 95층의 레스토랑 시그니처 룸과 96층의 시그니처 라운지에서도 식사와 칵테일을 즐기며 도시를 내려다볼 수 있다. 360 시카고의 차별화 포인트는 밖으로 돌출되는 유리창 틸트(Tilt)로, 몸을 기대고 서면 30°까지 서서히 기울어져 시카고의 도심을 스릴 넘치게 조망하게 된다. 틸트를 체험하고 싶다면 예약할 때 옵션을 추가해야 한다.

ADD 875 N Michigan Ave
OPEN 09:00~23:00
PRICE 일반 $30~38, 틸트 포함 $39~50
WEB 360chicago.com
ACCESS CTA 트레인 레드라인 Chicago역에서 도보 8분/듀세이블 다리에서 도보 18분

: WRITER'S PICK :

존 핸콕 센터는?

미국의 생명보험사 존 핸콕에서 건설한 높이 344m의 빌딩으로, 1969년 완공 당시에는 엠파이어 스테이트 빌딩에 이어 세계에서 두 번째 높은 건물이었다. 현재는 윌리스 타워에 이어 시카고에서 두 번째로 높은 건물로서 시카고의 스카이라인을 장식하고 있다. 2월 셋째 주말에 1층부터 96층 전망대까지 계단을 뛰어오르는 경주(Hustle Chicago)가 열릴 때면 전 세계 미디어의 주목을 받는다. 소유주가 바뀌고 명칭도 875 노스 미시간 애비뉴(875 North Michigan Avenue)로 바뀌었으나, '존 핸콕 센터'라는 이름으로 사람들에게 각인된 채 남아 있다.

클라우드 바

틸트

최고의 팀을 보유한 시카고!

MLB 야구와 NBA 농구 즐기기

MLB 야구 시즌은 4~10월, NBA 농구 시즌은 10~4월! 시카고에서는 사계절 내내 인기 스포츠 경기를 즐길 수 있다. 시카고의 프로스포츠팀과 경기장을 알아보자.

내셔널 리그 야구팀 시카고 컵스 Chicago Cubs

1870년 시카고 화이트 스타킹스로 시작해 1907년과 1908년 월드 시리즈에서 우승한 유서 깊은 구단이다. 하지만 1945년 애완 염소와 함께 리글리 필드를 찾은 시카고 컵스의 팬 빌리 사이아니스가 야구장에서 쫓겨나면서 "내 염소를 모욕했으니 시카고 컵스는 이번 시리즈에서 패배할 것이고 다시는 월드 시리즈에서 우승하지 못할 것"이라며 저주를 퍼부었던, 이른바 '염소의 저주' 사건 이후 월드 시리즈 우승과는 인연이 닿지 않았다. 그럼에도 불구하고 현지에서는 '사랑스러운 패배자들(Lovable Losers)'라는 애칭으로 불리며 홈 팬들의 지지를 받았으며, 2016년 드디어 108년 만에 월드 시리즈 우승컵을 들어 올렸다.

➔ 리글리 필드 Wrigley Field

1914년 개장한 홈구장, 리글리 필드는 1912년 문을 연 보스턴 레드삭스의 홈구장 펜웨이 파크 다음으로 오래된 구장이다. 전통을 중시하여 수동 스코어 보드를 사용하고 있으며, 경기장이 좁은 탓에 주변 주택가의 옥상을 루프톱 관람석으로 활용하기도 한다. 타구가 담쟁이덩굴로 덮인 벽돌 외야 펜스로 들어가면 인정 2루타가 되는 것도 리글리 필드만의 특징이다. 경기가 없는 날에도 투어를 통해 더그아웃과 클럽하우스 등을 관람할 수 있다. MAP ㉔

ADD 1060 W Addison St
PRICE 투어 $30(90분 소요)
WEB mlb.com/cubs/ballpark
ACCESS CTA 트레인 레드라인 Addison역에서 도보 3분

루프톱 관람석

아이비 담장

TOPIC 2 아메리칸 리그 야구팀 시카고 화이트삭스 Chicago White Sox

같은 시카고에 연고를 두고 있어도 인기 면에서는 시카고 컵스에 많이 밀린다. 4만 석의 관중석을 보유한 홈구장 개런티드 레이트 필드(Guaranteed Rate Field)는 시카고 남쪽에 있다. MAP 24

ADD 333 W 35th St
WEB mlb.com/whitesox/ballpark
ACCESS CTA 트레인 레드라인 Sox/35th역

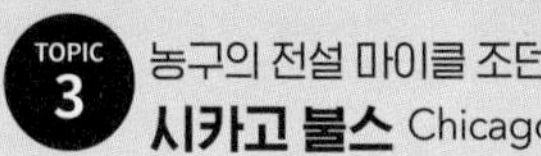

TOPIC 3 농구의 전설 마이클 조던 시카고 불스 Chicago Bulls

마이클 조던이 활약했던 1991년부터 1998년 사이에 2번에 걸쳐 3회 연속 우승, 총 6회의 NBA 챔피언십을 수상하며 리그를 지배했던 시카고의 농구팀이다. 당시 최고의 인기를 자랑하던 시카고 불스는 전 세계적으로 NBA 농구의 영향력을 확산시켰다. 최근 성적은 다소 저조하지만, 농구의 전설로 남은 시카고 불스에 대한 시카고 시민의 사랑과 자부심은 여전하다.

➔ 유나이티드 센터 United Center

시즌 중에는 생생한 경기를 관람할 수 있고, 비시즌에는 다양한 공연과 이벤트 장소로도 사용되는 2만 3천5백 석 규모의 다목적 실내경기장이다. K팝 스타의 콘서트가 열리는 장소이기도 하다.

CTA 트레인 그린라인을 이용하면 역에서부터 걷는 구간이 많고, 버스 20번이 구장 바로 앞에 정차한다. 유나이티드 센터 서쪽 지역은 안전에 유의해야 하므로 도보 이동 거리가 짧은 버스 탑승을 권장한다. MAP 24

ADD 1901 W Madison St
WEB unitedcenter.com
ACCESS CTA 버스 20번을 타고 Madison & United Center (1900 W) 정류장 하차 후 바로

#Zone 1

시카고 여행의 모든 것
루프 The Loop

루프는 다양한 상업과 문화, 역사적인 명소가 모인 시카고의 중심 업무 지구를 가리킨다. 정확하게는 북쪽의 레이크 스트리트(Lake Street)부터 남쪽의 밴뷰런 스트리트(Van Buren Street)까지가 루프에 해당하지만, 요즘에는 대체로 시카고강의 남쪽 일대 번화가를 의미하는 용어로 사용된다. CTA 트레인의 모든 노선이 이곳에 모이는데, 블루라인과 레드라인을 제외한 나머지 6개 라인이 지상철의 환상형 구조로 순환하고 있어 '고리'라는 뜻의 루프로 불리게 되었다. 시카고를 상징하는 은색 조형물 클라우드 게이트를 비롯해 거리를 걷다가 피카소와 샤갈의 작품까지 만날 수 있는 시카고 여행의 핵심 지역이다.

CHECK

➔ 퍼스트레이디 크루즈는 듀세이블 다리의 남쪽, 쇼어라인 크루즈는 북쪽에서 출발한다.

➔ 루프 안쪽의 건축물은 투어 또는 셀프 투어로 돌아볼 수 있다.

1 시카고 여행의 시작점 시카고 리버워크

Chicago Riverwalk

시카고강의 남쪽 지류와 북쪽 지류가 만나는 지점부터 미시간 호수까지 조성된 약 2km 길이의 산책로다. 이 물길을 따라 시카고 건축 크루즈가 다닌다. 낮과 밤 모두 봐야 하는 시카고 최고의 명소, 듀세이블 다리 부근에서 산책을 시작해보자. 한쪽은 시카고강이 찰랑거리고, 다른 한쪽은 노천카페가 늘어서 있다. MAP ㉒

ADD 333 Michigan Ave
OPEN 06:00~23:00
ACCESS CTA 트레인 브라운·그린·오렌지·핑크·퍼플라인 State/Lake역에서 듀세이블 다리까지 도보 7분/ 시카고강의 두 지류가 합류하는 지점(333 W Waker Dr)부터 미시간 호수까지 강의 남단 곳곳에 리버워크로 내려가는 계단이 있다.

: WRITER'S PICK :

시카고강 감상 포인트

길을 따라 걷기에는 리버워크가 낭만적이고 더 편하지만, 시카고강에 놓인 여러 개의 다리 때문에 리버워크에서는 사진이 잘 나오지 않는다. 따라서 인증샷은 다리 위에 찍는 것이 포인트. 특히 듀세이블 다리 위 양 방향과 리글리 빌딩 앞이 최고의 포토존이다.

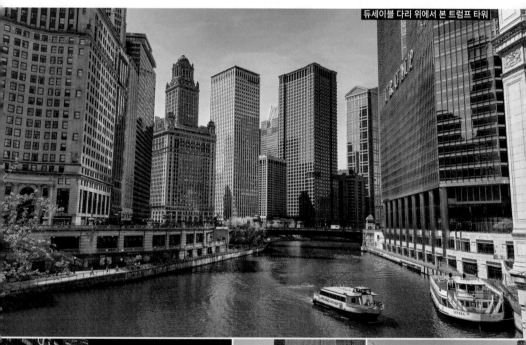

듀세이블 다리 위에서 본 트럼프 타워

리버워크 입구

듀세이블 다리와 산책로

아는 만큼 보인다!

건축의 도시 시카고

스카이데크 전망대
윌리스 타워

프랭클린 센터

레거시 앳 밀레니엄 파크

❶ 듀세이블 다리 DuSable Bridge

시카고강에는 총 37개의 도개교가 있으며, 4~11월까지 대형 선박이 지날 때나 요트 대회 행사 등 특별한 경우에만 위로 열린다. 그중 1920년에 완공된 듀세이블 다리는 시카고의 핵심 도로인 미시간 애비뉴를 남북으로 잇는 중요한 역할을 담당한다. 다리 위에서 경치를 감상해도 좋고, 듀세이블 다리를 움직이는 거대한 기어가 궁금하다면 다리 아래쪽에 있는 맥코믹 브리지하우스(McCormick Bridgehouse) 박물관을 방문해보자.

듀세이블 다리
ADD 333 Michigan Ave

맥코믹 브리지하우스 박물관
ADD 99 Chicago Riverwalk
OPEN 수~일 10:00~17:00(5~10월)
PRICE $8(가이드 투어는 $15)
WEB bridgehousemuseum.org

시카고의 설립자 듀세이블의 동상

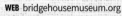

1871년 발생한 시카고 대화재는 무려 10만 명의 이재민이 발생한 가슴 아픈 사건이었으나, 오늘날의 시카고를 건설하는 계기가 되기도 했다. 화재 당시 목조 건물은 전소되고 철과 돌로 지은 건축물만 남았는데, 이때부터 철재와 석재가 시카고 건축의 표준으로 자리 잡으면서 건축 도시 시카고의 명성을 공고히 했다. 중요한 건물을 미리 눈에 익혀 둔다면 건축 크루즈와 리버워크 산책을 훨씬 재미있게 관람할 수 있을 것이다.

❷ 트리뷴 타워 Tribune Tower

1925년 건축되어 2018년까지 일간지 시카고 트리뷴의 본사로 사용됐던 건물. 다양한 가고일(괴수 석상)이 조각된 고딕 양식과 초현대적 건축물이 독특한 조화를 이룬다. 성 베드로 대성당, 타지마할, 만리장성, 베를린 장벽 등 역사적 징소의 일부 조각을 공수해 외벽을 장식한 것도 특별한 볼거리다. 지금은 고급 콘도로 사용 중이고, 아이스크림 박물관과 블루보틀 커피 등의 상업 시설이 입점해 있다.

ADD 435 N Michigan Ave

레이크 포인트 타워
리글리 빌딩
트리뷴 타워
머천다이즈 마트
듀세이블 다리
시카고 철도 다리
마리나 시티
크레인 커뮤니케이션스 빌딩
333 웨커 드라이브
트럼프 인터내셔널 호텔앤타워
시민 오페라 하우스
윌리스 타워(스카이데크 전망대)

트리뷴 타워 벽면의 역사적인 조각들

❸ 리글리 빌딩 Wrigley Building

1920년 스키틀즈, 트윅스 등 껌과 초콜릿을 생산하는 리글리의 본사로 건축됐다. 2011년 부동산 회사에 매각되었으나 이름은 그대로 남은 고풍스러운 르네상스 양식의 건물이다.

ADD 400-410 Michigan Ave

❹ 트럼프 인터내셔널 호텔앤타워 Trump international Hotel & Tower

2001년 세계 최고층 빌딩을 목표로 건축을 시작했으나, 뉴욕의 9/11 테러 이후 테러의 표적이 되는 것을 피하기 위해 높이를 423m로 축소하여 완공했다. 상업 시설과 럭셔리 호텔이 입주한 건물이며, 독특한 외형으로 두바이의 초고층 빌딩 부르즈 할리파(Burj Khalifa)의 모티브가 되기도 했다. 시카고 대표 사진에 꼭 포함되는 랜드마크다.

ADD 401 N Wabash Ave

리글리 빌딩(우)과
트럼프 인터내셔널 호텔앤타워(좌)

❺ 마리나 시티 Marina City

'옥수수 속대(Corncobs) 빌딩'이라는 귀여운 별명을 가진 마리나 시티는 1967년 완공 당시 세계에서 가장 높은 주거용 건물이었다. 건물의 하단부는 아찔한 주차 타워로, 발레파킹만 할 수 있다.

ADD 333 N Dearborn St

❻ 머천다이즈 마트 Merchandise Mart

건축과 인테리어, 가구 등 가정에서 사용하는 모든 것을 취급하는 도소매 매장 겸 무역센터. 6~18층에 5000여 개의 업체가 진출해 있다. 한때 케네디가가 소유했던 건물로, 수익금은 케네디가의 정치자금으로 사용됐다.

ADD 222 W Merchandise Mart Plaza

머천다이즈 마트의
미디어 파사드

: WRITER'S PICK :

머천다이즈 마트의 미디어 파사드 Art on the Mart

4~12월 저녁마다 머천다이즈 마트의 건물 외벽은 거대한 미디어 파사드로 꾸며진다. 세계적인 현대 미술가들과 협업하여 시즌별로 다른 작품을 선보이면서 시카고 야경을 화려하게 물들이는 볼거리. 작품 정보와 상영 시간은 홈페이지를 참고하자.

WEB artonthemart.com

❼ 333 웨커 드라이브
333 Wacker Dr

시카고강의 두 지류가 만나는 지점에 자리 잡은 곡선 모양 건물. 진녹색 유리 외벽에 시카고강과 마천루들이 아름답게 비치는 것으로 유명하다.

ADD 333 W Wacker Dr

❽ 시민 오페라 하우스
Civic Opera House

뉴욕을 등지고 서쪽으로 방향을 튼 거대한 의자 모양의 건물로, 세계적으로 유명한 리릭 오페라(Lyric Opera)의 본거지다. 건축주였던 새뮤얼 인설(Samuel Insull)의 이름을 따 '인설의 왕좌'라고도 불린다. 브로드웨이 가수였던 그의 아내가 뉴욕 공연 후 혹평을 받는 것에 불만을 가진 인설은 건물이 뉴욕을 등지도록 건축되기를 희망했다.

ADD 20 N Wacker Dr STE 400

❾ 레이크 포인트 타워
Lake Point Tower

세 갈래로 뻗은 Y자 모양의 유려한 모습으로 미시간 호수를 조망할 수 있는 럭셔리 콘도다. 톰 크루즈, 커트 러셀 등 유명 배우와 스포츠 스타가 거주했었다.

ADD 505 N Lake Shore Dr

❿ 크레인 커뮤니케이션스 빌딩
Crain Communications Building

펜촉처럼 뾰족하고 비스듬한 외관이 독특한 오피스 건물. 마름모꼴의 외관 때문에 '다이아몬드 빌딩'이라고도 불린다. 영화 <트랜스포머>, PC 게임 <커맨드 앤 컨커> 등에 등장했다.

ADD 150 N Michigan Ave

2 시카고의 자랑
밀레니엄 파크
Millennium Park

2004년 문을 연 시카고의 대표적인 공원이다. 클라우드 게이트와 크라운 분수 등 세상 어느 곳에서도 볼 수 없는 독특한 조형물이 있고, 다양한 공연·전시·영화 상영을 비롯해 필라테스·요가 강습 프로그램 등이 무료로 열리는 문화 공간으로서 시카고 시민들의 사랑을 듬뿍 받는다. 밀레니엄 파크에서 니컬스 다리(Nichols Bridgeway)를 건너면 시카고 미술관과 연결된다. **MAP ㉒**

ADD 201 E Randolph St
OPEN 06:00~23:00
WEB chicago.gov/city/en/depts/dca/supp_info/millennium_park.html
ACCESS 듀세이블 다리에서 도보 10분/CTA 트레인 Washington/Wabash역에서 도보 2분

시카고 미술관으로 건너갈 수 있는 니컬스 다리

크라운 분수

클라우드 게이트
Cloud Gate

콩처럼 생겨서 'The Bean'이라고 부르는 조형물. 인도계 영국인 애니시 커푸어(Anish Kapoor)의 작품이다. 반짝이는 스테인리스 표면에 건물과 공간이 반사되는 장면이 압도적이다. 정면에서 바라볼 때 반사된 공간이 왜곡되는 현상은 작가의 의도로, 새로운 공간에 대한 경험을 관객에게 선사하기 위함이다. 클라우드 게이트는 이름 그대로 '또 다른 세계로 들어가는 게이트'라는 뜻. 중간의 움푹 파인 공간인 옴파로스(배꼽)를 지나가면 온통 휘어지고 굴절된 모습을 볼 수 있다. 168개의 강판을 이어 붙였는데도 용접 자국이 보이지 않는다는 점도 감상 포인트.

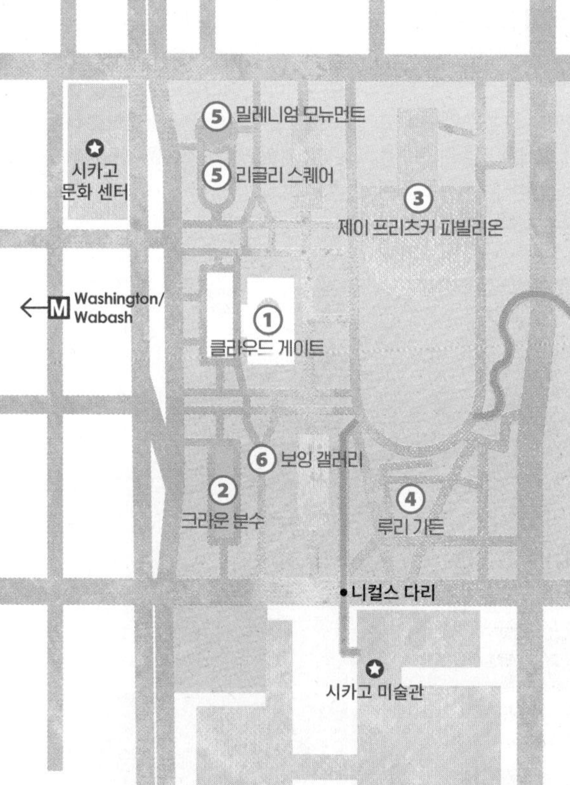

Spot 2 크라운 분수
Crown Fountain

15.2m에 달하는 직사각형 형태의 LED 탑 한 쌍과 그 사이의 검은 화강암 반사판으로 구성된 분수다. LED 탑에는 시카고 시민 1000여 명의 얼굴이 무작위로 투영된다. 분수는 5월부터 10월까지 가동되는데, 이때는 화면에 비친 얼굴의 입에서 물을 뿜어낸다.

제이 프리츠커 파빌리온
Jay Pritzker Pavilion

시카고 밀레니엄 파크의 중심축이 되는 야외무대. 블루스와 재즈 페스티벌, 시카고 교향악단 클래식 공연 등 다양한 음악 행사가 열린다. 음향 시설이 매우 뛰어나기로 유명한데, 잔디밭 위 구조물에 스피커를 분산 설치하여 뒷자리에서도 공연을 완벽하게 즐길 수 있다.

루리 가든
Lurie Garden

밀레니엄 파크 안에 있는 작은 정원이다. 루리 가든을 가로지르는 산책로를 따라 시카고의 자생 식물과 야생화를 볼 수 있다. 6~9월경에 가장 아름답다.

리글리 스퀘어와 밀레니엄 모뉴먼트
Wrigley Square & Millennium Monument

밀레니엄 파크의 북서쪽 입구다. 그리스 도리아 양식의 기둥이 분수를 둘러싸고, 반원형으로 세워진 밀레니엄 모뉴먼트와 잔디 광장으로 구성된다.

보잉 갤러리
Boeing Galleries

밀레니엄 파크를 관통하는 짧은 보도 구역이다. 클라우드 게이트를 중심으로 북 갤러리와 남 갤러리로 나뉘며, 컨템포러리 조형물이 전시되기도 한다.

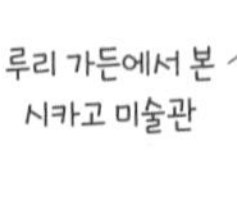
루리 가든에서 본 시카고 미술관

감동 두 배! 거리의 미술관

루프 인증샷 포인트 BEST 10

샤갈, 피카소 등의 설치 미술품과 아름다운 건물이 모인 루프 중심부는 말 그대로 거리의 미술관이다. 건물 안팎에서 전부 무료로 감상할 수 있으며, 동선으로 연결하면 2.4km 정도다. 밀레니엄 파크의 클라우드 게이트를 보고 난 다음, 시카고 문화 센터에서부터 천천히 걷기 시작하면 1시간가량 소요된다. MAP ㉒

ACCESS 밀레니엄 파크에서 도보 5분/듀세이블 다리에서 도보 10분

Point 1 시카고 문화 센터 Chicago Cultural Center

3층 프레스턴 브래들리 홀(Preston Bradley Hall)에서 감상할 수 있는 티파니 돔(Tiffany Dome)은 신비로운 채색 유리 '퍼브릴 글라스(Favrile Glass)'를 발명한 유리 공예가 루이스 컴포트 티파니의 작품이다. 3만 개의 물고기 비늘 모양의 유리로 이루어진 돔의 지름은 11.5m에 달한다. 중앙에는 황도 12궁(12개의 별자리)의 심볼을 새겨 넣었다. 2층에도 유리 돔이 하나 더 있으며, 건물 앞에 황소상이 있어서 쉽게 알아볼 수 있다.

ADD 78 E Washington St
OPEN 10:00~17:00

메이시스 백화점
Macy's on State Street

1858년 건축된 보자르 양식의 건물로, 국가 역사 랜드마크에 등재돼 있다. 환한 채광창 아래, 열주(콜로네이드)에 둘러싸인 13층 높이의 아드리움이 인상적이다. 1층에는 시카고의 대표 비지터 센터가 있다.

ADD 111 N State St
OPEN 10:00~21:00(일 11:00~20:00)
WEB l.macys.com/chicago-il

시카고 극장
The Chicago Theatre

시카고시의 상징이자, 미국 국가 사적지로 등록된 극장이다. 건물 외관은 개선문을 축소한 부조로 장식돼 있고, 내부 로비는 베르사유 궁전의 예배당을 모사했다. 1921년 호화 영화관으로 시작해 현재는 콘서트, 코미디, 연극 등 각종 공연이 열린다. 전 세계 인플루언서들의 포토존이니 절대 놓치지 말 것!

ADD 175 N State St
WEB msg.com/the-chicago-theatre

서 있는 동물 기념비
Monument with Standing Beast

높이 8.8m, 무게 10t의 유리섬유 조형물이다. 가공하지 않은 순수 예술을 뜻하는 아르 브뤼(Art Brut)의 창시자이자, 프랑스 현대 미술의 거장인 장 뒤뷔페의 작품이다. 4가지 구성 요소는 각각 서 있는 동물, 나무, 문, 건축을 의미한다. 건물 외장을 곡면 유리로 마감한 제임스 톰슨 센터(James R. Thompson Center) 앞에 서 있다. 참고로 제임스 톰슨 센터는 2026년까지 공사 후 구글이 입주 예정이다.

ADD 100 W Randolph St

©Chris Rycroft

시카고 시청
Chicago City Hall

신고전주의 양식의 11층 건물이다. 옥상에는 녹색 지붕(Green Roof)이라 불리는 녹지대와 꽃, 양봉용 벌집 등이 있다. 일반인은 올라갈 수 없지만, 주변의 더 높은 호텔에 묵는다면 내려다볼 수도 있다.

ADD 121 N La Salle St

피카소 조형물
The Picasso, untitled

피카소가 시카고 시민들에게 선물한 작품. 자신이 키우던 아프간하운드에서 영감을 얻어 제작했다. 무제로 제작했지만, 현지인들은 '피카소' 혹은 '시카고 피카소'라고 부르면서 아끼는 작품이다.

ADD 50 W Washington St(시카고 시청 앞)

미로의 시카고
Miró's Chicago

대지의 신이 태양, 달, 혹은 별을 향해 두 팔을 벌린 모습으로 세워진 조형물이다. '태양, 달, 그리고 별 하나(The Sun, The Moon, and One Star)'라는 원래 제목보다 '미로의 시카고' 혹은 '미스 시카고'라는 별명이 더 유명하다.

ADD 77 W Washington St(피카소 조형물 길 건너)

샤갈의 사계절
Chagall's Four Seasons

밝고 몽환적인 샤갈의 회화 특징을 고스란히 가져온 거대한 직사각형 모자이크 조형물이다. 신체적, 정신적으로 변모하는 인간의 삶을 계절에 빗대어 표현했다. 1974년에 최초 설치되었고, 1994년에 보수하면서 작품 보호를 위해 유리 천장이 추가되었다.

ADD 10 S Dearborn St(체이스 타워 앞)

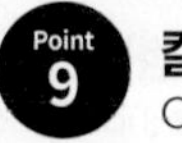

칼더의 플라밍고
Calder's Flamingo

모빌(움직이는 조각)의 창시자 알렉산더 칼더(Alexander Calder)가 만든 스테이빌(Stabile: 고정된 조각) 작품. 온통 검고 칙칙한 주변 사무실 환경에 자극을 주기 위해 생생한 붉은색인 칼더 레드(Calder Red)로 제작됐다. 필요시 새로 페인팅한다.

ADD 210 S Dearborn St

루커리 빌딩
Rookery Building

1888년 완공된 건물로 현대적인 철골 구조에 전통적인 석조 외장을 접목한 과도기적 형태를 띠어 건축사에서 의의가 큰 건물이다. 1905년 프랭크 로이드 라이트가 리모델링한 로비, 라이트 코트(Light Court) 1층은 일반에 무료 공개하며, 가이드 투어($12)를 통해서는 3층까지 올라갈 수 있다.

ADD 209 S La Salle St
OPEN 07:00~18:00(토 08:00~14:00)
WEB therookerybuilding.com

3 소장품이 무려 30만 점!
시카고 미술관
Art Institute of Chicago

1866년 미술교육기관으로 출발해 소장품 수(30만 점)로는 뉴욕 메트로폴리탄의 뒤를 잇는 미국 제2의 미술관이다. 고대 이집트 공예품부터 현대에 이르는 방대한 작품을 전시하며, 순수 미술은 물론, 장식 미술 분야에서도 영향력이 크다. 특히 미국과 유럽의 시대별 인테리어를 68개의 정교한 미니어처로 전시한 손 미니어처 룸(Thorn Miniature Room)이 영감을 자극한다. 입구는 2곳으로, 미시간 애비뉴 방향의 정문을 통해 본관으로 들어가거나 밀레니엄 파크에서 니컬스 다리를 건넌 후 신관인 모던 윙(Modern Wing)으로 입장한다. 모던 윙에는 시카고 출신 건축가 프랭크 로이드 라이트의 스케치와 가구를 비롯해 피카소, 잭슨 폴록, 앤디 워홀의 작품과 멀티미디어 작품을 아우르는 현대 미술품이 전시돼 있다. 1977년 샤갈이 미국 독립 200주년을 기념해 기증한 푸른빛의 스테인드글라스, 아메리카 윈도스(America Windows)를 꼭 감상하자. MAP ㉒

ADD 111 S Michigan Ave
OPEN 11:00~17:00(목 ~20:00)/화·수요일 휴무
PRICE $32
WEB artic.edu
ACCESS 밀레니엄 파크 클라우드 게이트에서 도보 6분/
CTA 트레인 Adams/Wabas역에서 도보 3분

신고전주의 양식의 웅장한 본관
건축가 렌조 피아노가 설계한 모던 윙
샤갈의 스테인드글라스(갤러리 144)

: WRITER'S PICK :

관람 순서와 관람 팁

❶ 입장권이 있으면 당일에 한해 재입장할 수 있으니 관람 도중에 밀레니엄 파크를 다녀와도 된다.

❷ 미술관 내부의 더 카페(The Cafe)나 모던 바(Modern Bar)에서 가벼운 식사나 음료를 즐기며 쉬어 가면 좋다.

+MORE+

루트 66의 기점은 시카고에 있다!

장장 3948km에 달하는 대륙횡단 도로 루트 66(U.S. Route 66)은 시카고 미술관 본관 앞에서 시작해 캘리포니아 LA 근교 산타모니카(디스 이즈 미국 서부 102p)에서 끝난다. 미국인에게 향수를 불러일으키는 로드 트립의 대명사로, 길거리 표지판 앞에서 기념사진을 촬영해보자.

Collection Highlight
시카고 미술관 주요 작품

박물관 무료 앱을 다운받으면 작품 해설을 들을 수 있다. 주요 15개 작품에 관한 에센셜 투어는 한국어도 제공되니 미리 이어폰을 준비해서 입장할 것. 대표작이 모여 있는 본관 2층, '파리의 거리, 비 오는 날' 갤러리 201부터 시작한다.

카유보트 Gustave Caillebotte

'파리의 거리, 비 오는 날 Paris Street; Rainy Day' 1877

갤러리 201

도시인의 자화상을 담은 작품이다. 전경의 커플은 당시 파리의 최신 유행복 차림이지만, 표정은 다소 우울하다. 사람들은 각자 자기 생각에만 골몰한 모습이고 서로 쳐다보지 않는다. 우산은 비를 피하는 역할뿐 아니라 타인의 시선도 가려주는 도구로 쓰였다. 커플은 앞에 다가오는 남자를 외면한 채 먼 곳을 보고 있는데, 이는 관객으로부터의 시선 도피이기도 하다. 당시 보편화된 사진의 구도를 회화에 접목해 주인공을 온전히 그리지 않고 잘라낸 구도도 눈여겨볼 부분이다.

쇠라 Georges Seurat

'그랑드 자트 섬의 일요일 A Sunday on La Grande Jatte' 1884

갤러리 240

회화의 가장 중요한 요소 중 하나인 선을 쓰지 않고 점으로 형상을 그려내는 점묘법 작품 중 최초에 꼽히는 대표작이다. 점묘법은 물감을 팔레트에서 섞는 것을 지양하고 색점을 배치하여 표현하는데, 빛은 섞을수록 밝아지는 데 반해 물감은 색은 섞었을 때 어두워지는 난점을 극복하기 위해 만들어진 기법이다. 조르주 쇠라는 선배 인상파 화가들과 다른 방법으로 빛을 그려냈다. 작품을 멀리 또는 가까이에서 번갈아 감상하면서 점묘법의 효과를 확인해보자.

반 고흐 Vincent van Gogh

'아를의 침실 The Bedroom' 1889

갤러리 241

프랑스 아를에 있는 노란 집, 자신의 방을 그린 작품이다. 강렬한 보색대비와 쏟아질 듯한 액자, 직사각형이 아닌 마름모꼴로 틀어진 방의 각도가 보는 사람을 불안하게 하지만, 반 고흐에게는 안락한 휴식처였다. 반 고흐가 남긴 총 3점의 침실 그림은 각각은 오른쪽 액자 속 주인공이 모두 다르다. 시카고 미술관에 소장된 작품은 두 번째 작품으로, 반 고흐의 어머니와 여동생이 그려져 있다.

피카소 Pablo Picasso

'늙은 기타 연주자 The Old Guitarist'
1903~1904 **갤러리 391**

삶과 그림 전반에 걸쳐 빈곤과 우울함이 파고들었던 피카소의 청색 시대 작품이다. 1901~1904년 피카소는 인간의 비참함과 소외를 주제로 한 일련의 작품들을 청색조로 그려냈다. 당시 그는 사랑에 실패한 친구의 자살과 가난으로 정신이 피폐한 상황이었다.
이 작품에서 피카소는 늙고 눈먼 기타리스트에 자신을 투영했다. 가난하고 비참한 현실 속에서 내면을 더 깊이 들여다보는 예술가는 다름 아닌 자기 자신이다.

우드 Grant Wood

'아메리칸 고딕 American Gothic' 1930 **갤러리 263**

뾰족한 지붕에 아치형 창문이 달린 고딕 양식의 집, 멜빵바지 작업복에 건초용 갈퀴를 든 경직된 아버지, 고전적인 앞치마를 입고 그곳을 벗어나고 싶은 듯 다른 곳을 바라보는 딸은 미국 중부 아이오와 시골의 전형이다. 이 작품이 발표됐을 때 아이오와 주민들은 고향에 대한 부정적인 인상을 심어준다고 생각해 싫어했다. 하지만 대공황의 여파가 점차 커지자 두 인물의 표정은 선조들의 강건한 개척 정신의 표상으로, 고딕 양식의 집은 마음의 고향으로 받아들여지면서 선풍적인 인기를 끌게 됐다.

호퍼 Edward Hopper

'밤을 지새우는 사람들 Nighthawks' 1942 **갤러리 262**

현대 도시인의 고독과 단절, 소외를 주제로 그림을 그렸던 에드워드 호퍼의 대표작이다. 인적이 끊긴 대도시의 밤, 불을 환하게 밝힌 길모퉁이 식당에 종업원과 커플, 등을 돌린 한 남자가 있다. 커플은 등 돌린 남자를 더욱 외로워 보이게 하고, 화면 속 적막과 고요함이 관객에게 생생하게 전달된다. 단순한 도시의 밤 풍경이 아니라 외롭고 단절된 도시인의 심리적 풍경화이다.

토머스 Alma Thomas

'별이 빛나는 밤과 우주 비행사 Starry Night and the Astronauts' 1972
갤러리 291

반 고흐의 '별이 빛나는 밤에'에서 영감을 받고 1969년 최초의 달 착륙에 매료되어 그린 작품. 짧고 리듬감 있는 페인팅으로 경쾌하고 리듬감 있는 우주의 밤하늘을 표현했다.

#Zone 2

쇼핑가 매그니피슨트 마일 따라 걷기

니어 노스 사이드 Near North Side

시카고강의 북쪽 일대는 루프 다음으로 고층 빌딩이 많은 지역이다. 트럼프 호텔, 리글리 빌딩 등 건축 크루즈에서 보는 고층 빌딩의 절반은 니어 노스 사이드에 자리 잡고 있다. 유명 럭셔리 호텔, 레스토랑 및 고급 쇼핑센터도 이쪽에 모여 있다. 북쪽의 360 시카고 전망대에서 매그니피슨트 마일을 따라 루프의 듀세이블 다리까지는 1.2km, 충분히 걸어서 다닐 수 있는 범위지만 네이비 피어로 갈 때는 버스를 이용하는 것이 좋다.

CHECK

- 이 구역에서는 CTA 트레인보다는 버스가 편리하다.
- 낮에 매그니피슨트 마일을 구경하고 오후에 네이비 피어로 이동하면 시카고의 노을을 즐길 수 있다.

네이비 피어에서 본 니어 노스 사이드

1 19세기에 지어진 공공건물
시카고 워터 타워
Chicago Water Tower

모던한 마천루 사이에 두드러지는 신고딕 양식의 건물이다. 1869년 미시간 호수의 물을 끌어오는 펌프로 완공되었는데, 1871년 시카고 대화재에 살아남은 유일한 공공건물로 알려지면서 유명해졌다. 비록 화재 당시 지붕이 불타면서 펌프 작동이 멈추는 바람에 화재 진압에 기여하지는 못했지만, 건물 자체는 살아남았다. 현재는 지역 작가의 작품을 전시하는 갤러리로 운영하며, 전시가 있을 때만 문을 연다. MAP ㉒

ADD 806 Michigan Ave
ACCESS CTA 트레인 레드라인 Chicago역에서 도보 4분

워터 타워 건너편의 양수장(Pumping Station)

2 호숫가의 신나는 테마파크
네이비 피어
Navy Pier

시카고강이 미시간 호수를 만나는 부두 위에 지어진 네이비 피어는 도시의 스카이라인이 한눈에 들어오는 멋진 전망 포인트로 꼽힌다. 제2차 세계대전 때는 해군 훈련 시설로, 이후에는 일리노이 대학의 캠퍼스로 활용되다가, 1995년부터 복합 레저 시설로 변모했다. 중앙에는 대관람차와 회전목마 등을 갖춘 작은 놀이공원이 있고, 선착장에서는 시카고강을 따라 유람하는 쇼어라인 건축 크루즈, 호수를 종횡무진하는 스피드보트, 저녁 식사를 즐기며 시카고의 스카이라인을 감상하는 디너 크루즈가 출발한다.

5월 마지막 월요일(메모리얼 데이)부터 9월 첫째 월요일(노동절)까지는 수요일과 토요일에 불꽃놀이도 펼쳐진다. 바람이 강하게 부는 편이라서 따뜻한 옷을 챙겨야 한다. MAP ㉒

ADD 600 E Grand Ave
OPEN 11:00~21:00(금·토 ~22:00)/업체별로 다름, 겨울철 1시간 단축
WEB navypier.org
ACCESS CTA 버스 29·66·124번을 타고 Navy Pier Terminal 하차

센테니얼 휠

비어 가든

네이비 피어 관람 포인트

네이비 피어는 다양한 즐길 거리와 먹거리로 가득하다.
어른도 아이도 즐기기 좋은 엔터테인먼트 시설을 소개한다.

센테니얼 휠
Centennial Wheel

네이비 피어 100주년을 맞이한 2016년에 기존의 대관람차보다 큰 61m 높이로 설치했다. 낮에는 미시간 호수의 풍경을 감상하고, 밤에는 시카고 야경을 즐기기 좋은 네이비 피어의 상징이다. 회전목마, 플라잉 체어 같은 놀이기구도 있다.

OPEN 11:00~20:00(토·일 ~21:00)
PRICE 대관람차 $18, 나머지 개당 $5

플라이오버 시카고
Flyover Chicago

시카고의 스카이라인을 비행하는 짜릿한 4D 비행 시뮬레이션 체험. 좌석이 흔들리기 때문에 성인을 동반한 키 102cm 이상 어린이부터 탑승할 수 있다.

OPEN 11:00~21:00(토·일 ~22:00)/겨울철 1시간 단축
PRICE $34
WEB experienceflyover.com/chicago

펀하우스 메이즈
Funhouse Maze

미디어 아트와 미로 탈출 게임을 접목한 어른들의 놀이터. 반짝이는 조명과 반사 거울 등으로 이루어진 어두운 공간을 탐험하는 어트랙션이다. 내부가 어두워 어린이에게는 적합하지 않다.

OPEN 11:00~21:00(토·일 ~22:00)/겨울철 11:00~20:00(토·일 ~21:00)
PRICE $16~17/미로에 따라 다름
WEB amazingchicago.com

시카고 어린이 박물관
Chicago Children's Museum

어린이를 위한 체험형 박물관. 공룡 체험실에서 화석을 발굴하고, 물과 관련된 재미있는 실험을 하거나 소방차를 타고 안전 교육을 받는 등 다양한 놀이 실습이 진행된다.

OPEN 10:00~17:00(겨울철 월~목 ~14:00)/화요일 휴무
PRICE $23 **WEB** chicagochildrensmuseum.org

네이비 피어 맛집
Navy Pier Foods

시카고 3대 맛집 중 하나인 지오다노스, 시카고 명물인 가렛 팝콘 등은 물론이고, 간편한 식사를 할 수 있는 대형 푸드홀까지 갖췄다. 여름철에는 미시간 호수를 바라보며 맥주를 마실 수 있는 야외 비어 가든도 인기 만점이다.

OPEN 11:00~17:00/매장별로 다름

SPECIAL PAGE

시카고 쇼핑은 여기서

매그니피슨트 마일 Magnificent Mile

듀세이블 다리 북단의 리글리 빌딩부터 시작되는 노스 미시간 대로(North Michigan Avenue) 일대의 쇼핑가를 매그니피슨트 마일이라고 한다. 이름처럼 '환상적인' 시카고의 중심 쇼핑가이자 모던한 관광 스폿으로, 블루밍데일즈, 니만 마커스, 삭스 피프스 애비뉴 등의 유명 백화점과 명품 매장, 대중적인 브랜드 매장이 약 1.3km에 걸쳐 늘어섰다. MAP ㉒

❷ 글로시에
900 노스 미시간 숍스 ❶
North Michigan Avenue
360 시카고 전망대 (구)존 핸콕 센터
워터 타워
스탠스 도넛 Ⓡ
❸ 랄프스 커피 (랄프 로렌)
티파니앤코 Ⓢ
지오다노스 Ⓡ
Ⓢ 니만 마커스
삭스 피프스 애비뉴 Ⓢ
매그니피슨트 마일 Magnificent Mile
시카고 컵스 팀스토어 ❺
❹ 나이키 시카고
스타벅스 리저브 로스터리 ❻
Ⓡ 가렛 팝콘
언더아머 ❼
Ⓢ 세포라
노드스트롬 Ⓢ
North Michigan Avenue
트리뷴 타워
❽ 아이스크림 박물관
루 말나티스 Ⓡ
리글리 빌딩
기라델리 ❾
듀세이블 다리

❶ 900 노스 미시간 숍스

900 North Michigan Shops

블루밍데일즈 백화점과 다양한 패션 매장이 입점한 대형 쇼핑몰.

ADD 900 Michigan Ave

❷ 글로시에

Glossier

미국 MZ세대가 사랑하는 핑크 립밤이 스테디셀러

ADD 932 N Rush St

❸ 랄프스 커피

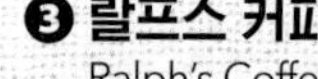
Ralph's Coffee

랄프 로렌의 자체 브랜드 커피숍. 쇼핑도 하고, 커피 한잔도 하고!

ADD 750 Michigan Ave

❹ 나이키 시카고
Nike Chicago

나이키의 플래그십 스토어

ADD 669 Michigan Ave

❺ 시카고 컵스 팀스토어
Chicago Cubs Team Store

MLB 야구팀 시카고 컵스의 굿즈로 가득한 기념품점

ADD 668 Michigan Ave

❻ 스타벅스 리저브 로스터리
Starbucks Reserve Roastery

세계에서 가장 큰 스타벅스 리저브가 여기!

ADD 646 Michigan Ave

❼ 언더아머
Under Armour

스포츠웨어 브랜드 언더아머의 플래그십 스토어

ADD 600 N Michigan Ave

❽ 아이스크림 박물관
Museum of Ice Cream

인스타 감성의 핑크 박물관. 무제한 아이스크림은 덤!

ADD 435 N Michigan Ave(트리뷴 타워 내부)
PRICE $24~38(요일 및 시간에 따라 다름)
WEB museumoficecream.com

❾ 기라델리
Ghirardelli

샌프란시스코에서 온 명물 초콜릿숍. 아이스크림 맛도 굿! 리글리 빌딩 1층에 있다.

ADD 400 N Michigan Ave Suite 100

딥 디시 피자의 고향

시카고 명물 맛집

그 유명한 시카고 피자부터 시카고 핫도그와 이탈리안 비프 샌드위치까지!
시카고는 고유의 음식문화에 대한 자부심이 강해서 뉴욕 vs 시카고 스타일로 논쟁이 벌어지기도 한다.
피자의 경우 클래식 2~3인용에 해당하는 10인치(25.4cm) 스몰 사이즈가 기본이며,
보통 주문 즉시 만들기 시작해 완성하기까지 30~45분이 걸린다. 상세 주문 방법은 125p.

딥 디시 피자의 원조

피제리아 우노 Pizzeria Uno

1943년 설립해 글로벌 기업으로 성장한 피자 전문점. 깊은 팬에 도우를 깔고 치즈와 토마토소스를 2~3인치(5~7.5cm) 높이로 쌓아서 구워내, 도우가 그릇처럼 감싸는 모양의 딥 디시(Deep-dish) 피자를 처음으로 선보인 원조 매장이다. 바삭한 도우 안에 채워진 두툼한 속 재료, 고소한 치즈와 풍미 좋은 토마토소스, 아삭한 피망 등 원조의 맛이 고스란히 전해진다. 빈티지한 간판과 실내 인테리어를 보는 재미도 쏠쏠. 대기자가 너무 많으면 북쪽으로 한 블록 떨어진 2호점, 피제리아 두에(DUE)가 대안이다. **MAP ㉒**

ADD 29 E Ohio St(니어 노스 사이드)
OPEN 11:00~23:00
PRICE 사이즈별로 $17~44
WEB unos.com
ACCESS 듀세이블 다리에서 도보 10분/
CTA 트레인 레드라인 Grand역에서 도보 2분

원조 타이틀은 양보 못 해!

루 말나티스 Lou Malnati's

피제리아 우노의 셰프였던 루디 말나티가 독립해 1971년 차린 가게다. 피제리아 우노와 원조 다툼을 하고 있는데, 도우의 바삭함과 특유의 풍미를 가지고 십인십색의 논쟁이 펼쳐진다. 따라서 2곳의 맛을 비교해보는 것도 재밌는 경험. 루 말나티스에도 1인용 스몰 사이즈가 있지만, 그보다 크기가 커야 더 맛있다는 평이 대세다. 현재 일리노이와 주변 주에 80여 개 매장을 지닌 대형 체인으로 성장했으며, 그중 방문하기 편한 곳은 리글리 빌딩 1층의 매그니피슨트 마일점이다. **MAP ㉒**

ADD 410 N Michigan Ave(매그니피슨트 마일)
OPEN 11:00~23:00(금 ~24:00)
PRICE 사이즈별로 $15~40
WEB loumalnatis.com
ACCESS 듀세이블 다리에서 도보 2분

접근성이 단연 최고
지오다노스
Giordano's

치즈뿐 아니라 살라미까지 넣어 속을 꽉 채운 스터프트 피자(Stuffed Pizza) 스타일을 맛볼 수 있는 곳이다. 이탈리아 토리노 출신 형제가 1974년에 설립한 레스토랑으로, 미국 전역에 총 65개의 매장을 가진 체인점으로 성장했다. 시카고 3대 피자 중에서는 상대적으로 적은 편이지만, 시카고 주요 관광지(매그니피슨트 마일, 네이비 피어, 밀레니엄 파크)마다 매장이 있어 여행자들의 접근성은 훨씬 뛰어나다. MAP ㉒

PRICE 사이즈별로 $22~44
WEB giordanos.com

루프점
ADD 130 E Randolph St
OPEN 11:00~24:00(겨울철 ~22:00)
ACCESS 듀세이블 다리에서 도보 7분

매그니피슨트 마일점
ADD 730 N Rush St
OPEN 11:00~23:00
(금·토 ~24:00, 겨울철 ~22:00)
ACCESS 듀세이블 다리에서 도보 12분

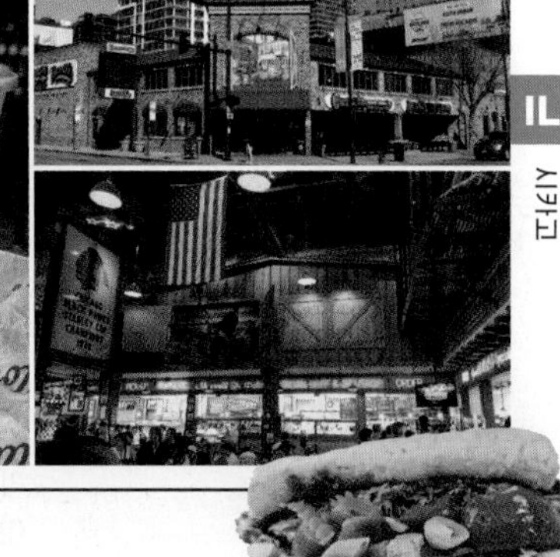

시카고 핫도그 잘하는 집
포틸로스
Portillo's & Barnelli's Chicago

이탈리안 비프 샌드위치

핫도그로 소문난 명물 레스토랑. 시카고 스타일 핫도그는 양귀비씨를 뿌린 번에 소고기 프랑크푸르트 소시지, 잘게 썬 양파와 기다란 오이 피클, 토마토 슬라이스와 통고추 피클을 넣고, 케첩 대신 머스터드소스를 바른다. 핫도그에 든 산뜻한 통오이 피클과 통고추 피클을 함께 먹으면 더욱 절묘한 맛. 소고기가 듬뿍 든 이탈리안 비프 샌드위치도 핫도그 못지 않게 맛있다. 카운터에서 주문하고 계산서의 번호표 순서대로 음식을 픽업해 원하는 자리에 앉아서 먹는 방식. 카드 결제만 가능하다. MAP ㉒

ADD 100 W Ontario St(니어 노스 사이드)
OPEN 10:00~01:00
PRICE $(핫도그 $4.5~6.5, 이탈리안 샌드위치 $8.5~10)
WEB portillos.com
ACCESS 듀세이블 다리에서 도보 16분/CTA 트레인 레드라인 Grand역에서 도보 5분

소고기 듬뿍 샌드위치
알스 #1 이탈리안 비프
Al's #1 Italian Beef

소고기 슬라이스가 듬뿍 들어간 시카고 스타일의 이탈리안 비프 샌드위치가 대표 메뉴. 빵 속을 가득 채운 비프 슬라이스와 산뜻한 피클의 밸런스가 훌륭한 맛을 선사한다. 기본 비프 샌드위치에 피클과 치즈를 추가해보자. 피클은 매콤한 맛과 달콤한 맛 중에 선택할 수 있다. MAP ㉒

ADD 548 N Wells St(니어 노스 사이드)
OPEN 10:00~24:00(일 ~20:00)
PRICE $(샌드위치 $12~14)
WEB alsbeef.com
ACCESS 듀세이블 다리에서 도보 20분/CTA 트레인 레드라인 Grand역에서 도보 10분

시카고 현지인 추천!

루프 & 매그니피슨트 마일 맛집

루프와 매그니피슨트 마일은 시카고의 중심이자 핵심 관광 지구다. 고층빌딩마다 각종 사업체가 빼곡히 입주한 이 일대는 직장인이 사랑하는 현지인 단골 맛집이 많아서 맛과 가격에 대한 신뢰가 특히 높다.

지중해 요리 전문점

퍼플 피그

Purple Pig

스페인식 타파스와 그리스 요리를 선보이는 레스토랑. 스페인식 문어 요리나 오징어 먹물 파스타와 같은 해산물 요리를 비롯해 돼지 골수, 돼지 귀 튀김 등 돼지고기 요리로도 유명하다. 2011년부터 미슐랭 가이드 빕 구르망에 꾸준히 선정되는 맛집. 예약은 필수다. **MAP 22**

ADD 444 N Michigan Ave(매그니피슨트 마일)
OPEN 11:00~22:00
PRICE $$(단품 $30~42)
WEB thepurplepigchicago.com
ACCESS 리글리 빌딩에서 도보 2분

미국 감성 다이너

에드 드베빅스

Ed Debevic's

80년대 영화 속 한 장면 같은 인테리어와 매장 직원의 복장이 인상적인 레스토랑. 아침 식사는 달걀 등 가벼운 음식 위주고, 점심과 저녁에는 다양한 종류의 버거와 샌드위치를 선보인다. 너무 커서 한입에 다 들어가지 않는 빅 사이즈 버거에 도전해보자. 여름에는 예약 권장. **MAP 22**

ADD 159 E Ohio St(매그니피슨트 마일)
OPEN 08:00~21:00
PRICE $(단품 $15~20)
WEB eddebevics.com
ACCESS 듀세이블 다리에서 도보 7분

시카고에서 찾은 인생 버거

오 슈발

Au Cheval

미국식 다이너이자 펍이다. 트래디셔널 샌드위치(치즈버거)가 주력 메뉴로, 프렌치 풍을 가미한 반숙 달걀프라이를 얹어 맛과 비주얼을 동시에 잡았다. 닭 간이나 소 골수 등으로 만든 독특한 메뉴들도 눈길을 사로잡는다. 예약을 받지 않아서 성수기에는 긴 줄을 각오해야 하는 곳. 가게명은 프랑스어로 '말 위에서'라는 뜻이다. **MAP 22**

ADD 800 W Randolph St(웨스트 루프)
OPEN 10:00~23:15(일 ~22:15)
PRICE $~$$(단품 $15~25)
WEB auchevaldiner.com/chicago
ACCESS CTA 트레인 핑크·그린라인 Morgan역에서 도보 7분

로컬들의 브런치 맛집

에그 하버 카페

Egg Harbor Cafe

3대째 가업으로 이어온 브런치 전문 레스토랑. 미국 동부에만 22개의 지점이 있을 만큼 인기가 높다. 아침 식사에 어울리는 다양한 달걀 요리와 팬케이크, 와플 등을 선보이는데, 모양잡기 쉽지 않은 여러 가지 달걀 요리를 예쁜 플레이팅으로 담아낸다. 무엇을 주문하든 양 많음 주의! 커피는 아예 커피포트에 담아주는데, 머그잔 가득 3잔이 넘는 분량이다. 요청 시 남은 음식이나 커피를 셀프 포장할 수 있는 테이크아웃 용기를 준다. **MAP ㉒**

ADD 220 E Illinois St(매그니피슨트 마일)
OPEN 07:00~14:00
PRICE $(단품 $15~20)
WEB eggharborcafe.com
ACCESS 듀세이블 다리에서 도보 6분

커피 대신 스무디 어때?

큐피톨 커피앤이터리

Cupitol Coffee & Eatery

노란색 간판이 귀여운 브런치 레스토랑. 베이커리도 갖춰서 간단한 메뉴를 포장 주문하기 좋다. 커피도 맛있지만, 컬러풀한 스무디와 생과일 주스도 추천 메뉴다. 계산대에서 주문하고 번호표를 받으면 테이블로 음식을 가져다준다. **MAP ㉒**

ADD 455 E Illinois St(매그니피슨트 마일 근처)
OPEN 07:00~16:00
PRICE $(단품 $10~15, 생과일 주스$12)
WEB cupitol.com
ACCESS 듀세이블 다리에서 도보 13분

미국 맛은 역시 팬케이크

와일드베리 팬케이크앤카페

Wildberry Pancakes and Cafe

갓 구운 팬케이크를 겹겹이 쌓아 초코소스와 시럽을 뿌리고, 슈거파우더, 딸기, 블루베리, 라즈베리 등 각종 베리를 얹어준다. 폭신폭신한 식감에 달콤한 팬케이크는 아메리카노와 찰떡궁합! 식사 후 밀레니엄 파크나 리버워크를 산책해보자. 14:00에 폐점하니 시간 확인 필수. **MAP ㉒**

OPEN 07:00~14:00
PRICE $(단품 $15~20)
WEB wildberrycafe.com

루프점(밀레니엄 파크 근처)
ADD 130 E Randolph St

매그니피슨트 마일점
ADD 196 E Pearson St

카페가 곧 핫플!

카페와 디저트집

세계에서 가장 큰 스타벅스 로스터리, 우리나라에도 상륙한 인텔리젠시아 커피, 시카고 믹스로 유명한 가렛 팝콘 또한 시카고 여행의 한 챕터를 차지한다.

세계에서 가장 큰 스타벅스

스타벅스 리저브 로스터리

Starbucks Reserve Roastery

총 4개 층과 루프톱 테라스로 구성된 초대형 매장이다. 1층에서는 원두와 각종 굿즈 및 테이크아웃용 베이커리와 커피를 판매하고, 로스팅 기계로 갓 볶은 원두가 파이프를 통해 커피 바까지 빠르게 보내진다. 2층은 빵과 피자, 샌드위치 및 카놀리, 티라미수 등의 디저트를 판매하는 이탈리아 정통 베이커리, 3층은 체험실과 커피 바(Coffee Bar)다. 가장 인기가 높은 4층은 리저브 로스터리에서만 볼 수 있는 칵테일 바로, 알코올이 함유된 특별한 커피를 맛볼 수 있다. 5층의 루프톱 테라스는 4층에서 엘리베이터로 연결되며, 쌀쌀한 날에는 난로가 가동된다. **MAP ㉒**

ADD 646 Michigan Ave
OPEN 08:00~20:00(금~일 ~21:30)
PRICE $(커피 칵테일 $16~18, 스페셜티 커피 $7~9)
WEB starbucksreserve.com
ACCESS 듀세이블 다리에서 도보 9분

미국 3대 스페셜티 커피

인텔리젠시아

Intelligentsia Coffee

시카고는 미국 3대 스페셜티 커피로 손꼽히는 인텔리젠시아 커피의 탄생지다. 산미를 좋아한다면 싱글 오리진 원두를 선택하고, 균형 잡힌 풍미를 원한다면 시그니처 블렌딩인 블랙캣 에스프레소로 주문해보자. 1995년 오픈한 1호점은 관광지와 거리가 먼 니어 웨스트 사이드에 있으므로, 밀레니엄 파크 앞 매장 방문을 추천. 카페 분위기는 평범하지만, 커피를 사 들고 공원으로 가기 좋은 위치다.

PRICE $(커피 $4~7)
WEB intelligentsia.com

니어 웨스트 사이드점(본점) **MAP ㉔**
ADD 1850 W Fulton St
OPEN 08:30~17:00(화 ~14:00)/토·일요일 휴무
(리모델링 후 2025년 4월 18일 재오픈 예정)

루프점(밀레니엄 파크 근처) **MAP ㉒**
ADD 53 E Randolph St
OPEN 07:00~19:00

안 먹고는 못 배기는 시카고 명물 간식

가렛 팝콘

Garrett Popcorn

1949년 시카고에서 가렛 가족의 비법 레시피로 문을 연 가게. 버펄로 랜치, 치즈 콘, 캐러멜 크리스피, 버터리 등 다양한 맛이 특징이다. 이중 치즈 팝콘과 캐러멜 크리스피 팝콘을 1:1로 섞은 '가렛 믹스'는 캐러멜의 단맛을 치즈가 잡아주고, 치즈 팝콘의 짭짤함은 캐러멜이 보완하는 아이디어! 시내를 관광하다 보면 쉽게 만날 수 있고, 공항 탑승장에도 매장이 있다. MAP 22

OPEN 10:00~20:00(금·토 ~21:00)
PRICE $(미디움 사이즈 기준 $8~15)
WEB garrettpopcorn.com

매그니피슨트 마일점
ADD 625 N Michigan Ave

루프점(밀레니엄 파크 근처)
ADD 173 Michigan Ave

비주얼까지 완벽!

스탠스 도넛

Stan's Donuts & Coffee

온통 핑크색으로 칠해진 인테리어가 눈길을 끄는 도넛 가게. 다양한 종류의 도넛 중에서도 보스턴 크림 도넛과 초콜릿이나 피넛버터앤젤리를 넣은 포켓이 시그니처 메뉴다. 매장에서 직접 굽는 것이 아니라 오픈 시점에 맞춰서 배달된 도넛을 판매하는 방식. 보통 오전 11시가 넘으면 인기 도넛부터 품절되기 시작한다. MAP 22

OPEN 06:00~20:00
PRICE $
WEB stansdonuts.com

매그니피슨트 마일점
ADD 750 N Rush St

밀레니엄 파크점
ADD 181 Michigan Ave

골목 안 숨은 보석

히어로 커피앤베이글 바

Hero Coffee and Bagel Bar

시카고 시내 여러 지점 중에서 관광객이 가야 할 곳은 시카고 미술관 근처의 잭슨 블러바드점이다. 주문 공간은 1~2명이 겨우 설 수 있을 정도로 협소하지만, 건물 사이 좁은 골목에 마련된 테이블에서 커피를 마실 수 있다. 반짝이는 조명을 설치해 인증샷 명소로 한창 유명했던 장소. 직접 로스팅한 원두와 맛있는 베이글 샌드위치도 판매한다. MAP 22

ADD 22 E Jackson Blvd
OPEN 08:00~15:00/일요일 휴무
PRICE $
WEB herocoffeeandbagelbar.com
ACCESS 시카고 미술관에서 도보 5분

팁 부담 없이 간편하게

시카고 푸드홀

시카고 최고의 관광지이자 업무지구인 루프에는 여러 곳의 푸드홀이 있다. 밀레니엄 파크를 산책하거나 빌딩가를 돌아다니며 쇼핑하다가 간편하고 저렴하게 끼니를 해결할 수 있는 푸드홀 위주로 소개한다.

스카이데크 가는 길목

카탈로그

Catalog at Willis Tower

윌리스 타워 1층, 스카이데크로 갈 때 반드시 지나는 곳에 자리한 푸드홀. 입점 매장은 많지 않지만, 쉐이크쉑 버거, 두 라잇 도넛, 시푸드 볼 전문점인 브라운 백(Brown Bag), 현지인이 즐겨 찾는 스시산(Sushi-San) 등 인기 브랜드 위주로 구성됐다. 최대 장점은 시크한 분위기의 인테리어다. MAP ㉒

ADD 320 W Jackson Blvd(윌리스 타워 내)
OPEN 08:00~20:00/토·일요일 휴무
(매장마다 다름)
PRICE $
WEB willistower.com/catalog
ACCESS CTA 트레인 브라운라인 Quincy역에서 도보 3분

시카고 직장인 맛집

스털링 푸드홀

Sterling Food Hall

미국 남부 애틀랜타와 서부 LA에서 운영 중인 푸드홀 전문 체인이다. 루프 지역 중앙에 있으며 주변 직장인들을 상대하는 곳이어서 더 믿음이 간다. 알로하 포케(Aloha Poke)에서는 탄수화물 베이스에 단백질 1종류와 채소를 조합해 먹는 하와이언 스타일의 포케볼, 아트 오브 도사(Art of Dosa)에서는 쌀 반죽을 얇게 부쳐 속 재료를 넣어 먹는 인도식 도사를 판매한다. 그밖에 버거, 샌드위치 등 든든하고 간편한 한 끼를 맛볼 수 있다. 음료 매장만 오전 8시부터 문을 열고, 나머지는 오전 10~11시 사이 오픈해서 오후 3시쯤 마감하는 곳이 많은 점을 참고하자. MAP ㉒

ADD 125 S Clark St(칼더의 플라밍고 근처)
OPEN 08:00~20:00/토·일요일 휴무
PRICE $
WEB thesterlingfoodhall.com
ACCESS CTA 트레인 Monroe역에서 도보 1분

뉴욕에서 온 푸드홀

어반스페이스

Urbanspace

뉴욕에서 사랑받는 미국식 푸드홀 어반스페이스가 시카고 루프 지역에도 문을 열었다. 랍스터롤, 샌드위치, 피자, 타코 등 어디서나 볼 수 있는 메뉴라도 각자의 개성을 가미해 맛으로 승부한다. 푸드홀은 오전 7시부터 문을 열지만, 매장마다 운영시간이 다르니 주의. MAP ㉒

루프점
ADD 15 W Washington St(피카소 조형물 근처)
OPEN 07:00~20:00(토 ~18:00, 겨울철 ~19:00)/
일요일 휴무(매장마다 다름)
PRICE $
ACCESS 밀레니엄 파크에서 도보 6분

본격 이탈리안 푸드홀

이탈리

Eataly Chicago

뉴욕에서 크게 성공한 이탈리아 식재료 전문점. 슈퍼마켓, 레스토랑, 푸드홀을 결합한 복합 매장으로, 대부분의 시판 제품과 식재료가 이탈리아에서 직접 공수되는 진짜 '이탈리아의 맛'이 특징! 2층에 레스토랑과 테이크아웃 매장, 취식 가능한 테이블 석이 마련돼 있다. MAP ㉒

ADD 43 E Ohio St(매그니피슨트 마일)
OPEN 07:00~22:00(금·토 ~23:00)
PRICE $
WEB eataly.com/us_en/stores/chicago
ACCESS 듀세이블 다리에서 도보 8분

어반스페이스에 입점한 스탠스 도넛

#Zone 7

시카고의 스카이라인을 한눈에

뮤지엄 캠퍼스 Museum Campus

루프 남쪽에 위치한 뮤지엄 캠퍼스는 그랜트 공원의 남단에서 미시간 호수를 따라 길게 뻗은 녹지와 산책로 지역이다. 시카고의 대표 박물관인 애들러 천문관, 필드 자연사 박물관, 셰드 아쿠아리움 등을 연결하는데, 시카고의 스카이라인을 한눈에 볼 수 있는 전망 포인트를 겸한다.

가장 가까운 CTA 트레인 루스벨트역에서 필드 자연사 박물관까지는 도보 15분, 애들러 천문관까지는 25분 거리이므로 버스 이용을 권장한다. 146번 버스가 매그니피슨트 마일과 루프 지역을 통과해 뮤지엄 캠퍼스를 한 바퀴 돌고 되돌아 나가며, 배차 간격도 10~20분이라 편리하다. 리글리 빌딩 기준 25분 정도 소요된다.

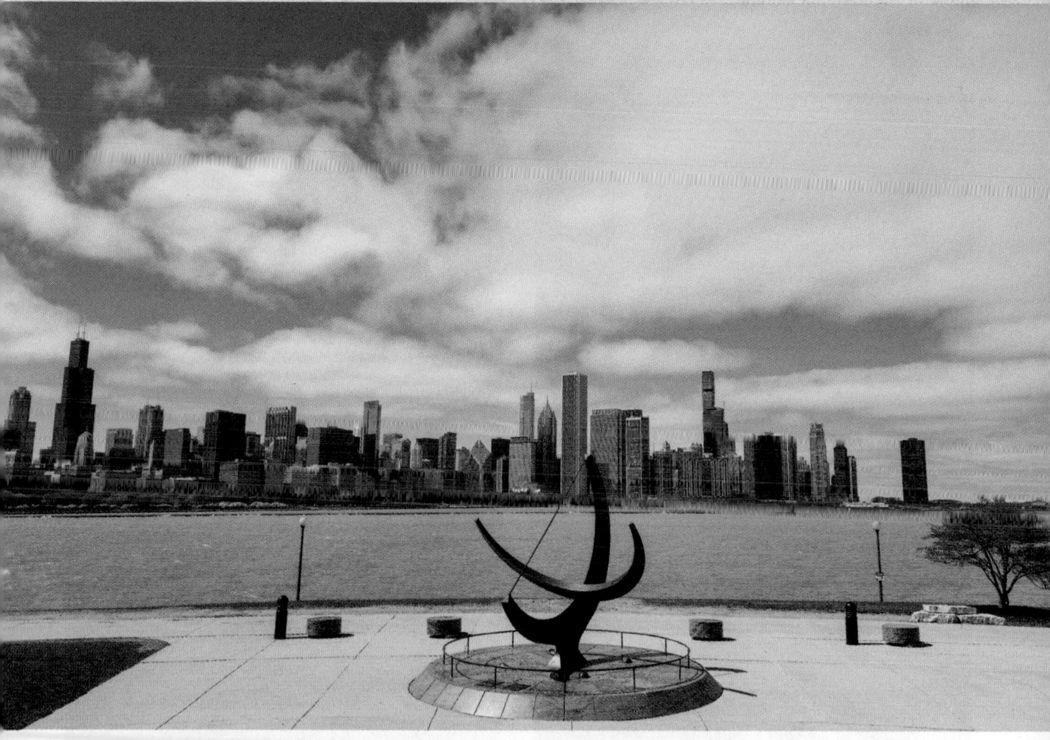

1 애들러 천문관을 가야 하는 이유 스카이라인 워크 Skyline Walk

애들러 천문관 앞의 산책로는 시카고 최고의 전망 포인트다. 한눈에 담기 어려운 시카고의 마천루가 파노라마 뷰로 펼쳐진다. 이곳에서 미시간 호수 너머 시카고 스카이라인을 꼭 촬영하자. 루프 지역 남쪽에 있어 언제 방문하더라도 역광이 아닌 것도 장점이다. 노을과 야경을 보러 가는 사람도 있지만, 밤에는 치안에 주의해야 한다. MAP ㉑

OPEN 24시간
PRICE 무료
ACCESS 천문관으로 가는 길

CHECK

➔ 전망이 중요한 곳이므로 날씨 좋은 날 방문할 것

➔ 교통수단이 따로 없는 공원에서는 많이 걷게 되니 편한 신발을 착용하자.

② 시카고의 밤하늘을 관측해볼까?
애들러 천문관
Adler Planetarium

1930년에 설립된 미국 최초의 천문관이다. 우주 탐사선 제미니 12호는 물론, 달과 화성에서 가져온 운석, 빅뱅 이후 현재까지의 우주 역사 및 각 문화권의 천체 관측 도구 등 다양한 전시가 흥미롭다.

야간 개장을 하는 수요일 밤에는 도안 천문대(Doane Observatory)에서 천문관 직원과 함께 천체 관측도 할 수 있다. 고층 건물의 광해가 밤하늘 관측을 방해하지만, 탁월한 접근성은 장점이다. 수요일 밤의 천체 관측은 맑은 날에만 가능하며, 개관 여부는 당일 매표소나 SNS를 통해 확인할 수 있다. 별도 입장권(온라인 사전 예매 필수)이 필요하다. **MAP ㉑**

ADD 1300 S DuSable Lake Shore Dr
OPEN 09:00~16:00(수 16:00~22:00)/10월~5월 화·목요일 휴무
PRICE $25(스카이 쇼 1개 포함 시 $32, 2개 포함 시 $40)
WEB adlerplanetarium.org
ACCESS CTA 버스 146번 Solidarity Dr & Planetarium 정류장에서 도보 1분

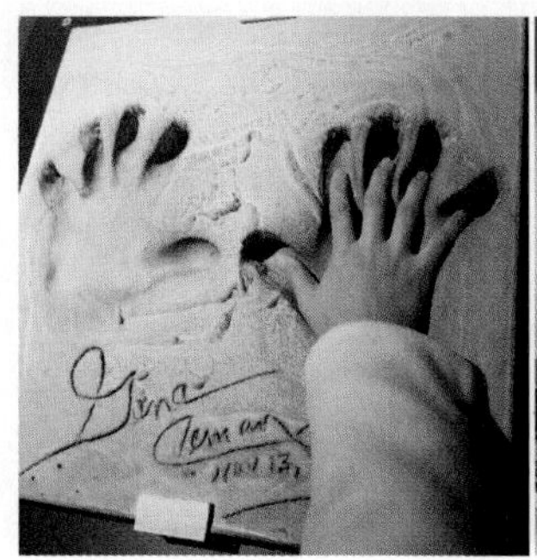

: WRITER'S PICK :

수요일은 주의하세요!

수요일은 천문관이 오후 4시부터 문을 여는 것에 주의하자. 또한, 일리노이주 거주자 무료 입장 혜택이 주어지는 날이어서 다른 요일보다 몹시 붐빌 수 있다.

3 내륙에서 만나는 바다
셰드 아쿠아리움
Shedd Aquarium

1930년 개장해 2005년 애틀랜타 조지아 아쿠아리움이 문을 열 때까지 75년간 세계 최대 규모 아쿠아리움이라는 타이틀을 보유했던 곳. 지속적인 보완·개선으로 내부 시설은 매우 현대적이며, 간판스타는 벨루가고래와 태평양 흰돌고래다. 어린이를 위한 촉감 프로그램이 다양한 것도 특징. 미시간 호수 너머로 시카고 전경이 내다보이는 야외 카페테라스에서 즐기는 휴식 또한 이곳을 찾는 이유다. 현재 설립 100주년을 앞둔 대규모 보수 공사(2027년 완료 예정)가 진행 중이라 많은 전시관이 임시 폐쇄됐으나 여전히 인기가 높아 사전 예약 후 방문을 권장한다. **MAP 21**

ADD 1200 S DuSable Lake Shore Dr
OPEN 09:00~18:00(화 ~22:00, 겨울철 ~17:00)
PRICE $40~50
WEB sheddaquarium.org
ACCESS CTA 버스 146번 Solidarity Drive & Aquarium 정류장에서 도보 2분

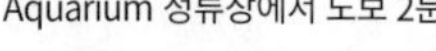

4 미국 최대 T-rex를 만나다
필드 자연사 박물관
Field Museum

수의 두개골 화석

뉴욕의 미국 자연사 박물관과 워싱턴 DC의 스미스소니언 국립 자연사 박물관에 이어 3번째로 큰 자연사 박물관이다. 지속해서 전시 방법을 보완하고 있으며, 영상 자료를 적극 활용하여 과거 지구와 생물의 모습을 재현하는 등 상상력의 지평을 넓히고 있다.
가장 인기 있는 전시관은 2층(Upper Level)에 자리한 공룡관이고, 대형 포유류와 맹금류 전시가 잘돼 있어서 공룡관 다음으로 인기 있는 포유류관과 조류관은 1층(Main Level)에 있다. **MAP 21**

ADD 1400 S Lake Shore Dr
OPEN 09:00~17:00
PRICE $30
WEB fieldmuseum.org
ACCESS CTA 버스 146번 Soldier Field & Field Museum 정류장에서 도보 2분

: WRITER'S PICK :

티라노사우루스, 수(SUE the T. Rex)를 만나다!

1990년 미국 사우스 다코타에서 발견된 이 공룡 화석은 지금까지 발견된 티라노사우루스 표본 중 가장 광범위하며, 가장 잘 보존된 표본 중 하나로, 90% 이상이 한 번에 대량으로 발굴되었다. 공룡 화석 전시본은 여러 마리의 뼈를 취합해서 하나로 만드는 것이 일반적이다.

19세에 성장을 마치고 티라노사우루스의 최장 수명인 28세까지 생존한 것으로 추측되며, 성별은 확인되지 않았으나 최초 발견자인 수 헨드릭슨(Sue Hendrickson)을 기념하여 '수(Sue)'라는 여성 이름이 붙여졌다. 과학자들의 연구를 위해 원본 두개골은 별도로 전시 중이다. 턱에 난 구멍은 상한 먹이를 먹고 세균에 감염됐을 때 생긴 상흔이다. 두개골 한쪽이 약간 찌그러진 것은 누운 자세로 화석화되면서 변형된 것이라고 한다.

#Short_Trip

색다른 시카고
시티 밖으로 Go!

시카고 여행에서는 루프 주변을 벗어날 일이 많지 않지만, 루프 외에도 관심사에 맞는 장소가 있는지 살펴보자. 시카고 북쪽의 밀워키는 최소 하루가 필요하고, 그 외의 장소는 2~3시간에서 한나절이면 충분히 다녀올 수 있다.

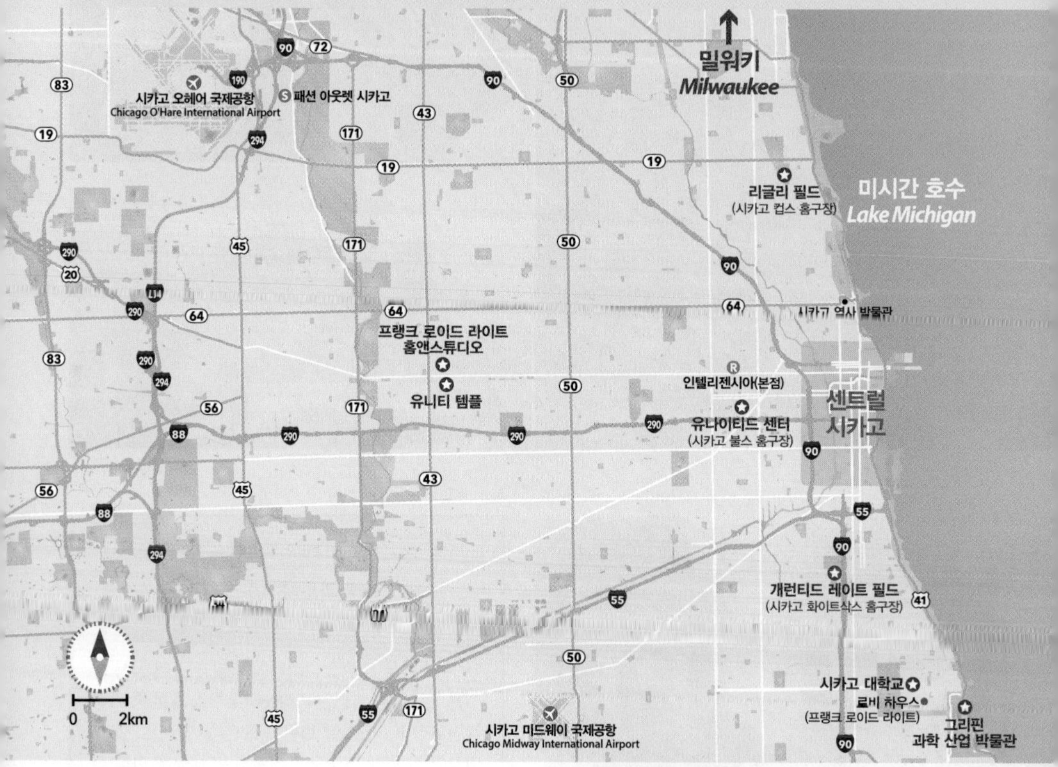

밀워키
Milwaukee
시카고 오헤어 국제공항
Chicago O'Hare International Airport
패션 아웃렛 시카고
리글리 필드
(시카고 컵스 홈구장)
미시간 호수
Lake Michigan
시카고 역사 박물관
프랭크 로이드 라이트
홈앤스튜디오
유니티 템플
인텔리젠시아(본점)
유나이티드 센터
(시카고 불스 홈구장)
센트럴
시카고
개런티드 레이트 필드
(시카고 화이트삭스 홈구장)
시카고 대학교
로비 하우스
(프랭크 로이드 라이트)
그리핀
과학 산업 박물관
시카고 미드웨이 국제공항
Chicago Midway International Airport
0 2km

1 접근성 최고
패션 아웃렛 시카고
Fashion Outlets of Chicago

대중교통으로 찾아가기 쉬운 아웃렛이다. 2개 층으로 된 실내형 아웃렛으로, 해외 럭셔리 브랜드와 미국 브랜드가 망라돼 있다. CTA 트레인 블루라인 Rosemont역을 나오자마자 보이는 A 정류장에서 무료 셔틀버스를 타고 다녀오면 편리하다. MAP ㉔

ADD 5220 Fashion Outlets Way Rosemont, IL 60018
OPEN 10:00~20:00(일 ~19:00)
WEB fashionoutletsofchicago.com
ACCESS 시카고 루프에서 27km(CTA 블루라인+셔틀버스, 또는 택시)

② 대학 캠퍼스와 로비 하우스 투어
시카고 대학교
University of Chicago

록펠러가 사재를 들여 1890년 설립한 시카고 대학교는 미국 경제는 물론, 세계 경제 정책을 이끌어가는 '시카고학파'의 산실이다. 2024년까지 101명의 노벨상 수상자를 배출한 세계 최고의 대학 중 하나이며, 수업 강도가 세기로 유명하다.

메인 캠퍼스는 시카고 남쪽의 하이드 파크(Hyde Park)에 자리한다. 방문자 센터는 따로 운영하지 않으며, 중앙 광장(Main Quadrangle)을 시작으로 주변을 둘러보면 된다. 웅장한 네오고딕 양식의 건물 하퍼 기념 도서관(Harper Memorial Library)에서는 3층의 리딩룸을 견학할 수 있고, 록펠러 기념 예배당(Rockefeller Memorial Chapel)의 271개 계단을 올라가면 탁 트인 주변 경관이 한눈에 보인다. 미국 건축가 프랭크 로이드 라이트의 대표 건축물이자 유네스코 세계 문화유산인 로비 하우스(092p)까지, 전부 도보 10분 이내에 있다. 기념품은 대학 서점에서 구매할 수 있으며, 캠퍼스 내 카페에서 쉬어 갈 수 있다. MAP ㉔

WEB uchicago.edu

서점 University of Chicago Bookstore & Cafe
ADD 970 E 58th St
OPEN 09:00~17:30(토 10:00~16:00)/
일요일 휴무

카페 Plein Air Café
ADD 5751 S Woodlawn Ave
OPEN 07:00~20:00(토·일 08:00~18:00)

TRAVEL TIP

시카고 대학교와 그리핀 과학 산업 박물관 가는 방법

루프에서 미시간 호수를 따라 남쪽으로 약 14km 내려가며, 자동차로 20분, 대중교통으로 30분 정도 걸린다.

❶ 루프 → 시카고 대학교

통근열차 Metra ME라인 밀레니엄역(Millenium Station)에서 탑승, Univ. of Chicago/59th St역 하차 후 중앙 광장까지 도보 15분

❷ 루프 → 과학 산업 박물관

CTA 버스 듀세이블 다리 근처에서 6번 탑승, S Hyde Park & 56th Street 정류장 하차 후 도보 5분

로비 하우스

③ 어른도 재미있는 어린이 박물관
그리핀 과학 산업 박물관
Griffin Museum of Science and Industry

미국의 농·축산업을 소개하고, 번개, 토네이도, 쓰나미 등 자연 현상의 발생 원리를 보여주는 박물관이다. 체험 요소가 곳곳에 배치돼 있어서 어른도 즐길 수 있는 어린이 박물관. 제2차 세계대전 중 나포한 독일 잠수함 U-505의 내부 관람($18) 등 특별 전시는 추가 요금을 내야 한다. **MAP ㉔**

ADD 5700 S DuSable Lake Shore Dr
OPEN 09:30~16:00(7~8월 ~17:30)
PRICE $25.95
WEB msichicago.org
ACCESS 시카고 루프에서 11km(대중교통 30분 소요)

④ 라이트가 남긴 유네스코 세계문화유산
유니티 템플
Unity Temple

기독교의 한 분파인 유니테리언주의(Unitarianism) 예배당으로, 주택을 주로 설계했던 프랭크 로이드 라이트가 드물게 참여한 일반 건축물이다. 1905년에서 1908년 사이에 지어진 이 예배당은 철근 콘크리트를 본격적으로 사용한 최초의 현대식 건물로 인정받고 있으며, 라이트가 설계한 다른 7개의 건물과 함께 유네스코 문화유산에 등재됐다.
육중한 외부와 달리 하늘을 향해 열려 있는 구조의 내부 예배당은 빛으로 충만하다. 프랭크 로이드 라이트 재단 홈페이지를 통해 투어 예약이 가능하다. **MAP ㉔**

ADD 875 Lake Street Oak Park
OPEN 09:00~15:00(토 09:30~12:00)/일요일 휴무
PRICE 내부 가이드 투어 $20/내부 셀프 투어 $15
WEB 투어 예약 flwright.org/tour
유니티 템플 unitytemple.org
ACCESS 프랭크 로이드 라이트 홈앤스튜디오에서 도보 10분

5 위대한 건축가의 집

프랭크 로이드 라이트 홈앤스튜디오

Frank Lloyd Wright Home & Studio

프랭크 로이드 라이트가 설계·건축하고 20년 동안 거주하면서 증축을 거듭했던 주택이자 디자인 스튜디오다. 그는 이곳에서 150개 이상의 프로젝트를 진행하면서 그의 주택 양식인 대초원 양식(Prairie Style)을 완성하기도 했다. 내부의 독창적인 가구와 직물도 모두 라이트가 디자인한 것이다. 내부는 투어를 통해서만 입장할 수 있다. **MAP ㉔**

ADD 951 Chicago Ave
OPEN 10:00~16:00
PRICE 내부 가이드 투어 $20
WEB flwright.org
ACCESS 시카고 루프에서 20km(차량 30분, 대중교통 1시간 소요/우버 이용 권장)

#Day_Trip

밀러 맥주의 탄생지
밀워키 Milwaukee

시카고에서 미시간 호수를 따라 북쪽으로 약 150km 떨어진 밀워키는 위스콘신주에서 가장 큰 도시다. 밀워키의 어원은 '좋은', '아름다운', '쾌적한 땅'을 의미하는 원주민 언어에서 유래했다. 이민 초창기 독일에서 건너온 정착민이 많았던 덕분에 자연스럽게 맥주 산업이 발달했는데, 밀워키를 대표하는 맥주 브랜드가 바로 밀러다. 밀워키가 연고지인 MLB 구단의 이름까지 밀워키 브루어스(Milwaukee Brewers)일 정도로 맥주에 대한 진심이 느껴지는 도시다.

무료 스트리트카 홉(HOP)

밀워키 브루어스의 홈구장

시카고에서 밀워키 가기

시카고의 유니언역에서 밀워키 인터모달역(Milwaukee Intermodal Station)까지 앰트랙 기차로 1시간 30분 소요. 매일 2~3시간 간격 출발

WEB amtrak.com

밀워키 시내 교통

인터모달역에서 맛집이 모인 퍼블릭 마켓(Public Market) 등 시내 중심부로 이동할 때는 무료 스트리트카 홉(HOP)을 이용하자. 그 외에는 버스가 기본 교통수단이다. 버스는 현금 지불($2)이 가능하지만, 거스름돈을 주지는 않으니 미리 잔돈을 준비해야 한다.

WEB ridemcts.com

+MORE+

명품 오토바이로 유명한 할리데이비슨 박물관 Harley-Davidson Museum

1903년 미국 밀워키에서 탄생한 전설, 할리데이비슨의 역사가 담긴 박물관이다. 빈티지 할리부터 현대의 할리, 캡틴 아메리카의 할리와 커스터마이징 할리 등 450여 대의 할리와 각각의 비하인드 스토리를 전시한다. 시승도 하고 사진을 찍을 수 있는 공간은 보너스. 모터 바앤레스토랑(Motor Bar & Restaurant)에서 BBQ 식사도 할 수 있다.

ADD 400 W Canal St
OPEN 10:00~17:00
PRICE $24
WEB harley-davidson.com/us/en/museum.html
ACCESS 앰트랙 인터모달역에서 도보 12분/버스 12번 또는 80번 N6 & Canal 정류장에서 도보 3분

도시 곳곳에서 눈에 띄는 할리 데이비슨 오토바이

1 밀워키 여행을 떠나야 할 이유
밀러: 더 브루어리
Miller: The Brewery

독일인 이민자 프레데릭 밀러(Frederick Miller)가 1855년 현재 장소에 설립한 양조장. 160년이 넘는 세월 동안 밀러 마을(Miller Village)이라는 표현이 어색하지 않을 만큼 엄청난 규모로 성장했다. 투어를 통해 과거의 양조장부터 현재의 생산시설까지 두루 둘러보고 시원한 맥주까지 시음할 수 있다. 사전 온라인 예약 필수!

ADD 4251 W State St, Milwaukee, WI 53208
OPEN 목·금 10:00~17:00(투어 시간은 시즌별로 달라질 수 있음)
PRICE $20(3~20세 $10, 무알콜 음료 제공)
WEB millerbrewerytour.com
ACCESS 인터모달역에서 6.4km/
인터모달역 근처 N5 & Clybourn 정류장에서 버스 31번을 타고 State & 440 정류장 하차 후 도보 1분. 총 20분 소요

2 박물관 건물 자체가 예술
밀워키 미술관
Milwaukee Art Museum

1872년에 설립된 미술관. 미시간 호숫가에 66m 길이의 돛을 활짝 펼친 새하얀 배 모양 건물이 파격적이어서 맥주의 도시라고만 생각했던 밀워키에 대한 인상을 완전히 바꿔놓는다. 뉴욕 월드 트레이드 센터의 오큘러스를 설계한 산티아고 칼라트라바의 작품으로, 기존 미술관에 더해 2001년 완공했다. 공식 명칭은 콰드라치 파빌리온(Quadracci Pavilion). 건물에는 날개 모양의 돛이 달려 있는데, 풍속 센서가 37km/h의 바람을 3초 이상 감지하면 자동으로 접히도록 설계됐다.
미술관 내부에는 고대부터 현대에 이르는 3만여 점의 소장품이 있으며, 유럽 회화와 1960년대 이후 미국 작품을 다수 보유하고 있다. 특히 위스콘신 출신 화가 조지아 오키프(Georgia O'Keeffe)의 작품을 가장 많이 볼 수 있는 곳이니 오키프를 좋아한다면 놓치지 말자. 건물 2층에서 보는 호수 전망도 매우 아름답다.

ADD 700 N Art Museum Dr, Milwaukee, WI 53202
OPEN 10:00~17:00(목 ~20:00)/월·화요일 휴무
PRICE $27
WEB mam.org
ACCESS 버스 30번 Van Buren & Wisconsin 정류장에서 도보 8분

플로리다 & 남동부

Florida & The Southeast

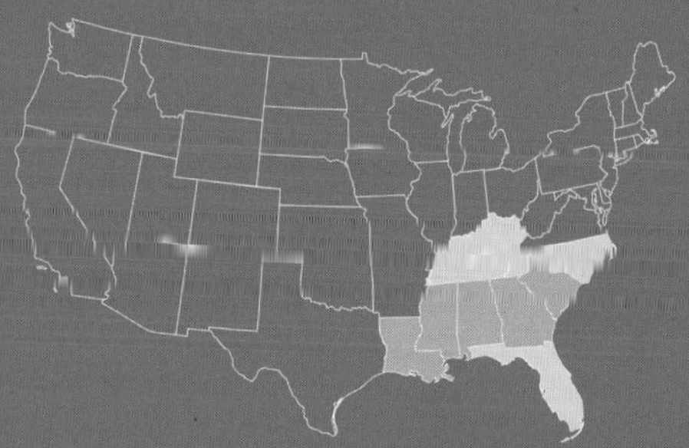

아프리카계 미국인의 애환을 담은 소울 뮤직과 프라이드치킨으로 대표되는 소울 푸드의 근원지, 미국 남부를 정의하는 방식은 여러 가지다. 루이지애나를 제외한 미시시피강 동쪽을 남동부로 보거나 사우스캐롤라이나, 조지아, 앨라배마, 미시시피, 루이지애나를 딥 사우스(Deep South)로 구분하기도 한다. 이들 지역은 노예 해방에 반대하여 미 연방을 탈퇴하고 1861년 남북전쟁 당시 남부 연합을 형성했던 역사로 인해 문화적, 정치적으로 보수적인 경향을 보인다.

한편 미국 본토 최남단의 플로리다는 바하마 제도나 남미로 떠나는 여행의 관문이다. 연중 따뜻한 기후 덕분에 겨울 여행지로 인기가 높고, 테마파크의 천국 올랜도와 마이애미는 누구나 가고 싶어 하는 최고의 휴양지로서 무궁무진한 즐길 거리를 자랑한다.

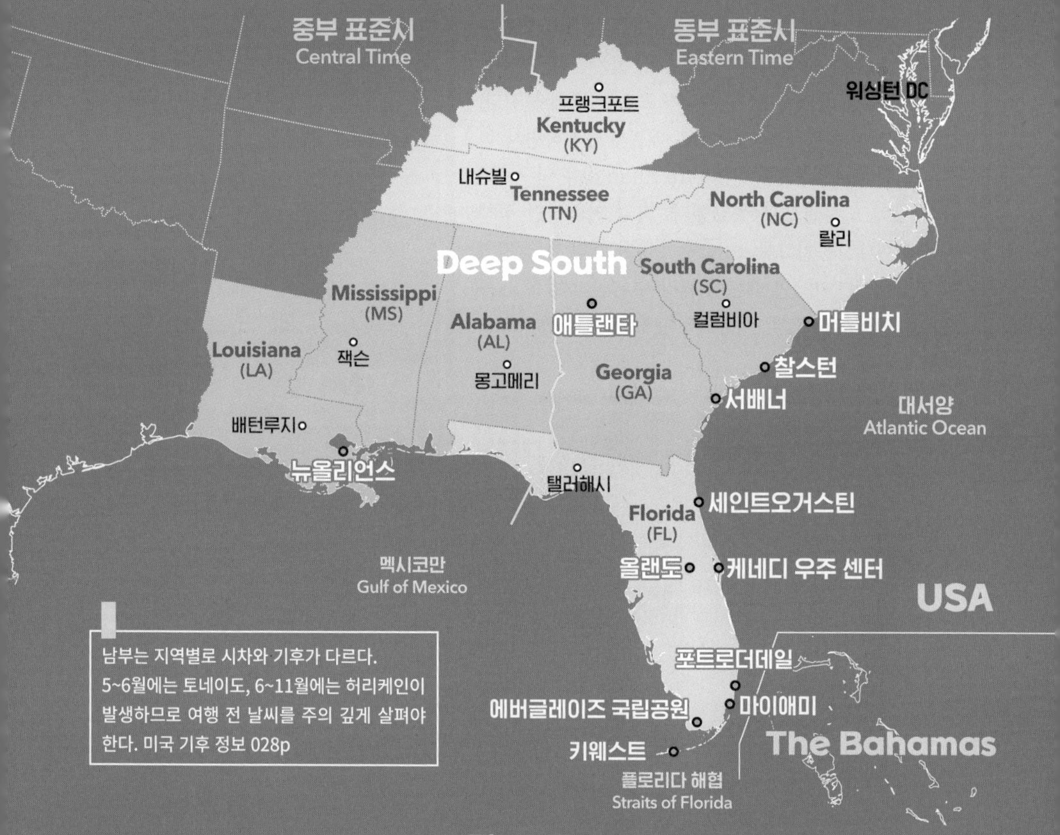

중부 표준시
Central Time
동부 표준시
Eastern Time
워싱턴 DC
프랭크포트
Kentucky
(KY)
내슈빌
Tennessee
(TN)
North Carolina
(NC)
랄리
Deep South
South Carolina
(SC)
Mississippi
(MS)
Alabama
(AL)
애틀랜타
컬럼비아
머틀비치
Louisiana
(LA)
잭슨
몽고메리
Georgia
(GA)
찰스턴
서배너
대서양
Atlantic Ocean
배턴루지
뉴올리언스
탤러해시
세인트오거스틴
Florida
(FL)
멕시코만
Gulf of Mexico
올랜도
케네디 우주 센터
USA
포트로더데일
마이애미
에버글레이즈 국립공원
키웨스트
The Bahamas
플로리다 해협
Straits of Florida

남부는 지역별로 시차와 기후가 다르다.
5~6월에는 토네이도, 6~11월에는 허리케인이 발생하므로 여행 전 날씨를 주의 깊게 살펴야 한다. 미국 기후 정보 028p

Time Zone

루이지애나/앨라배마/플로리다 일부

표준시 중부 표준시(CST)

시차 -15시간(서머타임 기간 -14시간)

한국 수요일 09:00 → **뉴올리언스** 화요일 18:00

조지아/플로리다 대부분/노스캐롤라이나/사우스캐롤라이나

표준시 동부 표준시(EST)

시차 -14시간(서머타임 기간 -13시간)

한국 수요일 09:00 → **애틀랜타/올랜도** 화요일 19:00

Atlanta

애틀랜타

조지아의 주도 애틀랜타의 도시명은 서부와 대서양을 잇던 간선 철도(Western and Atlantic Railroad)에서 유래했다. 쿠바, 멕시코 등 중남미 국가까지 연결하는 미국 남부 최대의 교통 허브이며, 코카콜라, 델타항공, 홈디포 등 거대 기업의 본사가 포진한 경제 도시다. 1996년 하계 올림픽을 기점으로 빠르게 발전하면서 현재 애틀랜타 메트로폴리탄(Metro Atlanta)은 인구 630만의 광역 도시권으로 성장했다. 기업 친화적인 정책 덕분에 현대자동차그룹, SKC 등 140여 개의 한국 기업이 진출해 있으며, 이 때문에 출장이나 친지 방문을 목적으로 애틀란타를 찾는 한국인이 많고 K팝 콘서트도 자주 열린다.

애틀랜타 한눈에 보기

애틀랜타의 볼거리와 주요 이벤트가 열리는 경기장은 도시의 중심 업무 지구인 다운타운 애틀랜타(Downtown Atlanta)에 모여 있다. 반나절에 걸쳐 월드 오브 코카콜라, 조지아 아쿠아리움 등을 구경하고 소설가 마가렛 미첼 생가가 있는 미드타운(Midtown)이나 마틴 루터 킹 주니어 목사 생가가 있는 국립 역사 공원까지 범위를 넓혀 보자. 차량을 렌트한다면 <바람과 함께 사라지다>의 배경이 된 찰스턴(Charleston)과 서배너(Savannah)에서 남부의 생활상이 담긴 대저택과 대농장까지 견학할 수 있다.

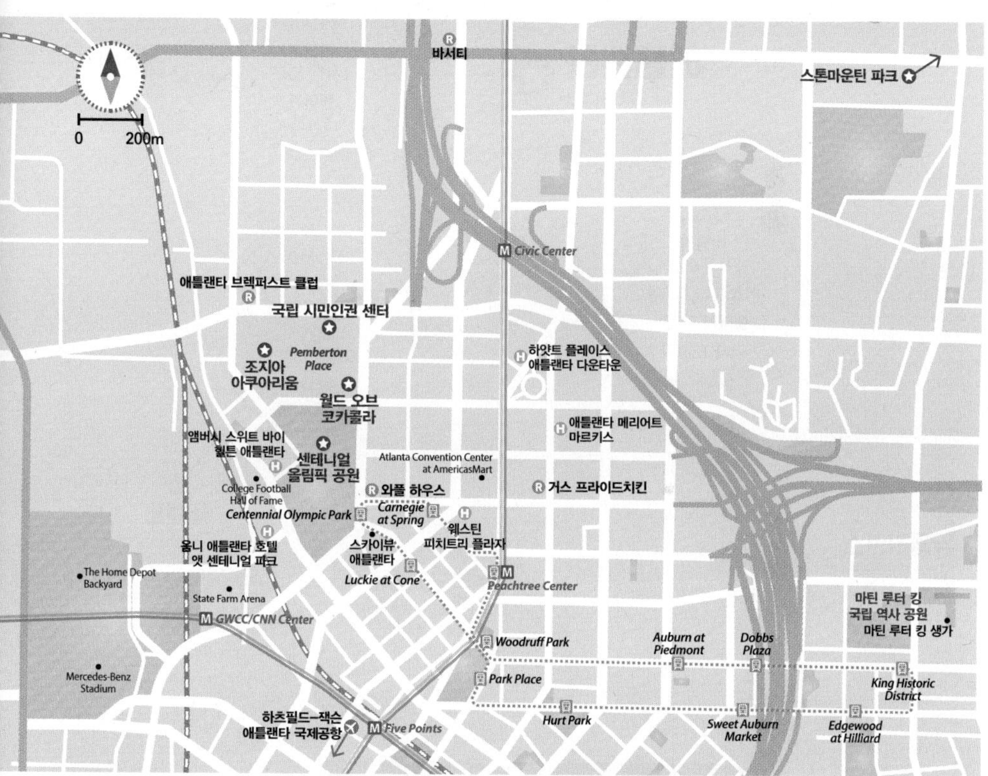

SUMMARY

공식 명칭 City of Atlanta
소속 주 조지아(GA)
표준시 EST(서머타임 있음)

ⓘ 비지터 센터

Visitor Center at Centennial Olympic Park

ADD 267 Park Ave W NW, Atlanta, GA 30303
OPEN 09:00~17:00 (겨울철 ~16:00)
WEB discoveratlanta.com
ACCESS 센테니얼 올림픽 공원 내

WEATHER

아열대성 기후인 애틀랜타는 겨울에도 영하권으로 내려가는 날이 드물다. 2월 말부터 평균 기온이 20℃ 이상으로 상승하면서 10월까지 여름 날씨가 계속되는데, 햇살이 매우 뜨겁고 타지역보다 습도도 월등히 높다. 8월부터 허리케인이 상륙하면 조지아주를 비롯한 남부 지역 전체에 비상사태가 선포되기도 하므로, 여행 적기는 10~11월, 2~4월이다.

애틀랜타 IN & OUT

애틀랜타는 미국 전역의 도시와 중남미행 항공편으로 연결된 남부 교통의 요지다. 비행기나 자동차 이외의 교통편으로 방문하는 경우는 드물다.

주요 지점과의 거리

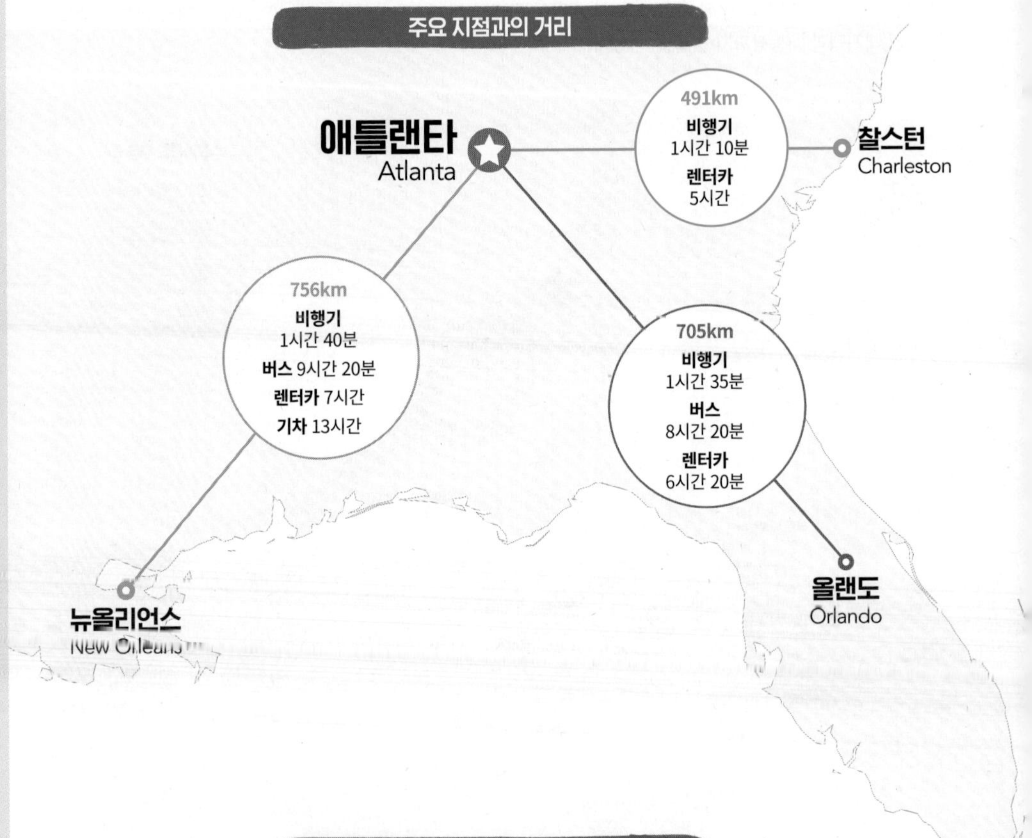

애틀랜타 Atlanta

찰스턴 Charleston
491km
비행기 1시간 10분
렌터카 5시간

뉴올리언스 New Orleans
756km
비행기 1시간 40분
버스 9시간 20분
렌터카 7시간
기차 13시간

올랜도 Orlando
705km
비행기 1시간 35분
버스 8시간 20분
렌터카 6시간 20분

우리나라에서 애틀랜타 가기

우리나라에서 애틀랜타까지는 비행기로 14시간이 소요되며, 대한항공과 델타항공이 하루 2회 공동으로 직항편을 운항한다. 연간 1억 4천6백만 명이 이용하는 애틀랜타 국제공항(하츠필드-잭슨 애틀랜타 국제공항)은 전 세계에서 이용객 수가 가장 많은 공항이어서 환승하기가 만만치 않다. 국제선 터미널에는 2개 콩코스(E, F), 국내선 터미널에는 5개 콩코스(T, A, B, C, D)가 있으며, 각 터미널 이동 시에는 무료 지상철 ATL 스카이트레인(ATL SkyTrain)을 이용한다.

하츠필드-잭슨 애틀랜타 국제공항(ATL)
Hartsfield-Jackson Atlanta International Airport

ADD 6000 N Terminal Pkwy Suite 4000
WEB atl.com

공항에서 시내 가기

공항에서 다운타운 애틀랜타까지는 20km에 불과하다. 택시는 정액제로 운행하기 때문에 우버/리프트와 비교해도 가격이 비싸지는 않다. 하지만 2주간 평균 유가 변동을 반영해 요금이 계속 변경되며, 1인 이상은 1명당 추가 요금 $2가 더해지니, 모바일 앱으로 우버/리프트 요금과 비교하고 결정하는 것이 좋다. 도시철도 마르타(MARTA)의 레드라인(R)과 골드라인(G)이 국내선 콩코스 T와 연결된다. 공항역(Airport)에서 호텔이 밀집한 피치트리 센터역(Peachtree Center)까지 8정거장이다.

구분	요금	소요 시간	탑승 장소
마르타(MARTA)	$2.5	20분(24시간 운행)	콩코스 T(국내선 터미널)
택시	$40~45	15~30분	각 터미널 앞
우버/리프트	$35~40	15~30분	국내선: 콩코스 T, N2~N3 출구/국제선: A1~A2 출구

애틀랜타 시내 교통

공항을 왕복하는 경우를 제외하면 대부분 도보로 다닐 수 있다. 애틀랜타 교통 공사 MARTA(Metro Atlanta Rapid Transit Authority)에서 운영하는 도심 철도, 버스, 스트리트카(노면 전차)를 타려면 브리즈 카드(Breeze Card, 구매비 $2) 또는 일회용 브리즈 티켓(Breeze Ticket)을 구매하거나 모바일 앱(Breeze Mobile)을 이용한다. 앱 첫 화면의 플러스(+) 버튼 또는 하단의 티켓(Tickets)을 선택해 금액을 충전하거나 마르타 버스·레일 1회권($2.50), 2일권($14) 등을 선택할 수 있다. 스트리트카는 1회당 $1로 좀 더 저렴하다.

애틀랜타 교통 공사
WEB itsmarta.com

애틀랜타 스트리트카

● 앱 사용 방법

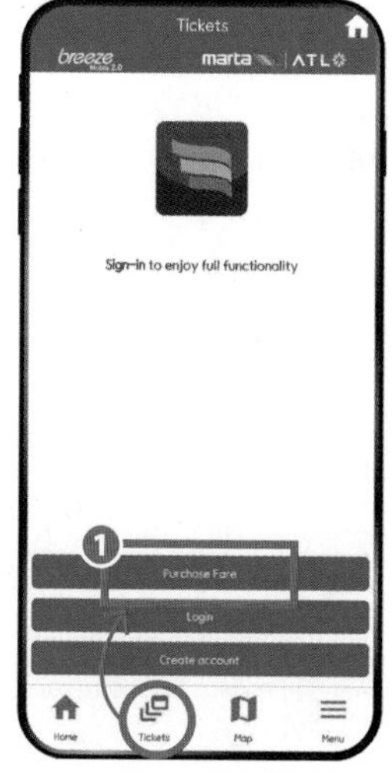

❶ 앱 설치 후 '요금 구매' 선택

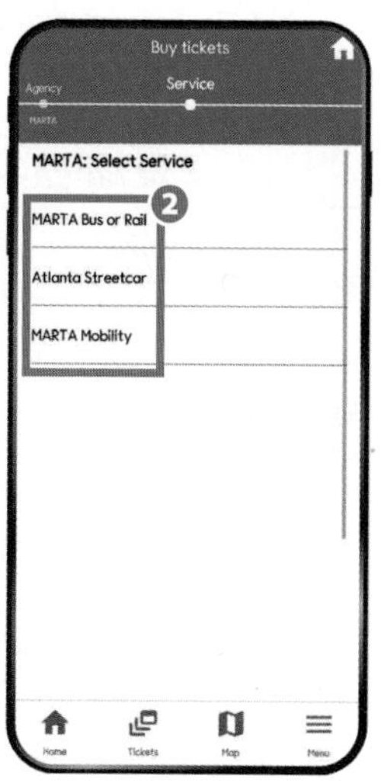

❷ 필요한 교통수단 선택

❸ 결제 진행

애틀랜타 숙소 정하기

치안 및 교통을 고려하여 마르타역(MARTA)이 있는 상업지구인 피치트리 센터와 센테니얼 올림픽 공원 사이에 숙소를 정하는 것이 여러모로 편리하다. 애틀랜타의 호텔 가격은 철저히 수요에 따라 결정돼서 평균 가격을 산정하는 것이 어렵다. 4성급 호텔이 일반 2인실을 기준으로 $350~400, 3성급은 $200~300 정도가 적정 가격이지만, 인기 공연이나 스포츠 경기가 열리는 기간에는 갑자기 $1000 이상 치솟기도 한다. 여기에 주세 8.9%, 숙박세 7%와 호텔 이용료 $5(1일당)가 추가된다.

애틀랜타 추천 숙소 리스트

*가격은 6월 평일, 2인실 기준. 현지 상황과 객실 종류에 따라 만족도는 다를 수 있습니다.

옴니 애틀랜타 호텔 앳 센테니얼 파크
Omni Atlanta Hotel at Centennial Park ★★★★

구 CNN 센터 내에 자리한 호텔. 스테이트 팜 아레나(State Farm Arena)와 연결돼 있어 스포츠 팬들이 많이 이용한다. 호텔 내의 스포츠 바도 인기다.

ADD 190 Marietta St NW
TEL 404-659-0000 **WEB** omnihotels.com

웨스틴 피치트리 플라자
The Westin Peachtree Plaza ★★★★

센테니얼 올림픽 공원까지 도보 10분, 월드 오브 코카콜라까지 도보 15분 이내 거리에 있는 73층 높이의 초고층 호텔. 전망 좋은 객실에서는 센테니얼 올림픽 공원과 [illegible]차가 내다보인다.

ADD 210 Peachtree St NW, Atlanta
TEL 404-659-1400 **WEB** marriott.com

하얏트 플레이스 애틀랜타 다운타운
Hyatt Place Atlanta Downtown ★★★

무료 조식이 포함되는 호텔이다. 객실 내부에는 침실 옆으로 긴 소파와 테이블이 있어 편리하다. 센테니얼 파크와 월드 오브 코카콜라가 있는 펨버튼 플레이스 사이에 있다.

ADD 330 Peachtree St NE
TEL 404-577-1980 **WEB** hyatt.com

앰버시 스위트 바이 힐튼 애틀랜타
Embassy Suites by Hilton Atlanta at Centennial Olympic Park ★★★

객실에 식탁 대용 테이블과 소파를 갖춰서 편리한 호텔. 센테니얼 올림픽 공원에 접하고 있어 각종 방문지와의 접근성도 탁월하다.

ADD 267 Marietta St NW
TEL 404-223-2300 **WEB** hilton.com

애틀랜타 메리어트 마르키스
Atlanta Marriott Marquis ★★★★

객실 여유 공간이 넓고 침대도 큰 52층짜리 대형 호텔. 센테니얼 올림픽 공원과 월드 오브 코카콜라에서 도보 15분 이내의 거리로 조금 멀지만, 걸어서 갈 수 있다. 예약 상황에 따라 가격 변동 폭이 큰데, 일정이 유동적이라면 미리 확인하여 매우 가성비 높은 가격에 예약할 수 있다.

ADD 265 Peachtree Center Ave NE
TEL 404-521-0000 **WEB** marriott.com

+MORE+

주차장 이용 시 주의 사항

애틀랜타에서 렌터카를 운전한다면 호텔 또는 보안이 완비된 실내 주차장(Secured Parking)을 이용하자. 실외 주차장은 심야 차량 파손 및 내부 소지품 도난의 위험성이 있다. 모바일 앱(ParkMobile, SpotHero)으로 검색할 수 있다.

1 대중문화의 아이콘 월드 오브 코카콜라 World of Coca-Cola

코카콜라를 발명한 존 펨버튼의 이름을 딴 광장 펨버튼 플레이스(Pemberton Place)는 애틀랜타에 본사를 둔 코카콜라가 기부한 공간으로, 애틀랜타의 대표 명소 코카콜라 박물관이 자리 잡고 있다. 박물관에 입장하면 시음용 코카콜라 1캔을 받으면서 투어가 시작되는데, 코카콜라의 비밀 제조법을 봉인한 금고 구역(Vault of the Secret Formula), 코카콜라의 135년 역사가 담긴 전시관, 코카콜라를 소재로 한 각종 팝아트 전시관 등을 차례로 둘러본다. 2023년 말 오픈한 음료 실험실(Beverage Lab)에서는 내 입맛에 맞는 코카콜라를 알아보고 시음할 수 있으며, 100여 종의 코카콜라를 마음대로 골라 마시는 무료 시음관(Tasting Room)도 있다. 취향에 따라 호불호가 갈릴 수 있지만, 직접 가서 즐겨보는 것이 최고의 방법! 마지막으로 기념품점도 놓치지 말자. 애틀랜타 시티패스에 입장권이 포함돼 있는데, 코카콜라 박물관과 수족관 2곳만 방문한다면 개별 입장권을 구매하는 게 더 낫다. MAP ㉕

박물관 앞 존 펨버튼의 동상

ADD 121 Baker St NW
OPEN 10:00~(종료 시간은 요일별, 시즌별로 변동)
PRICE $21~26/시간대별 입장 예약 권장/시티패스에 포함
WEB worldofcoca-cola.com
ACCESS 피치트리 센터에서 도보 12분

코카콜라 비밀 제조법은 금고 깊숙한 곳에 숨겨져 있다.

코카콜라의 마스코트 북극곰과 인증샷도 꼭!

고래상어

2 상상을 초월하는 스케일
조지아 아쿠아리움
Georgia Aquarium

약 10만 마리의 수중 생물을 만날 수 있는 미국 최대 규모의 수족관이다. 전체 수량이 1100만 갤런(약 4만1640t)에 달하는데, 이는 우리나라 코엑스 아쿠아리움의 12배, 오키나와 추라우미 수족관의 4배에 달하는 엄청난 스케일이다. 가장 경이로운 곳은 고래상어가 헤엄치는 대양 여행관(Ocean Voyager)으로, 가로 87m, 세로 38m, 깊이 9.1m의 초대형 수조를 터널로 지나거나 대형 전면 관람 창을 통해 감상할 수 있다. 벨루가고래, 캘리포니아 바다사자 등 대형 해양 포유류를 포함하여 10만 마리의 해양 생물을 보유하고 있으며, 2020년에는 '상어! 심해의 포식자관(Sharks! Predators of the Deep)'이 추가됐다. MAP ㉕

ADD 225 Baker St NW
OPEN 09:00부터 17:00~21:00까지 탄력적으로 운영
PRICE $45~55(날짜 및 요일에 따라 변동)/시티패스에 포함
WEB georgiaaquarium.org
ACCESS 월드 오브 코카콜라에서 도보 2분

ⓘ
방문 전 꼭 예약하세요!

❶ 입장 시간
홈페이지 티켓 구매 시 입장 시간 지정 예약 후 1시간 이내 입장

❷ 바다사자 쇼
별도 요금 없이 입장 당일 선착순으로 온라인 접수(QR코드 확인)

❸ 돌고래 쇼
별도 요금 없이 입장 당일 선착순으로 온라인 접수 또는 티켓 구매 시 $5 추가 요금으로 예매 가능

❹ 그 외 만타가오리 수중 체험, 돌고래 체험 등은 추가 요금을 내고 예약 가능

조지아 아쿠아리움 예약 바로 가기

터널

벨루가고래

3 도심 속 공원
센테니얼 올림픽 공원
Centennial Olympic Park

1996년 애틀랜타 올림픽을 기념하여 다운타운의 심장부에 건설되었다. 각종 음악 공연과 독립 기념일 불꽃놀이 등 다양한 이벤트가 벌어진다. 미식축구 팀 애틀랜타 팰컨스와 프로 축구팀 애틀랜타 유나이티드 FC의 홈구장(Mercedes-Benz Stadium), 프로 농구팀 애틀랜타 호크스의 홈구장(State Farm Arena)까지 도보 5~10분 거리. 평소에는 한산하다가 스포츠 경기나 콘서트가 열리는 날이면 사람들이 모여든다. 대관람차 스카이뷰 애틀랜타(SkyView Atlanta)를 타고 전경을 감상할 수 있다. 공원 안에 작은 비지터 센터가 있다. MAP ㉕

ADD 265 Park Ave W NW
ACCESS 스트리트카 Centennial Olympic Park역 하차/마르타레일 Peachtree Center역에서 도보 12분

공원
OPEN 07:00~23:00 **PRICE** 무료
WEB gwcca.org/centennial-olympic-park

대관람차
OPEN 10:00~22:00(금·토 ~23:00) **PRICE** $19.5
WEB www.skyviewatlanta.com

+MORE+

CNN 스튜디오 투어는 이제 없어요

애틀랜타의 또 다른 명소였던 CNN 센터가 2023년 말 다운타운을 떠났다. 이에 따라 CNN 센터의 스튜디오 투어가 종료되었고, 현재 재개 계획이 없다.

4 인권 운동의 역사
국립 시민인권 센터
National Center for Civil and Human Right

애틀랜타는 1964년 노벨 평화상을 받은 인권 운동가 마틴 루터 킹 주니어 목사의 탄생지로서, 1950~60년대 미국 흑인 시민권 운동의 요람이다. 월드 오브 코카콜라에서 도보 2분 거리의 국립 시민인권 센터에서 그의 생애와 업적에 관련한 전시와 흑백 분리법과 같은 차별에 저항한 역사와 세계의 인권 운동 사례를 전시하고 있다. 센테니얼 올림픽 공원 앞에서 스트리트카를 타고 15분 정도 이동하면 국립 역사 공원으로 지정된 마틴 루터 킹의 생가(Martin Luther King, Jr. National Historical Park)를 볼 수 있다. MAP ㉕

국립 시민인권 센터
ADD 100 Ivan Allen Jr Blvd NW
OPEN 12:00~17:00(토10:00~)/월요일 휴무
PRICE $19.99/시티패스에 포함
WEB civilandhumanrights.org

마틴 루터 킹 국립역사공원
ADD 450 Auburn Avenue, NE
OPEN 09:00~17:00(생가 내부 관람은 2025년 11월까지 중단)
PRICE 무료
WEB nps.gov/malu/index.htm

마틴 루터 킹 주니어 목사

미국의 소울 푸드를 찾아서

애틀랜타 맛집

정통 미국 남부식 프라이드치킨과 비스킷을 맛볼 시간!
사이드 메뉴로 추가해 먹는 단품은 $10~20 내외로, 가격 또한 부담 없다.

남부의 스테이크

남부식 사이드 메뉴-마카로니를 치즈에 버무린 맥앤치즈(Mac and Cheese)

녹색 토마토를 호박전 모양으로 튀긴 프라이드 그린 토마토(Fried Green Tomatoes)

프라이드치킨과 비스킷, 시래기 무침과 비슷한 맛이 나는 삶은 새소 골라드그린(Cullard Greens)

미국 남부식 브런치 명가

애틀랜타 브렉퍼스트 클럽

Atlanta Breakfast Club

현지인이 줄 서서 먹는 동네 맛집이다. 비스킷 위에 수란을 얹은 남부식 베네딕트, 프라이드치킨을 와플 사이에 얹은 치킨앤와플 등 전형적인 남부 음식을 선보인다. 조지아 특산품인 복숭아를 이용한 조지아 피치나 피치코블러(보통은 디저트지만 아메리카 브렉퍼스트 클럽에서는 식사 메뉴로 나온다)도 독특하다. 재료 소진으로 손님을 더 받지 못하는 경우도 많으니 일찍 도착해야 한다. MAP 25

ADD 249 Ivan Allen Jr Blvd NW
OPEN 06:30~14:30
WEB atlbreakfastclub.com
ACCESS 조지아 아쿠아리움에서 도보 6분

애틀랜타의 아이콘

바서티

The Varsity

1928년 개업해 핫도그로 일대를 평정하더니 현재는 800석 규모의 거대한 다이너로 성장했다. 핫도그에 들어가는 고기는 100% 소고기이며, 감자튀김이나 어니언링은 모두 당일 제조를 원칙으로 한다. 풋볼 게임 같은 대형 스포츠 이벤트가 있는 날마다 사람들이 즐겨 찾는 애틀랜타의 아이콘이다. 애틀랜타 국제공항 국제선 터미널의 콩코스 F, 국내선 터미널의 콩코스 C에도 매장이 있다. 현금은 받지 않고 카드 및 페이 결제만 가능하다. MAP 25

ADD 61 North Ave NW
OPEN 11:00~20:00(금·토 ~21:00)
WEB thevarsity.com
ACCESS 마르타레일 레드라인·골드라인 North Ave역에서 도보 4분

남부식 치킨 전문점

거스 프라이드치킨

Gus's World Famous Fried Chicken

남부 전역에 약 40개 매장을 둔 치킨 체인점이다. 세트 메뉴(Plate)를 선택하면 치킨 2~3조각에 2종류의 기본 사이드(베이크드빈 & 코울슬로)를 제공하는데, 추가로 $0.5을 내면 사이드 변경이 가능하다. 치킨 부위는 넓적다리와 다리(Thigh & Leg) 또는 가슴살과 날개(Breast & Wing), 치킨텐더 혹은 반 마리 등으로 골라서 주문할 수 있다. KFC보다 튀김옷이 얇고 짭짤한 편으로, 한 번쯤 먹어볼 만하다. **MAP** ㉕

ADD 231 Peachtree Street NE
OPEN 11:00~21:00(금·토 ~22:00)
WEB gusfriedchicken.com
ACCESS 마르타레일 Peachtree Center역에서 도보 5분

남부식 김밥천국

와플 하우스

Waffle House

애틀랜타에서 시작된 패스트푸드 체인으로, 미국 25개 주에 1900개 이상의 지점이 있다. 관광객은 센테니얼 올림픽 파크점이 가장 접근성이 좋다. 버거나 해시브라운볼도 팔지만, 가게 이름처럼 와플이나 오믈렛 같은 아침 식사 메뉴의 평가가 좋다. **MAP** ㉕

ADD 135 Andrew Young International Blvd NW
OPEN 24시간
WEB wafflehouse.com
ACCESS 센테니얼 올림픽 공원에서 도보 2분

+MORE+

미국 동부의 큰바위얼굴
스톤마운틴 파크 Stone Mountain Park

해발 514m, 둘레 8km의 거대한 화강암 바위 한쪽 면에 남부 연합 지도자 3명(제퍼슨 데이비스 남부 연방 대통령, 로버트 E. 리 총사령관, 스톤월 잭슨 장군)을 새겨 두었다. 케이블카를 타거나 2.1km가량 트레킹을 하면 주변 풍경이 내려다보이는 멋진 전망 포인트에 오를 수 있다.

ADD 1000 Robert E, Lee Blvd, Stone Mountain
OPEN 05:00~24:00(케이블카 운행 시간은 계절별로 변동)/1·2월 휴무
PRICE 1일권 $40(케이블카 왕복, 주차 포함)
WEB stonemountainpark.com
ACCESS 센테니얼 올림픽 공원 동쪽 30km(차량 30~40분)

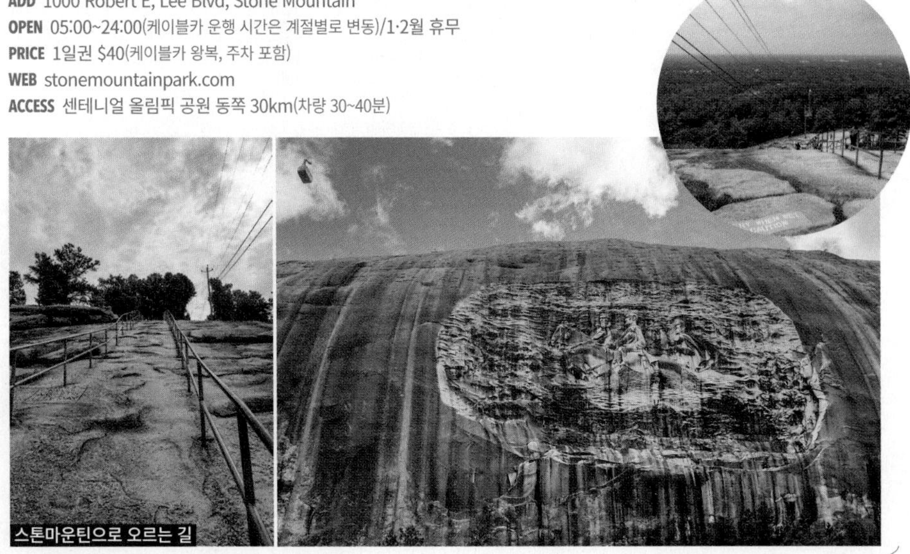

스톤마운틴으로 오르는 길

#Road_Trip

사우스캐롤라이나에서 플로리다까지

<바람과 함께 사라지다> 테마 투어

남북전쟁 당시 처참하게 파괴된 애틀랜타와 달리, 남동부 해안의 소도시에는 한 세기 반 이전 미국 남부의 화려한 생활상이 고스란히 남아 있다. 사우스캐롤라이나의 머틀비치와 찰스턴, 조지아의 서배너를 차례로 지나는 동안, 영화 <바람과 함께 사라지다>와 <노트북>의 장면들이 눈앞에 펼쳐진다. 미국에서 가장 오래된 도시 세인트오거스틴을 지나 그대로 올랜도까지 드라이브해 내려가는 것도 가능하다. 애틀랜타에서 출발할 경우 전체 이동 거리는 1400km이고, 찰스턴으로 곧장 이동한다면 1170km가 된다. 찰스턴과 서배너 주변의 대농장까지 방문할 생각이라면 1박 2일보다 좀 더 넉넉하게 일정을 세워야 한다.

추천 경로

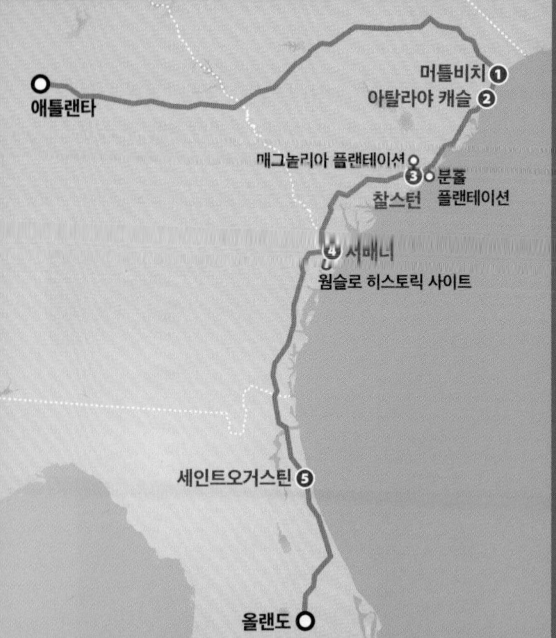

출발 애틀랜타 ➡ 585km, 6시간 ➡ ① 머틀비치 ➡ 33km, 35분 ➡ ② 아탈라야 캐슬 ➡ 130km, 1시간 45분 ➡ ③ 찰스턴 ➡ 174km, 2시간 ➡ ④ 서배너 ➡ 290km, 3시간 ➡ ⑤ 세인트오거스틴 ➡ 170km, 2시간 ➡ **도착** 올랜도

1 끝없는 100km 해변
머틀비치
Myrtle Beach

곧게 뻗은 100km 해변의 중간 지점에 자리한 사우스캐롤라이나의 휴양지다. 6~10월 초까지 해수욕을 할 수 있고, 대서양 전망의 골프장은 겨울에 특히 인기다. 애틀랜타에서 오후에 출발해 바다가 보이는 숙소에서 하룻밤 묵은 뒤, 이튿날 일출을 보고 다음 목적지로 향하는 코스를 추천한다. 대관람차(SkyWheel) 주변에 다양한 편의시설이 있다. **MAP 542p**

ADD 1110 N Ocean Blvd, Myrtle Beach, SC 29577
ACCESS 애틀랜타에서 583km(차량 6시간)

2 스페인풍 저택
아탈라야 캐슬
Atalaya Castle

기업가 겸 자선가 아처 헌팅턴(Archer M. Huntington)이 결핵을 앓는 아내 애나가 따뜻하게 지낼 수 있도록 노스캐롤라이나 대서양 해안에 지은 겨울 별장이다. 스페인 예술에 조예가 깊은 학자이기도 했던 아처는 이 별장을 미국에서 보기 드문 스페인 무어 부흥 양식으로 지었다. 아탈라야(Atalaya)는 망루를 의미하는 스페인어로, 정사각형 모양의 건축물 한가운데에 망루 형태의 물탱크가 있다. 건물은 현재 비어 있고 내부 관람 가능. 헌팅턴비치 주립공원 안에 있으며, 공원 입장료 외 별도의 캐슬 입장료를 내야 한다. 3~9월 주말에 주차 공간이 부족하면 주립공원을 일시 폐쇄하기도 하니 주의한다. **MAP 542p**

ADD Atalaya Rd, Murrells Inlet, SC 29576
OPEN 09:00~17:00(겨울철 ~16:00)
PRICE 헌팅턴비치 주립공원 $8, 아탈라야 캐슬 $2
WEB 헌팅턴비치 주립공원 southcarolinaparks.com/huntington-beach
아탈라야 캐슬 atalayacastle.com
ACCESS 머틀비치에서 찰스턴 가는 길 약 30km 지점

③ 어두운 역사를 간직한 항구 도시
찰스턴
Charleston

미국에서 가장 큰 노예 무역항으로 악명이 높았던 곳이다. 1861년 4월 12일, 남북전쟁의 첫 포성이 울려 퍼진 곳도 바로 찰스턴 항구의 섬터 요새(Fort Sumter)였다.

프렌치 쿼터(French Quarter) 구역에 옛 건물과 대부분의 볼거리가 모여 있는데, 과거의 어두운 이미지와는 달리 파스텔톤의 아기자기한 골목마다 상점과 레스토랑이 들어선 관광지로 조성돼 있다. 1790년대에 설립된 재래시장 시티 마켓(City Market), 1859~1863년까지 사용된 옛 노예 시장 박물관(Old Slave Mart Museum), 항구 전망이 보이는 파인애플 분수(Pineapple Fountain) 등은 전부 15~20분 정도면 걸어서 둘러볼 수 있다. 섬터 요새로 가려면 비지터 센터에서 출발하는 페리를 타야 한다. MAP 542p

ⓘ **Fort Sumter Visitor Education Center**

ADD 340 Concord St, Charleston, SC 29401
OPEN 09:00~16:30
WEB 공식 홈페이지: nps.gov/fosu
섬터 요새 보트 예약: fortsumtertours.com
ACCESS 애틀랜타에서 500km(차량 5시간)

프렌치 쿼터의 주택

수공예품과 간단한 먹거리를 파는 시티 마켓

노예 시장 박물관

섬터 요새

치페와 광장

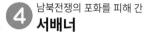

4 남북전쟁의 포화를 피해 간
서배너
Savannah

서배너는 1733년 영국의 장군 제임스 오글소프(James Oglethorpe)가 개척한 식민 도시였다. 그는 군사 훈련을 위해 교차로마다 광장을 만들었는데, 그것이 오늘날 총 22개의 작은 시민 공원으로 변모했다. 그중 가장 유명한 곳은 영화 <포레스트 검프>에서 포레스트가 버스를 기다리며 초콜릿을 꺼내는 장면을 촬영한 치페와 광장(Chippewa Square)이다. 커다란 나무마다 스패니시모스(파인애플과의 여러해살이풀)가 걸쳐진 모습이 전형적인 남부의 아름다움을 보여준다.

서배너는 독립 후 조지아주의 첫 번째 주도였으며, 대표적인 목화 수출항이었다. 남북전쟁이 한창이던 1864년 12월 21일 북군에 함락되었는데, 이때 평화적인 항복 협상이 이루어진 덕분에 서배너는 애틀랜타와 달리 당시의 모습이 보존될 수 있었다. 서배너강을 따라 조성된 강변 산책로인 리버 스트리트에는 레스토랑, 기념품점, 캔디 가게 등이 즐비하다. 치페와 광장에서 리버 스트리트까지 걸어서 15분 정도 걸린다. MAP 542p

ⓘ **Savannah Visitor Center**

ADD 301 Martin Luther King Jr Blvd, Savannah, GA 31401
OPEN 09:00~16:00
WEB visitsavannah.com
ACCESS 애틀랜타에서 400km(차량 3시간 40분)

리버 스트리트

영화 속 남부의

대농장을 만나다

노예무역의 전초 기지였던 찰스턴과 서배너에는 목화, 쌀, 천연염료 인디고, 담배 등 노동력에 기반한 이른바 플랜테이션 농업이 발달했다. 관광용으로 개방하는 대농장을 방문하면 화려한 상류 사회의 생활상과 열악한 노예 주거지를 모두 견학할 수 있다.

♦ 분홀 플랜테이션
Boone Hall Plantation

영화 <남과 북>, <노트북> 촬영지로 유명하다. 오크나무 가로수길과 대저택이 아름다운 모습 그대로 보존돼 있어서 방문해볼 만하다. 1681년 건설.

ADD 1235 Long Point Rd, Mt Pleasant, SC 29464
OPEN 09:00~17:00(일 12:00~)
PRICE $28
WEB boonehallplantation.com
ACCESS 찰스턴에서 20km(차량 20분)

♦ 매그놀리아 플랜테이션
Magnolia Plantation

전부 둘러볼 경우 6~8시간이 걸릴 정도로 규모가 크다. 대저택을 비롯해 동백꽃과 철쭉 정원, 농장 기차 투어, 늪지대, 노예 거주지 등 구역별로 입장권을 나누어 판매한다. 1679년 건설.

ADD 3550 Ashley River Rd, Charleston, SC 29414
OPEN 09:00~16:00(7~8월 화요일 13:00~20:00)
PRICE 통합권 $50
WEB magnoliaplantation.com
ACCESS 찰스턴에서 26km(차량 30분)

♦ 웜슬로 히스토릭 사이트
Wormsloe Historic Site

45분간의 투어로 저택 유적(Tabby Ruins) 및 농장 터를 돌아볼 수 있다. 착생식물인 스패니시모스가 주렁주렁 매달린 오크 가로수길이 2.5km 가량 이어져서 인상적이다. 1739년 건설.

ADD 7601 Skidaway Rd, Savannah, GA 31406
OPEN 09:00~16:45
PRICE $12
WEB gastateparks.org/Wormsloe
ACCESS 서배너에서 15km(차량 15분)

5 미국에서 가장 오래된 도시
세인트오거스틴
St. Augustine

영국인의 탐험과 이주가 시작되기 전인 1565년 스페인이 설립해 '미국에서 가장 오래된 유럽인 정착지'라는 타이틀을 가진 도시다. 200년 이상 스페인령이었으며, 한때 영국에 점령됐다가 다시 스페인령이 되는 과정을 거쳐 1819년 스페인이 미국에 최종 양도했다. 영국 문화가 주류인 미국 동부에서 스페인 식민지 시절의 흔적을 엿볼 수 있는 드문 장소다. 영국군과 해적을 방어하려고 1695년에 지은 요새 산 마르코스 성채(Castillo de San Marcos)에 오르면 아름다운 해안선이 한눈에 들어오고, 그 앞에 스페인과 영국이 번갈아 통치했던 16~18세기 생활상을 재현한 민속촌 콜로니얼 쿼터(Colonial Quarter)가 있다.
성채에서 길을 건너 올드 시티 게이트(Old City Gate)를 통과하면, 도시 설립 초기 가장 중요한 대로였던 세인트 조지 스트리트(St. George Street)로 접어든다. 레스토랑과 카페가 많은 이 거리는 옛 정취로 가득하다. **MAP 542p**

ⓘ **St. Augustine Visitor Information Center**

ADD 10 S Castillo Dr, St. Augustine, FL 32084
OPEN 08:30~17:30
WEB visitstaugustine.com
ACCESS 올랜도에서 북쪽으로 175km(차량 1시간 40분)

산 마르코스 성채

라이트너 박물관

+MORE+

철도 재벌의 야심이 담긴 건축물

철도 사업가 헨리 프래글러가 겨울철 플로리다를 여행하는 부유층을 위해 1888년과 1990년에 각각 건축한 리조트 폰스 드 레온(Ponce de Leon)과 호텔 알카사르(Alcazar)는 당시 스페인 르네상스 건축의 최고 수작으로 손꼽힌다. 현재 리조트는 프래글러 대학교 건물로 사용되고 있으며, 호텔은 빅토리아 시대의 생활상 및 다양한 예술품을 전시한 박물관으로 개조됐다. 연못이 있는 중정과 건물 자체가 볼거리다.

ADD 75 King St(라이트너 박물관)
OPEN 09:00~17:00
PRICE $19
WEB lightnermuseum.org
ACCESS 비지터 센터에서 도보 12분

Orlando

올랜도

플로리다주 한가운데 위치한 꿈과 모험의 도시 올랜도를 여행하는 이유는 지상 최대의 테마파크 천국을 마음껏 즐기기 위해서다. 1971년 문을 연 월트 디즈니 월드 리조트에 이어 1990년 유니버설 올랜도 리조트가 개장하면서 올랜도는 세계적인 관광지로 급부상했다. 추가로 씨월드 올랜도와 레고랜드 플로리다 리조트까지 합류하여, 상상 초월 엄청난 규모의 테마파크가 10개 이상 올랜도에 자리 잡은 것이다. 미국인들에게 특별히 인기 높은 여행지라서 봄 방학(3월 말~4월 초)과 여름 방학(5월 말~8월 초), 추수감사절(11월 말), 크리스마스 휴가철(연말)에 여행을 계획한다면 미리미리 서둘러야 한다.

올랜도 IN & OUT

주요 지점과의 거리

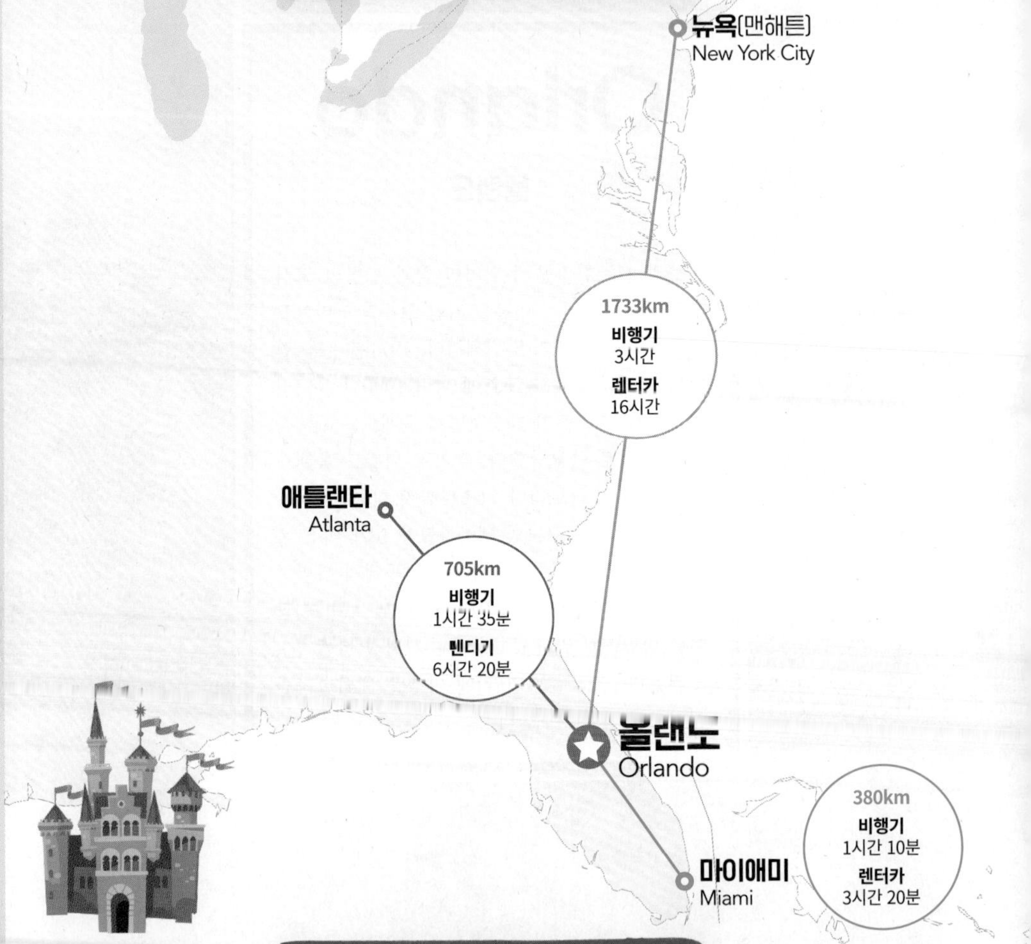

뉴욕(맨해튼)
New York City

1733km
비행기
3시간
렌터카
16시간

애틀랜타
Atlanta

705km
비행기
1시간 35분
렌터카
6시간 20분

올랜도
Orlando

마이애미
Miami

380km
비행기
1시간 10분
렌터카
3시간 20분

우리나라에서 올랜도 가기

한국에서 플로리다로 가는 직항편은 없으며, 주요 도시와도 거리가 멀어서 주로 미국 국내선 항공편을 이용하게 된다. 며칠 동안 체류가 가능한 스톱오버 항공권을 활용해 타 도시(LA, 샌프란시스코, 애틀랜타 등)를 경유하는 방법도 고려해보자. 뉴욕과 연계한 올랜도 추천 일정은 046p 참고.

올랜도 국제공항(MCO)
Orlando International Airport

ADD 1 Jeff Fuqua Blvd, Orlando, FL 32827
WEB flymco.com

공항에서 리조트 가기 (약 27~30km)

올랜도는 대중교통이 매우 불편해서 호텔 셔틀버스나 렌터카 및 우버/리프트를 이용하는 것이 일반적이다. 디즈니 월드나 유니버설 리조트에 투숙한다면 유료 셔틀버스를 타면 되고, 그 외 호텔은 자체 셔틀 운행 여부를 예약 전 확인한다.

❶ 미어스 커넥트
Mears Connect
(1시간)

디즈니 월드 리조트와 근처의 여러 호텔에 정차하는 셔틀버스다. 스탠더드(Standard) 셔틀은 1시간 정도 걸려서 다소 느린 대신 1~2인이라면 가격 경쟁력이 있다. 보다 빠른 익스프레스(Express) 요금은 택시 수준으로 비싸다. 터미널 A, B, C의 Level 1(Ground Transportation)에서 탑승한다.

HOUR 24시간(예약제 운행)
PRICE $20(스탠더드 기준)
WEB mearsconnect.com

❷ 유니버설 슈퍼스타 셔틀
Universal's SuperStar Shuttle
(30~40분)

유니버설 리조트의 테마파크 입장권이나 호텔 예약 시 추가 옵션으로 선택한다. 디즈니 월드에 비해 정류장 숫자가 적어서 조금 더 빠르다. 보통 Terminal A의 Level 1(Ground Transportation)에서 탑승하는데, 오전 7시 이전이나 오후 8시 이후에는 별도 탑승 장소가 지정된다.

HOUR 24시간(예약 필수)
PRICE 편도 $23, 왕복 $39
WEB universalorlando.com

❸ 우버/리프트
Uber/Lyft
(20~25분)

올랜도에서는 택시보다는 우버/리프트가 저렴한 편이다. 수요에 따라 가격 편차가 크지만, 호텔과 테마파크의 주차비를 고려한다면 렌터카보다 경제적이다. 공항에서는 'Ride App Pickup' 사인을 보고 지정된 탑승 장소로 이동해서 호출하면 된다.

HOUR 24시간
PRICE $38~68

: WRITER'S PICK :

올랜도는 대중교통이 불편해요

올랜도의 유일한 대중교통 수단인 링스 버스(LYNX Bus)는 관광객에게 적합하지 않다. 배차 간격이 1시간 정도로 긴 데다 테마파크와 한 번에 연결되는 노선이 없으며, 관광지가 아니거나 대로와 멀리 떨어진 장소에 정류장이 있어서 안전도 우려된다. 그럼에도 이용해야 한다면 모바일 앱(LYNX PawPass)을 다운받아 경로와 시간을 확인하고 탑승권을 구매해보자. 등록 절차가 까다롭다면 요금을 현금으로 딱 맞춰서 내고 탑승하면 된다.

PRICE 1회권(Single Ride) $2,
1일권(All-Day Pass) $4.5
WEB golynx.com(올랜도 교통공사)

LYNX PawPass

올랜도에서 할인 패스는 추천하지 않아요

리조트별로 입장권을 구매해야 하는 올랜도에서는 할인 패스의 활용 가치가 떨어진다. 시티패스(CityPASS)를 통해 디즈니 월드, 유니버설, 씨월드 리조트 입장권을 5~7% 정도 할인된 가격에 구매할 수 있으나, 공식 홈페이지나 국내 여행 사이트에서 진행하는 프로모션에 비해 큰 혜택은 없다. 고우 패스(Go City Orlando)와 사이트시잉 패스(Sightseeing Pass)는 디즈니 월드나 유니버설의 주요 테마파크를 제외하고 마담 투소, 레고랜드, 케네디 우주 센터 등의 관광지를 묶어서 판매한다.

올랜도 한눈에 보기

4곳의 리조트 중에서 가장 넓은 월트 디즈니 월드 리조트는 미국 서부의 대도시 샌프란시스코와 맞먹는 규모를 자랑한다. 따라서 올랜도 여행 일정과 동선은 어떤 테마파크를 몇 군데나 방문할지에 따라 달라지고, 숙소, 맛집, 쇼핑 등의 편의시설도 리조트 근처로 정하는 것이 효율적이다. 4~5일 이상 체류한다면 하루쯤 렌터카를 빌려 쇼핑을 즐기고, 케네디 우주 센터나 세인트오거스틴 등 근교를 다녀와도 좋다. 디즈니 캐릭터들과 함께 유람선을 타고 바다를 누비는 디즈니 크루즈 정보는 118p 참고.

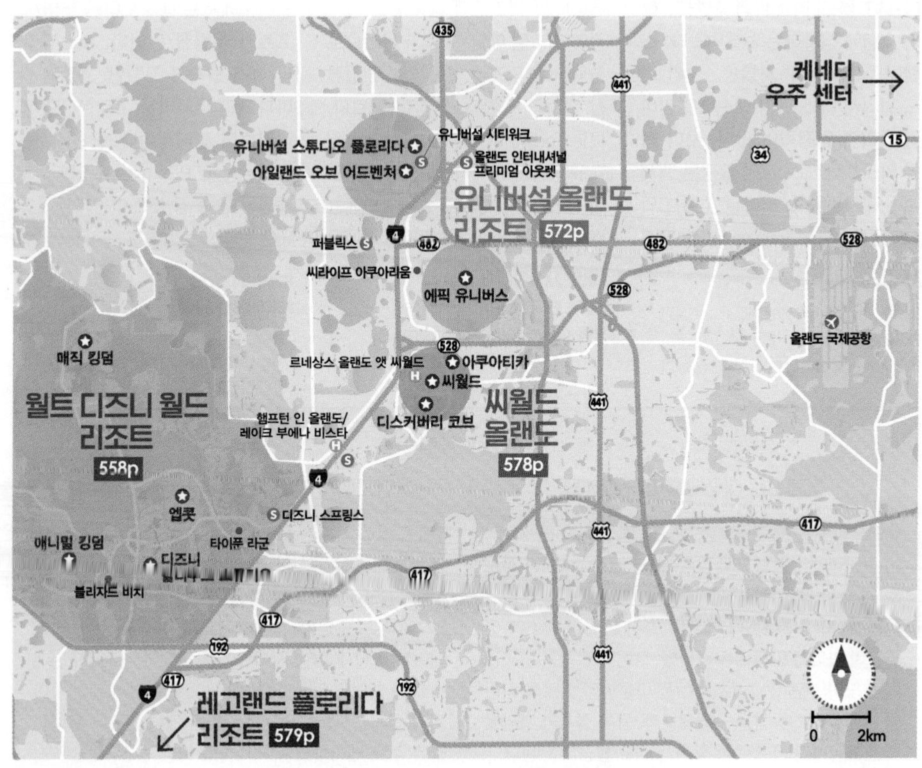

SUMMARY

공식 명칭 City of Orlando
소속 주 플로리다(FL)
표준시 ET(서머타임 있음)

WEATHER

연중 따뜻한 아열대성 기후를 가진 올랜도의 계절은 우기(5~10월)와 건기(11~4월)로 구분된다. 가장 많은 인파가 몰리는 6~8월 여름방학 시즌에는 놀이공원에서 줄을 서기 힘들 만큼 무덥고, 오후에는 강풍과 뇌우가 몰아치는 날이 많다. 9~11월 사이 허리케인이 발생하면 전체 테마파크가 폐장할 수 있으니 날씨 변동에 따라 취소가 가능한 항공권과 숙소를 예약할 것. 여행 적기는 날씨가 쾌적한 12~4월이다. 기온이 낮아도 맑은 날에는 햇볕이 강해서 선크림과 모자가 필수다.

	1월(겨울)	**4월**(봄)	**7월**(여름)	**10월**(가을)
최고 평균	21°C	28°C	33°C	29°C
최저 평균	9°C	15°C	23°C	18°C
강수량	57mm	61mm	196mm	86mm

세상의 모든 랜드가 다 모였다!

올랜도 테마파크 총정리

하루에 테마파크를 하나씩 클리어하는 것이 기본! 시간이 정말 부족하고 체력에 자신 있다면 하루에 1곳 이상을 입장하는 멀티데이 티켓에 도전해도 된다. 세계 테마파크 인기 1위인 디즈니 월드의 매직 킹덤은 반드시 계획에 넣고, 나머지는 일정과 취향에 맞춰 골라보자. 해리포터 팬이라면 유니버설 리조트의 테마파크를 연결하는 호그와트 익스프레스 열차를 꼭 타야 한다. 최신 테마파크인 에픽 유니버스(2025년 개장)까지 알차게 즐기려면 많은 준비가 필요하다.

★①는 수영복을 입고 가야하는 워터파크

테마파크 & 워터파크	추천 연령대	개장	랭킹	콘셉트와 핵심 어트랙션
월트 디즈니 월드 리조트 Walt Disney World® Resort				
매직 킹덤	모든 연령대	1971	1	신데렐라 캐슬과 클래식 디즈니 캐릭터 (미키의 필하매직, 판타지 퍼레이드, 불꽃놀이, 트론 라이트사이클, 티아나 어드벤처)
엡콧	청소년과 성인	1982	5	기술 혁신과 NASA 우주선 탐험, 불꽃놀이 (가디언즈 오브 갤럭시, 미션 스페이스)
디즈니 할리우드 스튜디오	청소년과 성인, 영화 팬	1989	3/4	영화와 TV 테마, 뮤지컬 공연 (스타워즈: 라이즈 오브 레지스탕스, 토이 스토리)
디즈니 애니멀 킹덤	모든 연령대	1998	6	자연과 야생 동물 테마(아바타 플라이트, 라이온 킹 공연, 사파리)
타이푼 라군★	가족, 모든 연령대	1989	⑤	태풍이 지나간 열대 낙원(초대형 서프 풀과 130m의 워터 코스터)
블리자드 비치★	모든 연령대	1995	②	태양에 녹아내린 스키장(워터 슬라이드, 래프팅 체험)
유니버설 올랜도 리조트 Universal Orlando Resort				
유니버설 스튜디오	모든 연령대, 영화 팬	1990	3/4	영화와 TV 테마, 스턴트 공연 (해리포터: 다이애건 앨리, 미니언즈)
아일랜드 오브 어드벤처	청소년과 성인	1999	2	마블 슈퍼 히어로 등 영화의 세계, 스릴 넘치는 놀이기구 (해리포터: 호그스미드, 해그리드 모터바이크, 인크레더블 코스터)
에픽 유니버스	모든 연령대	2025	-	2025년 5월 22일 개장(해리포터: 마법 정부, 슈퍼 닌텐도 월드)
볼케이노 베이★	청소년과 성인	2017	④	남태평양의 화산섬(아쿠아코스터, 수직 낙하 번지)
씨월드 올랜도 SeaWorld Orlando				
씨월드	모든 연령대	1973	7	해양 생물 쇼, 놀이기구(범고래, 물개, 돌고래 공연)
디스커버리 코브★	모든 연령대	2000	①	워터파크와 해양 테마파크의 결합 (스노클링 체험, 그랜드 리프, 돌고래와의 만남)
아쿠아티카★	어린이와 가족	2008	③	열대 테마의 다양한 물놀이 시설(파도풀, 유수풀 등)
레고랜드 플로리다 리조트 LEGOLAND Florida Resort				
레고랜드 + 워터파크★	어린이와 가족	2011	8	레고로 만든 미국 도시의 미니어처(미니랜드 USA), 놀이기구와 워터파크의 결합

올랜도 편의시설 총정리

대부분의 시간과 예산을 테마파크에 쏟아붓게 되는 올랜도에서 맛집을 찾아다니는 경우는 드물 것이다. 대신 미국 전역의 인기 레스토랑 체인점을 모두 만나볼 수 있다는 것은 올랜도 여행의 또 다른 재미다.

¤ 디즈니 스프링스 Disney Springs

세계에서 가장 큰 디즈니 스토어와 수많은 상점, 레스토랑이 입점한 디즈니 월드의 메인 쇼핑 구역. 테마파크 입장권이 없어도 방문할 수 있다. 하루쯤 날을 정해서 구경해도 좋을 만큼 스케일이 크고, 밤에는 호수 위로 유람선이 떠다니는 환상적인 분위기다. MAP 26

ADD 1486 Buena Vista Dr
OPEN 10:00~23:00

모든 디즈니 호텔은 디즈니 스프링스까지 무료 버스 서비스를 제공한다. 또한, 포트 올리언스 리조트(프렌치 쿼터, 리버사이드), 사라토가 스프링스 리조트 쪽에서는 수상 택시를 타고 갈 수 있다.

■ 보트하우스 Boathouse

신선한 해산물과 프리미엄 스테이크 전문점. 호숫가에 지은 선상 레스토랑이라서 수륙양용차인 앰퍼카(Amphicar)를 타고 호수를 둘러보는 가이드 투어도 운영한다. 예약은 선착장이나 레스토랑 안에서만 받는다.

■ 티렉스 T-rex

거대한 공룡 모형과 해양 생물, 빙하기를 연상시키는 얼음 동굴, 활화산 등으로 꾸민 테마 레스토랑으로 아이들에게 무척 인기다. 미트볼, 파스타, 버거 등 아이들과 함께 먹기 좋은 미국식 메뉴를 갖추고 있다.

■ 디럭스 버거 D-Luxe Burger

더블 패티에 어니언링과 치즈를 곁들인 바비큐버거(Barbecued Burger)로 인기 많은 수제 버거 전문점. 디즈니 월드 앱을 통해 모바일 주문을 하면 대기 시간을 줄일 수 있다.

■ 얼 오브 샌드위치 Earl of Sandwich

플로리다의 인기 샌드위치 맛집. 로스트비프를 넣은 오리지널 1762, 칠면조햄이 들어간 몬태규는 따끈한 핫 샌드위치로 주문해야 맛있다.

¤ 유니버설 시티워크 Universal CityWalk

유니버설 리조트의 관문이자 쇼핑 구역. 시티워크에서 각 테마파크 입구까지 도보 10~15분, 워터파크까지 도보 30분 정도 걸린다. 미국의 인기 레스토랑과 합리적인 가격의 프랜차이즈 맛집이 모여 있다. 입장권이 없어도 방문할 수 있으며, 유니버설 스토어 기념품점에서 쇼핑을 즐겨도 된다. **MAP 26**

ADD 6000 Universal Blvd
OPEN 08:00~24:00(토·일 ~01:00)

에픽 유니버스 프리뷰 센터
EPIC Universe Preview Center

유니버설의 세 번째 테마파크를 미리 체험해볼 수 있는 홍보관. 개장 전 올랜도를 찾아오는 사람들의 아쉬움을 달래줄 기념품도 판매하고 있다.

*2025년 5월 에픽 유니버스 오픈 후 폐관 예정

■ 부바 검프
Bubba Gump

영화 <포레스트 검프>에서 영감을 받은 해산물 레스토랑. 4가지 스타일의 새우 튀김 '쉬림퍼스 헤븐' 등의 새우 요리와 미국 남부 스타일 음식을 맛보자.

■ 하드 록 카페
Hard Rock Café

세계 각지의 인기 관광지마다 눈에 띄는 체인 레스토랑이다. 그중 올랜도 지점은 세계 최대 규모를 자랑한다. 하드 록 카페 로고가 새겨진 기념품 구경도 큰 즐거움!

■ 부두 도넛
Voodoo Doughnut

개성 넘치는 맛과 비주얼로 유명한 포틀랜드의 인기 도넛 가게. 대표 메뉴로는 초콜릿 코팅과 라즈베리 필링이 들어간 부두 인형 모양 도넛과 메이플크림 아이싱 위에 바삭한 베이컨 조각을 올린 베이컨 메이플바 도넛 등이 있다.

■ 콜드 스톤 크리머리
Cold Stone Creamery

예전에 한국에도 진출한 적 있었던 미국의 아이스크림 체인점. 취향에 맞는 토핑을 선택하면 즉석에서 아이스크림과 섞어서 완성해준다.

¤ 퍼블릭스
Publix

미국 남부 지역의 슈퍼마켓 체인. 초밥과 컵라면을 팔고 근처에 작은 로컬 식당도 많다. 차량이 있고 식비를 아끼고 싶다면 이용할 만하다.

ADD 7640 W Sand Lake Rd(그 외 다수)
OPEN 07:00~22:00

¤ 올랜도 프리미엄 아웃렛
Orlando Premium Outlets

디즈니 월드 근처에는 올랜도 바인랜드(Orlando Vineland), 유니버설 리조트 근처에는 올랜도 인터내셔널(Orlando International)이라는 사이먼 계열의 프리미엄 아웃렛이 있다. 모바일 앱(SPO by Simon)으로 쿠폰을 다운받자.

ADD 바인랜드 8200 Vineland Ave
인터내셔널 4951 International Dr
OPEN 10:00~21:00(일11:00~19:00)

올랜도 숙소 정하기

교통편을 우버/리프트 또는 셔틀버스에 의존해야 하는 올랜도에서는 숙소를 잘 선택하는 것이 중요하다. 외부 호텔은 가격이 저렴한 대신 교통비와 이동 시간이 많이 들고, 리조트 내부 호텔은 비싼 대신 테마파크와 연계해 다양한 혜택을 제공한다.

월트 디즈니 월드 리조트

디즈니 월드 안에 있는 30개 이상의 숙소는 시설에 따라 4개의 등급으로 나뉜다. 규모가 크다 보니 같은 호텔이어도 셔틀버스 정류장, 레스토랑 등 편의시설과 가까운 객실은 프리퍼드 룸(Preferred Room)으로 분류해 가격을 더 비싸게 받는다. 디즈니 월드 공식 홈페이지에서 예약했다면 모바일 앱과 연동해 혜택을 관리할 수 있고, 외부 사이트에서 예약했다면 방문 전 전화로 확인해야 한다. 방문하고 싶은 테마파크 주변이나 쇼핑 구역인 디즈니 스프링스(Disney Springs) 근처로 선택하면 편리하다.

WEB disneyworld.disney.go.com

¤ 테마파크 혜택

- 공식 입장 시간보다 30분 먼저 입장해 인기 어트랙션 줄서기 가능
- 멀티패스·싱글패스 우선 예약 혜택(560p 참고)
- 디즈니 월드 리조트에서 운행하는 교통편 이용(호텔별로 셔틀버스 운행)
- 자동차로 방문하는 경우 호텔 주차비는 별도지만, 테마파크 일반 주차 구역은 무료. 테마파크 입구와 가까운 자리(Preferred Parking) 구역 주차 시 차액만큼 추가 결제
- 체크인하는 날 워터파크 이용 가능(사전 등록 필수)

+MORE+

리조트 등급별 가격대

- 디럭스 빌라 $1000 이상
- 디럭스 리조트 $700~1000
- 모더레이트 리조트 $250~400
- 밸류 리조트 $200~300

¤ 주요 인기 숙소 MAP 558p

그랜드 플로리디언 Grand Floridian
등급 디럭스 리조트

매직 킹덤과 모노레일 및 페리로 직접 연결되는 디즈니 월드 최고의 리조트. 일부 객실에서는 불꽃놀이를 감상할 수 있다.

폴리네시안 빌리지 리조트 Polynesian Village Resort
등급 디럭스 리조트

남태평양의 분위기를 재현한 가족형 리조트. 매직 킹덤과 모노레일로 직접 연결되어 이동이 편리하다.

캐리비언 비치 Caribbean Beach
등급 모더레이트 리조트

카리브해의 6개 섬마을을 테마로 하며, 워터슬라이드를 갖춘 대형 수영장이 있다. 스카이라이너로 엡콧이나 디즈니 할리우드 스튜디오까지 연결된다.

포트 올리언스 Port Orleans
등급 모더레이트 리조트

뉴올리언스의 중심가를 재현한 프렌치 쿼터 리조트와 미시시피 강변의 시골 마을을 재현한 리버사이드라는 두 개 리조트로 나뉜다. 둘 다 디즈니 스프링스까지 보트를 타고 갈 수 있는데, 리버사이드의 규모가 더 크다.

팝 센추리 Pop Century
등급 밸류 리조트

20세기 미국의 대중문화를 테마로 한 가성비 좋은 리조트. 스카이라이너를 통해 엡콧과 디즈니 할리우드 스튜디오로 연결된다.

아트 오브 애니메이션 Art of Animation
등급 밸류 리조트

디즈니와 픽사의 애니메이션 영화를 테마로 하며, 디즈니 할리우드 스튜디오까지 스카이라이너로 이동 가능하다.

유니버설 올랜도 리조트

유니버설 올랜도 리조트의 8개 호텔 역시 3개 등급(시그니처 컬렉션, 프라임 밸류, 밸류)으로 구분돼 있다. 공식 홈페이지를 통해 예약하는 것보다 호텔 예약 사이트가 저렴한 경우가 많으니 가격을 비교해보고 선택하자.

WEB universalorlando.com

유니버설 스튜디오

¤ 테마파크 혜택

- '위저딩 월드 오브 해리포터' 얼리 엔트리(1시간) 혜택
- 호텔에서 테마파크 입구가 있는 시티워크까지 무료 셔틀버스 운행
- 시그니처 컬렉션 고객은 대기시간을 줄여주는 익스프레스 혜택

¤ 주요 호텔 MAP 572p

가장 가격대가 높은 시그니처 컬렉션급($500~990) 호텔 중에서도 일부만 도보 이동이 가능하고, 나머지는 리조트 내부 셔틀을 이용해야 하므로 외부 숙소와 큰 차이는 없다.

- **도보 이동 가능 호텔 →** Hard Rock Hotel, Loews Royal Pacific Resort

리조트 외부 호텔

리조트 밖에도 호텔, 레스토랑, 쇼핑센터가 모인 구역이 있다. 디즈니 월드와 유니버설을 둘 다 방문할 경우 중간에 호텔을 옮길 필요가 없어서 편리하다. 일부 호텔은 디즈니 또는 유니버설로 셔틀을 운행한다(제휴된 한 곳만 운행).

더블트리 바이 힐튼 앳 더 앤트렌스 투 유니버설 올랜도

DoubleTree by Hilton Hotel at the Entrance to Universal Orlando ★★★

ADD 5780 Major Blvd **PRICE** $130~200
WEB hilton.com
ACCESS 유니버설 리조트까지 1.7km/셔틀버스 무료

페어필드 인 앤드 스위트 바이 메리어트 올랜도 니어 유니버설 스튜디오

Fairfield Inn & Suites by Marriott Orlando Near Universal Orlando Resort ★★★

ADD 5614 Vineland Rd **TEL** 407-581-5600
PRICE $90~130 **WEB** marriott.com
ACCESS 유니버설 리조트까지 2.2km/셔틀버스 및 호텔 주차 무료

햄프턴 인 올랜도/레이크 부에나 비스타

Hampton Inn Orlando/Lake Buena Vista ★★★

ADD 8150 Palm Pkwy **TEL** 407-465-8150
PRICE $120~220 **WEB** hilton.com
ACCESS 매직 킹덤까지 15km. 셔틀버스 및 호텔 주차 무료.

드루리 플라자 올랜도 - 디즈니 스프링스 에어리어

Drury Plaza Hotel Orlando - Disney Springs Area ★★★

ADD 2000 Hotel Plaza Blvd **TEL** 407-560-6111
PRICE $170~260 **WEB** druryhotels.com
ACCESS 디즈니 월드 쇼핑센터(디즈니 스프링스)까지 도보 20분/셔틀버스 무료

르네상스 올랜도 앳 씨월드

Renaissance Orlando at SeaWorld ★★★★

ADD 6677 Sea Harbor Dr **TEL** 407-584-0441
PRICE $180~350 **WEB** marriott.com
ACCESS 씨월드 앞, 유니버설과 디즈니 월드의 중간 지점

#Resort 01

월트 디즈니 월드 리조트

Walt Disney World® Resort

4개의 테마파크와 2개의 워터파크, 4개의 골프장과 수십 개의 호텔, 쇼핑 구역 디즈니 스프링스까지 갖춘 세계에서 가장 거대한 디즈니 왕국이다. 전체 면적은 수원시와 비슷한 약 111 km²로, LA나 도쿄에 있는 디즈니 리조트의 50배가 넘는 규모다. 걸어 다니는 것은 불가능하기 때문에 월트 디즈니 월드 리조트에서 자체 운행하는 무료 교통수단을 이용하며, 외부 호텔에 투숙하는 사람도 매직 킹덤 주차장 쪽 교통 센터(TTC)로 들어와서 각 테마파크로 가는 모노레일이나 페리를 이용할 수 있다. 물론, 대기시간과 환승 시간을 고려하면 우버/리프트가 가장 빠르다.

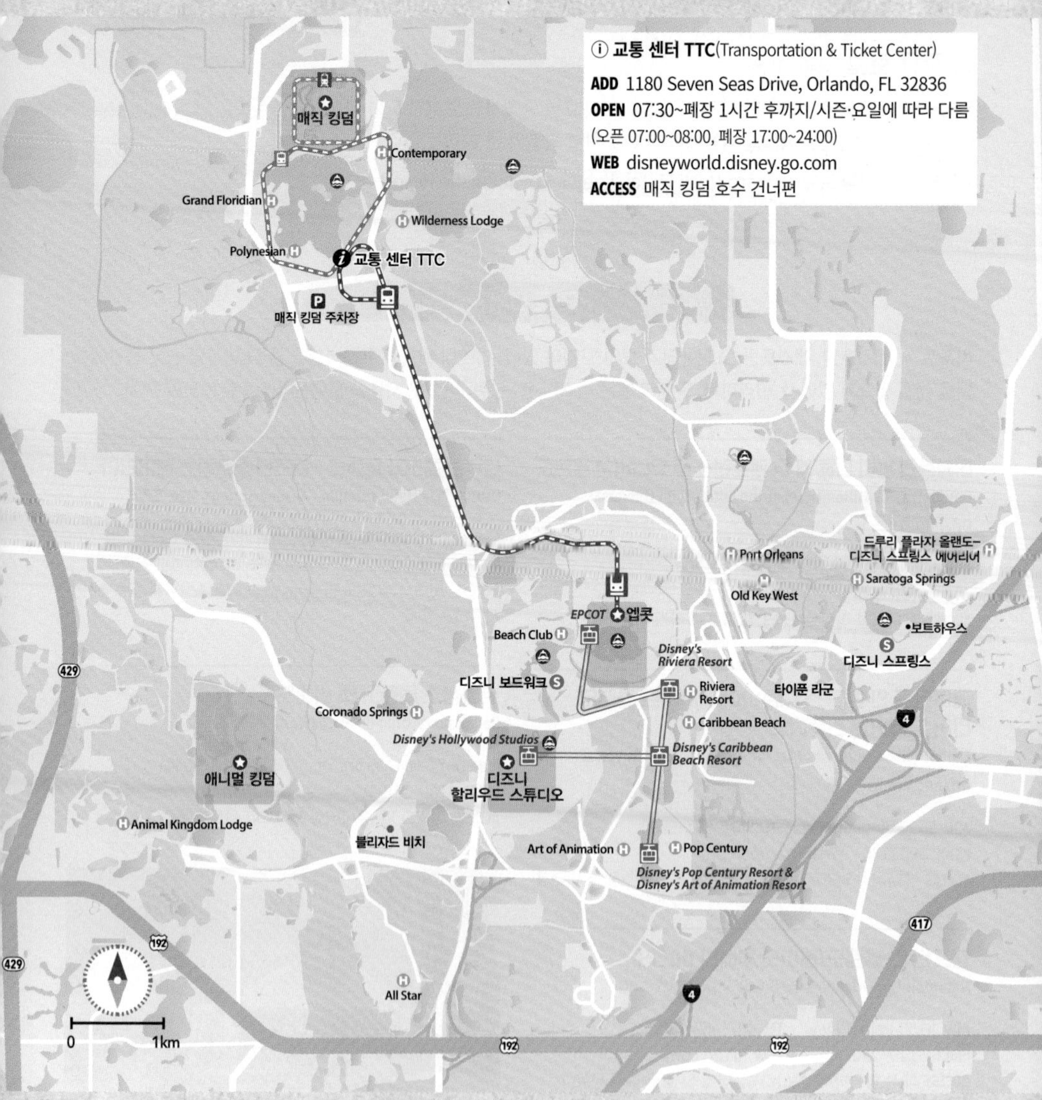

ⓘ **교통 센터 TTC**(Transportation & Ticket Center)

ADD 1180 Seven Seas Drive, Orlando, FL 32836

OPEN 07:30~폐장 1시간 후까지/시즌·요일에 따라 다름
(오픈 07:00~08:00, 폐장 17:00~24:00)

WEB disneyworld.disney.go.com

ACCESS 매직 킹덤 호수 건너편

디즈니 월드 추천 일정

디즈니 월드의 4개 테마파크를 이틀 만에 모두 보려면 파크 호퍼 옵션(Park Hopper)을 활용해야 한다. 야간 불꽃놀이가 열리는 매직 킹덤과 엡콧을 오후에 배치하는 것이 보편적인 공략 방법이다. 다만, 애니멀 킹덤에 있는 판도라 행성(아바타)의 저녁 경관을 감상하고 싶거나, 매직 킹덤을 좀 더 여유 있게 즐기고 싶다면, 자신의 여행 스타일에 맞는 맞춤형 일정을 계획해보자.

	Day 1	Day 2	Day 3
오전	올랜도 도착	**애니멀 킹덤**	**할리우드 스튜디오**
오후	• 숙소 체크인 • 연계 워터파크 이용 • 디즈니 스프링스 구경	늦어도 오후 3시에는 매직 킹덤으로 이동 셔틀버스 20~30분	가디언즈 오브 갤럭시 시간에 맞춰 엡콧으로 이동 or 도보 25분 또는 스카이라이너 30분
저녁		**매직 킹덤 불꽃놀이**	**엡콧 불꽃놀이**

사전 준비 체크리스트

- ☑ 입장권과 숙소 예약하기 ⇒ **항공권과 함께 준비**
- ☑ 테마파크별 인기 캐릭터 다이닝 예약하기 ⇒ **방문 60일 전**
- ☑ 싱글패스 & 멀티패스로 즐길 어트랙션 예약하기 ⇒ **방문 3~7일 전**
- ☑ 저녁 불꽃놀이 일정 및 관람 동선 파악하기 ⇒ **방문 최소 1일 전**

디즈니 월드 교통수단

디즈니 공식 앱(My Disney Experience)에서 교통 및 주차(Transportation & Parking)를 선택해 가까운 정류장, 실시간 교통수단과 경로를 확인하고 이용한다. 셔틀버스는 직행 노선이 없는 경우 환승해야 할 수 있다. 테마파크 개장 45분 전부터 폐장 1시간 후까지 운행하는데, 폐장 직후에는 대기 줄이 매우 길다.

교통 센터 TTC

셔틀버스	호텔 ⇄ 테마파크, 테마파크 ⇄ 테마파크 상시 연결
모노레일	교통 센터(TTC)에서 매직 킹덤이나 엡콧으로 이동할 때 이용
스카이라이너	엡콧 ⇄ 캐리비안비치(호텔) ⇄ 할리우드 스튜디오
페리	매직 킹덤, 할리우드 스튜디오, 엡콧, 디즈니 스프링스 호수에서 운행
개인 차량	호텔 주차 $36~, 테마파크 주차 $30~

셔틀버스

페리

모노레일

SPECIAL PAGE

디즈니 월드 어트랙션 예약 방법

줄 서는 시간을 줄이고 싶다면 라이트닝 레인(유료 탑승 예약)과 버추얼 큐(무료 원격 줄서기)에 대해 알아야 한다. 모바일 앱에서 어트랙션명을 검색했을 때 LL(라이트닝 레인) 표시가 있다면, 멀티패스 또는 싱글패스로 탑승 예약을 할 수 있다는 뜻이다. 이용 횟수나 시간에 제약이 있으므로 꼭 타고 싶고 대기시간이 긴 어트랙션 위주로 공략해야 한다. **디즈니 리조트 투숙객은 방문 7일 전, 일반 고객은 방문 3일 전부터 모바일 앱의 구매 및 예약 버튼이 활성화된다.**

멀티패스

Lightning Lane Multi Pass

2024년 7월 24일부터 도입된 예약 방식으로, 하루에 테마파크 1곳에 내해서 어드랙션을 3개까지 사전 예약해둘 수 있다. 방문 당일 첫 번째 예약을 이용하고 나면 예약 버튼이 다시 활성화된다. 2일권을 구매했다면 둘째 날 방문할 테마파크도 동일한 방식으로 예약한다.

PRICE $15~39(기간에 따라 다름)

싱글패스

Lightning Lane Single Pass

테마파크마다 가장 인기 있는 어트랙션 1~2개는 멀티패스 이용이 불가능해서 추가 요금을 내고 싱글패스로 예약해야 한다. 단, 하루에 2개까지만 구매할 수 있다. 싱글패스를 구매하지 않을 생각이라면 테마파크 오픈 시간에 맞춰 줄 서기를 추천한다.

PRICE 1개당 $12~25(어트랙션별로 다름)

프리미어 패스

Lightning Lane Premier Pass

멀티패스와 싱글패스가 이용 시간대를 미리 예약하고 이용하는 것이라면 프리미어 패스는 날짜만 지정하고 아무 때나 줄 없이 탈 수 있는 패스이다. 리조트 입장권과 별도 구매해야 한다. 현재 리조트 투숙객을 대상으로 시범 적용 중이라 사용 횟수 제한 등은 확정되지 않았다.

PRICE $150~420(입장하는 파크와 이용 시기에 따라 다름)

버추얼 큐

Virtual Queue

매직 킹덤의 '티아나 어드벤처'와 엡콧의 '가디언즈 오브 갤럭시' 2개는 현장 줄서기(Standby Line)가 불가능한 어트랙션이다. 오전 7시(외부에서 신청 가능)와 오후 1시(해당 테마파크 안에서만 신청 가능)에 버추얼 큐 예약 버튼이 활성화된다. 성수기에는 오픈과 거의 동시에 마감되니, 꼭 타고 싶다면 유료 예약(멀티패스 또는 싱글패스)을 걸어두는 것이 안전하다.

PRICE 무료(시간에 맞춰 응모)

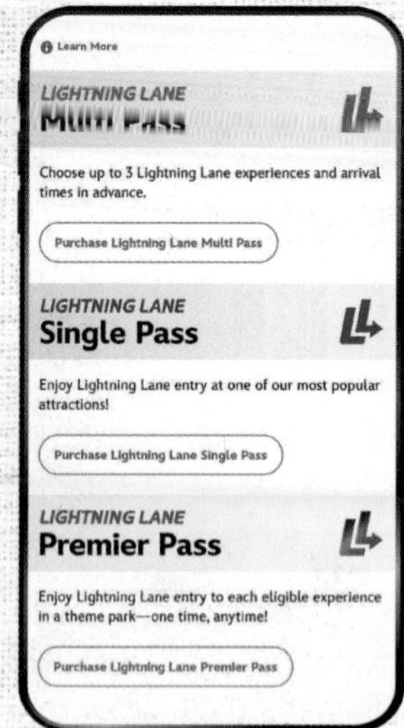

❶ 모바일 앱 설치 후 '라이트닝 레인' 구입하기 선택

❷ 방문 날짜 입력 후 테마파크를 선택하면 싱글패스로 탑승 가능한 목록이 보여요.

¤ 티켓 가격과 이용 방법

1일 1파크 티켓은 테마파크를 지정해야 하고, 멀티데이 티켓은 사용 개시일만 정한 후에 유효기간(2일권은 4일, 3일권은 5일, 4일권은 7일 등) 동안 하루 1곳씩 방문한다. 티켓은 공식 홈페이지를 통해 구매할 수 있으며, 할인권(Special Offer)이 눈에 띈다면 사용 조건을 잘 확인하고 선택하자.

1일 1파크 티켓 One Park Per Day	멀티데이 티켓(2~10일권) Multi-Day Tickets
매직 킹덤 $139~189	**2일권** $248~342
할리우드 스튜디오 $139~184	이용 기간이 길수록 할인율 증가
엡콧 $134~179	2~4일권이 가장 인기
애니멀 킹덤 $119~164	

*디즈니 월드의 입장 및 예약 정책은 자주 바뀌는 편이니 방문 전 최신 내용 확인은 필수

➔ 티켓 구매는 신중하게!

티켓 구매 시에는 이용 날짜(개시일)를 지정한다. 가격은 날짜별로 다른데, 보통 12~4월이 비싸고 9월이 저렴하다. 나중에 더 비싼 티켓으로 바꾸려면 차액을 내면 되지만, 저렴한 티켓으로 바꾼다고 해서 차액을 돌려받을 수는 없다. 원칙상 티켓 구매 후 환불 불가능.

➔ 파크 호퍼 Park Hopper 는 이럴 때 좋아요

파크 호퍼는 같은 날 테마파크 4곳을 자유롭게 다니는 추가 옵션이다. 어트랙션을 잘 파악하고 계획을 세운다면 유용하지만, 현실적으로 2곳 이상은 힘들다. 성수기에는 사람이 많이 몰리면 입장 인원을 제한하기도 한다. 특히 매직 킹덤은 불꽃놀이 시간에 딱 맞춰서 갈 경우 입장이 안 될 수 있으니, 이동 시간까지 감안해 여유 있게 관람을 준비할 것.

➔ 불꽃놀이와 퍼레이드 스케줄은 날짜 예약 전 확인

디즈니 캐슬을 배경으로 한 불꽃놀이와 디즈니 캐릭터가 등장하는 판타지 퍼레이드는 오직 매직 킹덤에서만 볼 수 있다. 최근에는 퍼레이드를 하지 않는 날도 있어서 스케줄 확인이 필수다.

➔ 워터파크를 간다면 추가 옵션으로

워터파크 중에서 타이푼 라군(Typhoon Lagoon)은 메인 워터파크인 블리자드 비치(Blizzard Beach)가 문을 닫는 여름철 위주로 운영한다. 개별 입장권 구매도 가능하지만, 추가 옵션으로 약간의 할인을 받을 수 있다.

파크 호퍼 플러스(Park Hopper Plus)는 파크 호퍼 기능에 더해 골프장 또는 워터파크 입장권을 하루 1장씩 제공한다. 1일권 사용자라면 테마파크를 방문한 다음 날 워터파크를 이용하면 된다. 워터파크 앤 스포츠(Water Park and Sports) 옵션은 멀티데이 티켓을 산 경우에만 선택할 수 있고, 입장권을 하루에 1장씩 받아서 유효기간 내에 사용한다.

➔ 대표 아이디에 일행 등록하기

티켓 구매 후에는 대표 계정 하나에 일행의 티켓을 파티(Party)로 묶어 두어야 어트랙션 입장 예약 등 여러 가지를 함께 할 수 있다. 나중에 여러 대의 휴대폰으로 중복 로그인이 가능하다.

➔ 매직밴드 MagicBand 가 있으면 편해요

모바일 앱과 연동하면 입장, 식사 및 쇼핑까지 결제할 수 있는 팔찌다. 따로 구매($10~)하고 싶지 않으면 기본으로 제공하는 입장 카드를 사용하면 된다.

1 세계 테마파크 1위

매직 킹덤

Magic Kingdom Park

1971년 10월 1일, 올랜도의 첫 번째 디즈니 테마파크로 개장했다. 연간 방문객 수가 1700만 명을 넘어서서 세계 테마파크 1위에 꾸준히 랭크된다. 오로지 매직 킹덤에서만 볼 수 있는 쇼와 퍼레이드로 가득하고 디즈니 캐릭터를 여기저기서 만날 수 있다. 파크 호퍼를 이용해 오전에 애니멀 킹덤이나 엡콧을 다녀온 뒤 오후에 넘어오기도 하는데, 주목할 어트랙션이 점점 늘어나고 있어 아쉬움이 남을지도 모른다. 대기가 긴 곳이므로 멀티패스와 싱글패스 둘 다 활용하는 것을 추천한다. MAP 26

ACCESS 교통센터(TTC) 주차장에서 모노레일 또는 페리로 20분/애니멀 킹덤에서 직행 셔틀로 20분

매직 킹덤 입구

ⓘ

판타지 퍼레이드 최고의 명당은?

➡ **메인 스트리트 U.S.A.**(Main Street U.S.A.): 신데렐라 성을 배경으로 퍼레이드를 감상할 수 있는 인기 장소. 최소 1시간 전 자리를 잡아야 한다.

➡ **컨트리 베어 잼버리**(Country Bear Jamboree): 앞쪽 퍼레이드의 시작 지점. 퍼레이드를 제일 먼저 관람하고, 놀이기구를 타러 빠르게 이동하기 좋다.

➡ **리버티 스퀘어**(Liberty Square): 퍼레이드 중간 경로라서 비교적 덜 혼잡하고, 다양한 캐릭터를 만날 수 있다.

Point 1 핵심 쇼와 퍼레이드

판타지 퍼레이드
Fantasy Parade

디즈니 캐릭터가 총출동하는 클래식 퍼레이드. 이벤트 1~2시간 전부터 신데렐라 캐슬이 보이는 앞자리를 차지하려고 치열한 경쟁이 시작된다. 낮의 더위를 피하려면 모자와 선크림을 준비하자.

HOUR 하루 1~2회 12분간 진행(14:00 또는 15:00)/시즌별로 변동

해필리 에버 애프터
Happily Ever After

신데렐라 캐슬을 배경으로 펼쳐지는 레이저 쇼와 불꽃놀이는 디즈니 월드의 하이라이트! 쇼가 끝나고 나면 수많은 인파로 인해 셔틀버스 대기줄이 엄청나게 길어진다는 점을 감안할 것.

HOUR 저녁 1회 20분간 진행(폐장 전)

미키의 매지컬 프렌드십 페어
Mikey's Magical Friendship Faire

신데렐라 캐슬 앞에서 진행되는 야외 공연. 미키와 미니마우스, 겨울 왕국, 라푼젤, 티아나 등 다양한 디즈니 캐릭터를 만날 수 있다.

HOUR 하루 3~5회 15분간 진행

: WRITER'S PICK :

올랜도 테마파크 여행 준비하기

➔ 모바일 앱+보조 배터리는 필수

모바일 앱을 다운받아 대기시간과 공연 일정을 체크하고, 테마파크 지도를 보며 동선을 확인해두자. 방문 당일에는 원격 줄서기와 음식 주문까지 모바일 앱으로 해야 해서 스마트폰 사용량이 많으니 보조 배터리가 꼭 필요하다.

My Disney Experience

Universal Orlando Resort

Seaworld

LEGOLAND® Florida

➔ 작은 배낭 챙기기

물통, 간식거리, 모자, 작은 우산을 챙겨서 휴대성 좋은 배낭에 넣어가자. 놀이기구마다 보관 장소가 마련돼 있다. 단, 입장 시 보안 검사가 있기 때문에 일반적으로 허용되는 물건만 가져간다.

➔ 엄청난 인파에 대비하기

어린이를 동반했다면 미아 방지 팔찌를 채우고, 일행을 놓치는 비상 상황에 대비해 만날 장소를 미리 정해 놓는다.

롤러코스터

트론 라이트사이클 TRON Lightcycle/Run

싱글패스

빠른 속도와 낙차를 자랑하는 인기 최고의 롤러코스터

빅 썬더 마운틴 레일로드 Big Thunder Mountain Railroad

멀티패스

어두운 금광을 탐험하는 롤러코스터

스페이스 마운틴 Space mountain

멀티패스

깜깜한 우주 공간을 종횡무진하는 스릴 만점 롤러코스터

세븐 드워프스 마인 트레인 Seven Dwarfs Mine Train

싱글패스

<백설공주>에 나오는 일곱 난쟁이 테마의 롤러코스터. 난이도는 낮아도 눈이 즐겁다.

Point 3

체험형 라이드

미키의 필하매직 Mickey's PhilharMagic

멀티패스

3D 안경을 쓰고 감상하는 12분짜리 뮤지컬. 누구에게나 익숙한 디즈니의 음악과 명장면을 시각 효과와 함께 즐길 수 있다.

HOUR 하루 종일 상영

버즈 라이트이어 Buzz Lightyear

멀티패스

<토이 스토리> 주인공과 함께 레이저 건을 들고 악당을 무찌르는 다크라이드. 난이도 하.

티아나 어드벤처 Tiana's Bayou Adventure

버추얼 큐 멀티패스

<공주와 개구리>의 주인공 티아나 공주가 악어 루이스와 함께 뉴올리언스 축제를 즐기는 콘셉트의 급류 타기 플룸 라이드. 2024년 6월 공개된 최신 어트랙션이다.

투머로우랜드 스피드웨이 Tomorrowland Speedway

멀티패스

레이싱 카를 직접 운전하는 체험형 어트랙션. 속도는 12km/h 정도지만 레이싱 트랙을 달리는 재미가 있다.

피터팬 플라이트 Peter Pan's Flight

멀티패스

하늘을 나는 피터팬의 배를 타고 탐험하는 다크라이드. 난이도 하.

월트 디즈니 월드 레일로드 Walt Disney World Railroad

매직 킹덤을 한 바퀴 도는 2.4km의 열차. 총 3곳(Main Street, Frontierland, Fantasyland)에서 타고 내린다.

Point 4 매직 킹덤의 식사 장소

디즈니 월드에서는 셀프서비스이거나 간단한 식사가 가능한 장소를 퀵 서비스 레스토랑(Quick Service Restaurant)로 분류해서 안내한다. 식사 주문과 픽업은 전부 모바일 앱으로 한다.

❶ 음식 주문하기 Order Food

현장에서 즉시 주문 가능한 곳(As soon as Possible)을 찾아도 되지만, 방문 당일 오전 6시에 픽업 시간을 예약(Schedule for Later)해두면 좀더 편리하다.

❷ 식사 예약 Reserve Dining

디즈니 캐릭터를 만나서 사진을 찍고 사인도 받을 수 있는 캐릭터 다이닝(Character Dining)은 인기가 많아 사전 예약이 필수다. 정식 레스토랑은 방문일 기준 60일 전부터 예약이 가능하므로, 여행 일정이 확정되면 바로 확인해보는 것이 좋다.

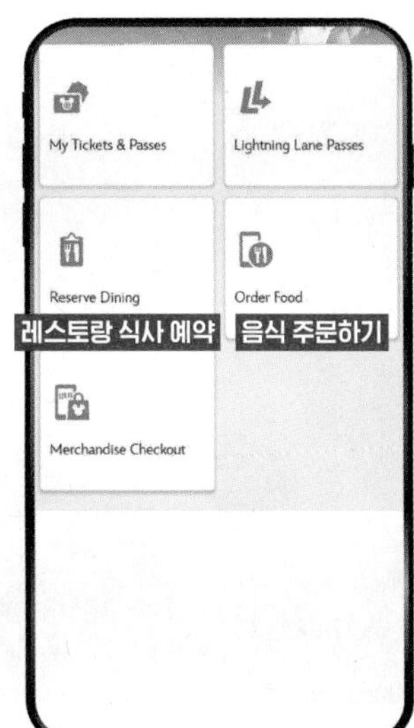

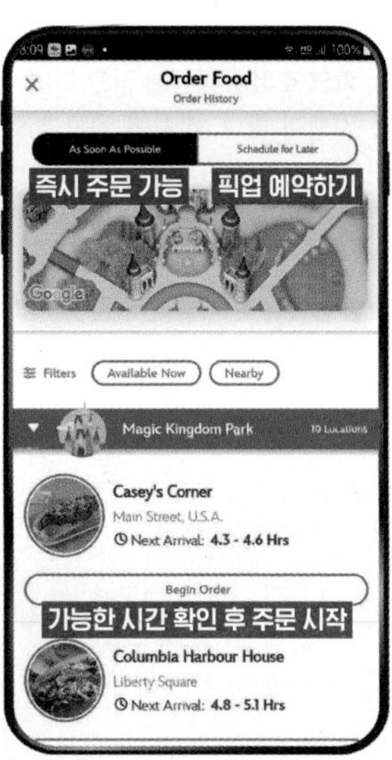

- **신데렐라 로열 테이블 Cinderella's Royal Table**

신데렐라 성 내부의 화려한 연회장 분위기 속에서 디즈니 공주들을 만나는 캐릭터 다이닝. 식사는 풀코스 요리로 구성된다.

PRICE $110 (저녁 식사 기준, 10세 이상 성인 요금)

- **비 아워 게스트 Be Our Guest**

캐릭터 다이닝은 아니지만 <미녀와 야수> 테마로 꾸며 인기가 매우 높다. 풀코스 요리가 나오는 고급 레스토랑이다. 판타지랜드에 있다.

PRICE $110 (저녁 식사 기준, 10세 이상 성인 요금)

- **크리스털 팰리스 Crystal Palace**

곰돌이 푸를 좋아한다면 여기! 뷔페 스타일의 캐릭터 다이닝으로 가격이 비교적 합리적이다. 메인 스트리트 U.S.A.에 있다.

PRICE 아침 $52, 저녁 $62 (10세 이상 성인 요금)

- **콜롬비아 하버 하우스 Columbia Harbour House**

리버티 스퀘어에 위치한 퀵 서비스 레스토랑. 자리가 비교적 넉넉한 편이다. 피시앤칩스, 랍스터롤 등을 합리적인 가격에 판매한다.

PRICE $15~20

❷ 골프공처럼 생긴 우주선
엡콧
EPCOT

1982년 10월 1일, 디즈니 월드에서 2번째로 개장한 테마파크다. 상대적으로 선호도가 떨어지는 편이라서 파크 호퍼를 활용해 잠깐 다녀가는 사람이 많다. 하지만 엡콧과 할리우드 스튜디오 사이의 디즈니 보드워크 쇼핑가를 구경하거나 NASA를 테마로 한 우주선 체험을 하다 보면 불꽃놀이 시간까지 즐길 거리는 충분하다. **MAP ㉖**

ACCESS 매직 킹덤까지 모노레일로 40분(TTC에서 환승)/할리우드 스튜디오까지 도보 25분 또는 스카이라이너로 30분 이상(캐리비안비치에서 환승)

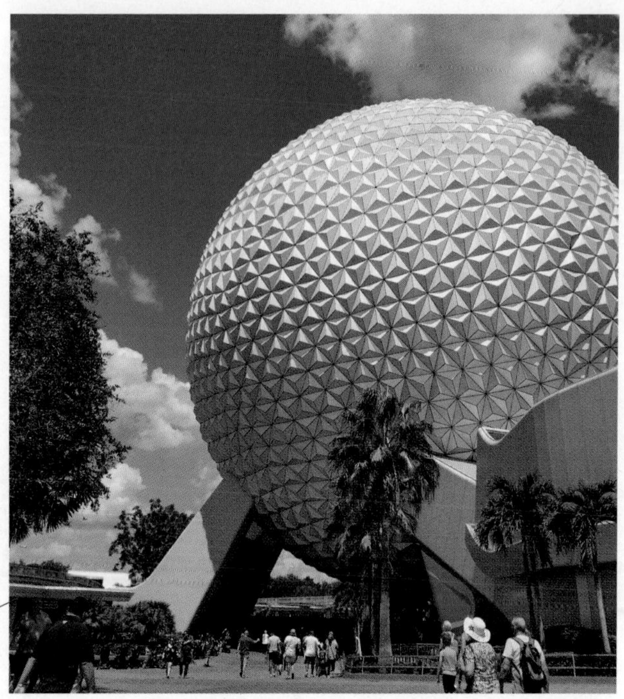

거대한 골프공을 닮은 스페이스십 어스(우주선 지구호)

: WRITER'S PICK :

엡콧에서 뭐 먹지?

엡콧에서는 세계 각국을 콘셉트로 만든 파빌리온에서 합리적인 가격의 식사가 가능하다. 캐릭터 다이닝은 사전 예약 필수, 간단한 식사는 모바일 앱으로 당일 예약 후 방문해도 된다.
참고로 10세 이상은 성인 요금을 적용한다.

- **아케르스후스 로열 뱅킷 홀** Akershus Royal Banquet Hall

노르웨이 파빌리온의 캐릭터 다이닝 레스토랑. 디즈니 공주들과 함께 노르웨이 전통 요리를 즐긴다.

PRICE $60~70

- **테판 에도** Teppan Edo

일본 파빌리온의 철판 요리 전문점. 셰프가 눈앞에서 불꽃쇼를 펼치며 신선한 재료로 완성해준다.

PRICE $35~50

- **선샤인 시즌스** Sunshine Seasons

퓨처 월드의 더 랜드(The Land) 파빌리온의 푸드코트. 간단한 식사를 원한다면 딱이다.

PRICE $15~20

Point 1 저녁 공연

루미너스 Luminous The Symphony of Us

호수 위에서 펼쳐지는 엡콧만의 분수 쇼와 불꽃놀이 이벤트. 전망 레스토랑에서 식사하거나 크루즈를 타고 보는 다이닝 패키지를 판매하기도 한다. 호숫가 어디서나 감상할 수 있지만, 테마파크 정문과 가까운 동쪽의 인터내셔널 게이트웨이 브리지(International Gateway Bridge)에서 보면 끝나고 공원을 빠르게 빠져나갈 수 있다.

HOUR 하루 1회 17분간 진행(보통 21:00~)

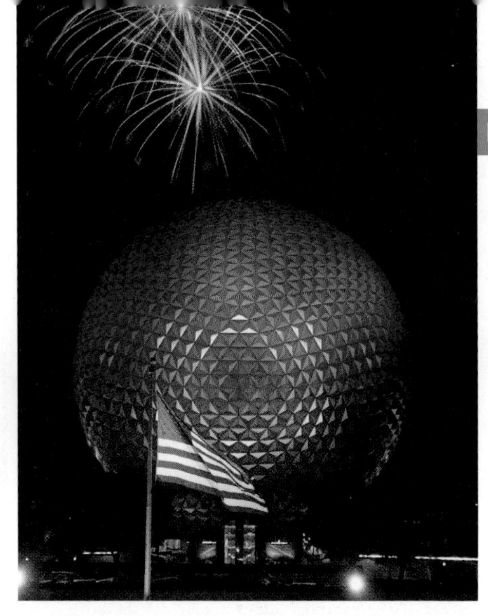

Point 2 핵심 어트랙션

미션: 스페이스

소어린 어라운드 더 월드

스페이스십 어스

가디언즈 오브 갤럭시 Guardians of the Galaxy

버추얼 큐 싱글패스

오로지 '가오갤'을 타기 위해 엡콧을 방문하는 사람이 있을 만큼 인기 최고! 마블 세계관 속 우주 행성을 탐험하며 360도 회전하는 롤러코스터.

미션: 스페이스 Mission: SPACE

멀티패스

화성으로 가는 NASA 우주선 체험. 격렬하게 움직이는 오렌지 미션(Orange Mission)과 아이들도 탈 수 있는 그린 미션(Green Mission) 중에서 선택

소어린 어라운드 더 월드 Soarin' Around the World

멀티패스

행글라이더를 타고 세계 명소를 구경하는 감동적인 비행 시뮬레이션. 난이도 하.

프로즌 에버 애프터 Frozen Ever After

멀티패스

<겨울왕국> 뮤지컬 음악을 감상하며 즐기는 귀여운 다크라이드. 난이도 하.

스페이스십 어스 Spaceship Earth

멀티패스

엡콧의 랜드마크 내부에 있는 타임머신 콘셉트의 어트랙션. 난이도 하

3 미키마우스부터 스타워즈까지! 디즈니 할리우드 스튜디오
Disney's Hollywood Studios

영화와 TV를 테마로 하는 유니버설 스튜디오와 인기 랭킹 3~4위를 다투는 테마파크다. 성인 취향의 어트랙션이 많은 편이지만, <토이 스토리> 캐릭터를 만나는 테마 존(Toy Story Land), <겨울왕국(For the First Time in Forever)>과 <미녀와 야수(Beauty and the Beast)> 뮤지컬 공연 등 전 연령대가 즐기기 좋은 콘텐츠로 가득하다. 할리우드 극장가를 재현한 거리도 재미있다. 탈 거리가 많으므로 멀티패스 구매를 추천. **MAP ㉖**

ACCESS 매직 킹덤까지 우버로 10분/엡콧까지 도보 25분 또는 스카이라이너로 30분 이상(캐리비언 비치에서 환승)

'타워 오브 테러'의 탑승 장소 할리우드 타워 호텔

: WRITER'S PICK :

할리우드 & 바인 Hollywood & Vine

디즈니 캐릭터가 함께 하는 뷔페 스타일 레스토랑이다. 다른 캐릭터 다이닝에 비해 다소 저렴한 대신 식사 시간대와 시즌에 따라 출연 캐릭터와 콘셉트가 달라진다. 아침 시간에는 어린이들에게 인기 있는 디즈니 주니어 캐릭터들이, 점심과 저녁 시간에는 미니마우스가 번갈아 등장한다. 방문 전 테마를 미리 확인하는 것이 좋다.

PRICE $49~63

디즈니 할리우드 스튜디오 입구

ⓘ

어트랙션 종류 이해하기

야외에 설치된 긴 트랙을 빠른 속도로 질주하는 롤러코스터(Roller Coaster)와 달리, 다크라이드(Dark Ride)는 주로 어두운 실내에서 차량을 타고 특수 조명과 비주얼 효과를 통해 스릴을 만끽하는 어트랙션을 말한다. 보트를 타고 수로를 따라 움직이는 플룸라이드(Flume Ride), '타워 오브 테러'처럼 높은 곳에서 수직 낙하하는 드롭타워(Drop Tower)도 있다.

다크라이드

롤러코스터

플룸라이드

핵심 어트랙션

스타워즈: 라이즈 오브 더 리지스턴스
Star Wars: Rise of the Resistance

싱글패스

영화 속 세계관을 완벽하게 재현한 초대형 스케일의 다크 라이드로 가장 인기가 많은 어트랙션이다. 몇 시간씩 줄을 서야 하는 곳이라서 싱글패스로 공략하는 것을 추천. 입장을 기다리는 동안 같은 스타워즈 존에 위치한 밀레니엄 팔콘을 탑승하면 좋다.

런어웨이 레일웨이
Mickey & Minnie's Runaway Railway

멀티패스

미키와 미니마우스의 만화 속 세상을 탐험하는 다크라이드. 난이도 하.

로큰롤러코스터 Rock 'n' Roller Coaster

멀티패스

에어로스미스의 하드 록을 들으며 즐기는 스릴 만점 롤러코스터

슬링키 도그 대시 Slinky Dog Dash

멀티패스

<토이 스토리>의 강아지 장난감 열차가 무척 귀여운 미니 롤러코스터. 난이도 중.

타워 오브 테러 Tower of Terror

멀티패스

귀신 들린 엘리베이터를 타고 전후좌우 상하로 미친 듯이 오르내리는 드롭타워

Point 2

체험/공연

인디아나 존스 스턴트 스펙타큘러
Indiana Jones™ Epic Stunt Spectacular!

멀티패스

1시간 동안 펼쳐지는 놀라운 스턴트 쇼. 관객석에 앉아 관람한다.

HOUR 하루 여러 차례 공연

판타스믹 Fantasmic!

미키가 주인공이 되어 펼치는 환상적인 분수 쇼. 미리 자리를 잡는 것이 좋은데, 맨 앞줄은 물을 맞을 수도 있다. 식사를 하며 감상하는 다이닝 패키지도 판매한다.

HOUR 저녁 1~2회(30분간 진행)

원더풀 월드 오브 애니메이션
Wonderful World of Animation

2024년에 공개한 저녁 쇼. 할리우드에 있는 차이니즈 시어터 모형 앞에서 디즈니와 픽사의 다양한 장면을 보여준다.

HOUR 저녁 1회(12분간 진행)

미트 디즈니 스타 앳 레드 카펫 드림즈
Meet Disney Stars at Red Carpet Dreams

미키마우스와 미니마우스를 만나 촬영하고 사인받는 캐릭터 체험 장소다. 어트랙션 못지 않게 인기가 많으니, 디즈니 모바일 앱으로 예상 대기시간을 확인해보고 갈 것.

HOUR 09:00~20:00

슬링키 도그 대시

판타스믹

원더풀 월드 오브 애니메이션

애니멀킹덤 상징 생명의나무

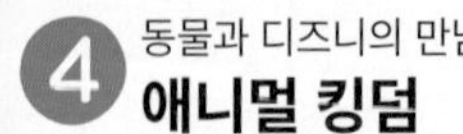

4 동물과 디즈니의 만남
애니멀 킹덤
Disney's Animal Kingdom Theme Park

사파리 체험과 놀이공원을 결합한 애니멀 킹덤은 매직 킹덤의 4배 크기로, 전 세계 디즈니 테마파크 중에서 가장 넓은 면적을 자랑한다. <라이온 킹>, <벅스 라이프> 등 자연을 주제로 한 영화 속 주인공들을 만날 수 있다. 다른 곳에 비해 폐장이 1~2시간 빨라서 파크 호퍼 이용 시 매직 킹덤과 묶어서 가기도 한다. 하지만 <아바타>의 판도라 행성을 그대로 재현한 공간은 저녁에 가장 환상적이다. MAP 26

ACCESS 매직 킹덤에서 직행 셔틀로 20분/우버로 10분

Point 1 사파리 투어

킬리만자로 사파리 Kilimanjaro Safaris

오픈 트럭을 타고 사자, 기린, 코끼리, 하마, 코뿔소, 악어와 치타가 살고 있는 아프리카 대초원을 누비는 사파리 체험이다. 굉장히 넓은 면적에 흩어져 살고 있어서 어떤 동물을 보게 될지는 운에 달려 있다. 입장권에 포함된 기본 투어는 약 20분간 진행되며, 차 한 대에 약 35명이 탑승한다. 동물을 좀 더 가까이에서 관찰하는 프라이빗 사파리(Savor the Savanna: 1인 $189~199, 2시간 진행)는 별도 예약 필요.

Point 2 핵심 어트랙션

아바타 플라이트 오브 패시지

나비 리버 저니

익스페디션 에베레스트

칼리 리버 래피드

아바타 플라이트 오브 패시지 Avatar Flight of Passage

싱글패스

나비족이 되어 이크란을 타고 판도라 행성을 날아다니는 황홀한 4D 체험. 오픈런 또는 싱글패스로 공략해야 하는 인기 라이드다.

나비 리버 저니 Na'vi River Journey

멀티패스

판도라의 나비강을 따라 밀림을 탐험하는 지하 보트 투어

익스페디션 에베레스트 Expedition Everest

멀티패스

애니멀 킹덤에서 가장 스릴 넘치는 롤러코스터. 반전 매력으로 가득하다.

칼리 리버 래피드 Kali River Rapid

멀티패스

울창한 밀림을 지나는 급류타기. 물에 젖는 건 기본!

Point 3 공연과 쇼

트리 오브 라이프 어웨이크닝 Tree of Life Awakenings

애니멀 킹덤의 랜드마크인 생명의 나무를 신비롭게 조명하는 미디어 아트

HOUR 해 진 후부터 폐장까지 10분 간격

라이온 킹 공연 Festival of the Lion King

멀티패스

최고의 인기 뮤지컬을 특수 효과와 서커스를 더한 흥겨운 쇼로 재구성했다.

HOUR 하루 5~7회(40분 공연)

파인딩 니모 Finding Nemo

<니모를 찾아서>의 캐릭터 인형을 만날 수 있는 뮤지컬 공연

HOUR 하루 5~7회(25분 공연)

터스커 하우스 Tusker House

디즈니 캐릭터를 만날 수 있는 사파리 콘셉트의 뷔페식 레스토랑. 예약 필수

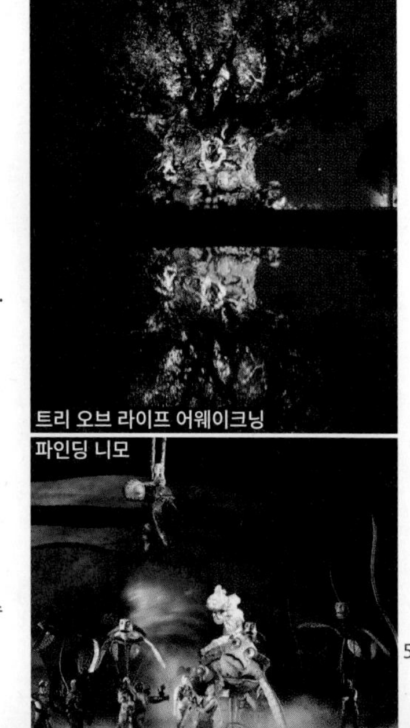
트리 오브 라이프 어웨이크닝
파인딩 니모

#Resort 02

유니버설 올랜도 리조트

Universal Orlando Resort

3개의 테마파크와 워터파크인 볼케이노 베이가 결합된 복합 리조트다. 디즈니 월드에 비하면 규모는 작은 편이지만, NBC 유니버설의 블록버스터 영화 콘텐츠 덕분에 만만치 않은 인기를 끌고 있다. 메인 구역에 해당하는 유니버설 스튜디오와 아일랜드 오브 어드벤처의 정문은 쇼핑 구역인 시티워크와 연결되어 각각 걸어서 왕복할 수 있다. 주차장과 우버/리프트 하차 지점도 시티워크를 통과하는 구조다. 기존 리조트를 전부 합친 규모의 3번째 테마파크 에픽 유니버스는 다른 테마파크에서 3km 떨어진 곳에 있으며, 무료 셔틀 서비스를 운행한다.

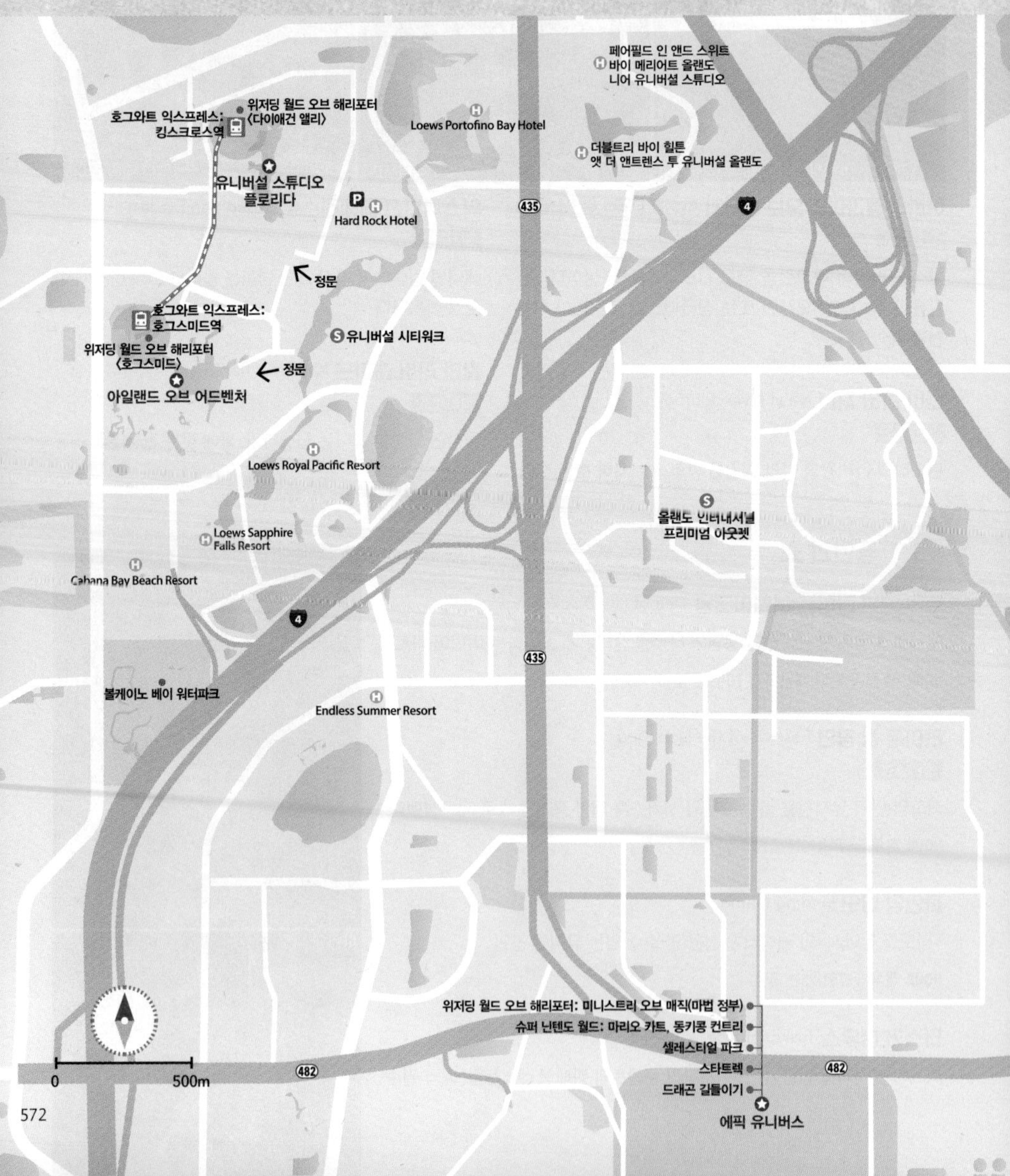

티켓 가격과 이용 방법

이용 기간	가격
1일권	$189~224
2일권	$325~389
3일권★	$510~550

유니버설 올랜도 리조트의 티켓 가격은 시즌별로 다르고, 입장 날짜(이용 개시일)를 지정하게 돼 있다. 제일 먼저 이용 기간(1일~5일)과 티켓 종류를 선택해야 하는데, 하루에 1곳만 입장하는 **원 파크 퍼 데이**(One Park Per Day) 티켓으로는 해리포터 테마 구역을 연결하는 호그와트 익스프레스 열차를 탑승할 수 없기 때문에 대부분 하루 2곳 이상 입장하는 **멀티플 파크스 퍼 데이 티켓**(Multiple Parks Per Day)을 구매한다. 여기에 워터파크까지 포함할 경우 하루 $10~15정도가 추가된다. 빠른 입장 옵션인 익스프레스 패스(놀이기구당 1회 이용)와 익스프레스 언리미티드(무제한 이용) 역시 추가요금을 내고 구입해야 한다.

➔ 에픽 유니버스 오픈(2025년 5월 22일)에 주목!

현재 사전 판매 중인 에픽 유니버스 티켓은 **3일권**★에만 포함되어 있다. 개시일로부터 6일간 유효하며, 그중 이틀은 유니버설 스튜디오와 아일랜드 어드벤처를 오가면서 사용하고, 하루는 에픽 유니버스만 단독 입장하는 방식이다. 하지만 입장 정책이 계속 바뀌고 있으므로, 방문 시점에 맞춰 홈페이지를 확인해야 한다. 특히 슈퍼 닌텐도 월드 등 인기 구역은 파크 티켓과 별도로 입장 예약제가 시행될 수 있다.

➔ 익스프레스 패스는 꼭 사야 할까?

특별 통로로 빠르게 입장하는 옵션은 무더운 여름철이나 시간이 부족한 1일 2파크권 사용자들이 고려할 만하다. 방문 일주일 전 앱을 다운받은 후에 시간대별 대기 시간을 미리 체크해보고 구매를 결정하는 것도 방법. 단, 가장 인기가 많은 '해그리드 모터바이크'는 익스프레스 패스로 이용할 수 없다.

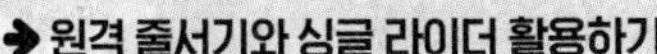

➔ 원격 줄서기와 싱글 라이더 활용하기

익스프레스 패스가 없다면 모바일 앱의 원격 줄서기 기능 버추얼 라인(Virtual Line)을 활용해보자. 한 번에 하나씩 예약해서 이용할 수 있다. 또한 1인 탑승자를 위한 싱글라이더(Single Rider) 입구로 들어가면 시간을 조금 절약할 수 있다.

호그와트 익스프레스

유니버설 시티워크 Universal CityWalk

ADD 6000 Universal Blvd, Orlando, FL 32819
OPEN 08:00~24:00(토·일 ~01:00)
WEB universalorlando.com
ACCESS 시티워크에서 각 테마파크 입구까지 도보 10~15분, 워터파크까지는 도보 30분

1 영화 주인공으로 변신!
유니버설 스튜디오 플로리다
Universal Studios Florida

로스앤젤레스에 있는 할리우드 스튜디오 투어를 벤치마킹한 테마파크다. 개장 초기 스티븐 스필버그 등 영화감독과 협업하여 블록버스터 영화와 TV 스토리를 적용했고, 스턴트 쇼 공연도 볼 수 있다. 디즈니 월드의 매직 킹덤과 비교하면 성인을 위한 어트랙션이 좀 더 많은 편이지만, <해리포터: 다이애건 앨리>, <미니언즈>, <E.T.>, <심슨> 테마 구역 등 전 연령대가 즐기기 좋은 어트랙션도 충분하다. MAP 26

다이애건 앨리의 그린고츠 은행

트랜스포머

심슨

이스케이프 프롬 그린고츠

패스트앤퓨리어스

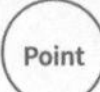
핵심 어트랙션

이스케이프 프롬 그린고츠 Escape from Gringotts

다이애건 앨리에서 가장 인기가 많은 롤러코스터. 고블린들이 운영하는 그린고츠 은행의 지하 금고를 탈출하는 콘셉트다.

본 스턴태큘러 (공연) The Bourne Stuntacular

영화를 각색한 스턴트 공연을 좌석에서 감상한다. 놀라운 현대 기술과 상상 이상의 스케일을 자랑한다.

할리우드 립 라이드 로킷 Hollywood Rip Ride Rockit

90°로 올라가서 낙하하는 초고난도 롤러코스터. 가장 스릴 넘친다.

트랜스포머 : 더 라이드 3D Transformers: The Ride 3D

변신 로봇에 올라타서 범블비와 함께 디셉티콘에 맞서는 다크라이드

레이스 스루 뉴욕 Race Through New York

인기 토크 쇼 진행자 지미 팰런의 안내로 뉴욕을 질주하는 시뮬레이터

심슨 라이드 The Simpsons Ride

아이맥스 스크린을 활용한 4D 가상 롤러코스터

빌런콘 미니언 블라스트 Villain-Con Minion Blast

무빙워크를 따라 즐기는 미니언즈 슈팅 게임. 아이들에게 인기.

+MORE+

놓칠 수 없는 해리포터의 마법 세계!

유니버설 올랜도 리조트는 두 테마파크에 각각 해리포터 테마 구역을 만들고, 그 사이를 호그와트 익스프레스로 연결하면서 전 세계 해리포터 마니아의 성지가 됐다. 세 번째 테마파크 에픽 유니버스(2025년 5월 개장)에는 1920년대 파리와 1990년대 런던 마법 정부(Ministry of Magic) 테마가 추가됐다.

*호그와트 익스프레스와 해리포터 월드에 관한 상세 소개는 100p 참고.

유니버설 스튜디오의 킹스크로스역

호그와트 익스프레스

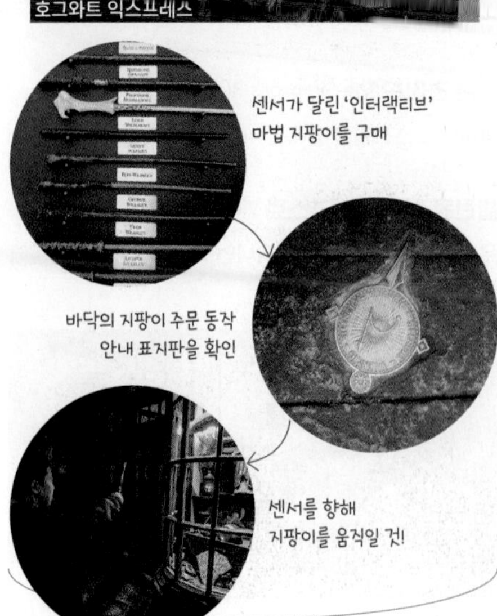
센서가 달린 '인터랙티브' 마법 지팡이를 구매

바닥의 지팡이 주문 동작 안내 표지판을 확인

센서를 향해 지팡이를 움직일 것!

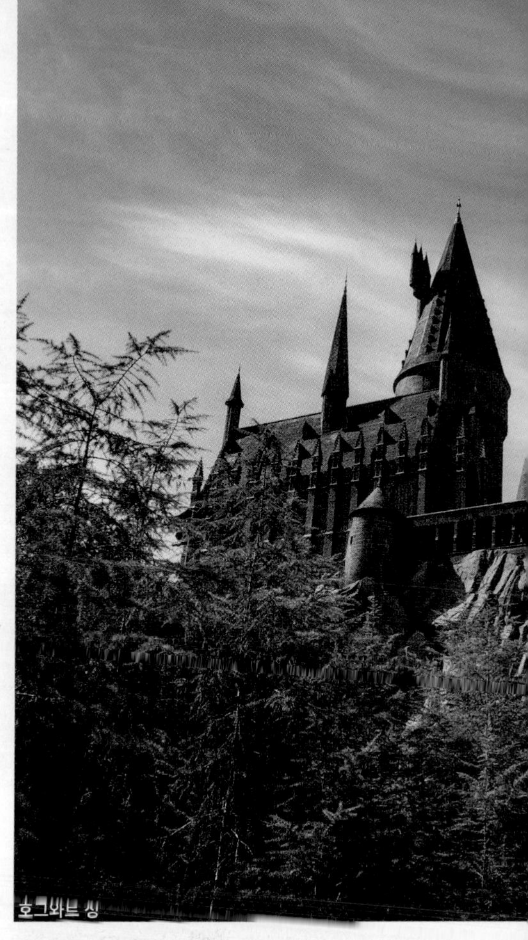
호그와트 성

3 올랜도 테마파크 인기 2위! 아일랜드 오브 어드벤처 Universal's Islands of Adventure

디즈니 월드의 매직 킹덤 다음으로 인기가 높은 테마파크. 블록버스터 영화와 코믹스 스타일의 마블 히어로를 콘셉트로 한 스릴 넘치는 어트랙션이 많아서 청소년과 성인에게 적합하다. 특히 '해리포터: 호그스미드'에 있는 해그리드 모터바이크(Hagrid's Magical Creatures Motorbike Adventure)는 익스프레스 패스를 사용할 수 없다. 이걸 타기 위해 유니버설 리조트의 숙소에 묵으며 1시간 일찍 입장하는 사람까지 있을 정도라서 오픈런으로 공략해야 한다. MAP ㉖

플라이트 오브 히포그리프

스컬 아일랜드: 레인 오브 콩

인크레더블 헐크 코스터

Point 핵심 어트랙션

해그리드 모터바이크
Hagrid's Magical Creatures Motorbike Adventure

해그리드와 함께 금지된 숲을 달리는 콘셉트. 급발진과 역주행이 반복되는 최고의 롤러코스터.

포비든 저니 Forbidden Journey

호그와트 마법 학교 내부의 4D 다크라이드. 마법 빗자루를 타고 해리포터와 함께 날아다니면서 퀴디치를 즐길 수 있다.

플라이트 오브 히포그리프 Flight of the Hippogriff

어린이용 롤러코스터. 대기가 너무 길다면 패스해도 된다.

인크레더블 헐크 코스터 Incredible Hulk Coaster

폭주하는 헐크를 테마로 한 급발진형 롤러코스터

더들리 두-라이트 립소우 폴즈
Dudley Do-Right's Ripsaw Falls

엄청난 물보라를 일으키며 떨어지는 플룸라이드. 1999년 개장한 이래 지금까지 최고의 워터라이드로 손꼽힌다.

스컬 아일랜드: 레인 오브 콩 Skull Island: Reign of Kong

사파리 트럭을 타고 6분간 실내외를 주행하는 다크라이드. 킹콩이 지배하는 해골섬의 오싹한 풍경을 실감 나게 재현했다.

닥터 둠의 공포 낙하 Doctor Doom's Fearfall

우주선보다 빠른 고공 낙하를 즐기는 스릴라이드

#Resort 03

씨월드 올랜도
SeaWorld Orlando

씨월드 올랜도는 1개의 테마파크와 2개의 워터파크로 이루어졌다. 서로 가까운 거리에 있으며, 무료 셔틀버스를 운행한다. 디즈니 월드와 유니버설에 비해 인기가 상대적으로 낮아서 할인된 티켓을 종종 판매하니 공식 홈페이지를 꼭 확인하자.

ADD 7007 Sea World Dr, Orlando, FL 32821
ACCESS 유니버설 올랜도와 디즈니 월드 중간

1 범고래와의 만남 씨월드 Seaworld

범고래가 지느러미와 꼬리로 물장난을 쳐주는 '오르카 인카운터'는 아이들에게 최고의 순간을 선사한다. 범고래, 돌고래, 물개 공연 시작 30분 전까지 도착하면 앞쪽 구역에 앉게 해주는 좌석 예약(Reserved Seating) 옵션은 여름철에 특히 편리하다. 어트랙션 빠른 줄서기(Quick Queue) 옵션과 따로 또는 통합권으로 구매할 수 있다. 90분마다 식음료를 무제한으로 이용하는 옵션(All-Day Dining)도 있다. **MAP 26**

PRICE $139
WEB seaworld.com/orlando

2 신비의 워터파크 디스커버리 코브 Discovery Cove

올랜도의 워터파크 중에서 가장 인기가 많다. 물속에서 열대어와 함께 스노클링을 하고 스쿠버 다이빙을 하는 해양 액티비티를 즐길 수 있다. 입장료에는 무제한 식음료 이용권과 스노클링 장비 대여, 샤워 타월 대여료가 모두 포함돼 있다. 돌고래와 헤엄치거나 해양 생물을 가까이에서 관찰하는 각종 프로그램은 인기가 많아서 추가 요금을 내고 예약해야 한다. **MAP 26**

PRICE $240~340
WEB discoverycove.com/orlando

3 아이들과 함께라면 아쿠아티카 Aquatica

해양 생물이 사는 대형 수조를 지나는 유수 풀과 파도가 몰아치는 파도 풀, 워터 슬라이드를 포함한 여러 개의 유아동용 풀을 갖추고 있다. 식사 옵션이나 각종 할인권을 꼭 함께 확인할 것. **MAP 26**

PRICE $110
WEB aquatica.com/orlando

#Resort 04

레고랜드 플로리다 리조트
LEGOLAND® Florida Resort

어린이 눈높이에 맞는 다양한 라이드와 뉴욕, 라스베이거스 등 미국의 주요 도시를 레고 블록으로 정교하게 재현한 미니랜드 USA(Miniland USA)가 주요 볼거리. 레고 블록으로 만든 온갖 동물 사이를 누비는 사파리 트랙도 인기다. 올랜도의 다른 테마파크와 거리가 있기 때문에 아이와 함께라면 레고 테마의 호텔에서 하룻밤 묵는 것도 좋다. 실제로는 테마파크 2개와 워터파크 1개로 구성돼 있는데, 서로 연결된 구조라서 3파크 통합권으로 판매한다. 프로모션으로 1일권과 2일권의 가격을 동일하게 판매할 때가 있으니 잘 보고 선택하자.

ADD 1 Legoland Way, Winter Haven, FL 33884
PRICE 통합권 $145~175
WEB legoland.com/florida
ACCESS 올랜도에서 남쪽으로 60km(차량 1시간)

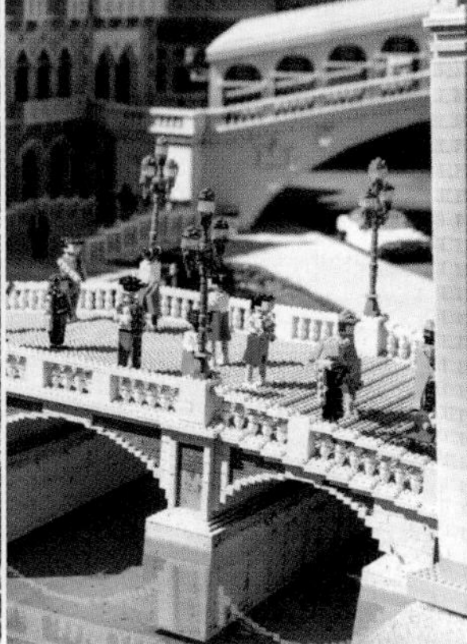

+MORE+

올랜도의 또 다른 어트랙션

어린이와 함께라서 초대형 테마파크를 매일같이 방문하기 힘들 때는 조금 여유로운 일정으로 규모가 작은 놀이공원을 알아봐도 좋다. 글로벌 해저 테마 수족관 업체인 씨라이프 아쿠아리움(SEALife Aquarium)은 상어가 헤엄치는 해저 동굴, 손으로 해양 생물을 만지는 테마 존 등으로 구성돼 있다. 올랜도에는 씨월드 근처와 레고랜드(2024년 말 오픈) 쪽에 지점을 두고 있다.

WEB visitsealife.com/orlando

SPECIAL PAGE

인류 우주 탐험의 선구자

케네디 우주 센터 Kennedy Space Center

아폴로 달 착륙선을 비롯해 수많은 우주 왕복선을 쏘아 올린 역사적인 현장, 미 항공우주국 NASA의 우주 기지다. 미국 제35대 대통령 존 F. 케네디가 아폴로 계획을 발표하면서 1962년 설립되었다. 우주 센터는 플로리다주 동쪽 해안의 메리트 섬 안에 있으며, 디즈니 크루즈가 출발하는 포트커내브럴(Port Canaveral) 항구와 매우 가깝다. 올랜도에서는 렌터카를 빌리거나 그레이라인 버스 투어로 쉽게 다녀올 수 있다. 센터 규모가 워낙 방대해서 둘러보는 데 최소 5시간은 걸린다.

ADD Space Commerce Way, Merritt Island, FL 32953
OPEN 09:00~17:00
ACCESS 올랜도에서 93km(차량 1시간)

케네디 센터
PRICE 기본 입장권 $75, 주차 $15
WEB kennedyspacecenter.com

그레이라인 버스 투어
PRICE 올랜도 왕복 이동+센터 입장권 $169
WEB grayline.com/tours/kennedy-space-center-tour

로켓 정원

아틀란티스 전시관

버스 투어

아폴로/새턴 5호 센터

비지터 콤플렉스 Visitor Complex

도착해서 체크인을 한 다음, 내부 버스 투어 스케줄부터 확인해둔다. 모바일 앱(Kennedy Space Center Guide)을 다운받으면 센터 지도를 볼 수 있다.

우주 왕복선 아틀란티스 Space Shuttle Atlantis®

2011년 7월 21일 30년간의 우주 비행을 마치고 전시관으로 옮겨진 우주 왕복선이다. 비지터 콤플렉스와 가까운 곳에 별도 전시관이 마련돼 있고 시뮬레이터 체험도 할 수 있다.

내부 버스 투어 Kennedy Space Center bus

입장권에는 버스를 타고 약 45분간 센터를 구경하는 가이드 투어가 포함된다. 발사체를 최종 조립하는 VAB 기지(Vehicle Assembly Building)와 로켓 발사장(Launch Complex) 등을 견학하고 아폴로/새턴 5호 센터에 내린다.

아폴로/새턴 5호 센터 Apollo/Saturn V Center

달 착륙 임무에 사용된 새턴 5호 로켓과 아폴로 계획에 관한 모든 것을 전시하고 있다. 관람 후에는 다시 버스를 타고 비지터 콤플렉스로 돌아온다.

히어로 앤 레전드 Heros and Legends

우주 탐사의 전설적인 주인공들에 관한 전시를 볼 수 있는 명예의 전당. 비지터 콤플렉스 옆에 있으니 맨 마지막 순서로 관람하자.

: WRITER'S PICK :

로켓 발사 관람을 하고 싶다면?

우주 센터는 연방정부 소속 기관이지만, 일론 머스크의 스페이스X 같은 민간 기업도 입주해서 수시로 로켓을 발사한다(스페이스X는 2023년에 로켓을 98회 발사했다). 발사 당일에는 비지터 콤플렉스 쪽에서 라이브 해설과 함께 로켓이 우주로 날아가는 장면을 볼 수 있고, 발사장을 견학하는 별도 관람권(Launch Transportation Tickets)을 판매하기도 한다. 스케줄은 공식 홈페이지에서 확인.

Miami

마이애미

낮에는 수영과 일광욕을 즐기고, 해가 지면 쇼핑과 나이트 라이프에 흠뻑 취하는 즐거움의 도시. 플로리다 남동부 해안에 위치한 마이애미는 북미와 남미의 관문 역할을 하는 핵심 무역항이자 미국인이 가장 사랑하는 겨울 휴양지다. 인구의 70%는 히스패닉이며, 언어, 음식, 문화 다방면으로 라틴계의 영향을 받아 중남미 문화의 색채가 강하다. 특히 쿠바 혁명 이후 1960년대부터 쿠바인들이 대거 망명하면서 미국 속 쿠바로 불리는 리틀 하바나(Little Havana)가 탄생하기도 했다. 악어 떼가 서식하는 에버글레이스 국립공원이나 미국 최남단의 키웨스트까지 마이애미에서 투어로 쉽게 다녀올 수 있다.

마이애미 한눈에 보기

마이애미시티(City of Miami)를 구심점으로 하여 마이애미비치(Miami Beach), 마이애미레이크스(Miami Lakes), 포트로더데일(Fort Lauderdale) 등 주변 34개의 도시와 타운이 결합된 플로리다 제2의 대도시 권역을 형성하고 있다. 중심 업무 지구는 다운타운(Downtown)이지만, 우리가 흔히 떠올리는 마이애미다운 풍경은 대부분 마이애미비치에서 만나게 된다. 노스비치(North Beach)로 올라갈수록 주거지 비중이 높아지고, 가장 남쪽에 있는 사우스비치(South Beach)가 호텔, 레스토랑, 바, 클럽 등이 밀집한 관광지다.

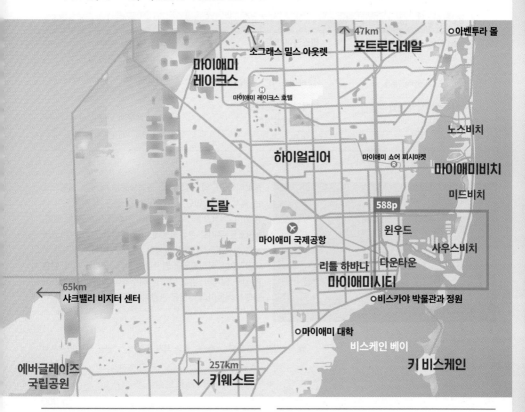

소그래스 밀스 아웃렛
47km 포트로더데일
아벤투라 몰
마이애미 레이크스
마이애미 레이크스 호텔
노스비치
하이얼리어
마이애미 쇼어 피시마켓
마이애미비치
미드비치
도랄
588p
윈우드
마이애미 국제공항
사우스비치
리틀 하바나
다운타운
마이애미시티
65km 샤크밸리 비지터 센터
비스카야 박물관과 정원
마이애미 대학
비스케인 베이
키 비스케인
에버글레이즈 국립공원
257km 키웨스트

SUMMARY

공식 명칭 Greater Miami

소속 주 플로리다(FL)

표준시 ET(서머타임 있음)

EAT in Miami → 596p

최고급 휴양지 분위기와 어울리는 미슐랭 레스토랑부터 강렬한 향신료가 특징인 쿠바 요리와 신선한 해산물까지 다채로운 음식으로 가득한 미식 천국이다.

ⓘ 비지터 센터

Greater Miami Convention & Visitors Bureau

ADD 201 S. Biscayne Blvd, Suite 2200, Miami, FL 33131

OPEN 08:30~17:00/토·일요일 휴무

WEB miamiandbeaches.com

ACCESS 마이애미 다운타운 컨벤션 센터

마이애미 추천 일정

마이애미비치에서 느긋하게 시간을 보내다가 마이애미시티로 넘어가 쇼핑을 즐겨보자. 차가 없어도 하루 정도는 투어로 에버글레이즈 국립공원이나 키웨스트를 다녀오는 것이 마이애미 여행의 특권이다. 디즈니 크루즈를 타고 버뮤다 또는 바하마 제도로 떠나거나 렌터카를 빌려 올랜도–마이애미–키웨스트로 이어지는 장거리 로드트립을 계획해도 좋다. 플로리다 전체 추천 일정은 050p 참고.

	Day 1 : 마이애미비치	Day 2 : 마이애미시티	Day 3~4 : 근교 여행
오전	올랜도 → 마이애미 4시간	**비스카야 박물관**	• 포트로더데일 600p + 소그래스 밀스 아웃렛 153p • 에버글레이즈 국립공원 602p • 키웨스트 610p • 디즈니 크루즈 118p
오후	에스파뇰라 웨이 **사우스비치의 해변** **링컨 로드**	베이사이드 마켓플레이스 **디자인 디스트릭트** **윈우드 벽화거리**	

WEATHER

플로리다반도의 가장 남쪽, 동쪽으로는 대서양, 서쪽으로는 멕시코만에 면한 마이애미는 월 평균 최고 기온이 연중 20°C 이상으로 유지되는 열대 기후다. 10~5월은 건기, 6~9월은 우기로 분류되는데, 허리케인과 겹치는 11월까지는 침수 피해가 많이 발생할 수 있다. 여행 성수기는 에버글레이즈 국립공원을 방문하기 좋은 12~2월 사이. 쌀쌀한 날도 많지만, 밝은 낮에는 해수욕이 가능할 정도로 따뜻해서 겨울마다 수많은 관광객이 몰려온다.

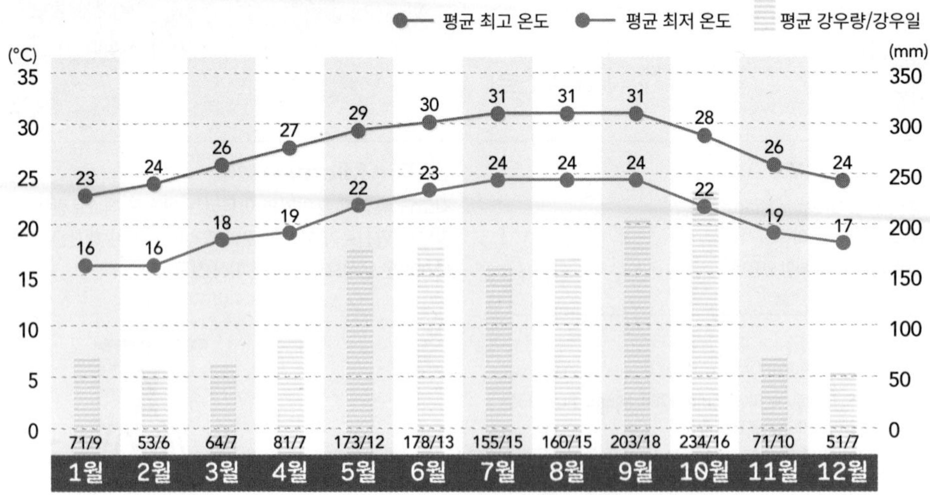

마이애미 IN & OUT

미국 본토의 가장 남쪽 끝, 고립된 위치이므로 항공편을 이용하는 것이 일반적이다. 한국에서 플로리다까지 직항편은 없으므로, 미국의 다른 도시와 연계한 스톱오버 항공권을 활용하는 방법도 괜찮다. 여름과 가을 사이에 허리케인이 발생하면 결항할 수도 있기 때문에 여행 계획을 잘 세워야 한다.

주요 지점과의 거리

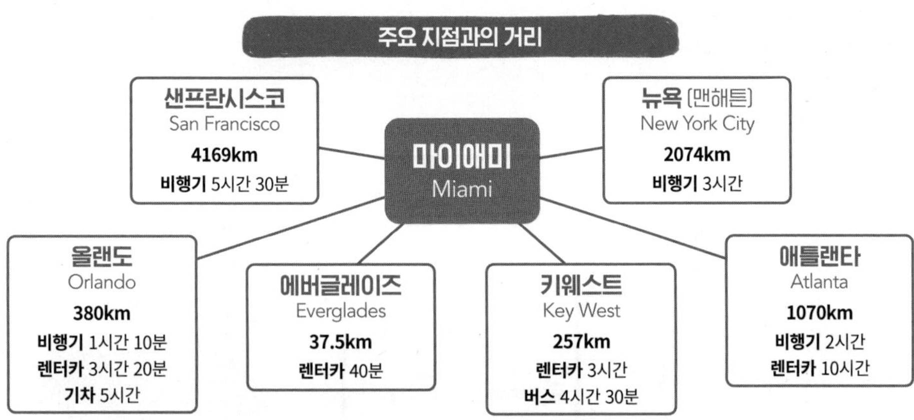

우리나라에서 마이애미 가기

한국에서 직항편은 없고, 유나이티드항공을 이용하면 샌프란시스코, 대한항공을 이용하면 댈러스를 경유해 마이애미 국제공항(MIA)으로 갈 수 있다. 중남미 대부분의 국가로 향하는 허브 공항이라서 매우 붐빈다.

마이애미 국제공항(MIA)
Miami International Airport

ADD 2100 NW 42nd Ave
WEB miami-airport.com

+MORE+

포트로더데일 공항(FLL)

미국 국내선 항공편(사우스웨스트항공, 제트블루 등)은 마이애미 인근 도시인 포트로더데일 공항(Fort Lauderdale Airport)에 이착륙한다. 마이애미행 항공권이 매진이라면 대안이 될 수 있다.

ACCESS 마이애미에서 45km(차량 30분)

공항에서 시내 가기

마이애미 다운타운까지는 13km로 매우 가깝다. 택시나 우버/리프트는 공항 터미널 앞에서 바로 타면 되고, 렌터카나 대중교통으로 이동하려면 무료 모노레일을 타고 공항 외부의 마이애미 인터모달 센터 MIC(Miami Intermodal Center)로 이동해야 한다.

구분	요금	소요 시간	탑승 장소
메트로레일 Metrorail	$2.25	30분	MIC 2층(다운타운까지 오렌지라인 탑승)
메트로버스 Metrobus	$2.25	1시간	MIC G층(사우스비치까지 150번 버스 탑승)
택시/우버/리프트	$35~50	20~40분	공항 도착층 수하물 수령장소 밖(요금은 팁, 유료도로 통행료를 포함한 예상 금액)

마이애미 시내 교통

메트로레일이나 메트로버스 등의 일반 대중교통은 관광객에게 불편한 점이 많으며, 특히 메트로레일은 마이애미비치로 가지 않는 것이 매우 아쉽다. 교통 요금은 이지 카드(EASY Card, 구매비 $2)보다는 이지 티켓(EASY Ticket)이 편리하다. 별도 구매비 없이 1회권($2.25)이나 1일 패스($5.65), 7일 패스($29.25) 등을 충전해서 60일 동안 사용할 수 있다. 모바일 앱(GO Miami-Dade)도 있으나, 활용도가 빈약해서 트랜짓(Transit) 앱이 더 많이 사용된다.

마이애미 교통공사
WEB miamidade.gov/global/transportation

● 트랜짓 앱 사용 방법

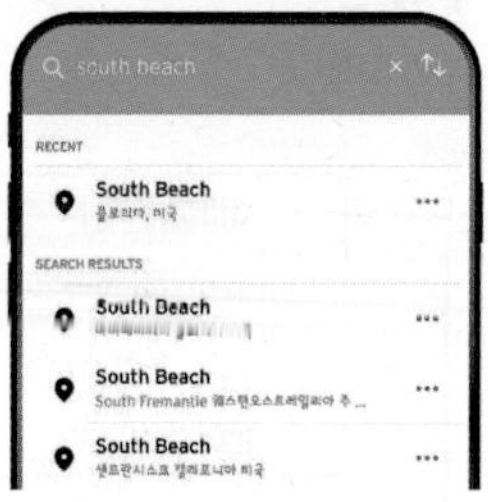

❶ South Beach(플로리다, 미국) 검색

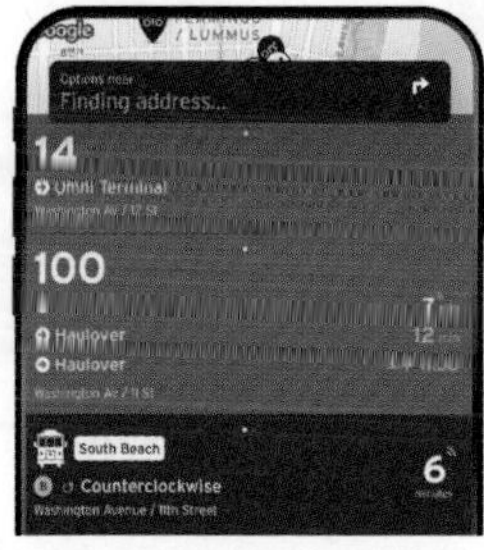

❷ 보라색 트롤리 선택

❸ 실시간 운행 정보 확인

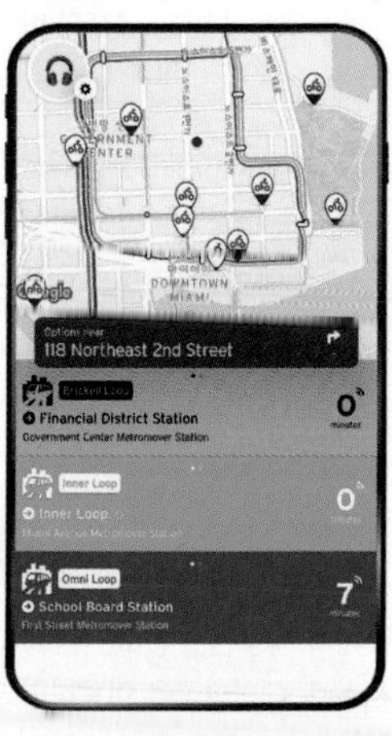

❹ 다운타운 교통수단은 Downtown Miami로 검색

❶ 다운타운에서는 메트로무버 Metromover

다운타운 마이애미와 내륙의 다른 지역을 연결하는 무료 모노레일은 총 3개 노선으로 운행 중이다. 베이프런트 파크(Bayfront Park Station)나 거버먼트 센터(Government Center Station)에서 하늘색 이너 루프(Inner Loop)를 타면 도심 번화가를 한 바퀴 돌아보는 형식이라 관광객도 자주 이용한다. 노선도는 588p에서 확인.

HOUR 05:00~24:00
(1분 30초~3분 간격 운행)

❷ 마이애미비치에서는 트롤리 Trolley

사우스비치를 시계 방향(Clockwise) 또는 반시계 방향(Counterclockwise)으로 순환하고, 멀리 노스비치까지 연결하는 관광용 트롤리다. 다운타운에서도 트롤리를 무료로 운행하는데, 아쉽게도 마이애미비치와 다운타운을 연결하는 트롤리는 없다.

HOUR 08:00~23:00(20분 간격 운행)

마이애미 숙소 정하기

최고급 호텔부터 콘도미니엄까지 다양한 숙소가 있다. 미국인들은 장기 투숙을 하는 경우가 많아서 단기간 방문 시 숙소 가격이 높아질 수 있으니 기간별로 가격을 비교하고 선택할 것. 마이애미 지역의 호텔은 기본적으로 소비세 7%(Sales Tax)와 3~4%의 리조트세(Miami Resort Tax)를 부과한다.

숙소 위치는 어디가 좋을까?

마이애미비치

마이애미비치 가장 남쪽 지역인 사우스비치의 리조트들은 멋진 일출을 감상하기 좋은 위치다. 자동차가 없어도 도보나 자전거로 다니기 좋은 환경이고, 투어 업체도 대부분 호텔 픽업 서비스를 제공한다. 호텔룸 키로 출입하는 프라이빗 해변을 운영하는 리조트도 많다.

다운타운과 인근 도시

마이애미비치에서 차로 15분 거리에 있는 다운타운의 호텔은 가격이 조금 더 저렴하고 대중교통 접근성이 좋다. 렌터카가 있다면 다운타운에서 약 25~30km 떨어진 도랄(Doral)이나 마이애미레이크스(Miami Lakes) 쪽에 있는 합리적인 가격의 좋은 호텔에 머물 수 있다.

마이애미 숙소 추천 리스트

*가격은 7~8월 평일, 2인실 기준. 현지 상황과 객실 종류에 따라 만족도는 다를 수 있습니다.

로열 팜 사우스비치 마이애미
Royal Palm South Beach Miami ★★★★

프라이빗 해변과 리조트를 갖춘 마이애미다운 고급 숙소. 링컨 로드 몰과 가까워 나이트 라이프를 즐기기에도 좋다.

ADD 1545 Collins Ave, Miami Beach **TEL** 305-604-5700
PRICE $200~400 **WEB** marriott.com

벳시 호텔, 사우스비치
Betsy Hotel, South Beach ★★★★★

해변에서 150m 거리, 고풍스러운 건물과 루프탑 수영장을 갖춘 최고급 휴양지 호텔.

ADD 1440 Ocean Dr, Miami Beach **TEL** 866-792-3879
PRICE $400~650 **WEB** thebetsyhotel.com

손더 더 애비
Sonder The Abby

주방과 거실, 세탁 시설을 갖춘 아파트형 호텔. 마이애미에 있는 7개 지점 중에서는 애비 지점이 저렴한 편이니 예약을 서둘러야 한다. 프라이빗 비치 운영 안 함.

ADD 300 21st St, Miami Beach **TEL** 617-300-0956
PRICE 스튜디오 $120~200 **WEB** sonder.com

마이애미 레이크스 호텔
Miami Lakes Hotel

가격 대비 훌륭한 시설과 넓은 객실을 보유한 골프 리조트. 에버글레이즈 국립공원이나 포트로더데일, 마이애미 시내까지 차로 30분 거리다. 호텔 바로 앞의 메인스트리트 쇼핑센터에서 산책과 저녁 식사를 하기에도 좋다.

ADD 6842 Main St, Miami Lakes **TEL** 305-821-1150
PRICE $105~220 **WEB** miamilakeshotel.com

마이애미 시내 중심
현대 미술 연구소
디자인 디스트릭트
플라이즈 아이 돔
Wynwood
윈우드 월스
School Board
Adrienne Arsht
Museum Park
Eleventh Street
Park West
Freedom Tower
Wilkie D. Ferguson, JR.
College North
College Bayside
Miami City
베이사이드 마켓플레이스
마이애미 보트 투어
Government Center
First Street
Downtown
Miami Avenue
Bayfront Park
Knight Center
Third Street
비지터 센터
Riverwalk
Little Havana
Fifth Street
Brickell City Centre
(Eighth Street)
메트로무버
Omni Loop
북쪽 옴니 지역 왕복
Inner Loop
다운타운 중심부 순환
Brickell Loop
남쪽 브리켈까지 연결
Tenth Street Promenade
Brickell
Financial District

Mid-Beach
Miami Beach
손더 더 애비
팬서 커피
랍스터 쉑
시비.체 105
하바나 1957
Lincoln Road
링컨 로드
Art Deco
Tourist Information
Miami Beach Visitor Center
로열 팜 사우스비치 마이애미
•15번가 라이프가드 타워
에스파뇰라 웨이
Española Way
하바나 1957
벳시 호텔, 사우스비치
아르 데코 역사 지구
South Beach
조스 스톤 크랩
랍스터 쉑
•100 라이프가드 타워
제티 라이프가드 타워

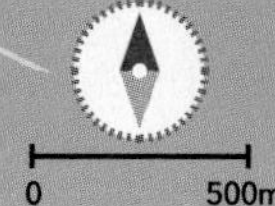
0
500m

1 마이애미 관광 1번지
베이사이드 마켓플레이스
Bayside Marketplace

마이애미 항구(Port of Miami)가 보이는 대형 복합 쇼핑몰. 남쪽 빌딩과 북쪽 빌딩 및 피어 5 마켓 3개 구역으로 나뉜다. 패션, 잡화 매장과 하버 뷰 전망 레스토랑 등이 밀집해 있다. 크루즈 업체와 투어 업체와 더불어 대관람차까지 있어서 항상 관광객들로 붐빈다. 해 질 녘 칵테일을 즐기며 하루를 마무리하자. **MAP 30**

ADD 401 Biscayne Blvd
OPEN 10:00~22:00(금·토 ~23:00, 일 11:00~21:00)
WEB baysidemarketplace.com
ACCESS 메트로무버 Inner Loop선 College Bayside역에서 도보 6분

2 핵심만 골라 보는 유람선 투어
마이애미 보트 투어
Miami Boat Tour

마이애미비치는 1910~1920년대에 해안 맹그로브 습지를 대대적으로 정비하여 건설한 최고급 휴양도시다. 원래 반도였던 지형에 물길을 만들어서 보트와 요트가 다닐 수 있는 넓은 수로와 인공 운하를 개발하고, 땅을 매립해 크고 작은 섬을 만들기도 했다. 그중 다운타운과 사우스비치 사이에 위치한 8개의 인공 섬을 베네시안 제도(Venetian Islands)라고 부르는데, 개인 별장과 프라이빗 비치가 대부분이라 관광객이 구경하는 것은 어렵다. 바로 이런 아쉬움을 해소해 주는 것이 보트 투어 프로그램을 운영하는 스카이라인 크루즈다. 유람선을 타고 운하를 누비면서 100여 개의 고층 빌딩과 백만장자의 저택에 관해 해설하는 투어를 신청해보자. 다운타운의 쇼핑센터 베이사이드 마켓플레이스에 체크인 오피스가 있으니, 예약 시간 30~40분 전에 도착해 탑승을 준비할 것. **MAP 30**

ADD 401 Biscayne Blvd
OPEN 09:00~20:00(일 09:30~)
PRICE $28(90분 투어)
WEB miamiskylinecruises.com
ACCESS 베이사이드 마켓플레이스

③ 베이워치 구조대를 만나볼까?
라이프가드 타워
Lifeguard Towers

넘실대는 파도가 닿는 눈부신 해변 위에 알록달록하게 칠해진 스탠드는 세계적으로 유명한 마이애미 해상구조대의 안전 요원 타워다. 미국 다른 해변에 비해 유난히 화려하고 독특한 모양으로 세워진 타워들은 저마다 이름을 붙여놓고 시에서 관리한다. 대서양에 면한 9마일(약 14.5km)의 동쪽 해안 전체에 200~300m 간격으로 30여 개의 타워가 있으니 가장 남쪽의 '제티(Jetty)'부터 천천히 구경해보자. **MAP ㉚**

ADD Jetty Lifeguard Tower, Miami Beach
OPEN 24시간
ACCESS 베이사이드 마켓플레이스에서 7.7km(우버 이용)

: WRITER'S PICK :

해변에서는 해파리를 조심하세요!

마이애미비치 일대에서는 해파리를 쉽게 볼 수 있다. 우리나라에서는 작은부레관해파리라고 부르며, 서구에서는 포르투갈의 범선 모양을 닮았다고 해서 포르투갈전투원(Portuguese Man o' War)이라고도 한다. 물이 가득 찬 풍선 같은 부분이 가스로 가득 찬 방광인데, 피식자를 마비시키는 독소를 뿜으니 절대 만지지 말 것! 사람에게 치명적이지는 않지만, 체질에 따라 위험할 수 있다.

④ 마이애미비치 대표 쇼핑가
링컨 로드
Lincoln Road

마이애미비치의 거리 번호는 남쪽 끝의 1번(1st Street)부터 시작해 가장 북쪽의 192번(192nd Street)까지 올라간다. 그중 16번과 17번 스트리트 사이 약 1.8km의 쇼핑 거리에는 유명 브랜드 매장을 비롯해 부티크, 레스토랑, 바 등이 모여 있다. 낮 동안 해변의 여유를 즐긴 여행자들이 해가 지고 날이 선선해지면 쇼핑과 식사를 즐기려고 모인다. 휴양지 특유의 저녁 정취가 물씬 풍기는, 그냥 걷기만 해도 기분 좋아지는 곳. 일요일(09:00~18:00)마다 신선한 채소, 꽃, 빵과 꿀 등의 지역 농산품을 판매하는 파머스 마켓도 열린다. **MAP ㉚**

ADD 16th St~17th St, Miami Beach
WEB lincolnroad.com
ACCESS 동쪽 해변에서 도보 10분

5 지중해를 여행하는 느낌 에스파뇰라 웨이 Española Way

스페인의 지중해 마을을 본뜬 낭만적인 거리다. 14~15번 스트리트 사이, 2블록 정도의 짧은 거리지만, 파스텔톤 건물과 쿠바 음식, 스페인식 타파스, 멕시칸 음식 등 라틴 아메리카 레스토랑이 어우러진 분위기가 매력적이다. 마이애미비치에서 꼭 들러야 할 거리다. **MAP 30**

ADD Espanola Wy
WEB visitespanolaway.com
ACCESS 링컨 로드에서 도보 8분

+MORE+

미국 속 작은 쿠바 리틀 하바나 Little Havana

쿠바 출신 인기 팝그룹 마이애미 사운드머신이 탄생할 정도로 마이애미와 쿠바 이민자의 관계는 특별하다. 리틀 하바나는 쿠바의 수도 아바나(Habana)의 미국식 발음으로, 1960년대 자유를 찾아 쿠바를 탈출한 이들이 정착한 주거 지역이다. 칼레 오초(Calle Ocho) 쇼핑가(8번 스트리트)에 레스토랑과 시가(쿠바 특산품) 매장, 기념품점이 즐비하고, 인기 맛집 베르사유 레스토랑(Versailles Restaurant)과 쿠바 샌드위치 가게 생귀치(Sanguich)가 있는 곳이지만, 치안을 고려한다면 여행자에게 추천하지 않는다. 만약 방문한다면 우버/리프트를 타고 리틀 하바나 비지터 센터(Little Havana Visitor Center) 앞에서 하차한다. **MAP 30**

ADD 1600 SW 8th St
ACCESS 베이사이드 마켓플레이스에서 5km(차량 15분)

6 야자수와 건물이 예쁜 거리 아르 데코 역사 지구 Art Deco Historic District

1920~30년대 사우스비치 일대에 지어진 알록달록한 건물이 밀집한 거리. 공식 명칭은 마이애미비치 건축 지구(The Miami Beach Architectural District)다. 알록달록한 건물 앞에 야자수가 심어진 이국적인 풍경은 애니메이션 속 한 장면 같다. 지아니 베르사체가 살던 카사 카주아리나(Casa Casuarina)와 클리블랜더 호텔(Clevelander Hotel) 등이 잘 알려져 있다. 동쪽 해변 공원(Lummus Park) 앞을 산책하면서 볼 수 있다. **MAP 30**

ADD 6th St~14th St, Miami Beach
ACCESS 에스파뇰라 웨이에서 도보 10분

©Greater Miami Convention and Visitors Bureau

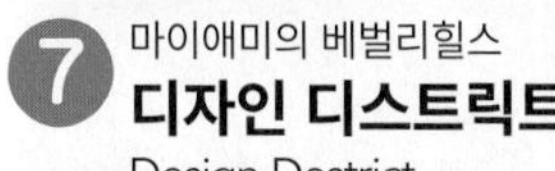

7 마이애미의 베벌리힐스 디자인 디스트릭트 Design Destrict

명품과 디자이너 브랜드의 쇼룸, 미술관, 미슐랭급 레스토랑이 밀집한 마이애미 최고의 쇼핑 거리다. 무언가 사지 않아도 예술적으로 설계된 건물을 둘러보는 재미가 있는 곳. 건축가 벅민스터 풀러가 파리의 눈 모양으로 설계한 플라이즈 아이 돔(Fly's Eye Dome)을 시작으로, 41번 스트리트의 현대 미술 연구소(Institute of Contemporary Art)까지 걸어서 구경하면 된다. MAP 30

ADD 140 NE 39th St
OPEN 11:00~20:00(일 12:00~18:00)
WEB miamidesigndistrict.com
ACCESS 베이사이드 마켓플레이스에서 메트로버스 9번을 타고 NE 2 Av & NE 40 St 정류장 하차/차로 15분

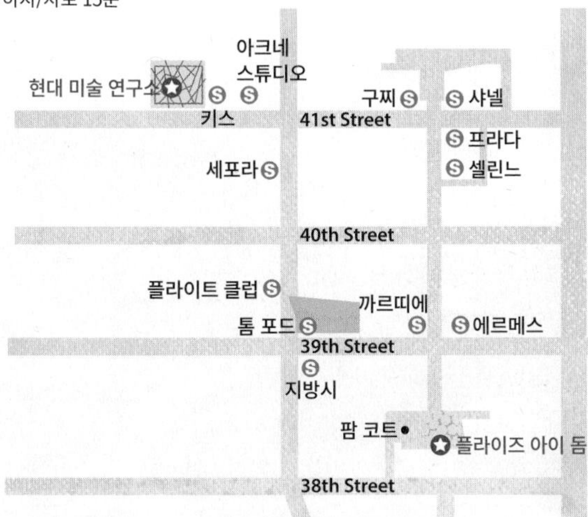

+MORE+

그래피티, 예술이 되다! 윈우드 월스 Wynwood Walls

2009년 부동산 개발업자 토니 골드먼이 시작한 지역 개발 프로젝트에 전 세계 그래피티 예술가들이 참여하면서 규모가 커진 벽화 미술관이다. 독창적이고 위트 넘치는 벽화를 실내외 공간에 가득 전시하고 있어 SNS 명소로 유명하다. 디자인 디스트릭트와 베이사이드 마켓플레이스의 중간인 윈우드 마을에 있으며, 주변 동네에서도 화려한 벽화들을 볼 수 있다.

ADD 2516 NW 2nd Ave
OPEN 10:00~19:00(금·토 ~20:00)
PRICE $12
WEB thewynwoodwalls.com
ACCESS 디자인 디스트릭트에서 남쪽으로 2km(차량 5분)

8 동쪽 바다를 향한 여명의 집
비스카야 박물관과 정원
Vizcaya Museum & Gardens

시카고 출신 사업가 제임스 디어링의 겨울철 별장으로 지어졌다. 바다를 향한 이탈리아 르네상스식 빌라와 정원으로 구성돼 있는데, 보트를 좋아했던 디어링의 취향을 담은 보트 선착장 풍경이 시선을 압도한다. 남국의 태양을 만끽할 수 있는 중정 형태의 빌라 내부도 인상적이고, 정원을 향해 햇살이 가득 비치는 로지아(Loggia, 한쪽이 트인 주랑)가 특히 아름답다. 미술적 재능이 뛰어났던 디어링이 여행을 다니며 그린 엽서도 관람 포인트. 빌라 외부의 기하학적 정원은 지중해 별장에 온 듯한 느낌을 준다. 정원도 충분한 시간을 들여서 천천히 둘러보자. MAP 27

ADD 3251 S Miami Ave
OPEN 수~월 09:30~16:30/화요일 휴무
WEB vizcaya.org
PRICE $25
ACCESS 메트로레일 Vizcaya역 하차 후 도보 13분

보트 선착장

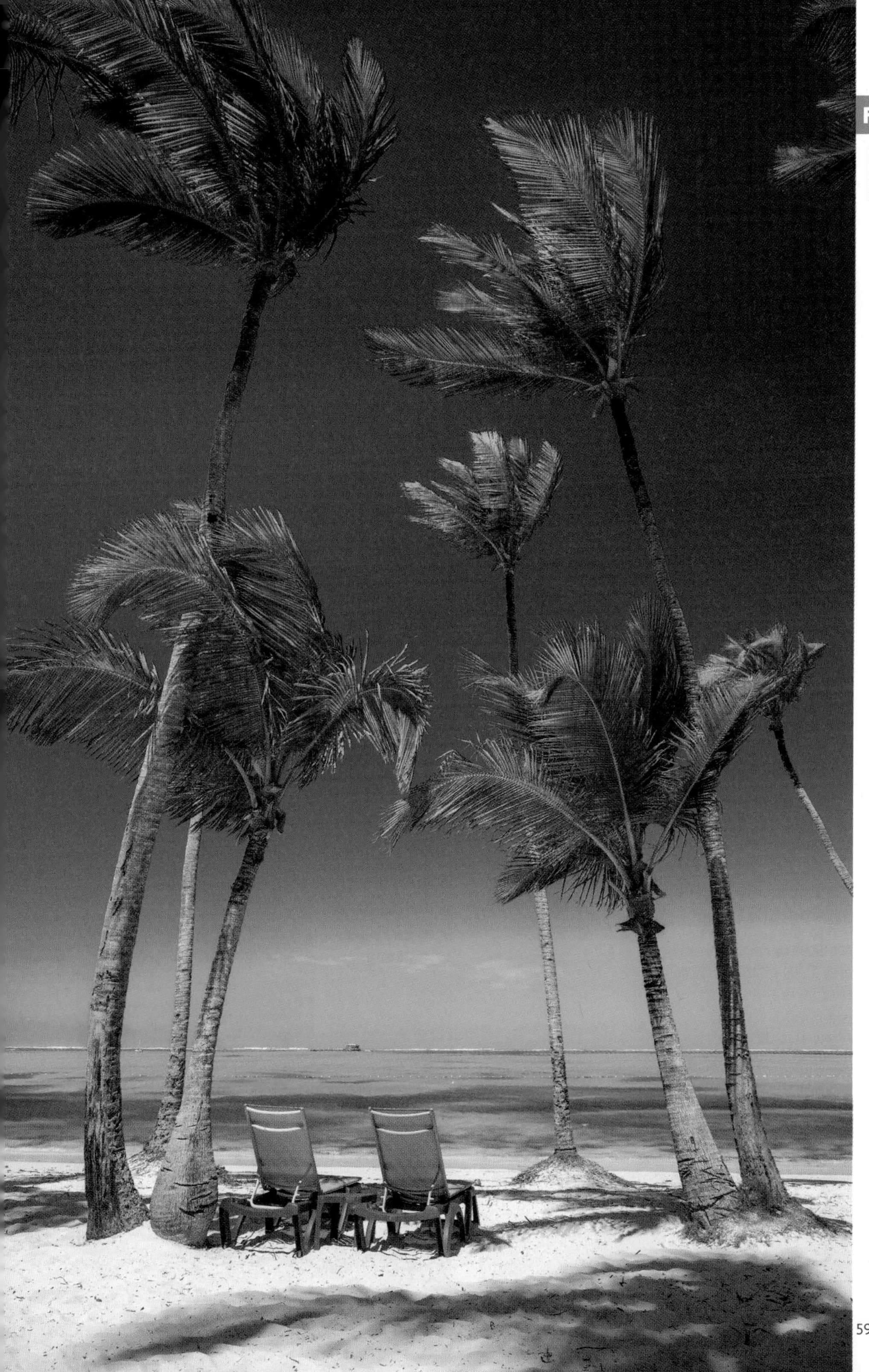

시푸드와 남미 음식의 하모니

마이애미 맛집

마이애미 음식 문화를 대표하는 3대 키워드는 쿠바식 샌드위치, 마이애미 스톤 크랩, 페루의 세비체다. 이민자의 도시이자 고급 휴양지라는 특수성 덕분에 저렴한 길거리 음식부터 최고급 레스토랑까지 원하는 대로 골라 먹을 수 있다.

미국식 쿠바 음식 맛보기

하바나 1957 Havana 1957

빵에 햄과 돼지고기, 스위스 치즈, 피클, 겨자 등을 넣고 바삭하게 구워낸 쿠바식 샌드위치(Cuban Sandwich)는 플로리다 이민자들이 개발한 미국식 쿠바 요리의 대명사다. 사우스비치 4곳에서 매장을 운영하는 인기 체인점, 하바나 1957에서 맛볼 수 있다. 접시에는 구운 플랜테인(요리용 바나나), 라이스, 메인 요리(소고기, 돼지고기, 치킨 중 선택)를 함께 담아주는 큐번 박스(Cuban Box)도 인기 메뉴다. **MAP 30**

ADD 819 Lincoln Rd, Miami Beach 등 4곳
OPEN 12:00~22:00(금·토 23:00)
PRICE $($15~20)
WEB havana1957.com
ACCESS 사우스비치에 4곳

: WRITER'S PICK :

카리브해 낭만 한잔! 쿠바 음료

룸바 댄스와 모히토, 정열적인 쿠바 문화에 흠뻑 빠져 보는 건 어떨까? 마이애미에 왔다면 에스프레소에 천연 설탕을 넣은 강렬한 카페시토도 필수다.

- **카페시토** Cafecito

커피와 사탕수수의 나라 쿠바에서는 쿠바식 커피 문화가 발달했다. 카페시토는 모카포트로 끓인 커피 반 잔에 1~2스푼의 천연 갈색 설탕을 섞은 후, 거품이 풍부해질 때까지 세게 휘저은 다음 남은 커피를 부어 만든다. '카페시토' 또는 '쿠바 커피'라고도 한다.

- **모히토** Mojito

화이트럼, 사탕수수 주스, 라임 주스, 탄산수, 민트를 섞어 제조하는 쿠바의 전통 음료. 사탕수수를 통째로 [illegible] 꽂아주는 쿠바식 모히토는 마이애미의 명물로, 대부분의 쿠바 레스토랑에서 맛볼 수 있다.

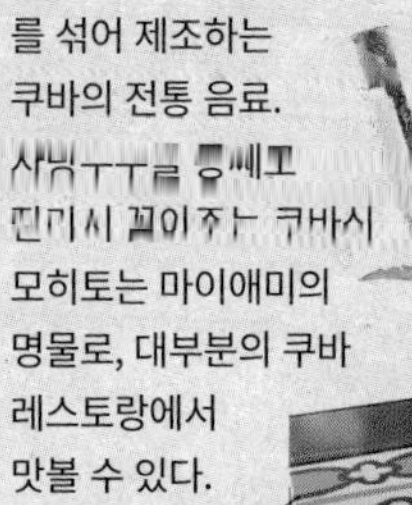

모히토

카페시토

통통한 게 다리가 별미

조스 스톤 크랩

Joe's Stone Crab

1918년 설립된 백년 식당이다. 멕시코만과 바하마 제도에서 잡아 올린 스톤 크랩은 집게발만 먹기 때문에 집게발 한쪽만 자르고 다시 방생하는 것이 특징. 조스 스톤 크랩에서는 사이드별(점보, 라지, 셀렉트)로 나뉜 게 다리 살을 녹인 버터와 특제 소스에 찍어 먹는다. 2인 이상은 셀렉트를 추천한다. 조업 일정 때문에 제철인 10월 말에서 5월 초까지만 문을 열며, 워낙 유명해서 예약하지 않으면 자리 잡기 힘들다. 다행히 바로 옆에 있는 테이크아웃 매장(Joe's Take Away)이 대안이 돼준다. **MAP 30**

ADD 11 Washington Ave, Miami Beach
OPEN 점심 11:30~14:30, 저녁 17:00~22:00(금·토 ~23:00)/월·화요일 휴무
PRICE $$$$(1인 $120 이상)
WEB joesstonecrab.com
ACCESS 사우스비치

마이애미 랍스터 맛집

랍스터 쉑

Lobster Shack

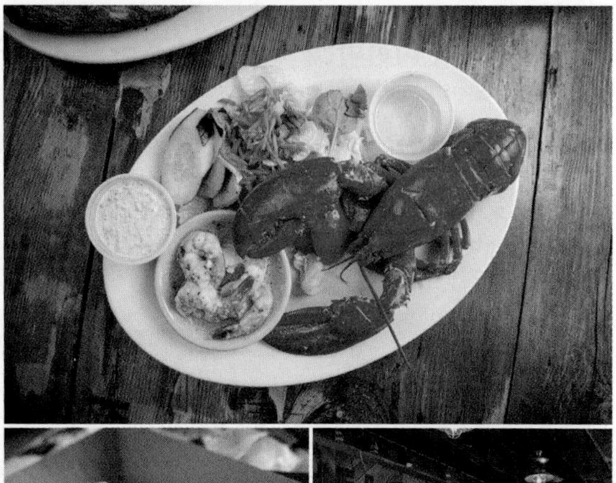

싱싱한 해산물을 합리적인 가격에 맛볼 수 있는 캐주얼 시푸드 전문점이다. 오이스터 바를 갖추고 있으며, 시즌에는 스톤 크랩도 판매한다. 구운 생선을 타코에 넣어 먹는 피시타코나 랍스터롤 같은 메뉴가 보기만 해도 먹음직스럽다. 마이애미비치의 2개 지점 중에서 링컨 로드점의 메뉴가 더 다양하다. **MAP 30**

PRICE $$(피시타코 $7~10, 랍스터롤 $27)
WEB lobstershackmiami.com

사우스비치점
ADD 40 South Pointe Dr #104, Miami Beach
OPEN 11:00~24:00

사우스비치 링컨 로드점
ADD 613 Lincoln Rd, Miami Beach
OPEN 12:00~24:00

©Lobster Shack

상큼한 페루식 생선 요리

시비.체 105

CVI.CHE 105

페루식 애피타이저 세비체(얇게 포 뜬 해산물을 레몬즙이나 라임즙에 버무린 후 고수, 고추, 양파, 소금 등을 넣고 재운 요리)를 메인 요리 못지않게 화려하고 다양하게 맛볼 수 있다. 메인 요리로는 치킨스튜와 흡사한 아히데가이나(Ají de Gallina) 등 각종 페루식 요리가 준비돼 있다. **MAP 30**

ADD 105 NE 3rd Ave, Miami
OPEN 12:00~22:30(금·토 ~23:30, 일 ~22:00)
PRICE $$$(세비체 한 접시당 $20~36)
WEB ceviche105.com
ACCESS 베이사이드 마켓플레이스에서 도보 7분

뉴욕에도 소문난 마이애미 커피

팬서 커피

Panther Coffee

직접 로스팅한 미묘한 맛과 향의 원두로 마이애미 윈우드 예술가들의 입맛을 사로잡은 뒤 뉴욕까지 진출한 커피 전문점. 일반적인 라테나 푸어오버(핸드드립) 메뉴도 있지만 에스프레소 종류가 특히 다양하다. 크리미한 이스트 코스트 에스프레소와 산미가 좀더 강한 웨스트 코스트 에스프레소가 대표적이다. 2가지 다 맛보려면 시음용 에스프레소 플라이트(Espresso Flight)로 주문해보자. 마이애미의 푸른 하늘 아래서 커피 한 잔만 놓고 있어도 힐링 그 자체! 마이애미에만 총 6개 지점이 있다. **MAP 30**

ADD 2390 NW 2nd Ave, Miami
OPEN 07:00~19:00
PRICE $($10~30)
WEB panthercoffee.com

우버이츠 배달 가능

마이애미 쇼어 피시마켓

Miami Shores Fish Market

수산시장 콘셉트의 해산물 레스토랑이다. 신선한 생선을 튀겨서 빵 사이에 넣어주는 피시샌드위치류가 일품. 직접 찾아가서 먹으면 좋겠지만, 관광지와 거리가 멀기 때문에 호텔로 배달해 먹는 것도 방법이다. 홈페이지를 통해 우버이츠나 도어대시 주문이 가능하다. **MAP 27**

ADD 8300 NE 2nd Ave, Miami
OPEN 12:00~22:00/월요일 휴무
PRICE $$(피시샌드위치 $20~32)
WEB miamishoresfishmarket.com
ACCESS 다운타운에서 14km

해산물도 스테이크를 함께!

에디 V 프라임 시푸드

Eddie V's Prime Seafood

고급스럽고 세련된 [illegible] 적합하다. 해산물 요리가 메인이지만, 스테이크도 훌륭하고 오후 4시부터 6시 30분까지(금~토 제외) 해피 아워 동안 일부 음료와 안주를 할인된 가격으로 제공한다. 드레스 코드는 따로 없지만 깔끔하고 단정한 복장으로 방문하기를 권한다. **MAP 28**

ADD 100 E Las Olas Blvd, Fort Lauderdale
OPEN 16:00~21:00(금·토 ~22:00)
MENU $$$(랍스터타코, 필레미뇽 등 메뉴당 $30~70)
WEB eddiev.com
ACCESS 포트로더데일, 라스 올라스 대로 내

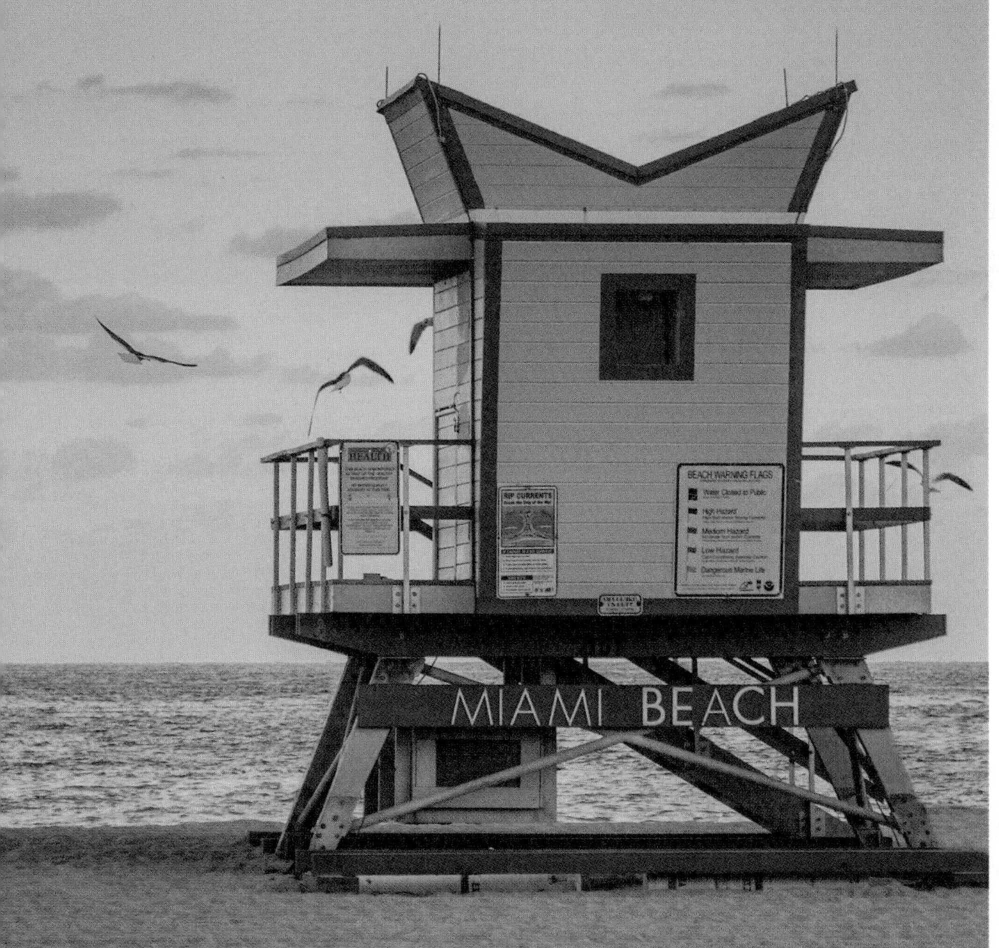
BEACH
RIP CURRENTS
BEACH WARNING FLAGS
Water Closed to Public
High Hazard
Medium Hazard
Low Hazard
Dangerous Marine Life
MIAMI BEACH

SPECIAL PAGE

마이애미의 베니스

포트로더데일 Fort Lauderdale

마이애미 근교 항구 도시 포트로더데일은 도심을 관통하는 강(New River)과 대서양을 따라 조성한 인공 운하로, '미국의 베니스'라 불린다. 마이애미시티보다 훨씬 깔끔하고 세련된 휴양지 분위기이니 최소 하루 일정으로 방문하거나 1박하는 것을 추천. 포트 에버글레이즈 항구(Port Everglades Cruise Terminal)에서는 바하마행 디즈니 크루즈가 출발하며, 포트로더데일 공항(FLL)이 도심과 매우 가깝기 때문에 타 도시와 연계해 여행하기 좋은 위치다.

WEB visitlauderdale.com
ACCESS 브라이트라인 MiamiCentral역에서 Fort Lauderdale역까지 40분/차로 40분

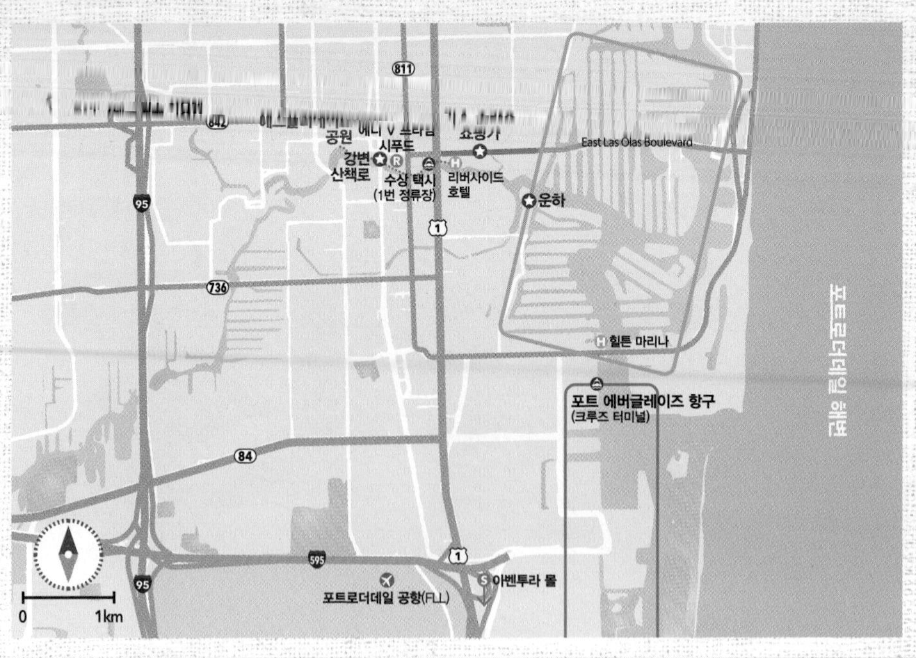

♦ 강변 산책로 Riverwalk

요트가 정박한 작은 강변을 따라 걷다 보면 건물 사이로 아담한 공원과 도개교를 만날 수 있다. 에스플러네이드 공원(Esplanade Park)에서 수상 택시 1번 정류장이 있는 리버사이드 호텔(Riverside Hotel) 사이의 1.5km 구간이 걷기에 적당하다.

ADD 400 SW 2nd St, Fort Lauderdale(에스플러네이드 공원)

♦ 수상 택시 Water Taxi

포트로더데일에서는 수상 택시가 투어 버스를 대신한다. 원하는 장소에서 자유롭게 내렸다 탈 수 있는 교통수단이자, 아름다운 수로를 따라 호화로운 주택과 요트를 감상하는 유람선 역할을 한다. 운하 전체를 돌아보는 데 약 3시간이 소요된다.

ADD 335 SE 6th Ave, Fort Lauderdale(수상택시 1번 정류장)
PRICE 1일권 $40(10:00~22:00), 저녁권 $25(17:00~22:00)
WEB watertaxi.com

♦ 라스 올라스 대로 Las Olas Boulevard

포트로더데일을 동서로 가로지르는 대로. 도심에서 운하를 관통하여 해변까지 이어지며, 스페인어로 '파도'라는 뜻이다. 리버사이드 호텔 쪽 세련된 번화가에는 아기자기한 기념품점, 패션잡화점, 소규모 아트숍이 즐비하다.

ADD East Las Olas Blvd
WEB lasolasboulevard.com

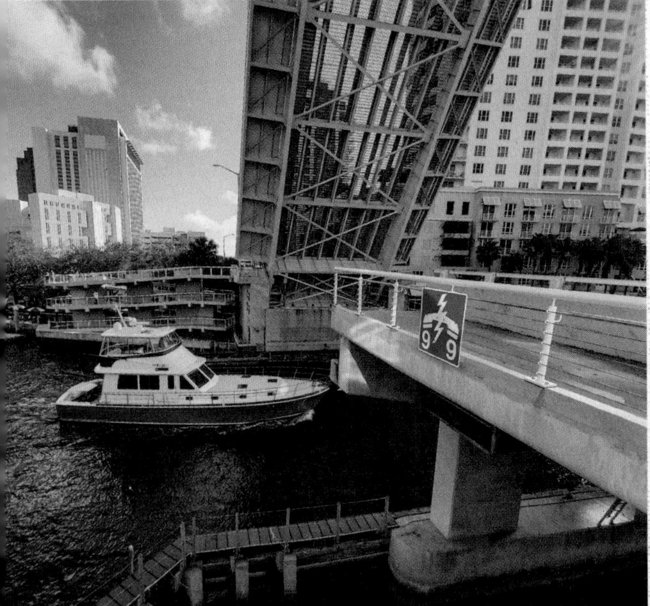

+MORE+

마이애미는 쇼핑도 미국 1등

• 미국 최대 규모 프리미엄 아웃렛 소그래스 밀스 아웃렛 Sawgrass Mills Outlet

350개 이상의 매장을 보유한 사이먼 계열의 프리미엄 아웃렛이다. 뉴욕 우드버리보다 큰 규모를 자랑한다. 구찌, 프라다, 보테가베네타, 펜디, 몽클레르 등 명품 브랜드가 대부분 입점했다.

ADD 12801 W Sunrise Blvd, Sunrise
OPEN 10:00~21:00(일 ~20:00)
WEB simon.com/mall/sawgrass-mills
ACCESS 포트로더데일에서 29km(차량 25분)

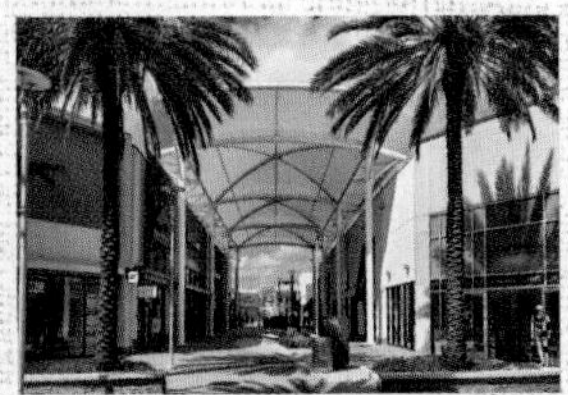

• 플로리다 최대 규모 아벤투라 몰 Aventura Mall

이월 상품이 아닌 신상품을 취급하는 쇼핑몰이다. 미국 전체 쇼핑몰 중 3번째, 플로리다에서는 가장 규모가 크다. 메이시스, 노드스트롬, 블루밍데일스 등의 백화점과 AMC 극장도 입점했다.

ADD 19501 Biscayne Blvd, Aventura
OPEN 10:00~21:30(일 11:00~20:00)
WEB aventuramall.com
ACCESS 마이애미와 포트로더데일 사이

© GMCVB

#National_Park

플로리다 생명의 강

에버글레이즈 국립공원

Everglades National Park

에버글레이즈는 플로리다반도 면적의 약 1/3을 차지하는 아열대 생태계를 뜻하며, 그중 일부를 국립공원이자 유네스코 세계자연유산으로 보호하고 있다. 단순한 습지가 아니라 바다를 향해 매우 느리게 흐르는 거대한 강줄기에 가깝고, 플로리다에서 자생하는 수생 식물 소그래스(Sawgrass), 염생 식물 맹그로브(mangrove) 등이 수림을 이루며, '풀의 강(River of Grass)' 또는 '슬로 리버(Slow River)'라고 불린다. 매너티(듀공과 같은 해양 포유류), 플로리다표범, 인디고뱀과 같은 멸종 위기종과 미국악어를 포함한 800종의 육상 및 수생 동물이 서식하는 자연의 보고다.

SUMMARY

공식 명칭 Everglades National Park
소속 주 플로리다주
면적 6105km^2
오픈 24시간
요금 차량 1대 $35(7일간 유효)

ⓘ Ernest F. Coe Visitor Center (홈스테드 입구)

ADD 40001 State Rd 9336, Homestead, FL 33034
OPEN 08:00~17:00(4~12월 중순 09:00~)
TEL 305-242-7700
WEB nps.gov/ever

WEATHER

12~2월은 최저 14~26°C를 넘나들 만큼 따뜻하고 쾌적해서 에버글레이즈를 방문하기에 가장 좋은 시기다. 5~10월의 우기에는 습도 90%에 평균 32°C, 체감온도 37~8°C에 육박하며, 오후에는 거의 매일 폭우가 내릴 뿐 아니라 모기와 파리까지 극성을 부린다.

에버글레이즈 국립공원 IN & OUT

데스밸리와 옐로스톤에 이어 미국에서 3번째로 넓은 국립공원으로, 여러 곳에 출입구가 있다. 걷거나 차로 돌아볼 수 있는 구역은 제한적이며, 진입 방향에 따라서 관람 포인트가 다르다. 메인 비지터 센터는 홈스테드 쪽 입구인 어니스트 코 비지터 센터에 있고, 여기서 가장 남쪽의 플라밍고 비지터 센터까지 자동차 도로가 연결된다.

DAY 1 ❶ **샤크밸리 비지터 센터**에 주차 후 트램 투어(유료, 2시간)를 하거나 샤크밸리 루프 로드(Shark Valley Loop Road)를 따라 자전거를 타면서 악어를 구경한다. 이 길에 샤크밸리 전망 타워가 있다. 국립공원을 벗어난 다음 홈스테드 쪽에 숙소를 정하면 다음 날 일찍 움직이기 편리하다.

DAY 2 ❷ **로열 팜 비지터 센터**에 주차하고 앤힝가 트레일(왕복 1.2km)을 따라 걷는다. 차로 1시간 거리인 ❸ **플라밍고 마리나**에서 전망을 감상하고 카약이나 보트 투어를 즐긴다. 돌아 나오는 길에는 ❹ **파헤이오키 오버룩**(주차장에서 왕복 260m)에 잠깐 들러보자. 체력이 남으면 로열 팜 비지터 센터에 다시 주차하고 검보림보 트레일(왕복 600m)까지 즐겨도 좋다.

에버글레이즈 국립공원 준비 사항

❶ 근처에 식당이 없다. 반나절 이상 보낼 계획이라면 사전에 샌드위치와 음료, 충분한 양의 물을 준비하자.

❷ 사계절 내내 선크림, 모자, 선글라스가 필수다. 여름에는 모기 기피제는 기본이고 긴소매 상의와 긴바지도 함께 준비해야 한다.

❸ 방문자 센터에 들러 시간이 맞는 레인저 프로그램에 참여해보자. 재미있는 생태 해설을 들으면서 에버글레이즈에 대한 이해도를 높일 수 있다.

맹그로브 숲

: WRITER'S PICK :

플로리다 악어 상식 앨리게이터 vs. 크로커다일

악어는 앨리게이터와 크로커다일 2종으로 구분한다. 세계적으로 크로커다일의 서식지는 다양하지만, 앨리게이터는 미국 남동부와 중국 일부에서만 발견된다. 실제 야생 앨리게이터를 볼 수 있는 곳은 미국 남동부가 유일하다.

	앨리게이터 Alligator	크로커다일 Crocodile
외모	안면이 U자형 이빨이 튀어나오지 않음 발에 물갈퀴가 있다. 검정에 가까운 어두운 색	안면이 뾰족한 V자형 일부 이빨이 주둥이 밖으로 튀어나옴 발에 물갈퀴가 없다. 갈색
성격	크로커다일보다 체구가 작고 덜 공격적	앨리게이터보다 체구가 크고 더 공격적
서식지	강변	강변과 바다(주로 바다)
어디서 볼까?	샤크밸리 트레일, 앤힝가 트레일	플라밍고 일대(목격 확률은 낮음)

투어 정보

마이애미와 가까운 샤크밸리 쪽에서 다양한 악어 관찰 투어가 출발한다. 차가 있으면 직접 방문하면 되고, 차가 없다면 마이애미의 호텔에서 픽업 서비스를 제공하는 사설 업체를 이용한다.

에어보트 투어

❶ 샤크밸리 트램 투어 (NPS 공인 업체)

국립공원의 샤크밸리 비지터 센터에서 트램으로 24km를 왕복하며 악어를 구경하고 생태계에 관한 설명을 듣는다. 자전거도 대여할 수 있다. 12월 중순~4월에는 수요가 높아서 예약하고 방문해야 한다.

ADD Shark Valley Visitor Center
OPEN 트램 09:00~16:00(5월~12월 중순 09:30~16:00)
HOUR 2시간 소요(마이애미 이동 선택 시 4~5시간)
PRICE 트램 투어 $33, 자전거 대여 $26
WEB sharkvalleytramtours.com

❷ 에어보트 투어 (NPS 공인 업체)

미국 영화나 드라마에 자주 등장하는 프로펠러 달린 에어보트(Airboat)를 타고 악어를 관찰하는 보트 투어는 국립공원 내부가 아닌, 샤크밸리 비지터 센터 인근의 에버글레이즈 사파리 파크에서 출발한다.

ADD Everglades Safari Park
PRICE 에어보트 $47/30~40분(국립공원 연간 패스 소지자 $39)
WEB evergladessafaripark.com

❸ 마이애미 픽업 투어

마이애미 호텔에서 픽업해 보트 투어나 트램 투어를 즐기고 돌아오는데 보통 5~6시간이 소요된다. 에어보트가 아닌 일반 보트 투어가 포함된 경우도 있으니 프로그램 내용을 정확하게 확인할 것. 숙소에 문의하거나 인터넷에서 검색해도 찾을 수 있다.

그레이라인
WEB graylinemiami.com/locations/everglades

마이애미 투어 컴퍼니
WEB miamitourcompany.com/airboat-tours

샤크밸리 트램 투어

1 에버글레이즈의 지배자 앨리게이터를 만나다!

샤크밸리 트램 로드

Shark Valley Tram Road

샤크밸리 비지터 센터에서 출발해 왕복 24km에 이르는 길고도 먼 여정이지만, 난이도가 높은 코스는 아니다. 걸어서 볼 수 있는 구간도 있으나, 끝까지 가려면 자전거를 대여하거나 트램 투어를 신청해야 한다. 자전거는 2~3시간 정도 소요되는데, 실개천을 따라가면 악어를 많이 볼 수 있다. 길가에도 악어가 나와 있으니 너무 가깝게 접근하지 않도록 주의! MAP ㉙

ⓘ **Shark Valley Visitor Center**

OPEN 09:00~17:00(트램 투어는 사전 예약)

ACCESS 마이애미에서 65km(차량 1시간)

자전거 타고 가는 길

전망대

트레일의 악어떼

짧고 편한 악어 및 조류 관찰 트레킹

② 앤힝가 트레일
Anhinga Trail

소그래스(Sawgrass: 민물에서 서식하는 플로리다 토종 식물) 습지 위에 설치된 보드워크를 따라 걷는 1.2km의 트레일 코스다. 악어와 각종 조류를 관찰할 수 있으며, 운이 좋으면 가마우지의 일종인 앤힝가가 물고기를 사냥하고 젖은 날개를 말리는 모습도 생생하게 볼 수 있다. 홈스테드와 가까운 국립공원 입구(어니스트 코 비지터 센터)로 진입, 로열 팜 비지터 센터에 주차하고 트레킹을 시작한다. MAP [illegible]

ⓘ **Royal Palm Visitor Center**
OPEN 10:00~16:00
ACCESS 마이애미에서 82km(차량 1시간~1시간 30분)

: WRITER'S PICK :

독수리를 조심하세요!!

로열 팜에 주차할 때는 독수리(Vulture)가 차량을 파손하지 않도록 주의해야 한다. 덮개를 씌워두면 좋고, 가능하다면 사람이 많이 지나다니는 곳에 주차할 것. 멀리 떨어져 단독으로 주차하는 경우 독수리의 공격을 받을 확률이 높아진다.

마호가니 해먹 트레일

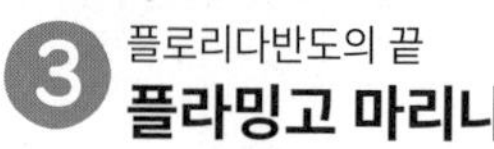

3 플로리다반도의 끝 플라밍고 마리나 Flamingo Marina

에버글레이즈 국립공원에서 바다로 향해 열린 플로리다 반도의 남단이다. 크로커다일이 서식하는 것으로 알려져 있으나, 실제로 목격하기는 어렵고, 그 대신 아름다운 산호초 군도인 플로리다 키스(Keys)를 조망할 수 있다.

현지인들이 카약과 카누를 즐기기 위해 많이 찾아오는 명소로, 비지터 센터 앞 선착장의 액티비티 부스에서 카약 또는 카누를 대여하거나 보트 투어를 신청하면 된다. MAP 29

ⓘ Guy Bradley Visitor Center

OPEN 비지터 센터 08:00~17:00(6~10월 09:00~)/수·목요일 휴무
ACCESS 로열 팜 비지터 센터에서 60km(차량 45분)

선착장

OPEN 08:00~17:00(대여는 ~15:00)
PRICE $48(보트 투어), 카약/카누 2인용 2시간 대여 $32

4 풀의 강 파헤이오키 전망대 Pa-hay-Okee Overlook

파헤이오키는 이 일대의 원주민 세미놀(Seminole)족의 언어로 '풀의 강(River of Grass)'을 의미한다. 말 그대로 에버글레이즈의 광활한 대습지를 조망할 수 있는 지점이며, 주변에는 키 작은 사이프러스 나무와 각종 공중 식물이 수림을 이룬다. 파헤이오키 주차장에서 왕복 260m 남짓한 짧은 트레일이다.

출구까지 나가는 길에 좀 더 다양한 생태계를 관찰하고 싶다면, 마호가니 나무가 자라는 트레일(Mahogany Hammock Trail, 800m)이나 검보림보 트레일(Gumbo Limbo Trail, 600m)에 들르자. MAP 29

ACCESS 로열 팜 비지터 센터에서 21km(차량 20분)

+MORE+

로버트를 만나고 가세요!

홈스테드 방향 출입구와 가까운 '로버트 이즈 히어(Robert is Here)'에 들러 열대과일 주스 한 잔으로 더위를 날려보자. 작은 과일 가판대에서 시작해 지역 명소가 된 맛집이다.

ADD 19200 SW 344th St Homestead, FL 33034
OPEN 09:00~18:00
PRICE 각종 열대 과일 쉐이크 $10
WEB robertishere.com

#Day_Trip

산호초 군도가 아름다운 열대 휴양지

키웨스트 Key West

총 1700여 개의 산호초 섬으로 이루어진 플로리다 남쪽 해안의 이름은 플로리다 키스(Florida Keys)다. 비지터 센터가 있는 키라고(Key Largo)부터 맨 끝 지점인 키웨스트까지, 42개의 다리가 놓인 182km의 도로는 오버시즈 하이웨이(Overseas Highway)로 부른다. 미국 1번 국도(U.S. Route 1)의 일부 구간에 해당한다.

오버시즈 하이웨이를 달리는 내내 바닥이 훤히 들여다보이는 얕고 투명한 바다가 펼쳐진다. 다리 중간에 휴식을 취하거나 경치를 감상할 수 있는 공간이 있으며, 어민이 허락한다면 낚시도 즐길 수 있다.

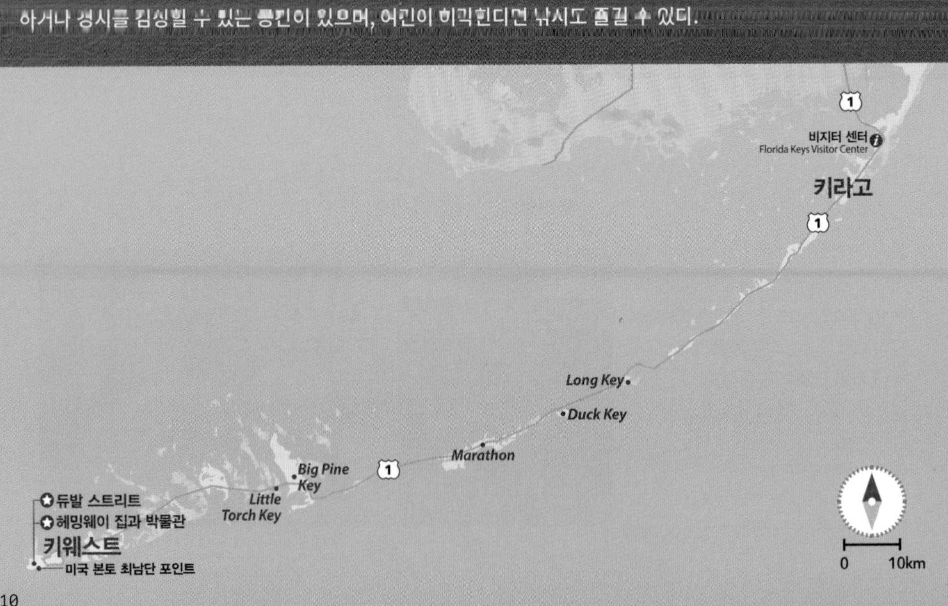

ⓘ **비지터 센터** Florida Keys Visitor Center

ADD 106240 Overseas Hwy, Key Largo, FL 33037
OPEN 08:30~17:00
WEB keywest.com
ACCESS 마이애미 남서쪽으로 260km(차량 3시간 30분)

TRAVEL TIP

완벽한 하루! 키웨스트 데이 트립 Key West Day Trip

그레이라인에서 운영하는 데이 트립에 참가하면 마이애미에서 새벽 6시 출발, 키웨스트에 도착하여 6시간의 자유여행을 즐길 수 있다. 희망자에 한해 스노클링과 다른 액티비티를 추가하면 된다. 온라인 예약 시 호텔 픽업을 요청할 것.

PRICE $75~
WEB graylinemiami.com

1 키웨스트의 중심가 듀발 스트리트 Duval Street

키웨스트는 가로 6km, 세로 2km에 불과한 작은 섬이다. 중심 쇼핑가인 듀발 스트리트에서 느긋한 휴양지 분위기를 만끽하며 쿠바 커피와 함께 키웨스트의 대표 디저트 키 라임 파이(Key Lime Pie)를 맛보자. 헤밍웨이의 단골 술집이었다는 슬로피 조(Sloppy Joe's Bar)도 여전히 성업 중이다. 석양 감상 포인트인 맬러리 광장(Mallory Square) 주변의 갤러리와 박물관을 구경하며 시간을 보내는 일도 낭만적이다. MAP 31

ADD Duval St
ACCESS 헤밍웨이의 집에서 도보 15분

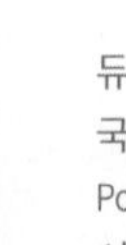

+MORE+

놓치지 말아야 할 인증샷 포인트

듀발 스트리트의 반대편 끝에는 미국 본토 최남단 포인트(Southernmost Point of the Continental U.S.A.)를 표시한 부표 모양의 기념비가 있다. 이보다 남쪽에도 섬이 존재하지만, 군사 지역이기 때문에 이곳이 일반인이 갈 수 있는 가장 남쪽이라고 이해하면 된다.

르누아르의 그림을 재현한 동상

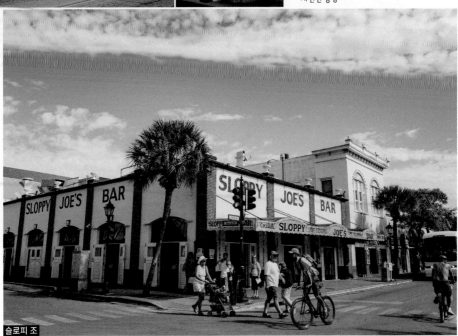

슬로피 조

2 여행과 낚시를 좋아한 자유인
헤밍웨이 집과 박물관
Hemingway Home and Museum

퓰리처상과 노벨 문학상을 받은 어니스트 헤밍웨이(Ernest Hemingway)가 1931~1939년 거주했던 저택으로, 키웨스트에서 가장 인기 있는 방문지다. 키웨스트의 여유로움을 사랑했던 헤밍웨이는 1939년 쿠바로 이주하기 전까지 이곳에서 <누구를 위하여 종을 울리나> 집필과 더불어 <킬리만자로의 눈>, <가진 자와 못 가진 자> 등을 출간했다. 또한, 그의 전처 폴린은 1940년 헤밍웨이와 이혼 후 1951년 사망할 때까지 이곳에 머물렀다. 참고로 폴린은 키웨스트가 관광지화되는 것을 반대했다고 한다.

2층으로 된 프랑스 식민지풍의 저택은 침실, 식당 등과 수영장을 둘러볼 수 있다. 헤밍웨이가 스페인 내전에 특파원으로 종군하는 동안 지어진 수영장은 마지막 1페니까지 탈탈 털어서 만들었다는 의미를 담아, 폴린이 1페니짜리 동전을 수영장 안에 박아 넣었다. MAP 31

ADD 907 Whitehead St
OPEN 09:00~17:00
PRICE $19
WEB hemingwayhome.com

수영장에서 폴린의 1페니 찾아보기!

: WRITER'S PICK :

헤밍웨이가 남긴 특별한 전통

헤밍웨이의 고양이들

헤밍웨이는 고양이를 사랑한 원조 애묘인이다. 그의 반려묘 스노 화이트(Snow White)는 발가락이 1개 더 많아서 유명했는데, 현재도 스노 화이트의 후손 60여 마리가 집안 곳곳에 살고 있다. 헤밍웨이는 생전에 자신의 고양이들에게 매릴린 먼로, 험프리 보가트 등 유명 인사의 이름을 붙여주었기 때문에 그 후손들도 셀럽의 이름을 붙이는 것이 전통으로 남았다. 헤밍웨이 박물관에서 유명 인사의 이름을 불러보면 혹시 반응하는 고양이가 나타날 수도!

SPECIAL PAGE

재즈의 탄생지
뉴올리언스를 가다!

뉴올리언스는 1718년 프랑스 식민지 누벨-오를레앙(La Nouvelle-Orléans)으로 개척되어 스페인에 잠시 양도되었다가, 1803년 미연방에 편입된 복잡한 역사가 있다. 여기에 아프리카계 미국인과 아메리카 원주민의 문화까지 뒤섞이면서 뉴올리언스만의 독창적인 지역색이 탄생한다. "미국에는 도시가 3개뿐이지. 뉴욕, 샌프란시스코 그리고 뉴올리언스"라는 말이 있을 정도로 독특한 개성을 지닌 뉴올리언스는 루이지애나주 남동부까지 여행자를 불러들인다. 현지에서는 놀라(NOLA: New Orleans, Louisiana(LA))라는 애칭으로도 불린다.

ⓘ **뉴올리언스 비지터 센터** New Orleans Visitor Center

ADD 339 Decatur St, New Orleans, LA 70130
OPEN 09:00~20:00
WEB neworleans.com
소속 주 Louisiana(LA)
표준시 CT(서머타임 있음)

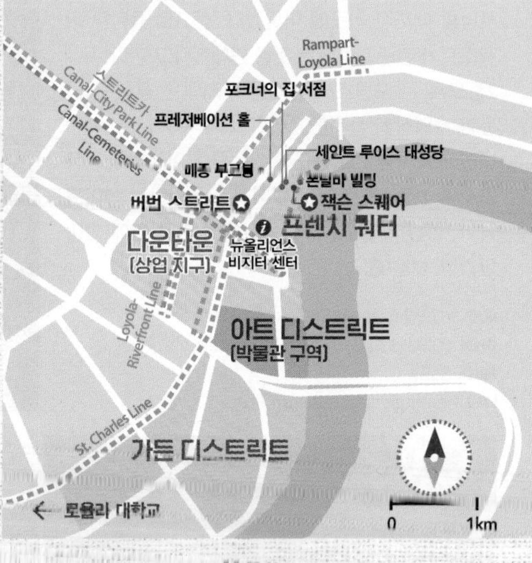

• 날씨

미시시피강 하류의 저지대에 자리한 뉴올리언스는 3~6월의 토네이도와 6~10월의 허리케인 피해를 심각하게 입는 아열대성 기후다. 따라서 여행하기 쾌적한 겨울, 특히 마르디 그라 축제의 계절인 1~2월에 가장 많은 관광객이 몰린다.

• 가는 방법

한국에서 직항편은 없으며 샌프란시스코, 댈러스 등 대도시를 경유해야 한다. 뉴욕에서 갈 경우 루이 암스트롱 뉴올리언스 국제공항(MSY)까지 3시간 30분 거리다. 도심에서 27km 거리의 공항을 오갈 때는 우버/리프트 이용을 추천한다.

• 다니는 법

현지인들이 '뷰 카레(Vieux Carré, 오래된 광장)', 혹은 '쿼터'라고 부르는 프렌치 쿼터(French Quarter)에 관광 명소가 집중되어 있다. 프렌치 쿼터를 벗어나는 경우는 드물지만, 박물관이 많은 아트 디스트릭트(Art District)나 남부 정취로 가득한 가든 디스트릭트(Garden District)로 갈 때는 스트리트카를 이용해도 된다. 교통 요금은 자판기에서 재지 패스(Jazzy Pass)를 구매하거나 모바일 앱(Le Pass App)으로 지불한다.

PRICE 1회 $1.25, 1일권 $3
WEB 뉴올리언스 교통공사 norta.com

뉴올리언스의 유산, 스트리트카

테네시 윌리엄스(Tennessee William)의 희곡, 그리고 비비언 리가 출연한 동명의 영화 <욕망이라는 이름의 전차(A Streetcar Named Desire)>의 무대가 바로 뉴올리언스다. 실제로 '디자이어(Desire)'라는 동네로 향하는 스트리트카 노선이 있었지만, 현재는 버스로 대체되었다.

술과 재즈의 거리

버번 스트리트 Bourbon Street

음악이 곧 삶의 일부인 뉴올리언스 중심에는 도시의 문화적 정체성을 상징하는 프렌치 쿼터의 옛 골목, 버번 스트리트가 존재한다. 유명 재즈 클럽과 술집으로 가득한 이곳에서 20세기 초, 루이 암스트롱과 같은 전설적인 음악가들이 활동했다. 골목에서 즉흥 연주를 펼치는 거리 음악가의 연주 실력도 상당한 수준이며, 마르디 그라(Mardi Gras) 축제 시즌에는 화려한 퍼레이드와 함께 재즈 공연이 펼쳐진다. 참고로 1949년 탄생한 버번 스트리트 퍼레이드(Bourbon Street Parade)라는 연주곡은 뉴올리언스 재즈의 표준으로 평가받는다.

ACCESS 세인트피터 스트리트와 버번 스트리트의 교차 지점(St Peter St & Bourbon St)

MUST VISIT

➔ 프레저베이션 홀 Preservation Hall

술이나 음식은 판매하지 않고 오롯이 음악에만 집중하는 전통 재즈 공연장

ADD 726 Saint Peter St

➔ 메종 부르봉 Maison Bourbon

칵테일을 즐기며 음악을 감상하기 좋은 버번 스트리트 특유의 재즈 클럽

ADD 641 Bourbon St

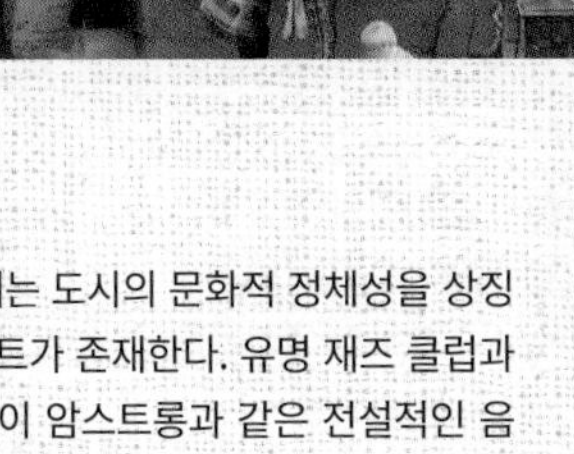

프레저베이션 홀

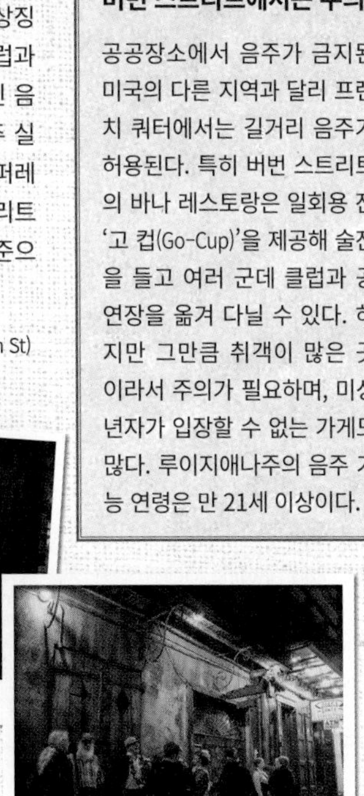

: WRITER'S PICK :

버번 스트리트에서는 주의!

공공장소에서 음주가 금지된 미국의 다른 지역과 달리 프렌치 쿼터에서는 길거리 음주가 허용된다. 특히 버번 스트리트의 바나 레스토랑은 일회용 잔 '고 컵(Go-Cup)'을 제공해 술잔을 들고 여러 군데 클럽과 공연장을 옮겨 다닐 수 있다. 하지만 그만큼 취객이 많은 곳이라서 주의가 필요하며, 미성년자가 입장할 수 없는 가게도 많다. 루이지애나주의 음주 가능 연령은 만 21세 이상이다.

프렌치 쿼터의 중심

잭슨 스퀘어 Jackson Square

미국 20달러 지폐의 주인공 앤드루 잭슨 대통령의 동상이 세워진 잭슨 스퀘어를 둘러싸고 뉴올리언스의 주요 볼거리가 모여 있다. 1718년에 지어진 세인트 루이스 대성당은 디즈니 애니메이션 <공주와 개구리>의 두 주인공 티아나와 마빈이 결혼식을 올리는 장면에 등장한 뉴올리언스의 랜드마크. 19세기 중반 마리셀레스트 폰탈바 남작 부인이 건축한 붉은 벽돌 빌딩(Pontalba Buildings)을 카메라에 담고, 미국 남부 문학의 거장이자 노벨 문학상 수상 작가인 윌리엄 포크너의 집(현재 서점)을 방문해보자. 주변에는 퍼레이드용 마스크, 부두교의 저주 인형 등 뉴올리언스의 특색 있는 기념품 매장이 많다.

ACCESS 비지터 센터에서 도보 6분

MUST VISIT

➔ 세인트 루이스 대성당 St. Louis Cathedral

ADD 615 Pere Antoine Alley

➔ 폰탈바 빌딩 Pontalba Buildings

ADD Chartres St & St. Peter

➔ 포크너의 집 서점 Faulkner House Books

ADD 624 Pirates Alley

+MORE+

뉴올리언스의 대표 카페

1862년부터 사랑받아 온 카페 뒤 몽드(Cafe du Monde)는 잭슨 스퀘어에서 놓칠 수 없는 명소다. 영화 <아메리칸 셰프>에서 주인공이 "이거 때문에 먼 길 온 거야. 세계 어디서도 이 맛은 못 내"라고 말한 바로 그곳이다. 치커리와 커피가 반반 섞인 카페오레와 뉴올리언스 스타일의 도넛 베녜(beignet)를 맛볼 수 있다.

ADD 800 Decatur St

OPEN 07:15~23:00

검보 & 잠발라야

케이준 요리

케이준 샐러드? 잠발라야?

뉴올리언스의 음식

강한 향신료를 사용하는 뉴올리언스의 음식은 크레올 스타일과 케이준 스타일로 나뉜다. 크레올(Creole)은 뉴올리언스 주변의 도시 지역에서 태어나고 자란 사람, 케이준(Cajun)은 옛 프랑스령 캐나다가 18세기에 영국령으로 바뀌자 강제 추방되어 뉴올리언스에 정착한 프랑스계 백인의 후손을 의미한다. 보다 다양한 문화적 영향을 받은 크레올 요리에는 아프리카의 오크라나 멕시코의 할라페뇨 같은 다채로운 향신료가 사용되며, 케이준은 시골 가정식 느낌에 가깝다. 뉴올리언스의 대표적인 요리 중 하나인 잠발라야(Jambalaya)는 크레올과 케이준 스타일 모두에서 즐길 수 있는 음식으로, 쌀을 기본으로 각종 고기와 해산물, 강렬한 향신료가 어우러진 요리다. 뉴올리언스에서 탄생한 글로벌 치킨 프랜차이즈 파파이스가 바로 케이준 스타일! 뉴올리언스의 대표 음식이 궁금하다면 135p를 확인하자.

알고 가면 더 재밌다!

뉴올리언스의 퍼레이드

관광객들은 화려하고 성대한 퍼레이드가 열리는 축제 기간에 맞춰 뉴올리언스를 찾아온다. 사순절(Lent)의 서막을 알리는 마르디 그라(080p) 기간에는 퍼레이드 행렬이 프렌치 쿼터 주변의 도로를 행진하면서 관객들에게 비즈 목걸이를 던져준다. 매년 4월과 5월에 열리는 재즈 페스티벌에서는 재즈, 블루스, 소울, R&B, 힙합, 록 등 다양한 음악이 도시 전체를 무대 삼아 연주된다. 특별한 축제 기간이 아니더라도 브라스 밴드가 이끄는 세컨드 라인(Second Line) 퍼레이드는 일요일마다 볼 수 있다.

WEB neworleans.com/things-to-do/festivals(뉴올리언스 축제 일정)

+MORE+

뉴올리언스의 주요 축제

- **1~2월** 마르디 그라
- **3월** 세인트 패트릭스 데이
- **4~5월** 재즈 페스티벌
  프렌치 쿼터 페스티벌
  부활절
- **6월** LGBT 프라이드
- **10월** 할로윈

PHOTO CREDITS

p.092 Frank Lloyd Wright portrait by New York World-Telegram and the Sun staff photographer: Al Ravenna, Public domain, via Wikimedia Commons
p.130 PAT's King of Steaks ©GabBonghi (WEB www.patskingofsteaks.com)
p.264 The Ride NYC (WEB experiencetheride.com)
p.398 Declaration of Independence, Main Hall(중앙홀) ©National Archives Museum
p.399 Paster Reading Room ©Folger Shakespeare Library
p.418 U.S. Army photo ©Elizabeth Fraser/Arlington National Cemetery (WEB elizabethfraserphoto.com)
p.421 Food Images ©Ben's Chili Bowl (WEB benschilibowl.com)
p.423 Food Images ©Good Stuff Eatery (WEB goodstuffeatery.com)
p.428 Food Images ©Sarah Culver/ Baked & Wired (WEB bakedandwired.com)
p.501 Jean Dubuffet, Monument with Standing Beast, 1984 ©Chris Rycroft, via Flickr
p.539 National Center for Civil and Human Rights ©NCCHR_HumanRightGallery (WEB civilandhumanrights.org)
p.539 Martin Luther King, Jr. portrait by Nobel Foundation, Public domain, via Wikimedia Commons
p.597 Food Images ©Lobster Shack (WEB lobstershackmiami.com)

Collection Highlights

p.200~201 Museum of Fine Arts, Boston - Collection Highlight (WEB mfa.org)
p.283~284 Museum of Modern Art(MoMA) Collection Highlight (WEB www.moma.org)
p.316~317 The Metropolitan Museum of Art Collection Highlight (WEB metmuseum.org)
p.402~403 National Gallery of Art - Collection Highlight (WEB nga.gov)
p.463 Philadelphia Museum of Art - Collection Highlight (WEB www.philamuseum.org)
p.504~505 Art Institute of Chicago - Collection Highlight (WEB artic.edu)

Photo courtesy of NPS Photo (National Park Service, WEB www.nps.gov)

p.239 Acadia National Park Eagle Lake; p.391 Vietnam Veterans Memorial; p.413 Georgetown C&O(운하); p.456 #1 Independence Visitor Center; p.457 #3 Independence Hall West Wing(미국 독립 3대 문서); p.457 #4 Congress Hall(콩그레스 홀, 하원회의실); p.458 #6 Second Bank(내부 전시); p.459 #7 Benjamin Franklin Museum(내부 전시); 544p Charleston Fort Sumter; 605p Everglades National Park Crocodile

Photo courtesy of The Phillips Collection (WEB www.phillipscollection.org)

p.405 ① Pierre-August Renoir, Luncheon of the Boating Party, between 1880 and 1881, Oil on canvas, 511/4x 691/8 in., The Phillips Collection, Acquired 1923. Photo by AK Blythe; ② The Phillips Collection Goh Annex Staircase; ③ The Phillips Collection Exterior, Photo by Mariah Miranda

Photo courtesy of the Greater Miami Convention and Visitors Bureau(GMCVB)
(WEB MiamiandBeaches.com); p.593 Miami Design District; p.601 Aventura Mall Entrance Exterior

We extend our gratitude to the National Park Service(www.nps.gov), local tourism offices and Eunji Kim for their cooperation in providing information and assisting with the research and data requests.

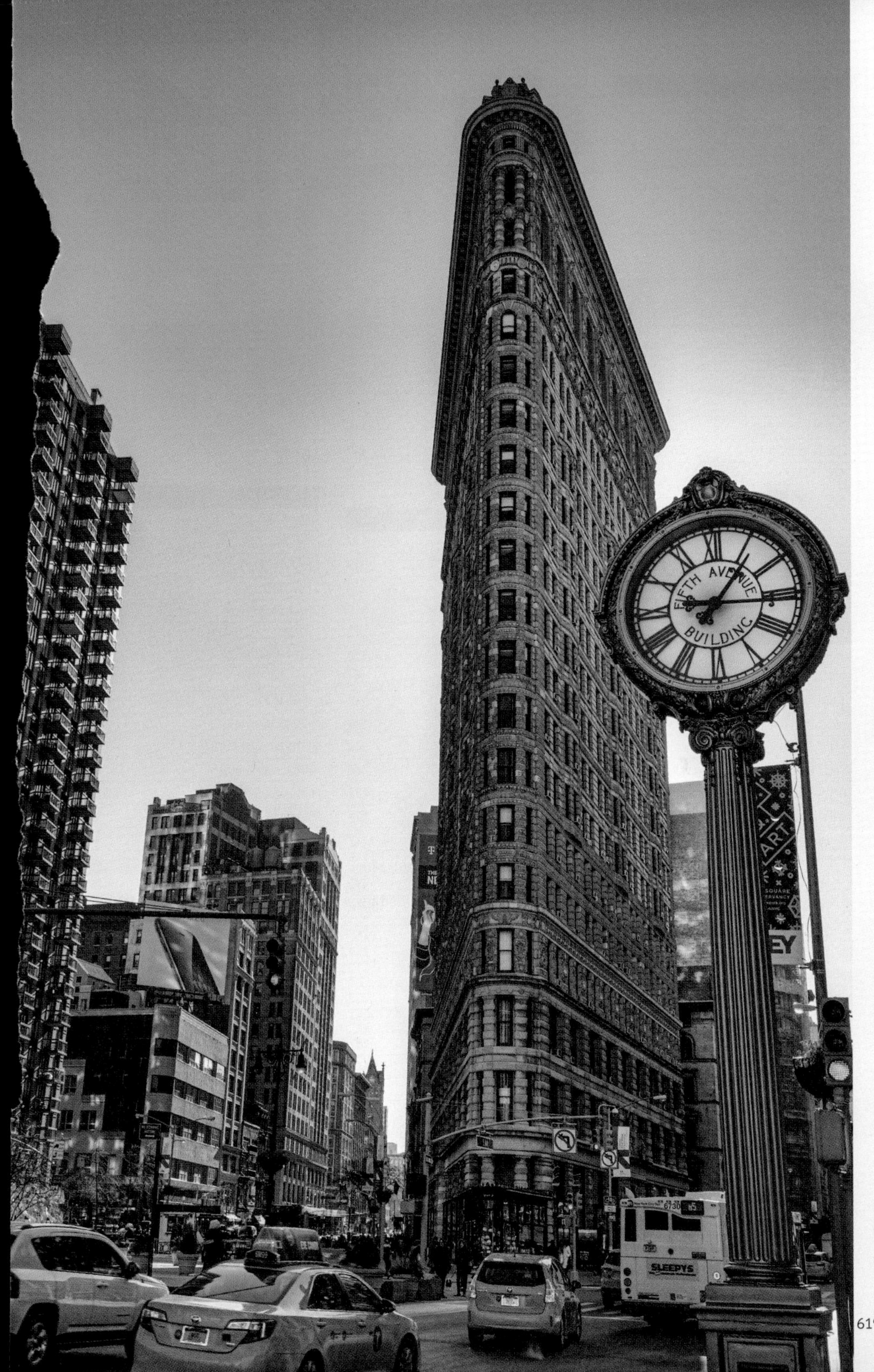
FIFTH AVENUE
BUILDING
SLEEPYS

Index

자

차

카

타

파

하

기호, 숫자, 알파벳

THIS IS
디스이즈미국동부
EASTERN USA

TERRA

MAP ① 미국 동부

이 책의 지도에 사용된 기호

- 관광 명소
- 상점
- 식당·카페
- 숙소
- 관광안내소
- 주차장
- 성당/교회
- 기차역
- 버스 정류장
- 메트로
- 항구·선착장
- 공항
- 케이블카
- 메트로무버
- 4 34 15 도로 번호
- 축척 & 방위표 (0 100m)

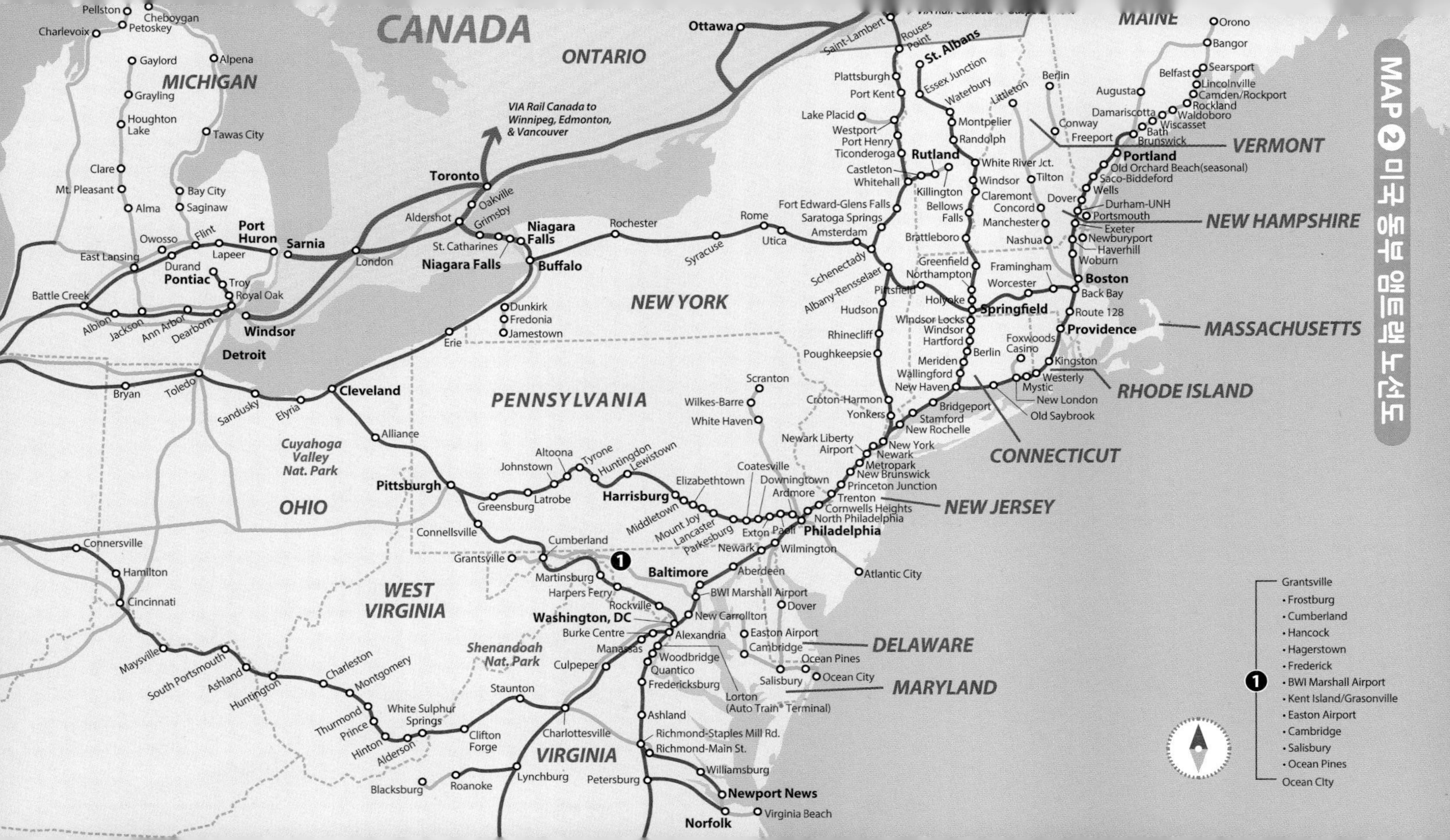
MAP 2 미국 동부 앰트랙 노선도
CANADA
ONTARIO
MICHIGAN
MAINE
VERMONT
NEW HAMPSHIRE
MASSACHUSETTS
RHODE ISLAND
CONNECTICUT
NEW JERSEY
DELAWARE
MARYLAND
NEW YORK
PENNSYLVANIA
OHIO
WEST VIRGINIA
VIRGINIA
VIA Rail Canada to Winnipeg, Edmonton, & Vancouver
Cuyahoga Valley Nat. Park
Shenandoah Nat. Park
Pellston
Cheboygan
Petoskey
Charlevoix
Gaylord
Alpena
Grayling
Houghton Lake
Tawas City
Clare
Mt. Pleasant
Alma
Bay City
Saginaw
Owosso
Flint
Port Huron
Sarnia
East Lansing
Lapeer
Durand
Pontiac
Troy
Royal Oak
Battle Creek
Albion
Jackson
Ann Arbor
Dearborn
Windsor
Detroit
Bryan
Toledo
Sandusky
Elyria
Cleveland
Alliance
Ottawa
Toronto
Oakville
Grimsby
Aldershot
London
St. Catharines
Niagara Falls
Niagara Falls
Buffalo
Dunkirk
Fredonia
Jamestown
Erie
Rochester
Syracuse
Rome
Utica
Saint-Lambert
Rouses Point
St. Albans
Essex Junction
Waterbury
Plattsburgh
Port Kent
Lake Placid
Westport
Port Henry
Ticonderoga
Rutland
Castleton
Whitehall
Killington
Fort Edward-Glens Falls
Saratoga Springs
Amsterdam
Schenectady
Albany-Rensselaer
Pittsfield
Hudson
Rhinecliff
Poughkeepsie
Croton-Harmon
Yonkers
Montpelier
Randolph
White River Jct.
Windsor
Claremont
Bellows Falls
Brattleboro
Greenfield
Northampton
Holyoke
Windsor Locks
Windsor
Hartford
Berlin
Meriden
Wallingford
New Haven
Bridgeport
Stamford
New Rochelle
Littleton
Berlin
Conway
Tilton
Concord
Manchester
Nashua
Framingham
Worcester
Springfield
Foxwoods Casino
Orono
Bangor
Belfast
Searsport
Lincolnville
Camden/Rockport
Rockland
Waldoboro
Augusta
Damariscotta
Wiscasset
Bath
Brunswick
Freeport
Portland
Old Orchard Beach(seasonal)
Saco-Biddeford
Wells
Dover
Durham-UNH
Portsmouth
Exeter
Newburyport
Haverhill
Woburn
Boston
Back Bay
Route 128
Providence
Kingston
Westerly
Mystic
New London
Old Saybrook
Scranton
Wilkes-Barre
White Haven
Newark Liberty Airport
New York
Newark
Metropark
New Brunswick
Princeton Junction
Trenton
Cornwells Heights
North Philadelphia
Philadelphia
Coatesville
Downingtown
Ardmore
Elizabethtown
Harrisburg
Middletown
Mount Joy
Lancaster
Parkesburg
Exton
Paoli
Altoona
Tyrone
Huntingdon
Lewistown
Johnstown
Latrobe
Pittsburgh
Greensburg
Connellsville
Cumberland
Grantsville
Martinsburg
Harpers Ferry
Rockville
Washington, DC
Burke Centre
Manassas
Culpeper
Baltimore
Newark
Wilmington
Aberdeen
BWI Marshall Airport
New Carrollton
Alexandria
Woodbridge
Quantico
Fredericksburg
Lorton (Auto Train Terminal)
Atlantic City
Dover
Easton Airport
Cambridge
Ocean Pines
Salisbury
Ocean City
Ashland
Richmond-Staples Mill Rd.
Richmond-Main St.
Williamsburg
Newport News
Virginia Beach
Norfolk
Petersburg
Lynchburg
Roanoke
Blacksburg
Charlottesville
Staunton
Clifton Forge
White Sulphur Springs
Alderson
Hinton
Prince
Thurmond
Montgomery
Charleston
Huntington
Ashland
South Portsmouth
Maysville
Cincinnati
Hamilton
Connersville
Grantsville
• Frostburg
• Cumberland
• Hancock
• Hagerstown
• Frederick
• BWI Marshall Airport
• Kent Island/Grasonville
• Easton Airport
• Cambridge
• Salisbury
• Ocean Pines
Ocean City

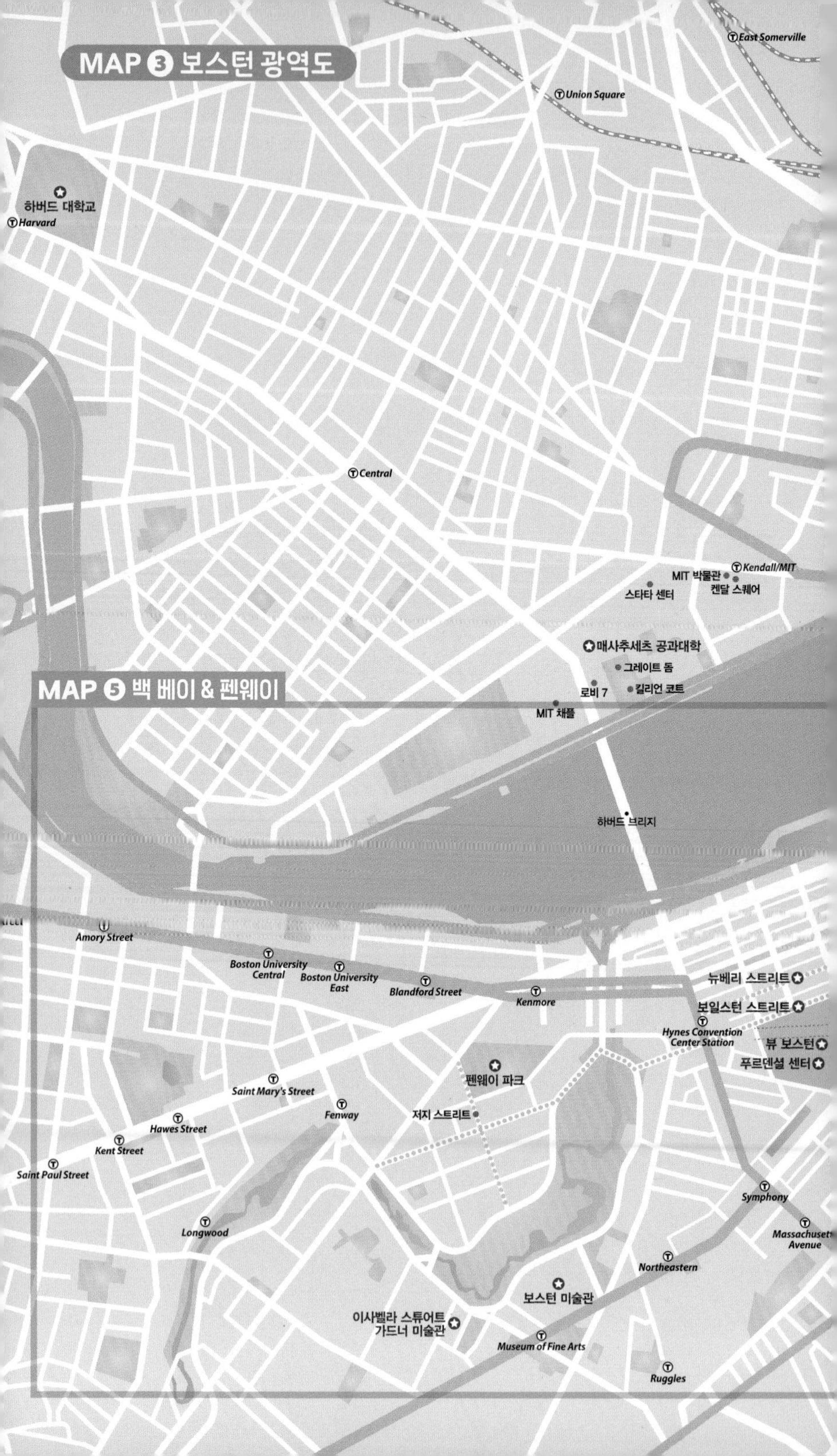
MAP ③ 보스턴 광역도
East Somerville
Union Square
하버드 대학교
Harvard
Central
Kendall/MIT
MIT 박물관
스타타 센터
켄달 스퀘어
매사추세츠 공과대학
그레이트 돔
로비 7
킬리언 코트
MIT 채플
MAP ⑤ 백 베이 & 펜웨이
하버드 브리지
Amory Street
Boston University Central
Boston University East
Blandford Street
Kenmore
뉴베리 스트리트
보일스턴 스트리트
Hynes Convention Center Station
뷰 보스턴
푸르덴셜 센터
펜웨이 파크
Saint Mary's Street
Fenway
저지 스트리트
Hawes Street
Kent Street
Saint Paul Street
Symphony
Longwood
Massachusetts Avenue
Northeastern
보스턴 미술관
이사벨라 스튜어트 가드너 미술관
Museum of Fine Arts
Ruggles

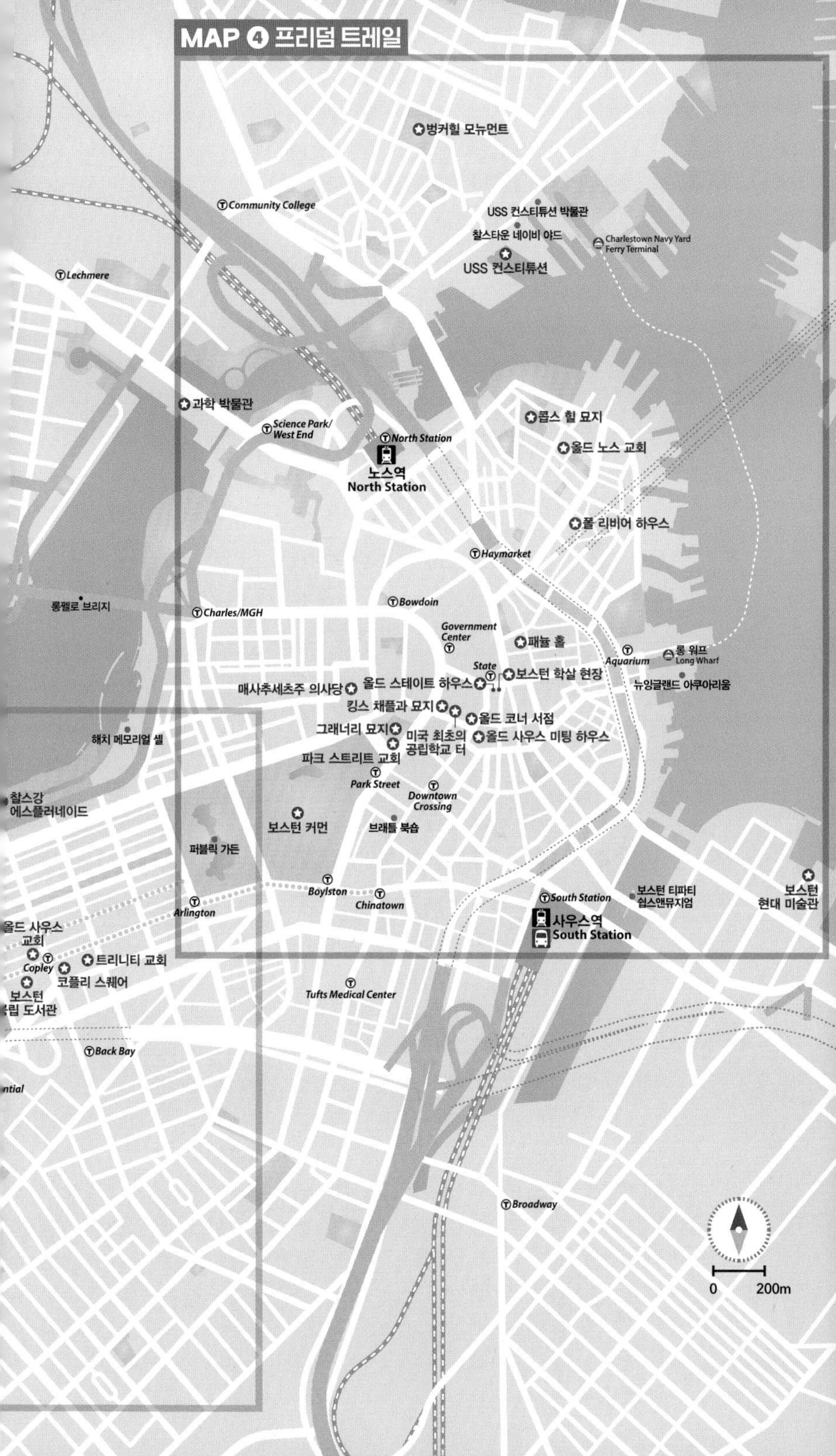
MAP 4 프리덤 트레일
벙커힐 모뉴먼트
Community College
USS 컨스티튜션 박물관
찰스타운 네이비 야드
Charlestown Navy Yard Ferry Terminal
USS 컨스티튜션
Lechmere
과학 박물관
Science Park/ West End
North Station
노스역
North Station
콥스 힐 묘지
올드 노스 교회
폴 리비어 하우스
Haymarket
롱펠로 브리지
Charles/MGH
Bowdoin
Government Center
패늪 홀
Aquarium
롱 워프
Long Wharf
State
보스턴 학살 현장
매사추세츠주 의사당
올드 스테이트 하우스
뉴잉글랜드 아쿠아리움
킹스 채플과 묘지
올드 코너 서점
그래너리 묘지
미국 최초의 공립학교 터
올드 사우스 미팅 하우스
해치 메모리얼 셸
파크 스트리트 교회
Park Street
Downtown Crossing
찰스강 에스플러네이드
보스턴 커먼
브래틀 북숍
퍼블릭 가든
Boylston
Chinatown
South Station
보스턴 티파티 쉽스앤뮤지엄
보스턴 현대 미술관
Arlington
사우스역
South Station
올드 사우스 교회
트리니티 교회
Copley
코플리 스퀘어
보스턴 공립 도서관
Tufts Medical Center
Back Bay
Broadway
0
200m

MAP 4 프리덤 트레일

0 200m

16 벙커힐 모뉴먼트
USS 컨스티튜션 박물관
찰스타운 네이비 야드
15 USS 컨스티튜션
USS 캐신 영
찰스타운 네이비 야드
Charlestown Navy Yard
Community College
과학 박물관
Science Park/West End
North Station
노스역
North Station
14 콥스 힐 묘지
13 올드 노스 교회
테지니 피제리아
보바스 베이커리
지아코모스
마이크스 페이스트리
12 폴 리비어 하우스
데일리 캐치
넵튠 오이스터
모던 페이스트리
Haymarket
보스턴 퍼블릭 마켓
조지 하웰 커피
유니언 스퀘어 도넛
Bowdoin
Charles/MGH
유니언 오이스터 하우스
패뉼 홀 마켓 플레이스
노스 마켓
11
사우스 마켓
Government Center
Aquarium
Long Wharf
State
새뮤얼 애덤스 탭룸
뉴잉글랜드 아쿠아리움
올드 스테이트 하우스 9
10
킹스 채플과 묘지 5
6 미국 최초의 공립학교 터
7 올드 코너 서점
매사추세츠 주 의사당 2
그래너리 묘지 4
파크 스트리트 교회 3
8 올드 사우스 미팅 하우스
루스 크리스 스테이크하우스
Park Street
Downtown Crossing
Rowes Wharf
보스턴 비지터 센터
1 보스턴 커먼
조지 하웰 커피
브래틀 북숍
싱킹 컵
퍼블릭 가든
제임스 혹앤컴퍼니
보스턴 티파티 쉽스앤뮤지엄
보스
현대 미술
Arlington
Boylston
Chinatown
South Station
사우스역
South Station
Tufts Medical Center

MAP 5 백 베이 & 펜웨이
찰스강 에스플러네이드
Harvard Bridge
퍼블릭 가든
싱킹 컵
Arlington
존컬스 카페 & 베이커리
Copley
트리니티 교회
올드 사우스 교회
코플리 스퀘어
뉴베리 스트리트
보스턴 공립 도서관
보일스턴 스트리트
트라이던트 서점 & 카페
Boston University Central
Boston University East
Blandford Street
Kenmore
Hynes Convention Center Station
뷰 보스턴
푸르덴셜 센터
Prudential
Back Bay
테이스티 버거
펜웨이 파크
Saint Mary's Street
Fenway
Hawes Street
타임아웃 마켓
테이스티 버거
저지 스트리트
유니언 스퀘어 도넛
Symphony
Massachusetts Avenue
Longwood
Northeastern
보스턴 미술관
이사벨라 스튜어트 가드너 미술관
Museum of Fine Arts
0
200m

MAP 6 보스턴 지하철 & 주요 교통 노선도

Legend

RL OL GL BL 지하철
SL1 ~ SL5 실버라인 버스
주요 로컬 버스 / 커뮤터 레일
공항 무료 셔틀 / 페리
환승 가능 역 & 정류장

MAP 7 보스턴 근교

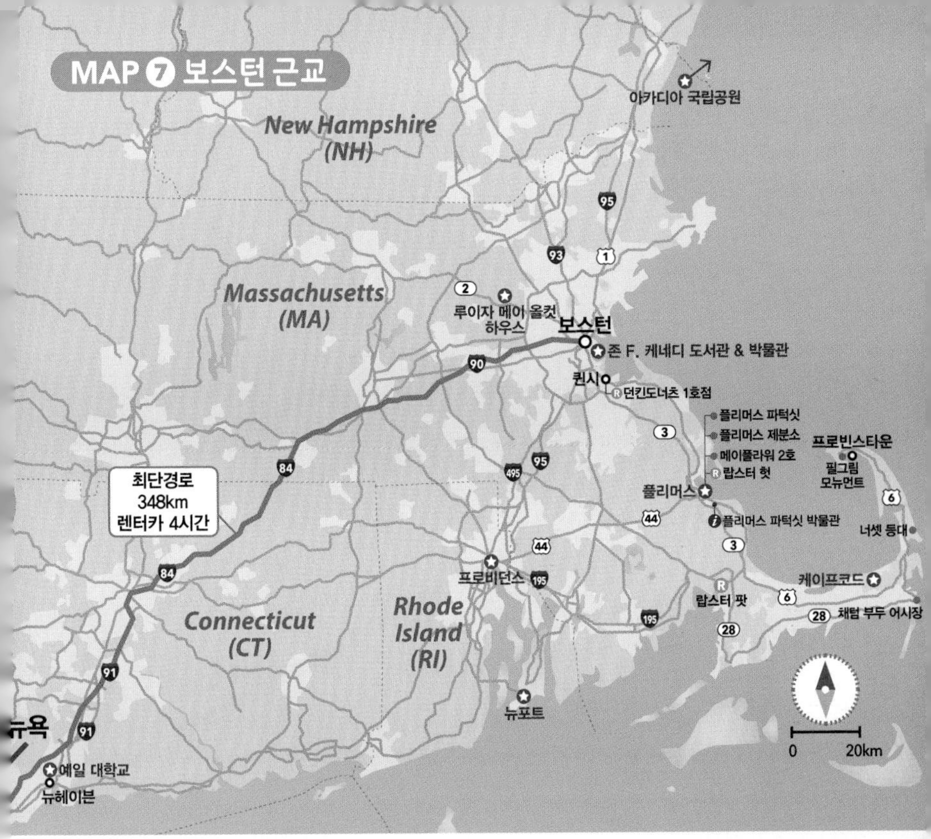

New Hampshire
(NH)
Massachusetts
(MA)
Connecticut
(CT)
Rhode
Island
(RI)
아카디아 국립공원
루이자 메이 올컷
하우스
보스턴
존 F. 케네디 도서관 & 박물관
퀸시
던킨도너츠 1호점
플리머스 파턱싯
플리머스 제분소
메이플라워 2호
랍스터 헛
플리머스
플리머스 파턱싯 박물관
프로빈스타운
필그림
모뉴먼트
너셋 등대
케이프코드
채텀 부두 어시장
랍스터 팟
프로비던스
뉴포트
최단경로
348km
렌터카 4시간
뉴욕
예일 대학교
뉴헤이븐
95
93
1
2
90
3
84
495
95
44
44
3
6
195
195
6
28
28
91
91
84
0
20km

MAP 9 뉴욕(북)
0 200m
사라베스
81 St-Museum Natural Hi
미국 자연사 박
르뱅 베이커리
다코타 하우스
72 St
스트로베리 필즈
센트럴 파
Central P
미드타운 맨해튼
링컨 센터
Lincoln Center for the Performing Arts
누가틴 바이 장조지
59 St-Columbus Circle
콜럼버스 서클
울먼 링
갭스토
The Pond
카네기 다이너앤카페
사라베스
플라자 호텔
버그도프 굿맨
안젤리나 베이커리
갤러거즈 스테이크하우스
할랄 가이즈
모마 (뉴욕 현대 미술관)
트럼프
티파니
구찌
피어 83 Pier 83 (서클라인 크루즈)
주니어스 레스토랑
MLB 플래그십 스토어
모마 디자인 스토어
나이키
허쉬 초콜릿 월드
엠앤엠즈 뉴욕
탑 오브 더 록 입구
록펠러 센터
5 Av/53 St
팀호완
TKTS 타임스 스퀘어
47-50 Sts-Rockefeller Ctr
레고 스토어
세인트 패트릭 대
브로드웨이 라운지
디즈니 스토어
매그놀리아 베이커리
피오 슈워츠
삭스 피프스 애비뉴
42 St-Port Authority Bus Terminal
카마인스
라이
타임스 스퀘어
포트 오소리티 버스터미널
Port Authority Bus Terminal(PABT)
슈니퍼스
프렌즈
하이라인 파크 시작점
원 타임스 스퀘어
Time Sq-42 St
아디다스 플래그십 스토어
울프강 스테이크하우스
어그 플래그십 스토어
NBA Store
34 St-Hudson Yards
허드슨 야드
조스 피자
5 Av
42 St-Bryant Pk
5th Ave
그랜드 센트럴 터미널
베슬
엣지 전망대
브라이언트 파크
뉴욕 공립 도서관
서밋 원 밴더빌트
Grand Central-42 St
메르카도 리틀 스페인
리버티 베이글스
울프강 스테이크하우스
메이시스 백화점
루크스 랍스터
34 St-Penn Station
5번가
매디슨 스퀘어 가든
헤럴드 스퀘어
34 St-Herald Sq
펜 스테이션
Pennsylvania Station
모건 라이브러리
하이라인 파크
에싸 베이글
K-타운
엠파이어 스테이트 빌딩
큰 집
북창동 순두부
아가씨 곱창
울프강 스테이크하우스
첼시 & 미트패킹
곱창 이야기
옥동식 뉴욕
28 St
5th Ave
미드타운 사우스
매디슨 스퀘어 파크
첼시 마켓
이탈리
사라베스
리틀아일랜드
스타벅스 리저브 로스터리
쉐이크쉑 버거 1호점
잭스 와이프 프레다
휘트니 미술관
14 St / 8 Av
랄프스 커피
해리포터 스토어
23 St
하이라인 파크 시작점
차차맛차
프렌즈 익스피리언스

업타운 맨해튼
5th Ave
재클린 케네디
오나시스 저수지
Jacqueline Kennedy
Onassis Reservoir
쿠퍼 휴잇 스미스소니언
디자인 박물관
솔로몬 R. 구겐하임 미술관
그레이트 론
노이에 갤러리
카페 사바스키
86 St
86 St
메트로폴리탄 미술관
5th Ave
센트럴 파크
보트하우스
테라스
랄프스 커피
프릭 컬렉션
68 St-Hunter College
72 St
앨리스 티컵
카페 블뤼
Lexington Av/63 St
베이글
세렌디피티3
루스벨트
아일랜드 트램
울프강
스테이크하우스
이글
토토 라멘
유엔 본부

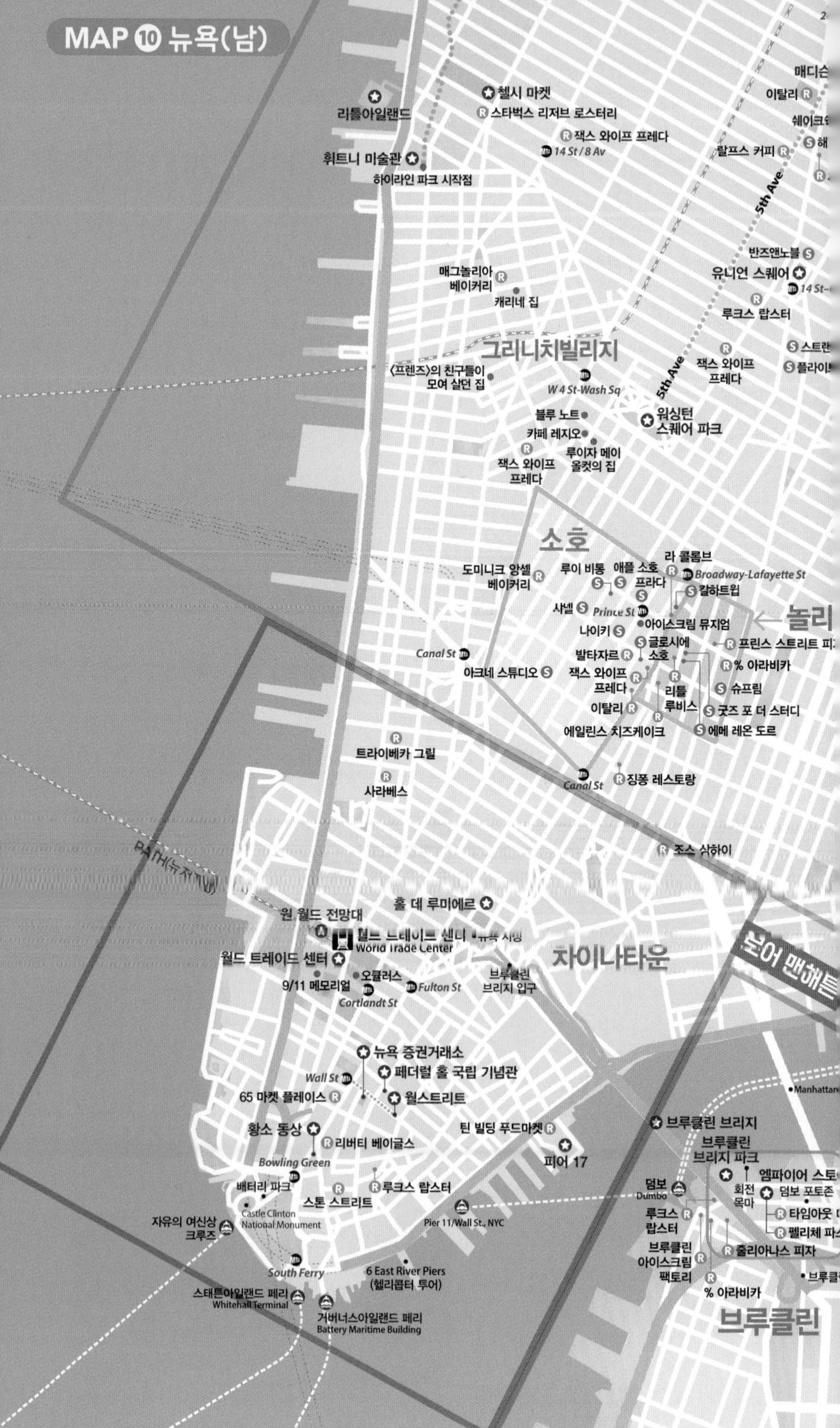
MAP 10 뉴욕(남)
리틀아일랜드
첼시 마켓
스타벅스 리저브 로스터리
잭스 와이프 프레다
14 St / 8 Av
휘트니 미술관
하이라인 파크 시작점
이탈리
랄프스 커피
5th Ave
반즈앤노블
유니언 스퀘어
루크스 랍스터
매그놀리아 베이커리
캐리네 집
그리니치빌리지
〈프렌즈〉의 친구들이 모여 살던 집
W 4 St-Wash Sq
5th Ave
잭스 와이프 프레다
블루 노트
카페 레지오
워싱턴 스퀘어 파크
잭스 와이프 프레다
루이자 메이 올컷의 집
소호
도미니크 앙셀 베이커리
루이 비통
애플 소호
라 콜롬브
Broadway-Lafayette St
프라다
칼하트윕
사넬
Prince St
아이스크림 뮤지엄
놀리
나이키
글로시에 소호
프린스 스트리트 피
Canal St
발타자르
% 아라비카
아크네 스튜디오
잭스 와이프 프레다
리틀 루비스
슈프림
이탈리
굿즈 포 더 스터디
에일린스 치즈케이크
에메 레온 도르
트라이베카 그릴
Canal St
징퐁 레스토랑
사라베스
조스 상하이
PATH(뉴저지)
홀 데 루미에르
원 월드 전망대
World Trade Center
월드 트레이드 센터
오큘러스
9/11 메모리얼
Fulton St
Cortlandt St
브루클린 브리지 입구
차이나타운
로어 맨해튼
뉴욕 증권거래소
페더럴 홀 국립 기념관
Wall St
65 마켓 플레이스
월스트리트
Manhattan
황소 동상
틴 빌딩 푸드마켓
브루클린 브리지
리버티 베이글스
Bowling Green
피어 17
브루클린 브리지 파크
엠파이어 스토
배터리 파크
루크스 랍스터
덤보
Dumbo
회전 목마
덤보 포토존
스톤 스트리트
Castle Clinton National Monument
자유의 여신상 크루즈
Pier 11/Wall St., NYC
루크스 랍스터
타임아웃
펠리체 파스
브루클린 아이스크림 팩토리
줄리아나스 피자
South Ferry
6 East River Piers (헬리콥터 투어)
브루클
스태튼아일랜드 페리
Whitehall Terminal
% 아라비카
거버너스아일랜드 페리
Battery Maritime Building
브루클린

폭동식 뉴욕
라베스
프렌즈 익스피리언스
미드타운 사우스 & 소호
브루클린 윌리엄스버그
키스 윌리엄스버그
브루클린 브루어리
North Williamsburg
스모가스버그
버틀러
파트너스 커피
맥날리 잭슨 서점
잭스 와이프 프레다
Bedford Av
데보시온
애플
슈프림
선데이 인 브루클린
윌리엄스버그
Williamsburg Bridge
오슬로 커피
버틀러 베이크샵
피터 루거
South Williamsburg
브루클린 덤보
0
200m

Legend
시간제 확장 노선
로컬 열차 정차역
모든 열차 정차역(로컬 및 익스프레스 포함)
무료 환승 가능
역 이름
Times Sq-42 St
A·B
공항 교통 연계 역
경찰서
풀타임 운행 노선
1 N 5
기·종점
외부 무료 환승 가능 (1회권은 불가)
시간제 운행 노선
Metro-North, LIRR, PATH, Amtrak
공항버스
페리
*주말 운행 변경 노선
B W 운행 없음
M N 5 일부 구간만 운행
*24:00~06:00 변경 노선
C B S W 운행 없음
A E B D F M
N Q R 2 3 4 5
로컬 열차 또는 일부 구간만 운행
Inwood-207 St
Van Cortlandt Park-242 St
Woodlawn
Bedford Pk Blvd
Norwood 205 St
Wakefield-241 St
Eastchester-Dyre Av
Pelham Bay Park
WASHINGTON HEIGHTS
168 St
163 St-Amsterdam Av
157 St
155 St
Riverside Park
Riverbank State Park
145 St
137 St-City College
135 St
125 St
116 St-Columbia University
M60 SBS LGA Airport
Cathedral Pkwy (110 St)
103 St
96 St
86 St
79 St
72 St
66 St-Lincoln Center
59 St-Columbus Circle
50 St
UPPER WEST SIDE
WEST SIDE
Hudson River
Harlem River
Rush hours and limited midday
161 St-Yankee Stadium
Yankees-E 53 St
149 St-Grand Concourse
THE HUB
3 Av-149 St
3 Av-138 St
Harlem-148 St
Grand Concourse
HARLEM
EAST HARLEM
Central Park North (110 St)
Harlem Meer
MANHATTAN
Jacqueline Kennedy Onassis Reservoir
Belvedere Castle
81 St-Museum of Natural History
Metropolitan Museum of Art
The Lake
Central Park
The Pond
57 St-7 Av
57 St
7 Av
49 St
Simpson St
Intervale Av
Prospect Av
Jackson Av
Hunts Point Av
Longwood Av
E 149 St
E 143 St-St Mary's St
Cypress Av
Brook Av
MOTT HAVEN
HUNTS POINT
Rush hour peak direction express
Weekday peak direction express
116 St
110 St
77 St
68 St Hunter College
Lexington Av/63 St
Lexington Av/59 St
59 St
Lexington Av/53 St
51 St
UPPER EAST SIDE
Roosevelt Island
ROOSEVELT ISLAND
TRAMWAY
QUEENSBORO BRIDGE
RANDALLS ISLAND
ROBERT F KENNEDY BRIDGE
East River
RIKERS ISLAND
LaGuardia Link Q70
M60 SBS
Q47
Q48
Q72
Laguardia Airport
ASTORIA
Astoria-Ditmars Blvd
Astoria Blvd
M60 SBS LGA Airport
30 Av
Broadway
36 Av
39 Av
LONG ISLAND CITY
21 St Queensbridge
Queensboro Plaza
Court Sq-23 St
Queens Plaza
Steinway St
36 St
46 St
Northern Blvd
65 St
33 St Rawson St
40 St Lowery St
46 St-Bliss St
52 St
61 St-Woodside
69 St
Woodside
JACKSON HEIGHTS
82 St-Jackson Hts
74 St-Broadway
LaGuardia Link Q70 SBS
Junction Blvd
Q72 LGA Airport
90 St-Elmhurst Av
Elmhurst Av
Flushing-Main St
Forest Hills 71 Av
Jamaica-179 St
Jamaica Center-Parsons/Archer
Jackson Hts-Roosevelt Av
Q47 LGA Airport (Marine Air Term only)

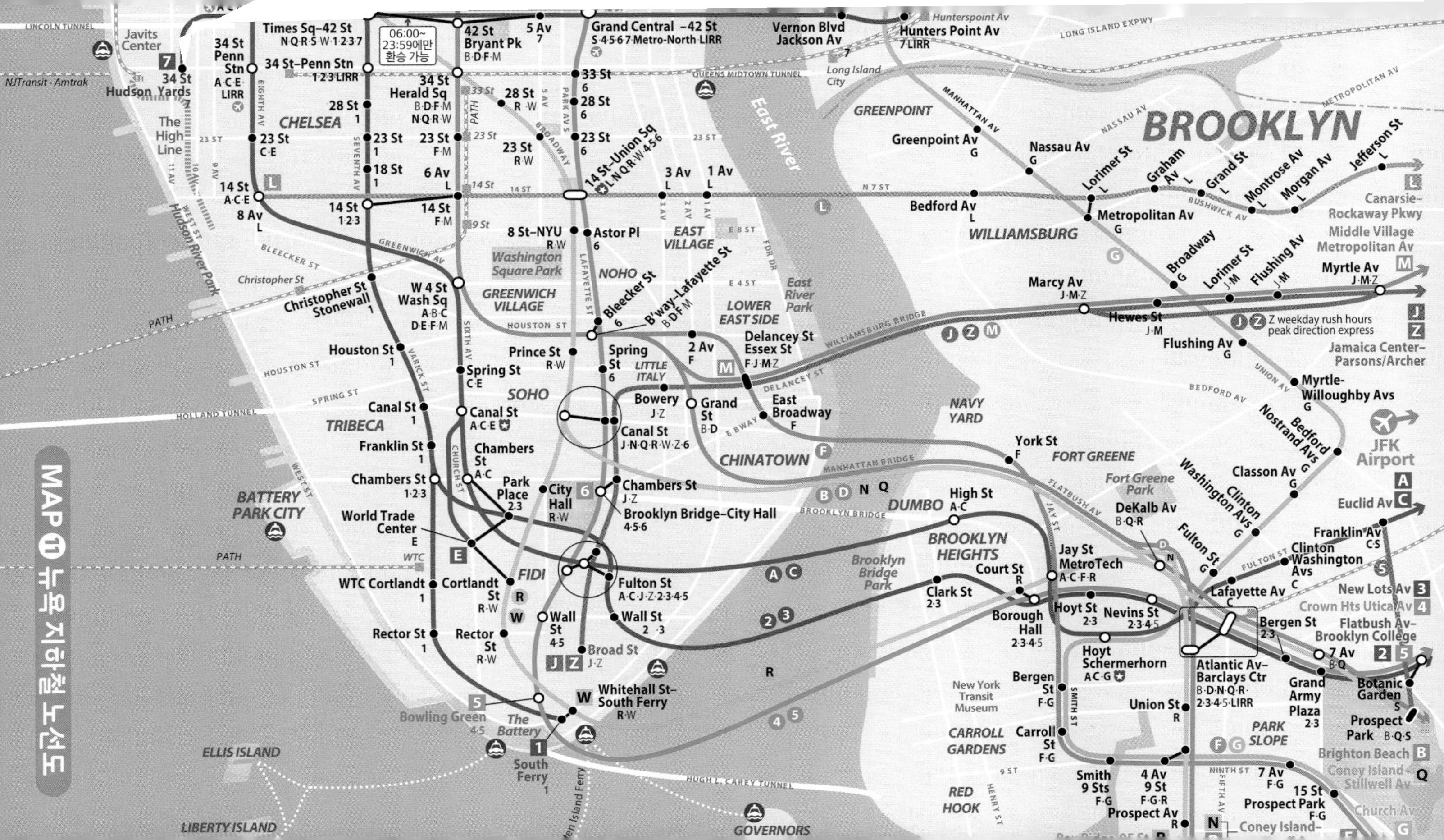

MAP 11 뉴욕 지하철 노선도
BROOKLYN
WILLIAMSBURG
GREENPOINT
FORT GREENE
NAVY YARD
DUMBO
BROOKLYN HEIGHTS
CARROLL GARDENS
RED HOOK
PARK SLOPE
East River
LOWER EAST SIDE
EAST VILLAGE
CHINATOWN
LITTLE ITALY
NOHO
SOHO
GREENWICH VILLAGE
CHELSEA
TRIBECA
FIDI
BATTERY PARK CITY
ELLIS ISLAND
LIBERTY ISLAND
GOVERNORS
Hudson River Park
The High Line
Washington Square Park
Brooklyn Bridge Park
Fort Greene Park
East River Park
The Battery
New York Transit Museum
JFK Airport
Javits Center
34 St Hudson Yards
34 St Penn Stn
Times Sq–42 St
34 St–Penn Stn
06:00~23:59에만 환승 가능
42 St Bryant Pk
5 Av
Grand Central –42 St
Vernon Blvd Jackson Av
Hunters Point Av
34 St Herald Sq
28 St
23 St
18 St
14 St
6 Av
8 Av
33 St
14 St–Union Sq
3 Av
1 Av
8 St–NYU
Astor Pl
Bleecker St
B'way–Lafayette St
Christopher St Stonewall
W 4 St Wash Sq
Houston St
Prince St
Spring St
2 Av
Delancey St Essex St
East Broadway
Grand St
Bowery
Canal St
Franklin St
Chambers St
Park Place
City Hall
Brooklyn Bridge–City Hall
World Trade Center
WTC Cortlandt
Cortlandt St
Fulton St
Wall St
Rector St
Broad St
Whitehall St–South Ferry
Bowling Green
South Ferry
Greenpoint Av
Nassau Av
Lorimer St
Graham Av
Grand St
Montrose Av
Morgan Av
Jefferson St
Bedford Av
Metropolitan Av
Canarsie–Rockaway Pkwy
Middle Village Metropolitan Av
Broadway
Flushing Av
Myrtle Av
Marcy Av
Hewes St
Z weekday rush hours peak direction express
Jamaica Center–Parsons/Archer
Myrtle-Willoughby Avs
Bedford Nostrand Avs
Classon Av
Clinton Washington Avs
Euclid Av
Franklin Av
York St
High St
DeKalb Av
Jay St MetroTech
Court St
Clark St
Borough Hall
Hoyt St
Nevins St
Hoyt Schermerhorn
Lafayette Av
New Lots Av
Crown Hts Utica Av
Flatbush Av–Brooklyn College
Bergen St
7 Av
Atlantic Av–Barclays Ctr
Grand Army Plaza
Botanic Garden
Prospect Park
Brighton Beach
Coney Island–Stillwell Av
Union St
Carroll St
Smith 9 Sts
4 Av 9 St
Prospect Av
15 St Prospect Park
Church Av

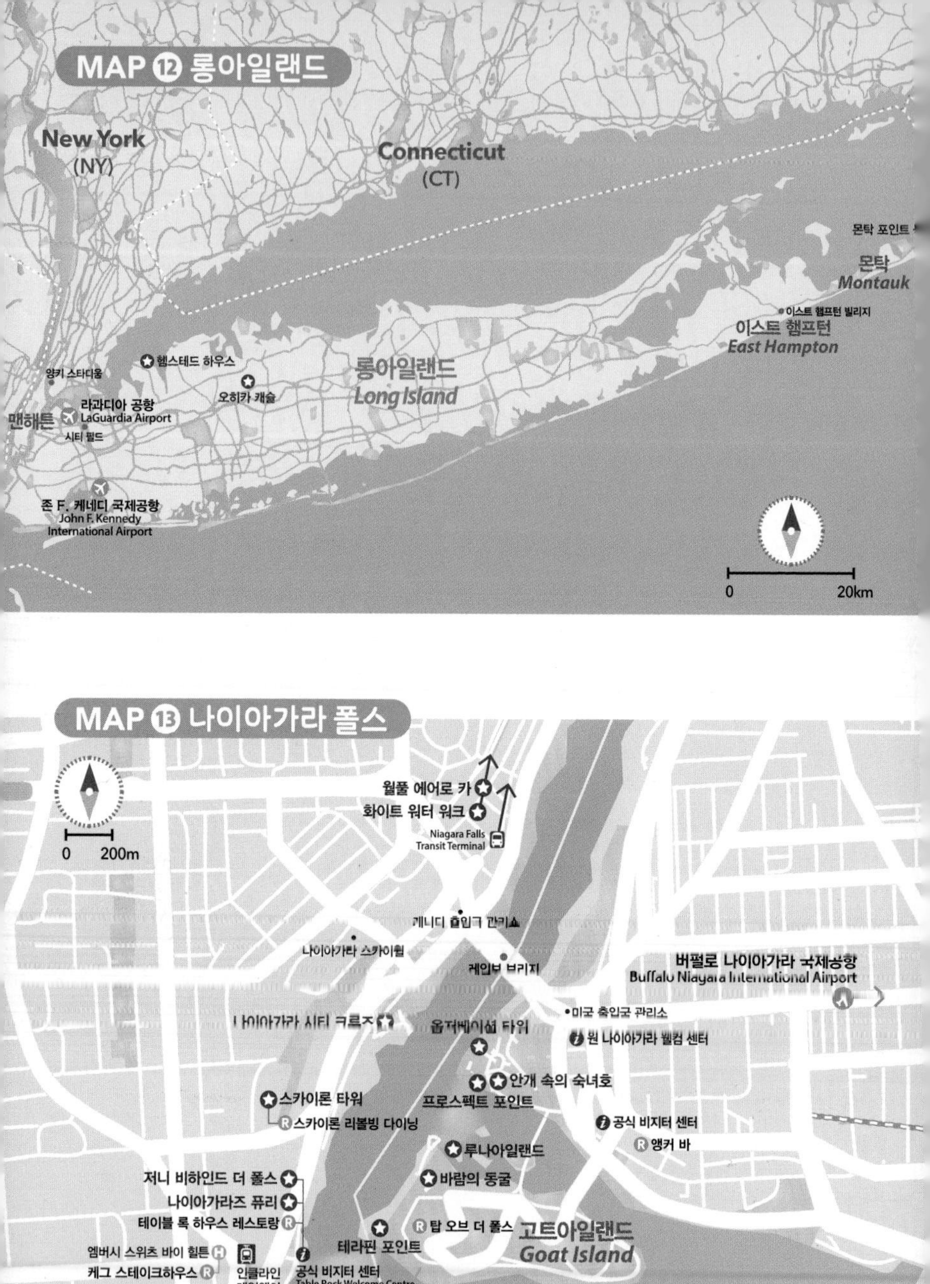

MAP 12 롱아일랜드
New York
(NY)
Connecticut
(CT)
몬탁 포인트
몬탁
Montauk
이스트 햄프턴 빌리지
이스트 햄프턴
East Hampton
햄스테드 하우스
양키 스타디움
롱아일랜드
Long Island
오히카 캐슬
라과디아 공항
LaGuardia Airport
맨해튼
시티 필드
존 F. 케네디 국제공항
John F. Kennedy
International Airport
0
20km
MAP 13 나이아가라 폴스
0
200m
월풀 에어로 카
화이트 워터 워크
Niagara Falls
Transit Terminal
나이아가라 스카이휠
버펄로 나이아가라 국제공항
Buffalo Niagara International Airport
미국 출입국 관리소
원 나이아가라 웰컴 센터
안개 속의 숙녀호
프로스펙트 포인트
스카이론 타워
스카이론 리볼빙 다이닝
공식 비지터 센터
앵커 바
루나아일랜드
바람의 동굴
저니 비하인드 더 폴스
나이아가라즈 퓨리
테이블 록 하우스 레스토랑
탑 오브 더 폴스
고트아일랜드
Goat Island
테라핀 포인트
엠버시 스위츠 바이 힐튼
케그 스테이크하우스
인클라인
레일웨이
공식 비지터 센터
Table Rock Welcome Centre
나이아가라 폴스 매리어트 폴스 뷰
나이아가라 폴스
매리어트 온 더 폴스
USA
CANADA
수력발전소
플로랄 쇼하우스

MAP ⑭ 워싱턴 DC 광역도
0
500m
힐우드 박물관
MAP ⑮ 워싱턴 DC 시내 중심
덤버턴 오크스
엠버시 로
주미 대한제국 공사관
듀폰 서클
시아 레스토랑
조지타운
백악관
유니언역
Union Station
케네디 센터
내셔널 몰
National Mall
연방 대법원
국회의사당
링컨 기념관
워싱턴 모뉴먼트
의회 도서관
이스턴 마켓
Tidal Basin
Potomac River
토머스 제퍼슨 기념관
알링턴 국립묘지
더 워프
Virginia
Washington, D.C.
Potomac River
Anacostia River
올드 타운 알렉산드리아
로널드 레이건 워싱턴 국립공항

MAP ⑮ 워싱턴 DC 시내 중심

영국 대사관
남아프리카 대사관
Massachusetts Avenue
덴마크 대사관
덤버턴 오크스 공원
대한민국 대사관
덤버턴 오크스 박물관
정원
덤버턴 오크스
우드로 윌슨 대통령 박물관
한국 문화원
엠버시 로
필립스 컬렉션
인도 대사관
Tudor Place
Dumbarton House
Dupont Circle
크래머스
주미 대한
조지타운 대학교
Georgetown University
조지타운
듀폰 서클
P Street
주느세콰
컴퍼스 커피
타테 베이커리
조지타운 컵케이크
글로시에
올드 스톤 하우스
Connecticut Avenue
브랜디 멜빌
굿 스터프 이터리
르뱅 베이커리
스프링클스 컵케이크
조지타운 쇼핑가
라뒤레
블루보틀 커피
C&O 운하
수문 4
비지터 센터
수문 1
조지타운 워터프런트 파크
베이크드 앤 와이어드
Potomac River
파운딩 파머스 피셔스 & 베이커스
수상 택시
Georgetown
워싱턴 하버
토니 & 조 시푸드
타베르나 델 알라바데로
Foggy Bottom-GWU
듀폰 서클 & 조지타운
파운딩 파머스 DC
Lafayette Square
렌윅 갤러리
백악관
케네디 센터
포토즈
엘립스
10
11
National Museum of African American History and Culture
베트남전 참전 용사 기념비
Constitution Gardens
링컨 기념관
리플렉팅 풀
제2차 세계대전 참전 기념비
워싱턴 모뉴먼트
9
5
한국전 참전 용사 기념비
마틴 루터 킹 메모리얼
8
6
보트 대여소
타이들 베이슨
Tidal Basin
토머스 제퍼슨 기념관
알링턴 국립묘지
7

0
200m
리 볼
Logan Circle
시아 레스토랑
내셔널 몰
RPM 이탈리안
타테 베이커리
시티센터 DC
다이카야
etro Center
서코태시 프라임
Capital One Arena
유니언역
Union Station
Union Station
그릴
국립 초상화 미술관
스미스소니언 미국 미술관
포드 극장
난도스 페리페리
리 파크
컴퍼스 커피
할레오
펜 쿼터
DC 서큘레이터
내셔널 몰 라인
Federal Triangle
펜 쿼터 스포츠 태번
페더럴
트라이앵글
캐피탈 그릴
내셔널
아카이브
국 역사
박물관
국립 자연사
박물관
내셔널 갤러리
(서관)
동관
조각 정원
연방 대법원
내셔널 몰
국회의사당
폴저 셰익스피어 도서관
ithsonian
의회 도서관
스미스소니언 캐슬
립 아시아 미술관
(프리어 갤러리)
허쉬혼
미술관
국립 항공우주
박물관
아메리칸
인디언 박물관
국립 식물원
이스턴 마켓
마켓 런치
굿 스터프 이터리
L'Enfant Plaza
스파이 박물관
암바
시립 수산시장
디스트릭트 도넛
더 워프
행크스 오이스터 바

MAP ⑯ 워싱턴 DC 메트로레일 노선도

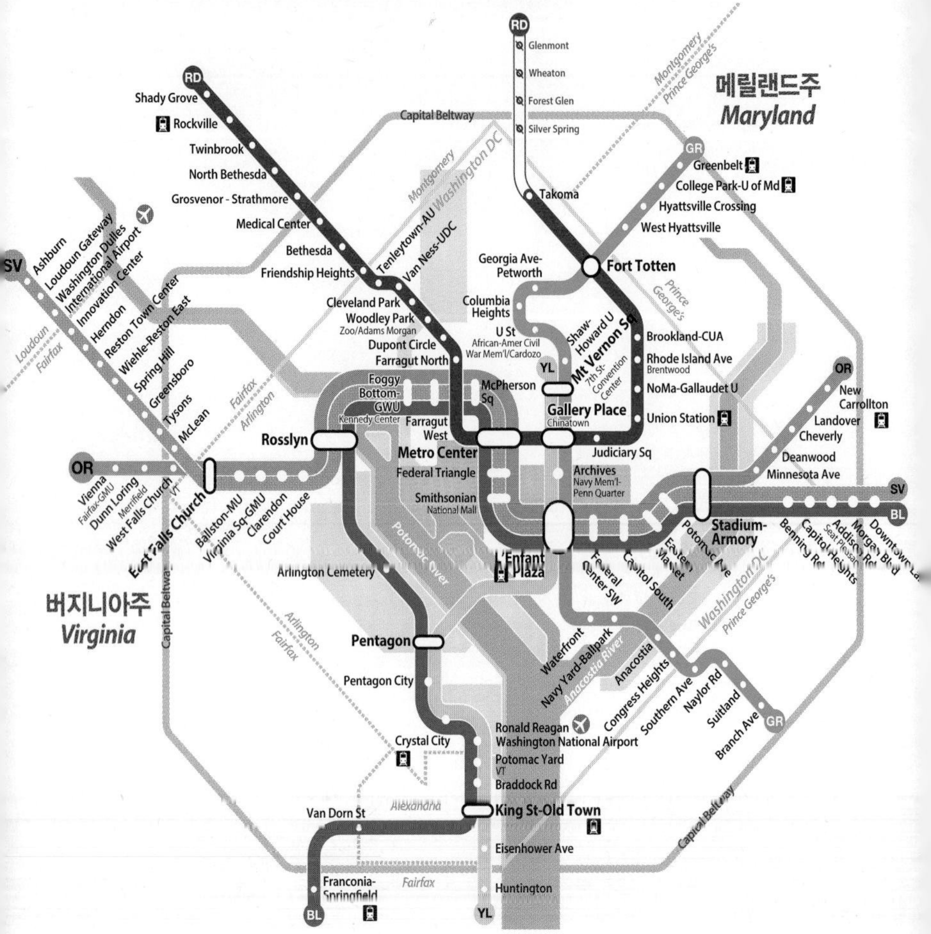

메릴랜드주
Maryland

버지니아주
Virginia

Capital Beltway
Montgomery
Prince George's
Washington DC
Loudoun
Fairfax
Arlington
Alexandria
Potomac River
Anacostia River

RD
Glenmont
Wheaton
Forest Glen
Silver Spring
Takoma
Fort Totten
Brookland-CUA
Rhode Island Ave
Brentwood
NoMa-Gallaudet U
Union Station
Judiciary Sq
Gallery Place
Chinatown
Metro Center
Farragut North
Dupont Circle
Woodley Park
Zoo/Adams Morgan
Cleveland Park
Van Ness-UDC
Tenleytown-AU
Friendship Heights
Bethesda
Medical Center
Grosvenor - Strathmore
North Bethesda
Twinbrook
Rockville
Shady Grove

GR
Greenbelt
College Park-U of Md
Hyattsville Crossing
West Hyattsville
Georgia Ave-Petworth
Columbia Heights
U St
African-Amer Civil War Mem'l/Cardozo
Shaw-Howard U
Mt Vernon Sq
7th St-Convention Center
Archives
Navy Mem'l-Penn Quarter
L'Enfant Plaza
Waterfront
Navy Yard-Ballpark
Anacostia
Congress Heights
Southern Ave
Naylor Rd
Suitland
Branch Ave

SV
Ashburn
Loudoun Gateway
Washington Dulles International Airport
Innovation Center
Herndon
Reston Town Center
Wiehle-Reston East
Spring Hill
Greensboro
Tysons
McLean

OR
Vienna
Fairfax-GMU
Dunn Loring
Merrifield
West Falls Church
VT
East Falls Church
Ballston-MU
Virginia Sq-GMU
Clarendon
Court House
Rosslyn
Foggy Bottom-GWU
Kennedy Center
Farragut West
McPherson Sq
Federal Triangle
Smithsonian
National Mall
Federal Center SW
Capitol South
Eastern Market
Potomac Ave
Stadium-Armory
Minnesota Ave
Deanwood
Cheverly
Landover
New Carrollton

BL
Benning Rd
Capitol Heights
Addison Rd
Seat Pleasant
Morgan Blvd
Downtown Largo
Arlington Cemetery
Pentagon
Pentagon City
Crystal City
Ronald Reagan Washington National Airport
Potomac Yard
VT
Braddock Rd
King St-Old Town
Van Dorn St
Franconia-Springfield

YL
Eisenhower Ave
Huntington

Legend

- RD **Red Line** • Takoma~Shady Grove
- OR **Orange Line** • New Carrollton~Vienna
- BL **Blue Line** • Franconia-Springfield~Downtown Largo
- GR **Green Line** • Branch Ave~Greenbelt
- YL **Yellow Line** • Huntington~Mt Vernon Sq
- SV **Silver Line** • Ashburn~Downtown Largo

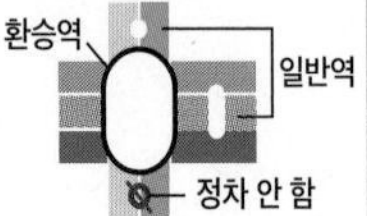

MAP 17 히스토릭 트라이앵글
199
64
York River
17
비지터 센터
콜로니얼 윌리엄스버그
60
21km
12km
199
요크타운
독립전쟁 박물관
요크타운
전승기념탑
요크타운
요크타운
전적지 국립공원
제임스타운 정착지
제임스타운
32km
히스토릭 제임스타운
60
James River
James River
17
Cobham
Bay
60
64
0
2km

워싱턴 모뉴먼트

MAP ⑱ 필라델피아

MAP ⑱ 필라델피아
Delawre River
델라웨어강
Benjamin Franklin Bridge
0 200m
장거리 버스 정류장
엘프레스 앨리
올드 시티
프랭클린 코트
벤저민 프랭클린 박물관
미국 제1은행
카펜터스 홀
미국 제2은행
5th St
인디펜던스 비지터 센터
자유의 종
콩그레스 홀
인디펜던스 홀
포 박물관
Poe Museum
더치 이팅 플레이스
바세츠 아이스크림
올드 시티 커피
카르멘스 이탈리안 호기
디닉스
리딩 터미널 마켓
제퍼슨역
Jefferson Station
센터 시티
매직 가든
'러브' 동상
JFK Plaza
비지터 센터
필라델피아 시청
City Hall
Walnut-Locust
Lombard-South
이스턴 주립 교도소
필라델피아 미술관
뮤지엄 디스트릭트
로댕 미술관
반스 파운데이션
Logan Square
프랭클린 과학 박물관
윌리엄 H 그레이 3세 30번가역
William H. Gray III 30th St
30th St
스쿨킬강
Schuylkill River
스쿨킬강 산책로
Promenade and Gazebo
유펜 대학교
University of Pennsylvania
필라델피아 국제공항

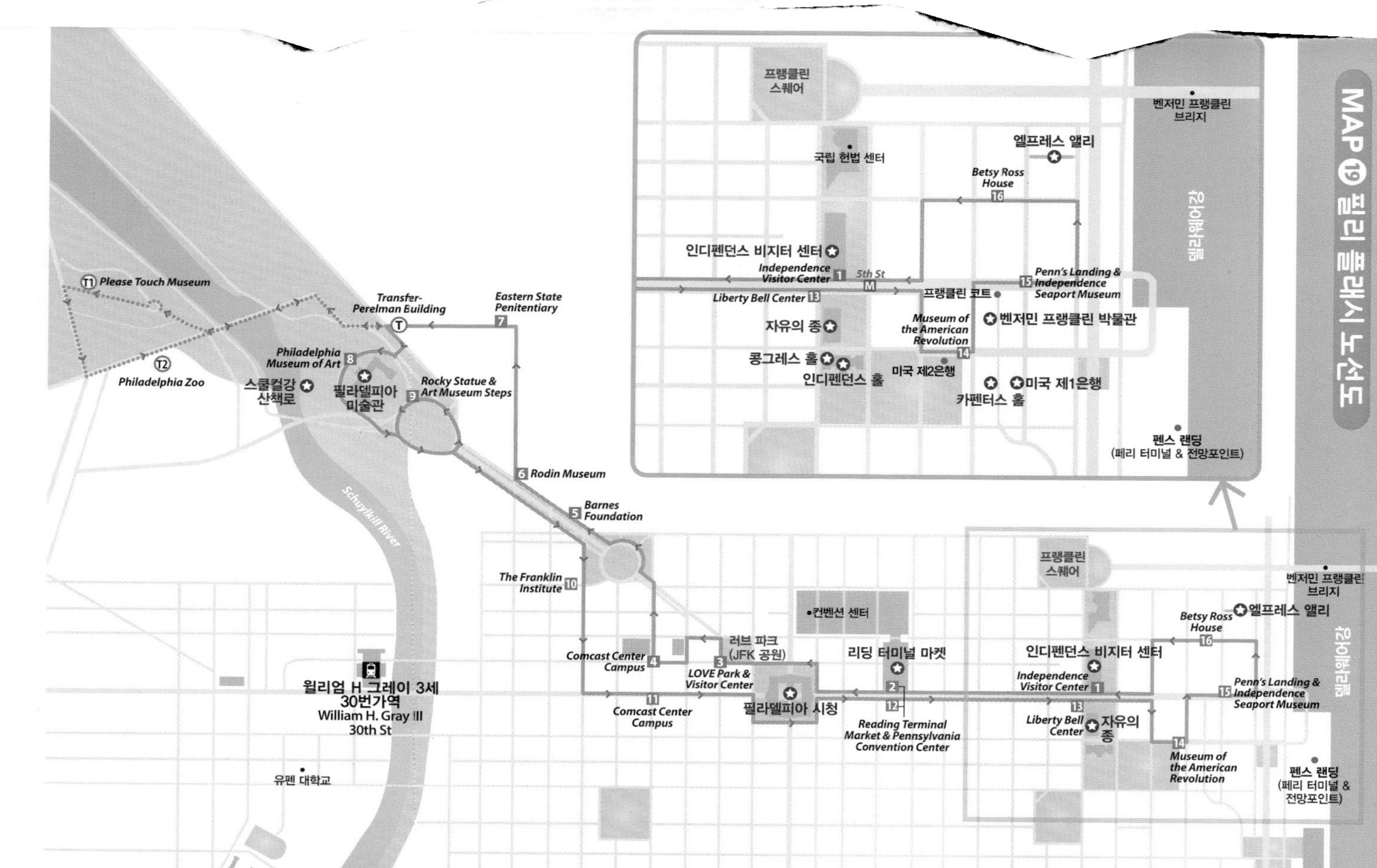

MAP ⑲ 필리 플래시 노선도
델라웨어강
벤자민 프랭클린 브리지
엘프레스 앨리
Betsy Ross House
16
15
Penn's Landing & Independence Seaport Museum
펜스 랜딩 (페리 터미널 & 전망포인트)
14
Museum of the American Revolution
프랭클린 스퀘어
인디펜던스 비지터 센터
Independence Visitor Center
1
13
Liberty Bell Center
자유의 종
리딩 터미널 마켓
2
12
Reading Terminal Market & Pennsylvania Convention Center
컨벤션 센터
러브 파크 (JFK 공원)
3
LOVE Park & Visitor Center
필라델피아 시청
4
Comcast Center Campus
11
Comcast Center Campus
10
The Franklin Institute
5
Barnes Foundation
6
Rodin Museum
7
Eastern State Penitentiary
Transfer-Perelman Building
T
9
Rocky Statue & Art Museum Steps
8
Philadelphia Museum of Art
필라델피아 미술관
스쿨킬강 산책로
Schuylkill River
윌리엄 H 그레이 3세 30번가역
William H. Gray III 30th St
유펜 대학교
T1
Please Touch Museum
T2
Philadelphia Zoo
국립 헌법 센터
5th St
M
프랭클린 코트
벤자민 프랭클린 박물관
미국 제2은행
미국 제1은행
카펜터스 홀
콩그레스 홀
인디펜던스 홀

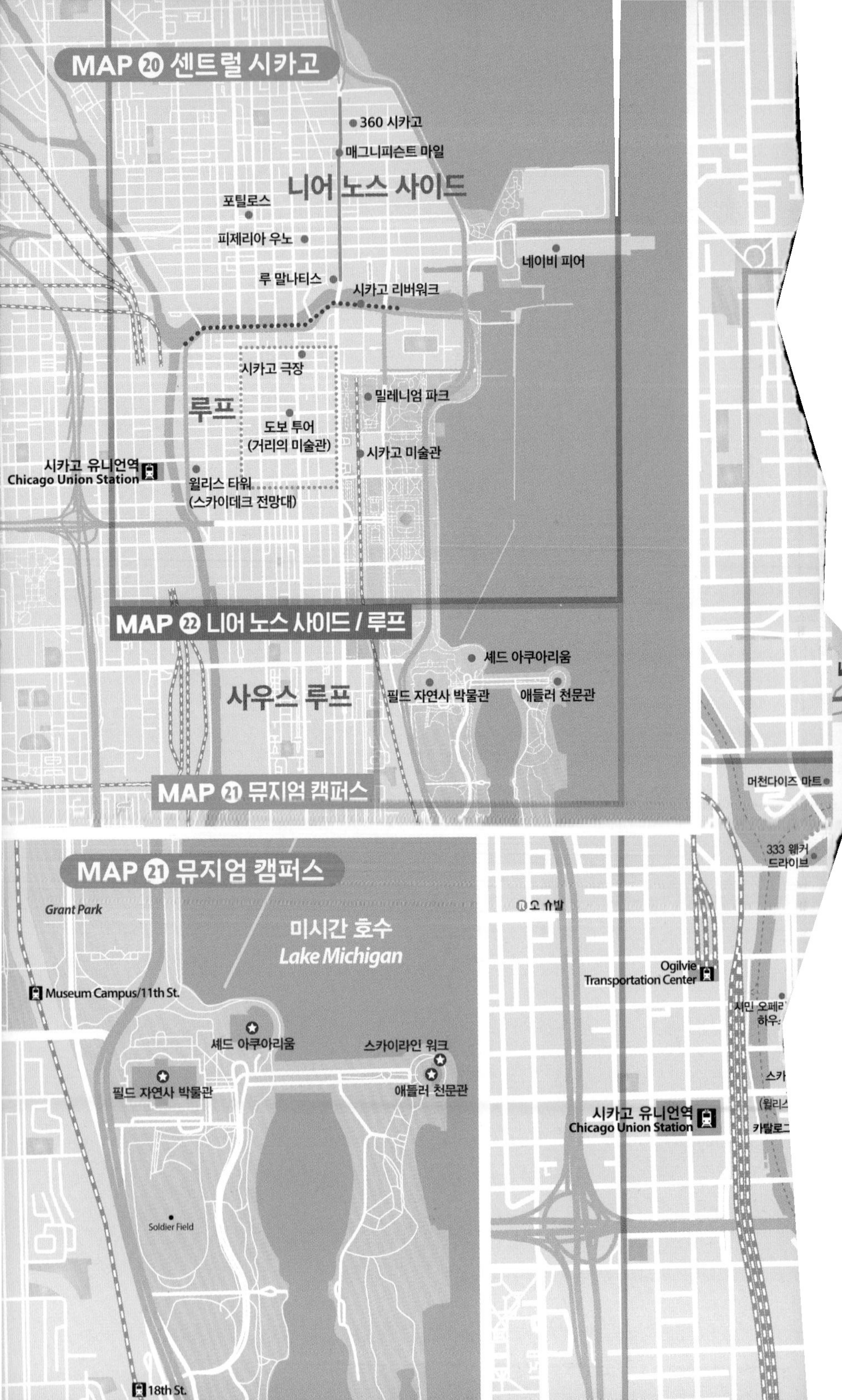

MAP 20 센트럴 시카고
360 시카고
매그니피슨트 마일
니어 노스 사이드
포틸로스
피제리아 우노
루 말나티스
시카고 리버워크
네이비 피어
시카고 극장
밀레니엄 파크
루프
도보 투어
(거리의 미술관)
시카고 미술관
시카고 유니언역
Chicago Union Station
윌리스 타워
(스카이데크 전망대)
MAP 22 니어 노스 사이드 / 루프
셰드 아쿠아리움
사우스 루프
필드 자연사 박물관
애들러 천문관
MAP 21 뮤지엄 캠퍼스
머천다이즈 마트
333 웨커
드라이브
MAP 21 뮤지엄 캠퍼스
Grant Park
미시간 호수
Lake Michigan
Museum Campus/11th St.
셰드 아쿠아리움
스카이라인 워크
필드 자연사 박물관
애들러 천문관
Soldier Field
18th St.
오 슈발
Ogilvie
Transportation Center
시카고 유니언역
Chicago Union Station

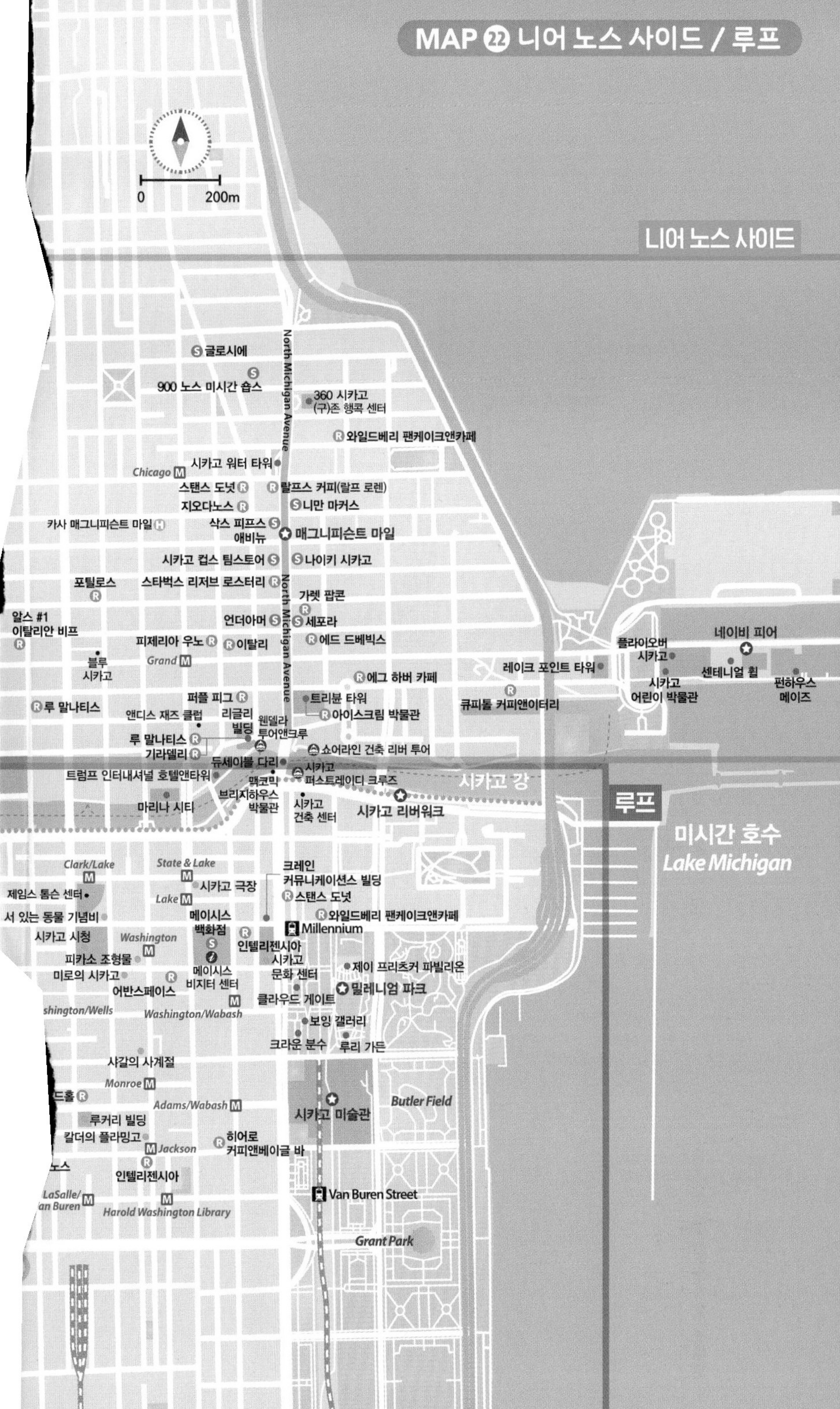
MAP 22 니어 노스 사이드 / 루프
0
200m
니어 노스 사이드
North Michigan Avenue
글로시에
900 노스 미시간 숍스
360 시카고
(구)존 행콕 센터
와일드베리 팬케이크앤카페
시카고 워터 타워
Chicago
스탠스 도넛
랄프스 커피(랄프 로렌)
지오다노스
니만 마커스
카사 매그니피슨트 마일
삭스 피프스 애비뉴
매그니피슨트 마일
시카고 컵스 팀스토어
나이키 시카고
포틸로스
스타벅스 리저브 로스터리
가렛 팝콘
알스 #1 이탈리안 비프
언더아머
세포라
피제리아 우노
이탈리
에드 드베빅스
블루 시카고
Grand
에그 하버 카페
레이크 포인트 타워
플라이오버 시카고
네이비 피어
센테니얼 휠
시카고 어린이 박물관
펀하우스 메이즈
큐피돌 커피앤이터리
루 말나티스
퍼플 피그
트리뷴 타워
앤디스 재즈 클럽
리글리 빌딩
웬델라 투어앤크루
아이스크림 박물관
루 말나티스
기라델리
쇼어라인 건축 리버 투어
듀세이블 다리
시카고 퍼스트레이디 크루즈
트럼프 인터내셔널 호텔앤타워
맥코믹 브리지하우스 박물관
시카고 강
마리나 시티
시카고 건축 센터
시카고 리버워크
루프
미시간 호수
Lake Michigan
Clark/Lake
State & Lake
크레인 커뮤니케이션스 빌딩
제임스 톰슨 센터
시카고 극장
Lake
스탠스 도넛
서 있는 동물 기념비
메이시스 백화점
와일드베리 팬케이크앤카페
Millennium
시카고 시청
Washington
인텔리젠시아
피카소 조형물
시카고 문화 센터
메이시스 비지터 센터
제이 프리츠커 파빌리온
미로의 시카고
어반스페이스
밀레니엄 파크
클라우드 게이트
shington/Wells
Washington/Wabash
보잉 갤러리
크라운 분수
루리 가든
샤갈의 사계절
Monroe
드홀
Adams/Wabash
Butler Field
루커리 빌딩
시카고 미술관
칼더의 플라밍고
히어로 커피앤베이글 바
Jackson
노스
인텔리젠시아
LaSalle/ an Buren
Van Buren Street
Harold Washington Library
Grant Park

MAP 23 시카고 CTA 트레인 노선도

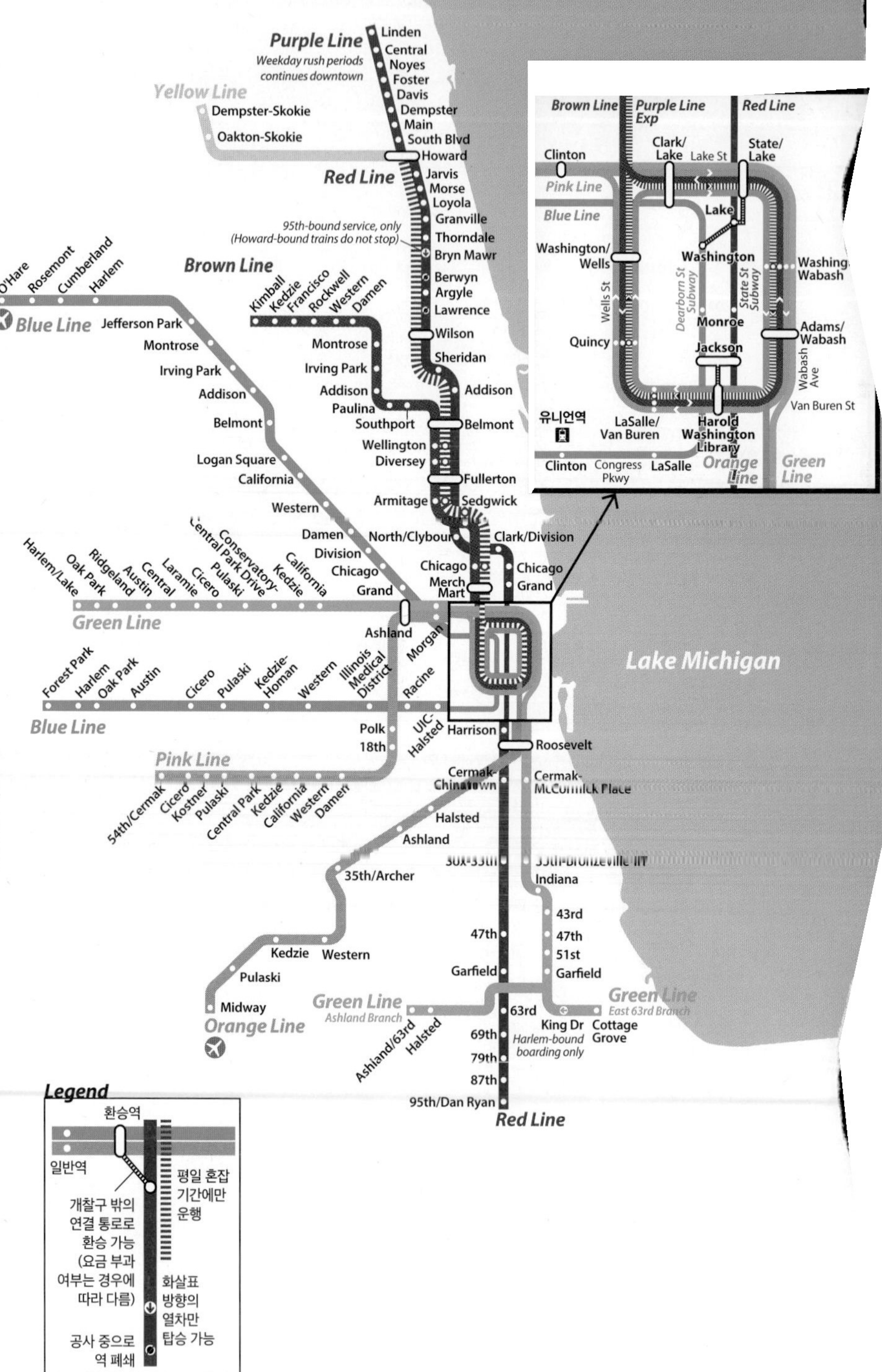

Purple Line
Weekday rush periods continues downtown
Linden
Central
Noyes
Foster
Davis
Dempster
Main
South Blvd
Howard
Yellow Line
Dempster-Skokie
Oakton-Skokie
Red Line
Jarvis
Morse
Loyola
Granville
95th-bound service, only (Howard-bound trains do not stop)
Thorndale
Bryn Mawr
Berwyn
Argyle
Lawrence
Wilson
Sheridan
Addison
Belmont
Fullerton
Sedgwick
Clark/Division
Chicago
Grand
Brown Line
Kimball
Kedzie
Francisco
Rockwell
Western
Damen
Montrose
Irving Park
Addison
Paulina
Southport
Wellington
Diversey
Armitage
North/Clybourn
Chicago
Merch Mart
O'Hare
Rosemont
Cumberland
Harlem
Blue Line
Jefferson Park
Montrose
Irving Park
Addison
Belmont
Logan Square
California
Western
Damen
Division
Chicago
Grand
Harlem/Lake
Oak Park
Ridgeland
Austin
Central
Laramie
Cicero
Pulaski
Central Park Drive
Conservatory-
Kedzie
California
Ashland
Green Line
Morgan
Forest Park
Harlem
Oak Park
Austin
Cicero
Pulaski
Kedzie-Homan
Western
Illinois Medical District
Racine
UIC-Halsted
Blue Line
Polk
18th
Pink Line
54th/Cermak
Cicero
Kostner
Pulaski
Central Park
Kedzie
California
Western
Damen
Harrison
Roosevelt
Cermak-Chinatown
Cermak-McCormick Place
Halsted
Ashland
35th/Archer
Indiana
43rd
47th
51st
Garfield
47th
Garfield
Kedzie
Western
Pulaski
Midway
Orange Line
Green Line
Ashland Branch
Ashland/63rd
Halsted
63rd
King Dr
Harlem-bound boarding only
Cottage Grove
Green Line
East 63rd Branch
69th
79th
87th
95th/Dan Ryan
Red Line
Lake Michigan
Brown Line
Purple Line Exp
Red Line
Clinton
Clark/Lake
Lake St
State/Lake
Pink Line
Blue Line
Lake
Washington/Wells
Washington
Washing. Wabash
Wells St
Dearborn St Subway
State St Subway
Quincy
Monroe
Adams/Wabash
Jackson
Wabash Ave
Van Buren St
유니언역
LaSalle/Van Buren
Harold Washington Library
Clinton
Congress Pkwy
LaSalle
Orange Line
Green Line
Legend
환승역
일반역
개찰구 밖의 연결 통로로 환승 가능 (요금 부과 여부는 경우에 따라 다름)
평일 혼잡 기간에만 운행
화살표 방향의 열차만 탑승 가능
공사 중으로 역 폐쇄

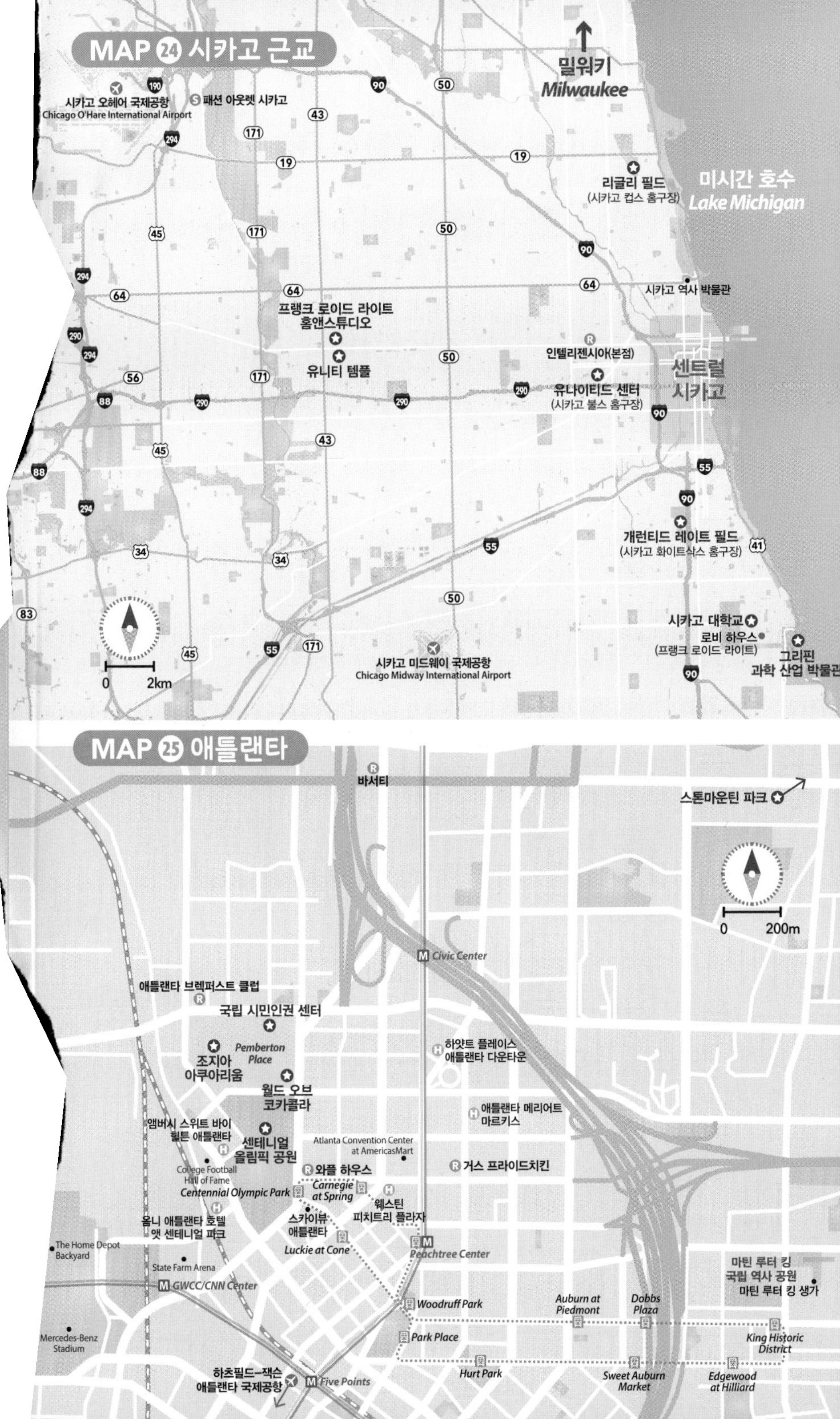
MAP 24 시카고 근교
밀워키
Milwaukee
시카고 오헤어 국제공항
Chicago O'Hare International Airport
패션 아웃렛 시카고
리글리 필드
(시카고 컵스 홈구장)
미시간 호수
Lake Michigan
시카고 역사 박물관
프랭크 로이드 라이트
홈앤스튜디오
유니티 템플
인텔리젠시아(본점)
유나이티드 센터
(시카고 불스 홈구장)
센트럴
시카고
개런티드 레이트 필드
(시카고 화이트삭스 홈구장)
시카고 대학교
로비 하우스
(프랭크 로이드 라이트)
그리핀
과학 산업 박물관
시카고 미드웨이 국제공항
Chicago Midway International Airport
0
2km
MAP 25 애틀랜타
바서티
스톤마운틴 파크
0
200m
Civic Center
애틀랜타 브렉퍼스트 클럽
국립 시민인권 센터
Pemberton
Place
조지아
아쿠아리움
하얏트 플레이스
애틀랜타 다운타운
월드 오브
코카콜라
애틀랜타 메리어트
마르키스
앰버시 스위트 바이
힐튼 애틀랜타
센테니얼
올림픽 공원
Atlanta Convention Center
at AmericasMart
College Football
Hall of Fame
와플 하우스
거스 프라이드치킨
Centennial Olympic Park
Carnegie
at Spring
웨스틴
피치트리 플라자
옴니 애틀랜타 호텔
앳 센테니얼 파크
스카이뷰
애틀랜타
The Home Depot
Backyard
Luckie at Cone
Peachtree Center
State Farm Arena
GWCC/CNN Center
마틴 루터 킹
국립 역사 공원
마틴 루터 킹 생가
Woodruff Park
Auburn at
Piedmont
Dobbs
Plaza
Park Place
King Historic
District
Mercedes-Benz
Stadium
Hurt Park
Sweet Auburn
Market
Edgewood
at Hilliard
하츠필드-잭슨
애틀랜타 국제공항
Five Points

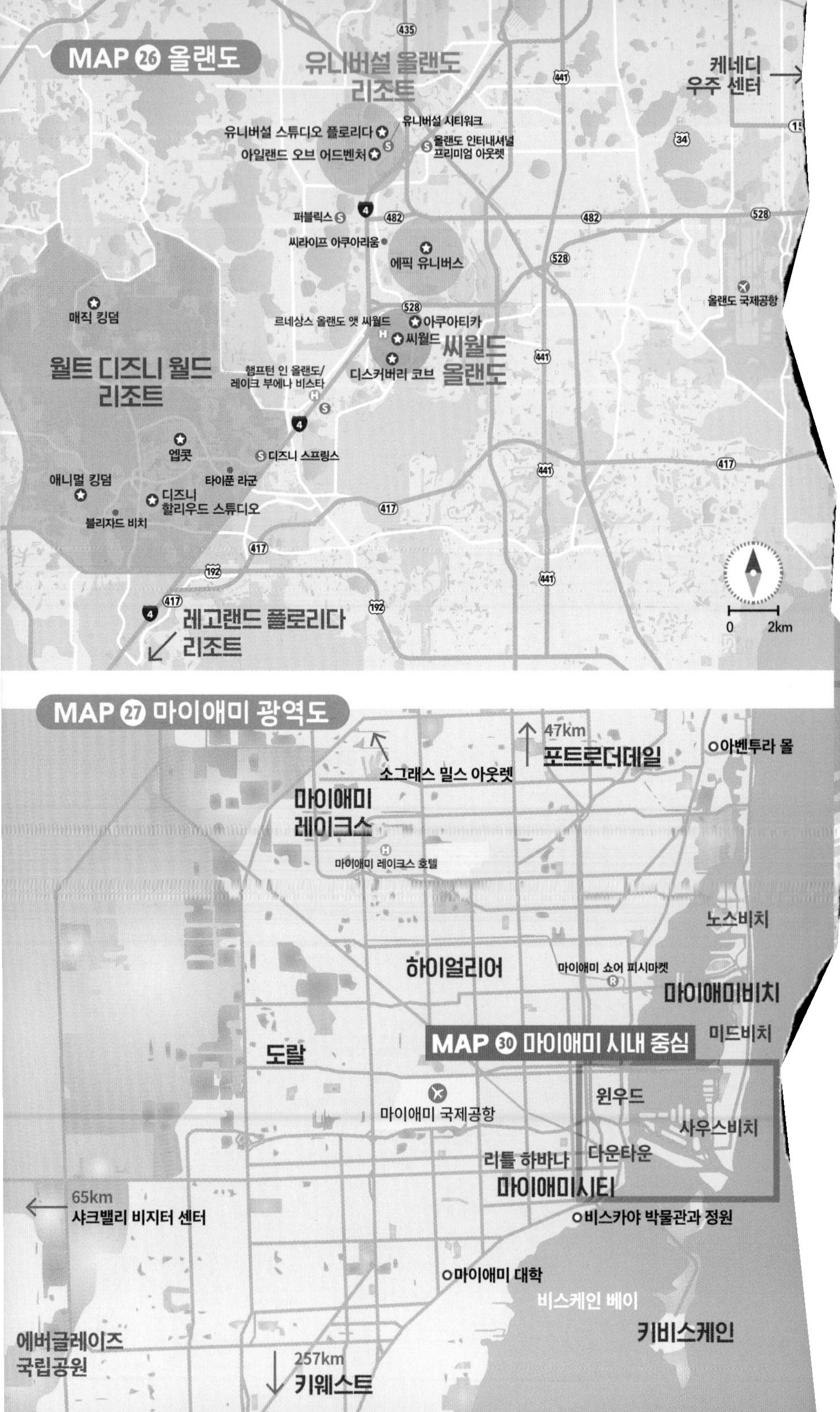

MAP 26 올랜도
유니버설 올랜도 리조트
케네디 우주 센터
유니버설 시티워크
유니버설 스튜디오 플로리다
아일랜드 오브 어드벤처
올랜도 인터내셔널 프리미엄 아웃렛
퍼블릭스
씨라이프 아쿠아리움
에픽 유니버스
올랜도 국제공항
매직 킹덤
르네상스 올랜도 앳 씨월드
아쿠아티카
씨월드
씨월드 올랜도
디스커버리 코브
월트 디즈니 월드 리조트
햄프턴 인 올랜도/레이크 부에나 비스타
엡콧
디즈니 스프링스
애니멀 킹덤
타이푼 라군
디즈니 할리우드 스튜디오
블리자드 비치
레고랜드 플로리다 리조트
0
2km
MAP 27 마이애미 광역도
47km
포트로더데일
아벤투라 몰
소그래스 밀스 아웃렛
마이애미 레이크스
마이애미 레이크스 호텔
노스비치
하이얼리어
마이애미 쇼어 피시마켓
마이애미비치
MAP 30 마이애미 시내 중심
미드비치
도랄
윈우드
마이애미 국제공항
사우스비치
리틀 하바나
다운타운
마이애미시티
65km
샤크밸리 비지터 센터
비스카야 박물관과 정원
마이애미 대학
비스케인 베이
키비스케인
에버글레이즈 국립공원
257km
키웨스트

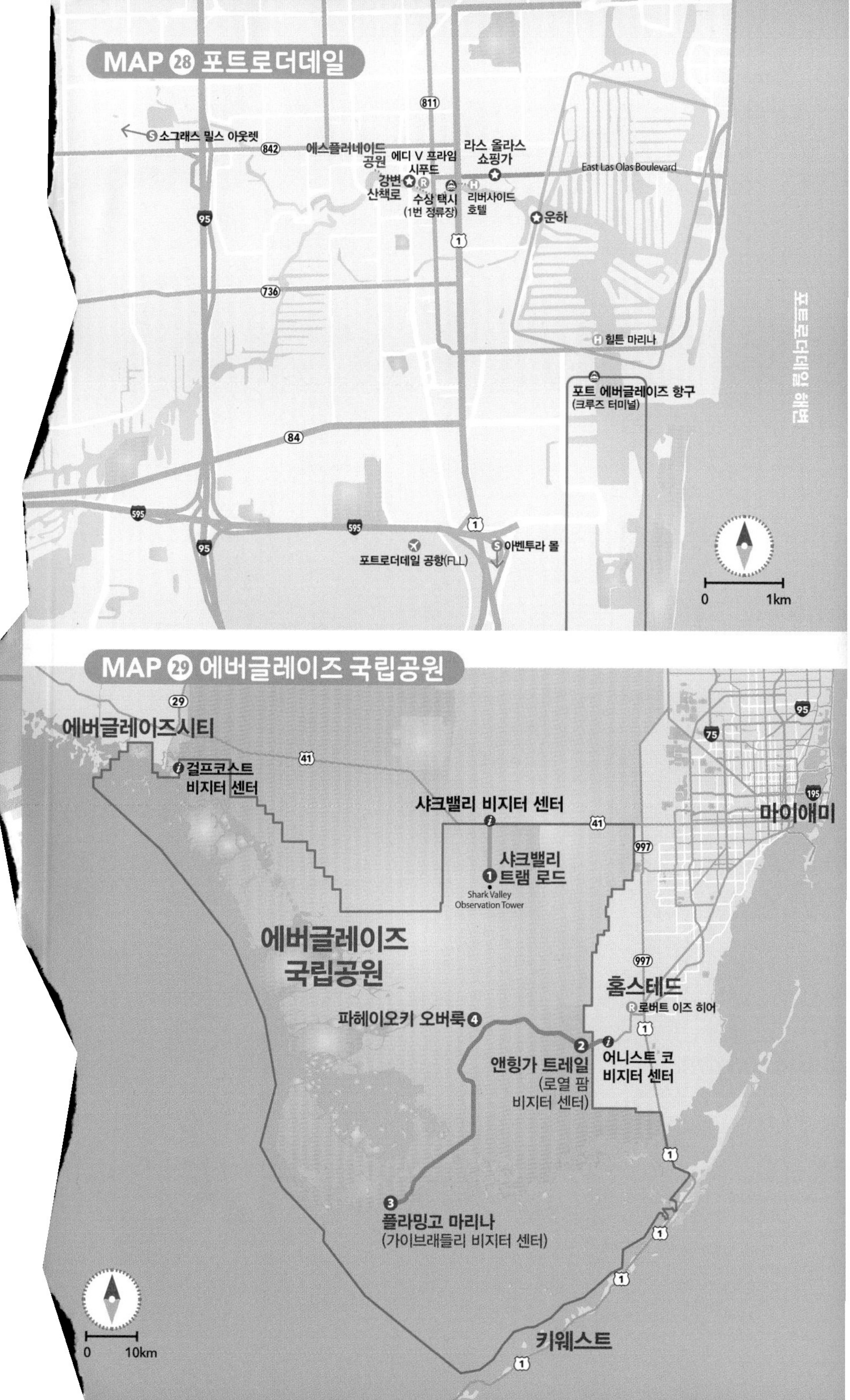
MAP 28 포트로더데일
소그래스 밀스 아웃렛
에스플러네이드 공원
에디 V 프라임 시푸드
라스 올라스 쇼핑가
East Las Olas Boulevard
강변 산책로
수상 택시 (1번 정류장)
리버사이드 호텔
운하
힐튼 마리나
포트 에버글레이즈 항구 (크루즈 터미널)
포트로더데일 해변
포트로더데일 공항(FLL)
아벤투라 몰
0 1km
MAP 29 에버글레이즈 국립공원
에버글레이즈시티
걸프코스트 비지터 센터
샤크밸리 비지터 센터
샤크밸리 트램 로드
Shark Valley Observation Tower
마이애미
에버글레이즈 국립공원
홈스테드
로버트 이즈 히어
파헤이오키 오버룩
앤힝가 트레일 (로열 팜 비지터 센터)
어니스트 코 비지터 센터
플라밍고 마리나 (가이브래들리 비지터 센터)
키웨스트
0 10km

MAP 30 마이애미 시내 중심
현대 미술 연구소
디자인 디스트릭트
플라이즈 아이 돔
Wynwood
윈우드 월스
School Board
Adrienne Arsht
Museum Park
Eleventh Street
Park West
Freedom Tower
Wilkie D. Ferguson, JR.
College North
Miami City
College Bayside
베이사이드 마켓플레이스
마이애미 보트 투어
Government Center
First Street
Downtown
Miami Avenue
Bayfront Park
Knight Center
비지터 센터
Third Street
Riverwalk
Little Havana
Fifth Street
Brickell City Centre (Eighth Street)
메트로무버
Omni Loop
북쪽 옴니 지역 왕복
Inner Loop
다운타운 중심부 순환
Brickell Loop
남쪽 브리켈까지 연결
Tenth Street Promenade
Brickell
Financial District

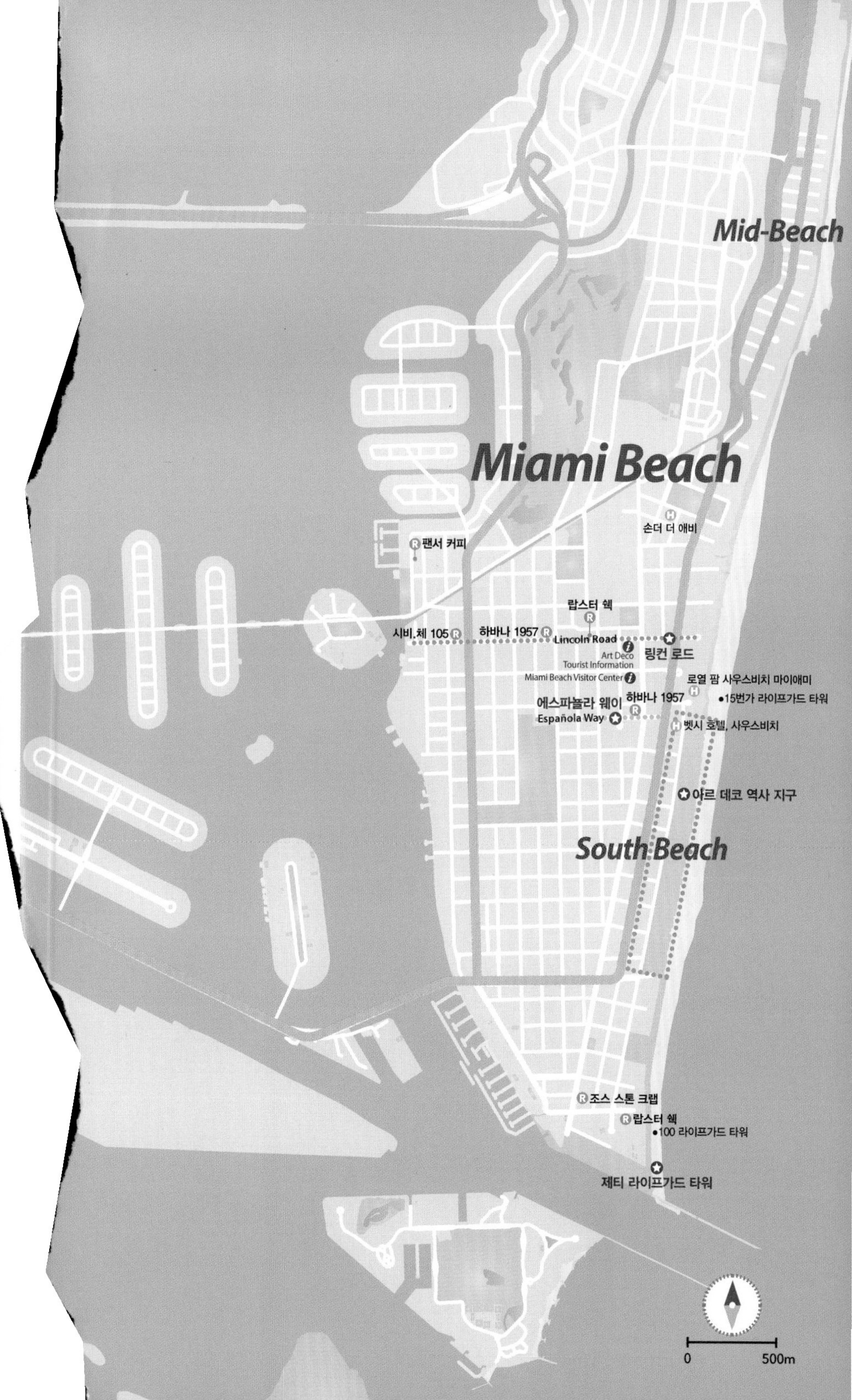
Mid-Beach
Miami Beach
손더 더 애비
팬서 커피
랍스터 쉑
시비.체 105
하바나 1957
Lincoln Road
링컨 로드
Art Deco
Tourist Information
Miami Beach Visitor Center
로열 팜 사우스비치 마이애미
15번가 라이프가드 타워
에스파뇰라 웨이
하바나 1957
Española Way
벳시 호텔, 사우스비치
아르 데코 역사 지구
South Beach
조스 스톤 크랩
랍스터 쉑
100 라이프가드 타워
제티 라이프가드 타워
0
500m

MAP 31 키웨스트

비지터 센터
Florida Keys Visitor Center
키라고
1
Long Key
Duck Key
Marathon
Big Pine Key
Little Torch Key
듀발 스트리트
헤밍웨이 집과 박물관
키웨스트
미국 본토 최남단 포인트
0 10km

MAP 32 뉴올리언스

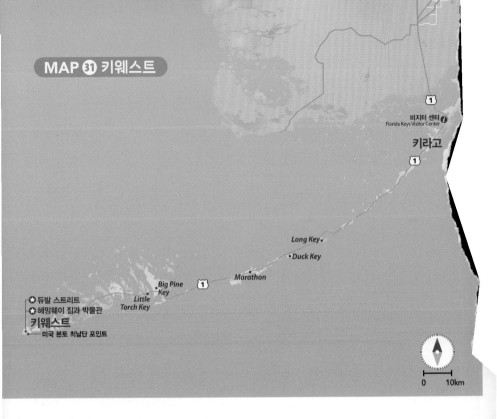